全国高等学校建筑学学科专业指导委员会推荐教学参考书

建筑学

Architecture

陈凯峰　著

天津大学出版社
TIANJIN UNIVERSITY PRESS

图书在版编目(CIP)数据

建筑学/陈凯峰著.—天津:天津大学出版社,2010.8
全国高等学校建筑学学科专业指导委员会推荐教学参考书
ISBN 978-7-5618-3616-3

Ⅰ.①建… Ⅱ.①陈… Ⅲ.①建筑学-高等学校-教学参考资料 Ⅳ.①TU

中国版本图书馆 CIP 数据核字(2010)第 141295 号

出版发行 天津大学出版社
出 版 人 杨欢
地　　址 天津市卫津路 92 号天津大学内(邮编:300072)
电　　话 发行部:022-27403647　邮购部:022-27402742
网　　址 www.tjup.com
印　　刷 保定市中画美凯印刷有限公司
经　　销 全国各地新华书店
开　　本 210mm×285mm
印　　张 18.5
字　　数 583 千
版　　次 2010 年 8 月第 1 版
印　　次 2010 年 8 月第 1 次
印　　数 1-3 000
定　　价 68.00 元

全国高等学校建筑学学科专业指导委员会推荐教学参考书

总　　序

改革开放以来，我国城市化进程加快，城市建设飞速发展。在这一大背景下，我国建筑学教育也取得了长足的进步。建筑院系从原先的“老四校”、“老八校”发展到今天的一百多个建筑院校。在建筑学教育取得重大发展的同时，教材建设也受到各方面的普遍重视。近年来，国家教育部提出了新世纪重点教材建设、“十五”重点教材建设等计划，国家住房与城乡建设部也作出了相应的部署，抓紧教材建设工作。在住房与城乡建设部的领导下，全国高等学校建筑学学科专业指导委员会与全国各出版社合作，进行了建筑学科各类教材的选题征集和撰稿人遴选等工作。目前由六大类数十种教材构成的教材体系业已建立，不少教材已在撰写之中。

众所周知，建筑学是一个具有特色的学科。它既是一门技术学科，同时又涉及文化、艺术、社会、历史和人文领域等诸多方面。即使在技术领域，它也涉及许多其他相关学科，这就要求建筑系的学生知识面要十分广阔。博览群书，增进自身修养，是成就一个优秀建筑师的必要条件。然而，许多建筑专业学生不知道课外应该读哪些书，看哪些资料。许多建筑学教师也深感教学参考书的匮乏。因此，除了课内教材，课外的教学参考书就显得十分重要。

针对这一现象，全国高等学校建筑学学科专业指导委员会与天津大学出版社决定合作出版一套建筑学教学参考丛书，供建筑院系的学生和教师参考使用。丛书的内容覆盖建筑学的几个二级学科，即建筑历史与理论、建筑设计及其理论、城市规划及其理论和建筑技术科学，同时也囊括建筑学的各相关学科，包括文化艺术和历史人文诸方面。参考丛书的形式不限，专著、译著、资料集、评论集均可。在这里，我们郑重地向全国的建筑院系学生和教师推荐这套建筑学教学参考丛书，它们都是对建筑设计教学具有重要价值的参考书。

建筑学教学参考丛书将陆续与广大读者见面。同时，我们呼吁全国的建筑学教师能关心和重视这套丛书。希望大家积极为出版社和编审委员会出谋划策，提供选题，推荐作者，使这套丛书更加丰满，更加适用，能为发展中国的建筑教育和中国的建筑事业作出贡献。

全国高等学校建筑学学科专业指导委员会

建筑学教学参考丛书

编审委员会

前　言

建筑学是一门古老的学科，迄今看来，至少已有两千多年的历史，且是人类文明中科学知识内容的一个重要组成部分。人类一代代对她的研究，至今已使她成长为一个内容非常丰满的整体，并也指导着人类建设着一个个生机盎然的人居环境，人们为拥有这样一门伟大的学科而感到欣慰和荣幸，甚至是骄傲。为此，感谢先人为后世的人们留下这取之不尽、用之不竭的宝贵财富，人们珍惜她、爱护她，也为拥有她而自豪。

然而，也应该说，建筑学又是一门年轻的学科，建筑学至今仍在合理、科学的完善中。公正而言，建筑学作为人类科学总体中的一门学科，似乎还欠成熟，或者说，似乎还显得有些稚嫩。那么，既稚嫩，便显得年轻。

按传统建筑学理论的看法，建筑学就是研究建筑的科学，有关"建筑"的东西，便都是建筑学的研究内容，包括建筑设计、建筑构造、建筑物理、建筑设备等，都被纳入建筑学的内容范围。或者说，建筑学是一门工业与民用建筑的科学，即以生产性或非生产性的区别来划分建筑学的内容，将建筑学划分为工业建筑与民用建筑两部分。而这两部分的内容大致也包括建筑设计、建筑构造、建筑物理、建筑设备等方面。人们甚至将上述建筑学的内容各自独立为一个部分或一门学科，如建筑设计、建筑构造、建筑物理、建筑设备等，或工业建筑、民用建筑等。

以此而论，建筑学的内容便很多、范围也很广，建筑测量、建筑勘探、建筑结构、建筑电气、建筑水暖、建筑通信、建筑经济、建筑防灾等，甚至建筑工业化、建筑自动化、建筑生态化等，都可被视为建筑学的内容范围，随着人类文化科学的发展，还可能为建筑学增添越来越多的内容。一部建筑学便有许许多多难以尽收的内容，或者说随着时间的推移，根本难以尽其容纳。那么，这样的"建筑学"显然不是一门学科，而是科学体系中的一个部类。如果是这样，那么不称"建筑学部类"或"建筑学类"，而直接称"建筑类"，或许还要恰当些。

作为人类科学学科体系分布，每一门学科都有自己相对较固定独立的内容范围，学科与学科之间的内容范围一般互不交叉、也不重复，这才符合学科体系分布的科学原理。在建筑之外举个例，比如文化学，文化被定义为人类一切非本能行为及行为结果的东西，这些东西都归其内，则人类社会中的一切，便基本上都是文化，当然也包括建筑，但是文化学并没有将所有文化的东西都纳入其研究范围之内，作为一门学科，文化学只是研究"文化"这概念本体的一些基本问题，或者说只是将"文化"概念本体作为主要研究对象；同时，这也是一些其他"文化"概念被确立的基础性问题，至于文化内涵中的各项内容，如政治、经济、军事、宗教、语言等，则留给政治学、经济学、军事学、宗教学、语言学等各自的学科来研究，文化学既不包容、也不代替这些学科的研究，所构成的学科体系的分布就显得非常合理和科学，人类的科学研究才不会重复而浪费，所取得的科学研究成果才多而有效，并可达到相互携手以求共进的共同目标。

而在此之前，建筑学一直处于一种大包容的状况，似乎存在于一种建筑学科分布的“无序”状态中。科学的发展，从“无序”走向“有序”，这是一种必然，建筑学同样也应该逐步走向“有序”，在“有序”的状态中，逐渐理出一个较科学的建筑学科体系的分布网络，其中的关键，在于“建筑学”的学科研究内容之范围的被合理、科学的认定。

于是，这才有本书的尝试，或许还可被认为是一部较合理而科学的“建筑学”（Architecture）的学科之论著而不弃，则作者即谨揣此念而自勉。

作　者

2010 年 2 月

目录

第一篇:建筑学引论

第二篇:建筑学本论

第一篇：建筑学引论

“引论”，其意即指建筑学作为一门人类科学学科的开篇“引言”之“论”。

而正如“前言”所述，作为一门学科，只要是有必要独立为一门学科来专门研究的，都应该同样有自己独立而明确的学科内容。从学科的基本概念、学科的主体——研究者、学科的客体——被研究对象，到学科范畴的论定，建筑学与其他学科一样，都同样应是明确的、清晰的，也应是符合一般人类科学的基本原理的。

如果建筑学的基本概念清晰、主客体对象明确、基本范畴被认定，而且，并没有与相邻学科有任何暧昧关系，即不存在有交叉的共有研究区域，则建筑学便是独立的一门学科，也当是科学整体中具有明确位置的一门学科。因为建筑学与科学整体里的其他学科一样是独立的，于是，便也就有一般学科同样所应具备的内容性质，这才能在同一格式里规定建筑学作为一门学科所应明确的内容，从而与其他学科有统一的可比性，在统一的度量衡里明确各自的界线范围。

因此，建筑学的概念、主体、客体、范畴等，同样是作为一门独立学科的建筑学也应首先“引论”的问题，并以此作为基本线索，引人入“建筑学”学科里遨游览胜，也以此来真正认识作为一门独立学科的“建筑学”。

1 建筑与建筑科学

在建筑学里，最基本的概念及词汇，无过于“建筑”；也正因为有“建筑”，人们为了研究它、认识它，才出现了“建筑学”。故而，“建筑”是建筑学里首先必须认识的一个概念，只有认识了“建筑”这一最基本的概念，才有可能继续认识和研究建筑学中的其他概念及其他科学问题。

建筑科学，当然是指研究建筑的科学，或者说，有关建筑的所有学科，我们都可将之归入建筑科学的范畴里。显然，建筑科学是一个具有诸多学科内容的整体，建筑学仅是这个科学整体里的一门学科，建筑学与建筑科学之间的关系是包容关系。在我们研究建筑学这一学科时，对于建筑学之外的有关建筑的其他学科，我们在此不作专题讨论。不过，虽然这些学科不在建筑学的范畴之内，但了解其建筑科学整体以及这个整体内的其他构成学科，对认识建筑学这“主体”学科来说，还是非常有必要的，同样才可以此了解建筑科学整体中“建筑学”的确切位置，这当然也是建筑学引论中所要认识和明确的重要内容。

1.1 建筑

什么是“建筑”或“建筑”是什么？这是建筑学首当回答的最重要的概念性问题。

“建筑”，是一种称谓，是人类对某种存在的称谓；而这种存在，又恰好是人类所共同必需的，在人类生活活动中起到了相同的功能作用。于是，人们便指定这种具有相同功能作用的存在为“建筑”。而后，在不同人类生存区域的沿袭使用发展中，形成了人类各区域大致均认可的或至今为大多数人所普遍认同的“建筑”这一名词性的称谓，也指认了一定的词性意域范围，明确了人们能够相互交流的“建筑”这一语言上的词汇的基本概念。

1.1.1 从语言到“建筑”之称谓

论“建筑”，从语言开始，来说明“建筑”之称的来源，实际上就是一种追踪溯源的论说方式，也是一种人们通常都有的“探源欲”现象。既然是采用溯源的方式，那就干脆一“溯”到其最早之“源”，以充分满足人们认识的原始之“欲”。

于是，那就从“原始”开始吧。

“原始”是一种特殊的时间概念，而时间是有“原始”之点的，其并非一个无穷远的概念。按目前普遍认可的科学理论，时间是与空间同时产生的。宇宙产生于一次大爆炸，时间和空间便是从这一次大爆炸开始的。而此前，没有宇宙，当然也就没有时间和空间，科学界称这一大爆炸为“第一爆炸”。然后，宇宙不断膨胀，宇宙空间里经过漫长的演变，逐渐出现了星云体以至星系，包括银河系及太阳系，也包括太阳系中的地球。宇宙赋予了地球一个非常特殊的生存空间，不仅有太阳、月亮及其他诸多彗星、卫星巧妙地环布着（当然这不是“地球中心论”），而且还给地球包围着一个难得的大气层，为地球带来了可贵的空气和水分，从而，为地球上滋长各类生物提供了必不可少的生存的自然条件。

据科学考证之说认为，地球形成至今的时间大约是46亿年，而这46亿年的地球史是怎样的，目前还不甚清晰，只是6 500万年前的地球曾遭受一次地球外陨星对地球的撞击，使当时已统治了这个地球500万年的恐龙覆灭，这大致是可认定的；而此前，地球曾有过什么生物时代，目前尚不得而知。于是，迄今看来，人类之前地球上曾有过“恐龙时代”，这一点基本上是可以明确的。而当其后的人类时代出现时，却已是近二三百万年的事了。那么从“恐龙时代”到“人类时代”，又经过了一个漫长的生物演进过程，此后，这才有人类文化、人类文明的逐渐演进发展，人类才逐渐在地球上形成其作为统治者的地位，或者说这才是真正的“人类时代”的开始。其时，人类也确认了时间、空间概念，创立了各种时间概念的“历法”，划定了各空间概念的“疆域”，人类进入了崭新的文明阶段。

在人类这漫长的发展过程中，“语言”是人类文化及人类文明的一个主要标志（或标识）。

人类，首先也是一个生物群体或动物群体，只是在两百多万年前，人类大脑才得到了较快的进化速度，脑量由五六百毫升猛增至八九百毫升，并还逐渐增多，为人类智力的增长加速提供了可能的生物条件。于是，又逐渐演进而创造了其他动物所没有的“人类文化”以及后来提高了的“人类文明”，语言也正是在这其中出现和演进了，成为人类文化及文明的主要标志之一。

语言，是一种最基本的交流媒介，应该说，人类有之，其他动物亦有自己的交流媒介。如果说，其他动物自己同类之间传递信息的动作或声音不是语言、是“信号”，而人类的相互间的信息传递才可称为“语言”，则语言当然为人类所专有。那么，这里所说的“语言”，当然就是指这种人类语言。由于这种语言是人类之间交流信息所独有的东西，是区别于其他动物的人类的产物，显然，人类语言也是人类文化的一个主要标志，语言本身的发展，在一定程度上说明了人类文化发展演进的进程。

按现今语言学的角度而言，一种语言必须具备三要素，即语音（或语声）、语义（或语意）、语字（或语符），方可称为一种真正的语言。人类具有天然的发音功能，彼此间的交流以“声音”联系，显然不是一件难事，恐怕在未完全演进为人类之前，就可能有之，或者说这是一种动物本能，尚不能被作为一种语言要素而论之。人类发出声音不一定是为了彼此间的交流而传递某种信息，发音器官是在无意识情况下发出声音的，当然这种声音也就不带任何特定意义，而语言是以交流信息为其基本功能特征的，没有语义能说是语言？不过，一般同类动物之间也会发出带有一定信息意义的声音或声波来联系，这种信息意义也相当于人类语言的“语义”，同样不能与语言要素的“语义”相提并论。只有表达一定语音、语义的“符号”出现，这三者的合成才能说已基本上构成为一种语言，这种完全有别于其他动物的信息交流，为人类所特有的传递信息的媒介的语言，也成为人类文化形成的一种标志。由一般的“符号”出现，到逐渐演变成较有一定使用秩序的“文字”，这才真正表明人类文化发展进入了另一个崭新的阶段——文明时期。同时，语言的三大基本要素方完全出现，从而构成真正的人类语言。

总之，人类进化后的发音系统，为语言的产生奠定了基础，即有了发出语音的可能。同时人类大脑神经系统进化后，也为人类的思维提供了可能，并产生了思维，而思维是语义的源泉，离开了思维，语义是不存在的。当人类将某种语义和语言表现为某种标记符号时，并由一定社会群体约定俗成后，成为语符或语字，这就是人类语言产生的大致过程和与人类自身发展的因果关系。

作为语言本身，语义是语言的本质。人类之间的交流或传递信息，主要是为了沟通某种思维内容或某种思想，但人类的思维内容或思想是无形的，自身是无法传递交流的，于是转化为语言的语义，通过语言的这个整体功能，语义由相应的语音或语字传递出去，以达到传递思维内容或思想的目的。可见，在语言里，语义是语言的本质和目的，语音和语字则是语言的手段。

以历史的角度来看，在语言传播手段的语音和语字中，语音较难被留存，在人类文化初期，更是基本上没有被留存的手段。只有语字或语符，才较有可能被保存下来，以传达人类早期的一些思维内容或思想以至可能被记录下来的活动情况，通过对语字或语符的考证，便可了解一些当时的语义内容。所以，对人类早期历史内容的研究，主要还是通过语字或语符实现的。

语字或语符是语言形成史上最后一个出现的要素，而且语字本身形成也经历了一段很长的发展史。以迄今所能发现的语字起源的遗存情况看，主要有四种基本方式：结绳记事、契刻记事、实物记事和图画记事。

结绳记事，是用绳子打结来计算日期，或记录劳动成果或物品交易，这是世界各区域人类早期最常见的一种记事方式。

契刻记事，是采用木条或其他易被刻画的东西，刻上缺口或横、竖、斜线等条纹，来计数或表示某种事件。

实物记事，是以现有的实物来代表某种象征意思，并以此来传递信息或记录事件的一种记事方式。所用实物，均为常见之物，或鸟兽、或贝壳等一般常用物。

图画记事，是以形似的图画代表相应的事物本身，来记录事件或物品的一种记事方式。

此外，还有系珠记事（以珠串或珠带来记事）、贝壳图形记事（以不同形状和颜色的贝壳排成不同图形来记事）等多种记事方法，实际上也是与上述四种方式相近的记事方法。然而，无论是什么记事方式或方法，真正对演进为语言或语符有较直接启迪作用的，主要是契刻记事、图画记事两种方式，或者说，这两种方式的记事手段，已是一种语字或文字前的“语符”。

实际上，文字是产生于一种人类大脑对环境中事物的直观的简单描述，人类为了弥补大脑记忆力的不足，或者说是为了表达某种情感或概念，在大脑还不甚发达、文化水平还非常低下时，只可能以一种直述或直观的方式出现，则“契刻”和“图画”是人类的最佳选择，以贮存或表达较多的信息。同时，“契刻”和“图画”都是一种带有直观性的表述形式，在当时易记、也易辨识。

于是，地球上各人类源地区域的人们，基本上都使用这种方式来作为传递较多信息量的媒介，以致后来也都相近地发展成性质相同的象形字符。这也是语言发展到这一时期，虽然语音可能存在一定差别，甚至完全不同，但语符或语字的这个要素，却在语言形成之初，达到了令人惊叹的一同。

语言，是随着人类群居生活劳动的需要而产生的，人们甚至认为，是生活劳动创造了语言。而人类最基本的生活内容，便是食、住，这对人类的需要来说是同等重要的。人活着，即使不活动，也会消耗能量，这就需要进"食"来补充能量；同样，人活着，如果不适当休息，一直保持着非睡眠状态，医学上认为，人类一般活不过五天，于是，这便需要提供人类休息的地方"住"所。"住"所，还是人类"防寒避雨"、"防禽兽"等的居处。因此，人类在发明了语言的同时，其生活劳动中必然有的"住"的概念也需要表达或交流，也就是说，其发明的语言中，必定有"住"的概念。

"住"，作为一个语言概念，同样也具备语音、语义、语字（或语符）三要素，其中的语义所指当然就是后来的"建筑"。或者说，最早的建筑，当始于人类的居所，则"居所"或"住所"显然便是人类最早的"建筑"之称。

居所或"住"所，是语义所指；而最早的"建筑"之称，还当有其他两要素的语音、语字（或语符）的构成。

人类的发声，应该说在文化形成前就已有之。有了人类交流的语言的语音以后，大致就可说明人类文化已经形成，然后由单音节到多音节、到具体的语汇。人类的"住"所在语言表达中，大概也有单音节、多音节到具体语汇的表达的发展过程，可惜的是，语音的保存在当时是无法实现的，现今的人们无从考证，只能作此或许并不正确的揣测。于是，对人类早期"住"所的探讨，只能落在后来出现的相应的语符或语字上，这也是今人在研究上的无奈之举。

1.1.2 象形文字所揭示的"建筑"之形

人类的"建筑"之称，始于人类"住"所，而人类语言的"住"所的语音又无法获证，则语字要素出现时的象形文字，正是现今人们揭示人类最早"建筑"之形的大概是唯一的佐证。

按照文化人类学家观点的说法，文字的使用是人类文明形成的最主要标志之一。而人类在使用文字前，已由早期的土坯"住"所，发展为砖石砌筑的"住"所；并且，人类已形成了许多较大规模的部族群体，如地中海沿岸的希腊部族、意大利部族、日耳曼诸部族等。显然，人类最早的象形文字，在形成于此前的"契刻记事"、"图画记事"等记事符号的基础上，虽是以"简化图形"为特征的象形文字，但有文字形成时的已较完善和先进的"住"所及"住"所群作背景，必定还是能准确简明地揭示当时人类"住"所的基本形象。

在人类文明史上，早期的人类文明均诞生于较适宜于人类生存的河流区域，主要有尼罗河流域的古埃及、幼发拉底河和底格里斯河流域的古巴比伦、印度河与恒河流域的古印度、黄河与长江流域的古中国，准确地说，还应该加上形成较晚而独立出现的中南美洲的阿兹特克、马亚、印加文明区（见图1）。这些人类早期的文明区，都诞生了自己的象形文字，且以此来作为其文明形成的一个基本标志，这也是现今人们所能了解到的人类早期"建筑"之形的最有力佐证。

尼罗河在地中海的南面，源于苏丹东南部的白尼罗河与青尼罗河，两河交汇于苏丹首都喀土穆，然后曲折向北、纵穿埃及，在过埃及首都开罗后分两叉北入地中海。古埃及大概就是指开罗南部的宽约15～25公里的狭长谷地和开罗北面的大三角洲两部分。古埃及人是指由原生活于该区域的土著哈姆人（或含族人）与来自西亚的游牧民族的塞姆人（或闪族人）混融形成的，所形成的语言也是由这两种语言构成的，被称为"闪·含"语系。大约在公元前4000年后逐渐形成了象形文字，最早的象形字仍是图画文字，准确地说，标准的象形文字，除了具有一定的图画原形外，已带有一定的表意和表音成分。由于埃及的象形文字，当时主要是由祭司和富人等少数人掌握，并基本上是记录在陶器、骨器、木器上，所能遗存至今的已很少，而其中记录有关当时人类"住"所的，至今尚不见有资料记载，故无法说明当时埃及人是怎样象形地描述其"住"所的。正因为文字的功能在于记录，故图画字符简化后演为象形文字，而后又被逐渐简化，演为曲线文字（Hieratic）、速写文字（Demotic），这已是埃及人又经过了约3 000年的演进，而这时的已

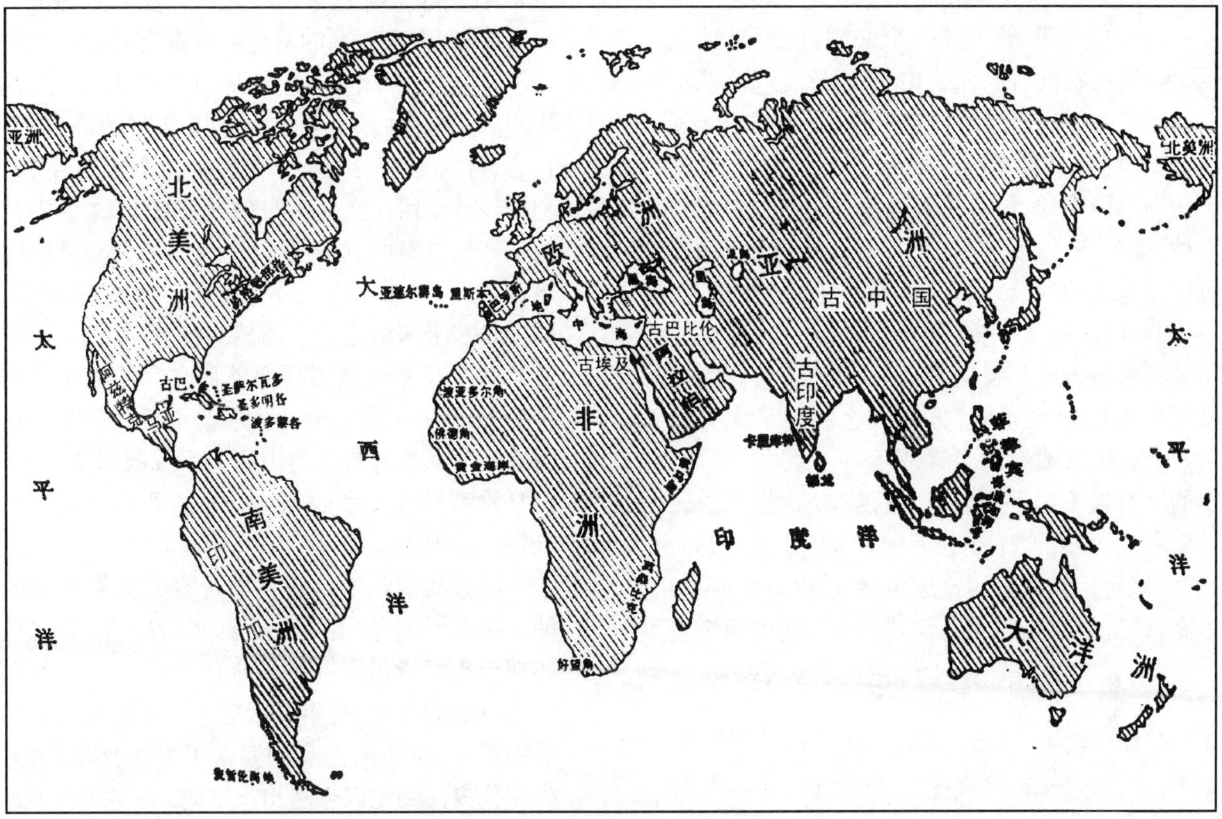

图 1　人类早期古文明分布

非常简化的象形文字，实际上已不那么“象形”了，更多的已是“表意”文字，与“住”所有关的这些“表意”文字，大约有：房屋（□）、家户（◺）、栅栏（井）等。从这些带有“表意”性质的象形文字上，已很难看出“象形”在什么地方，更多的还是留给后人们的猜测。

在地中海的东部，在著名的幼发拉底河与底格里斯河之间，有一块后来被希腊人称为“两河间之地”（音译为“美索不达米亚”）的平原，古巴比伦就形成于此。两河均发源于土耳其境内的山区，后蜿蜒地大致同朝东南方向而下，穿过叙利亚、伊拉克，大致交汇于伊拉克南端的“库尔纳”，而注入波斯湾，“两河流域”或“两河间之地”是指现伊拉克境内部分。这片地区包括叙利亚境内区域，是一片肥沃区，文明前就早有游牧的塞姆族人（Semites）生活游牧于此，约公元前 5000 年左右有苏美尔人（Sumerians）居于东南部，产生古巴比伦文明的主要是苏美尔人，或也称“苏美尔文明”。最早的苏美尔人发明的文字也是图画文字，后由于书写材料大多采用泥砖或泥板，以削尖的芦苇杆或木棒、骨棒等作笔书写，使图画文字逐渐变形，常有契刻的痕迹，故称“楔形文字”（Cuneiform Writing）。实际上，这种楔形文字也是一种象形文字，应该说，所表现的字形也是取材于实物的，表现当时人们所观察到的事物形态或形状，然后表述于泥板或泥砖上。在“住”所方面，必然也是同样的，可惜现有资料没有这类字例可加以说明，只能遗憾地以此句话带过。余者便留待后继贤哲补上，或许亦不失为一佳事。

古印度文明，是形成于南亚次大陆北部的印度河—恒河流域。印度河、恒河均发源于其北面的喜马拉雅山脉，然后分别向西南、东南蜿蜒或曲折而下，分别注入阿拉伯海、孟加拉湾，两条河分布大致是呈中国汉字的“人”字形。早期生活在印度河、恒河流域的民族甚多，但以印度河流域的达罗毗荼人（Dravidians）较强盛，他们首先征服了恒河流域的科拉利安人（Kolerians），而后逐渐扩大至印度南部。达罗毗荼人在公元前 3000 年左右已发明和使用文字，从发掘出来的陶器、石器、象牙、金属器等上面，可见铭文甚多，为象形文字，亦可惜今人对这些文字或字符尚无法给予读识或解释，同样也是人类文明史上的一个未解之迷，此处更无法举达罗毗荼人创造的象形文字的“住”所作例来加以说明。

古中国文明，较上述三个文明区，更具独立性，东、南面临海，西、北为山脉、高原、沙漠，基本上就将黄河、长江流域围成一个独立的区域。黄河、长江均源自喜马拉雅山脉，然后自西向东蜿蜒横穿中国腹地，最后注入东邻海洋。古中国的人种，更是单一，就是蒙古人南下定居形成的。古中国人大约在公元前3000年左右也发明了文字，同样由图画文字、象形文字演变而来，这些文字被记录在各种材料上遗存至现代，现代人因其被发现时的材料不同，分别将这些文字称为陶文、玉文、金文或甲骨文等，实际上都是古中国文明的字符或象形字。最著名的是19世纪末发现并命名的“甲骨文”，是公元前1 000多年前的文字，大概是比较成熟的象形文字，已整理出4 000多字，而现能解读的大约仅其一半。其中用为表示人类“住”所的字甚多，如（宫）、（室）、（宅）、（楼）等。显然，尽管这种文字笔画不多，但很形象，都表述了当时“住”所的基本形状，让人比较容易地、明确地解读其字意；而且，也大致可以此看出，当时的中国古建筑，已具相当大的规模，结构也甚科学、合理，不得不让今人赞叹不已。

在一般认为的人类四大文明区之外，大概还应补上“中南美古文明区”为妥，则也当合称为人类“五大古文明区”。

翻开世界版图，人们不难发现，上述已谈过的四个古文明区，基本上就集中在北纬30°上下，而且似乎都比较集中，大致均在同一块大陆上，形成了人类古文明较集中的一个区域。而美洲似乎被海洋割断了与这块古人类文明集中的大陆的联系，成为一个独立的区域。实际上，这并不完全正确。因为通过人类学界的研究证明，美洲的人种，也是来自亚洲大陆的蒙古人，且普遍认为，是大约公元前15000年至前10000年之间，由当时的白令地峡（或白令浅海峡）从亚洲大陆迁徙至美洲大陆的，这就是美洲大陆的人种来源，故被通称为“美洲蒙古人”。这些早期来自亚洲的人类，逐渐南下至中美洲，或越过中美洲而进入南美洲，然后定居下来。于是，美洲大陆主要形成了这样三个早期美洲人群体，最北部的爱斯基摩人（Eskimos）、中美洲的阿兹特克人（Aztecs）和马亚人（Mayas）、南美洲的印加人（Incas）。除爱斯基摩人一直处于较落后的文化状态之外，中南美洲的其他人种都有着较快的文化演进状况，特别是中美洲的马亚人，公元前2000年左右就有了同样是象形文字的语言，而且有音标、音节符号，约有800多个书写字符、3 000多个词汇，这是人类的所有象形文字中其他文字所没有的，这不能不令人惊叹马亚文明的语言成就，可惜至今也不能破译这些文字，使之同样是一个未解之迷。当然，我们此处也无法举证具有“住”所语义的马亚象形文字的语字或语符是怎样的，同样只有让人叹息而已。印加人和阿兹特克人也有自己的图画文字或象形文字，但就是没有马亚文字的成就，同样，我们在此也无资料可以说明其字符的语言情况。

尽管我们此处无法列举所有人类早期文明的文字来说明其“象形”的真实情况，但上文所述却给我们指出了一条清晰的思路。即人类在改造自然的斗争中，不仅创造了一个独立的生活活动群体，也不断提高和完善了人类自身，当人类文化提高到足以创造出文字时，人类便有了对生活活动区域内所创造的“住”所的表述，且是大脑对当时“住”所的完全写真的反映，这是在一定历史阶段上人类思维演进之初的必然，也是意识源于物质的最初反映，故有不约而同的人类各文明区的大致相近的由图画字符到象形文字的演进进程，这也显然是人们研究人类早期建筑的一条非常可行和可信的途径。况且，人类建筑的留存，是具有很有限的时间性限制的，人类早期的“住”所给今人所能留下最多的，也仅仅是残存的瓦砾遗址，而后更多的是靠人们的推测，即使有先进科技的“碳14”等手段，相较起当时的图画字符、象形文字来，带有更多的不真实成分。因此，研究人类早期的“住”所，对现代的人们而言，应该多了解、认识人类文明之初的各区域出现的图画字符和象形文字，并理解和分辨出不同的个性和相近的共性。

而且，相对独立的不同区域都相继产生了性质相同的图画字符和象形文字，说明人类各民族有共通的地方，即人类对自然和存在的反映和理解是相近的，这对当代建筑的发展及研究，也具有一定的启迪作用。或许可以这么说，人本同源，而后亦殊途同归。当然，这是另一个话题，我们暂不赘述而留待下面的“史论”再讨论。

1.1.3 现代的“建筑”概念

语言文字的产生，不仅只是人类沟通信息或相互交流的产物，也同时为人类带来了新的希望和光明，否则人类还一直处于较落后的文化状态中。以语言文字为主要标志的人类文明的形成，使此前人类文化在漫长的野蛮、蒙昧时代里挣扎的境况被宣告终结，人类进入了另一种新的生活时代，是一种文化发展的光明时代，或许这才被简称为“文明”时代。

文明时代的人类，不再只是一些简单的记忆和思维，语言文字的出现，给人类的连续、复杂的记忆和思维，提供了可能。于是，“建筑”之称，也不再只是停留在最早的“住”所上，发展演进至现代，语字的“建筑”，已表达了甚多的语义内容，这也就是我们此处所要认识的现代“建筑”概念。

象形文字中是否就有语字“建筑”，尚不得而知，即使有，恐也非今讨论的这种“建筑”的语义，我们现在关注的是现代的“建筑”语义，而所有现代的语字，却又都是源于人类早期的象形文字。于是，这也就有从象形文字到现代“建筑”语义的发展过程，或者说，我们应当了解的是，现代“建筑”语字及语义的来源。

现代的“建筑”（Architecture），来源于拉丁语的“Architectvra”，这是通常人们所知道的。而拉丁语是什么？又是怎么来的？同样，我们也应该有一定程度的了解。

在地中海的东岸，是欧亚非大陆的枢纽，也许正因为是这种特殊地理位置的缘故，当人类文化发展到足以打破一定的自然封闭区域时，各区域间的交流便成为一种必然，特别是各区域相继形成人类文明以后，彼此间的交流更频繁，地中海的东岸更是一个繁忙的交流区域，当然也是文化交流或传播的枢纽。于是，历史上的这个区域一直是早期的游牧民族和后来的商贸民族来往、居住或落脚的地方，其中，在东岸北部，大致北起土耳其南端，南至巴勒斯坦、东连黎巴嫩山的这么一个窄长沿海地带，原有土著的胡里特人，后有游牧的塞姆族（亦称“塞族”）的迦南人进入，混合后形成了著名的腓尼基人（Phaenicians），该区域也因之而被称为“腓尼基”。腓尼基人为商贸民族，专营海上贸易，并在公元前13、14世纪形成了极富庶的一个城市王国，大概也正因为有兴盛的商贸活动，所接受的埃及象形文字已无法满足其商贸活动的记录、交流需求，所以，迫使腓尼基人发展其语言文字，于是便创造出一套人类文明史上著名的“腓尼基字母”。这套文字，主要以埃及的象形文字为基础，也受到了西亚文明楔形文字的影响，而后逐渐发展、且最后定型为统一的线形字母，共有22个辅音字母，而没有元音，这也是人类文明史上的第一套拼音字母。

公元前1200年以后，游牧的塞族的阿勒米人（Arameans）在腓尼基的南部也建立了具有商贸性质的城市王国，同时也使用了腓尼基字母，并经由阿勒米人之手向外传播，到了公元前1000年后，已在地中海邻近区域得到广泛传播和使用，不仅传遍西亚，甚至传入南亚等亚洲腹地。其中，与腓尼基人、阿勒米人商贸往来最多的伙伴之一的希腊人，也接受了这套字母，但在接受中却作了修改调整和发展，仅保留其19个字母，另增加了5个元音字母，成为24个字母的古希腊文字系统。后来，古罗马接受了希腊字母的传播，同样也作了少许修改，变成了23个字母的古罗马字母。而这古罗马字母所表达的语言，即是上文所提的“拉丁语”（参见各时期文字对照及字义的下表）。

从该表的对照看起来，字符与字义的对应关系似乎有些勉强，甚至还让人有莫名其妙之感，但这主要是因为此说是后人对当时文字破译的一种臆测，带有较多的破译者的主观猜想，不一定就是当时的语符或语字与语义及演变的真实情况。当然，我们不是专门研究语言文字的，只要对此有个一般性的认识即可，其他的对我们的课题讨论并不十分重要，在此也就不再过多地深

腓尼基字母—古希腊字母—拉丁字母演变对照表

腓字	𐤀	𐤁	𐤂	𐤃	𐤄	𐤅	𐤆	𐤇	𐤈	𐤉	𐤊	𐤋	𐤌	𐤍	𐤏	𐤐	𐤑	𐤒	𐤓	𐤔	𐤕	𐤎
希字	A	B	‹	Δ	E	Y		Θ		S	K	L	M	N	O	Γ		Ϙ	P	Σ	T	Ξ
拉字	A	B	CG	D	E	FVY		H		IZ	K	L	M	N	O	P		Q	R	S	T	X
象形字义	牛（头）	房屋	骆驼	门	火	钩		窗		手	手掌	鞭子	水	蛇	眼睛	口		猿	人（头）	弓	十字	鱼

究其不同字符系统的演变对照之缘由及确切情况，而仅了解其语言及语言内容而已。

其中的拉丁语，当时的形成时间大约是在公元前 2 世纪中叶以前，后由于罗马帝国的兴盛，使拉丁语的使用范围更广，到公元 5 世纪中期，基本上整个欧洲及北非、西南亚地区均广泛使用拉丁语字。但后来拉丁语又有了新的演变，至现代所使用的拉丁语字是 26 个字母；且废除了字母原来的旧名称，采取以“音”命名的办法，则“名”与“音”得到了统一。“architectura”正是“名”、“音”统一的新拉丁语字，与古罗马的拉丁字母所表达的语义已有很大不同，它并不是每个字母所表达的语义的一种组合。

由于拉丁语是古罗马使用的语言，不仅罗马帝国时期，被罗马帝国统治的区域使用拉丁语，而且在整个欧洲的中世纪，由于罗马的“国教”是基督教，罗马教皇势力遍及整个欧洲，即整个欧洲都信奉基督教，基督教曾是每个欧洲人的必读经典，或传教，或被传教，无有不诵其经的，而书写基督教经的语字，唯一被教会允许的只有拉丁语字。因此，拉丁语成了当时最具国际性的一种语言，不仅欧洲的语言大多源于拉丁语，甚至可以说几乎现代世界上使用的所有语言都或多或少地受到拉丁语的影响。同样，此处被讨论的对象“建筑”，准确地说也是源于拉丁语，是由拉丁语的“architectura”，逐渐被引入或转译为其他各种文字的，从而成为世界所有人共同的讨论对象。

然而，无论“architectura”被转化或转译为什么语言文字，其语义却是统一的，这是无可非议的公理，这也才有此处世界所有人们共同的课题——建筑及建筑学，我们同样也主要讨论这个课题。

我们现在所能见到的最早的“建筑”，是在古罗马维特鲁威（M. VITRVVII）著的《建筑十书》中，该书是以当时的拉丁文写成的，当时称“建筑”为“ARCHITECTVRA”（参见图 2）。早期的古拉丁文是由 23 个字母组成的，当时没有“U”这个字母，“U”这个字母是拉丁文传入英格兰后，才由英格兰的诺尔曼人给增加了这个字母。然后，逐渐演变的拉丁文又吸收了他人的增修内容，在新的拉丁语字中也增了“U”这个字母。于是，后来人们见到的“建筑”的拉丁文，又变成了现代的“architectura”，但语义是承自维特鲁威的“ARCHITECTVRA”的，这一点却是无疑的。

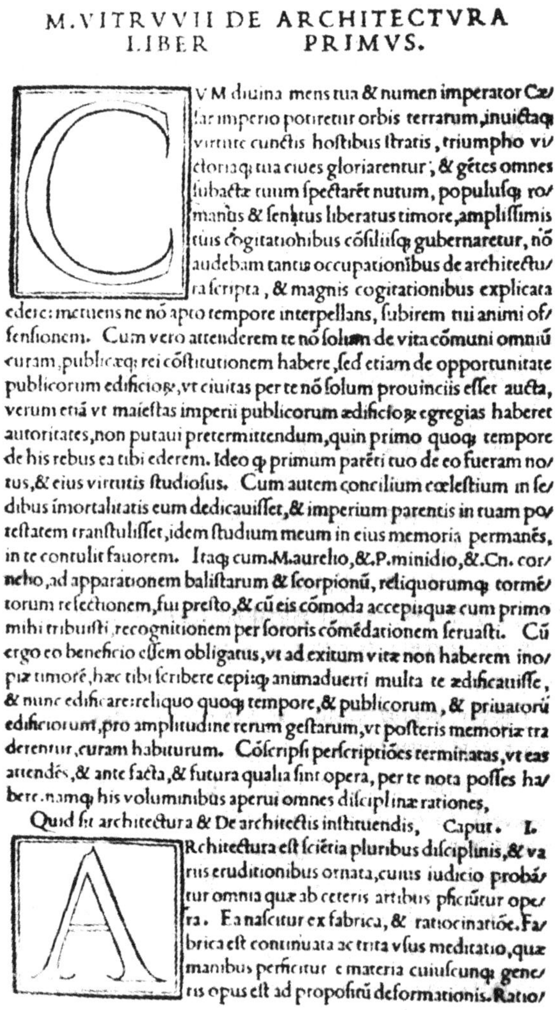
M.VITRVVII DE ARCHITECTVRA
LIBER PRIMVS.

CVM diuina mens tua & numen imperator Cæſar imperio potiretur orbis terrarum, inuictaq; virtute cunctis hoſtibus ſtratis, triumpho victoriaq; tua ciues gloriarentur, & gẽtes omnes ſubactæ tuum ſpectarẽt nutum, populuſq; romanus & ſenatus liberatus timore, ampliſſimis tuis cogitationibus cõſiliiſq; gubernaretur, nõ audebam tantis occupationibus de architectura ſcripta, & magnis cogitationibus explicata edere: metuens ne nõ apto tempore interpellans, ſubirem tui animi offenſionem. Cum vero attenderem te nõ ſolum de vita cõmuni omniũ curam, publicæq; rei cõſtitutionem habere, ſed etiam de opportunitate publicorum edificiorum, vt ciuitas per te nõ ſolum prouinciis eſſet aucta, verum etiã vt maieſtas imperii publicorum ædificiorum egregias haberet autoritates, non putaui pretermittendum, quin primo quoq; tempore de his rebus ea tibi ederem. Ideo q; primum parẽti tuo de eo fueram notus, & eius virtutis ſtudioſus. Cum autem concilium cœleſtium in ſedibus imortalitatis eum dedicauiſſet, & imperium parentis in tuam poteſtatem tranſtuliſſet, idem ſtudium meum in eius memoria permanẽs, in te contulit fauorem. Itaq; cum M. aurelio, & P. minidio, & Cn. cornelio, ad apparationem baliſtarum & ſcorpionũ, reliquorumq; tormẽtorum refectionem, fui preſto, & cũ eis cõmoda accepi: quæ cum primo mihi tribuiſti, recognitionem per ſororis cõmẽdationem ſeruaſti. Cũ ergo eo beneficio eſſem obligatus, vt ad exitum vitæ non haberem inopiæ timorẽ, hæc tibi ſcribere cepi: q; animaduerti multa te ædificauiſſe, & nunc edificare: reliquo quoq; tempore, & publicorum, & priuatorũ edificiorum, pro amplitudine rerum geſtarum, vt poſteris memoriæ traderentur, curam habiturum. Cõſcripſi perſcriptiões terminatas, vt eas attendẽs, & ante facta, & futura qualia ſint opera, per te nota poſſes habere. namq; his voluminibus aperui omnes diſciplinæ rationes,

Quid ſit architectura & De architectis inſtituendis, Caput. I.

ARchitectura eſt ſciẽtia pluribus diſciplinis, & variis eruditionibus ornata, cuius iudicio probãtur omnia quæ ab ceteris artibus pficiũtur opera. Ea naſcitur ex fabrica, & ratiocinatiõe. Fabrica eſt continuata ac trita vſus meditatio, quæ manibus perficitur e materia cuiuſcunq; generis opus eſt ad propoſitũ deformationis. Ratio

图 2　16 世纪初 Fra Giocondo 版《建筑十书》首页

“建筑”语字源自拉丁文，其语义显然也应当源于拉丁文。

同样，维特鲁威的《建筑十书》对此也有述释。其说：建筑（architectvra）是由法式（taxis）、布置（diathesis）、比例（evrythimia）、均衡（symmetria）、适合（decor）、经营（oeconomia）构成的。尽管这一对建筑的述释有些抽象，但从中仍可得到的几点解释却是明确的。首先，建筑是一种实物存在，其整体和细部都需要有一定量的构成的“法式”，总体“布置”、各部分“比例”都必须是协调的“均衡”和“适合”的，而且要使“经营”出来的存在可就地取材，宜于场地，业主适用；其次，建筑是一个技术问题，一定的“法式”，就是具有一定的尺度“比例”，怎样才能“经营”出材料易得、造价适宜的建筑等，都含有一定的技术性质;再次,建筑也是一个具有艺术成分构成的存在,要有优美的构图"布置"、匀称"比例"、总体"均衡"等,且不能不具有艺术的头脑思维和艺术的眼光审视。可见,维特鲁威赋予"建筑"的语义,恐非单一内容,而是一个多义的"建筑"概念,至少已包括上述三种含义。

此后,受古罗马文化传播或影响的地区和人们,当然也接受了拉丁文的 architectvra 或 architectura,语字上或完全接受、或修改接受、或译转接受,语义上却是完全接受的。首先是欧洲和邻近的北非、西亚及西南亚,其次是到了近现代欧洲文明的广泛扩张,美洲、澳洲(或大洋洲)、非洲和其他亚洲地区,随着欧洲近现代文明的逐渐浸入,"建筑"也被融入了文化渗透的洪流中,在译释的接受中,也基本上是沿袭使用维特鲁威的"建筑"概念,或清晰,或不甚清晰,但在实际使用的概念中,却说明人们已接受了该概念。可以说,至现代的世界各文明区域,无不为欧洲及欧洲殖民的北美的现代文明所折服,在现代科学的传播中,来自欧美的大量语汇,逐渐融入各语言体系中,包括汉语的"建筑"(汉语中原无"建筑"之词),也是来自近现代的西方科学文明的传播,当属于是"外来语"。

然而,文化的传播、接受(或冲突)、融合(或排斥),却是人类文化发展的必然规律,接受后的外来文化也就逐渐被融入了原有的文化体系中,与原有的文化逐渐融为一体。如中国,在近代接受了外来语"建筑"(据传是由日文转译而来)这个词汇,而原本无"建筑"之词的汉语,对"建筑"并不见有什么排异现象,似乎还很乐意接受这个外来词,以致至今看来,现代的中国文化已离不开"建筑"了,如果没有"建筑",倒是现代的中国人将不知该怎么生活和交流。显然,这种外来语的接受,是很自然的事情,也是非常有利于人类文化总体发展的一种文化交流。那么,所接受的外来语的语义,主要还是沿用母语的原义,是否有新的语义增加或转化,这则视文化科学研究的发展情况而论,对汉语的"建筑"来说,至今仍然是完全接受其原母语的语义。中国的建筑理论研究和汉语的"建筑"之词研究,都还没有出现需要对该词语义进行修正或补充的迹象;世界各地其他语言对"建筑"的研究,也同样不见有异义的提出。

因此,这就是现代人们所使用的"建筑"概念,即"建筑"是个多义词,明确地说,当有建筑物、建筑技术、建筑艺术这三种基本含义。

当然,建筑理论界对"建筑"的研究,不只是维特鲁威的《建筑十书》,尚有许许多多的独到见解及历程,这些内容我们可在下文的"史论"中继续讨论,在此我们仅提出这么个基本概念而已。

1.2 建筑学

"建筑"概念的提出,是人们认识"建筑"的前提,如果人们以此为对象,来进行专门的研究,并试图作为一门学科,或许这门学科就可称之为"建筑科学"或"建筑学"。

不过,至今人们所能知道的,自古罗马的维特鲁威以来,已有难以计数的前人或世人已对"建筑"作过很多的研究,人们也默认在人类科学体系里有"建筑学"这么一门学科,可什么是"建筑学"?似乎还不甚明确或不清晰。不过,若作为一门学科,这同样是一个无法回避的概念,这也是我们接着需讨论和认识的一个问题。

建筑学既是一个名称,也表达了一定的实际内涵,是"名"与"实"两方面构成了建筑学作为一门客观存在的学科,并科学而合理地立于人类总体的科学体系之林中。但是,长期以来的建筑理论发展,还存在着让人困惑甚至是费解的地方,也许还有一串感叹!这当作何评介?未敢妄言,只是怀揣着慌恐之心,在认识"建筑学"的概念的同时,依科学的基本原理,仅作一定程度的梳理而已。

1.2.1 "建筑学"不等于"建筑"

"建筑学≠建筑",这是显而易见的。

然而,自拉丁文的 architectvra 或 architectura 的出现并被广泛使用以后,到现代科学技术席卷全球后最普遍使用的语言英文的"architecture",实际上都有将此语既作"建筑"之释、又作"建筑学"之称的概念的使用现象。

维特鲁威著的 16 世纪初 Fra Giocondo 版 *M. Vitrvvii De Architectvra Liber Primvs*(拉丁文,参见图 2)、20 世纪初的 M. H. Morgan 的 *Vitruvius' Ten Books on Architecture*(英文)、20 世纪中叶森田庆一版「ウィトルウィウス建筑书」(日文),其 Architectura 或 Architecture,都被释译为"建筑";

中国建筑工业出版社20世纪80年代中期以后陆续出版的一套“建筑理论译丛”中，有英国G. Scott著 *The Architecture of Humanism*（译为《人文主义建筑学》）、丹麦S. E. Rasmussen著 *Experiencing Architecture*（译为《建筑体验》）、美国R. Venturi著 *Complexity and Contradiction in Architecture*（译为《建筑的复杂性和矛盾性》）、意大利M. Tafuri著 *Teorie E Storia Dell' Architectura*（译为《建筑学的理论和历史》），等等，则译为“建筑”或“建筑学”均有。英国Oxford University Press（牛津大学出版社）1963年出版的词典对“architecture”的解释是这样的：“art and science of building; design or style of building”（意为“建筑物的艺术和科学、建筑物的设计或样式”），其意思也似乎两者都有，前者偏向于“建筑学”，后者则似偏向“建筑”。

显然，从拉丁文architectura到英文的architecture的语言使用现象中，至少可以发现这么一点：被释译为“建筑”和“建筑学”两者的意义是非常接近的。然而，无论是被译释的语字，还是译释的语言，混淆这两种词的意义是不科学的，尽管其两者的意义已俗成，且为人们所熟知和使用，同样也是不应该的，人们必须给予一定程度的审视和反思。

以目前世界上使用最广泛的语言——英文而论，“architecture”本身的构词就有一定的规则意义蕴涵。Architecture，大致是由词根“tect”和前缀“arch-”、后缀“-ure”构成的，英语大多源于拉丁文，拉丁文又源于希腊语及此前的腓尼基象形文字，这在上文的讨论中已交代过了，故解剖architecture，可在源头寻找其原意。词根“tect”在希腊语中，其词义是“木匠”，在人类文明早期，木匠的工作大概主要也就是人类居所的构筑，因为木结构在人类早期的居所中占有较大的分量，则人类居所的构筑者主要是木匠。前缀“arch-”，加在名词之前的意义是“首要的”或“主要的”，若加在词根“tect”之前，合成后其意义便是“主要或首要的木匠”，而木匠又是人类居所的主要构筑者，那么在首要的“主要构筑者”里，显然只有“建筑师”，这即是词根“tect”加前缀“arch-”后的“architect”的词义。名词性的后缀“-ure”，表示为其行为及行为结果或状态，或表示为进行某种行为活动的工具以及其集合总称，若后缀于architect之后，则其意义便表示为建筑师的行为（设计活动）、行为结果（建筑设计及建筑的图纸）、行为活动的工具（建筑技术和艺术），显然其集合总称的词义更接近“建筑”，若要说也有“建筑学”之意，似乎稍欠妥当。因为在英文词汇里，基本上是没有以“-ure”为后缀的词来表示某种“学说”或“学科”的，在后缀中用以表示某种“学说”或“学科”的，一般有“-logy”（technology，工艺学）、“-ery”（mechinery，机械学）、“-nomy”（astronomy，天文学）、“-phy”（philosophy，哲学）、“-urgy”（metallurgy，冶金学）和“-ics”（mechanics，力学）等，若在这些后缀里找一个恰当的后缀，或许用以表示“建筑学”会更合构词规则的词义，比如“architectery /-təri/”或architectology/-lədʒɪ/等。显然，这样会更便于人们在语言的使用上，可以明确地区分“建筑”与“建筑学”的不同。

实际上，人们似乎也早已发现这个问题，并试图将“建筑”与“建筑学”区分开来。如现代出现的一种国际性语言——世界语（esperanta），是一种音义合一的字母语言，建筑是“konstrui”，建筑学是“arkitekturo”，而且“建筑学”是在“建筑”基础上构成的，包括“建筑物”（konstruajo）、“建筑师”（arkitekto），也是在“建筑”之词的基础上构词的。可见，建筑与建筑学以及建筑物、建筑师等词的区分，是早为人们所认识的语言问题。

当然，“建筑”与“建筑学”在世界各语言文字中该怎么被明确区分会更科学一些，则还有待于人们的继续研究，此处并非是对语言问题的专论，故不再深究与赘述。不过，认识“建筑”与“建筑学”在语言使用上的区别，却是完全必要的，也是建筑科学研究所必须理清楚的一个基础性问题。

“建筑学”是一种学说，是一门科学，这是毫无疑问的；“建筑”是人类生活活动的居所，是人类改造自然的构筑物，两者存在很多区别，根本无法等同。

首先，从其各自的产生或形成的作用和目的来看，建筑与建筑学便不同。

建筑学是为了指导人们从事建筑活动而产生或形成的，是作用和目的统一，都是在人们的建筑活动中起指导作用的，也以此为最高的目的，即使在其产生或形成之初，尚不能说是一套完整的学说，但最初对自然的认识以及在改造自然的活动中所积累的经验，已具备对建筑活动的指导作用。但建筑学本身,无论有多么完善,其作用和目的也仅在于对人们的建筑活动进行指导,只能在指导建筑活动的过程中来体现其作用,并实现其目的。而建筑,无论其内涵是什么,建筑产生于人类的"防寒避雨"的居所是明确的,其居所还是人类建筑的最初形式,且这种居所的建筑产生的作用和目的,也都是为了人类自身的"防寒避雨",使人类能战胜自然,从大自然中独立出来,最终成为这个地球的统治者或主宰者。如果没有建筑,人类则仍然混迹于大自然的生物圈中。而且即使建筑内涵有了新的发展,但建筑的基本作用和目的仍然不变,否则就不是"建筑"了。可见,建筑给予人类的作用是直接的,而建筑学的目的是作为一种指导理论,则对人类的"防寒避雨"等需求的作用就相对是间接的。

其次,从各自的存在形态上看,建筑学与建筑也有很大区别。

建筑学是一门学科,应当属于科学的范畴。按照学术界较普遍的观点,是将所有存在的东西划分为三种形态,即意识形态或心理形态、物质形态以及介于这两者之间的心物结合形态;有的划分为四种形态,即保留意识形态和物质形态两种类型,而将心物结合形态又划分为两类,包括较接近意识形态的艺术形态和稍接近物质形态的技术形态;也有仅划分为两种形态的,即保留物质形态,而将心物结合形态和意识形态合为一类,称"社会意识形态"。若以"三分法"而言,科学本身是以意识形态而存在的;至于具体的学科,则视具体学科的研究对象而论,可按被研究对象的三种存在形态的不同,分别归入人文科学、社会科学、自然科学这三类不同的科学范畴(参见本篇第3.1部分)。建筑首先是一种人类的居所,人类砌石成墙、搭木为盖,以避寒雨、虫蛇,是一种物理现象,所构成的满足基本"住"所功能需求的建筑当然是实物存在,其存在形态能不是物质的?尽管人们赋予"建筑"概念以多义,还包括了建筑技术、建筑艺术的含义,建筑技术和建筑艺术也非以意识形态而存在。所以,本身非科学的"建筑"与属于科学范畴的"建筑学",不能不说是有很大区别的。

再次,从两者的构词情况看,构词类型也是不同的。

建筑学和建筑都是名词,但建筑学是以"建筑"为词根的,是由"建筑"加上后缀词素"学"而构成的。当然,"建筑"是外来语译词,可"建筑"不是音译词,而是意译词,在中文里,"建筑"是由两个同义词根"建"和"筑"联合构成的词,与原文的 architectura 或 architecture 意义相近,可联合构成"建筑",似乎已变成为一个专用名词,具有与"建"和"筑"不同的含义,则"建筑"便好像又是一个素词——双音词素。而后,以该双音词素为词根,后缀上另一词素"学"以后构成的"建筑学",词义当然不同。而 architectura 或 architecture,也是一个派生词,由希腊语的词根"tect"加上前缀和后缀,若以同样的前缀和后缀,缀以相同的词根,来表达两种不同的词义,似乎也欠妥当。故而,"建筑学"和"建筑"的词型不应该是译释自同一"architectura"或"architecture"的原词的。

总之,建筑学与建筑,从产生或形成的作用、存在形态以及构词用字等方面来比较,都不可能出自一个概念,若将"建筑学"等同于"建筑",那么"建筑学"是什么?人们将难以认识"建筑学",也无法清晰地理解"建筑"。

1.2.2 建筑学也不等于"建筑"之"学"

建筑学≠"建筑"之"学"?这似乎有点不易理解。难道建筑学不研究建筑?不,建筑学当然也研究建筑。只是"建筑学"与"建筑"之"学"还是有一定距离的,这一点也同样是本课题的一个关键问题。

"建筑"之"学",当然是指有关建筑的科学,可简称"建筑科学"(architectural science)。由于建筑的目的,是构筑"防寒避雨"的居所,或者说是构成一个独立的人居环境;而所构筑的居所是建筑物,人居环境更是由建筑物构成的。则有关建筑的科学,显然也可以说是有关建筑物的科学(science of building),且只要是有关建筑物的构成内容,当然都可以由建筑科学来研究。

然而,建筑物的构成内容,自人类建筑形成以后,便不是恒定不变的单体,而是一个不断膨胀的复合体。一方面是建筑类型的膨胀,另一方面是构筑形式与内容的增加。

建筑是源于人类与大自然抗争而取于自然、仿于自然的居所,但居所并不能满足人类生活的全部需求,紧接着而出现的是人死后的墓葬建筑以及对自然鬼神敬畏和祈望"图腾"所出现的带有一定宗教性质的宗教建筑。也随着人类的不断发展、壮大,人类不仅独立地脱离了生物圈,而且逐渐有主宰整个世界(或地球)的趋势,在人类社会群体不断膨胀的情况下,由聚落部族逐渐演变成城邦、国家,城邦、国家中所应有的各类建筑接踵出现,部落会所、城镇机关等的行政建筑,集市、旅店等商业建筑,剧院、竞技场等娱乐建筑,作坊、车间等生产建筑以及基本上是近现代人类文明产物的工业建筑、医院建筑、教育建筑、科研建筑、体育建筑、交通建筑、通信建筑等,甚至还不断有新建筑类型继续出现的趋势。由此可见,日益膨胀的建筑类型,是难以尽述而给以限定的,这是建筑物内容的一个方面。

另一方面,随着建筑类型的增多,原始居所的木屋草房的简单构筑方式已逐渐无法满足新建筑类型出现后的功能空间扩大的需求,从使用材料到构筑形式,都不断有新发明和应用,材料由土木、砖石到混凝土、钢筋、钢管等的逐步被推出,构筑形式也由简单的土木砖石结构到钢筋混凝土结构、钢结构、钢管混凝土结构等相应于不同空间需求而陆续被创新采用,每一次新材料的出现或新结构形式的采用,都给建筑物带来了不同空间构成的内容。况且,在此同时,人类科学技术的发展,对建筑的渗入,也使建筑物不断有新的技术成分的增加。即使是最基本的人类居住建筑,技术成分也日益增多,由基本的给排水、照明到通信、电声、监控等,逐渐有新专业内容加入,甚至防震、防火、防盗等也被认为是一些独立的专业性内容。至于其他类型的建筑,已被作为一种专业的专业性内容就更多了,而且还有日趋专业化、多样化的可能趋势,这恐怕是人类最早的建筑理论创立者们所始料不及的。

难道建筑界的人们可以说:建筑类型不许再膨胀?科学技术发展后的新专业内容不许再加入?显然人们是不可能这么说的。况且,人类建筑至今,已越来越离不开这些已经加入或独立的专业内容了。甚至,现实中的人们还渴望有更多的新专业内容的出现和加入。

无论是什么类型的人类构筑空间形体,只要是作为人类生活活动之用的,或用以构成人居环境的,都大致可称之为建筑物;也无论是什么专业加入参与建筑的构筑的,也都可认为是建筑的构成专业。那么,建筑物的构成内容,显然便是一个非常庞大而复杂的综合体。

对于这么一个综合体,人类的任何一个人都不可能完全精通它。因此,客观上要求人们采取“分工协作”的办法,不同的方面或专业,当由不同的人来掌握,然后在每一幢建筑物的构筑形成过程中,协同合作,合力完成其建筑物的每一个方面或专业,这才构成一幢完整的建筑物。于是,有关建筑的科学(或“建筑科学”)便形成为一个具有诸多专业构成的学科体系,而非为单一专业的一门学科。无论是开展建筑科学教育,还是从事建筑科学研究,已不可能仅仅是一个“建筑科学”专业,而应当是一个由许多专业构成的建筑院校或建筑研究院(所)。而今看来,人们接受建筑科学教育或致力建筑科学研究,也已不可能学遍建筑科学的所有专业,更不可能对所有建筑科学的构成专业都有深入研究。那么,后人们在建筑科学领域里的“分工协作”,就成为一种约定俗成的客观必然现象。

实际上,“建筑”之“学”或“建筑科学”的多专业性,在建筑科学形成之初已露端倪。据记载,古罗马之前的古希腊时期,就已有内容相当完善的建筑科学著作出现,以现今的专业眼光看来,已有建筑构造、建筑制图、建筑施工、建筑机械等内容,只可惜现今尚未发现当时的原著,使人无法探询其具体内容而令人叹息。不过,从抄本的《建筑十书》中,人们仍然可以多少了解到古罗马时期人类的建筑科学理论的发展状况,也能找到发展至今的建筑科学中的某些专业在当时的影子。

从其内容上看,《建筑十书》中各“书”的内容大体是:第一书大致是全书的绪论,第二书是建筑材料,第三书和第四书是宗教建筑的“神庙”建筑,第五书是公共建筑,第六书是居住建筑,第七书是建筑装饰,第八书是建筑供水,第九书是建筑物理,第十书是建筑机械。除了第一书绪论和第三书至第六书是三个不同建筑类型外,其他五书论述的就是不同的专业内容。而各书中,实际上还夹杂着一些其他专业内容,如建筑结构(第一书的“五、城墙的基础”、第三书的“四、神庙基础”、第六书的“八、住宅的基础”等)、建筑构造(第二书的“八、墙体的种类及构造”等)、建筑声学(第五书的“四、和声学”、“八、场地的音质”等)、城市规划(第一书的“六、城内建筑的划分和避免有害气流的布置方法”等)等专业内容。

也许，在当时的维特鲁威先生看来，这只是一门有关建筑的科学的专业，故而称为“architectura”科学专业。可是，以现今的科学分类或学科分支眼光看，这却是包含有诸多专业内容的“建筑科学”（或“建筑物科学”）。

而建筑学，是以研究“建筑”概念为核心的一个学科，虽然维特鲁威先生的“architectura”概念与现代的“建筑”概念，都大致相同，有“建筑艺术、建筑技术以及建筑物”的内涵，但并非所有与建筑物有关的内容，“建筑学”都研究。特别是随着人类科学技术的发展、建筑物内容的增加，建筑物内容中的诸多专业相继独立为一门学科来专门研究以后，建筑学本身并不参与讨论，仍然保持着自己作为一门学科的状态而存在着，建筑学也并没有被渗入或分化独立出来的专业所肢解。

那么，建筑科学或“建筑”之“学”与建筑学显然是不相等的，两者存在着明显的距离，而且，这两者的距离还越来越明确。同时，人类科学发展的客观环境，也需要这两者之间的明确区别，因为这并非是以人的某种意志为转移的主观现象。而可能有的，倒是现实中的人们对某些基本概念理论的模糊所产生的概念混淆现象。

1.2.3 建筑学是一门独立的专业学科

“建筑学”，不等于“建筑”，是显而易见的；也不等于“建筑”之“学”，亦不难理解。那么，建筑学是什么？人类科学发展的客观状况，要求它必须是一门独立的专业学科，而非是一个包含着诸学科内容或问题的综合体。

世界上存在的任何事物，无论是以何种形态存在，都可能成为科学研究的对象；而科学研究，正是面对着任何存在的事物，包括这个地球上存在的，甚至是地球之外的太空或宇宙存在的任何东西。但科学研究的历史尚短，大概不可能早于人类语言文字的产生之前，而在这短短的几千年里，人类发现的、需要科学来研究的东西太多了。故而“科学”很忙，对人类发现而提出的所有问题，还来不及一一立即给予研究解答。况且，科学是由人类支配的，天性具有“急功近利”倾向的人类，便会作出一定的缓急选择，这也就是后来科学形成以及各个具体学科逐渐出现的主要原因。

于是，人类现实中某个学科被人们所研究而形成或出现，通常必须具备两个条件：第一个条件是学科的被研究的对象确实存在；第二个条件是学科对人类的现实生活活动应当具有一定的指导意义。因为“言之有物”，这是任何学科成立的前提条件；而“功利主义”，则通常是驱使人类去从事科学活动的最主要的动力条件。否则，可能因为“科学”很忙，人类在与大自然的斗争中，使“科学”还没有喘息的机会——无暇顾及。

建筑源于人类居所，是人类赖以生存的主要组成部分之一，也是人类文化的重要构成内容，是一种无可置疑的人类创造的存在；而且，人类自独立于生物圈之外以后，再也离不开建筑的存在和发展。故而，研究建筑，回答人类现实生活中离不开建筑或需要建筑的有关问题，解决建筑与大自然可能存在的一些矛盾，等等，不能不说这种研究具有一定的“功利”意义。那么，当人类自身及人类文化具备一定的研究条件时，建筑的科学研究便出现了。

而科学研究的由浅入深、由简单到复杂的基本规律，同样也是人类进行建筑的科学研究的发展过程所印证的一条规律。

人类对建筑的研究，应该说是源于人类在认识自然和仿于自然的建筑活动中的经验积累，基本的功能需求、满足方式及构筑技术，大概便是最早的研究成果。记载中的古希腊时期的建筑研究著作，其内容也大概是这些。随着人类文化的发展、建筑类型的增加，在古罗马时期，人类研究建筑的成果已至少有了《建筑十书》的广泛内容，不仅有明确的建筑类别被区分，天文、地理、水文、地质以及数学、物理、哲学、历史、语言、音乐等科学成果也被建筑研究融入其中，尽管《建筑十书》仅标明是维特鲁威先生一人所著，但事实上这或许是维特鲁威先生汇集此前该区域人类的研究成果而形成的一部书。于今看来，此书更像是当时有关建筑的一部“百科全书”，可见建筑研究已是一个不小的构成体系。而后经过中世纪、文艺复兴时期至近现代，建筑科学研究内容日益丰富，被融入的其他科学内容更多，至今已是一个非常庞大而且内容复杂又细腻的构成体。

那么，人们该如何对待这个庞大的科学体系？这是一个对建筑的科学研究所必须回答的问题，也是总体科学体系的合理构成所无法回避的一个主要问题。

以一般科学发展的规律而言,科学体系日益膨胀而学科划分却日益细腻,这是科学发展的必然。而科学体系中各学科的构成,又必须是一个合理的构成体系,既要求科学范畴内的每一种事物存在都必须有某个学科来研究,又要求学科之间的分布必须合理,且互不交叉。因为"科学"本身已经很忙了,如果再出现某个事物存在或对象是同时由两个或多个学科来研究的,则这样的多个学科重复研究岂不浪费,这恐怕是科学体系的设置所不愿意的,也是学科分布要求所不允许的。

科学地说,建筑科学发展至近现代,已是一个不小的学科体(即学科构成体),而非单一的一门学科。在这个学科体中,建筑学只是其中的一个主要的构成学科,而不是包容着这个学科体的一个总称谓。如果说"建筑学"既是这个学科体的总称谓,又是一门学科,那么,"建筑学"这门学科与建筑学科体内的其他构成学科的研究不就有交叉和重复了吗?这样的建筑学科体系的分布还算合理和科学吗?

显然,建筑科学研究是一个综合体或学科体,建筑学只是其中的一个构成部分,或者准确地说,是一个主要的构成学科,而且是一门独立的学科,它应该有自己独立的研究对象、研究内容或严格的研究范围。这是建筑学作为一门学科所必须依循的科学的基本原理,否则,建筑学就不具备作为一门独立学科的先决条件。

科学是发展的,科学体系中的学科同样也是发展的。维特鲁威时期,《建筑十书》可以说是建筑学的一部著作,因为当时有关建筑的研究,大致就只有这些,人们并没有进行更细腻的学科区分,更没有建筑科学研究上的分工协作,当然也就没有其他学科出现来参与对建筑科学研究的划分,从广泛意义上讲,《建筑十书》就是当时的一部建筑学。但是,后来建筑科学研究发展了,特别是文艺复兴以后,文化以及科学的发展速度非常快,近代科技文明的迅猛发展,使"科学分类"分蘖更快而细腻,在维特鲁威时期的建筑科学中已有一些内容,被分而独立出来,成为一门专业学科,如城市规划、建筑材料、建筑结构、建筑机械等,则在现代看来,《建筑十书》的内容,并不是建筑学一门学科的内容。因此,现代的建筑学,应该是除去了已经被独立出去的成为一门学科的内容以后,仍然具有自己独立的研究内容或对象的这么一门学科,当然仍称"建筑学"。只是其研究内容与对象应该区别于古老的建筑学,这是科学以及建筑科学发展的必然现象,人们应该认识和承认这种科学发展现象的事实,而不能以僵死不变的眼光来看待科学的发展,这是研究者必须具备的非常重要的一种科学心态或科学观。

以现代的建筑科学发展来看,建筑研究的内容除了沿袭古希腊、古罗马的基本内容以外,也增加了一些其他学科对建筑科学渗透的内容。不过,其他学科在对建筑科学研究渗透的同时,基本上也都形成自己独立的学科内容,如建筑电气、建筑通信等;而在所沿袭的古老建筑科学研究的基本内容中,也有一些内容相继被独立出来,并成为一门独立的学科,如建筑材料、建筑机械等。那么,在"建筑"概念的基本含义里,"建筑物"的构成材料及成形过程已有建筑材料、建筑施工等学科研究,"建筑技术"的基本内容有建筑结构、建筑物理等学科研究,"建筑艺术"的基本问题有建筑设计、建筑装饰等学科探讨,也许这些独立的学科对"建筑物"、"建筑技术"、"建筑艺术"的研究并不尽其所有的内容,但仍遗存在"建筑"概念里而没有被独立学科研究的,恐怕便主要是"建筑"概念本身的一些本质性问题了。

因此,如果"建筑学"确实必须作为一门独立的学科而论,建筑学的的确确是一门艺术学科,是一门具有实用性意义的特殊的艺术学科,当属于以一种心物结合存在形态为研究对象的社会科学范畴。而人们在对所有事物作存在形态的分类里,一般以"三分法"为大众所接受(参见本书第 1.2.1 部分),这种对事物存在形态的划分方式,刚好与科学三部类的划分相对应,即以物质存在形态为研究对象的属于自然科学范畴、以心物结合形态为研究对象的属于社会科学范畴、以意识形态为研究对象的属于人文科学范畴。建筑学以"建筑"概念本身的本质性问题为主要研究内容,由于"建筑"的基本内涵是建筑技术和建筑艺术,则当然应该是属于社会科学的范畴。

由此亦可知,建筑学的确不等于建筑(architecture),也不等于建筑科学(science of biulding),更不能随意以这两者来替代之。建筑学,应该是一门独立的专业学科,其实,此前的建筑界还没有这样肯定地给过一个明确的概念，一直是在与“建筑”或“建筑科学”的概念混淆使用中发展着，在人们头脑中也一直没有过一个科学而明确的“建筑学”概念。不过，在文艺复兴以后的近现代建筑史的研究里，人们已经可以从建筑时代的断代主要是以艺术形式为划分标准的这一史实中（详见下文“史论”），感受到建筑学理论发展的主导内容和方向，只是不太明确而已。而本书正好是针对这一现象而作的，或许也能起到点明建筑学主导内容和方向的作用，给人们认识建筑学以及“建筑”、“建筑科学”等概念一个较明确的提纲和答案。

1.3 建筑与建筑学的关系

建筑与建筑学的关系，很象是文化与文化学的关系。而且，两组概念本身，也甚是相似。

文化，即人类文化，产生于人类早期，大概与人类建筑差不多是形成于同一个时期，即人类建筑大致是随着人类文化的产生而出现的。“文化”（culture）之词，也是源于拉丁文的 cultura，后缀词与“建筑”之源的后缀词完全相同；“文化学”之词至今同样仍是一个空缺，有人建议以“－logy”后缀之而成“culturology”（文化学），但没有得到统一认可，若建筑学亦非“建筑”（architecture），则不是很相似？文化，是人类区别于其他动物的一个最主要、最本质的标准；建筑，也是使人类独立于生物圈之外的最基本的构成。文化学，并不研究所有的人类文化的东西；建筑学，同样也不研究人类建筑的所有构成因素或内容。如此等等，这也许是一种巧合，但确实是这样存在的，这不得不令人惊叹这两者的相似。我们在此讨论“建筑与建筑学的关系”，恰好有“文化与文化学的关系”作参照，或许可从中得到一些启迪而有更深切的理解。

从文化的角度而言，文化学是一门学科，属于科学的范畴，当然也是一种文化；反过来，从文化学的角度来观察，文化是文化学里的一个主要概念，也只有文化学才能真正阐明“文化”的基本性质和内涵，则文化又是属于文化学的范畴。相似地，我们也可分别以这两种不同的角度来审视“建筑与建筑学”这一关系，也许就会了解得更真切一些。

1.3.1 建筑学是建筑领域里的一个组成部分

首先，我们应该在上文论证的、承认“建筑学≠建筑”的观点的前提下，来讨论“建筑与建筑学的关系”，这才有两者的比较、分析的可能。而“建筑学”和“建筑”都非虚拟的东西，都是一种现实的存在，以不同的立场或在不同的角度上，来讨论某种特定关系，如在地球上观察月亮和在月亮上观察地球相似的，都能在认识自己的同时也认识对方，并得到认识的相互补充，使人们对两者的认识更完满，这也才有讨论两者关系的现实意义。

如果站在“建筑”的立场上，或者说以“建筑”的眼光，来看待“建筑学”和“建筑”自己以及两者的关系，建筑是人类社会存在的一个领域，建筑学则仅是该领域里的一个组成部分或因子。

人类社会是一个混融体，有协调的构成分子，也有不协调的构成分子，协调的构成分子与其他构成分子相互融合，不协调的构成分子虽无法与其他构成分子融合，却也混合其中。不过人类社会中的各构成分子的融合和混合是相对的、暂时的，只要各构成分子是发展的，就可能有协调或不协调的现象出现，而同一的追求人类社会“善”与“美”的共同目标，又可使各构成分子的协调和不协调现象交替出现。于是，在人类社会的“善”与“美”完全实现以前，人类社会确是一个混融体。

在人类社会这个混融体里，各构成分子是在人类社会的不同时期相继出现的，也是应乎人类社会发展的某种需求而出现的。

人类脱离生物圈而独立后，首先是以群居的形式出现的，一起围猎或农耕，一起抵御外来的侵袭，逐渐形成部落，有了一定劳动分工或协作分工，于是，客观上需要协调、分配、管理的一种特殊劳动的“分工”，这种“分工”的结果大概就产生了“政治”（politics）；而后，不直接参与生产、而只从事这种特殊分工的“劳动”，又逐渐形成为一个群体，并有了其不断完善的工作体系，随着人类对工作经验给以总结和研究，“政治”便作为一个独立的领域就形成了。

“自给自足”是人类早期的生活方式，当劳动能力或生产能力有了一定的提高，人们在原有的“自足”之外有了一定的剩余产品，需求便有了一定的增长，促使人们在不同群体或部落之间进行物物交换，或者是固定在某种等价物或媒介上的交换，“经济”（economy）便出现了最早的萌芽。人类的生活需求的不断增长，需要交换的生活用品范围也随之扩大，生产与消费或使用之间逐渐出现了一个流通环节以及影响这一整个过程的各种因素，并独立为一个人类社会的构成领域，这就是“经济”领域。

人类社会除了政治、经济领域以外，还有军事、宗教、艺术、科学、教育、卫生、法律、语言、体育、交通、通信等，都是各自独立的一个领域，各个领域都是人类社会的需要，至今看来人类社会似乎已无法缺少这些领域，就像本论主题的“建筑”，也是一个独立的人类社会构成领域，人类社会同样也缺其不可。

建筑，是使人类脱离生物圈的最基本的人类创造或存在，是人居环境区别于自然环境的基本构架，是人类防止其他动物或自然现象的侵袭的基本围护。至今看来，若没有建筑，人类早期将不知怎么独立，也不知将怎么生存，这说明人类早期显然不能没有建筑；发展至今的人类，不仅完完全全地独立了，而且还是整个生物圈的主宰、整个地球的主宰。而原始的建筑意义已有了相当多的发展，但目前的人类社会仍然无法离开建筑，建筑仍是人类社会的一个非常重要的、也是不可缺少的组成部分，国家、城市，或企业、部门，甚至家庭、个人，建筑都是其重要的组成或标志，从某种程度上讲，建筑是其一定意义上的代表或体现。于是，建筑被人们作为一个独立的领域来研究、管理，以及从事其各个构成环节的活动，或许也可以这么说，建筑同样是为了满足人类社会的某种需求而出现和逐渐形成为一个独立的领域的。

因此，作为一个独立领域的建筑，应当与其他所有人类社会的构成领域一样，包括着诸多的构成环节和内容。迄今看来，在建筑领域里，一般而言大致可分成四大构成部分，即建筑研究、建筑计划、建筑成形、建筑使用与管理。

建筑研究，是对建筑的一般规律和过程所进行的研究，它并不具体针对某一建筑，而是对建筑整体而论的，揭示建筑的普通规律和一般性原理，也制定出符合建筑科学原理的规范规程。所形成的建筑理论和法规，将指导建筑整体的发展过程以及每一幢建筑的形成过程。

建筑计划，是针对某一区域或某一时期的建筑或建筑群而言的，从投资意向、可行性研究到基本方案，以一般的建筑科学理论和法规为指导，具体分析特定的建筑环境、空间等因素，并在比较讨论中，选择出最具科学、合理性的建筑计划方案，这是一个具体建筑或建筑群、或建筑区域的前期过程。

建筑成形，是对一定建筑计划的实施过程，包括图纸设计、砌筑施工、竣工验收等环节的逐步成形过程，同样也以一般的建筑科学理论和有关法规为指导，以各环节特有的功能作用协同完成特定建筑的成形过程，这是一个由无形到有形、由计划到现实的建筑基本过程。

建筑使用与管理，则是建筑成形后，实现其建筑功能作用的过程，没有这一过程，建筑仅有其形，而没有其实际功能意义，故而这一过程对建筑来说也是缺少不得的。这一过程包括科学合理的使用、长期的观察和及时的维修以及其他各种配套管理等，同样也要以一定的建筑理论为指导，并满足有关规范规程的要求，这是对具体建筑的一个后期配套过程。

除了建筑研究部分是理论过程以外；其余的计划、成形、使用与管理部分都是建筑的实际过程，并以“成形”为建筑的基本过程，但都以建筑研究的理论为指导。这样，便组成了建筑领域的四大构成部分。无论是哪一个构成部分以及其构成部分的什么内容，都是建筑领域的构成因子或构成分子，而且每个构成部分或构成因子都可能是一个子系统或孙系统，然后由诸多子系统和孙系统来组成一个建筑领域的整体。

其中的建筑研究部分，就是建筑领域里的一个子系统，如果以现代较普遍的研究专业来划分，大概有基建投资、建筑经济、建筑艺术（或建筑专业）、建筑结构、给水排水、建筑电气、采暖通风、建筑勘探、建筑测量、建筑材料、建筑施工、建筑机械、建筑管理等专业系统，其中当以建筑艺术（或建筑专业）为核心；而在建筑艺术（或建筑专业）的研究中，最主要或最重要的学科，当数“建筑学”，同样，“建筑学”是建筑专业乃至建筑领域的建筑研究子系统中最主要、最重要的一门学科，因为“建筑学”是一门研究建筑领域中最基本、最本质的概念的学科。

当然，无论建筑学在建筑领域中是否重要，不管怎样，建筑学确是包含许多子系统、孙系统的建筑领域中的一个组成部分。

1.3.2 建筑是建筑学的一个基本概念

在地球上看来，月亮是圆的，有时也“月牙如钩”，更准确地说，是非常有规律性地圆缺交替，渐圆亦渐缺，极富诗意，倾倒了多少古今文人墨客；在人类先民看来，地非球，茫茫大地“多坎坷”，“天涯海角”是尽头，而待世人诧异“地”似乎是“球”时，亦已逼近近代了，却也只是自看而已。跨入现代，人类登上月球，在月球上看来，地球是球，却不很圆，似乎两极还微凹；而月球上，“嫦娥”和“白兔”似乎已被人类吓走了，很是冷清，月球亦不完整，更像是一个沉默不语的球缺。一经造访，诗意尽失，而令人失望至极！

显然，月亮和地球是需要相互探视，来完成其更真切的认识的；而人们对“建筑与建筑学”的认识，亦同此理。

在“建筑”的立场上“探视”“建筑与建筑学的关系”是一个方面，在“建筑学”的立场上“探视”这同一关系又将是另外的一个方面。而“面”“面”俱到，或许可识其二者关系之真谛。

那么，如果是站在“建筑学”的立场上，以“建筑学”为观察点，观察“建筑”，也环视自己作为一门学科的“建筑学”，再比较彼此的关系，则可以这么说，建筑学是一门完全独立的学科，建筑是这个学科里的一个最基本的使用概念。

既然建筑学不等于建筑、也不等同于“建筑”之“学”，且建筑学也以专有的研究内容为立“学”之根本，且以反对交叉的或重复的研究，来确立自己的学科位置。则这样的建筑学，当然就是一门完全独立的学科。

正因为建筑学并不研究所有有关“建筑”的内容，这才可能成为一门完全独立的学科，即建筑学只研究“建筑”自身的一些基本性质、基本内涵、基本要素、基本规律等本质性的问题，就好像文化学的研究内容的确立并不涉及学科确立以外的一些具体文化内容的发展变化问题一样。显然，建筑学最基本的概念就是“建筑”，建筑学也正是为了解决有关“建筑”这个概念的各方面问题而被确立为一门独立的学科的。

即使是在建筑学的形成初期，在现代看来的许多专业内容还笼统地被包括其内，如维特鲁威时期的建筑研究，便是仅这么一部有关的专著——《建筑十书》，虽然各“书”内容的涉及面甚广，但都被认为是“建筑”中的一“书”，“建筑”是各“书”中的主题或主角。可见，维特鲁威时期以及其前后时期的建筑学形成初期，建筑概念已经是一个最基本的概念，否则不可能将一部涉及面那么广的专著总称为“建筑”的“十书”。

文艺复兴以后，是建筑学发展的又一个辉煌时期，也是以对古罗马建筑理论复兴为基本特征的一个新时期，且与当时流行的古典建筑样式相呼应，建筑理论著作也在总结古典建筑理论的基础上得到了很大发展。如被认为是当时最重要的建筑学著作的《论建筑》(意大利建筑师 L. B. 阿尔伯蒂完成于 1452 年，1485 年出版)一书最具代表性(参见“史论”)，同样是以“建筑”为最主要的基本概念，书名便直接揭示主题所“论”即是“建筑”，一眼便知“建筑”概念在其书中的重要性。

因此，无论是建筑学形成初期，还是文艺复兴以后建筑学逐渐成熟的近现代，“建筑”都始终是建筑学中最重要的一个基本概念，因为在建筑学看来，明确的“建筑”概念，是建筑学讨论的前提，否则前提概念不明确，最终结论也必然是模糊的。

那么，综合不同的“建筑”、“建筑学”的观察立场的结果，所认识的“建筑学与建筑的关系”大概就不会太片面了。

若将这两个立场的观点叠加而论，则“建筑”表现为两个方面：一方面是作为人类社会的一个构成领域，另一方面是作为科学研究的一个概念。而“建筑学”却只有一种“身份”，那就是作为一门独立的学科而出现。于是，以人类社会存在的构成而言，建筑学是建筑存在的一个构成内容；以科学研究范畴的划分而论，建筑是建筑学确立的一个基本概念。也就是说“建筑与建筑学的关系”，存在着一种“时空概念差”的相互包容关系，即建筑学在被建筑所包容的同时也包容了建筑。

1.4 其他建筑学科

既然建筑学不等于建筑科学，且建筑学又是建筑科学中的核心学科，则在建筑科学的总体里、在核心学科之外还应当有一些其他有关建筑的学科。了解这些学科对更明确地认识建筑学以及建筑学与其他建筑学科的关系，也是非常有必要的；或者说，认识他人，也正是为了更好地认识自己，特别是与建筑学相邻的“他人”。

如果建筑学被非常明确地独立为一门学科，则建筑学形成初期的一些有关建筑的内容将不属于建筑学的范畴，即使是在近现代已较成熟的建筑科学里，也存在着建筑学与其他建筑学科之间的不甚清晰的模糊区间，面对这些状况的"建筑学"，是完全有必要阐明这些区间的，并给这些内容以同样明确的学科归属。

从建筑学以及建筑科学发展的角度而言，在建筑学以外的其他建筑学科里，还可以再划分为"准建筑学科"与此外的"其他建筑学科"两大类，这大概也是比较各学科与确立的"建筑学"的亲疏关系而作出的一种划分状况。

1.4.1 准建筑学科

在建筑领域的总体里，建筑成形过程是建筑领域实际上的基本过程，在这一过程的图纸设计环节，也是一个过程，是建筑的图形化过程，这个过程是由许多专业来完成的，其中的主导专业即为"建筑专业"（或称"建筑学专业"、"建筑艺术专业"）。在一般情况的模糊概念中，建筑专业所探讨的内容都是属于建筑学的范畴，于是这才出现了"建筑"与"建筑学"概念相混淆的现象，而我们已经非常明确地指出了"建筑"与"建筑学"概念的区别，即使是这里所提到的"建筑专业"，也并非所有建筑专业的内容都是由建筑学来研究的，否则，建筑学同样不是一门独立的学科，也是由诸多学科组成的一个学科群体。而这个学科群体，就是指"建筑专业"所包容的所有学科内容，且这个学科群体仍然是以"建筑学"为核心学科的，而这个学科群体中的其他学科，人们一直笼统地或模糊地将之也归入建筑学的范畴，以为是建筑学里的其他学科，实际上，这是一种不甚合理也不甚科学的学科混淆现象，特别是当各个学科独立以后，更是不妥。

那么，我们要首先认定建筑学是一门完全独立的学科，是建筑专业的核心学科。而一般被模糊地认为是属于建筑学范畴的其他建筑专业的独立的学科，便称为"准建筑学科"，意指准建筑学的其他建筑专业学科。

准建筑学的学科群体，主要是以建筑艺术内容为主的一些学科组成的，也包括一些常规性的建筑技术内容的学科，研究建筑艺术为主的学科主要有城市设计、建筑设计、园林设计、室内设计等，研究建筑技术常规内容的学科主要有建筑物理、建筑构造等，两者兼而研究的主要是建筑历史或建筑史。这些学科的大致内容如下。

城市设计，是从建筑设计中独立出来的一种以城市为特定对象的设计学科。城市源于原始村落，是村落建筑发展到一定规模以后所形成的一种特殊的建筑群体，但城市不仅仅是建筑，还有建筑以外的其他景观以及其他空间环境等，这些就是城市设计的探讨内容。该学科既有别于一般的建筑设计学科，也有别于城市规划学科，是一个形成较迟的新的独立学科。

建筑设计，是一门形成较早的传统学科，也是一门实用技术和艺术相结合的技艺性学科。建筑设计，一方面要满足特定环境情况下的特定建筑功能、建筑特性等建筑内容的要求；另一方面建筑设计本身的平面布局、立面效果、内部空间、外部环境等的协调、合理以及符合一定美学规律的要求，等等，都有其自身的基本原理存在。然后，人们就是以这两方面的结合，运用在具体的建筑设计实践上，且通过实践，来准确地掌握这一技能学科。

园林设计，大致是园林建筑设计，原是建筑设计的一部分；由于其还运用了地貌学、生态学、园林植物学、土木工程学等方面的知识，且以一定的美学理论为指导，故又似乎是一门独立的学科。具体而言，园林设计是在一定的地域或地块上，运用一定的技术和艺术的手段，通过改造地形、种植草木、构筑建筑、规划路径等做法，而构成了一个游乐性的美化空间，也以此改善了生态环境的这么一种空间创造活动。而人类的园林设计和建造，已有数千年的历史，并在传统时期形成为中国、西亚、希腊的三大源地系统，而后也影响到了现代园林的发展和构筑设计。

室内设计，也是从建筑设计中独立出来的以建筑室内装饰装修、家具摆设等艺术处理方法和内容为研究内容的一门学科。实际上，在建筑的室内空间处理上，建筑设计学科已有探讨了，这似乎与室内设计有研究内容的交叉或重复之嫌，而且大致看来，确有此嫌。但严格地说还是有区别的，与主体建筑的室内外空间同时考虑所作的室内空间处理、并采用与主体建筑相同或相近的材料同时制成的室内空间，属建筑设计的范畴；而经过再研究、且空间处理制作材料自成一体的二次室内空间处理或利用，尽管这种处理或利用与主体建筑也是协调的，仍当属于独立出来的室内设计范畴。

建筑历史，亦简称建筑史，主要研究人类建筑的产生或形成、发展和演变的过程及规律，且主要以人类建筑发展过程的建筑技术和建筑艺术的演变为基本研究内容。建筑历史的研究，特别注重对人类历史上遗留下来的建筑实体进行解剖、比较、分析的研究，以遗存的实物来了解或窥探人类曾经拥有的建筑技术和建筑艺术水平。当然，由于建筑物留存年代的有限性，而人类的建筑历史又这么久远，不可能每个时代都有完整的建筑遗存，故在注重实物遗存研究的同时，也参考可能有的文献对建筑记载的内容的探讨。两方面相互补充，试图得以展示人类建筑发展过程的完整面目。

建筑物理，似乎会被认为是研究与建筑有关的一些物理学问题。当然，建筑与物理学确实有许多密切关系，如建筑的砌筑成形过程，便是由诸多建筑材料按一定的规则和程序堆砌起来的物理现象。但并非所有物理学知识在建筑上的应用现象的问题都归入建筑物理的范畴，至今看来，只有声、光、热工等少数物理学内容在建筑上的应用才被纳入建筑物理的学科范畴，其他的力、运动、电、磁等一大部分物理学内容便不在此范畴之内，有的被引申为其他建筑专业学科内容，如建筑力学、建筑电气等。所以，准确地说，建筑物理是探讨建筑设计中有关日照采光、保温隔热、防潮除湿、吸声隔音等基本的建筑问题所涉及的物理学知识以及这些知识在建筑中的应用。显然，建筑物理的"物理"也是有一定限定范围的。

建筑构造，是为建筑设计的实现，提供可行的建筑物构成体及各构成部分合理组合的一门学科，简要地说，就是有关建筑构成可行的学科。要使所设计的建筑确实可行，即要满足建筑功能、建筑造型、建筑经济上的各种要求，还要满足建筑总体构成和组合的选型、选材及具体构件或细部的可行性要求，主要是一种技术性要求的满足，这是建筑设计这一实用艺术设计最特殊的一个方面，没有建筑构造上的满足，任何建筑的设计都将是空的。显然，建筑构造是与建筑设计关系非常密切的一门配套学科。

从上述这些学科的内容中可以看出，"建筑设计"是最基本的学科，其他学科大多是从"建筑设计"学科中分化出来的，虽然各个学科都有自己独立的研究内容，但仍无法脱离与"建筑设计"学科的联系；同样，"建筑设计"学科也必须有这些其他学科的配套，否则根本完不成其"建筑"的"设计"。因此，这显然是一个难以完全分割的整体，故我们亦可称其为一个"学科体"。

1.4.2 其他建筑学科

其他建筑学科即指其他建筑专业的学科。

上文谈过，在建筑学的形成初期，那时的建筑学于现代的学科分类标准看来，实际上是一部那个时代的建筑百科全书。即建筑的科学，原本是一家，只是随着建筑整体的发展，建筑的科学内容的渐趋丰富，科学原理的客观要求，使建筑的科学发展由集中向逐渐分化的方向演变，特别是到了近现代，科学技术发展迅猛，建筑科学中分化独立出来的学科更多，至现代已基本上形成了一个较合理和稳定的学科分布体系。且当建筑学本身也独立为一门学科以后，建筑学科体系的构成也才大致科学、合理地完善形成，这就是以"建筑学"为核心、"准建筑学科"为核心外围的主体层、"其他建筑学科"为外围辅体层的总体学科构成(参见图5)。

建筑学核心外围的辅体层，是由许多专业学科构成的，甚至还有增加的趋势，或者说还可能在各专业学科中再分化得更细腻。但无论再怎么分化，我们都大体上可将这些外围辅体层的专业学科，按其在建筑成形过程中的学科功能作用划分为两大类，即主体类专业学科和设备类专业学科，然后我们就可归纳出主体类各构成专业的学科与设备类各构成专业的学科组成的网络体系，即使还有新的专业学科独立或出现，都可在这个网络体系中找到该学科准确而恰当的学科位置。

在现代看来，辅层的主体类专业及学科主要有以下几种。

(1)建筑测量，是测量学在建筑上的应用而形成的一个专业，是以建筑所使用的场地地表面为特定对象的，是为建筑的勘察、设计、施工、验收等各个环节所需而提供测绘数据和图纸的一种配套专业，该专业包括了建筑工程测量学、制图学等。

(2)建筑勘察，是地质学在建筑上应用后出现的一个年轻的专业，是以承受建筑的地层的地质为研究对象，通常可以为建筑工程场区提供地质初始条件资料、工程影响后的地质变化资料以及不同基地地质条件的评价比较资料等。尽管其学科年轻，却是现代建筑工程建设所无法缺少的一个专业学科，该专业包括建筑工程地质学、土质学等学科。

（3）建筑结构，是力学、数学、材料学等在建筑上的应用而产生的一个综合性较强的专业，以建筑的结构体为研究对象，为该结构体的安全提供力学上的保证。建筑结构似乎与建筑构造相近，实际上两者的研究范围的界线是分明的，建筑构造是一个常规性、概略性的经验技术学科，建筑结构则是准确性、严密性的计算技术专业，可见还是有严格区别的。该专业包括建筑力学、钢筋混凝土结构、钢结构等学科。

建筑科学体系构成的辅层设备类的专业及学科主要有以下几种。

（1）建筑给水排水，或简称给排水，是探讨建筑物的供水和排水问题的一种建筑设备专业。对任何一幢建筑来说，在使用水上都有供水和排水问题的同时存在，即使在维特鲁威时代，就已有该专业内容的研究（参见《建筑十书》的第八书），只是建筑科学发展后的现代，该内容被分化独立为一种专业而已。给排水专业所包括的独立学科主要有给水工程、排水工程等。

（2）建筑采暖通风，亦简称暖通专业，是探讨建筑物内的热能补偿和空气调换的一种建筑设备专业。建筑物的保温、通风已在建筑物理中探讨，但建筑物理探讨的是建筑材料的保温和门窗等的自然通风；而暖通专业探讨的是附加建筑设备所提供的人工供暖和机械通风，两者同样也是有明确研究界线的区别的。暖通专业也大致有采暖工程或供热工程和通风工程等学科的被分化独立。

（3）建筑电气，是电学在建筑上的应用而出现的一门独立的建筑设备学科，主要研究建筑设备上与电有关的内容。在目前看来，建筑上除了天然的一些满足建筑使用的基本功能以外，大多建筑上人工满足使用的设备都与电有关，如照明、空调或制冷、机械通风等设备基本上都是由电提供能源的。该学科也是近现代人类文明在建筑上应用的结果，使建筑的设备或装置进入了另一种新的发展时代。

当然，辅层设备类的专业学科，还可能有建筑通信、建筑防护等各种建筑设备的使用而出现的专门研究学科，在此便不一一赘述了。只是人们大致可将建筑的其他专业学科都归纳为上述两大类，以便对已形成或出现的诸多学科有个比较清晰的认识。

此外，还有城市规划、建筑材料、建筑经济等学科，尚有斟酌其类属的问题需讨论。

城市规划，主要研究城市发展的目标和计划，由于其具体的规划内容是城市的道路网络和建筑群区域的安排，因此，早期的建筑理论一般是将其划入建筑专业范畴。近现代以来，由于建筑以外其他领域的学者对城市规划研究的增多，也丰富了城市规划理论，人们认为城市规划已非纯建筑的问题，而是受政治、经济、军事、宗教等诸多因素影响的结果。故城市规划自近代以来，便逐渐从建筑专业中独立出来，形成为一门独立的学科。客观地说，城市规划是存在于建筑专业边缘的建筑与其他诸多学科交叉形成的独立学科。

建筑材料，严格地说，建筑上所使用的材料都应属于其研究的范畴，实际上“建筑材料”作为一个专业，按目前的研究内容看，都基本上只是研究主体建筑所使用的材料，如水泥、砂浆、混凝土、减水剂、钢材、木材、防水材料、装饰材料等，且各类材料有的也已作为一门学科被独立研究，如混凝土。显然，建筑材料大致可被作为建筑主体类专业的学科而设置。

建筑经济，是研究建筑领域里的经济现象或问题、规律等的一个专业，也是经济学在建筑上应用的一门独立学科。故而，这个专业，除了有建筑经济学以外，还有基本建设经济学、建筑设计经济、建筑施工经济等的被独立研究。显然，这个专业，既非主体类，也非设备类专业学科，更不是准建筑学科，大概只能说是建筑领域总体里的一个专业及专业内各独立学科。

从上述的“准建筑学科”和“其他建筑学科”的论述中，人们大致也可看出，建筑科学里各学科之间的研究内容及范畴的界线是非常明确的，而且彼此之间基本上互不交叉、也不重复，只有相邻、而不相叠，非常有秩序地分取建筑领域里的各个组成部分来作为各自的研究对象，形成为一个科学、合理的建筑科学体系总体。那么，其核心学科的“建筑学”，若作为一门独立学科，同样必须界线分明、无重复地自成体系，这是我们在了解和认识了建筑科学体系后所得到印证而领悟的一点道理。

总之,建筑是一个非常大的领域,建筑科学对这个领域进行研究,从总体上看,一般被认为是属于自然科学的范畴,因为建筑科学中的大多学科是自然科学的六大基础学科(即数学、物理、化学、地学、天文学、生物学)的应用形成的。但建筑专业已是一种艺术性和技术性相结合的专业,是一种实用艺术专业,介于自然科学和社会科学之间,稍偏重于社会科学;而建筑学则是一种具有实用性意义的艺术学科,并不直接与自然科学的诸多门类发生关系,当然应是属于社会科学的范畴。

2 建筑学主体

建筑学既然是一门独立的学科，就必然有学科存在和发展所出现的研究和被研究的问题。研究是学科的一方面，被研究是学科的另一方面，研究是学科的主体，被研究是学科的客体，是主体和客体构成了建筑学研究的两个方面；而且，只要有建筑学作为一门独立的学科存在，就必定有建筑学主体与客体关系发生的同时存在。于是，认识一门独立的建筑学学科，也就同时必须认识建筑学的主体和客体。否则，建筑学的研究发展该怎么进行，人们将难以认准其具体目标，或者说主体和客体都处于一种混沌的模糊状态中，而建筑学的科学研究能否正常进行，这不能不使人产生疑虑。

可以很明确地说，建筑学的主体是人，是人类自己。

人类创造了文化，才真正创造了自己。具有文化素质的人类也创造了科学，使文化的内容更丰富，并推动文化的发展。文化与人类是不可分的，只有人类才创造了文化、创造了科学，除此以外，别无可能，这是人类在生物圈中最值得骄傲的一点。建筑学是科学体系中的一门学科，只有人给予创造，则创造建筑学的人，当然是建筑学的主体。

建筑学产生或形成于人的创造，建筑学的存在和发展则需要有人的研究和再创造，这些维系着建筑学的产生和存在的人，作为建筑学主体，必须具备一定的研究和创造能力。可见，这个“主体”，非一般人类群体，而是具有特定性质和内容的群体。

2.1 主体性质

建筑学主体是一个人类群体，这个群体作为建筑学这个独立学科的主体。若相较于其他建筑学科的主体或其他科学门类学科的主体而言，建筑学主体应具备一定的建筑学知识的专业性特征；若相较于人类的一般社会群体而言，建筑学主体应当具有较高的知识性特点；若相较于一般具有正常思维能力的人而言，建筑学主体则具有较强研究能力的创造性的性质；如此等等。不同的比较对象，建筑学主体就可能显示出不同的比较性质或特征（或特点），在此我们不想一一作各种不同对象的比较，只是在建筑学研究范畴之内作主体与客体之间的比较，则此处的建筑学主体性质，是相较于建筑学客体而言的性质。也许这种性质似乎具有一般科学的学科性质，而非建筑学学科的特有性质，但也是建筑学所必须认识的一个方面。

2.1.1 建筑学主体是主观的

建筑学主体相较于客体而言，具有主观性特征。

主观

主观是一个哲学概念，是指人的思想观念或认识。对这个概念，我们可得到两方面的理解。首先，主观是对人而言的，是使用于人的一个专用概念，哲学本身就是人对整个世界的自然世界、人类社会和人类意识形态等各种存在的总体看法，哲学的认识论概念的“主观”，当然就是仅用于人自身。其次，主观是指认识，或者说是指一种较高层次或阶段的认识，带有一定思想或观念性的认识，形成了一定程度的概念，并在形成概念的基础上进行某种思维方向的判断和推理而获得的认识，而非一片空白的初步认识。可见，主观是有一定认识程度作背景的，这个背景就是人已达到的、带有一定思想或观念性的认识，具体表现在这种认识对人的行为的指导现象上。

人是主观的

无论是从人类总体的演化形成的历史上看，还是从一个人的成长过程上看，严格意义上的人或具有思维能力的人，都是主观的。

按现代物种进化理论的说法，人类原混迹于生物圈中，也无所谓人类，只有动物，是当人类这一物种的大脑脑量得到显著的增多，且明显优于其他动物，给人类的智力提高发展提供了可能，人类始得以较多地认识自然，然后才有可能去改造自然，而使自己从生物圈中独立出来。人类认识自然和改造自然，不是一次或一个周期就完成了的独立的过程，而是由认识、改造、再认识、再改造而逐渐完成其独立过程的，当人类独立出来，并真正形成了人类自身以后，已经经过了无数次的认识过程的发展。于是，当人类真正形成的时候，已经是无数次地认识了自然，且其认识的程度是逐渐深入的，而每一次的再认识都是以前一次的认识内容为基础，或者说是以前一次认识内容为认识背景的。故而，此后的再认识，都必然会带有一定程度的主观性，包括现代的人们。

对于任何一个人来说，人的成长过程，一方面是身体的成长过程，另一方面是大脑的成长过程。身体的成长过程大约 20 年左右就可完成，大脑的成长过程则需更长的成长时间，甚至可能是终生的（在现代医学上，有人认为，人到了六七十岁时，其大脑还有新细胞分裂生成的可能）。由于人的大脑与人的身体一样，都有一个幼年成长期，在幼年期时，人是幼稚的、非常不成熟，故而每个国家都有行为能力的年龄上的法律规定，即在法定年龄前本人的行为责任是由监护人承担的，这说明人在幼年时大脑能力还不足以判断自己行为的正确与否；同时，也说明此时的人的大脑已有一定的认识背景了，只是不成熟而已，则显然是已有主观性存在了。

而实际上，人的一生，只要有了思维能力，都在不同程度上具有主观性，直到思维能力的丧失。

人类创造建筑是主观的

也无论是在建筑形成初期，还是在建筑已大致分割完这个地球的陆地空间的现代，建筑都无疑的是主观性的产物。

人类最早出现的建筑都是仿自于自然的，是在认识自然的前提下仿于自然而构成的，目的都是为了“防寒避雨”、“抵御群害”等。人类建筑始于居所，而最早的人类居所大致有两大类型，一类是巢居，一类是窟居（见图 3）。严格地说，最早出现的这种“巢居”或“窟居”的居所形式，还不能说是真正的建筑（参见下文的第二篇第 7 部分“建筑要素”），只能说是带有较多自然本性的仿构居所，但显然是人类已有认识自然的结果。而后来人类构筑的可称是真正建筑的居所以及沿传至今的建筑，基本上都是非“巢居”、非“窟居”的地面建筑，虽然仍可从中找到“巢居”或“窟居”原形的痕迹，却与“巢居”、“窟居”完全不一样，这说明人类是在认识自然的前提下，创造性地改造了自然。正因为这种创造性的改造自然的行为结果，是在以一定的认识为背景的意识指导下实现的，当然，也就有了主观性质。

经过传统时期各区域民族的发展至近现代，除南极洲以外，整个地球较适宜人类居住生存的陆地都让人类建筑给占领了，这是地球史上近几千年才普遍出现的新景观，也是人类主宰这个地球的一个最突出的标志。但各区域的建筑，却有

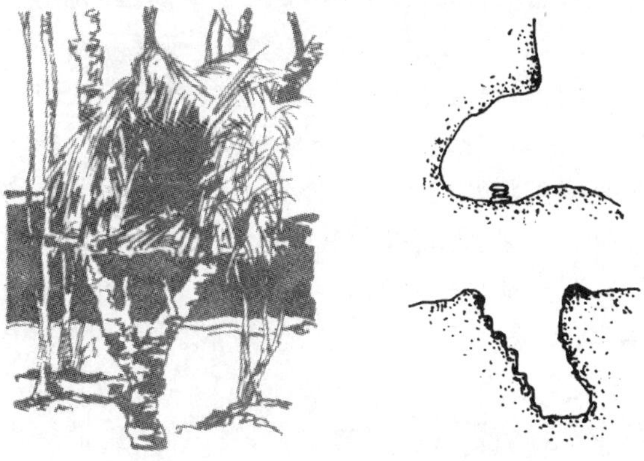

马来亚的巢居　　中国旧石器时代的窟居

图 3　人类早期的主要居所形式

明显差异，主要表现为不同的建筑风格或样式。人类早期，都是在脱离了“巢居”或“窟居”后而选定了地面建筑，这一点是相近的。不过，各区域的人们不是简单地重复地面建筑来满足人类的一般需求，而是有一定意识指导下的对建筑样式作出不同的选择，从而形成了不同区域的不同传统建筑风格。显然，若没有一定主观意识的指导，是不可能形成这么灿烂多彩的传统建筑风格景象的。

建筑学是在创造建筑的过程中形成的

建筑学或有关建筑的科学，都是人类在改造自然的过程中，由经验的积累或认识的逐渐丰富和完善而形成的。

人类创造建筑，原动力是出自于一种生存欲望，是为了改善生存条件的这种欲望促使人类去创造建筑。而人类每一次的建筑实践，都是一次可能给人带来经验知识的建筑体验，由此而后，随着经验的逐步积累，人类认识也逐渐得到深入。于是，“建筑”概念在人们头脑中便逐渐明朗，且围绕着建筑，各种技术和艺术的内容日益丰富，人类的建筑活动就再也不是仅仅出于一种生存欲望，更多的是一种内涵丰富的“建筑欲”，技术和艺术同时给予人们得到更充分的满足。如何创造出具有技术和艺术成分的建筑，是有关建筑的科学或建筑学的研究内容，则建筑科学或建筑学的形成不就已在其中了？

对建筑科学或建筑学本身而言，其学科内容或学科理论，实际上就是人类在长期的建筑活动中经验的积累或认识的叠加，而这些经验或认识能来自于什么地方？显然也只有创造建筑的活动过程。

具有研究能力的主体更是主观创造的群体

既然人是主观的，表现在创造建筑方面也是主观的，而建筑学是人类在创造建筑的过程中形成的，那么，建筑学主体的研究者们当然更是一个具有主观性的创造群体。这已是一个很明确的推论结果，无需再作更多的解释。

只是这里所推论的"主观"、"主观性"概念本身，虽来自于哲学概念，但却不是哲学概念中"主观主义"的主观性（或主观）。"主观主义"的主观性（或主观概念），带有贬义倾向，是指片面夸大主观作用的主观性（或主观），表现为过激、过偏的经验主义和教条主义，过分偏重于已形成的思想性或观念性的认识。此处所提到的主观性（或主观），是一个中性概念，仅对已形成的认识其面对任何事情必然会出现的意识反应而言，不带有其他任何额外的褒贬偏向，是指人或建筑学主体都必然会有的大脑反应现象。

具有研究能力的建筑学主体是一个特殊群体，下文有详细分析、述说。这个群体的创造性的主观能力是其特点，如果这个群体不具备创造能力，显然是不可能存在的。那么，既然是一个具有创造能力的群体，就会在建筑活动中表现出明显的创新能力和创新结果。从大脑反应来说，就是大脑对所接受信息，经过反复细致的加工后产生较多新内容的反馈信息；而要产生较多新内容的信息反馈，不具备一定思想观念深度的认识能力，是无法加工完成的。这一创造性的反应过程，显然是主观的。

因此，建筑学主体是主观的，当然，也许会有"主观主义"的主观性倾向，但建筑学所要求的主体，却只能是具备理性的主观特征。

2.1.2 建筑学主体是能动的

同样，建筑学主体较于客体而言，又具有能动性特征。

能动是有机体的特有产物

能动是一种活动，是指存在体的一种自发的、积极的活动。能动是对一定存在体而言的，只有存在体，才可能有能动的潜存，且并非所有的存在体都有能动潜存。

一般认为，将所有的存在分为有形存在和无形存在（或物质形态存在和意识形态存在），但意识形态存在或无形存在是无法单独存在的，因为意识是依赖于物质而存在的，或者说，在物质与意识、有形与无形之间，还另有一种物质与意识、有形与无形结合的存在。而无论怎么说，物质或有形的存在，是最根本的存在，只有物质的存在，才可能有其他形态的存在。

能动，便是对有形存在或物质存在之体而言的，是某种有形体或物质体体现出的一种能动的活动。一切有形体或物质体都是有生命的，也就是说，一切物质都是有生命时限的。然而，有些物质是消极地等待生命时限的终了，有些物质却是在有限的时间里具有积极的生命态势，人们大致可这么认为，其前者是无机的物质存在体，后者是有机的物质存在体（或简称"有机体"）。

有机体是一种特殊的物质体，主要的就是生物体（或生物存在），其在生命时限里都是积极地、顽强地生存着的，这就是一种"能动"。即使是最低等的藻类生物，也不乏这种能动的积极态度，这是有别于任何无机体的最显著特征。

"物竞"是能动的最原始动力

在自然界里，存在着一种被称为"食物链"的现象，即一种生物以另一种（或一类）生物为基本生存条件而构成的一种生态链式结构，当然这种生态结构是多重的、交错的，但却大致是平衡的、循环的，每一物种都在这一"链式"结构里求取自己的生存位置。可以说，每一在这"链式"结构里生存的物种，都有自己特有的生存能力，即选定一种或一类适宜自己生存的生物为基本生存所需的"食物"物种；同时，又要尽量避免自己过多或过量地为其他物种所侵袭，以求取自己总体上能获得生存延续的平衡，这至少是一种生存本能的能动，或者说是不同物种都必须具备的不同的能动能力，否则，自己将被大自然所淘汰。当然，在大自然里常有被淘汰的物种的现象出现，那么，被淘汰的物种，显然正是缺乏足够让其生存下来的能动能力。

而无论是选择生存的"食物"物种的所为，还是为了避免遭受侵袭，都是大自然中的物种竞争，或可简称"物竞"。因为任何生物，在纯空气和水中都是难以长期生存的，其生命延续所需的生存能量的获取，还必须来自其他生物体。于是，残酷的"物竞"现象，就成为大自然中一条不可违拗的事实规律，任何生物都只能在这残酷的"物竞"中首先求取自身的生存，则生物体自身便要求其"能动"，具有积极的"能动"生存态度和能力，否则自身将无法延续存在。因此，生物体产生或具备"能动"的最原始动力,当是大自然的这种残酷的"物竞"现实。

建筑是人类能动表现的一个方面

人类在真正形成前,也是生物圈中"食物链"的一个环节,但人类是一类特殊的物种,具有不同于其他生物特有的"能动"能力,人类运用自己这种特有的"能动"能力,使自己挣脱了"食物链",从而在自然生物圈之外独立地生存下来,成为真正独立的人类自己。

人类的生存,一方面是生存及生存活动所需的能量消耗的补充,另一方面是生存环境条件的围护,否则,人类无法完全挣脱大自然"食物链"的束缚,最终仍要被重新拖入循环的"食物链"生物圈中。而这对人类的生存环境起围护作用的就是建筑,建筑是人类所特有的创造物,也是人类特有的"能动"能力的结果。

对于一般生物来说,每一物种大致也都有构筑或寻找到了自己的一定形式的避护所,可以说,这也是其物种生存的一种"能动"能力。不过,这种"能动",仅是一种生物本能或动物本能。只有人类,才具有非本能的"能动"能力,能动地去创造大自然原来所没有的、人类专为自己所构筑的"避护所"——建筑,这是人类的"能动"区别于其他生物的主要方面。反过来而言,其"建筑",也就是人类特有的"能动"能力所表现出来的一个重要方面。

建筑学主体的能动性

人类创造建筑是能动的,建筑学主体在建筑创造过程中则更具浓厚的能动性质。

尽管人类创造的动力始于"物竞"、始于生存,但生存环境再造后的满足,可能将削弱人们的"能动"欲望。人类对环境再造的能动,实际上就是一种"建筑欲"。一般情况下,是生存环境越不好的时候,"建筑欲"所积蓄的势能越大,即"建筑欲"将人对建筑的渴望值越推越高,这便产生了积"欲"的高势能状态;当然,"建筑欲"的内涵是多样而复杂的,或许人类原本构筑一般居所或建筑并没有太多的欲求,但当某种政治或经济等其他因素的加入后,也可能使人的"建筑欲"随之膨胀,于是,这也可能产生高势能的"建筑欲"。但无论是什么因素影响下膨胀的"建筑欲",建筑构成后的满足,可能一下子便化解了高势能的"建筑欲",使积"欲"而产生的高能"能动",在建筑的构筑中逐渐被削弱而趋于平缓。

建筑学主体参与建筑创造的职能是不同的,也是特殊的,他并不局限于一幢建筑、一个建筑区或一个时期的建筑,而是通过对建筑学理论的研究来推动建筑创造的发展。其能动就是一种"研究欲",只要建筑学的科学理论是发展的,这种"研究欲"将难以满足(当然也会有缓急、高低的波动变化),则建筑学主体的能动性质便是持续的、长久的。如果建筑学主体缺乏这种"研究欲"的能动,或者说对研究成果的满足削减了其"研究欲",即没有了作为建筑学主体的能动,则其大概也就不能仍被认为是建筑学主体了。因此,建筑学主体的"研究欲"的能动必须大致恒定,而且其性质也应该基本上是浓重不变的。

2.2 主体内容

"主体"原也是一个哲学概念,在认识论中,是指实践和认识的人。这里用为建筑学的主体,同样也是指人,是指从事建筑学研究和认识建筑学的人。

这个"建筑学主体"概念的解释,实际上就已挑明了建筑学主体的内容,即规定了建筑学主体的内容范围,包括建筑学的研究和认识两方面的主体内容。具体而言,主要的大致有两个方面的群体,一个是以研究建筑学为主的由诸多研究人员组成的研究机构的群体,另一个是以认识建筑学为主的并用之指导建筑实践的建筑师和建筑评论鉴赏者的群体,这两个小群体构成了建筑学主体的这么一个特殊大群体。

2.2.1 建筑学研究机构及研究人员

严格地说,真正能被作为建筑学主体的,便是建筑学研究机构及研究人员,这是推动建筑学理论研究发展的主力军。不过,在迄今的建筑学研究史上,严格意义的建筑学研究机构却是罕见的,可以说,在现实中几乎是松散的研究力量在推动着建筑学的理论研究。如果说这些散落着建筑学研究力量的机构,就是建筑学研究机构的话,那么,这些潜藏着建筑学研究力量的机构,大概就有图书馆或博物馆、资料库、教育院校、研究院所(或室)等。

人类最早的具有研究功能的机构不是专职的研究机构,而是研究资料的馆藏机构,且仅是馆藏机构的一个功能组成部分。以目前现有的史料记载来看，已知最早具有研究功能的馆藏机构是古埃及亚历山大城的亚历山大博物馆及图书馆（约建于公元前330年以前），该馆是一个集馆藏、研究、交流等功能于一体的机构，汇集了当时的许多科学家、艺术家、文学家等研究人员或工作人员，以现代科学的眼光来看，许多基础科学的创立，都是在当时奠定的基础。其中，所汇集的艺术家，大概对建筑艺术及技术不会不有所研究，因为此前的希腊建筑和其间及此后的罗马建筑，都是具有非常高的艺术成就，其建筑本身就与雕刻、绘画等其他艺术紧密结合在一起，建筑不仅以其特有的造型风格而成为艺术的主要构成内容，而且建筑也是雕刻、绘画等的表现场所，建筑与雕刻、绘画等艺术形式在建筑上同为一体。况且，古希腊建筑艺术与古罗马建筑艺术出现于不同的时空间，却存在着不可分割的传承关系，难道不正是这些艺术家们研究和传播的结果吗？尽管目前尚没有翔实的史料和当时艺术家们对建筑艺术的研究成果来证实这个问题，但很显然，当时的亚历山大博物馆及图书馆的艺术家们不可能仅研究纯艺术门类而抛开建筑艺术及技术的，否则，不可能有那么精湛的古希腊建筑艺术和古罗马建筑艺术以及两者的渊源关系的传承的。

科学研究，离开不了研究资料，大概也正是这个原因，人类最早的研究机构便是从这里产生的，或者说是脱胎于馆藏机构的。而发展至近现代的图书馆或博物馆等馆藏机构，并不因专职的研究机构的出现而放弃了其研究功能的蕴涵，研究功能仍是现代馆藏机构的一个主要组成部分，通常科学专业馆藏机构里都设有相应科学专业的研究室。该研究室里也就有相应科学专业的研究人员，从事相应科学专业的研究工作。建筑，是一个特殊的艺术门类，既为一种实用艺术，也是一个包含有较多技术要求的科学专业；而建筑学，是建筑科学总体的核心学科，不仅在综合馆藏机构里有其学科位置，在建筑科学专业馆藏机构里，更是居于举足轻重的核心位置，所以在馆藏机构里被专门研究，是理所当然的。

资料库，是现代社会出现的一种包容形式更广的馆藏机构，一般的主要是综合性的资料库，当然也不排除有科学专业资料库的出现，也应当同样具有馆藏机构的一般功能性质。

具有科学研究能力的教育院校，主要是大学院校。最早出现的具有现代意义的大学院校，是在欧洲的中世纪，如现今仍相当著名的牛津大学、巴黎大学、剑桥大学等都是那个时期由教会创办的，并受教会控制，当然，其教育和研究的内容就要受教会的支配。而真正将科学作为大学里的主要课程和研究方向的，应该说是文艺复兴以后，文艺复兴提倡"人文主义"教育思想，并主张"百科全书式"的教育推广方式。于是，此后的大学院校，逐渐演变为科学的分科方式的院系教育及研究体系，建筑专业也是在这个时期在大学院校里被独立出来的，甚至还创立了建筑或建筑艺术专业院校，如1793年出现的"巴黎艺术学院"（Ecole National Sperior des Beaux-Arts），便是世界上第一所具有较完整的建筑专业科系的大学院校。

办学，最初的目的应该说是源于教育，无论是哪一层次的学校，教育都是其最早的出发点，则"研究"大概就只是其附带功能了。但专业科学人才的集中，组建研究室（所）又成为一种学校发展的必然，否则，这些人才仅为教学而用，仍还是有所浪费。于是，很快地，"研究"又成为学校仅次于"教育"的另一大功能。况且，教学人员从事研究，也有利于教学水平的提高。因此，特别是在大学院校里，教育和研究大概可并列成为其学校的两大功能，而且是相得相长的两个基本功能，缺一都将可能难以存在。在大学的建筑学院或建筑系或建筑专业里，通常都设有研究室（所），也通常由教学人员兼职为研究人员，当然，也不排除专职研究人员的设置。以近现代的建筑学主体的发展现状来看，建筑学的主体机构及人员基本上来自这一部分，即建筑学主体的主力军，是大学院校的建筑学院或建筑专业科系。

而专司"研究"之职的"建筑"研究院（所），则是近现代以后的事了。

建筑科学研究院（所）在近现代出现得甚多，大概正是由于近代工业革命以后，为了满足或迎合"工业革命"的要求，促进经济发展的增长，当时才出现这种专司"研究"之职的研究机构的建筑研究院（所），且基本上是以研究"建筑技术"为主，即使是发展到目前，建筑研究院（所）也主要是这样。在其看来，只有"建筑技术"的发展，才是建筑发展的根本，才是"工业革命"、经济增长的发展结果。从一定程度上讲，这种看法是正确的。而过分看重"建筑技术"在建筑发展中的位置，特别是在“工业革命”和片面追求经济增长的背景下出现的这种建筑研究机构，当然可以理解。但是，发展至今的建筑专职研究机构，仍然基本上是这种状况，却令人担忧，难道建筑不是技术和艺术结合的产物？难道建筑的研究就仅要“技术”就行了？难道建筑完全是一种“技术性”的“容器”？

准确地说，建筑技术和建筑艺术是建筑发展相辅相成的两个组成部分，单方面的某一部分的发展演进，而另一部分的滞留，都必然要影响建筑的总体发展，这是一条客观的必然规律（详见后文“建筑规律”部分）。故而，建筑研究机构过分偏重于“建筑技术”，而忽视了“建筑艺术”，这必定要限制建筑发展的总体进程和发展状况。可见，目前的建筑研究院（所），对“建筑学”并非是“研究”的专职机构，也不是建筑学主体的主力军，而建筑学理论的研究，最多也仅是其研究机构的附带功能，至少中国的现状是这样的。这显然是一种滑稽的建筑研究现象——建筑的核心内容的“建筑学”不是专司“研究”之职的建筑研究机构的核心研究内容，这让人真是哭笑难择。

由于现代建筑理论研究，是源于文艺复兴以后的欧洲，特别是文艺复兴中心的意大利、法国等国家，建筑教育都从属于艺术，建筑专业科系都基本上设于艺术院校里。如1563年意大利佛罗伦斯城里的“艺术设计学院”就设有绘画、雕刻、建筑专业，1819年法国的“巴黎高等艺术学院”也设有绘画、雕刻、建筑专业，其建筑与其他艺术专业并列并存。其他欧洲国家及美国大多也受此建筑教育制度的专业设置的影响，建筑专业从属于艺术院校。但现实的艺术研究机构里，却基本上没有发现有专门设置的建筑艺术研究专业，似乎建筑专业又不在“艺术”研究机构的范畴里，这也是令人费解的一种现象。

因此，建筑学主体的研究机构及研究人员，主要集中在设有建筑专业科系的教育院校里。虽然建筑学的主体，应该说是源于馆藏机构，但从发展至现代的建筑研究历史上看，特别是文艺复兴以后建筑教育机构的大量出现，建筑学的主体重心已从馆藏机构移至建筑专业教育机构。而严格概念上的真正的建筑学主体的研究机构，却几乎没有建筑学主体存在的影子，若说有，也是依附于教育机构的研究机构，如1895年在美国哈佛大学设置的“建筑研究院”，这就有了“建筑学主体”的影子。

2.2.2 建筑师

以建筑学为专业的，或者说在建筑专业里，最大的群体恐怕应该数建筑师了。不过，从建筑总体上看，即从建筑领域的所有构成环节上看，建筑师又似乎为非建筑学主体。那么，人们该怎么认识这个庞大的群体？而在此又为什么会被纳入“建筑学主体”的范畴来讨论？这实际上是从建筑领域总体，到建筑师的教育和培养以及其职能都必须给予了解的一个复杂问题。

作为社会的总体构成，建筑是其构成的基本领域，建筑又包含着许多环节或方面，即研究、教育、设计、施工等，其中研究和设计是两个不同的方面或环节。研究是设计的前提，设计是研究的目的，研究的结果是设计的指导理论，设计的实践是对研究成果的检验，这是两个不同的建筑方面。研究的主体是研究机构及研究人员，设计的主体是建筑师，同样也是由两个不同群体完成的事情或工作。

建筑师（Architect），是建筑领域里的一个大群体，可以说，在建筑领域里，建筑师是一个举足轻重的群体。而人们所认识的建筑师，应该说是指现代概念中的建筑师。那么，现代建筑师是什么样的？大概应从以下三个方面来认识。

第一，建筑师是受过专业训练的。

早期的建筑师基本上是由工匠逐渐发展形成的，但仍然必须经过一个接受训练的过程，这个过程大概就是由工匠到建筑师的发展形成过程。在东方，主要是亚洲，大多是父子、师徒传授技艺来完成这一专业训练过程的；在西方，主要是欧洲，有出现专门的培养机构来为将来的建筑师提供教育、训练机会和场所。而现代，在建筑院校接受专业教育和在事务所接受专业训练，是注册建筑师的必备前提。可见，无论是东方或西方，还是古代或现代，建筑师的形成或产生都必须有一个接受专业训练的过程，这是不能缺少的一个基本条件。

第二，建筑师主要从事建筑设计工作。

以现代人的眼光看来，建筑师从事建筑设计工作是理所当然的事情。但是在早期，由于建筑师大多是从工匠发展形成的，即建筑师来源于建筑施工群体，而即使已成为建筑师以后，仍然可能兼理建筑施工之事。如欧洲中世纪时期的“master builder”(意为高超的建筑者,有的译为“匠师”),便被认为是当时的建筑师,但却同时兼理着建筑设计和施工两项工作。以现代建筑师的标准而言,建筑师可以兼理建筑施工等其他工作,但必须以建筑设计为主要工作,否则不能妄称“建筑师”。

第三,建筑师是一种具有终身性质的职业。

建筑师是一种职业,这是毫无疑问的;而建筑师作为一种职业且具有终身性质,却是与一般职业有所不同。一方面建筑师的接受教育和训练,必须是经过一段较长时期、按一定教育内容和训练程序的这么一个培养过程,才能取得职业建筑师的资格;另一方面,建筑师也只有在长期的建筑设计实践中不断总结经验,才有利于促进建筑总体的发展。此外,建筑本身不是一般的艺术品,也不是一般的商品,而是一种提供给人们以使用功能空间的特殊的实用性、艺术性构筑物,是与人们的生命及财产紧密相关的物品,建筑师必须为其设计的建筑物的存在负责任,而建筑物的存在又是长期的。显然,建筑师的责任,也应该是长期的。早期的建筑师是这样,现代和将来的建筑师也必须是这样,都应该是一种终身职业。

上文屡次提到的“早期”,是指建筑师形成的早期。而从建筑师发展至今的总体历史来看,大致可分为早期、中期和后期3个阶段。

建筑师的形成,准确地说,应该是在建筑领域里的体力劳动者和脑力劳动者的明确分工以后形成的。最早的建筑,基本上是居住使用者自己构筑的;有了一定的社会分工后,才有专职的建筑者,即建筑都由专职的建筑者构筑;而社会进一步的发展,使社会分工进一步深化,专职的建筑者中又有了体力的建筑者和脑力的建筑者之分,其中,脑力建筑者就是建筑师,这就是建筑师的形成。古希腊时期至古罗马时期,就有被称为“architecton”的早期建筑师,从事建筑设计、研究建筑科学、指导建筑施工,如《建筑十书》的作者“维特鲁威”,就是古罗马的建筑师。这也就是“早期”的建筑师。

“中期”的建筑师,是指“中世纪”时期的建筑师。这个时期的建筑师,如上文提到过的“master builder”,主要从事建筑设计,也兼理建筑施工,确实像是一个“builder”、而非“architect”,这大概有欧洲中世纪的社会历史原因。不过,东方早期的建筑师,也大致是这种“匠师”的状况,如中国古代(指明清以前)的“大匠”、“将作”、“都料匠”等,大概就像是欧洲中世纪的这种“master builder”,负责房屋建筑设计,也兼管建筑施工。

文艺复兴以后,建筑师的身份得到了重新确立,这即是“后期”的建筑师。可以说,重新被确立以后的建筑师,就奠定了现代建筑师的社会职能和地位,完全从“master builder”中分化出来,并抛掉了“builder”的称谓,也专称“architect”。可见,这确实是对古希腊、古罗马的“文艺复兴”,也同样不是简单回归的“文艺复兴”,而是螺旋上升的“复兴”,找回“architecton”,削去“-on”,留下“architect”发扬光大,成为现代“建筑师”的职业称谓。

从建筑师的发展史以及现代建筑师的基本特征看,建筑师形成于社会的体力劳动者和脑力劳动者的分工,从事建筑设计是脑力劳动者,研究建筑更是脑力劳动者,则建筑研究同样也是当时“architecton”的基本职能。而“architecton”还来不及作充分的发展时,已被中世纪的“master builder”所取代,至文艺复兴后的建筑师已有了新的面目——以“architect”为专称,但仍然保存有所复兴的古希腊、古罗马建筑师的遗风,在建筑设计实践中不断积蓄经验,为建筑研究提供翔实的实践资料,甚至可以实践者的身份,带着这些资料直接参与研究,这也是现代建筑师常见的一种现象。如美国现代建筑师文丘里(R. Venteuri),不仅有不少独特风格的设计作品,如1962年在美国费城栗子山的“为母亲设计的住宅”(见图4)、费城的“老年人公寓”(1960—1963年建)等,也将这种设计经验带入研究,撰著了*Complexity and Contradiction in Architecture*(中文译为《建筑的复杂性和矛盾性》,1966年出版)。而且,现代建筑学理论研究的发展推进,更多的是由这些建筑师担当的,而非专职的建筑研究人员。

因此,现代建筑师,除了在建筑设计中不可推卸地担任主角外,也兼领建筑学研究队伍之班。即使在人们的概念里还是认为建筑师是以“建筑设计”为职业,此外都是不务正业,否则就不是一个真正的职业建筑师。但现代的诸多事

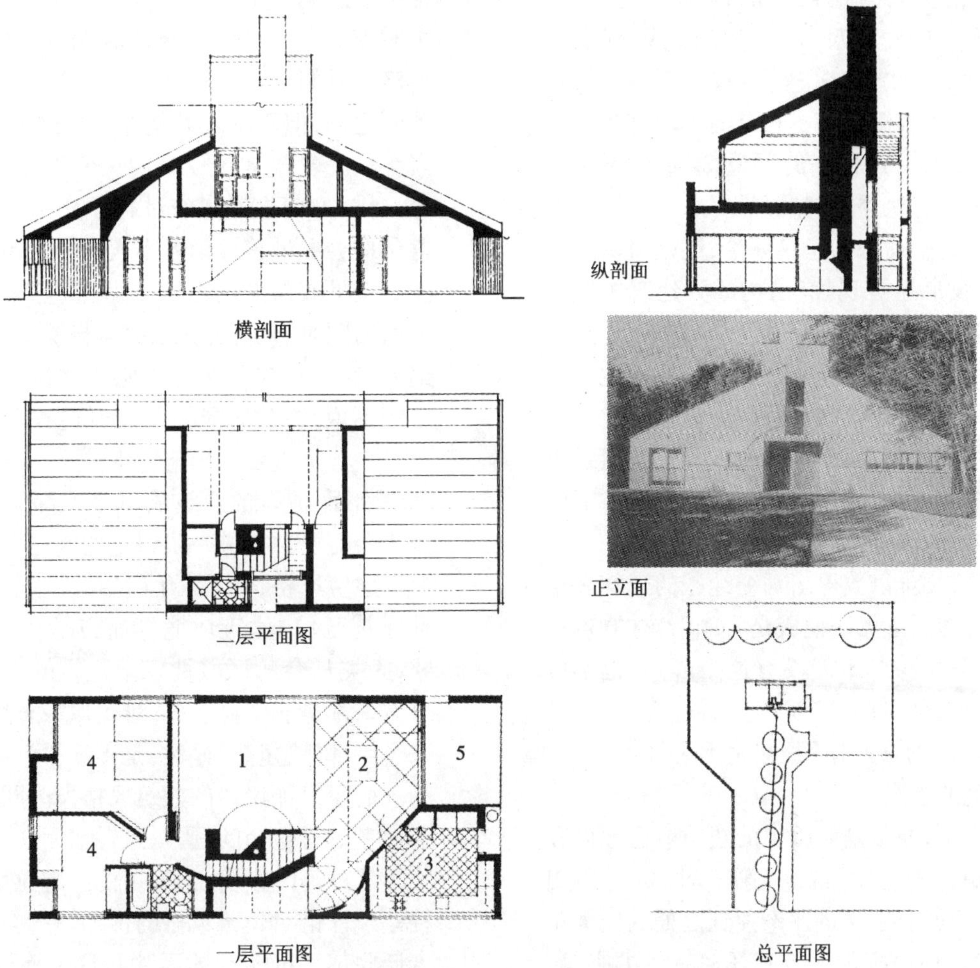

图4 美国费城栗子山的“为母亲设计的住宅”

实说明，建筑师还是直接或间接、或多或或少地参与了建筑学研究。可见，建筑师至少可被认为是建筑学主体的“准成员”。

2.2.3 建筑评论鉴赏者

就如同其他艺术门类一样，建筑也有其专司“评头论足”之职的评论家或附和“鉴貌辨色”之议的鉴赏者，若聚之而论，还是一个不小的群体。

建筑是一种实用性艺术，应该说，也是一种大众化艺术。建筑，为人类而筑，也应该为人类大众而评、而鉴，这是一种必然现象，也是无法回避的一个现实问题。那么，这个评论家、鉴赏者的群体，是否也隶属“建筑学主体”的范畴？如果是，应处于建筑学主体的什么位置？这同样是一个值得讨论的问题，这是由“建筑”这种特殊的艺术性质所决定的，建筑学不能抛开人类大众而“闭门造车”，特别是有关“建筑学主体”的问题。

对建筑的评论和鉴定，可以是多方面的。大致而言，也按维特鲁威先生看来，就有“坚固、适用、美观”三个主要方面，这三个方面是建筑的原则，也是建筑的评论和鉴定的基本内容。“坚固”，是一个纯技术问题，“美观”是一个纯艺术问题，“适用”则是介于技术和艺术之间（或技术和艺术都兼而有之）的问题。但迄今而言，建筑评论或建筑鉴赏，似乎并不完全包容这三个方面问题，尽管偶尔也有触及其每一个方面的问题，可主要的还是艺术方面的问题，即主要是瞄准“美观”原则而论的，当然，有时也兼议“适用”原则，不过，“坚固”原则则基本上是不涉及的。可见，建筑评论或建筑鉴赏，主要是建筑专业的问题，或者说，当纳入建筑专业范畴为妥。

建筑评论，源于何时恐难确证。但是，有“建筑”大概就可能有“评论”，这或许可以这么被认定。而文学上的“建筑评论”，最早的可见之于建筑史料记载，其若非仅是直叙的表述记载，或许也就可认为是最早的建筑评论文章。《建筑十书》中第三、四书谈“神庙”、第五书谈“剧院”、第六书谈“住宅”等，多有选择前人的建筑作品为例，而其例中并不只是简单地陈述其建筑情况，还带有一定程度的评说，这不能不说其已具有一定的建筑评论性质。

而无论是书面上的建筑评论，还是口头上的建筑鉴赏，发展至近现代，已构成为建筑领域的一个不可忽视的组成部分。但至今看来，仍然没有形成一种较成规模的职业化群体，且职业建筑评论家已是罕见，建筑鉴赏者则更是被溶化入社会大众之中。如果说，建筑评论以及建筑鉴赏也是一个建筑群体的话，那就是一个既是非常广泛、又非常单薄的群体，而准确地说，当是一个似乎人人都是、又难以数得出几个纯正的建筑评论家或鉴赏者的近乎无法说成是一个群体的群体。不过，建筑学主体却不能没有这个群体，也不应该忽视这个群体，在建筑学的发展过程中，它毕竟起到了一定的推动作用，这是不可抹去的、已有浓重一笔的事实。

建筑评论，通常是对历史的建筑或已建而存在的建筑而言的，且通常以“第三者”的身份出现。于是，这就有了建筑评论独到之处的先天条件，如果建筑评论家再不带有任何有色的眼镜，而仅凭理性的科学概念、理智的平静心绪而言，则这样的建筑评论或鉴赏不是很有价值吗？建筑以及建筑艺术不正是需要这种理性的语言来评价、来检验？建筑学理论的发展，也正是在建筑实践中不断提高发展和演进的。如果只有激情的创作，而没有理性的评价，不仅建筑得不到检验，建筑学理论也将得不到发展而停滞，因为建筑就仅凭这股“激情”是不够的。可见，建筑的发展需要评论，建筑学理论的发展更离不开对建筑实践检验的评论。

不过，建筑评论也可能走入死胡同里，因为建筑评论需要有“理性的科学概念”为基础或为条件，如果过分依重于已有的“理性的科学概念”，则可能将建筑评论引入一种僵死的“对号入座”的教条主义误区中。那么，这样的建筑评论，不仅不能推动建筑学理论的发展，甚至还会使建筑学理论陷入难以自拔的沼泽中。

而且，建筑风格在某个时期的流行，一定程度上也是建筑评论的误导。

从建筑历史上看，一种建筑风格的流行，通常都能影响一个时期的建筑，甚至可以直接称某个时期为这一建筑风格的时期，如洛可可时期、巴洛克时期等。这固然有该建筑风格吸引人的独到之处，但不能不说有“建筑评论”的误导因素存在。建筑评论，一方面可以此传播建筑信息，另一方面在对建筑进行评介的同时，也不可避免地会夹带着评论者本人的个人观点，甚至可能是偏见或过激的看法。而受传播者便在接受传播的同时，也可能无法完全排除传播者的个人偏见，这便有被误导的可能性存在。于是，我们不能不说，在建筑风格的流行过程中，建筑评论是一个非常重要的影响因素。

然而，流行的建筑风格是否都值得流行，却是一个需要再作进一步讨论的问题。

建筑风格，并非“万宜”样式，它是相对于某种建筑区域、建筑环境等而言是相宜的建筑样式，人类社会的区域性以至建筑的区域性等，至今看来都是非常显著的，难道以一种风格或样式来套用都能适宜？显然，是不甚科学或不甚合理的。而建筑评论中的建筑风格，却通常没有被认真地考虑过这个问题，以致懒惰而功利的建筑师或不甚理解的投资者，就可能一起拉用或接受某种建筑评论对建筑风格的传播。那么，建筑评论者便脱不了可能有的因建筑评论而误导建筑风格流行之责。

尽管建筑评论有其“先天”条件所可能产生的不足，但建筑以及建筑学的发展，却仍然很需要这“第三者”角色在建筑领域的充当，毕竟他会对建筑以及建筑学的发展起到一定的促进作用。由于建筑评论或建筑鉴赏的理论标准或准则，也是以建筑学理论为核心基础的，或者说离不开建筑学理论的指导；而反过来，建筑评论和建筑鉴赏也在评论的实践中同时检验着其理论的真理性的纯“真”度，即在评论的检验中也印证其理论的真理性程度。则在建筑学理论里，也就有建筑评论的探讨问题构成的内容。可见，这一群体大致也可认为是建筑学的主体。

可惜的是，至今的建筑的职业评论家还几乎难以寻觅，大多是兼职的建筑评论家，其基本身份通常是研究人员、教学人员或新闻媒体的记者、编辑等。因为纯职业建筑评论家的生计难以维持，这是迄今以前的社会现实，也只有通过其他职业求取生存条件，才能维持其“建筑评论”的存在。故而，建筑评论家多为兼职、而非职业者。则其作为"第三者"的身份便不纯正，这大概也就是人们所能见到的现实中的"建筑评论"多有偏颇的主要缘故吧？

然而，建筑的发展以及建筑学的发展，非常渴求有纯正的"第三者"存在，即需要有职业建筑评论家的加入"建筑学主体"圈。且随着建筑学理论体系的确立，也同时呼吁社会提供"职业建筑评论家"必要的生存条件，在构筑善美的社会构架空间总体之时，也为"职业建筑评论家"留出一个生存空间或功能空间。

3 建筑学客体

客体是与主体相对的，也是一个哲学认识论的概念。

在哲学范畴里，主体是指认识主动体的人，客体则是指主体以外的存在体，是主体认识的对象或事物，但并不以主体的存在为转移或为主体的存在而存在。主体是人，人是有生命极限的；客体是物、是事物，任何物或事物虽然同样是有生命极限的，但主体和客体的生命极限，两者并没有直接的因果关系存在。况且，人首先亦是物，是世上所有存在物之一类，同样也可能是被认识的客体内容之一，这些被认识的客体，共同构成为统一的物质世界。

自人类创造了文化，建筑大致也就是这个物质世界的一个基本内容，即人类在创造了文化的同时，大致也创造了建筑。而后，建筑便也成了人类认识的对象，在人类的这个主体的认识内容里，即多了建筑这个客体。而对建筑这一客体的认识，是由一个建筑总体科学构成的，其主体当然是以建筑总体为客体；其中，建筑学仅是建筑总体科学的一部分。当然，建筑学主体所认识的客体对象，就并非建筑总体，同样是建筑总体其中的一部分，这也就是此处所讨论的“建筑学客体”。

建筑学客体，是物，是“建筑”这一种“物”，但并非“建筑”这一个整体。在建筑领域里，建筑科学是由众多学科构成的一个科学体系，建筑学仅是其中的一门学科；建筑领域里的各个构成部分，都有相应的专门学科给予研究，这才构成建筑科学总体网络体系。而“建筑”自身最本质性的东西，便是由“建筑学”这一学科来研究，故而，这才有“建筑学”是建筑总体科学的核心学科的说法。那么，建筑科学中的各个学科都有自己相应的研究客体，而建筑学的客体，就是“建筑”自身最本质性的这种“物”，同样是建筑学主体以外的存在体。

3.1 客体性质

建筑学客体既然是存在体，便有其存在性质，且与其他任何存在体一样，建筑学客体这存在体的性质也是多方面的。而作为其存在“物”本身的性质，我们将在下文的“本论”中的“建筑性质”中讨论。至于仅作为“建筑学客体”而言，与“建筑学主体”相比较，其性质也是明确的，这才是本节中将讨论的主题。

建筑学客体，就是建筑学主体认识的对象，主体和客体是居于“建筑学”的两极，这两极不是对称的，而是对立的，是对立地统一在建筑学的范畴里的。建筑学主体是人，是主观的、能动的，这是上文已讨论过的问题；相对地，建筑学客体是“物”，也具有与建筑学主体相对的性质，则建筑学客体当是客观的、被动的，这即是我们现在当认识的问题，也是完整地认识建筑学“两极”的另一极的性质问题。

3.1.1 建筑学客体是客观的

建筑学客体相较于其主体而言，具有客观性特征。

客观

客观也是一个哲学概念，是指不依赖于任何认识或反映媒体而存在的事物或世界。对于这个概念，我们同样可以从两个方面来认识。

第一个方面，客观是独立的，是没有任何依赖体的，且有自己独立的存在、发展过程，任何认识或反映媒体是否给予认识或反映，其同样都是存在的、发展的，否则便不称其为“客观”。比如具有认识和反映事物功能的人，对于某种事物，可能去认识它、反映它，但该事物并不因人的是否去认识或反映而存在，否则，该事物就不是客观的。

第二个方面，客观是指事物或世界，是指认识或反映媒体之外的任何存在，而在任何一个特定的认识范畴里，被认识的存在都是客观的，即使是以“人”为特定认识范畴，其人的认识意识虽是主观的，但其他被认识的人体部分则都是客观的。也就是说，任何被认识、被反映的事物，不以是否被认识或反映而存在，则这些存在便都是客观的。

建筑是一种人类生存需求

人类是一种生命，而生命的延续和存在，主要是解决维持生命体存在的能量补充问题，也就是使生命体保持一定的生存活力。人类生命体各器官的生存活力，大致由两个方面进行调整和维持，一方面是外来能量对人体的补充，另一方面是体内各器官对能量的调整和补充。这似乎也合乎“物质不灭定律”之说。总体而言，人体生命的存在就是一种活动，人体活动必然有能量消耗，能量消耗后的人体需要能量补充，则人类对食物的需求的“吃”便是人体能量消耗的最主要的补充方式，如果一个人不吃不喝，一般情况下，人体生命大致只能延续7天左右。对体内而言，人体生命存在的各器官也同样有能量消耗，有补充能量的需求，但人体内各器官的能量补充方式各有异同，外来食物的“能量”通过人体消化系统的吸收，由心血管系统运载向各器官提供能量补充，而“能量”吸收转化的消化系统并无法不停地工作、不停地吸收转化“能量”，它是通过间歇性的休息而得到器官活力的调整的，这才有人类定时适量进“食”的生活基本习性的进化形成现象。同样，大脑中枢神经系统也是通过心血管系统提供能量补充的，但大脑还是需要有间歇性的休息的器官活动调整。同时，在休息时也对大脑进行供血的能量补充，这才有定期卧床睡眠的另一个基本生活习性的进化形成。因为人体卧床躺平，大脑可增加充血量，更有利大脑活力的调整休息，如果不躺不睡，按现代科学的说法，人体生命一般无法超过5天。可见，卧床休息对人体生命来讲，就显得更为重要了。

而建筑，正是提供人类休息的最佳场所，这不能不说：建筑也是人类生存的一种基本需求。

人类生存需求是客观的

以一般人们的概念而言，人类基本的生存需求，除了上面提到的吃、住以外，还有穿、行，即人们常说的有“吃、穿、行、住”这么四个方面的基本需求。且这四个基本需求对人类来说，似乎还有轻重缓急的排列顺序，即“吃”是第一需求、“住”是第四需求。事实上，对人体生命而言，“住”应与“穿”并列为第二需求，因为“住”的基本功能以“防寒避雨”为主，其中的“防寒”功能与“穿”是相近的，当然也就具有同等的重要性，至少也应紧依“穿”而作为第三需求来看待。

而无论是作何需求的轻重缓急的排列，这些需求都是与人类生存紧密相关的。“吃”，能量补充；“穿”（包括“戴”），御寒防晒，或许还有形成了一定的观念意识以后的“遮羞”；“住”，则防寒避雨也遮羞（即私密性需求），还有防侵袭等；而“行”，由于人类既为动物，怎会安于“静”室？生存、活动当是不可分的，那么各种“行”的方式，正是为了满足“动”的需求。总之，只要这些需求是人类生存所必需的，且不受人类意识的支配，则这些需求必然是客观的。

建筑是客观的

既然建筑是人类“住”需求的休息的最佳场所，也是人用来解决“住”问题的最基本创造物，而“住”这一人类基本需求又是客观的，则显然，建筑这一人类产物也当是客观的。

此处尚有一个问题值得讨论，即建筑是人类创造的，是在人类一定主观意识指导下创造的产物，这是否与“建筑是客观的”这一命题相悖？

人类创造建筑，是需要具有一定的主观意识，是在一种非本能意识指导下完成其建筑的创造过程的，否则就不是文化，也不是建筑，而是人类的本能反应的结果。但是，建筑的形成及形成以后的建筑发展，是依一定的规律而演变或演进的，并非完全受人类主观意识的支配，而是由一定的客观环境因素或条件决定的。如人类早期的建筑形式，沼泽丛林地区产生“巢居”，山地高原地区产生“窟居”，湖泊河塘地区产生“湖居”（或“河居”），等等。况且，人类的主观意识，也是在一定的认识客观环境的情况下形成的，并非是完全盲目的主观意识，完全盲目的主观意识是无法指导建筑创造的。故而，我们可以这么认为，也从总体上讲，建筑的形成和发展还是客观的。

建筑学客体也是客观的

建筑学以“建筑”自身最本质的东西为客体，建筑的发展正是由其最本质的东西所决定的。如果建筑最本质的东西不是客观的，则建筑也不可能是客观的；反之，建筑是客观的，建筑学客体的建筑最本质的东西也应该是客观的。

建筑的客观性，正是在于建筑的发展有其自身的不以人的意志为转移的客观规律存在，建筑规模由单体到群体、到聚落城镇的出现，建筑技术由土木砖石结构到工业化生产的各种现代结构方式的陆续产生，建筑艺术由单一样式到多种风格的并存，建筑研究由简单的技术功能需求满足的解决到愉悦感观的艺术形式和内容的探索、到“形”“神”兼备的尽善尽美的追求，建筑科学由简单而笼统到复杂而细腻的完善，等等，建筑领域构成的方方面面，无不蕴涵着各自的客观发展规律，并依此发展规律有条不紊地或许也磕磕碰碰地演进着，但不依赖于人的主观意识却是毫无疑问的，只有人的意识客观地去认识这些规律，才能有效地促进建筑的正常发展演进。

建筑学正是为了探讨建筑性质、内涵、规律

等这些本质性的东西而产生的，这些本质性的东西同样不以人的意志为转移。

3.1.2 建筑学客体是被动的

在建筑学的研究和被研究的两极，建筑学主体是能动的，从建筑学研究的辉煌历史上看也是主动的。相对而言，建筑学客体则是被动的，在研究范畴里显示了其突出的被动性特征。

被动是科学研究对象的基本特征

科学是人类社会的一个存在领域，科学研究是推动人类社会发展的一个主要方面。科学研究存在的一个必要条件是研究对象的存在和被确认，当人类具有了相应的研究能力，研究对象又被明确地认定，则这个科学研究就可能存在和发展下去。那么，在存在和发展的科学研究里，人是研究者，研究对象是被研究者；科学发展，不是被研究的对象主动地拉动科学研究发展的，尽管被研究的对象可能是运动的、发展的，但这种运动和发展是自身客观存在的必然现象，科学并不因其运动和发展而发展，科学的发展只有依靠人类，是人类在创造文化的同时，也发展了科学和科学研究。所以，在科学范畴里，研究者是科学发展的动力，研究对象有其自身运动和发展的规律，却是科学研究的被动对象，被动地在科学领域里成为人类的研究对象。

科学研究对象于存在世界

一般认为，以科学研究对象的矛盾的特殊性为标准，将科学划分为自然科学和社会科学两大类；然后又认为，还有“哲学”这一部类是那两大类的概括和总结。实际上，这种认为是将科学分为自然科学、社会科学和哲学这么三大部类，这也是最常见的以“研究对象”为标准的“科学分类”。

由于这一科学分类是以“研究对象”为标准的，则这一科学分类的前提应该是研究对象的存在形态划分的被认定。

而“研究对象”的存在形态，大致可分为物质形态、心理或意识形态、心物结合形态三大类。相应而言，自然科学是以物质形态为研究对象、社会科学以心物结合形态为研究对象，而哲学的研究对象是意识形态。不过，哲学研究的能否涵盖所有意识形态存在，却是一个值得讨论的问题。比如“宗教”，是一种意识形态存在，当然不属自然科学、社会科学范畴，恐怕也不是哲学所能涵盖的，这哪能以“哲学”来代表研究意识形态存在的科学的这么一大部类？况且，在现代科学里，文化学、逻辑学、伦理学、心理学等，都已是各自独立的研究意识形态存在的学科，更无法让“哲学”这么一门学科来完全包容或替代。显然，科学研究意识形态存在的这一部分称谓应另择宜称，而“人文科学”（Humane Studies）之谓，或许更能被大众所认可。

合理的科学分类及称谓应是：自然科学、社会科学、人文科学这么三大部类。

科学是发展的，其三大构成部类也是发展的，其分别研究的对象的三种存在形态正好也是存在世界的三种基本形态。而存在世界的任何一种存在都可能相应地成为这三大科学部类的研究对象，这也是科学存在和发展的一个基本宗旨和目的，包括将被研究的和未被研究的任何一种客观存在。

建筑是人类世界的基本构成

整个地球的存在世界，一般而论，大致可分成两大部分，即人类世界和人类世界之外的自然世界。人类世界是相对于自然世界而言的，自人类创造了文化，而真正地独立了自己以后，人类便脱离了生物圈而创造了独立的生存空间。当然，人类的这个生存空间，原本也是自然世界的一部分，但由于人类已经改造了自然，并创造了许多人类独有的文化“填充”其内，使人类生存的这个空间完全区别于原有的自然空间及其他未被改造的自然空间。于是，人类便将自己生存的这个空间称为“人类世界”，而其他生态空间则称为“自然世界”。那么，这个地球，自形成了人类以后，便被完全地划分成两大部分，一部分是仍然维持着原生态秩序空间的“自然世界”，另一部分是已被尚不太理性的人类改造了的“人类世界”（以地球自身而言，人类的这种崛起现象及改造现象，是地球之福还是地球之祸，尚有待被理性地讨论评价）。

建筑自产生以来，就是人类创造的文化的一个组成部分，且人类也已越来越离不开建筑了，当我们回首人类发展史时，任何时候、任何区域、任何事情都抹不去建筑存在的功绩。可以说，人类有一半以上的时间是生活在建筑里的；如果以大建筑（指人居环境）而论，则人类基本上是完全生活在建筑环境里的。故而，我们不得不承认，建筑是“人类世界”这个空间里的最基本构成。

建筑科学以“建筑”为被动对象

人类创造建筑以后,建筑当然也是一个发展体,是一个演进的发展体,否则建筑也就没有今天这么壮观而辉煌的景象。但仍然是一个被动体,是人类的创造力推动了这个被动体的演进发展,或者说,人类是建筑这被动体发展的动力,如果失去了这个动力,建筑只可能是停滞的,或者只有其运动惯性。尤其是建筑科学,更是人类推动建筑演进发展的动力核心。在建筑领域里,任何其他建筑内容,都只能是维持建筑的存在发展,只有建筑科学才是真正推动建筑演进发展的动力。人们普遍认为,“科学是生产力”。这应该说是一种非严格意义的广泛概念,若准确地说,科学是生产力发展演进的动力,而建筑科学也一样。

那么,在建筑科学看来,建筑及建筑的发展,都仍然是建筑科学研究的被动对象,只有建筑科学主动地对其研究、探讨,寻找其发展的契机,才可能促使建筑的演进。显然,“建筑”相对其科学而言,当然是被动体。

建筑学客体同样是被动的

以一般情况而言,建筑总体科学的研究对象是被动的,则其中的核心学科的建筑学的研究对象是建筑总体的一部分,当然也应该是被动的。

尽管建筑学客体内容不是通常人们认识的“建筑”的物质存在(详见下文的“建筑学客体内容”),是“建筑”存在的最本质的东西,可以说,是一种概念性的东西。而且,是在人类开展了对“建筑”的研究以后,才揭示了这一本质存在的,则在建筑的发展中,这一本质存在是居于核心地位的,也是不以人的意志为转移而存在的。但无论是一种本质性的东西,还是建筑发展的核心内容,或是不以人的意志为转移等,建筑学客体,都仍然是一种存在,建筑学以这一存在为研究对象,也只有当建筑学对其进行研究时,该存在才是建筑学的研究对象,否则,其只是一般的客观存在。所以,仅从这一角度而言,建筑学客体的这种存在,也是建筑学的被动体。

人类研究建筑,就应该完整地探讨建筑的每个构成部分,也包括建筑的最本质东西的根本性问题的讨论,人们不应该也不可能回避这个问题。这个问题终究要被人们所揭示,也只有当人们揭示了这个问题,人们才能真正地认识其存在,才能完整地认识建筑整体,因为这个让建筑学所认识的存在,也是一个被动体。

3.2 客体内容

在建筑学范畴里,建筑学的主体内容是研究者,而与其相对的,建筑学的客体内容,当然是被研究者。

对建筑学科来说,“被研究者”的明确,是学科性质被论定的关键。建筑学界一般认为,建筑学是一门内容很广的学科,其内容包括有建筑设计、建筑结构、建筑历史、建筑物理等,甚至包括室内设计、城市设计、园林设计等等,对这么一门内容广泛的学科,其学科性质很难被明确。学科性质的划分通常是以被研究的内容或对象而确定的,以物质形态存在为研究对象及内容的,是属于自然科学范畴,以心物结合形态存在为研究对象及内容的属于社会科学范畴。建筑学内容包括建筑设计、建筑历史、建筑构造、建筑物理等,前两项内容以心物结合形态存在为对象,后两项以物质形态存在为对象,则建筑学该属于何种学科性质,显然便难以被论定。以致,传统的“建筑学”学科性质出现了被混淆的现象。18 世纪末的德国柏林艺术科学技术学院,是将“建筑”专业划归工程技术院校的;19 世纪创立的法国巴黎高等艺术学院,“建筑”是与“绘画”、“雕刻”等并立为其内设专业;19 世纪中后期,在俄国彼得堡民用工程学院里,设立了建筑学系,如此等等。显然,此前的各国各地区或各院校的“建筑”或“建筑学”专业(或系)的设置或划分均不一致,甚至同一院校在前后时期也不同。如 18 世纪末的巴黎工业大学,建筑专业是一个技术性质的专业,19 世纪初改造后演成的“巴黎高等艺术学院”,才将“建筑”转化为艺术性质的专业。

特别是当传统建筑学里的建筑设计、建筑历史、建筑物理等已被各自独立为一门学科以后,若建筑学也是一门独立的学科,就不应该仍然是一门大包容的综合性学科,而必须是一门性质明确的独立学科。于是,建筑学具体的研究对象、任务及目的等客体内容的论定,便是建筑学学科性质明确的先决条件,也是建筑学作为一门独立学科的前提。

3.2.1 建筑学研究对象

粗略而言，建筑学是以“建筑”为研究对象的，这大概在大多数人的概念中就是这么认识和理解的。

由于建筑学的历史久远，至今已有不少于两千年的发展历史，留下的有关著作也甚多，但非常明确地指明其研究对象的，却尚未见。而发展到两千多年后的现今，要给予一个确切的认定，想来也并非三言两语能简单道出的。

尽管建筑学已有约两千年的发展历史，虽没有认定其研究对象，却不是也照样在发展着？或许人们已习惯于这种没有认定的研究对象的发展状况。也许人们会说：只要建筑能正常发展，没有认定其研究对象又有什么关系？这当然也是一种发展道路。但合理、完善的科学发展，并不希望科学是在一种混沌的状态中发展的，即使是混沌的宗教，其宗教学也力求寻找到自己明确的研究对象，何况是实实在在的建筑学，更不想在含混中跋涉。于是，不甚清晰的发展状况终有被理清的时候，或许这就是一个可认为是恰当的研究时机。

从建筑学的发展史上看，研究对象大概是与学科的发展历程以及各个时期的不同状况紧密相连的，不同时期、不同建筑学的发展状况，决定了建筑学不同的研究对象的演变，或许这也是长期的学科发展历程中其研究对象无法被明确认定的主要原因。

以建筑学或建筑科学发展的阶段性历程而论，研究对象的演变大致可分为以下三个基本发展阶段。

第一阶段是古罗马以前的建筑科学发展阶段

尽管在古罗马时期以前，除了地中海沿岸的欧亚非地区有繁荣的建筑发展状况，东亚、南亚、中南美洲等地区也有自己独立的建筑发展道路。但是，在建筑科学研究上，能影响近现代建筑科学发展的，与近现代建筑科学有较密切渊源关系的，大概就只有地中海沿岸地区，在建筑发展的同时，也发展了建筑科学。所以，讨论建筑学的研究对象的演变，当首先明确建筑科学研究的存在及发展地区，然后才可能有研究对象的随科学研究发展演变所出现的不同发展阶段。而古罗马在其兴盛的帝国时期，统治的版图横跨欧亚非地区，故在此我们便以“古罗马”为标准来划分建筑科学的发展阶段，并作为此论第一阶段的基本下限划分点。

这个阶段出现有大致独立而又交错的多个发展源头，即地中海南岸的北非、东岸的西亚和北岸的南欧，它们既形成各具特征的埃及文明、巴比伦文明、爱琴文明，又在其形成和发展中相互碰撞、相互交融、相互吸收。也曾经出现了发源于三个不同地区而统治整个地中海区域的“大帝国”，比如起源于北非的古埃及王国、起源于西亚的亚述帝国和波斯帝国、起源于南欧的古希腊亚历山大帝国和古罗马帝国等，这些王国或帝国都曾经统治过整个地中海沿岸地区。于是，该区域文化的交汇是必然的。

那么，无论这一阶段在什么地方产生了何种建筑理论，都必然要随文化的交融而传播到各个地区，任何一个王国或帝国统治下的整个区域，都可能促进各种建筑理论的传播或流传。且在经过了多次的王国或帝国统治的跨越后，当罗马帝国也统治了该区域时，所建立起来的建筑科学新理论，必然是以往历朝历代建筑理论传播和演进的结晶。于是，古罗马维特鲁威的《建筑十书》，显然应该是这一阶段的最高成就和最丰富完整的论著。

以《建筑十书》整体来看，如果说当时建筑已被确立为一门学科来研究的话，这门学科的研究对象应该说是“建筑”、是建筑总体。

从城市、城市规划到各类建筑的划分和设计，从建筑材料、建筑构造或建筑结构到建筑施工，从建筑装饰、建筑色彩、建筑物理到建筑设备，等等，或者说，从大建筑到小细部，当时的人类所建构的人居环境的方方面面，基本上都综述了。如果说这就是一门学科的全部内容，则这学科的研究对象当然是“建筑”；只是书上没有明确的理论构架，包括其中必备的学科“研究对象”的明确指出（当然，现在人们所能见到的《建筑十书》，是经过了许多年后的文艺复兴以后发现的“抄本”，也许该“抄本”已有误或遗漏）。不过，我们仍然可以通过此书的内容窥知当时人们对建筑的研究状况。因为当时建筑不可能只是维特鲁威一个人在研究，也不可能只是古罗马一个地区在研究，应该说，至少是整个地中海沿岸地区的众多建筑师们在研究，并且所研究的内容范围不会比《建筑十书》窄，或者说至少也是等同的。可惜，现今人们没有更多的资料可供比较、印证，只能讨论到此，便暂下结论，实为研究者之无奈。

那么由此可见，古罗马以前对建筑的研究，只能说仅是一种建筑科学的研究，其研究对象是"建筑"，以建筑总体为其研究对象。

第二阶段是中世纪的建筑科学发展阶段

"中世纪"，是一个不甚清晰的带有宗教色彩的时间段概念，源于后来人们对"黑暗的中世纪"的认识，是指欧洲世俗政权陷落后的教会统治时期，即从封建教会替代了古罗马帝国的统治到古罗马文化的被"复兴"之间的这段时期，具体时间大约是4、5世纪至14、15世纪之间。而这个概念，首先是由文艺复兴时期的文人们使用的。他们认为，古希腊、古罗马的成就是伟大的，也包括那个时代的人们，这是一个伟大的时代，是欧洲伟大的"古代"（Ancient）；而今人们复兴"古代"文化，赞扬"古代"文化，同样是伟大的，是欧洲伟大的"现代"（Modern）；在"古代"和"现代"之间的这段时期里，却充满着愚昧和迷信、野蛮和混乱，是一个颓丧的时代，是Ancient和Modern的之间"the Middle Age"（译为"中世纪"，也有译作"中古时代"）。如果说欧洲的Ancient和Modern是饱含生机的光明白昼，则"the Middle Age"就是委靡不振的阴暗黑夜。大概也就在这种对前后时代比较的使用中，产生和存在了这个时间或时代的概念。

由于中世纪欧洲的封建统治，是由基督教会居统治地位的，故基督宗教是欧洲中世纪文化的核心。

作为一种艺术形式，建筑便托"基督教堂"之"福"而成了当时艺术的核心内容，无论是天主教地区，或者是东正教地区，教堂都成了艺术的核心内容。不仅建筑以教堂建筑为主，其他艺术形式也都围绕着教堂而作，雕刻艺术以教堂建筑为创作空间而雕刻，绘画艺术以教堂建筑墙面或其他构件为画面，音乐艺术便主要是教堂音乐，社交娱乐聚会也以教堂为基本公共活动场所，如此等等，都说明了基督教堂建筑的核心地位，各种艺术就这么集中地表现在教堂建筑上或建筑里。

以建筑技术方面而言，代表中世纪建筑的教堂建筑，主要经历了这么两个发展时期，一是12、13世纪以前的罗马式教堂，另一是13世纪以后的哥特式教堂。两者相比，罗马式教堂，脱胎于古罗马教堂，主要的建筑技术特征是圆顶大厅及圆形拱门，总体显得高大而粗重；哥特式教堂，主要的建筑技术特征则是曲肋拱和尖顶尖形拱门及扶壁或飞扶壁，总体重量大大减少，且显得轻盈，使人有"向上的"结构观感。显然，对力学知识的掌握和应用技术的改进，在中世纪，还是有较大发展的。

中世纪的欧洲，发展的主要是宗教建筑，世俗建筑受到蔑视和压制，而即使已居于核心地位的宗教建筑，其建筑艺术及其他艺术等，也都还是为了宗教而表现，一切均完全突出宗教的核心内容和地位。但是其建筑技术的发展，却不能不说还是具有一定发展的演进性的。由罗马式向哥特式的转变，实是一种技术上的较大突破，使教堂建筑的结构技术与艺术上所要表达的宗教建筑形象达到了很高程度的统一；即便是中世纪初期的罗马式教堂，虽是脱胎于罗马的会堂建筑，却也以其极大的内部进深、厚重的外部高度，说明了仍已具有结构技术的演进发展内容。

只可惜的是，与几乎所有的科学门类一样，建筑科学的学术研究，也被忽视了。

在中世纪中初期，宗教神学思想支配着一切领域，凡是"理性"的东西都遭禁锢，基本上所有的科学研究都被压制；只有在中世纪后期，特别是哥特时代出现以后，一些科学门类的研究才逐渐被解禁而复苏（详见下文的"史论"），当然主要是与宗教问题为非对抗性的学科，如数学、物理、化学等自然基础学科以及科学基础性的一些技术门类。然而，应该是属于与宗教为非对抗性的建筑科学，却仅见其建筑的演进发展，而未见其科学研究成果的面世，即使是实际上就是宗教构成的一部分的教堂建筑，也没有发现有留存下来的科学研究资料给予引证说明，这也不能不说是一件令建筑科学界遗憾的事情。

不过，我们在此仍然可以这么说，如果说中世纪时还是有建筑科学的研究存在的话，基本上仍是沿袭古罗马时期的研究范畴，因为在当时的教堂建筑的修道院里，仍保存着古罗马遗传下来的维特鲁威《建筑十书》的手抄本，或许在修道院里还可继续按《建筑十书》的科学方向来研究建筑，其他人群或场所便恐怕很难有这种研究条件。这就是我们在此的推测引论，也许这并不符合历史事实，这便有待后续研究探索给予更正。

第三阶段是文艺复兴以后的建筑学发展阶段

可以非常清楚地说，形成后的欧洲建筑科学

的发展是一脉相传的，非常清晰而明确。从形成期开始，古罗马建筑集此前的埃及、西亚、希腊等建筑之大成，便奠定了该区域的建筑及建筑理论的发展基础。尽管中世纪是宗教居支配地位，宗教建筑却也因此而得到空前的发展，并以罗马式教堂为基本模式，即使是哥特式教堂也是在罗马式建筑基础上发展形成的。而文艺复兴时期，更是打着复兴古希腊、古罗马建筑的旗号出现的，也因此而有了此后的近现代建筑及建筑理论的伟大成就。于是，地中海地区或欧洲的建筑及建筑科学理论当是传承于"古罗马"一脉的，清晰可见，这也是我们作不同发展阶段划分的基本准则或标准。

一般认为，文艺复兴(the Renaissance)是欧洲中世纪结束的一个新的历史时期，且通常以意大利佛罗伦斯(Florence)的政治家和诗人但丁(1265年—1321年)《神曲》一书的面世为两个时期的大致分界点。因此可以说，文艺复兴时期的"复兴"运动是源于意大利，然后推向欧洲的其他国家，逐渐成为欧洲历史上具有重大意义的时期。但"文艺复兴"一词既非意大利人发明的，也不是在文艺复兴时期产生的，更不是首先以意大利语出现的，该词的"Renaissance"是瑞士人雅各布·布克哈特于1860年在《意大利文艺复兴时期的文化》一书中最先使用的，词义是由法语的动词renaitre("再生"之意)转化的，当时布克哈特先生使用"Renaissance"一词的词义，是指古希腊、古罗马文化的重获新生。显然，"文艺复兴"这个词，实际上是后人对当时这个运动的概要结论的用词。

文艺复兴时期"复兴"运动的核心内容是"人文主义"(Humanism)，是针对中世纪的宗教统治时期的以"神"为中心的文化状况而提出和倡导的。其基本含义是强调对人的尊重，且以"人"为中心，就像古希腊、古罗马的文化一样关注"人"的尊严。故提倡的这种核心内容，被后世称为是对古希腊、古罗马文化要求"再生"的"文艺复兴"。

正由于"人文主义"思想对古希腊、古罗马文化的"复兴"的主导，古罗马以前的文化便倍受推崇，包括建筑理论，集古罗马以前的建筑理论之大成的维特鲁威的《建筑十书》，正好是当时人们汲取营养的源泉。于是，被尊称为文艺复兴早期的"巨人"之一的L. B. 阿尔伯蒂(1404年—1472年)在汲取古《建筑十书》的基础上，也大致按其基本脉络，撰著讨论了建筑材料、建筑施工、建筑构造及结构、建筑经济、城市规划、绿化园林、建筑水文等内容，共十个篇章，也相似地称《建筑十篇》(或译《论建筑》)。这大抵就揭开了"复兴"时期以后建筑科学理论研究的序幕或先河，此后的建筑科学研究非常热烈，面世的研究论文或著作甚多，但基本上仍是在维特鲁威影响下形成的，尽管在其盛期也曾在某些方面对维特鲁威的理论提出过不同的看法，但最终学术界还是普遍尊奉古《建筑十书》为无可置疑的权威。

于是，文艺复兴以后的建筑理论发展，在研究对象方面基本上只是对古罗马以前建筑理论的"复兴"，实际上并没有完全达到那种"螺旋上升"的研究结果，这一点与建筑或其他艺术门类的发展"复兴"是有一定区别的。

即使在文艺复兴后期及后来出现的巴洛克时期、洛可可时期等近现代出现的各个发展时期，虽然在建筑风格上有了较大的突破，也追求其奇特或超常的崭新效果，但在科学理论上没见有什么较大的创见，大致还是依循传统建筑理论的"技术"、"艺术"以及以技术和艺术的相结合来表现所欲达到的预期目标的基本框架。

因此，建筑科学理论的研究，自古罗马时期奠定了基础以后，虽经由不同时期发展颠簸，却也都没有动过其根基及理论框架，基本上仅是在完善性方面有了较多的进展，研究对象大致仍是不变的。不过，也正是由于建筑科学整体的不断被完善，致使在近现代不断有一些专题或内容被独立出来，成为一门门独立的学科。于是，这才有而今我们正在探讨的"建筑学"作为一门独立学科的问题的形成和出现，这也就是建筑科学理论经过这么长期发展的一种必然结果，以及作为一门正将独立的"建筑学"学科的研究对象的被明确指出。

根据上文我们对建筑、建筑学、建筑科学等概念的认识，对古罗马的《建筑十书》，以其书中的讨论内容和对象来看，只能说是属于"建筑科学"的范畴，即所奠定的建筑理论，准确地说只是大范畴的"建筑科学"，甚至有的内容已超出我们现在所认识的"建筑科学"范畴，如第十书的轻重弩炮、攻城和城防机械等内容(这些内容大致是属于军事科学的"军事技术"范畴)。而文艺复兴的《建筑十篇》，由于基本上也是按古《建筑十书》的脉络著就的，故所涉及的内容和对象，同样是大致遍及整个建筑科学的主要方面，则文艺复兴时期所发展的，准确地说也是建筑科学整体。

不过此后的建筑科学发展，却是一种显得非常平静却又不平静的现象，当时并没有引起人们对可能有的学科独立倾向的警觉。随着16世纪中叶维尼奥拉《五种柱式规范》的面世，原"建筑科学"总体对原各个专题或内容的陆续被作为一个课题的单独讨论，也随着这种专题讨论的逐渐深入，由专题演变为一门独立学科而逐渐成熟。于是，到了现代时期，原建筑科学整体里的各主要专题内容，基本上已完成了各自独立为一门学科的演变及分化，建筑构造、建筑制图、建筑结构、建筑物理，等等，均相继成为独立的学科。

而此时，当人们再回过头来，看《建筑十书》或《建筑十篇》时，实际上它们就像是建筑科学的小百科全书。

因此，当建筑科学整体里的各专题都各自独立为一门学科以后，"建筑学"的独立便日臻成熟。那么，独立后的建筑学的研究对象，就是各专题学科所没有研究的、"建筑"概念自身的一些本质性的核心问题。也因为建筑学有自己独立的研究对象，这才使"建筑学"作为一门学科而独立成为可能，也符合人类科学基本原理的要求。

3.2.2 建筑学的研究任务

建筑与所有的存在事物一样，也都是本质和现象统一的产物。无论是建筑的设计、还是建筑的施工，或者说是建筑构造、建筑物理、建筑制图等，都是建筑的外部联系，是表面的、具体的、直接的建筑现象，这些都已相继形成了各自的研究独立学科，只有建筑的内部联系的本质性东西还有待形成较完善的研究体系，这就是正在形成的独立的"建筑学"学科。这也是在建筑科学里，建筑学与其他分支学科的根本区别，且是其他学科早已相继独立形成、而建筑学却迟迟难以形成的根本原因。

科学认识的任务，是通过现象揭示事物的本质，或者说，是透过现象以发现事物的本质。现象是表面的、外在的，容易被认识；本质是深刻的、内在的，不易被认识。但为了完整地认识事物，本质的东西也应该给予认识，这正是建筑学必然要形成的根源所在。因此，建筑学研究的根本任务，就是揭示"建筑"这一事物的本质内容，以使建筑科学终将成为一个完整的建筑科学体系。那么，在建筑科学总体里，或许可以这么说，建筑学是居于核心的本质学科，其他建筑科学则是居于其外的现象学科。

建筑这一事物的外在现象是容易被认识的，且已有建筑科学的诸多分支独立学科给予认识了；建筑的内在本质则是不容易被认识的，但也当给予认识，这就是建筑学研究的任务。建筑的本质，是建筑内在的、稳定的、根本的具有决定性的东西，也是隐蔽的、深刻的、间接的存在，人们只能靠思维来认识和把握。这就决定了建筑学研究的任务以及人们认识的方法和认识的方式。

首先是建筑的基本定义，特别是在不同区域，不同的语言在不同时期形成了不同的建筑概念

这是作为一门科学体系里的学科首当解决的一个问题，如果建筑的基本概念都没有被明确，又怎么去探讨"建筑"领域里的其他科学问题？这是一个很显然的事实。同时，"建筑"虽然是一个总体领域里由诸多学科构成的一个科学体系的核心概念，但由于"建筑"概念的问题不应该是现象学科的问题，恐怕只能由其本质学科来解决。于是，这就将定义"建筑"的问题留给了"建筑"的本质学科，也成为建筑学首当解决的主要任务。

尽管建筑是人类生活的一个不可缺少的部分，是人类文化发展的一个主要标志，各独立发展的人类区域都不约而同地创造出了以建筑为主体的各自的人居环境，在创造文明以后形成了各自的有关概念，但真正能让全人类共同认可并一起研究的，还是西方科学体系中的"建筑"科学，是循西方科学原理而进行的建筑科学研究。那么，这就有可能出现不同语言的建筑概念的沟通与转换的问题存在。理性地说，只要有建筑的研究和记载，就可能形成自己的建筑科学理论及相应的概念，即使不成为一个较完整的科学体系，也同样是有研究价值的。但科学原理是相通的，人们完全可以以现代科学的基本原理，来沟通不同区域、不同语言之间的研究内容，这当然也包括建筑的最基本概念的定义问题以及与不同语言的有关概念的关系，这同样是建筑学的一个基本任务。

其次是建筑的本质内容或本体内容

严格地说，建筑的概念或定义，实际上就是建筑的本体内容或本质内容之一，不过，以其概念或定义作为总括的内容或概略的引论，似乎还会更容易讨论和被理解，故我们在此作为建筑学的主要任务，单独先给予讨论。

在基本定义或概念明确以后，接着是认识建筑本体的具体内容。一般而言，这些内容大致是以建筑的内涵、性质、要素和建筑整体的发展规律，以及作为一种心物结合形态存在的可能有的风格、语言等表现形式及其被讨论为基本特征。

在建筑总体里，不只是一个定义性的概念被确定或认识，还当有具体的内涵被阐明，为讨论建筑内在本质的各方面的相互关系提供基本前提。同时也是对定义性的建筑概念的进一步拓展讨论，特别是悠久的文化内容、古老的理论问题，存在的习惯性认识很多，这些认识可能是科学的、也可能是不科学的，如果建筑学仍没有给予真正阐明，则建立这样的学科的价值就必然要受到怀疑。那么，人们便可在阐明了建筑内涵以后，认识可能有的诸多习惯性的建筑概念，理清不同建筑概念的区别和联系，也认清其严格意义的、科学合理的建筑概念。

建筑内涵的明确为建筑性质的认识提供了条件；而建筑性质的认识，同样是建筑本质内容的一个主要方面，也是建筑学学科性质的前提。建筑的性质是建筑区别于其他事物或存在的特征，由于建筑具有不同于其他事物或存在的内涵，这种内涵使建筑的存在成为一个独立体，则建筑其独立的存在特征是显然的。当然，是因为有了建筑，才有建筑存在的特征或性质；不过，却是建筑性质决定了建筑的独立存在的可能。于是，建筑的性质是多方面的，一方面建筑是文化的，另一方面建筑是艺术的，同时建筑还是人居环境的，等等。在这诸多方面，建筑都有相邻的参照物，这便可能显示出这诸多不同方面存在的特征，这当然也就是建筑的性质。

建筑不仅有特定的内涵、存在的性质，还有构成或形成为建筑的要素。应该说，只要有事物的独立存在，就必然有其构成的要素。物理学上有“力”的三要素（力的大小、方向和作用点）、语言学上有“语言”的三要素（语音、语义和语汇或语字），同样，建筑学上的“建筑”也有其构成上的不可或缺的要素。也就是说，要构成“建筑”这一事物存在，必须由何种要素来组成，而且还是“缺一不可”的，这显然也是建筑学里无法回避的一个重要问题。如果，人类创造了建筑，却不知道建筑是由哪些要素构成的，或者其构成要素是模糊的，则这能说是作了建筑的“科学”研究了？这恐怕难以给人们一个明确、满意的交代。于是，这同样是建筑学必须完成的研究任务之一。

建筑的本质，是指建筑的内在联系，这种内在联系为了反映建筑的本质，必然要有一定的普遍性联系秩序，这实际上就是建筑规律。一般认为，世界是物质的，物质是运动的，运动是有规律的。建筑是人类社会的基本构成，是人居环境的空间围护，其物质性是毋庸置疑的。尽管建筑学对建筑的定义只是一个概念，但这个概念表现的是一种存在，是人居环境的这种空间存在。何况，世界虽然源于物质存在，但在其一定的发展阶段以后，世界又出现了非物质的存在，而这种非物质的存在，同样是发展的、运动的，是有一定的发展演变规律的，包括非物质或非完全物质的建筑技术、建筑艺术、建筑思潮等，也包括建筑概念以及建筑学本身等等。作为建筑学本质内容的建筑规律，其任务就是视“建筑”为一个独立性存在体，并研究这个存在体由其内部矛盾决定的运动发展规律，然后以此帮助人们清晰地认识完整的“建筑”。

既然建筑（architecture）是以心物结合形态存在的，而以这种形态存在的建筑的具体内容是多方面的，主要有建筑风格、建筑类型、建筑语言等，应该说，这些都是以不同的建筑形式存在的具体内容。建筑作为一种实用性艺术而存在，除了有一般艺术属性、是艺术品的建筑物的物质形态存在以外，表现其固有特征的方式，应该是其固有的存在形式内容，我们可统称之为“建筑形式”。表现建筑这一种特殊艺术的方式是多方面的，人们可以不同的角度来读识建筑。具有相同的韵律感而产生了建筑风格，而不同的韵律感又能分辨出不同的建筑风格，建筑也因风格而给人以丰富的感受，这是建筑形成的一个方面；建筑原只有一种类型，那就是居所，而后是人类对建筑的实用内容的分化，使建筑有了不同类型的区别，人类也就创造出了适应不同实用内容需求的建筑，仅此人们亦可识读其建筑形式的另一个方面。无论是建筑风格还是建筑类型,人们都是以一定的信息沟通方式来识读建筑的,这就是建筑语言,人类在创造了建筑的同时,也创造了能沟通建筑与人类之间联系的特殊语言,可以说,这又是建筑形式的又一个主要方面。

当然,建筑本质内容或本体内容还不止这些,人们还可再拓展或深入讨论,这也是学科发展的必然,也希望不断有新的发展内容出现,以丰富和完善建筑学研究的本体内容。

再次是建筑学研究的学术史问题

严格地说,建筑史应该包括两个部分:一部分是建筑的实用性艺术史,或者说是建筑技术和建筑艺术结合的产物的发展史;另一部分是建筑的科学研究的发展史。也可以说,这是建筑总体发展中的现象与本质,或现象与本体两个方面的发展史的问题,前者研究现象,后者研究本质或本体。

建筑历史或建筑史,已是一门相当成熟的独立学科,只可惜"建筑史学"这一课题尚罕有人研究,致使建筑历史或建筑史的研究还不是很规范,还只是通常所见的一般历史研究的"编年体"的研究方式,或杂以"纪传体"的研究方式,基本上是按朝代顺序,分区域第次罗列有关记载或尚存遗址的建筑状况,述其建筑技术和建筑艺术问题,满足人们对建筑发展史认识的一般需求。应该说,这门相当成熟的"建筑史"或"建筑历史"学科,是研究建筑的现象史。尽管有的建筑史书中也有个别地方提及建筑科学研究理论问题,但大致只是一种附带的提及而已,并没有"编年"或"纪传"式的系统研究,显然,主要是一种现象史的研究。也正因为不规则地混杂有建筑科学研究问题,使人对这样的"建筑史"学科现状有不甚规范的感觉。这或许有这样或那样的原因,但无论怎样,为了确立一门学科的地位,规范其研究内容及对象还是非常有必要的。

如果说,建筑史在研究建筑现象史的同时,也提及某些建筑科学研究理论问题是必要的,那么,建筑史或建筑历史的对象主要仍是建筑现象,建筑史作为一门建筑科学总体中的分支学科是成立的。而以建筑本质为主要对象的研究内容,应该同时给予确立,这就是"建筑学史"。

很显然,建筑学史分析的任务就是通过对各时期、各区域的建筑科学研究理论(包括各种著述和记载)的分析,探讨其建筑科学思想或研究理论以及可能有的各种建筑学术流派的形成、演变及相互关系,总结出建筑学以至建筑科学发展的客观规律,也考察建筑科学知识内容的积累过程及研究建筑科学方法的演化等问题。可见,"建筑学史"的研究任务是持续的、发展的,随着人类发展的时空推移,建筑学史的研究需要人们给予衔接而延续,以便给人类留下一条永不间断的建筑科学思维索道。

3.2.3 建筑学研究目的

建筑是一种人类文化,是一种文化现象,建筑与其他文化内容一样,都是在一定人类意识指导下出现和发展的。在人类思维内容还不甚富余的早期,每一种创造意识都是有非常明确的目的指向的,也包括创造建筑的意识。那么,人类创造建筑的这种意识指向的实际上就是建筑的目的,直到现代或今天,这仍然是建筑的目的。

而建筑学目的,就是指研究建筑学理论的目的,或指建筑学研究目的。但建筑学目的不同于建筑目的,从建筑学对建筑进行研究的主客体的角度而言,前者是主体的目的,后者则是客体的目的,两者有着根本的区别。尽管"建筑学研究目的"属于建筑学客体的范畴;但建筑学研究目的本身却是对主体而言的。

人类为了能真正独立于生物圈之外而构筑了村落、城镇等人居环境空间,这是建筑的目的;而人们为了探讨怎样构筑人居环境空间,并使之更能满足人类的生存或生活、活动需求,这则是建筑科学的目的。不过,当建筑科学研究发展到一定时期,且已有了较庞大的学科体系分支以后,"建筑"以及"建筑科学"研究本身的是否科学,当然就成了研究上被讨论的一种必要,也应该是一种进一步的研究需求,这就是建筑学的目的。

这是建筑的三个不同方面的目的,而无论从时间角度上还是从空间角度上而言,这三个目的都是有非常明确的区别的。

从时间轴线上看,三者是在不同时期产生或出现的。"建筑欲"支配着人类去创造建筑,且当建筑目的得到了一定程度的满足以后,建筑科学便产生了;也当建筑科学研究展开到了一定的广度,或者说是探讨研究发展到了一定的深度,同样满足了一定程度的研究需求以后,建筑学便被提出来了。

从空间轴线上看，三者本身是一种由大到小的包容关系。建筑是人类文化或人类社会总体中的一个领域，建筑科学是其中的一个组成部分，而建筑学则又是建筑科学整体中的一门独立的分支学科，是建筑领域中的组成部分之一的建筑科学的一个学科分支。

可见，建筑学是建筑发展在一定时期的产物，是在人们的一定研究需求的情况下从建筑领域里的建筑科学整体中独立出来而形成的，这种研究需求实际上也就是建筑学的目的。人们也是出于这一研究目的来探讨建筑学的，并以此来建立一门独立的、科学的“建筑学”学科。

4 建筑学范畴

中国儒家经典的《易经》、《洪范》两书，据传说乃天赐。《易传·系辞上》载曰："河出图，洛出书，圣人则之"。"河"指黄河，"洛"指洛水。相传，黄河通天，洛水接地；黄河中的龙马驮出"八卦"的《易经》，洛水中的神龟献上"九畴"的《洪范》。《尚书·洪范》亦载曰："天乃赐禹洪范九畴"，其"九畴"是讲九种当时治理国家的大法。这即是中国传统文化概念中的"范"、"畴"。

近代，在西方文化输入中国以后，英文的"category"（源于希腊文 kategoria），便被译者取天赐的"洪范九畴"的"范"、"畴"二字合而释之。不过，尽管此种译释甚贴近，但 category 与中国儒家的"范畴"还是有一定意义差距的。

Category，是一个哲学名词，意指反映事物的普遍本质的基本概念，或者说是指人的思维对客观事物的普遍本质的概括和反映。哲学的"范畴"，与哲学的其他概念一样，也适用于一切科学研究的其他领域，且都同样具有一般的概括性和普遍性。

而对于建筑而言，只要是反映建筑的普遍本质的概念，或者是人们对建筑的普遍本质的概括和反映，都可被归属于"建筑学"的范畴之内。这是人们认识建筑学范畴的总的指导思想，也是人们探讨建筑学内容标准、建筑学构成体系以及建筑学研究分类的基本原则。

4.1 建筑学（内容）标准

应该说，任何东西或任何事物的确立，都有一定的标准；而认识了事物标准，实际上也就能确切地认识事物本身。以建筑学范畴的总原则而言，在建筑领域里的诸多概念中，是否当属于建筑学的范畴，仅以一个指导思想或认识原则而论，是难以被确认的，或许有更具体些的标准，更能在庞大的建筑领域中易于认识建筑学的研究范畴的归属，这大概就唯有其学科范畴的具体标准的给出。以具体的建筑学标准来认识建筑学本身，同样也非常有益，也更能完善地确立建筑学作为一门独立学科的具体条件。

建筑学标准，大致有两个方面的意义：一方面是建筑学作为一门独立学科所应有的标准；另一方面是被纳入建筑学的研究内容所具备的、满足的标准。作为一门独立的学科，建筑学必须有自己独立的研究范围和内容，这是衡量建筑学是否成立或独立的最高标准，也是上文已讨论过的问题，而此处主要是讨论研究内容的建筑学标准。尽管在"客体内容"中，我们已讨论过建筑学研究的具体对象和任务，但作为一门较完善的学科，我们还必须给予一定程度的归纳和提炼，总结出建筑学的学科内容标准，并以此标准来审视建筑学的具体研究内容，就更具有科学的理性概念的认识深度。

首先当确认的是，隶属于建筑学范畴的研究内容，当然是一类存在，而这类存在都具有一些共性点，这些共性点就是可被建筑学研究认可的标准。若以"排他法"或"剔除法"来归纳建筑学内容的这些标准，则大概有以下几点。

第一是人居环境（或建筑领域）的标准。

就好像衡量作为人类或人的标准一样，人首先是一类高级动物，而非高级动物，则不可能是人，这是人的第一标准。建筑学内容的第一标准是人居环境，建筑学以建筑为对象，则其研究的内容标准不可能是自然环境，只能是在人类生存的圈内去寻找。人类自从生物圈中独立出来，并以文化的形成为完成其独立的标志后，人类独立圈的构成就逐渐在丰富着，即使到了现代，仍然不断有新的构成内容出现，而让人难以预料。建筑是一个古老的领域，大致从人类完成其真正的独立以后，就形成了这么一个领域，人类一方面在不停地创造这一领域，另一方面也不断地研究这一领域，这才逐渐形成现在人们研究的"建筑学"这一学科。是因为建筑成为人类独立圈的一个领域，才有建筑学的形成，显然，建筑学的研究内容标准，就不可能超越人居环境或建筑领域。也就是说，非人居环境或非建筑领域的，就不可能是建筑学的研究内容，这是建筑学的第一衡量标准。

第二是非物质的标准。

以一般的眼光看，建筑是一种物质存在，是人类为了满足基本的生活活动需求而创造的一种物质形态的存在，所以说建筑是物质的。从满足人类生活活动的建筑功能需求的建筑物，到建筑物内的各种设备，以及建筑物成形和设备安装的建筑活动过程，都是物质的，建筑科学以这些存在为研究对象及内容；尽管建筑学是建筑科学体系总体中的一个组成部分，但建筑学却并不以这些具体的建筑物存在为研究内容，因为这些物质存在都有自己独立的、相应的学科来研究，如建筑设计、建筑设备、建筑施工等学科的出现，而建筑学与这些学科是相互独立的，彼此并无包容或交叉关系。如果说建筑学的研究内容里有物质形态的东西在内，则建筑学与建筑科学整体里的某一学科或某些学科，就可能存在着某种研究内容或范围的交叉。那么，建筑学的研究内容的给定，以及建筑学的创立和独立就有待梳理，且梳理的目标是建筑学研究内容的首先独立，否则建筑学就不是一门科学的建筑学。因此，独立的建筑学的研究内容标准必须是非物质的。

第三是非意识的标准。

建筑不仅是物质的，也是意识的，这是建筑与原始穴居的最根本区别，也是建筑能得到蓬勃发展的本质所在。仅以满足人类的基本生活活动需求而论，建筑与原始穴居一样，都可以满足人类基本的“住”的需求。如果人类也仅以基本的生活活动需求为满足，则原始穴居确已有其功能满足的可能，但是，人类的生活活动需求与创造力是相长的。一方面是人类生活活动需求的不断增长，刺激了人类创造力的发挥；另一方面是创造力的发挥给予了人类生活活动需求的满足，又使人类生活活动的新需求的滋长成为可能形成的欲望。于是，人类的创造力，不仅产生了建筑，也发展了建筑；而产生和发展建筑的这种创造力，实际上是人类某种创造意识的结果，是这些创造意识给建筑以新的内容，从而出现了新的建筑发展状况。那么，这能说建筑不是意识的？若没有意识的蕴涵，能有建筑的产生和发展，以及后来给予人类需求增长的不断满足？

不过，建筑的意识形态方面的内容，也已有现代以后形成和出现的建筑哲学、建筑伦理学、建筑心理学或建筑文化学等给予研究。同样，建筑学既不包括这些内容，与这些学科也没有任何研究范围的交叉，因为建筑学的研究范围并不涉及建筑的意识形态方面的内容，与这些意识形态方面学科的关系当然是相离的。

于是，反过来而言，若要建筑学的学科独立，则建筑学的研究内容标准也必须是非意识的。

第四是概念性的标准。

建筑是物质的，也是意识的；同时，建筑更是技术的和艺术的。那么，若要总结性的概括而言，建筑又是什么？这实际上就是一个概念性的问题。

无论是物质形态的建筑，还是意识形态的建筑，都是建筑的构成内容，建筑的发展，都是这两个方面的协调发展。物质形态存在是建筑的形象、是建筑的表现，意识形态存在是建筑的精神、是建筑的灵魂。建筑需要形象和表现，也需要精神和灵魂，否则，建筑就只是一个无机的“容器”，其存在的过程就是“容器”的大小、形状等的发展。

无论是技术性的建筑、还是艺术性的建筑，都是建筑的组成因素，建筑的出现和存在，两因素缺其一都不成其为建筑。技术性因素是建筑的安全保证、是建筑的功能需求，艺术性因素是建筑的愉悦满足、是建筑的人居氛围。建筑的最大特点，就在于其既可以有安全保证、又可以获功能需求；既可得愉悦满足、又可构人居氛围。否则，建筑就只是一种工业产品，或只是一种雕塑品。

那么，研究建筑的建筑科学整体，不仅需要研究建筑物质形态和意识形态，也需要研究建筑的技术性和艺术性，更需要研究包容这诸多内涵、兼有这些性质等的建筑基本概念问题，这是孕育建筑学成为一门独立学科的基本因子。当然，这也当是建筑学研究内容不可缺少的一个标准。

第五是以科学性思维为主要研究方式的标准。

建筑学是建筑整体科学的核心学科、本体学科，是研究建筑的一些本质性东西的学科。建筑本质性的东西是隐蔽的、深刻的，也是间接的、抽象的。对于这些问题的研究，唯有靠思维来把握建筑的这些隐蔽的、抽象的本质性的东西。

建筑学并不研究具体的建筑物及设备，也不研究各种建筑思潮或建筑思想的演变，更不研究建筑的具体技术手段或艺术形式，仅以“建筑”本体为研究范围。而这一范围的“建筑”，都是一些基本概念。这些概念被给定的研究问题的存在区域，可以说是一个完全抽象的“建筑”空间范围，既没有现实存在，更没有模型可比拟，人们更多的只能是依靠自己头脑的思维能力去捕捉这些概念，并给予科学认定。这种认定的建筑学研究，当然必须有一套科学的逻辑思维方法来论证合符科学要求的假说或预设、推理和判断等，否则所进行的建筑学研究，将会得到不科学的结论。

因此，建筑学研究的最基本方式只能是思维，是科学性的思维，并以此作为可归作建筑学研究内容的一条标准。

4.2　建筑学(构成)体系

人类研究建筑的科学，自形成以后，就逐渐形成为一个庞大的科学体系，虽然也习惯笼统地称之为“建筑学”，但实际上却是一个构成相当混杂的科学总体，说是一门“学科”，仔细看来，既不甚合理，也不甚科学。特别是发展至近现代的人类科学总体，对于一个这么庞大的科学体系，更不适合于以一个“建筑学”之称概括之。

从人类研究建筑的发展史上看，大约经历有这么两个关键性的转折点。

一个是古罗马时期的建筑科学研究的形成转折点。此前虽已有相当多的对建筑的研究，以及研究成果的出现和被应用，只是都还没成体系。而至今的现存资料所能提供佐证说明的，只有古罗马时期的《建筑十书》，这才首次建构成了一个基本的建筑研究体系。尽管至今看来这个体系尚有许多不甚科学的地方，但已足以说明建筑研究科学体系的初步形成。显然，这便是人类建筑科学研究史上的第一个具有重大意义的转折点。

另一个是文艺复兴时期的建筑科学研究再掀高潮的分化转折点。其时，大一统的建筑科学总体逐渐被分化为一个个专题，如16世纪中叶的维尼奥拉的《五种柱式规范》、18世纪末的G.蒙日的《画法几何》等，都是建筑科学总体里各学科独立地逐渐出现的现象。到了近现代，形成为独立学科的专题，更是日益增多，包括“建筑学”自身，也面临着独立为一门学科的迫切性和必要性发展需求的问题。

那么，以此看来，古罗马时期的建筑科学研究，被称之为“建筑学”，是可以被理解的；而文艺复兴时期以后，对此若再沿袭而续称“建筑学”，则恐欠妥当。应该说，建筑学以及建筑科学的发展，不仅是研究内容上的发展，学科称谓上也应该是发展的。而且，建筑研究的内容和称谓应该是协调发展的，这是科学研究发展的必然性规律所要求的，也是建筑科学研究发展所不可否认的客观必要性所在。因此，建筑学的研究体系，也就有依“建筑学”的学科发展所形成的不同时期的不同学科体系。

不过，我们此处所建立的“建筑学”，是立足于现代而创立的“建筑学”，以现代的眼光看来，只有现代的建筑学才是科学的建筑学；而对古罗马时期的建筑学，若也以同样的眼光看，则更像是一个有关建筑的“百科全书”式的“建筑科学”。于是，仅对科学的现代建筑学而论，建筑学的研究体系，大致由建筑学本体与其他建筑学科关系的研究体系、建筑学本体的静态体系、建筑学发展的动态体系等三部分内容构成。

4.2.1　建筑学与其他建筑学科关系的研究体系

建筑学由古代向现代发展，发生了很大变化，形成了庞大的建筑科学体系，也形成了独立为一门学科的建筑科学总体里的“建筑学”。那么，以现代建筑学的角度而论，这就有独立的建筑学与建筑科学总体里其他学科的关系。当然，这似乎不是建筑学本体的问题，也不属于建筑学研究的范畴。不过，以古代建筑学的角度而言，却是建筑科学整体里的不同构成方面的关系问题，仍当给予阐明。况且，建筑学尽管是一门独立的学科，但仍然是建筑科学总体里的一个构成部分，并非是一门孤立的学科，与相邻的其他学科必然存在着一定的科学关系。也只有认识了这一必然关系，才能明确建筑学的学科地位，以及在建筑科学总体里的作用。何况，建筑学在建筑科学总体里还是居于核心位置的，其他建筑学科当然就与建筑学存在着密不可分的相互关系。所以，建筑学必须将这一问题纳入其研究体系里，这也是完整认识建筑学的一个不可或缺的方面。

在建筑科学整体里，建筑学与其他学科的关系，可以从两条线索上去探讨：其一是以亲疏关系为线索，由亲到疏一一排列、定位而分别给予讨论；其二是以建筑活动过程的各环节为线索，按完成一个建筑活动过程的顺序，同样可逐一给予定位，然后也分别给予讨论。

以学科亲疏关系为线索，与建筑学有关系的其他建筑学科，大致可分为两个层面的学科群，即为“准建筑学科”和其外的“其他建筑学科”两个层面，如图5所示。其中，属于“准建筑学科”的主要有城市设计、建筑设计、室内设计、建筑历史、建筑物理、建筑构造等；属于“其他建筑学科”的主要有建筑测量、建筑勘察、建筑结构、建筑设备、建筑规划、建筑材料、建筑经济等（参见1.4“其他建筑学科”部分）。在建筑科学总体里，若以研究专业而论，是由多个专业构成的，其中建筑专业是主体专业，其他专业都是建筑专业的配套专业。而在建筑专业中,建筑学是核心学科,其他学科则被视为"准建筑学科",人们正是因为"准建筑学科"的这些学科与建筑学的密切关系,而将其归入建筑专业研究中。至于其他配套专业,由于都是建筑专业的辅助专业,则其专业及学科,当然就是建筑专业的从属专业及学科,也就是建筑学核心学科的"准建筑学科"之外的"其他建筑学科"。

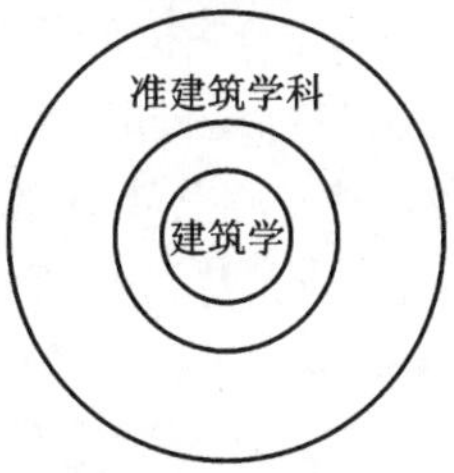

图5 "层面式"建筑科学总体示意

于是,这便构成为"层面式"或"面式"的建筑科学总体的结构体系或研究体系,这也是建筑科学研究的一条理论性线索。

以建筑活动过程为线索,建筑学仍然是一门核心学科,而其他建筑学科则是围绕着建筑学的环布学科群,是完成一个建筑活动过程所需的各类专业及学科而构成的学科群体,如图6所示。在建筑活动中,建筑学仍是一门核心学科,但却不只是建筑专业的核心学科,而是建筑活动过程各构成专业及学科共同的核心学科。这是由建筑活动的性质决定的,也是建筑活动及建筑科学研究的差异所在。通常而言,一个建筑活动的完成,主要有立项(或立意及可行性研究)、方案(包括投资及规划、建筑等方案)、设计(包括建筑、结构、水暖、电气、通信等专业)、施工(包括砌筑、浇注、质检等工序)、验收(即竣工、结算的验收等)以及使用和管理等环节,各个环节都由诸多专业组成,这些专业同样需要各专业的学科作理论基础,而所有学科为了恰到好处地协调、配套建筑活动总体,都需要以"建筑"为中心,以"建筑学"为核心学科。

因此,建筑科学总体,便又有了以建筑学为核心学科的"环链式"或"链式"的总体结构体系或研究体系,这也是探讨建筑学与其他建筑学科关系的一条实用性线索。

4.2.2 建筑学静态体系

建筑学因研究"建筑"这一事物存在而产生,则建筑学本身也当是一种存在。而任何一种事物存在,若非产生后瞬间即逝,必然有其存在的发展过程,则在其存在的过程中,发展的建筑学便是由一个个连续的、演变的断面形成的。且应该说,每一个演变断面与其他断面都是有一定区别的,只有这样建筑学才可能是发展的、演进的。而建筑学发展的每一个断面,就像是一种建筑学的"静态"状况,表现了建筑学在某一特定时空条件下的发展情况,是某一特定前提的二维状况,这也是为了建筑学研究上的某种需要,所设定的一种客观存在的静止状态。

图6 "环链式"建筑科学总体示意

从发展至今的建筑学历史看,与本论所探讨的建筑学内容较相近的,应该是现代时期的建筑学。所以,我们此处选定的特定时空的建筑学便是现代的建筑学,是研究现代的这一"静态"的建筑学构成体系。

在现代的建筑科学总体里,已不再是一门笼统地称之为"建筑学"的综合学科,而是一个庞大的、具有繁杂的学科分支的科学体系,原各研究专题或课题,都相继在近现代以前各自独立为一门学科,且有的学科已发展得相当成熟,再也无法用一个"建筑学"的学科名词来统称。这才孕育产生了一门真正独立的"建筑学",具有现代科学意义的"建筑学"。显然,若要科学地分析、研究真正独立的"建筑学"的学科体系,也只能选取"现代"而"独立的"这一特定时空的建筑学,"静态"的学科体系才能较完整而清晰地展现在人们面前。

建筑学之所以是整个建筑科学的核心学科,正是由于建筑学本体中研究的是建筑科学整体中所有其他学科共有的"建筑"本质概念的有关问题,所有其他学科都是以"建筑学"的这一"建筑"概念为基础的,甚至可以说,也只有建筑学对"建筑"概念的研究学科的诞生,才有其他建筑学科在建筑科学以及总体科学中的地位的被真正科学地确立。因此,建筑学的本体内容显然是建筑学的核心内容或基本内容。

"静"观建筑学的"现代"断面，建筑学以研究建筑本体为基本特征。而构成为建筑本体内容的，大致有三个方面：第一是建筑的性质或特征；第二是建筑的内涵和要素；第三是建筑的规律和形式。

首先，建筑作为一种存在，是一种文化存在，而有别于其他文化存在或非文化存在，则必然有其作为文化存在的性质或特征。

建筑无论是以什么形态存在的，只要能独立存在，又不依赖于任何事物或混同于任何事物，就必然有其赖以独立存在的特征或性质蕴涵。与非文化的存在相比，文化性是建筑的最基本特征，这自不必多言；而与文化存在相较，则不同的文化存在必然有不同的特征出现，如人类生活的吃、穿、行、住这四种基本需求彼此相比较，各自满足需求的东西所具有的存在特征是显而易见的，包括其中满足人类居住需求的建筑的特征存在，也是毋庸多言的。

其次，建筑作为一种能独立存在的事物，如果人们需要准确地认识这一事物，则不能不探讨和了解其基本内涵和构成要素。

正因为建筑有其特有的基本内涵和构成要素，才显示出其独立存在的性质，这也说明了建筑内涵、要素与建筑性质或特征所具有的必然联系，或者说两者是相辅相成的、无法割离的两个方面。而内涵和要素，实际上也是建筑这一事物独立存在的两个方面。"内涵"是建筑的概念存在的属性反映，"要素"则是建筑实体存在的构成成分。一个完整的"建筑"，是其概念和实体两方面统一结合形成的，否则就不成其为"建筑"，也无法成为科学的研究对象。显然，建筑学所探讨的"建筑"的学科成立，概念"内涵"和实体"要素"是其无法回避的两个方面，而科学的"建筑"，也有待这两方面的统一结合及研究体系的协调来构建完成。

再次，建筑作为一种存在体，按一般物质的、运动的、规律的唯物主义观点而论，建筑是物质的，其物质是运动的，其运动是有规律的；同时，存在体的建筑，在其运动发展过程中，也还有其特有的存在形式所表现的各个方面。

无论是建筑的形成以及形成后的存在发展，还是建筑学以及建筑科学总体的发展，都有一种发展的客观必然性存在，就像一个人从降生经历了幼儿、少年、青年、壮年到老年的生存过程一样，都有许多规律存在其发展中，认识建筑，也认识了建筑规律，不仅是人们研究建筑的必要，也是人们在建筑活动过程中用以具体指导工作的一种必要手段，因此对建筑规律的研究就有双重意义存在。建筑规律存在于建筑的各个环节、各个方面，而无论是什么时期、什么环节或哪个方面，建筑在各个发展阶段环节或方面中都以一定的表现形式出现，并以此说明建筑、表现建筑。如建筑风格表现其艺术性特征、建筑类型说明其功能性内容等，这些都是建筑形式的构成方面。那么，研究"建筑"本体，也就有必要了解一下建筑表现形式的内容，使人们对研究的"建筑"有较全面的整体认识。

4.2.3 建筑学动态体系

尽管建筑学"静"态体系是研究建筑学的"本体"，但建筑学客观上却是发展的、是演变的。于是，相对于"静"态体系而言，建筑学研究也就应该有"动态"体系的存在。如果说，"静"态体系是建筑学发展在一定时空断面上的构成状况，是横向的建筑学体系；那么在纵向上看来，建筑学就有其发展演变的不同状况的呈现，这显然就是一幅建筑发展的"动"态体系的画卷。

建筑是人类真正独立为自己的标志之一，也是人类文化形成的标志之一。以迄今为止人类科学发现的观点而言，人类文化是多元形成的，作为文化形成标志之一的建筑，其形成和发展显然也是多元的。既然建筑是多元形成和发展的，就必然有人类探讨建筑的发展方式或途径也是多元的，尽管现代的建筑学以及建筑科学的形成和发展是源于西方的传统建筑理论，但其他区域探讨建筑的成果也是历史的事实，任何人都无法抹去各人类文化区域可能有的建筑研究理论或成果。因此，现代形成的建筑学理论，应该同时有各区域人类文化成果之一的建筑的一笔。于是，以"动"态的眼光来看，这一幅"动"态体系的建筑学画卷，应该是一幅非常丰富多彩的美丽画卷。

以迄今为止的发展状况而论，建筑学发展的动态体系，主要应有这么三个发展经历阶段：多元独立形成的早期发展阶段、相互传播和交流的中期发展阶段、逐渐融合而趋于同一的近期发展阶段。这实际上也是人类文化发展规律下建筑发展的一个侧面，也同样是人类建筑理论发展的一个必然趋势和必然过程，以中国人的话来说是“殊途同归”，而最终都将纳入人类“一同”的科学发展轨道上，以完成人类科学发展总体的完整体系。此处，为了帮助人们认识这一总体，而理出了这个“动态体系”发展的具体过程和演变阶段。

在建筑学及建筑科学的多元独立形成阶段，大致可理出的，是与人类文化源头相近的这么几个区域。

由于人类形成或正在形成的早期，人类所凭的大多还是自身的自然之力，如果已有了文化之力，文化之力也尚弱，文化的传播应该说还受很大限制，还很难有传播的可能性，故早期的区域文化形成，基本上可说是独立演化形成的。现代的人们常有一说，说早期的这些文化是“外星人”给予的。如果确有“外星人”，而且“外星人”能跨越星际，能力远胜现代人，则若有给予，也是现代人看来的“惊世之作”，至少早期的人类建筑的那种状况不可能是“外星人”给予的。故而说人类各区域的建筑形成，主要是受生存环境改善的急切欲望支配，运用已进化的大脑智慧，独立创造了建筑，并给予不断完善和发展，从而形成创造和完善建筑的理论和成果。因此，与文化发源地相近的，人类几个主要的文化发源区域，都应该同样有自己独立的建筑科学形成过程，也同样有初期独立演进的发展过程，这便形成为一个科学发展的特殊阶段。

当人类文化之力发展到一定程度，并足以打破区域的自然环境限制时，人类的区域文化便如“水满则溢”似的，逐渐向外溢出或倾泄，尽管当时可能并无“文化传播”的动机，但实际上已是一种传播态势。文化传播和交流的时代便从此被揭开了，包括文化内容之一的建筑，也进入了一种传播和交流后的不同建筑本源的混融阶段。与独立形成阶段相似，这也是一个很漫长而细腻的过程，而且，其规模逐渐增大，甚至出现多源的相互混融的交织状态，有时还让人难以理清多元状态的确切来源。研究人员实在理不清头绪时，无奈之下便自解地说：这同样是文化以及建筑交流混融后的一种模糊状态。以其混融后不同“模糊”状态的程度来看，这一发展阶段，仍有较明确的不同发展时期的区别，这大概与人类文化之力的发展积蓄至逐层的突破有一定关系，一般认为大致可再分为“陆上交流”和“海上传播”这么两个时期。

从人类物种归属及人类文化之力的发展两方面看，人类主要还应该归属为陆上动物，则文化之力最初增强后的陆上文化交流，显然是一种必然状况；当人类文化之力增强到可涉入海洋时，则征服海洋后，通过海上传播文化，也显然是后来出现的必然趋势。因此，我们可以此将文化交流后的建筑以及建筑科学混融阶段划分为这么两个不同的时期。若再以此类推，人类征服空中后的文化交流传播，也是人类文化之力突破性进展的一个标志，在人类文化以及建筑进入另一新阶段之前，或许还应有“空中交流传播”这么一个时期。那么，至今看来的建筑混融的发展阶段，就应有“陆上”、“海上”、“空中”这三种不同的演进时期。

文化是人类共有的，建筑作为文化的一个主要构成也应当是共有的，故建筑与人类文化一样，都将趋于一同，是将一同的文化以及一同的建筑作为人类的未来。实际上，人类对“一同”并不陌生，也不只是未来才有。

自人类文化形成以后，就一直在为“一同”奋斗着、努力着，而其奋斗和努力首先是区域的一同，且由小区域逐渐向大区域一同的逐步“扩张”。由地面建筑的出现到村落的形成，这实际上就是人类最早的区域“一同”，也是最小的小区域“一同”；后又出现城镇，这是较大的区域“一同”；再后是城镇间的交流和传播，促使了城镇间差异的逐渐减少，又形成了新的“一同”区域，为一种自然区域（或岛屿、半岛、大陆等）的“一同”。可见，在人类建筑总体进入“一同”阶段以前，事实上就早已在“一同”道路上奋斗了很长的过程，这是一个人类最大的“一同”区域，目前还未完全实现其“一同”而已。不过，“一同”已是人类文化以及建筑发展的传统，秉承这一“传统”，便为全人类所持有的共性，不仅是现在，即使是将来，都仍然是人类所共同拥有的文化发展“动力”。人类总体建筑发展的“一同”是一个即将出现的新发展阶段。

4.3 建筑学（研究）分类

建筑学研究，与其他学科的研究一样，也可能有诸多分类的存在。特别是科学的发展日趋细腻，建筑学之内，还可能有某些专题被划分出来，也可能出现建筑学与其他学科结合的交叉学科，这是科学发展的必然，也是建筑学可能存在或已经存在的“分类学科”。

若以本章讨论的“建筑学范畴”来看这些“分类学科”，便有严格意义的分类学科和非严格意义的分类学科的区别，前者我们称之为“本体分类学科”，后者则称之为“交叉分类学科”。

本体分类学科是建筑学本体可能被划分出来的学科分类，当然是严格意义的分类学科；交叉分类学科，是建筑学与其他科学及学科交叉构成的分类学科，显然不该属于严格意义的建筑学范畴，故称为非严格意义的“交叉分类学科”。因此，建筑学的分类便有严格意义的“本体分类”和非严格意义的“交叉分类”两大类。

4.3.1 建筑本体分类

在建筑学的研究体系中，任何一个专题都可能被独立出来而成为一门学科。若以严格意义的角度而言，能成为建筑学的“本体分类”学科的，大致有以下五个基本分类学科（参见图7）。

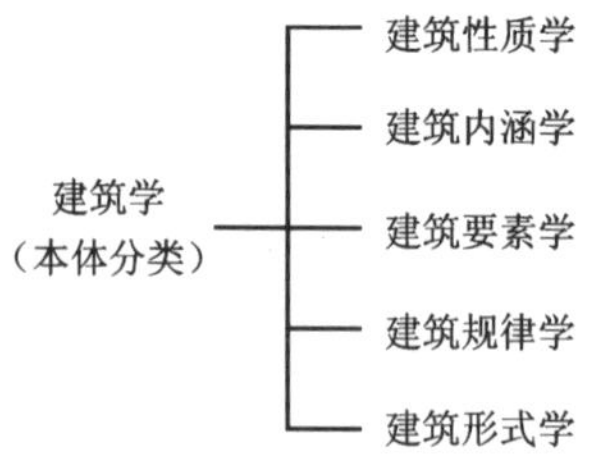

图7 建筑学“本体分类”图

建筑性质学，是研究建筑的性质或特征的专题或学科，是建筑学的一个基本的分支学科或构成专题。该学科或专题主要又包括两个方面：一是讨论建筑存在的一般性质，这是建筑存在的基本方面，或者说是总体方面；另一是讨论建筑存在与其他存在比较以后，可能有的性质或特征，这是建筑存在的个性或某些特性的比较呈现。它以性质科学的基本理论为指导，是性质科学在建筑学里应用的结果，同时也是建筑学能真正独立为一门学科的必备条件，是“建筑性质”的讨论内容的确立构成了建筑学研究的基本问题体系。

建筑内涵学，是以研究建筑内涵为主、兼而讨论建筑外延的专题或学科，也是研究“建筑”概念的最主要的专题或学科。在整个建筑科学领域里，任何问题、任何学科，都离不开“建筑”这一概念，对这一概念的定义便显得尤为重要。对“建筑”这一概念的定义实际上就包括两个方面：一方面是建筑的内涵，另一方面是建筑的外延。建筑内涵与外延的确立，就是给“建筑”定了义；尤其是建筑内涵，更是其最主要的方面，揭示了“建筑”概念的特有属性，便确立了“建筑”概念的基本部分。因此，我们便以研究建筑内涵为主，并以此为专题或学科来研究，也确立为建筑学的基本研究内容。

建筑要素学，引源于哲学马赫主义的“要素说”理论框架，其“要素”在此被引申指建筑的最基本构成成分，则该专题或学科就是研究建筑的基本构成要素，如“水”是由氢元素和氧元素构成的一样，建筑也是由一定的要素合成为“建筑”的。虽然建筑的产生或形成不是一种化学现象，从直观现象的角度看，更多的还是一种物理现象。但无论是什么现象，建筑——任何一种风格、任何一种类型的建筑，都还是有其共性特征的“要素成分”的相同构成方式。这不是马赫主义的主观唯心论观点，也不是任何个人的肆意妄测，而是建筑作为一种存在所应有的客观构成的必然。于是，建筑要素学，便以此为己任，准确地、科学地把握“建筑”，给人们一个客观的构成要素内容，并给予清晰的分析或剖释。

建筑规律学，是研究建筑产生或形成、存在、演进或发展的过程中固有的本质联系和必然趋势的专题或学科，它即是建筑学的一个主要构成内容，也可视为人类社会规律总体中的一个分支专题。建筑规律是一种社会形态的规律，它具有一般规律的客观性、普遍性和重复性特征，也具有自身特点的特殊性特征。于是，我们大致可将所有的建筑规律，分为基本的普遍规律、一般的普遍规律和其他的特殊规律三大类。基本的普遍规律是建筑在其存在的整个过程以及存在的各个方面和各个环节都有的规律，只要有建筑，就有这一规律存在，这就是建筑的“矛盾规律”，建筑是“矛盾”产物，也是“矛盾”斗争而发展的产物。一般的普遍规律是指存在于建筑活动和发展过程中通常都有的诸多规律，或者说，每个活动环节、每个发展过程都有相应的建筑规律存在。然而，建筑的存在和发展不只是普遍规律，还可能有某种运动的特殊性规律存在，但它不具有普遍意义，只是在某种特定时空情况下才可能出现的规律，故称其为"特殊规律"。那么，大概便由这三部分构成建筑规律整体，若单独作为一个命题给予研究，显然可作为建筑规律专题或学科称之。

建筑形式学，是研究建筑存在和表现形式的专题或学科，也可称为建筑的"本命"同类专题或学科。"建筑"是以心物结合形态存在的，建筑的形式学或形式专题，正是为了讨论其存在和表现而出现或产生的，故或许可比喻为"本命"同类专题或学科，即指与本"建筑"概念同类存在的命题学科或专题。建筑自被研究之日起，便被视为是一种艺术，建筑也就有艺术形式的一般命题，即建筑风格。无论是什么样的建筑，人们都可将之归纳为某种"风格"而论之，西方建筑有，中国建筑有，任何区域的建筑都有，这即是人们所能见到的建筑存在形式的一个方面。建筑是以一定功能特征构成的，未满足人们需求的、没有功能特征的建筑不能成其为建筑，也正因此，人们便以功能特征为标准，来划分建筑类型，也以此形成建筑。建筑出现和存在的另一种形式，就是"建筑类型"。无论建筑是以什么方式满足人们需求的，也无论人们是以什么手法来表现建筑的，建筑的"形式"就是以一种人们认识的"语言"为人们所感知的，于是，又有了"建筑语言"的再一种形式内容。如此等等，建筑形式学都给予研究，这便可同样形成为一个专题或一门学科。

4.3.2 建筑交叉分类

交叉分类是指建筑学与建筑科学的其他学科或不同的其他科学结合所构成的一种分类方式。

显然，这种分类所分出的学科，当然含有其他不同学科内容的成分，也就不可能是严格意义的建筑学分类，准确而言，也只能说是"外延"的建筑学分类。应该说，人类历史上的建筑发展事实说明，所有的科学都有可能被应用在建筑上，而形成建筑学与其交叉的学科。总观所有的学科，也按一般常见的科学分类看，人类科学的自然科学、社会科学、人文科学三大部类都可能与建筑学交叉而形成为一门独立学科。以已形成和正在形成的交叉学科整体而言，大致可分为建筑技术学、建筑艺术学、建筑社会学、建筑文化学四大类，且每一大类中尚有进一步被更细腻分化的现状和趋势，从而演化出许许多多的交叉分类学科（参见图8），构成为以下"外延"的建筑学分类体系。

建筑技术学，是指自然科学应用在建筑上所出现的学科。随着近现代文化的发展，自然科学发展得尤为迅速，且其分支学科日趋繁茂，即使是基础科学，尚有数学、物理学、化学、天文学、地学和生物学六大门类，而其应用科学就更多了，难以一一枚举或罗列。可以说，六大基础科学都有在建筑上应用的学科出现，如"地学"，有地质学、地理学等分支学科在建筑上的应用，由此便出现了建筑地质学，建筑地理学等交叉学科。可见，在建筑学的外延分类的"建筑技术学"里，还有建筑数学、建筑物理学、建筑材料学、建筑设备学、建筑地质学、建筑生态学等许许多多的分支学科，只要是以物质存在为对象的、在建筑上应用的交叉学科，都可被归入"建筑技术学"的范畴，包括未来科技发展以后出现的新学科应用在建筑上后便可归入其内。

建筑艺术学，是视建筑为一种艺术形式而以此为依据所划分出来的学科。建筑是一门艺术，这是人们的共识。于是，建筑也就有了（或可能有）一般艺术形式的学科分支，如建筑色彩学、建筑构图学、建筑造型学、建筑装饰学等。同时，建筑由于是一种实用性艺术，而有别于其他艺术形式，却也兼有或包容了其他艺术形式的创作手法，如建筑绘画学、建筑雕塑学、建筑韵律学、建筑摄影学等。其中，"建筑韵律"之"学"的研究，尤为人们所推崇，并称建筑是"凝固的音乐"①，而给予专题研究。可见，建筑艺术学同样是一个不小的学科体系，所有学科虽然不都是严格交叉形成的，由于也是艺术形式的一般共性特征的分支专题，故仍作为建筑学的"外延分类"范畴来认识。

---

① 建筑是"凝固的音乐"，原为18世纪末、19世纪初的德国诗人歌德先生的比喻之语，后来为建筑界所普遍认同而随称之。

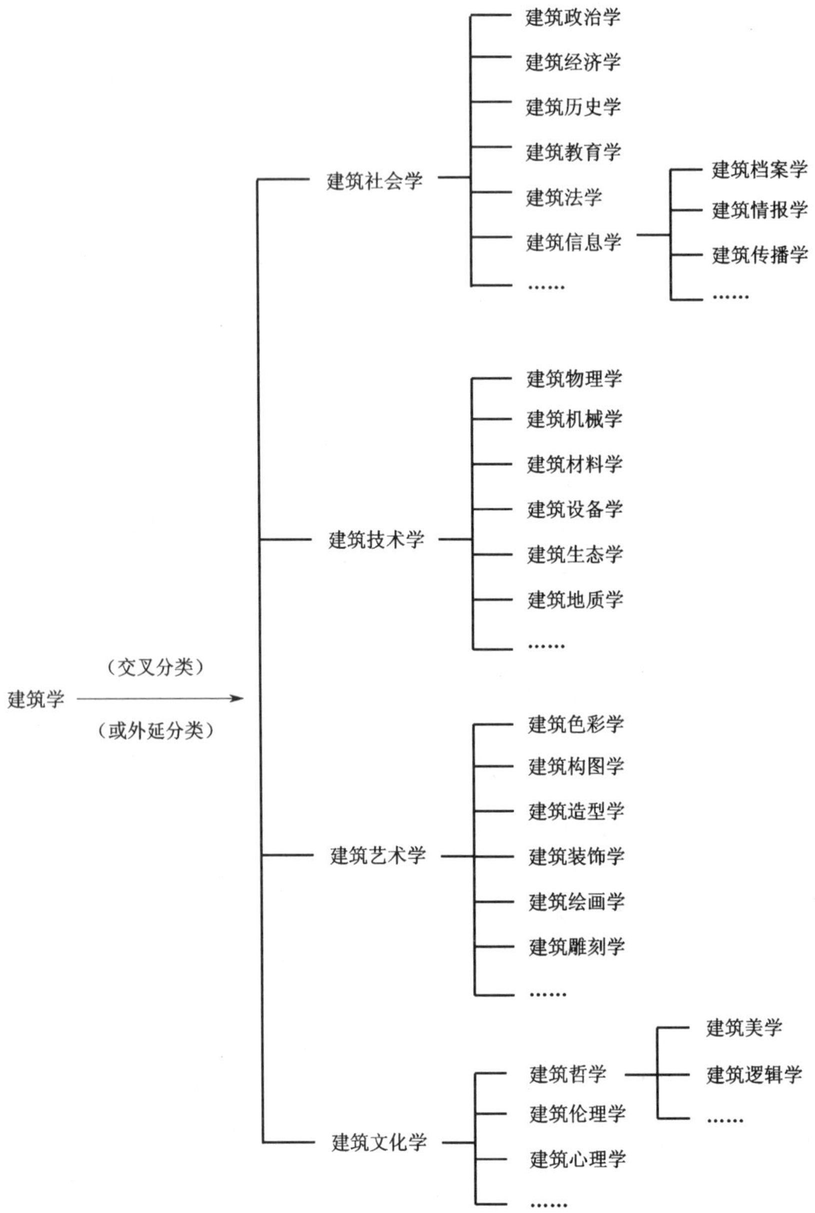

图8　建筑学“交叉分类”（或“外延分类”）

建筑社会学，应该说其本身就是建筑学与社会学交叉的一门学科，但此处是指研究社会形态存在的“社会科学”在建筑上应用所形成的一个学科体系。上面的“建筑艺术学”，准确地说，也属于这一学科体系范畴，只是建筑本身就是一种艺术形式，故我们将其独立为一类来认识而已。社会科学以人类社会形态存在为研究对象，同样是一个庞大的科学体系，且每一个学科也都可能应用于建筑上而形成一种新的交叉学科，政治、经济、军事、历史、教育、法律、信息等等，都可能与建筑学交叉形成新学科，如建筑法学，就是建筑学与法学交叉形成的。而且，还可能出现更细的分类学科，如建筑信息学，在信息时代里，就可能出现建筑档案学、建筑情报学、建筑新闻学、建筑传播学等新的分类学科。因此，建筑社会学的学科整体，也是随着社会的发展，而可能演变成一个越来越庞大的学科体系。

建筑文化学，是指人文科学应用在建筑上所形成的学科。以研究意识形态存在的人文科学，包括哲学、伦理学、心理学等人文学科，在科学总体中，通常是较滞后的一类学科，不仅其产生或形成较迟，甚至被混同于社会科学的范畴，有的还把所有非“自然科学”范畴的学科，皆归入“社会科学”范畴，似乎不存在“人文科学”这么一种科学范畴。实际上，不仅意识形态是一类存在，以意识形态为研究对象的“人文科学”也是一类甚是庞杂的学科体系。如宗教,准确地说,宗教是一种世界观、自然观、人生观,不同的世界观和人生观等形成了不同的宗教类别,而宗教显然是一种意识形态存在,所研究的"宗教学"也应该被归入"人文科学"范畴。因此,意识形态是存在的,"人文科学"也是存在的。不同的人文学科在建筑上的应用,便形成了建筑哲学、建筑伦理学、建筑心理学等分支学科,这同样也应视为建筑学的"外延"分类学科体系的内容。

建筑学与其他学科的交叉分类,大致就可分成这么四大类分支学科体系。如果按分类的不同深入程度来划分其等级的话,则这四大类分支学科应为Ⅰ级分类,其后还有再深入的Ⅱ级分类、Ⅲ级分类等。如"建筑文化学"是Ⅰ级分类的一支,"建筑哲学"又是其后的Ⅱ级分类的一支,再其后还有建筑美学、建筑逻辑学等的Ⅲ级分类学科在人类科学总体里,美学、逻辑学大致也是哲学的分支学科应用在建筑上所形成的学科(包括建筑美学、建筑逻辑学等)。任何一个大类分支,都可能有这种多级的分支学科体系存在。

既然将建筑学与其他学科所形成的交叉学科分类认为是建筑学的"外延分类",依此道理推论,那么,"上文"建筑学的"本体分类",或许就可称之为建筑学的"内涵分类"。于是,建筑学分类,便可以有"内涵分类"和"外延分类"的这么两大类总体构成的另一种新的分类方式和称谓(或说法)。

第二篇：建筑学本论

建筑学本论，即将建筑学作为一门独立的学科所研究的“本体”之“论”。

“本体”，就是“自在之物”，这是德国哲学家康德（I. Kant，1724—1804年）使用的术语。康德先生认为，世界上一切事物，除去人们知觉的“现象”，都有事物的本来面貌的“自在之物”的存在，这就是事物的“本体”。我们此处借用这一概念，就是为了讨论“建筑”本来面貌的“自在之物”的这一种存在，而不是仅仅停留在建筑的色彩、造型、装饰等表面现象的讨论上。只有深入了对建筑“本体”的讨论，才能真正认识建筑的本来面貌，这也是建筑理论发展的最终目的。因此，我们对从建筑科学总体中所独立出来的“建筑学”，便着重讨论其“本体之论”，也即此处所讨论的建筑学的“本体论”或“本论”。

实际上，“本体论”的提出，还在康德先生使用“本体”概念之前。

“本体论”之语源于德国，是德国哲学家郭克兰纽（R. Goclenius，1547—1628年）最早使用的，后演变为哲学上的常用术语，意指关于世界本原或本性的这部分问题。唯物主义认识论认为，“本体论”中的“本体”是客观的，“本体论”便是对其客观存在的反映，故而“本体论”是可认识之“论”。当然，对于“本体”或“本体论”等，哲学上出现更多的还是唯心主义的观点，包括提出“本体”和“本体论”的康德先生和郭克兰纽先生，当时提出其概念时，均或多或少地带有“唯心”的本意，甚至更早的经院哲学家安瑟伦（Anselmus，1033—1109年）还提出了“本体论证明”的基督神学命题，来证明“上帝的存在”。

不过，此处我们并不在意“本体”、“本体论”等概念的唯心或唯物成分的多少，仅引用此概念于我们所讨论的事物或命题上，并确认其存在，也让人们明确我们引用此概念的意义就足够了。

那么，对于建筑非“现象”的本来面貌的“本体”，我们则大致可从性质论、内涵论、要素论、规律论等几个方面来给以着重讨论。也基本上可通过这几个方面的讨论，或许可大致使人们对建筑“本体”有较全面的、非现象性的完整认识。而后，再继续讨论这些本体内容的表现形式，包括其表现的建筑类型、建筑风格、建筑语言等主要方式。而类型、风格、语言等，实际上都是一些心物结合形态存在，与建筑学所讨论的“建筑”（Architecture）存在是同一种存在形态的，其与物质形态的“建筑”（Building）是有明确区别的，应该说乃非物质形态“现象”的存在。故在此亦作为“本体”之论的部分，紧接着本体内容之后而论“形式论”，则同样是为了给人们对“建筑本体”有一个完整认识而设置的。

5 建筑性质

讨论建筑性质，实际上就是给“建筑”定“性”。

尽管给建筑定性是一件非常困难的事，其困难之处，从历史上的建筑学科在建筑教育中的归属一事便可窥知。欧洲虽是传统建筑学的发源地，却连建筑学或建筑专业是属技术性的、还是属艺术性的，都分歧甚大。法国和意大利基本上认为是艺术性的，如佛罗伦斯美第奇创办的“艺术设计学院”是建筑与绘画、雕刻等专业并列，“巴黎高等艺术学院”也是建筑与绘画等专业并存；而德国则大多认为是技术性的，从18世纪末至20世纪初，设有建筑专业的院校，基本上都是工科性质的院校；俄国却似乎是在两难之间，“彼得堡高等艺术学院”有建筑专业，“莫斯科高等技术学院”也有建筑专业。

但为了建筑学的理性的科学发展，建筑学主体却不能不给“建筑”定性。科学容许有争议或异议，不过争议或异议是科学的过程，不是科学的目的，更不是科学的目标；在争议或异议了一段时间以后，建筑学主体应给予一定程度的概括和总结或评定，否则建筑学将是一个松散的、不成系统的学科混合体，甚至是凑合体。因此，建筑学发展至今，已当给予定性了，也就是在给“建筑”定性的同时，“建筑学”也当是一门定性的学科，这是现代建筑学主体的一个非常重要的任务。

建筑性质是建筑学本体的一个主要方面，是指建筑的性质这一方面。我们此处以中文为讨论媒体，而其“性质”概念却非引源于中国，这实际上就已给我们的讨论带来了一定的困难。当然，这也就包含了“性质”之源的问题，以及“性质”被引为中文后，以中文“性质”二字作为载体的问题。这便是我们在此问题上，应首先必须认识的。然后，在“性质”概念的导引下，我们就可依“性质论”之理，探索研究对象的“建筑”可能有的一般性质或基本性质，以及以不同事物为参照系所显现的、相较的特殊性质。或许，这就是建筑学主体首当给“建筑”定性的基本讨论内容。

5.1 建筑性质概念

科学地讨论问题，主要在于取得对问题的理性认识，自然科学是这样，社会科学也是这样，人文科学更是这样。而理性认识包括三个基本形式：概念、判断、推理，只有通过这些基本形式的思维过程，才能真正地认识客观真理的存在。建筑本体论是性质论、规律论等诸多问题构成的体系，每个“论”都是建筑本体的一个方面，其性质、规律等都是该方面的关键词，关系到其讨论展开的科学性与否。故而，其性质、规律等概念的明确，是科学地展开讨论的基础，而建筑本体论中的每个支论都必须首先明确这一点，这也是本支论及以下各支论所具有的相同点，此处顺带说明。当然，这也是“本体论”中的每个支论的讨论思路构成相似的原因。

讨论建筑性质，严格地说，有两个概念需要首先明确，一个是“性质”概念，一个是“建筑性质”概念。前者是共性概念，后者是个性概念。讨论个性概念是我们此处的目的，但为了达到这个目的，我们却不能不以讨论共性概念为手段。也许，这还可能有点“泛论”之嫌吧？不过，实际上每个学科或每个专题的讨论，都是建立在一定的基础理论之上的，特别是“哲学”理论，更是其他学科研究的指导性理论。于是，即使背“嫌”，在此恐怕仍须由共性概念逐渐过渡到个性概念的讨论上。

5.1.1 “性质”概念

一般而言，现在人们普遍使用的“性质”概念，是来自于西方，即英文的“character”或“nature”，意指一种事物区别于其他事物的特征，是一个哲学概念。

但并不能说是完全的外来语概念或词汇，中国也“古已有之”。《荀子·性恶》曰：“夫人虽有性质美而心辩知，必将求贤师而事之、择良友而友之。”其“性质”意指品性素质。而且，在中国人看来，“性质”还包括两个方面的意义内容，是由“性”和“质”构成的，且两者在中国哲学上都有着自己特有的意域范围。

“性”，在中国哲学史上是一个大课题，包容甚大，从人生观、自然观到世界观或宇宙观，都似乎离不开“性”的范畴，故“性”有人性、物性、天性等意。传统启蒙之经典的“人之初，性本善；性相近，习相远；苟不教，性乃迁”。其“性”为人之“性”，“性”伴随着人一生，这种人“性”观也被整个传统时期的中国人所沿袭着。《孟子·告子(上)》曰：“是岂水之性哉?”西晋郭象亦曰：

"物各有性,性各有极。""水之性"亦是"物"之"性",指"物性",此"物性"便与现今所用的"性质"很接近。故而,将"性质"完全说是源于西方似乎有欠妥当,《孟子》至今已有两千多年了,当时尚无"英文",其语言还在"拉丁文"时期。由此可见,中国哲学与西方哲学一样是历史悠久的,且有许多相通之处。与人性、物性相应的,还常被引为"天性"之用。《荀子·儒效》曰:"而都国之民,安习其服,居楚而楚、居越而越、居夏而夏,是非天性也,积靡使然也。"中国哲学的一大特征,就是"天人合一",认为"天"与"人"是相通的、协调的、统一的。故而,有"人性",则必有"天性";而且,两者也是相应的。

在现代哲学上的"性",本身还有"属性"、"本性"等意义相近的用词。

属性(attribute),源于拉丁文 attributum,指事物本质方面的特征。而现代的辩证唯物主义认为,属性就是指事物自身具有的性质。而且,任何事物都包含着本质属性和非本质属性这么两个方面,本质属性规定了事物的主要方面,是与事物统一的;非本质属性是事物的次要方面或附属方面,与事物本身是非统一的。

本性(natural instincts),是指事物原本的性质,即事物形成时就已经具备的那种性质,亦大致可理解为"天性"(指天然形成的品质或特性)。

在现代辩证唯物主义看来,"性"或"属性"还当有"个性"和"共性"之分,两者是辩证统一的,个性中有共性,而共性则是由个性组成的。

个性(individual character),是指事物属性的特殊性方面,也是一种事物区别于其他事物的方面所具有的特征。若事物没有个性,也就不存在区别,建筑也就只是事物、而不成其为"建筑"了,更没有居住建筑与宗教建筑、市政建筑等的区别。可见,个性是事物独立存在的前提,也是人们认识事物的基本方面。

共性(general character),是指事物属性的普遍性方面,也是一种事物与其他事物相联系的方面所具有的特征。同样地,如果事物仅有个性而没有共性,则建筑也就只是事物的"建筑",而非一种艺术,更没有建筑所应有的艺术的一般构成要素的蕴涵和存在。显然,共性是事物"类聚"所必备的条件,也是人们作事物群体归类的基本依据。

"质",在中国哲学上虽非一个独立的命题,却也是一个常用"字"眼,主要是意指本体或禀性,前者表示一种存在,后者说明一种属性。

《易传·系辞(下)》曰:"易之为书也,原始要终,以为质也。"其"质",指原本存在或形成的躯体。又《论语·卫灵公》曰:"君子义以为质,礼以行之。"显然,"质"亦指其本体的东西,既有"义"为"质",当然可按"礼"而"行之"。

《楚辞·九章·惜诵》曰:"恐情质之不信兮,故重著以自明。"其"质"为"情"之"质","情"为一种心理状态之称,则其"质"当然就是指心理性的取向。

但用得最多的,还是在古典美学上,其"质"以今释之,是指事物的本质和内在规定性。《论语·雍也》曰:"质胜文则野,文胜质则史。""文"与"质"是一对古典美学术语,"文"指事物的外观形式,或者说是指具有"质"的内涵的事物之外观形式,则"质"与"文"在美学上便是事物的内在和外观的两个方面。那么,从古典美学对"质"的这种运用上,也说明中文"质"的基本字义。

西方首先使用"质"这字眼于"哲学"上的,是古希腊哲学家兼自然科学家德谟克利特(Demokritos,约公元前 460 年—公元前 370 年),似乎还带有较多的自然科学韵味。他认为,物体的"质"(nature)分为两类:体积、形状、运动及广延等可以用数量来规定的方面,是物体本身固有的"第一性的质";而色、声、味等需借助于人的感观才能感知的方面,是物体非固有的"第二性的本质"。以现代科学看,这两类实际上都可用"数量"来表述或度量,这一分类法并不严密,但却也说明了其对"质"的理解程度和使用意义。

现代哲学认为的"质",是一事物区别于他事物的内在规定性,是事物内部的特殊矛盾所规定的。显然,"质"在现代的哲学概念上与"个性"是相近的。但"个性"是与"共性"合为一对哲学范畴,"质"则是与"量"构成为一对哲学范畴的。

"质"有"本质"(essence)与"非本质"(non-essence)之分,本质是指事物内部联系的主要方面,非本质是指事物内部联系的次要方面。本质对事物发展起着主要作用,决定着事物发展的方向;非本质则影响着事物的发展。两者是一种对立的统一关系。

可见,“性质”在中西方的使用意义是相近的,但仍有一定的区别。中国的“性质”是“性”与“质”不同,“性”有人、物、天诸性的综合意义,“质”则多指事物本体;西方的“性质”是“性”与“质”大致相同,也基本上是“性质”的同义词。

5.1.2 “建筑性质”概念

由“性质”概念约定的“建筑性质”概念,应该是现代哲学的“性质”概念下的“建筑性质”概念,且以“性质”概念为基本思维方向的指南。则“建筑性质”概念,除了有自身的概念以外,还当有不同“性质”类型的不同“建筑性质”的区别。

建筑性质是一个偏正结构的合成词,是一种性质,指建筑方面的性质,或者说,是指建筑这一种事物区别于其他事物所具有的特征。建筑作为一种事物的存在,就必然有其内部构成的东西存在及这些构成东西的构成秩序,内部构成及构成联系是内在的,也就是其属性,这些属性还有其相应的表现现象,若与其他同样是存在的事物相比较,就能显示出其所具有的存在性质,也即建筑存在的应有特征。

显然,建筑性质应是多方面的,无论是作为一种存在,还是作为一个概念,建筑都具有其内在的属性。当然,概念是说明其相应的存在,则概念与存在是统一的。若仅以对一般存在事物的眼光来看,建筑独立地被认为是一种具有实用性意义的艺术存在,就必然有其一般存在的特征,或者说是其基本性质;若是以某一个特定的视角来观察,或者是在某一参照背景上来审视,则建筑便又有其特定意义的性质或特征,同样也可说是建筑的特殊性质。

无论建筑性质有多少方面,均大致可归纳为基本性质和特殊性质两个主要方面的类型,这也是我们认识建筑以区别于其他事物存在的两个主要方面,即由“性质”概念引入而认识“建筑性质”概念的两个基本点。

5.2 基本建筑性质

建筑的基本性质,是建筑作为一类存在所具有的存在性质,非绝无仅有的特有属性,或称非建筑特有属性,以区别于建筑特有属性的“特殊性质”。

在人们看来,建筑是作为一种艺术形式而存在的,是称之为“建筑艺术”的一类存在;同时,建筑也是以技术形式而存在的,其存在也被称为“建筑技术”的一类存在。建筑是以建筑艺术和建筑技术作为基本存在形式的,这种基本存在形式正是以一定的内部联系的特征出现的。那么,其所具有的内部矛盾联系特征,实际上就是建筑的基本性质。

而总的看,建筑内部矛盾联系特征所呈现的基本性质,大概可分为两个方面,即建筑的物质性和意识性。

5.2.1 建筑物质性

建筑物质性特征的基本性质,应该说是最容易被人们所理解或认识的,人们常说的人类四大基本生活需求之一的“住”的满足,就是由建筑来实现的。这当然是一种物质上的满足,其性质意义自不必有太多的言说。而我们应当着重认识的是建筑学的“建筑性质”问题,是建筑概念基本性质的物质性,这就不仅是一个“住”的物质性满足所能涵盖的,更多的还是一种科学理性的思维内容及过程,是由这一思维过程和内容来认识建筑物质性的。

迄今为止的科学认为:宇宙产生于“第一爆炸”,这“爆炸”产生出来的东西指的就是物质的“宇宙”,而后也才有了物质的“地球”。故唯物主义哲学认为,世界是物质的,物质是世界的本原,或者说,任何事物都根源于物质而存在。同样,人类也是物质的,尽管人类有思想、有意识、有思维等,但这也是产生于绝对是物质的人脑;相同地,人类创造的文化首先也应该是物质的,虽然是非本能意识的结果,却也只能是源于物质的人类。这便包括了文化的建筑,也无论建筑是以什么形态存在的,只要是一类文化存在,就仍是本原于物质,这是无可非议的。

说地球是物质的、人类是物质的,是因为人们可“形”之,或者说是“有形”的,也可以说是有“数”和“量”的可计性,人们可以通过感官感知其存在。建筑一经形成,就是以满足人类的“住”的需求而出现和存在的,使人们感觉到了“防寒避雨”的温暖。然后由聚居村落发展到社会城镇,无论是单体、还是群体,人们都可计其“数”和“量”,甚至可计其满足需求的具体指标。而满足需求的指标,应该说是多方面的,是“有形”的各个方面，有空间大小的“数”、有样式区别的“形”等，且仅其单一方面的满足是不充分的。显然，建筑的可“形”之是必然的，科学的计量方式和人类的感官系统都可真切地告诉人们这一点。

在建筑理论里，人们主要讨论的是建筑技术和建筑艺术，甚至认为，建筑就是建筑技术和建筑艺术结合的产物。然而建筑技术和建筑艺术本身，并不是物质，并非是“有形”或是有“数”与“量”的可计性的。在文化学界，有人认为它们是一种社会形态或心物结合形态存在，也有人干脆就说是技术形态和艺术形态的两类存在，但无论认为是以什么形态存在的，都一致认为是非物质形态的存在，这一点看法不仅是一致的，还是明确的。

不过，尽管建筑技术和建筑艺术本身是非物质形态的存在；却也具有物质性的这种基本属性。

建筑技术，是指运用自然科学原理和人类在建筑活动中积累的实践经验而形成和发展起来的各种建筑工艺的操作技能及方法，即建筑技术是一种技能及方法。建筑技术是在建筑活动过程中体现的，是建筑形成的最初表现的文化内涵，也伴随着建筑的发展演变，体现了不同时期人类生产力演进的不同发展水平，特别是近现代以后，近现代建筑突出体现的，更多的还是近现代建筑技术的发展状况。

建筑源于原始穴居，严格地说，“原始穴居”是非建筑（参见下文的“建筑要素”部分），但最早的人类建筑却是仿自于“原始穴居”的。人类在长期生活观察“原始穴居”的过程中，得到了“居”的构成特点和要求的生活经验的概念，也同时对构成材料有了一定的实践认识；然后，为求取更好的生存空间的强烈的生存欲望，促使人类以所认识的材料去构筑生活经验中的“居”的概念的空间，从而完成了人类建筑的形成过程。当然这个过程是缓慢和漫长的，也许还经过了无数次的失败、再失败到成功的发展过程；但每一次的失败，都并非仅仅是失败，失败中也为人类增加了经验的积累，又进行再一次的实践活动，直到“居”的空间建筑的出现。建筑技术也就在“居”的空间创造的建筑实践活动中形成了，是人类在与大自然的抗争中积累了经验，逐渐形成了创造“居”的空间的技能和方法，以此创造了建筑。只有在创造建筑的同时，促使了建筑技术的形成。可以说，建筑是以建筑技术的蕴涵为形成的基本标志的，建筑技术也只有创造出了建筑，才足以表明建筑技术的真正形成，两者是相辅相成的。显然，建筑技术出现的基本目的，是人类对“居”的空间的满足，否则，该“技术”就并非建筑技术。因此，建筑技术的产生具有非常明确的“形”的目的倾向，或许这就可说是建筑技术具有的一种基本属性。

人类的文化之力，通常习惯以生产力为主要标志，而生产力更多的是表现为一种技术能力。以发展至今的建筑而言，人们更关注的是建筑生产力或建筑技术能力的演进，由地面建筑的出现、村落的形成到城镇的普及，由仿构的草木陋居、土木砖石建筑到仿生大型壳体建筑或近似一座城市的“超超高层建筑”，等等，实际上都主要是建筑技术能力的演进结果，也主要是说明了人类建筑技术的发展水平。反过来，建筑技术的演进，若没有被用于建筑实践活动，没有创造出新的建筑物，又怎么能体现所发展的建筑技术有进步？也难以说明建筑技术演进的可行性，没有可行性的建筑技术能力是真正的建筑技术吗？可见，无论建筑技术怎么发展，建筑技术与建筑仍是相辅相成的关系，建筑技术还必须在建筑中给予表现，印证其科学性。所以，发展后而存在的建筑技术，目的倾向依然不变，同样具有“形”的基本属性蕴涵。

建筑艺术，是一种以建筑手段表现的艺术形式，具体的主要是通过建筑群体的组织、建筑单体之形体以及平立面的构成、内外建筑空间及其色彩和质感的处理等方面，所构成的一种综合性艺术，也被认为是与音乐、舞蹈、绘画、雕塑等相同而并列的一种艺术形式。艺术是人类的一种表现社会生活的特殊形式，由于表现人类社会生活的体现不同，便有以旋律、节奏以及声音等表现的音乐，以动作、姿态、表情等表现的舞蹈，以线条、色彩、构图等表现的绘画，还有书法、雕塑、电影、电视、戏剧、杂技等等，都是以不同表现手段而出现的不同艺术形式，其共同点就是各自都以一定的手段来表现社会生活。建筑同样也以自己特定的表现手段表现社会生活，包括造型、样式或风格等，或者说是以这种特殊的形体语言来表现人类社会生活。

人类原始社会时期，建筑已处在由穴居向半

地穴居、地面建筑的逐渐演进中，尽管这时的人类建筑还非常简陋，也谈不上有什么建筑艺术的存在，但却有了对当时的人类生活状况的反映或表述。如中国陕西省长安县客省庄的龙山文化遗址，是一个半地穴居的住宅建筑遗址（见图9），遗址现今只有半地穴遗存，穴居上部已不存了，从尚存的遗址上看，很明显有前后室或内外室的平面构成现象，这便可让今人以此窥知当时居此的人类的起居生活状况，后室或内室为休息空间，外室或前室为其他活动空间，以门道隔断或沟通。这显然已非简单地满足“防寒避雨”要求，已有一定的生活秩序蕴涵其内，或许还带有一定的“私密性”生活习俗。因此，这已是人类的建筑了（参见下文“建筑要素·非本能”部分），也可以说是一种最原始的人类表现生活状况的艺术手段形式。

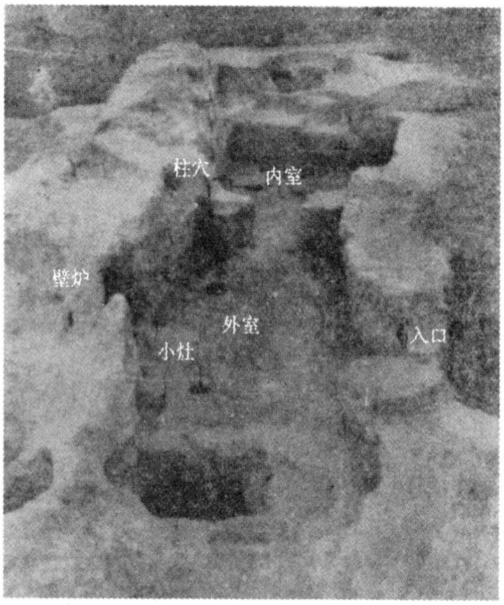

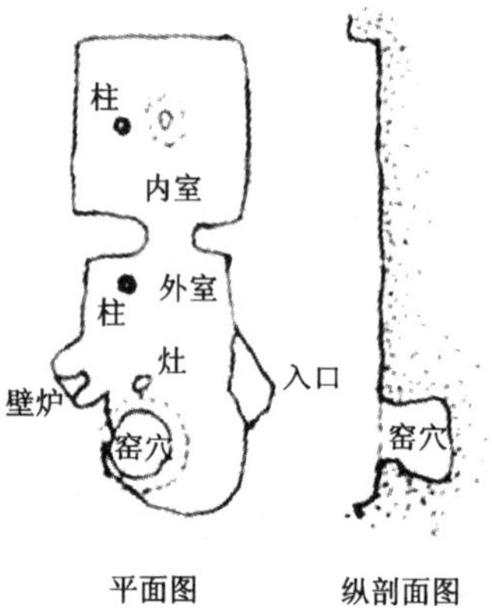

图9　陕西省客省庄龙山文化穴居遗址

随着建筑的发展，建筑的纯功能性质的满足已逐渐不再作为建筑构成的主导方面，更多的是建筑艺术因素的要求或构成成分，或许这才是建筑逐渐被认为是一种艺术形式而归入“艺术”范畴的主要缘故。如古罗马的《建筑十书》在第四书中论“神庙”时，便有这样一个神庙立面的插图（见图10）：在有一定台基高度的地面上立两根柱子（是由数根柱子作圆形平面环布的省略），柱上压着一个梁式的“顶饰”（实为圆形闭合压梁），再复以圆形的穹顶。若仅以功能满足而言，两柱压梁复屋盖，并不需要这么复杂，三个基本构成构件部分都加有不同的饰件或饰物，可见，在功能需求以外，实际上这已可说是一个建筑物艺术品，表现了人类的另一种社会生活需求状况。

而这些表现人类社会生活的手段，都是以一定的物质方式出现的，否则又将怎么去表现人类社会生活的这一个侧面？故建筑艺术同样具有显然的“物质性”特征。

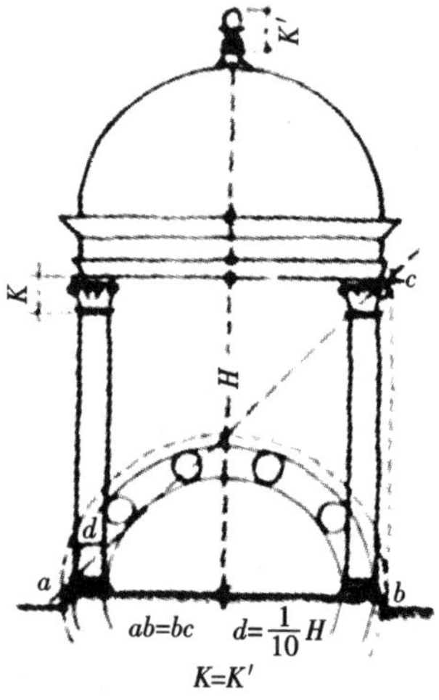

图10　《建筑十书》中圆顶神庙立面

因此，无论是建筑本身，还是建筑概念的建筑技术和建筑艺术方面，都同样显示出其“物质性”的基本存在特征或性质，也作为建筑内部矛盾联系的一个主要方面而存在，这是建筑的基本性质之一。

5.2.2 建筑的意识性

建筑的意识性特征的基本性质,似乎就不那么容易被人们所认识或理解了,也许人们还会说,建筑既然是满足人类"住"的物质上需求的存在,怎么会有意识性?

尽管世界是物质的,即物质是世界的本原,但以目前的科学理论看,物质并不是世界的全部,构成世界整体的,除了物质的存在以外,还有非物质的意识存在。

在中国古代哲学里,"有"与"无"是一对统一的哲学范畴。并认为,"有"是一种存在,"无"也是一种存在。老子认为,"有"与"无"是统一的,且"无"比"有"更根本。庄子也认为,"无"为万物之本原、本体,同时"无"与"有"之间具有相对性。总之,都不否认"无"与"有"一样是一种存在,且是与"有"相对的,"无"是一种无形的存在。

在西方哲学里,相似的有"物质"与"意识"这么一对哲学范畴。也认为,"物质"是一种存在,"意识"也是一种存在。物质是一种客观实在,这是显然的;意识是人脑对客观世界的主观反映,是由生物感觉和动物心理逐渐演进所发展而来的,且当其发展形成后,也同样是一种存在。

当然,中国的"有"、"无"与西方的"物质"、"意识"并不等同,中国的"无"是一种"万物之本原",西方的"意识"则是人脑的主观反映,显然,中国的"无"要早于西方的"意识"而存在,两者并不相同。但是,两者还是有其共同点,都认为是一种非"有形"、非"物质"的存在,是没有形体可计量的那么一种存在。因此,我们如果糅合这两种不同来源的哲学理论于一体,以其共性内容为我们所用,则在构成世界整体的存在里,我们就可找到非物质的、无形的意识形态的这一部分存在。特别是在人类文化形成以后,人类文化中的意识形态存在就更是显而易见。

如果仍以建筑概念的建筑技术和建筑艺术内容而论,也尽管建筑技术和建筑艺术本身并非意识形态存在,却还具有"意识性"的这种基本属性,并构成建筑基本性质的另一方面。

建筑技术是建筑方面的技术,是一种有关建筑的技能及方法,而且是指人运用一定的技能及方法于建筑活动中的。可见,人是建筑技术的载体,是人掌握这一定的技能和方法,并持以在建筑活动中体现;若没有了人,建筑活动无从进行,其所具有的一定技能和方法也无从体现,即建筑技术失去了其载体,那么,建筑技术还能怎么存在?而人作为建筑技术的载体,也并非是任何人都是建筑技术的载体,即作为建筑技术的载体的人必须具备一定的条件。具备这一载体的条件,主要的是指人自身的条件,就是具备掌握和运用技能及方法的自己的身体素质条件,而其中,最主要的是头脑的思维意识条件,是人头脑中的思维意识支配着人去掌握和运用建筑技术,或者可以这么说,建筑技术的最根本载体是人脑思维意识。而一个有思维意识障碍的人,是不具备作为建筑技术载体的条件的。可见,人脑思维意识,是建筑技术存在于人这个载体中的最主要所在,也是建筑技术存在的最根本条件。这无论是在人类建筑形成的初期,还是在建筑得到蓬勃发展后的现代,都充分说明了这一点。

人类建筑形成于对原始穴居的仿构,当然如果只是依样的仿构,恐怕还不能说是真正的人类建筑,因为这样的仿构,还不能说明已有建筑技术的存在,只是一种本身的模仿动作的结果。况且,这时期应该说人类文化也尚在孕育中而未形成,不要说自然科学知识还没产生,即使是人类实践活动的经验积累,也还仅在起步中,尚谈不上有什么积累的经验认识形成。所以,仿构的穴居,是没有技能及方法的建筑技术存在的,因为人的思维意识还在形成中的人类,根本不具备掌握建筑技术的载体条件,所"仿构"穴居的活动自然就不是建筑技术活动,所构居所当然便也非建筑。只有到了人类在构筑居所的活动中有了一定程度的经验积累,也当人类思维意识有了一定的进化,并进化到已有作为建筑技术的载体的发展程度以后,才有建筑技术的真正形成。那么,所形成的建筑技术,也只能存在于载体的人身上,且主要是思维意识中的储存;若某储存个体的思维意识丧失,则该个体就不具有建筑技术的储存功能及以后的发挥和运用。显然,建筑技术在形成之始,也就有了非物质的意识性的基本特征,是蕴涵于其形成和存在过程中的基本属性。

当人类科学已有相当高的发展水平及人类建筑实践活动得到一定程度的积累后的现代时期,人类建筑技术已能较随意地改变或再造人类的生存环境,也就是说,其时人类的建筑活动,已具有比建筑技术形成初期有多得多的技术含量,建筑活动效率有了成倍、甚至是成百倍的提高。而所谓的建筑技术的提高或建筑活动的技术含量的提高，是指建筑技术的技能及方法的增多，包括其自然科学知识应用和经验积累量的增多两方面。那么，作为建筑技术载体的人及人脑的思维意识，也就必然要有相应的更多知识或信息的储存，否则，又怎么能通过一定的训练来掌握建筑技术和运用建筑技术？显然，建筑技术载体的人及人脑思维意识，又当有了新的不同的存储和运用的前提条件。因此，建筑技术提高后的现代或得到了较充分发展后的将来，建筑技术的非物质的“意识性”特征或属性，必然更加显著，这是显然的。

建筑是以其特有的建筑手段来表现一定的艺术形象，而被归入“艺术”范畴的，称“建筑艺术”。作为艺术形式的建筑，与其他艺术形式一样，能给人以“美”的感受；反过来，只要能给人以“美”的感受，就可被归入“艺术”的范畴，或者说有艺术的性质蕴涵。于是，就有了语言艺术、战争艺术、外交艺术、体育艺术等原非“艺术”的艺术形式类型。建筑则在纯艺术与非“艺术”的艺术形式之间，纯艺术仅有其“美”感意义，非“艺术”的艺术形式则需要有一定的条件才能体现其艺术的“美”感，而建筑却原本就是一种艺术，只是又同时具有实用功能，故而是介于这两者之间的一种实用性艺术形式，而被归入“艺术”的范畴。那么，既然是一种艺术，就必然有其“美”感的产生，可称之为“建筑美感”，这就是建筑艺术的作用和意义。无论是早期的人类建筑，还是后来已蓬勃发展了的各人类区域传统时期的建筑，建筑艺术的“建筑美感”都是其基本特征性质。

建筑艺术，事实上可包括两个方面，一方面是形体、空间处理的艺术效果，另一方面是依附于建筑上的雕刻、绘画等艺术表现。前者是与功能相结合的处理效果，后者则基本上是纯艺术需求的表现手段。但由于两者是共同作为建筑的构成总体而出现的，故而成为建筑艺术的两个主要组成部分，或者说是建筑艺术表现的两个主要方面。

在人类还居于原始洞穴的早期（指旧石器时期），人类就有在原始洞穴中雕刻于洞壁上的各种仿生或写实的艺术品，在现代的考古中仍有不少发现，如西班牙的“阿尔塔美拉洞穴遗址”就有野兽壁画①，这些艺术品表现了当时人类的情感生活，且一般都是反映当时生存环境的感受。这类已有雕刻或图画的原始洞穴，似乎已有别于一般的居穴，这该不该认为是属于人类建筑的范畴？严格地说，恐怕还不能，最多只能说是形成前的人类建筑雏形及内容。将其独立来看，作为艺术品显然是可以的，可说是人类最早的艺术品类型之一，虽然这类艺术品出现在人类洞穴居所里，但仍不能作为依附于建筑上的艺术表现而成为建筑艺术表现的一个方面。因为只有建筑的真正形成，人类为了建筑的装饰或表达某种建筑思想而刻、而画艺术品于其上，这才有建筑艺术的构成意蕴存在，这一点必须明确区分。同时，人们也可以此认识到，艺术品成为建筑艺术的一个构成部分，还是有一定条件的。当然，人类考古可通过对原始洞穴的勘探，察知人类早期的生活状况及踪迹，但却不能以此作为人类建筑产生或形成的标准来引证，这一点应有明确的认识。

那么，人类后来形成的地面建筑，或许也可能有类似的壁刻、壁画等艺术品出现和存在过，只是人们现今已难以有发现的可能了。不过，这可以说已是建筑艺术的一种存在，当时的人类已在此艺术表现上表达了某种情感或思想，而且与人类当时的生活起居有紧密关联。显然，仅这一点就足以说明这种建筑艺术表现的意识性特征的存在，这或许是人类最早的建筑艺术的意识蕴涵之一。

可见，建筑一经形成，就有建筑艺术的伴随出现；而且，随着建筑的逐渐兴盛，建筑艺术的分量还越来越重，甚至基本上就再也没有纯技术的建筑产生和存在了，建筑艺术的两个构成方面都可能同时存在于同一建筑个体上。这在建筑史上，最突出、最典型的恐怕要数西方或欧洲文艺复兴以后的“巴洛克”（Barocco）和“洛可可”（Rocaille）时期的建筑，前者更注重绘画性美，后者则以细腻柔媚的装饰空间为主要特征，而两者都特别强调人的艺术性感受。况且，自古希腊、古罗马奠定了西方传统建筑的基础以后，每个建筑时期，大都是以一定的建筑艺术风格来划分

① 林惠祥著《文化人类学》，商务印书馆1992年2月版，第299页。

的。而各文化区域的建筑在不同时期也都有不同建筑艺术风格的体现,这才有不同区域的各种建筑艺术风格在建筑史上被人们所认识,如西亚的"巴比伦建筑"、东亚的"唐式建筑"等。显然,建筑艺术在传统建筑发展史上,占有绝对的主导地位。而不同的建筑风格,实际上都是在相应的建筑思想或建筑思潮的支配下形成的,如文艺复兴式建筑,就是在"人文主义"思潮影响下形成的。故发展后的建筑艺术的意识性,就更具显著特征。

所以,建筑表现出的建筑技术和建筑艺术,本质上仍然是某种无形的、意识的东西支配下的结果,否则也不成其为建筑技术和建筑艺术。显然,人们所认识的建筑,就有其"意识性"的基本存在特征或性质,同时也作为建筑内容的矛盾联系的另一个主要方面而存在。

建筑的基本性质,乃非建筑的特有属性,而是建筑主要存在方面的建筑技术和建筑艺术共同具有的特征。在建筑理论或建筑学里,建筑就是指建筑技术和建筑艺术,传统建筑理论也主要研究这两个方面;而建筑技术和建筑艺术,本身就分别是一种技术和艺术,都是人类文化的主要内容,在人类文化学理论看来,也都是心物结合层的一种存在,两者结合的建筑,显然也就是心物结合层的一种文化存在。人类心物结合层的存在,都具有物质性和意识性的双重特征或双重性(或两重性),由建筑技术和建筑艺术构成的建筑,也同样具有这双重性质。同时,这也是建筑之所以成为人类文化的心物结合层的一类存在所当有的基本性质。

所以,建筑的物质性和意识性的两重性,是建筑存在的非特有的基本特征或基本属性。

5.3 特殊建筑性质

与建筑的基本性质相对的,建筑还有其特有属性,是建筑本身所具有的、区别于其他事物的特有属性,这种属性也是其他事物所不具有的性质或特征。

建筑是一种文化,也就有一定的归属。在同一类归属范畴里,不同事物的比较,便有相对于其他事物的特征的出现;在不同类的事物之间,比较不同类的事物,同样有其相对特征的出现,但这一特征若相对于本类的事物来讲,又不是特有的属性特征。可见,建筑的特有属性或特性,还应有严格特性和非严格特性的区别,这两者才构成建筑特殊性质的全部。

5.3.1 非严格意义的建筑特性

无论是遥远的过去,还是正在发展的现在或未来,建筑都是一个包容性非常广的领域,似乎整个人类社会的所有方面都能与建筑搭上一定的关系。若从人类文化的所有科学角度观察,大略而言,几乎所有的学科都已参与或将参与建筑的构成。那么,每一门学科的参与,都是建筑的影响因素,都给建筑增添了新的色彩,所形成的建筑也就必然要显示出参与学科方面的特性,于是,建筑也就有这诸多不同意义的特性。而这些特性又是在某种特定情况下,某种学科参与以后显示出来的,是相对于其他没有该学科参与的方面或领域而出现的,故应认为是非严格意义的建筑特性。

由于建筑领域可包容的其他学科门类的广泛,或者说建筑的影响因素很多,则所显示出的非严格的建筑特性也就有同样多。封建时期,统治者为了显示其居宅的身份地位,而以一定的等级思想介入了该居宅的构成,则建筑便表现出其政治性;商品社会时期,为了实现更高的商品率而投建的商业性或商品性建筑,"投入"和"产出"是其投建成本的基本指标,则所建的建筑也就表现出相应的经济性或商品性特征。似此而言,建筑的特性将难以一一枚举。不过,以"归纳法"的科学方法论原理而论,则大致也可归纳为三大类型的建筑特性,即自然性、社会性、人文性。

• 建筑的自然性

建筑的自然性实际上包括着两个方面:一方面是建筑的非文化的自然性;另一方面是建筑的文化的自然性。

建筑源于人类的一种自然需求,且这种需求在人类建筑形成以前就已存在,这即是"防寒避雨"的需求;而建筑形成以后,也当建筑无论作何方面的发展,这种需求仍然是存在的。如果人类没有了这种需求,建筑存在和发展的是否需要,也就当另作别论,或者说,建筑也就不是发展至今的这种建筑,建筑当是另外的一种形式,人类的建筑发展史将是另外的一种发展轨迹。可见,建筑本身就蕴涵着一种自然性的需求。况且，建筑在人类各不同区域的传统时期的构成虽然是不同的，如中国多为土木砖石结构，西方则发明了混凝土结构，但都源自于自然的材料，这却是相同的。中国的土木砖石来源于自然自不必说，西方的混凝土中至少其骨料也多为自然之物；即使将来人类发明了新的替代材料，完全可以替代迄今为止的诸多自然之物，但无论是什么替代材料，追溯其源，恐怕也很难说不是源于自然。何况，建筑构筑和设计，还有相当多是缘于自然的因素，如各种力的要求、防水防湿要求、防震防风要求、防火防晒要求，等等，无不是自然现象对建筑设计和构筑的要求。而且，这些要求都是纯自然现象，即使有人为因素，也基本上为不带有文化性质的人为现象。因此，这些便构成了建筑发展和存在的“非文化”的自然性的一个方面。

此外，建筑技术在建筑中的地位和作用则是建筑的“文化”的自然性的另一方面。建筑技术以自然存在的东西为对象，也受自然存在条件的限制和约束，如建筑物理讨论的建筑日照与采光、室内音质与隔音、建筑隔热与保温等，都是缘于建筑对自然现象的利用，而这些自然现象却也同时产生对建筑的约束和限制。而且，正因为人类对自然现象利用率的提高，也说明了建筑技术水平的同步提高，但自然条件的约束和限制仍然是存在的。当然，也只有自然条件的约束和限制的存在，才有建筑技术发展提高的必要，而建筑技术无疑是人类征服自然的一种文化现象。因此，建筑技术便是建筑中具有文化意义的自然性的另一方面。

● 建筑的社会性

建筑的社会性也包括着两个方面：一方面是“社会”自身的建筑的社会性；另一方面是作为“社会科学”一类学科的参与而显现的建筑的社会性。

在社会学看来，“家”是人类社会的一个构成因子概念，也是人类社会的标志之一。“家”的概念有两个方面的内容：一个是血缘、亲缘关系的内容，一个是建筑赋予的内容。建筑给予“家”的空间生存概念，使家的血缘、亲缘的伦理关系的实现得以满足；且若没有建筑的空间给予，家也就似乎不成其为“家”，故建筑有“安家”的俗称所具有的功能。可见，没有建筑，显然就不是一个完整的、现实的“家”，或者说，建筑实际上就是人类社会存在的基本框架或骨架。则其社会性意义不言而喻，也是显而易见的。

而“社会性”，实际上还包含着一个内容相当多的不同构成成分的现象，还应有政治、经济、民族、语言、文学、艺术等方面，来构成人类社会整体。而这诸多方面，也都可能是建筑构成的影响因素。如不同民族构筑的建筑是不同的，我们称之为建筑的民族性，特别是不同民族的传统民居，其民族性更是尤为突出。又如不同艺术背景形成的建筑师，所设计的艺术样式、装饰风格等都是不一样的，所产生的艺术效果也是不同的，则其建筑的艺术性特征也是必然存在的性质。诸如此类的性质都可在建筑中表现出来。而这些性质都属于社会形态（即心物结合形态）存在的范畴，故也可以称之为“社会性”。

● 建筑的人文性

建筑人文性是由诸多相对独立的人文学科性质的综合而构成的，其性质主要有哲学性质、美学性质以及逻辑性、伦理性、心理性、宗教性等。

《建筑十书·第一书·建筑师的培养》认为“哲学可使建筑师气宇宏阔，即使其成为不骄不傲而颇温文有礼、昭有信用、淡泊无欲的人”（高履泰译，下同）①，尽管其作者维特鲁威在此是说“建筑师”的培养，但建筑师是建筑活动的主体，建筑的发展不能没有建筑师，同时，建筑师的素质培养在一定程度上也说明了建筑的发展状况。况且，哲学同样是建筑发展的指导性学科，在建筑的发展史上，由哲学思潮主导着建筑的发展而呈现出一个个发展时代的历史事实，是屡见不鲜的，也不胜枚举。那么，建筑能没有哲学性质？

“建筑美学”（the aesthetics of architecture）被认为是一门新兴的学科，是专门研究建筑与现实审美关系的一般规律的美学分支学科。实际上，早在古罗马的《建筑十书》中，就已有建筑是由“法式、布置、比例、均衡、适合”等构成的美学

① ［古罗马］维特鲁威著、高履泰译《建筑十书》，中国建筑工业出版社 1986 年 6 月版，第 6 页。

观点，认为"当建筑物的外貌优美悦人、细部的比例符合于正确的均衡时，就会保持美观的原则"。① 显然，建筑的美学性质，当是建筑的内在构成之一。

人们说，因为"人类非本能创造的东西是文化"，而"建筑是人类非本能创造的"，所以"建筑是文化"。这是一个逻辑学"三段论"的直言推理。可以说，人类对建筑研究的绝大多数创造性成果，都是以一定的逻辑推理原理来完成的，人类建筑的各个组成部分，基本上都充满着相应的逻辑关系。所以，逻辑性在建筑中不能不存在，包括上面这一小段的论述，不也是一个逻辑推理过程吗？

中国先秦的《墨子》曰："宫墙之高，足以别男女之礼。"西方古时亦有"专用房间"与"共用房间"之别，如《建筑十书·第六书·住宅的适合》中认为："专用房间，除受邀的以外，谁也不能进入那里，如卧室、餐厅、浴室及其他用途相同的房间。"显然，无论是中国的"别男女之礼"、还是西方的"专用房间"，都是强调一定的私密性，这种私密性实际上就是伦理性之一种，特别是中国的"别男女之礼"，其伦理意义更为显著，因为"男女之别"是最早的伦理之"别"，也是建筑中最普遍的伦理之"别"。故而，迄今看来，建筑还不能没有伦理性的蕴涵。

建筑之美就是人们对建筑所产生的一种感受，或者说是一种"美感"，这就是建筑的心理感受的表现。建筑由立意、腹稿，到方案设计图的出现，这实际上是一个心理思维过程。无论是心理感受、还是心理思维等，都是建筑活动的心理状态，或许可以说，没有建筑的心理状态的过程，就不可能有人类文化的建筑的形成和被创造，所以建筑的心理性亦古已有之。

佛殿、道观、教堂、清真寺等都是宗教活动场所，是宗教建筑，当然具有宗教性。即使是传统时期的中国民居，特别是在佛教盛行之时，在宅内大多设有佛堂，至少也设有佛龛位置，同样具有宗教性。但宗教是人类文化在一定时期的产物，特别是在科学落后或不甚完善的时期，宗教的确是人们必不可少的生活活动内容之一；而当人类文化发展到一定水平以后，宗教将逐渐被淡化，至少宗教形式也会被逐渐淡化，所以建筑的宗教性就未必具有其普遍意义。可见，建筑的宗教性是存在的，但却是有一定条件的。

5.3.2 严格意义的建筑特性

人是建筑的主体，是建筑的创造者；人也是建筑的载体或客体，是建筑的服务对象或功能目标。建筑维系于人，没有人，建筑将不复存在，或建筑也就没有了建筑意义。所以，谈建筑的特性，或许可因之而从人的特性上得到一定启发。

从人类的起源看，人是地球上生物进化迄今看来的最高成就，所以从这一方面的线索上就可找到人类的特性所在。

以19世纪英国古生物学家达尔文的《物种起源》的基本原理而论，人类的形成过程是：

地球—单细胞生物—海中无脊椎动物和陆上植物—海中有脊椎动物和两栖动物—陆上有脊椎等爬虫类动物—哺乳动物—古猿—人类。

概略而言，人类是由生物到动物、由无脊椎到有脊椎、由爬虫类到哺乳类、由古猿到人类，而缓慢地形成的。于是，人类就有诸多的生物或生理特点：人是动物的、是有脊椎的、是哺乳类的等；然后，我们再从"有脊椎的哺乳类动物"里去认识"人类"。在有脊椎的哺乳动物里，尚有两足和四足的基本类别、有毛和无毛的基本类别，以地球上的所有动物看来，"两足、无毛"均具备的动物，想必就只有人类自己了。故而，我们可知人类的特性就是"两足、无毛动物"。

这实际上是人类形成过程中的两次重大事件促成的：第一次是劳动及劳动工具的使用，促使人类的手脚分工而直立行走，这才完成了"直立人"所必需的"两足动物"的演进过程；第二次是火的发现和使用及熟食的生活改变，促使人类的体毛退化，这便大致可宣告完成了人类形成的全过程。也正是基于这两次重大演变，才由一般的"有脊椎哺乳动物"，演变成人类。

同样，从建筑的形成发展过程上看，建筑是人类在地球上的再造空间环境的最灿烂而伟大的成就，以此而论，亦可窥知建筑的特性所在。

人类在劳动及与大自然的斗争中形成了自己以后，仍继续不断地在自然中求取更好的生存空间，构筑自己的"防寒避雨御虫蛇"的处所，并形成家居村落，然后逐渐扩建为城镇，地球上的

① ［古罗马］维特鲁威著、高履泰译《建筑十书》，中国建筑工业出版社1986年6月版，第14页。

空间环境一次次地被改造着，人类就基本上是以“建筑”来作为开辟人类活动空间范围的标志的，这是地球上史无前例的最伟大的壮举。同时，也是人类再造自然的最灿烂的成就，埃及的金字塔、威尼斯水城、罗马角斗场、巴黎的凯旋门、中国的长城、美国的“流水别墅”、澳大利亚的悉尼歌剧院、日本的奈良法隆寺、印度的桑契大窣堵坡、俄国的冬宫、柬埔寨的吴哥窟、缅甸的仰光大金塔、土耳其的圣索非亚教堂，等等，无不是人类最灿烂的成就，是不朽的艺术大手笔。即使是小如一般民居的建筑，也是艺术魄力无穷。那么，既是实用艺术、又是空间艺术的，大概也就只有建筑了，所以“实用空间艺术”性质就唯建筑所特有。

这一现象，实际上也是人类文化发展的两次重要演变的结果。

第一次是人类生存空间需求的从技术满足到艺术满足的演变，空间的技术满足源于人类的生存欲望，但技术满足并非人类欲望的全部，在人类的技术满足达到一定程度以后，人类的艺术满足需求便接踵而至。

第二次是实用艺术与纯艺术的分离演变，纯艺术和实用艺术原为同体产生，是人类在生存或生活中需要的艺术，也在生存或生活中同体产生，但随着人类文化发展到一定程度以后，纯艺术便逐渐从生活中脱离出来。

所以，建筑也就成为一种独立的、具有实用意义的空间艺术而出现和存在着，也因此，“实用空间艺术”便成为建筑的特有属性，如人的“两足无毛动物”特性一样的是人类所具备的。

6 建筑内涵

“建筑是由希腊人称作‘taxis’的法式、称作‘diathesis’的布置、比例(eurythimia)、均衡(symmetria)、适合(decor)和称作‘oeconomia’的经营来构成的。”(《建筑十书·第一书·建筑的构成》载)。这是古罗马的维特鲁威先生,试图以构成内容来说明的建筑。

“建筑是超越于功能之上的事情。”法国的柯布西埃这样认为,“建筑是一种具有雕塑性的东西;而且,建筑又是超越一切其他艺术之上的艺术。”

德国诗人歌德有个传世的比喻:“建筑是凝固的音乐。”

“建筑是组织一伙匠人的艺术。”(英国 G. Scott 著《人文主义建筑学》,张钦楠译)。

“建筑是一种语言。”(英国 R. Scruton 著《建筑美学》,刘先觉译)。

……

无论试图怎样解释“建筑”,都实际上是为了说明建筑的内涵,且不同的人感受出不同的建筑韵味,这才有上述不同的感慨或心声。如果人们明确地认识了建筑内涵,实际上也就真正理解了建筑,则建筑的定义也就在其中了。

那么,什么是内涵?建筑的内涵与建筑的定义有什么必然联系?在建筑理论界,人们似乎不愿直接触及建筑定义,也似乎避讳论及建筑的定义。实际上,这都是缘于建筑内涵的不清晰,或者说是缘于“内涵”本身。于是,此处便以此开始我们的有关建筑的“内涵论”的讨论。

6.1 建筑内涵概念

科学研究不仅仅是“定性”,还要进一步揭示其“内涵”,明确其更具体的东西;同时,还要了解与内涵相对应的“外延”,以及内涵与外延两者的关系。然后才能真正准确地理解“建筑内涵”,这也是人们取得科学认识的一个必要过程。

无论人们怎样看待、评介这一过程,这都是一个无法省略的引证过程。

6.1.1 “内涵”概念

“内涵”,是一个哲学概念,也是一个逻辑学概念。

内涵,是指某种对象的概念的内涵;而“概念”,是概括对象的特有属性或本质联系的思维形式,即指对象的思维形式。故而认为,内涵是哲学的、也是逻辑学的概念。

人类对某种事物或对象的认识,是有一个认识过程的。辩证唯物主义认识论认为,认识过程包括感性认识和理性认识两个阶段,感性认识是认识的初级阶段,理性认识是认识的高级阶段。而“概念”便是对感性认识阶段所取得的材料,抽象概括后的结果,也是理性认识的开始,是理性认识阶段后的判断和推理的前提或“细胞”因子,并以词或词组为表达形式。如“社会”、“艺术”这两个词,若仅以语言的角度而言,这确实仅仅是两个词而已;如果以认识论方面而言,这则是两个具有一定思维内容的概念,表达着一定的概括对象或事物,也是进行人类环境理性认识的判断和推理思维的两个“细胞”因子。

词或词组所以成为某种概念的表达形式,是因为该词或词组表达了某种概念的特有属性或本质联系的东西,这也就是其所要表达的概念的内涵。或者说,某种所要表述的概念的内涵为某个词或词组概括性地表达了,则词或词组与概念便有了对应关系,词或词组表达的东西也就是概念的内涵。

比如“社会”,就是一种以共同的物质生产活动为基础而相互联系的人类生活共同体,其词及词组或句子所表达的,就是“社会”这一概念及其内涵。

又比如“艺术”,艺术是一种能给人以美感的东西,同样,其词及词组或短语表达的,也正是“艺术”概念及内涵。

可见,内涵就是对一个概念对象特有属性的反映,是反映其特有属性的思想。

6.1.2 “内涵”与“外延”的关系

“内涵”是概念的内涵,“外延”同样是概念的外延,两者构成某种对象的概念的两个方面。

外延是一个具有一定特性的概念所反映的每一个对象,或者说是该概念对象的总和。一个概念的外延,不是一个单体,而是具有某种复合结构的总体,是由具有同样特有属性的诸多单体构成的。如建筑,具有建筑这一共同特性的外延单体是很多的,若以功能性质论,首先是由居住建筑、宗教建筑、教育建筑、商业建筑、体育建筑、办公建筑、工业建筑等不同建筑类型单体来构成其外延总体的，然后可再析出更多的各类型具体建筑单体因子。如美国莱特的“流水别墅”、加拿大“蒙特利尔—67”住宅等居住建筑，法国朗香教堂、伊朗皇家清真寺、中国的白马寺等宗教建筑，等等。显然，外延是具体的，是概念中的每一个具体对象。

于是，内涵和外延不同，内涵是概念对象本质属性的反映，外延是概念所反映的每一个对象。即前者是属性的反映，后者是反映的对象。显然，两者有明确的区别。

由于内涵和外延是概念的两个方面，都是概念构成方面的内容，所以两者又有着密切的联系。内涵是外延对象特有属性的反映，而外延是具有内涵所反映的特有属性的对象。或者简单地说，内涵是外延的属性反映，外延是内涵属性的对象。比如“建筑”，其概念对象的本质属性的反映是“建筑”的内涵；而一座座具体的建筑物则是“建筑”的外延。建筑物是具有一定“建筑”内涵属性的对象，而建筑内涵是建筑物外延对象属性的反映。

因此，内涵和外延有着无法分割的相互关系。

6.1.3 “建筑内涵”概念

“建筑”本身是一个概念，但“建筑”是具有具体对象的存在，一座座建筑物就是建筑的外延存在；而这一座座建筑物的外延所共同具备的某些特有属性的反映就是建筑的内涵存在。

不过，这里有一个必须先弄清楚的问题是，建筑内涵不是指建筑的特有属性本身，而是建筑的该属性反映的思想内容。从上文的讨论中可知，建筑的属性是多方面的，在不同意域范畴里，或在不同客观背景中，都可能有不同的特征属性显示。在满足人类的基本功能的生活需求上，建筑采用自然环境中可得的材料、运用自然科学原理、创造出了能“防寒避雨御虫蛇”的功能空间，表现出了建筑的自然性特征；而其功能空间的“内外之私”、“男女之私”等私密性需求，是人类及人类社会发展到一定时期出现的，于是，建筑也就有满足这一需求的新的功能构成因素，这种功能构成因素的加入，实际上就是建筑的社会性的表现；人类对世界、自然等的认识的不同，形成了不同的世界观、自然观或宇宙观等，以及可能有的不同的宗教意识，人类的一切举止言行，无不为这些各自所具有的世界观、自然观等所左右，即使是一幢建筑的砌筑成形过程，也无不受到了这诸多的世界观、自然观的思想意识观念的支配，建筑的投资、规划、设计等过程更是在某种或某些思想意识的指导下进行的，所构成的建筑又将体现出无法否认的人文性质，或者说是具有人文性的特征。

然而，这些应是建筑的属性或建筑的性质，而建筑内涵不应该是指这些，建筑内涵是指反映这些建筑属性的思想。由于建筑属性是多方面的，从不同的角度而言，或在不同的意域和背景里，当有不同的建筑属性呈现，则反映其属性的思想就不同。所以，建筑就有了不同方面的具体内涵，这也是下文将继续讨论的内容。

根据建筑的属性有严格意义的建筑特性和非严格意义的建筑特性以及其存在的基本属性来看，反映其不同属性的思想大致可以分成两部分，即反映其严格特性思想的严格意义的建筑内涵和反映其非严格特性及基本属性的非严格意义的建筑内涵。前者或许可称之为“狭义建筑内涵”，相应地，后者或许可称之为“广义建筑内涵”。

6.2 狭义建筑内涵

狭义建筑内涵，即严格意义的建筑内涵，是严格意义的建筑特性反映的思想。

严格意义的建筑特性为绝对的实用空间艺术性，或者说是实用空间性与实用艺术性的叠加，这事实上就包含着两个方面，一方面反映实用空间性的思想，另一方面反映实用艺术性的思想。反映实用空间性思想的建筑内涵就是建筑技术；反映实用艺术性思想的建筑内涵就是建筑艺术。

所以，狭义的建筑内涵即是建筑技术和建筑艺术的融合。

6.2.1 建筑技术

建筑，首先就是一种技术。

人类是地球演进的产物，地球的客观条件适合滋养各种生物，也需要与逐渐演进或进化的其他各种生物为伴；同时，也是进化了的生物抬高了地球在宇宙中的地位，人类正是其中进化得最高级的生物。而且，人类也需要地球这个空间给予生存和施展其才智的条件,空间是人类存在的第一需要,没有地球这个空间,也不可能有人类。而人类不仅仅是需要这种原始状态的空间,还需要更适合自己生存的特殊空间,由原始状态的空间逐渐向人为的这种特殊空间发展。不停地发展,也不停地探索着,于是,就形成了创造这种人为特殊空间的经验和方法,这实际上就是建筑技术。

建筑是一种空间的问题,是空间满足了人类的生活活动需求;但建筑的空间,本非人为的空间,是按一定的人类满足需求而构建、而给定的空间,而人类的这种构建行为内容本身就是建筑技术。建筑技术是相应于一定空间及空间内容的,或者说,一定的空间及空间内容是人类建筑技术的客体。建筑的主体是人,建筑技术的主体当然也是人;而因建筑客体的空间及空间内容的不同需求,就可能形成或出现不同的建筑技术。比如:

由可能取得的材料,来构筑的一定空间范围以为人居,这一构筑的过程及构筑技能和方法,就是建筑砌筑技术;

在所构成的空间内,按一定的生活功能需求,作相应的粉饰装裱处理,以更适合人们的起居使用,这一技能等即是建筑装饰技术;

构成一定的空间范围所需的构件安装,或在一定空间内所需求的设备安装,都同样是按一定要求实施的,则这一技能等便是建筑安装技术;

即使是在一定建筑功能空间内的使用,也同样要遵循一定的规范或规程要求而使用,如居宅建筑楼板的人居使用,也有一定的活载安全要求和限定,超载了就可能会影响其正常的安全使用,故这或许又有了建筑使用技术的问题。

如此等等,建筑从空间的构成、到空间使用的全过程,无不包含了诸多技术内容。也由此可见,建筑空间的任何一部分,都可能与一定的技术内容相联系,建筑空间需要建筑技术,建筑技术也只能在一定的建筑空间里体现。

随着现代人类社会的发展,现代建筑的空间更必须由一定的建筑技术给予满足。

至今看来的所有建筑结构形式都是人类建筑技术演进发展后的结果。无论是材料演进上的土木结构、砖石结构、混凝土结构、钢结构、钢筋混凝土结构等,还是构筑形式上的框架结构、剪力墙结构、框—剪结构、筒体结构、壳体结构、网架结构、悬索结构等等,以及防火、防潮、抗震、防辐射等各种特殊专业功能结构,无不都是建筑技术发展后给予实现或提供满足的。建筑也因建筑技术的发展,一次次地出现了突破性的演进,也创造了一次次新的建筑记录,且主要表现在建筑的高、大等具体指标或形式上。如:

中国闽东南常见的"土楼"建筑,仅以夯土形式便筑起了高可达五层(有十多米高)、建筑面积有数千平方米的土木结构建筑;

山西应县佛宫寺的"释迦塔",纯木结构,是九层的楼阁式木塔,塔高 67 米;

河南开封的"铁塔",实际上是琉璃面砖的砖砌塔,塔高近 55 米;

福建泉州的"东西双塔",为仿木石构塔,塔高分别约为 48 米、44 米;

法国巴黎"埃菲尔铁塔",除塔墩外,为真正的钢结构,塔高 320 米(原高 300 米,1959 年增设天线后才有此高,参见图 52);

意大利罗马的巴利奥立体育中心的"体育馆",既是内径 60 米的钢筋混凝土圆体结构,又是预制钢筋混凝土结构、网架结构、薄壳结构的综合体;

美国纽约曼哈顿岛上的"世界贸易中心大厦",是 110 层、411 米高的"孪生"方形塔楼,是管筒结构体;

据报道,甚至还有更高、更大的"超超高层建筑"被构建或计划,如 2010 年元旦后落成的高达 828 米的 160 多层的"迪拜塔",功能包括酒店、公寓、办公等;又如日本拟建的、外形像"富士山"、高达 400 米、直径约 6 公里、可容 50 万 ~ 70 万人生活工作的庞大建筑,或许可称之为"建筑城"。

显然,若不是建筑技术的满足,又何能出现这些一座座令世人赞叹不已的建筑?

尽管建筑空间是由建筑技术给予满足的,即空间需要技术,功能需求的满足也需要技术;但并非所有用技术给予满足的空间和功能需求,都是建筑的空间和建筑功能需求,因为所有空间艺术及空间功能也都需要空间,没有空间就构不成空间艺术及功能。如雕塑,便是一种以空间形式来表现的艺术,但雕塑本身没有可"住"的使用功能,只有观赏功能;而建筑虽也是一种空间艺术,但却更多的还是其本身的使用功能,或者说至少也应该有"住"的使用功能的存在,才能被称为"建筑"。如美国中部的圣路易斯城郊的

"圣路易斯拱门",是一个高达193米的三棱柱拱,外观看来似乎是一个仅有观赏功能的雕塑(见图11),事实上,不仅称谓上是建筑的"拱门",而且还有实际使用功能,如其拱顶便有一个可容200人的"观景室",是确确实实的一个建筑功能空间,故"圣路易斯拱门"是建筑,具有建筑功能空间的建筑,而不是一座仅有观赏功能的空间艺术的雕塑。当然,这座建筑同样也是由一定的建筑技术给予实现的,是基础浇注了混凝土的钢结构,是外壳不锈钢、内壳碳钢板、重达一万六千多吨的钢结构体,拱门间的地下还有一个面积约5 000米^{2}的"纪念馆"的建筑。

图11 美国"圣路易斯拱门"

因此,建筑技术所反映的,是建筑的实用空间性的思想。

6.2.2 建筑艺术

建筑,更是一种艺术。

人类形成之初所创造的最初建筑是一种艺术,人类文明得到相当程度的发展后的现代建筑仍然是一种艺术,人类社会得到充分发展的未来建筑更是一种艺术。

就像建筑技术一样,建筑的基础、墙身、屋盖等各个部分的构成,都是建筑技术,是由建筑技术来实现的;建筑艺术的构成和表现,也是由多方面来实现的,也包括台基、墙身、屋盖等多个部分的构成。无论是古代建筑,还是现代建筑或未来建筑,都是建筑艺术的构成和表现的合成体。当然,古代建筑和现代建筑的建筑艺术的表现方式是不同的,而且,未来建筑的艺术构成和表现方式可能又有其不同的方面。

中国古代建筑大致由半地穴居建筑、地面建筑发展形成传统时期的建筑以后,就基本上是由所谓的"三段式"构成的。正如北宋俞皓《木经》概括的:"凡屋有三分,自梁以上为上分,地以上为中分,阶为下分。"即由"下分"屋基(或称"台基")、"中分"屋身、"上分"屋顶三部分构成"屋"的整体。在中国古代,这"三段式"的各部分,一方面是由一定的技术要求所形成的,另一方面也是建筑艺术的表现客体。

"下分"的台基,是形成地面建筑以后出于防潮或防湿、防涝等缘故而形成的,有一定的功能技术要求;随着台基的升高,艺术成分就出现了,台基升高后人们要"拾阶而上"才能进入建筑物内,还应有台基高了的围护栏杆,这便构成了台基、台阶、栏杆等一系列随着出现的艺术成分,表现了一定的艺术构成形态;而且,各构件也为各种艺术形式的表现提供了空间场所。如最常见的"须弥座",实际上就是建筑构件为雕刻提供了表现客体,又演成了建筑艺术的一种表现形式。

"中分"的屋身,由梁、柱、枋、板以及门、窗、栅、格扇等构成,或者说是由结构性的"大木作"和非结构性的"小木作"构成其屋身整体。"大木作"是结构性的,除了具有一般的结构体作用之外,仍然是一个建筑艺术的表现体。如"柱",有柱头、柱身、柱础三部分构成,其构成本身就是一种建筑艺术的表现形式,更何况通常还有许多雕刻或饰物表现于其上,如柱身的"楹联"之饰,让人有另外的一种艺术感受。

"上分"的屋顶或屋盖,在中国传统建筑中,更是异彩纷呈而令人目不暇接。一般民居有硬山、悬山、捲棚顶等,亭台楼阁建筑有十字脊、攒尖顶等,宫殿建筑有庑殿顶、重檐歇山顶等,而且飞檐翘脊以及有各种吻饰、兽饰等层出不穷,极富美感,令人叫绝!这包含了更多的建筑艺术手法和表现形式,人们甚至说:中国的传统建筑主要就是以屋顶的艺术形式来体现其建筑特征的。

西方的古罗马建筑有一个"承前启后"的特点,其前承古希腊建筑、后启中世纪建筑及文艺复兴时期建筑。而尽管古罗马建筑并没有像中国传统建筑那样有明确的"三段式"划分,但大致也有基座、列柱、屋顶三部分基本构成,如古罗马之奥古斯都广场的“庙宇”(见图12),其建筑有3.55米高的基座(或台基),拾阶而上,是一个具有17.7米高的列柱的柱廊,柱上再覆以三角形立面的两坡顶,而且是古罗马时期的典型立面造型。其样式承自古希腊的“宙斯庙”,却也为后代的古典主义建筑提供了经典的风格之源,甚至当代建筑也对这一建筑构成及样式钟情有加。显然,其各个构成部分同样是建筑艺术的表现客体,如最具古罗马建筑特征的列柱,其柱式名遍全球、传续古今,由构饰最简单的“塔斯干”柱式到饰艺较复杂的多立克柱式、爱奥尼克柱式、科林斯柱式或复合型柱式等,人们更多地还是沿传了该艺术形式,这也说明了艺术成分在建筑中构成的重要地位。

图12　古罗马奥古斯都广场及庙宇示意

发展至近现代的建筑,特别是两次“世界大战”以后至20世纪末形成的“当代建筑”,建筑随着生产力的不断提高,以及经济实力的逐渐雄厚,在建筑较集中的广大城镇里,一般的建筑功能满足已不再是什么难以实现的问题,人们更多地是追求一定的建筑风格、样式的感受满足;而且在近现代的西方自然科学覆盖了整个世界以后,建筑艺术的风格和样式的演变,似乎也几乎被纳入统一的轨道中,现代构建的建筑,基本上是在统一的建筑艺术形式的发展中演变着,或许这也是现代生活全球化的统一的需求结果。无论是哪个区域、也无论是哪一种功能的建筑,无不以一定的建筑风格出现,还普遍地存在着一定的阶段性,人们甚至可通过其建筑风格来推断其建筑年代,这不能不说是建筑的一种非常特殊的现象。同时,这也说明建筑艺术在现代建筑或当代建筑中的普遍意义。

未来的建筑,一方面是建筑技术的不断演进,创造出更能满足人类生活功能需求的各种建筑类型,如智能建筑、生态建筑等;另一方面也是建筑艺术发展的结果,人们对建筑的感受同样是一种无法或缺的功能需求,其功能就是人的感受,对建筑美的需求感受。这就在客观上要求建筑的发展,同时也是建筑艺术的同步发展。否则,建筑就不是建筑,而真的是一种纯机械性的“容器”,是“容”人类及其所用物品之“器”。

6.3　广义建筑内涵

广义内涵是相对于狭义内涵而言的,广义建

筑内涵是非严格意义的建筑内涵，是非严格意义的建筑性质所反映的思想。

非严格意义的建筑性质，包括其存在的基本性质及非严格意义的建筑特性，具体地说，是建筑的物质性或自然性、意识性或人文性以及可能有的社会性等所反映的思想。于是，这首先就有物质性或自然性思想反映的建筑内涵、意识性或人文性思想反映的建筑内涵这么两部分构成，前者为“建筑物”，后者是“建筑思想”；其次是此外还有的其社会性等思想反映的其他建筑内涵。由于这些是非严格意义的建筑性质的思想反映，这些便构成为“广义”的建筑内涵。

6.3.1 建筑物

中文的“建筑物”与“建筑”一样，也应该是外来语，意指建筑之物，英文是“building”，但英文的“building”也有译为“建筑”的，这是为什么？实际上这已说明了中文的“建筑”具有了“建筑物”之意。而我们此处所讨论的“建筑”，是译自古拉丁文的“architectvra”或现代英文的“architecture”等，是否“architecture”也有“建筑物”或“building”之意？

建筑存在的基本性质之一是“物质性”，或者说，“物质性”是建筑存在的第一基本性质。因为建筑物正是这一基本性质的反映，并具体地表现为各种形式或各种类型的建筑。人们在建筑领域里，从事建筑活动的标的物就是建筑物，满足功能需求的也是建筑物，作为一种产业的同样是建筑物，谈论的仍然是针对建筑物。但人们似乎都可以“建筑”统称之，建筑便包容着这一切。难道人们能说“建筑”不具有“建筑物”之意？

人们说，建筑是一种存在。建筑是由人类创造的，并且是将人类从生物圈中独立出来的一种基本围护，也使这个地球从此有了“人居环境”的概念，而且人类似乎已离不开这个“环境”的存在。也无论是人类形成以来的过去，还是已蓬勃发展了的现在和拟将开发太空的未来，建筑都是一种人类再造环境后的基本存在。

人们说，建筑是一种活动。建筑是人类与自然抗争的一种活动，是一种非本能的人类活动。人类早期的建筑活动，是再造一个更适合人类生存的空间环境技术活动；而大致独立以后的人类建筑活动，便逐渐将重心移向艺术创造的创作活动；当人类有了一定的技术储备时，建筑则主要是一种心理活动，技术已能随时完成人类“心想事成”的建筑活动。总之，建筑是一种技术和艺术相结合的活动，也是体力和脑力相结合的活动。

人们说，建筑是一种需求。人类生存有吃、穿、行、住四大需求，建筑就是人类的“住”的需求。建筑必须有“住”的功能，否则就不是建筑，而仅是一座材料的堆积物；即使还含有一定的艺术性质，具有一定的观赏价值，也不过是一件雕塑品。因此，建筑便只能是人类“住”的一种需求。

人们说，建筑是一种产业。当然，严格地说，建筑原本不是一种产业，因为人类原本也没有任何产业；而是人类社会发展到一定时期以后，有了一定的劳动剩余，各劳动方式才逐渐成为一种参与社会劳动剩余总体流通的产业，建筑也正是这些社会产业群体中的一种，并且是社会产业群体中的基础产业。

人们说，建筑学研究的就是建筑物。专家说，建筑学是研究建筑的学科；大众说，建筑学就是有关建筑物的科学。而无论是专家之说，还是大众所说，都是人们普遍认可之说。尽管建筑学作为一门科学体系中的学科，有自己严格的“建筑”学科概念，但建筑学也不排除有一定意义的“建筑”概念的广泛所指，这也是现实与科学联系的必然。

如此等等，也许人们更喜欢具体的东西，而不喜欢纯粹的抽象概念，建筑也就有了约定俗成的具体概念存在于人们的意识中，这就是“建筑”，一排排、一座座的“建筑”，给人们得到住的满足的“建筑”，人们为之劳动、也给人们带来收入的“建筑”，人们讨论或争执著该怎么建的“建筑”，也就是有基础、墙身、屋盖等构成的建筑。那么，建筑学怎么能完全抹去人们的这些具体实在、而又牢固的“建筑”概念？这同时也是一门科学、合理的建筑学科成立的一个不可忽视的重要问题。

况且，建筑原本就有其明确的“自然性”特征，人类创造建筑，根本无法完全摆脱自然性因素的影响，即使是人类科学或人类文化发展到非常高的程度或水平，恐怕也难以免除自然因素对建筑创造的直接或间接的影响。

因此，从广泛意义上的角度而言，建筑不能

不具有“建筑物”这个大众所普遍认可的内涵，并成为建筑的广义内涵之一而作为建筑学的本论内容给予研究。

6.3.2 建筑思想

在传统建筑学的一般概念里，“建筑思想”是不被划入其范畴的，更不是其内涵所讨论的东西，或者就干脆不谈“建筑思想”问题。故在传统建筑学的诸多分支课题或专题分类里，是没有“建筑思想”的位置的。可以这么说，“建筑思想”问题，大致是传统建筑学的盲点，这也是传统建筑学发展至近现代的一大缺憾。

不过，“建筑思想”问题，仍然是一个建筑无法回避的问题，这是由建筑的基本属性决定的，也是建筑规律无法回避的一个基本环节。在传统建筑学的发展过程中，实际上也不可避免地存在着建筑思想影响作用的现象，特别是欧洲文艺复兴以后，建筑思潮更迭频繁，表现出一个个不同时期的建筑特征，也给人们带来了一次次的对建筑现象的反思。其实，这便从客观上说明了建筑思想的存在，以及在建筑领域中的作用和地位。

古典时期(指古罗马时期及其前)，主要是自然思想和神学思想的支配，自然科学的许多理论均产生或萌芽于这个时期，从建筑的选址、朝向，建筑与环境的关系，建筑所需的地质、水源，到建筑自身的布局、结构、材料等等，都有与当时人们所掌握的自然知识相适应的选择和导向，即依附自然、服从自然，在自然中寻求生存空间；或者说，这是一种朴素的自然思想指导的结果。另一方面，也表现了对自然、空间环境认识的不足，说明人类在思想调节作用的自我平衡系统中有认识不足的地方，这些地方都可能有另一系统的思想意识给予填补，这就是普遍存在的神学思想或鬼神意识。如对天文的认识，据《建筑十书·第九书》载：卡尔达厄亚人的“星占学理论，是根据星宿的测算可以说明过去和未来的独特学术”形成的；因为在其看来，天空的星座是根据自然和神意描绘的。正是由于神在人们心目中的地位的缘故，这才有其神殿或神庙建筑的纷纷出现；而且，从其建筑布局以及在城镇规划中的位置和分量看，都说明了其重要性所在，否则，又怎么会去建造那么多神殿或神庙建筑？况且，神的作用不就是一种思想意识的作用吗？这更不能不说是建筑上的神学思想的存在。

中世纪时期(指古罗马以后至文艺复兴前)，欧洲的宗教神学走向了极端，无论是东正教的东欧，还是天主教的西欧，都是极度“宗教化”的社会状态，似乎一切就只有宗教，也包括建筑。古希腊、古罗马时期的并重的自然思想和神学思想出现了极大的倾斜，“自然主义”的现实思想被抛弃，世俗生活受到压抑，世俗建筑因之得不到发展，甚至被认为是一种罪恶；而“神学主义”的宗教思想越居统治地位，一切由宗教经典的《圣经》来裁处，也因之而宗教建筑盛极一时，似乎宗教建筑不仅不是“人欲”的需求、而是赎罪的场所以及所付诸的行动。如果说“宗教建筑欲”不是一种“人欲”，而是神的意识支配着人去从事的一种近似本能的活动，则人就只有这种受神支配着的“神欲”，而“神欲”的具备，当然就没有了世俗的罪恶。不过，其时的人还是人，这一切都是在“神欲”支配下而动的，那没有“人欲”的人类还有什么罪可赎？如果说“宗教建筑欲”还是一种“人欲”现象，是人为了遵循“神”的意旨而形成的一种欲望，是为了创造一个宣教场所的欲望，则此“人欲”当有别于其他世俗“人欲”。那么，人类之欲便似乎还应该有神学性或宗教性的“人欲”与世俗性的“人欲”之分。因此，中世纪的“人欲”罪恶论，或许还应有世俗性“人欲”才是罪恶的更准确的表述。这也说明了中世纪的建筑思想，实际上是宗教神学思想极端化的一种思想状况，而世俗思想因受压抑而退落。

但中世纪后期，世俗思想又有复苏的趋势，这是基于“罗马风”和“哥特”思潮的缘故，实际上这是一个由神学的宗教性逐渐向世俗的现实性过渡的思想发展过程。过分的宗教性使人们反过来又产生了一种对世俗生活的渴望，怀念古罗马时期的朴素自然的生活情趣，事实上是一种“古典主义”思想意识的出现，只是这种意识还只是意识而已，仍然无法改变中世纪宗教的主导性的基本状况。故而，这种意识只能表现在仍是属于宗教范畴的教堂建筑上，仅是一种“罗马风”的建筑风格的表现。紧接着又出现了突破古罗马式圆拱的尖十字拱的哥特建筑样式，其试图超越古“罗马风”的那种“古典主义”思想，以满足现实中的这种更加渴望的世俗生活需求，且似乎已达到了一种难以隐忍的程度。于是，在建筑上喊出了对"古典主义"超越的呼声,也表现出了极大渴望而深切的力度感,不过,却还只能在宗教的教堂上给予表现。

只有到了"文艺复兴"时期,其虽名为复兴古罗马、古希腊的古典,实际上是一种超越的"复兴"。并在这一思潮的推动下,隐忍已久的世俗欲望终于得到了满足,也爆发出了一个新的"人文主义"意识环境的空间,终于从宗教的"神学主义"走到了自然现实的"人文主义"上来,进入了另一个建筑思想环境的时期。于是,各种样式的建筑纷纷接踵而来,也真正被繁荣地表现在宗教建筑以外的各类建筑上,而令人欣喜非凡。

与文艺复兴运动几乎是同时或者说是最先接踵而来的是"宗教改革",一方面是文艺复兴的"人文主义"思想的崛起,另一方面是宗教自身的改革而产生了"新教",两方面相互呼应而构成了一个特殊的思想改革时期。然而,沉重的教会势力也并不是那么驯服的,特别是天主教会,并不愿接受马丁·路德的改革思想,在反改革运动的同时,试图恢复中世纪的那种宗教信仰;当然,完全恢复中世纪的信仰已不可能,毕竟文艺复兴和宗教改革已经动摇了其信仰,甚至包括教会的传教士们自己也已被世俗的"人文主义"思想感染了。因此,这便产生了既有宗教性质、又有新的世俗思想相结合的"巴洛克"建筑,是宗教的"神学主义"和非宗教的"自然主义"与"古典主义"的糅合所形成的产物。

由意大利兴起的文艺复兴运动而出现的"人文主义"思潮,在吹遍整个欧洲时,实际上也出现了一些非完全是"意大利式"的"人文主义"思想。如法国受文艺复兴运动的影响,却将复兴古罗马的运动和思潮引向了极端,首先是"古典主义"思潮的兴起,继而走向了"古典主义"的"教条主义"和"形而上学"的极端,出现了盲目的"古典主义"倾向及其建筑创作方式。但是,在极端的"古典主义"之后,又出现了似乎是调和又似乎是对抗的"洛可可"建筑,大量的装饰性手法普遍地出现在建筑上,试图以妩媚的装饰来调和庄严的古罗马建筑,事实上又走到了一种虚幻、脱节的另一端。当然,这或许是另一种形式的"人文主义"思想的表现。

无论是"巴洛克"、还是"洛可可",实际上都无法完全替代文艺复兴给人们带来世俗的"人文主义"感受的深切,复兴古罗马的"古典主义"思想仍然是人们追求的方向。但是,完全的"古典主义"事实上也无法生存,文艺复兴一开始人们就已认识到了这一点,只是还没有寻找到新的思想目标,这才在一定时期还存在着倾向于古罗马的"唯理主义"的世俗文化现象。经过了资产阶级革命运动以后,君主政体受到了根本性的动摇,产生了新的理性认识的"启蒙运动",这是一种批判的理性运动,而非完全地"复兴"古罗马那种唯古罗马之理的"唯理主义"的理性。于是,这种批判的理性在建筑上就是一种"启蒙主义"思潮,使文艺复兴的"人文主义"从盲目逐渐走向了科学——理性的科学,而进入了近现代建筑的蓬勃发展时期。

因此,建筑在西方或欧洲的发展,不能不说每个时期都有建筑思想的存在和支配或指导着建筑的发展方向。尽管在传统建筑学的"建筑"概念里,没有给"建筑思想"留适当位置,或者说没有明确给予确定的地位,但却也没有否认"建筑思想"的存在,这或许就是传统建筑学不明确的一个方面。而对现代而言,"建筑思想"的存在和作用是非常明确的,也是人们必须给予明确的一个重要问题。

于是,依据而今所论的建筑基本性质以及非严格意义的建筑特性看来,在人们所认识、使用的建筑概念里,也根据上文所述的"建筑思想"存在的现象而言,"建筑思想"应该是属于广泛意义上建筑内涵的范畴。

总之,除了由严格意义的建筑特性决定的建筑技术和建筑艺术是建筑的狭义内涵外,其余由建筑的基本性质和非严格意义的建筑特性决定的建筑物、建筑设备、建筑思想、建筑观念、建筑制度、建筑活动等,都可以说是属于建筑的广义内涵的范畴。这实际上也是人们此前所使用的这么一个俗成的"建筑"概念,只是在这里给予较明确的重新认定而已。

7 建筑要素

对现今的人们来说,最早接触到的一个有关"要素"的概念,大概是物理学上的"力的三要素——力的大小、方向和作用点";后来学习语言学知识,或许可了解了"语言三要素——语音、语义和语字"等。现在认识和研究建筑学理论,同样遇到了"建筑要素"问题,可能也曾经在英国 G. Scott 著 *The Architecture of Humanism* 一书中读到了"建筑艺术的三要素——体量、空间和线条"。

其中,"力的三要素"是一个非常成熟的概念,也很容易为人们所理解,并以此可帮助人们认识要素概念,即三要素缺其一都构不成其为"力",这就是要素——力的要素。而"语言三要素"的音、义、字,是任何一种人类文明标志的语言必须都具备的三个方面,语音是语言交流的最基本的方面,也是语言最早出现的一个要素;且若有"音"无"义",则没有交流的内容,也就没有交流的必要;而完成其作为人类文明标志的,则关键是"语字"的出现,任何语言交流的"音"、"义"都需要有相应的"字"来表达,这便构成了一种具有完整意义的语言。

力是一种自然现象或自然科学现象,语言是一种人类文明现象,建筑也相似地是一种人类创造的文化存在现象。

建筑体量是一种"形"的概念,建筑体量必然要占据一定的建筑空间,建筑体量所占据的建筑空间是由建筑线条划定的。显然,体量、空间和线条,在建筑上似乎是同一个方面,都是建筑的"形"概念的方面,而仅以"形"的方面能构成为建筑艺术的三要素吗? 若以雕塑而论,不也有体量、空间和线条的"三要素"? 如果说建筑艺术确有"形"的方面的要素,则这些还适合作为建筑艺术的三要素? 显然,这样构成的"建筑艺术三要素",至少也是不完整的。

于是,我们必须重新认识建筑要素,而且还必须从最基本的要素概念认识起,由要素概念到建筑要素概念,以认识一个完整的建筑要素概念及其内容。

7.1 建筑要素概念

"要素"是近代奥地利物理学家兼哲学家马赫(Emst Mach,1838 年—1916 年)提出来的一个概念,或许正因为马赫先生既是一位物理学家又是一位哲学家,故而所提出的"要素"概念,既是物理学概念又是哲学概念,或者说既有物理学上的意义也有哲学上的意义,这也是我们认识"要素"概念时所当了解的两个主要方面。然后,我们才能通过这两个方面,以认识一个本原的建筑要素概念,也为探索出一个科学的建筑要素概念奠定我们的认识基础。

7.1.1 "要素"概念

马赫(世界观)认为:世界是由感觉和要素所构成的;而要素,在某种确定意义上,就是感觉。于是,在某种确定的意义上,世界是由要素构成的,这就是马赫的"世界要素论"的基本思想内容。

"要素",在马赫看来,既是物理的,也是心理的。

人们在现实中注意到了,任何颜色都是相应于一定的照明光源,不同光源就可能产生不同颜色,即颜色是依赖于一定光源的,这是一种物理现象。而光,可能是因燃烧而发光的,在燃烧中,人们也会发现是发热又发光的,则人们研究的这种热和光的现象,就是"物理要素"。

同时,人们也发现,任何颜色是通过人的眼睛而感觉到的,即颜色的辨别是依赖于人的眼睛的,是人的眼睛对不同光源的辨别而感觉到颜色的,这是一种心理现象。而眼睛对光的辨别,是通过人的神经系统实现的,当人们发现了这个联系时,就把这种联系现象称为"心理要素"。

马赫认为,无论是"物理要素"、还是"心理要素",都是"感觉"。且要素、感觉第一性,物质第二性。"要素"是马赫给予的概念,"感觉"是一个心理性概念,"物质"却反成了"第二性"。显然,马赫的思想理论是唯心主义的,是主观唯心主义。

然而,我们不感兴趣"马赫"先生是唯物主义者或唯心主义者,我们感兴趣的、需要的是马赫先生提出的"要素"概念。马赫将"要素"概念在某种确定意义上等同于"感觉",可见,"要素"概念在一定意义上是心理性的概念,是指人的神经系统感觉到的现象。而马赫所指的"某种确定意义",大概就是指人的神经系统的"感觉"功能存在和正常发挥作用,故才有"感觉"第一性的说法。不过,我们撇开"第一性"、"第二性"不论,仅取其"要素"概念的基本意义而论之,即其所给予的“要素”概念，是建立在世界是由要素构成的“世界要素论”的基础之上的。显然，其“要素”概念，就是指世界构成的基本因素。

马赫是以“世界”为讨论对象来谈“要素”概念，故有“世界要素论”的推出。如果我们以一般事物为对象，来讨论“要素”概念，也依马赫的“要素”概念的基本原理而论，则“要素”，就是指事物构成的基本因素而言的。

如上文所提到的“力的三要素”，若以“力”为讨论对象，“力”的要素就有三个——力的大小、力的方向、力的作用点，这就是构成“力”这事物的基本因素。

又如也是上文提到的“语言三要素”，即若以“语言”为对象，讨论“语言”这事物的要素，同样也有三个要素——语音、语义、语字，任何一种语言的构成都同样有音、义、字三方面的基本因素构成，这就是“语言三要素”。

于是，我们就能得到一个不带有任何偏见的新概念——中性概念——“要素”，它可以运用到我们存在事物上的任何方面，来说明事物的构成。或者说，它是一个解剖事物的通用概念，且是一个非常有普遍意义的概念。无论怎样，我们仍然要感谢马赫先生创造了这个概念，当然，这也是马赫先生的一个无法抹去的对人类文明的伟大贡献。

7.1.2 “建筑要素”概念

建筑是地球上人类环境中的一种存在事物，这种存在事物与“力”的存在、“语言”的存在等事物是一样的，都不是不可分的东西。这便有其具体的构成问题出现，当马赫先生创造了“要素”概念，且若把这个概念引入建筑领域时，同样也就有了“建筑要素”概念的问题的被讨论。

建筑要素，以马赫先生的“要素”原义而论，并简明地说，就是指建筑的构成因素或因子。

尽管建筑是以人类生活活动居所功能的一个独立整体概念而成为人类世界构成的一个组成部分，人类的独立、人类世界的形成，都是建筑这一构成内容在其中起主要作用的。然而，建筑本身并非是一个不可分的最小构成因素或因子，就好像人类生存所不可缺少的“水”一样，一个水分子是由一个氧原子和二个氢原子构成的，建筑同样也有其构成“原子”的存在，这或许就是指此处讨论的“建筑要素”存在。

如果说建筑是一种物质存在，建筑是由建筑材料、建筑设备等来构成的，则这些材料、设备等便是物质的建筑的构成因子，或者说是物质形态的建筑的构成要素。

如果说建筑是意识的，建筑便是由人类智慧的建筑科学以及其他建筑思想观念意识构成的，同样地，这些科学以及其他思想观念意识，当然也应该是建筑的构成内容或构成要素。

然而，我们此处讨论的建筑，所给予定性的严格特性是“绝对的实用空间艺术性”，所认同的狭义内涵是“建筑技术和建筑艺术”，是一种非物质、亦非意识的心物结合形态的存在，则若以此形态而论“建筑”，则建筑构成又是什么？

上文所提到的英国 G. Scott 先生给“建筑艺术”提出了“三要素”的说法，即建筑体量、建筑空间、建筑线条，也如上面所分析的，这实际上是同一个“形”的概念方面的内容，而且具有一般形体艺术的通性，这能是建筑艺术的三要素？“建筑体量所占据的建筑空间是由建筑线条划定的”，可以说这“三位”是“一体”的，充其量这三个要素大概仅可归结为一个要素——“建筑空间”要素。因为：

“建筑体量”，无论是大是小、是高是矮、是宽是窄、是胖是瘦，等等，以艺术的角度而言，给人的感觉都是一种空间感；

“建筑线条”，也无论是横是竖、是直是曲、是粗是细、是疏是密，等等，在艺术上的作用，同样是为了创造一种使人感到舒适、协调、和谐的空间感。

而作为要素而论，要素之间的意域范围应该是各自分明而不交叉的，若以亚里士多德逻辑学的“欧拉图”(Eular Diagrams)理论来说，各要素概念间的意域关系，必须是严格的并列关系或全异关系，不能有任何的概念间的意域交叉关系。G. Scott 先生的“建筑艺术的三要素”的说法，显然有违此逻辑原理，这是应该首先明确的一点。

况且，建筑的内涵不仅仅有建筑艺术，还应有建筑技术，建筑是建筑艺术和建筑技术结合的产物。则建筑这一“产物”的构成要素，就不应该只是建筑艺术内涵的这一方面，还应该有建筑技术内涵的另一方面。

中国传统建筑的木屋架，是一种“营造”的传统建筑技术，原始的技术发明动机是解决屋盖跨度的需求，随着人类的发展，早期泥土草棚的

“宫室”居所已远远无法满足增长了的人类生活活动的需求，这就产生了“营造”技术的斗拱木构架技术及发展后的形制。

西方近现代建筑的钢筋混凝土结构，同样也是为了解决人类需求增长后的大跨度、大规模的建筑问题而被发明的，当然也是一种建筑技术。

而无论是中国传统建筑、还是西方近现代建筑，其建筑技术所提供的满足人类增长了的需求，实际上就是功能需求，是人类对建筑提出的增长了的功能需求。没有这种功能需求，人类也不会去创造出建筑，更没有现代的越来越大的建筑跨度及规模等建筑现象的出现。或者可以这么说，建筑就不能没有功能内容。于是，建筑的构成要素，必然要有一个“功能”要素。

而建筑，事实上就不只是艺术的、技术的，还应该是文化的。

人们一般都认可，建筑是一种文化，也只有必须是文化的，才可能是建筑。人类生存需要一定的空间，当人类独立后便有了自己独立意义的人居空间，这就是建筑给予的空间；但并非所有可居人的空间都是建筑，如原始穴居便非建筑。同样，具有居住功能的场所，也非一定是建筑，其功能是得到满足了，但满足的方式却是源于自然而成的存在，自然存在当然不是建筑。显然“空间”和“功能”要素，并无法使建筑成为一个丰满的概念，两者的构成建筑还必须有一定的条件，则空间和功能要素对建筑来说，并不完整或不全面。而空间和功能两要素所共同缺少的，实际上都是真正建筑和非建筑的区别。有一定的空间、也具有一定的满足功能，但都可能是非建筑，若给予一个能填充这一判断需求的要素，则建筑概念便丰满了。这就是“建筑是文化”所必须具备的要素——“非本能”。

当然，非本能也仅是建筑的要素之一，“非本能”并无法代替“空间”和“功能”要素，非本能仅是建筑是否为文化的判断要素，是否具有建筑的性质并非“非本能”要素所能给予的。

故而，建筑也有自己的“三要素”：建筑空间、建筑功能、建筑非本能。或许这还带有一定的戏剧性，也同样是“三要素”。但并不能因此而认为所有的事物构成都一定是“三要素”的，或许这仅是一种巧合。不过，数学上有“三点定面”的定律，任何一个面，只要在面上有不在同一直线上的三个点被确定，则该面也就被确定了；在建筑的力学结构上，不在同一直线上的三点支撑便为“静定结构”，若还有第四点支撑，便又被称为“超静定结构”。也许，这“三”确是一个具有神奇魔力的数字吧？否则，怎么会连建筑要素也以此为基本的模数？

维特鲁威的《建筑十书 · 第一书》中说：“建筑是由法式、布置、比例、均衡、适合、经营构成的。”似乎这些构成就是建筑要素，则建筑不就有“六要素”了？其实这六个方面大致都在建筑艺术的“空间”、建筑技术的“功能”范畴之内，其中的“经营”方面还带有“施工”上的性质，这便超出了我们这里讨论的“建筑”概念，显然不宜作此“六要素”之论。不过，除了建筑基本构成的“三要素”之外，是不是还当有其他要素可议？这又另当别论。

仅以建筑自身而论，大致有此“三要素”便足以说明其构成。然而，建筑并不是孤立的，建筑是人类世界的一部分，也是人类发展在特定时期的产物，如果不是这种空间、时间的特定条件，还会是建筑？故而，建筑或许还应该有这种空间、时间上的其他建筑要素需讨论，这同样是我们在此所必须清楚的另一方面。即人类大环境的协调或平衡、历史大跨度的特定时期因素等，或许也可作为其他影响因素问题而被讨论。

7.2 基本建筑要素

建筑的基本要素，就是指建筑基本构成的要素内容。由于其基本构成大约有三个要素内容，故亦称其构成为“建筑三要素”，即建筑空间、建筑功能、建筑非本能，这是仅以建筑自身构成的要素而言的。这“基本要素”或“三要素”理论，对建筑来说具有普遍性，从人类建筑形成伊始至今，也包括任何区域、任何类型的建筑，都可满足这一建筑构成的基本要素理论；反过来论，也只有真正满足了这一构成要素的内容，才可被归入建筑的范畴，才是真正的“建筑”。显然这是讨论“建筑要素”的另一个方面的主要意义。

7.2.1 建筑空间

建筑是人类的建筑，人类生存的空间也就是建筑的空间；而人类生存空间是来自地球空间，若再溯其源，终是以宇宙空间为载体。因此，以渊源关系或载体关系而论，建筑载于人类生存空间，并始载于宇宙空间，是"空间"后的建筑空间。显然，这是唯物主义的基本推理关系，并试图以此来说明建筑空间的形成和存在，而非意识或感觉所决定的建筑空间，或许这是作为科学范畴的建筑学所采用的研究方法及指导思想的基本取向。

以迄今为止的科学研究成果而言，宇宙空间是在一个人类尚不甚明确的"第一爆炸"①中产生的。实际上这是一个缺乏足够科学依据的科学推论，似乎有点像各种宗教教义中的"神"或"上帝"创造了世界和宇宙的宗教传说一样，理性的科学能完全赞同这种"无中生有"的"爆炸"理论？如果宇宙确实是由"无"爆炸成"有"，那么，"物质不灭定律"、"能量守恒定律"等现行的科学定理又将如何审视？显然，这一宇宙空间产生理论是不甚完善的，但现今的科学理论也只能以此来回答，我们也就估且以此为"宇宙空间"或"空间"产生的理论依据。

应该说这一理论所产生的"宇宙空间"，是一个四维空间。实际上，"第一爆炸"理论提出的客观背景并非完全的"无"。G. 伽莫夫先生等认为，在"宇宙空间"产生前的"极早期"（或最原始时期——实际上他也认为当时还未产生"时间"），没有任何物质、没有天体，但仍然认为有"氢"元素；而后才由最基本的"氢"产生其他化学元素，形成"原始火球"而"爆炸"。可见，G. 伽莫夫理论的最原始的"极早期"，还是"有"的，是一种小或少的"有"，几近于没有，故略而称"无"。这种"有"，因"爆炸"而产生了"宇宙空间"，并不断地膨胀至现今这种状态。人们以 G. 伽莫夫提出"爆炸"理论的依据和过程这一逻辑思维方式再推论，认为现今的这种"宇宙空间"状态，并非是一个静止的"宇宙空间"，而是一个仍然在继续膨胀的"宇宙空间"；甚至认为，从一个极小而少的"有""爆炸"成为这么一个"宇宙空间"，同样也可能在其后又有了第二次或第三次或更多次的"爆炸"产生，那么就可能再产生出另外的一个或多个"宇宙空间"。因此，"宇宙空间"的存在，并非是一个，而可能是多个。然而，无论是一个还正在继续膨胀的"宇宙空间"，还是可能存在的多个"宇宙空间"，"宇宙空间"都是在发展的，且随时在发展演变。于是，"宇宙空间"就有了第四维，故我们称"宇宙空间"是四维空间。

建筑空间，是一种"宇宙空间"容纳了建筑以后，所出现的一种新的空间存在，在物理学上称这种空间为"绝对空间"。无论建筑是技术的还是艺术的，都需要有这么一个"绝对空间"的概念存在。建筑技术，绝大部分内容是物理学在建筑上的应用而形成的，这种应用，当然应以物理学的基本概念和原理为前提，故建筑技术是认同"绝对空间"概念的。如建筑艺术，是艺术的一种主要类型，是以一定的表现方式出现的，其表现方式的出现和存在当然必须符合一定的物理学原理，坐落、体量、线条、色彩等，都是依据一定的物理学原理而出现。另如音乐艺术，旋律、音量、音域、音色等，同样需要符合物理学上声音的传播理论来指导实现，诸如此类现象，等等。显然，建筑艺术（或其他艺术），同样必须有明确的"绝对空间"概念。

物理学的"绝对空间"理论认为，时间和空间彼此是互不相干的，而且与物质的存在和运动状况也没有关系；空间可容纳任何物质而存在，也可脱离物质而永远静止的存在。于是，"绝对空间"显然不具备"第四维"的空间特征，"绝对空间"的存在便只有三维——长、宽、高；或者说，在任何一个三维空间的坐标轴上，只有以 X、Y、Z 三个互相垂直的不同方向的数值来表现。

空间是物质存在的客体，反过来对任何物质来说，其存在的广延就是空间，即任何物质存在的三维系统的无限广延，都是共同存在客体的空间。故从哲学意义上讲，空间具有广延性，且特指物质存在的广延性。

建筑表现的存在，同样具有广延性，也以一定的空间三维系统来确定其存在；而在其特定的三维系统存在之内，便是建筑空间。挪威建筑师 C. N. 舒尔兹在其 *Existence, Space and Architecture* 一书中又给予"建筑空间"分释出了"三要素"——node（节点）、axis（轴线）、district（地区），且认为是"存在空间""三要素"——centre（中心）、direction（方向）、area（区域）的具体化。实际上，舒尔兹先生认为的"建筑空间"，就是指

① 20 世纪 40 年代由 G. 伽莫夫等提出了这一理论，其所认为的"宇宙"产生的基本过程是：由高温高密的"原始火球"爆炸产生了"宇宙空间"；然后不断膨胀，使温度降低、密度减少，至目前这一状态。

“建筑的场(field)”,而该“场”,简言之,即是由点、线、面构成的。反过来,任何由点、线、面构成的空间,都可能是“建筑空间”。于是,这便给建筑空间一个非常明确而简单明了的基本概念,这对“建筑空间”的分析、判断的把握是非常有现实意义的。

由点、线、面构成的建筑空间,若仅由此点、线、面三个概念来表述,似乎有些太数字化,好像是一种纯数学问题。不过,我们可以点、线、面为手段,引入另一种形象、实在的空间概念,来认识建筑空间的意义。

由于建筑存在可以用点、线、面来表述的空间是很多的,建筑体量大小的不同、建筑线条曲直的不同等,都可以有不同的表述方式或方法。但归结起来,大致有这么两个实际的空间表述方式,一个是以建筑占有空间的轮廓来表述的空间,另一个是以建筑使用意义的区别而论的空间。前者是一种带有纯艺术倾向的空间表述方式,后者则是与人们生活活动需求紧密联系的一种空间表述方式;或者说,前者是一种有精神需求偏向的空间表述方式,后者是一种有物质需求偏向的空间表述方式。

• 形体空间与构件空间

以建筑占有空间的轮廓而论,大概有形体空间和构件空间两大类。大体上而言,形体空间是具有空间容量的,构件空间是没有空间容量的。

建筑是满足人类生活活动的“住”的需求而出现的存在,当然必须有空间容量。从人类早期的仿构于“穴居”的居所的单一空间,到现代建筑的多个功能空间乃至庞大的多重空间建筑,都是以具有空间容量为前提的;而且无论是单一空间、还是多重空间,都可以点、线、面来描绘其轮廓。于是,这才有建筑科学的按比例绘制的各种建筑图,从古至今,人们都懂得以此方法来作建筑设计或描绘建筑图纸资料;至现今的“CAD”出现以后,还仍以点、线、面为基本手段,制作其各种二维或三维图像。这实际上,都是在描绘其形体空间,是具有一定空间容量的形体空间。

建筑的构筑是由一个个构件砌筑和连接形成的,每个构件也必然要占据一定的空间,这或许可称之为“构件空间”。中国传统建筑的斗拱梁枋,就是构成中国传统建筑的基本构件,每个构件都有自己的一个造型,这个构件所占据的空间,其造型的轮廓线便是该空间。显然其空间也是形体空间,是构件的形体空间,我们简称为“构件空间”。既然是构件形体的轮廓线所形成的空间,同样也可以点、线、面来完成其绘制图形或图像;只是该空间是一个构件实体,不具有空间容量,这又是一个与形体空间比较的主要区别。

但是,在建筑中,还有一些构件是非完全实体构件,或是有结构技术要求的,如多层框架住宅建筑中常见的结构体的梁柱空架子现象(如图13),框架梁与柱子形成了一个不具有建筑使用意义的结构网架的“梁柱结构体”,其当然是建筑构件,也当然占据一定的形体空间,但所构成的“梁柱结构体”,并不是完全的实体构件,梁柱闭合结构体里还有一定的空间容量,这种空间容量又不是具有建筑使用意义或者是没有结构技术要求的空间容量,如中国传统建筑中的“雀替”,特别是装饰性雀替,它不具有结构技术要求,构件本身又非完全实体构件(见图14),构件里还有一定的空间容量,也不具有建筑使用意义。则无论是前者、还是后者,显然都是介于形体空间与构件空间之间的另一种空间形式,由于其空间也是由形体轮廓线勾画形成的,故仍属于这一类型的空间范畴。也因为其空间有一定空间容量,却没有建筑使用意义,我们或许可称之为“空架子空间”。

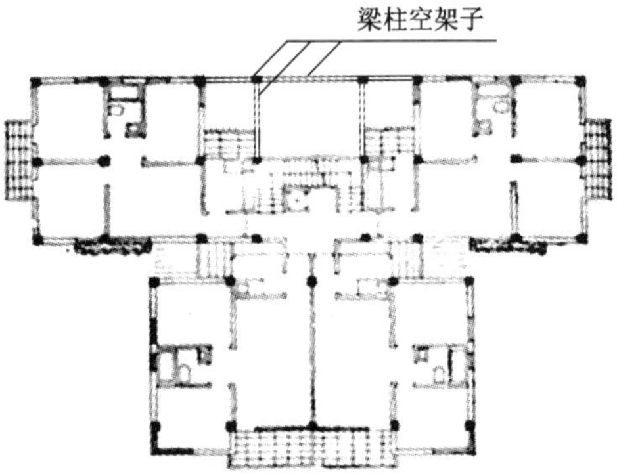

图13 中国南方某多层住宅平面示意

• 内部空间与外部空间

若以建筑使用意义的区别来论建筑空间,主要有内部空间和外部空间的不同,或者说有这么两大类不同的使用空间。内部空间是封闭的,外部空间是开放的;内部空间是私有的,外部空间是公共的;内部空间的容量是明确的,外部空间的容量是模糊的;内部空间的构成是既定的,外部空间的构成是虚拟的;……等等。由此,建筑

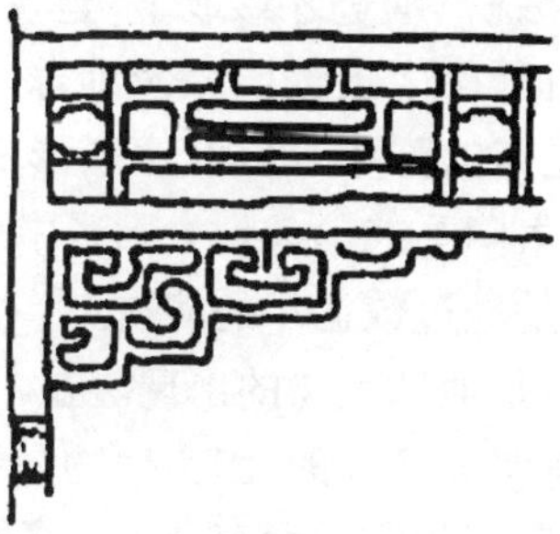

图14 中国传统建筑中某雀替

便有了诸多的影响因素；而且，创造一个建筑空间，不应是一种短期行为的结果，而应是长期行为的结果。

以单一建筑而论，以建筑的筹划投建，就开始有了建筑的内外之分。建筑的投资规模，具体而言就是建筑内部空间的筹划；建筑的选址，实际上就是建筑外部空间的赋予，即使基地是给定的，也有坐落位置、基本朝向、体量大小等方面的对建筑外部空间的调整。建筑实施构筑成形以后，明确的建筑内外空间已定，内外空间的区别和特性从此形成，人们对建筑的使用，就必须依循此不同空间的区别和特性而用之；但既定的内部空间仍然还可再创造，随着人们生活需求的改变和发展，作进一步的调整，虚拟的外部空间更是需要去维护或调整，以满足发展了的建筑内外空间的演变需求。创造一个适宜的建筑空间，不是短期行为可完成的，还需要有理性意识指导的长期行为来不懈地给予维护和调整；即使是所选定的大然外部空间，在短期行为构筑了建筑以后，似乎内外空间均已奠定，实际上不仅内部空间可有一定程度的再创造及调整，天然的外部空间同样也可能有变迁而需要给予维护或保护或再调整的必要，则由这种天然的外部空间和既定的内部空间构成的建筑空间的创造，也同样是长期行为的结果。

以建筑群体乃至人居建筑环境而论，建筑的内外之分更是明确的空间区别。人类由单一建筑、村落建筑群到城镇人居环境的形成，便有了非完全天然的建筑外部空间，也同时有了一种新的内外空间区别的新概念，人居环境是由建筑对环境的再造形成的，则每一座建筑的建成，一方面是为自己创造一个特定的建筑空间，另一方面也为人居环境整体增加一个新元素而改变或调整出一个新的建筑空间，前者是内部空间，后者是外部空间。人居环境，是由一个个具有特定内部空间的外壳勾画出其外部空间范围的；若以蓝天为背景，所勾画出的外部空间轮廓线，实际上大致就是人们常说的“天际线”，则外部空间便是由“天际线”勾画形成的。同样，这些内外空间也可以点、线、面来表述，只是其外部空间仅有明确的“天际线”作下限，上限便为不明确的“蓝天”。实际上，外部空间的上限也是有的。从艺术色彩上说，有蓝天、白云；从生存条件上说，有流动的大气层，不同的“天际线”下限将影响其邻近的大气流动状况，而形成不同的人类生存的室外空间效果。或许这也可视为一种外部空间的上限情况，则外部空间的模糊性便有了其特殊的意义。而在人居环境里，外部空间对内部空间的影响是显而易见的，因此，从这一角度而言，一个建筑空间的被创造，同样是一种长期行为的结果，而且是全面的长期行为的结果。

综合形体空间与构件空间、内部空间与外部空间两方面而论，又大致有内部形体空间、内部构件空间和外部形体空间、外部构件空间的被区分。

内部形体空间，是指形体内的具有确定空间容量的空间；外部形体空间，是指形体外的没有确定空间容量或者说是有模糊空间容量的空间。而且，形体内的“形”与形体外的“形”不一定是相似的，如一般常见的“塔”建筑，其形体内与形体外的“形”通常是不同的（如图15示意）。

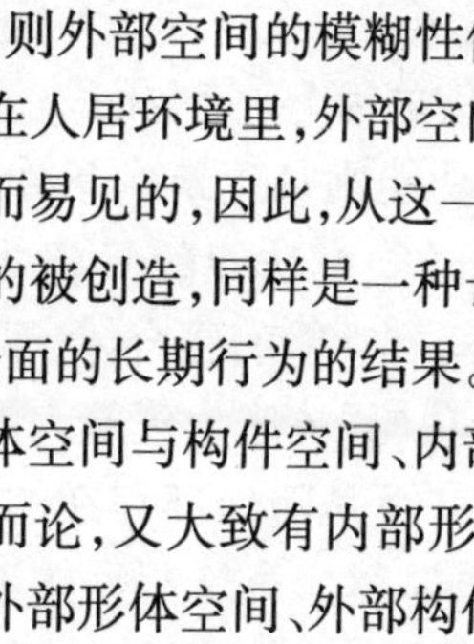

图15 “塔”形体内外示意

内部构件空间，是指内部空间的构件所拥有的空间；外部构件空间，是指外部空间的构件所拥有的空间。同样，应有内部空架子空间和外部空架子空间的不同空间类型的存在。当然，还可能有诸多被拆解后的其他空间状况，由于都可以上述之理而论之，故在此便不再赘述。

7.2.2 建筑功能

建筑是空间的艺术,雕塑也是空间艺术;但雕塑只有观赏价值,建筑不仅有观赏价值、还有使用价值。这是建筑与雕塑的最根本区别,在此将建筑与雕塑的根本区别所具有的这种使用价值的东西,称之为“建筑功能”。

人类创造出建筑,事实上就是创造出具有使用价值功能的建筑,或者说是创造出一个能让人类可“防寒避雨御虫蛇”的人为空间,其功能便是“防寒避雨御虫蛇”。当然,也因此建筑功能的具备,使空间成为建筑空间。

建筑空间源于存在空间或空间,是空间有了建筑功能,才称之为“建筑空间”。显然,空间是建筑的前提,功能则是建筑的条件;有空间才能创造建筑,也必须有功能的具备才可能成为建筑,建筑是空间和功能的融合体,而准确地说,是“空间”融入“功能”才成为建筑。因为空间无处不在,功能则并不是随处都存在的,人们能将无处不在的空间都称为建筑?显然不能。如果任何“空间”都称建筑,则这还是“建筑”?而且,建筑功能是人类发展到一定阶段的需求和产物,是因人类“住”的需求而产生的,因此,建筑功能是有其存在的特定时空间的。

“大爆炸”瞬间创造了“空间”,空间却经过了漫长的“数阶”演进才形成了“建筑功能”。

第一阶是衍生出太阳系及地球。爆炸后约经过100亿年的膨胀、冷却,逐渐形成了太阳系及地球,从太阳系的出现到太阳系中地球大致稳定成形,又是经过数亿年的演进。

第二阶是地球生物的出现。在今看来,生物的出现是有明确条件的,因为生物是一种有机生命体,故需要有相应的生存及生活条件的出现及存在,归纳起来大约有两个主要方面:一是生命体适宜的温度,二是生命体存活及新陈代谢的环境(如水、空气等)。于是,到了地球的这些条件都具备,并滋生出生物时,又经过了约40亿年的演进。

第三阶是人类的形成。学术界对人类的形成标志尚有争议,是以“两足行走”现象的出现为标志、还是以“大脑脑量”的进化为标志、或者以“文化的创造”为标志,各自的看法稍有不同。不过一般是取“大脑脑量”的进化至800~900 mL为标志,若是以此而论,则又经过了约6亿年的演进。而人类的形成至今,相比之下就短促得多了,仅约二、三百万年的发展过程。

若以数轴来表示上述这一过程,“三阶”过程大致为如图16所示。

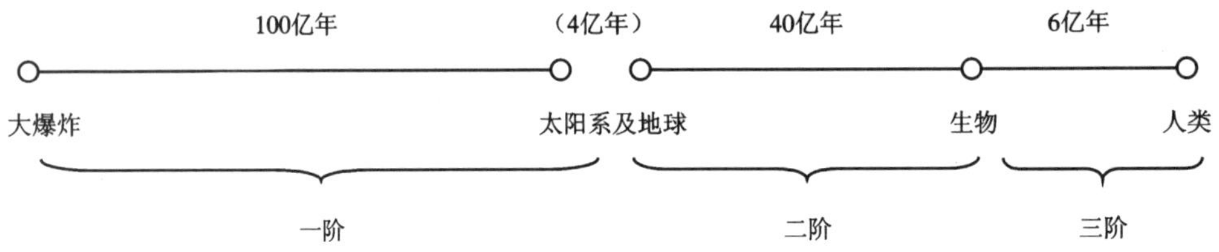

图16 地球及人类形成示意

这一总过程,大约是在150亿年中完成的。

人类大概在形成了自己以后,便逐渐形成了对生存环境的新需求。

以一般原理而论,人类大脑脑量的增加,为思维意识的进化提供了可能。由于当时仍处于物种相互掠噬的“食物链”生态环境中,捕取猎物、摆脱被侵袭的欲望最为强烈,大脑思维的进化,使强烈的欲望逐渐转化为一种渴望满足的需求,并在大脑思维意识的支配下,竭力去争取满足这一需求。这种需求是强烈的、长期的,这实际上就已是人类对生存环境的一种相对固定的需求,这也就是人类对环境的一种“住”的功能需求。在“住”的特定场所里,可“防寒避雨”,也以此来抵御其他动物对人类可能出现的威胁。而由于这种“住”的特定场所,是人类大脑进化以后创造的一种具备“防寒避雨御虫蛇”的功能的空间,人类便将这一具有特定功能的空间称为“建筑空间”,所具备的特定功能也称为“建筑功能”。

由人类对生存环境的欲望需求演化为“建筑功能”以后,建筑功能便与人类结下了“不解之缘”,或者说,人类再也离不开“建筑功能”的满足。于是,其“建筑功能”便有了人类给予创造的特定的存在空间。

建筑功能的存在是以空间的给予为条件的,空间条件的不同便形成不同的建筑功能;而反之，则不同的建筑功能，是需要以不同的空间来满足的。功能的本质就是满足需求，不同的功能就是为了满足不同的需求，而建筑功能又是以空间的给予为存在条件的，则创造不同的建筑空间，就是为了满足不同的建筑功能需求。人类的生存，主要有“生活”和“活动”两大部分。“生活”的功能需求，由相应的生活空间给予满足；“活动”的功能需求，当然也由相应的活动空间给予满足。显然，这便是建筑功能类型分化的最主要原因。

最初人类创造的建筑，所满足的主要是能“防寒避雨御虫蛇”的基本生活空间需求的居住建筑。在人类文化之力还相当弱小的时候，人类对建筑还不敢提出太多的奢侈需求，但基本生活之外的活动需求欲望还是有的。首先还是在居住生活空间里分化出活动功能需求的空间，但仍寄存于居住建筑里，这说明活动空间的欲求的存在。而随着人类文化之力的增强，当其力的发展到了足够使建筑能够完全分化出一个独立的活动空间时，满足活动功能需求的活动建筑便形成了，人类便创造了一个完全满足不同生存方式的功能空间，既丰富了建筑功能类型，也丰富了人类生存内容。同样，随着人类文化之力的增强，人类生活内容、活动内容都能得到进一步的丰富，即建筑功能需求有了不断细腻的发展演化趋势，紧随着建筑空间的给予满足，便也成为一种发展的必要。于是，无论是建筑的生活功能需求空间、还是活动功能需求空间，都有日益被细腻分化而逐渐成为独立空间的必然趋势，建筑便以此而不断地被分化着。

以此而论，建筑的分化便主要是以“建筑功能”的演进为契机的。那么，建筑的分类，同样主要是以“建筑功能”为最基本的标准。也只有以此为分类标准，才能真正揭示出人类对建筑需求的区别。所以，以功能为标准的建筑分类，是建筑上最常见的分类（详见下文9.2部分）。

任何一座建筑物，其建筑功能都不是单一的，都具有一定的综合性质。若以其功能满足价值而言，又有具有使用价值的“使用功能”与具有观赏价值的“观赏功能”的区别；若以其功能作用意义而言，则另有“主导功能与辅助功能”或“主体功能与附属功能”的区别。

• 使用功能与观赏功能

无论是人类生活建筑还是人类活动建筑，都是对建筑的使用功能而言的。但实际上，建筑并非仅是为了使用功能的需要，人类对建筑以及其所构成的人居环境，还有观赏功能的需求，这也是人们在现实中显而易见的。

人类早期的居所里，在现代发掘的遗址中，就能找到各种象形物的壁画或壁刻，且所表现的内容均与其各自的生活环境紧密联系，平原地区多表现牛、羊等牲畜，草原地区多有羚羊、野驴、马等，森林地区以熊、狼、野猪、鹿等为主。如旧石器时期的法国“多尔多涅”（Dordogne）洞穴内，就发现有许多雕刻，且多以“冰鹿”为主①。如果说人类早期所作，多为“急功近利”之举，则在所居中作画或雕刻，同样是“近利”的一种需求所驱使。以此看来，人类早期已有对居所环境的艺术感受需求。即使所居是原始洞穴，尚不能认为是一种建筑，但表现和感受需求的存在却是毫无疑问的，这实际上已成为后来演进的建筑功能需求的一个重要组成内容。

人类传统时期对建筑的观赏需求体现得尤为明确。各个人类文明区域，都有自己独特的居住形式或传统民居，这种民居，一方面是生活环境和生活习性因素形成的，另一方面也是人们对所居的表现形式及感受需求赋予的，并形成为一种熟识的美感观念。这同样是一种需求——对建筑的需求，而这种建筑需求进而便被演进为一种建筑构成的恒定的观赏功能内容。

以建筑理论自身而言，“建筑是建筑技术和建筑艺术结合的产物”，自建筑理论被创立以来，这是一条不变的定理，也是人们对建筑概念的认识。建筑技术主要满足使用功能，建筑艺术则主要为了满足观赏功能。在建筑理论中，建筑艺术内容的被确认，事实上就是对建筑观赏功能的认同，并认为是建筑构成中无法或缺的一个有机内容。

因此，观赏功能是建筑的一个有机组成部分，这才有建筑被作为艺术范畴中的一个门类的存在，并以其使用功能和观赏功能的有机结合，而成为一门独特的空间艺术而列于艺术之林中。

同时，这也说明了使用功能与观赏功能两者的关系以及在建筑中的地位。使用功能是建筑

---

① 见林惠祥著《文化人类学》，商务印书馆1991年2月版，第317页。

产生和存在的基础，观赏功能则是建筑存在的品位；使用功能是建筑的基本内容，观赏功能则是建筑的特殊内容；使用功能是观赏功能的载体，观赏功能则是使用功能的升华，如此等等。或许这些比较和比喻并不恰当或不甚妥当贴切，但大致可说明使用功能与观赏功能的区别，说明两者在建筑整体中的相互关系和作用，让人们对建筑中的这两种不同的功能有个概略性的认识，这实际上已足够了。而在此基础上，人们尚可再更明确而科学地作进一步的探讨和分析、研究。

● 主导功能与辅助功能（或主体功能与附属功能）

随着人类文化之力的增强，人类对自己所需的满足度提高以后，当纯“防寒避雨御虫蛇”的满足已不再是人类唯一需求时，建筑功能内容逐渐得到了丰富，建筑的功能构成也从此便不再是单纯的成分构成，即使在早期的穴居时期，也有前后间或内外间的空间分隔（参见图9），实际上这已是功能内容分化的开始。而此后，无论是单体建筑规模的增大，还是建筑群体规模的膨胀，都无不是建筑功能综合的体现，若分其综合功能为每一个构成因子，并以其各自在功能总体中的地位或作用而论之，则大约有主导功能与辅助功能或主体功能与附属功能之分，这是显而易见的。

在任何一个单体建筑中，功能的满足通常都是综合性的，但却可名之为居住建筑、宗教建筑、办公建筑、教育建筑等，这都是因为其单体建筑中的居住、宗教、办公、教育等功能居主导地位，故而以主导功能为其建筑整体的功能称谓。如居住建筑，休息起居是其主要功能，但通常还有工作室或书房、娱乐室、会客厅等其他非休息起居性质的功能空间的参与，而且，随着人们生活内容的日益丰富，这种非类的功能空间需求还有越来越广泛的发展趋势，建筑的功能综合性越来越复杂，但无论其功能怎么综合，休息起居总是居主导地位，故该建筑仍属居住建筑的范畴。又如宗教建筑的中国佛教建筑①，与其他宗教建筑一样，祭祀功能是其主导功能，供奉佛陀、菩萨、罗汉等神祇的功能空间为主导功能空间，却通常还有檀越祠、功德堂等非佛教神祇祭祀功能空间的出现，甚至有僧舍、斋馆等起居功能空间的参与，但这些功能却都是辅助功能，并不影响主导功能的存在，相反却更有利于主导功能作用的发挥，于是，由中国佛教神祇祭祀为主导功能所决定的该建筑，当然仍称“中国佛教建筑”。

在一个建筑群区域中，建筑功能的综合性构成更是一种必然的现象，但各建筑之间仍有主体功能建筑与附属功能建筑的区别，并以主体功能建筑为标准而称该区域的建筑群为居住区、商业区或工业区等。如居住区，其区内不仅仅有居住建筑，还应该有日常用品维修店、商铺等服务性建筑，甚至还可能有医疗、银行、幼儿园、区域管理所等各种非居住性质的建筑在内；但无论还包括哪些性质的建筑，其区域的居住主导性仍然是不变的，于是，而有了主导性的居住建筑与辅助性的其他服务性（服务于居住建筑）建筑的区别。也因其居住建筑是该区域的主导性建筑，故称之以“居住区”。也不管是什么区域，无论其区域内有多少不同功能性质的建筑，都同样是以其主导性功能建筑来称谓其区域的，其他功能性质的建筑就只能被认为是其辅助性功能建筑。因此，居住区便有商业性的辅助功能建筑，商业区有居住性的辅助功能建筑，等等，主导性功能和辅助性功能对同一种建筑、不同区域来说，并非是恒定的，主导性功能和辅助性功能是相对而言的。

同时，对建筑的使用功能和观赏功能而言，使用功能并非一定是主导功能、观赏功能并非一定是辅助功能。当然，对大多数建筑类型来说，确实是这样。如居住建筑，使用功能当然是居住建筑的主导功能，观赏功能仅是其辅助功能或次要功能。但是，也有少数建筑类型并非如此，特别是有些纪念性或标志性建筑，通常却是以观赏功能为主导功能，使用功能为辅助功能的；不过，其使用功能尽管是辅助性的，却还不能完全没有，否则就不是建筑了。如中国佛教建筑中的塔建筑，佛塔是置佛“舍利”而用的，但有的佛塔就根本不置任何“舍利”物，亦不奉佛像，故佛塔大多是观赏性功能多于使用性功能，其建筑功能显然多以“观赏”为主导功能，“使用”为辅助或次

① 自13世纪古印度佛教在印度本土灭亡以后，佛教中心已从印度移到中国，尽管其他区域也有盛传佛教的。后来，印度在近代也复兴起了佛教，但佛教中心仍在中国，邻近的区域大多是中国佛教的传播结果。故中国佛教建筑，实际上也是最主要的人类佛教建筑，具有一定的世界宗教意义。

要功能，但仍然是一类建筑，而非纯观赏性的空间艺术的雕塑。当然，也并非所有的佛塔建筑是这样的，如早期的古印度建筑的“塔”（Stupa）就是使用性功能重于观赏性功能。

7.2.3 建筑非本能

本能与非本能，是一对心理学或文化人类学的概念。

有人在论及“本能与非本能”时，曾举了以下一个例子。

当人类发现了“火”的使用以后，人类的“吃”的需求与满足，便是由“饿—煮饭—吃饭”这么三个基本步骤完成的。但这三个步骤的性质却不同，以心理学或文化人类学的角度论之，“饿”乃人类之本能，“煮饭”则是人类非本能。那么由“煮饭”到“吃饭”这个过程的完成，当然是人类非本能的过程；若由“饿”直接到“吃”的简单满足，却是一个本能过程。显然，这三个基本步骤是有明显区别的：“饿”是本能，“煮饭”是非本能，“吃饭”则具有本能和非本能双重性质。也许，这一例子对“本能与非本能”的比喻并不十分恰当，但却很形象，或许人们可从中得到对理解“本能与非本能”概念的一点帮助。

在上文所述的“人类的形成”数轴中，“第三阶”由生物到人类的形成，经过了6亿年的演进发展，若从“本能和非本能”的角度而论，实际上这也是一个由本能向非本能演进的漫长的发展过程，其始于“生物本能”，终于“人类非本能”。详细而言，也以相似的数轴来表示这一过程，则这一过程大致如图17所示。

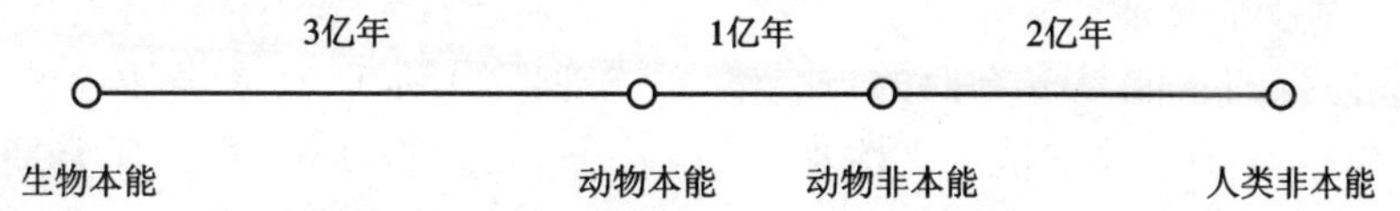

图17 从生物本能至人类非本能演变示意

或许可以这么说：生物本能是完全本能，动物本能是非完全本能，动物非本能是非完全非本能，人类非本能才是完全非本能，此处所指的“建筑非本能”正是完全非本能。

心理学认为，本能是通过遗传获得的能力；文化人类学认为，本能是人类种族在一定自然环境的适应过程中，逐渐形成和固定下来的无条件反射。既然本能是一种遗传能力，是一种无条件反射，那么以此推论，则非本能便是非遗传能力，是有条件反射。无论是无条件反射、还是有条件反射，都是一种反射，是属于“反射”范畴的现象。而“反射”，是有机体借神经系统对不同的体内外刺激而实现或产生的有规律的反应，也因其刺激来源的不同，而实现或产生的反应也不同，则有了来自体内刺激而产生的“无条件反射”和来自体外刺激而产生的“有条件反射”（或直接称“条件反射”）的区别。无条件反射是有机体在其种族的进化过程中，由遗传获得的一种固定的神经系统反应；条件反射则是有机体在客观环境的适应过程中习得的一种对环境刺激的暂时的、可变的神经系统反应。

在苏联生理心理学家巴甫洛夫（1849年—1936年）的看法中，人类的神经系统是由两部分组成的，或者说人类的神经系统反应可分为两类：第一类是以具体事物及属性（属第二类的除外）为条件的刺激而出现的神经系统反应；第二类是以语言文字为条件的刺激而出现的神经系统反应。巴甫洛夫称前一类为“第一信号系统”，称后一类为“第二信号系统”。文化人类学也大致赞同这一人类神经系统的划分，并以此来作为“文化”的判断标准。而后，文化人类学认为，人类因“第二信号系统”刺激的反应而创造的东西及其创造过程，都可被归入“文化”的范畴；反之，是因“第一信号系统”反应的结果，则只能被称为“非文化”。

于是，在从“生物”至“人类”的这一漫长的演化过程中，大致又有了不同演进阶段的划分。

首先，是生物本能向动物本能的演进。由完全的无条件反射，向非完全的无条件反射的转化，到动物本能的出现，实际上就是说，已出现了接受有机体外刺激而产生的反应现象，这便标志着生物完全本能阶段的结束。

其次，是动物本能向动物非本能的演进。动物同样也接受遗传本能，但动物却能接受一定的信号刺激而出现相应的神经系统反应，或者说这是非完全本能向非完全非本能演化的过程，当动物已经能识别一定的信号系统，并作出相应的条件反射时，则这又标志着动物非完全本能阶段的结束。

再次，是动物非本能向人类非本能的演进。人类是动物，但人类与其他动物又有着非常明确的区别，其他动物所接受的外界信号系统的刺激，仅“第一信号系统”而已，而人类却能接受所有的第一、第二“信号系统”的全部刺激，特别是对“第二信号系统”的特殊反应，说明了完全非本能现象的出现，也标志着动物非完全非本能阶段的演进阶段的终结，进入了人类的完全非本能的发展阶段。

建筑非本能是人类非本能的一种，也大致是人类非本能的标志之一。

而建筑非本能，以其在人类基本生存中的非本能需求方式的不同，大致有生活非本能与活动非本能的区别；以满足欲望的不同，又有生理非本能和心理非本能的建筑需求的区别。

● 生活非本能与活动非本能

对人类而言，所拥有的本能是多方面的，如上文提到的“食本能”，还有“睡本能”、“性本能”、“御本能”、“育本能”等等，与这些相对应的，就有食非本能、睡非本能、性非本能、御非本能、育非本能，等等。而且，非本能的意义似乎还比本能的意义更广泛，如爱非本能、说非本能、穿非本能、行非本能，以及名利非本能、统治非本能、表现非本能、观赏非本能，等等。这些人类非本能，都需要有一定的空间给予满足，包括自然空间和人类创造的建筑空间。而以人类创造的建筑空间来满足的这众多的人类非本能，大概可分为基本生活类和其他活动类两大部分，则相应满足的建筑空间，就有“生活非本能”建筑空间和“活动非本能”建筑空间两大类。

人类首先是一个有机的有生命的生物体，形成或产生于一定的客观环境的长期演进，也在一定的环境条件下生存和发展，“一定的客观环境”以及“一定的环境条件”都是人类的前提。前者是人类形成的前提，也是人类本能反应所能满足的客观环境；后者是人类生存的前提，也是人类非本能反应所能达到的基本环境条件。若无法满足或达到这“一定”的客观环境或环境条件，人类也就不可能形成或生存。当地球的天然环境已满足了人类形成以后，此后便主要是“一定的环境条件”给人类的演进提供发展前提，这就是人类创造的建筑空间——满足基本生存需求的生活非本能创造的建筑空间。

人类还是一类极富“情趣”的动物，能够运用自己最具思维能力的头脑，去创造各种“情趣”的满足方式，并反过来继而丰富人类“情趣”的内容。这不仅创造了情理中的“情趣”方式，构筑相应的“情趣”空间，如酒店建筑、剧院建筑、体育建筑、馆藏建筑等，人们为创造或拥有这种建筑空间而兴奋不已，既健体强身、又陶冶情趣，实为人类最伟大的建筑空间创造。然而“情趣”的创造，也有走向极端的现象，这同样是人类智慧创造的，即以他人的非“情趣”为代价，来创造自己的“情趣”的一种“情趣”方式，这也是在人类构筑的建筑空间中给完满其“情趣”的。如赌场建筑、角斗场建筑、妓院建筑等，“情趣”在建筑中产生，却也同时产生了“非情趣”，甚至是痛苦、残忍、罪恶。这不能不说是人类“情趣”与“非情趣”交织的建筑空间，这却同样是人类生存至今看来的一种常见现象，尽管它也许是非理性的，但已是人类活动的一个不可缺少的部分，仅以空间论，这实际上是人类活动非本能创造的一种建筑空间。

因此，人类创造的各种建筑空间，以其产生满足需求的思维系统反应的不同，便有生活建筑非本能与活动建筑非本能的区别；而这两类不同的建筑非本能中，还各有许多内涵的东西。如“性非本能”，这一非本能的思维系统反应的结果，就是最早的建筑私密性空间的出现，居住建筑的卧室、卫生间等空间的私密性即源于此。又如“统治非本能”，或者说是“统治欲”的非本能表现，建筑上“尊”位空间的出现，便是这一非本能的反应结果，建筑创造了这一空间位置，同样也是为了满足一定的“情趣”而出现的，或者说是一种不甚理性的“情趣”的结果。如此等等，都说明建筑非本能构成的复杂性或丰富性，也很值得人们去逐一探讨，因为它实际上就是建筑的构成。

● 生理非本能与心理非本能

也许人们会这么说，生活非本能就是生理非本能，活动非本能就是心理非本能。这确实有一定的相互对应关系，或者说有一定的联系存在。生活非本能创造的生活建筑空间，当然主要是生理非本能的因素，但也有心理非本能的因素；同样，活动非本能创造的活动建筑空间，也主要是心理非本能的因素，不过也同样有生理非本能的因素，这是显而易见的。于是，两者就存在着一定差别，也就同时有了生理非本能与心理非本能这一对概念被讨论的必要存在。

应该说，非本能既是生理的也是心理的，那么又为什么会有此处的"心理非本能"与"生理非本能"的称谓和划分？实际上这两者是指建筑非本能的"生理"和"心理"满足欲望需求的区别，都必须是在"建筑非本能"的范畴内和前提下来讨论的，准确地说当分别是生理上的建筑非本能与心理上的建筑非本能。

人类的需求，确切而言，是生理需求和心理需求的交织结果。建筑非本能所创造的人类需求，同样也由建筑非本能的生理需求和心理需求组成。

自人类非本能创造了严格意义的建筑以后，满足的欲望需求就朝着"生理性"和"心理性"的两方面分别发展。一方面是满足"生理性"需求的建筑空间的不断被开发，不断地提高其满足的舒适度，只要是能提高人们的生理需求的满足程度的，都将可能被开发，创造出相应的建筑空间和样式或风格。如居住建筑的卧室空间的被独立，通风采光、隔热保暖、防潮隔音等非本能手段的参与，都是为了提高居住者的生理需求满足的舒适度；甚至室内空间及设施的人性化的尺度、色彩、比例等布置，均体现出人类生理需求的非本能的思维神经系统的反应内容。另一方面是满足"心理性"需求的建筑空间的被不断创造，随着非生理性的各种欲望的不断产生，相应的建筑空间也紧接着出现，这说明了非本能的心理因素的影响的结果，如神庙建筑、市政厅建筑等，都主要是受心理性非本能支配而创造的建筑，也包括后来演进的宗教建筑、政府办公建筑等，因人类主观上需要理性的心灵寄托或者是滋长了非理性的"统治欲"，前者产生了宗教建筑，而后者则出现了政府及其统治机构的所处的空间建筑。即使是生理性非本能创造的建筑空间，也有心理性非本能的因素在内，反之，亦同，这是上文已经提到的观点。如中国传统时期居住建筑的匾额，有"将军府"、"亲王府"或"××衍派"、"××传芳"等，显然都是非生理性的非本能所为；又如佛教建筑中的毗珂罗（Vihara）或精舍，尽管是为了修行，修炼出非人的心理道行，以达彼岸世界的"涅槃"，但其修行场所的毗珂罗或精舍，却主要仍是生理性非本能创造的建筑空间。

因此，建筑非本能，以其需求欲望的不同而有生理非本能与心理非本能之别；而且两者是互相交织的，一个建筑空间的创造，通常同时具有这两种不同的建筑非本能，只是因为有满足欲望的不同，这也才有两种不同建筑非本能的被区分。

于是，建筑同样有了"三要素"——建筑空间、建筑功能、建筑非本能。

也就是说，建筑必须具备这"三要素"，才是严格意义的建筑；或者说，只要具备了这"三要素"，就必定是建筑。显然，这"三要素"对建筑来说，是建筑形成和存在的充分必要条件，缺其一都不成其为建筑。

总之：空间是建筑存在的场所，也是建筑创造的目标；功能是建筑存在的实质，也是建筑创造的目的；非本能是建筑存在的标准，也是建筑创造的动力。

否则：没有空间，建筑存在无处，也没有创造的必要；没有功能，不成其为建筑，最多也只是一件空间艺术品；没有非本能，仅是一个居住的可容之"穴"，也非作为文化的标志性存在的建筑。

那么，这就是可独立地被称谓的"建筑三要素"。

7.3 其他建筑要素

本章"前言"曾提到过的，英国 G. Scott 先生有建筑艺术三要素——体量、空间和线条；法国 L. 柯布西埃先生在《走向新建筑》（*VERS UNE ARCHITECTURE*）中也认为"体量与外观是建筑表现它自己的要素"（吴景祥译）；文艺复兴时期的沃顿（Wotton）先生把维特鲁威的"实用、坚固、美观"释译为"建筑的三要素"（英国 R. 斯克鲁登著 *THE AESTHETICS OF ARCHITECTURE* 中载，刘先觉译），等等。

除了"空间"，我们已认定其为建筑的最基本的要素以外，上述其他的"体量"、"线条"、"外观"等，或许也可被视为建筑的要素构成。但这些要素似乎很难再被作为一个独立要素而论之，"体量"、"线条"就大致是属于"空间"要素的范畴；"实用"也基本上是"功能"要素的同义词；"外观"、"美观"则大概是相近的所指，而将其作为建筑要素论之，恐有些牵强，因为"美"本身就是一个不甚确定的概念，可因人、因时、因地而异，实际上"实用就是美"，则这又怎能作为一个独立的要素？

而建筑，事实上是一定时空间的产物，在特

定的时空间内，上述的“三要素”的确可作为建筑的基本构成要素而论；但这“特定的时空间”的前提，则实际上又蕴涵了新的问题在内，或许这“特定”的条件又可作为建筑构成的一个条件被认定，那么其“要素”便又有了这“条件”的具体内容。而这特定“条件”实际上是建筑学的前提，故或许在“其他要素”中论之会妥当些，于是便有此论。

7.3.1 建筑均衡

人类原无建筑，因为当动物进化到出现了“无毛两足动物”时，客观上说，人类已经从生物形态上形成，而完全区别于其他动物；但从迄今为止的考古发现上看，此时尚未见有建筑的出现，故人类早期本无建筑。其时的人类仍是生活于大自然的环境中，甚至可能仍是大自然“食物链”的一环。但人类形成初期的人类生活的环境，显然是均衡的，以现代语言来说，地球的生态是平衡的，简称“生态平衡”，这是建筑前的人居环境的状况。

人类的真正形成，应该说是以人类的真正独立为标志的；而人类的真正独立，若以人类自身而言，大致有两个方面，是“递进式”联系的两个方面。前一方面是人类自身的演进，从“无毛两足动物”向“能抽象思维并能制造和使用生产工具的动物”进化，“生产工具”的出现，便标志着这一阶段进化的实现；后一方面是人类居所环境的演进，由混居于生物圈中到逐渐独立的人居环境的形成，而这独立的人居环境当然是“能抽象思维”的人类使用“生产工具”创造出来的，并以建筑的出现为这一阶段进化实现的标志。独立的人类，其所居的人居环境，当然有别于原始自然环境，其标志物的建筑便是人类创造自己的人居环境的产物。于是，建筑的出现，便有一个均衡的问题；或者说，“均衡”，也是人类创造建筑时，人脑“思维”所必须考虑的问题，是否也有建筑后的地球“生态平衡”或建筑后的人居环境均衡？

建筑后的人居环境均衡，实际上也包括两个方面，一个是独立后的人居环境与自然环境的均衡问题，另一个是人居环境自身的均衡问题，而且，后者也是前者的一个条件。

建筑前，自然环境是均衡的，“食物链”也相应是平衡的；建筑后，自然环境被人类再造了，其是否还均衡，这是需要人们给予公正的审视的，而且“食物链”也是否重新平衡了，同样是一个必须认真讨论的问题。

建筑是择址后构建的，“址”当然是择自于自然。自然变化形成的自然环境，必然因人类“能抽象思维并能制造和使用生产工具”而被择而增添了新的物品。其后的自然环境，已非完全的自然环境，某些地方已被改造了，我们称之为对自然环境的“再造”，所“再造”成的环境专为人类所用，故亦称“人居环境”。也就是说，在建筑后的环境总体里，不再只是自然环境了，还有了建筑构成的“人居环境”，人居环境与没被择而再造的自然环境共存于一个环境总体里。

那么这样的环境总体是否还均衡？这大概有两点是需要给予认识的。

第一点，是人类择址后构建的建筑，是取自然之物的堆积，按一定需求和构想“堆积”成一个具有相应使用功能的构筑空间。如果只是物理性的取材、去废的“堆积”，就像“食物链”中的一“环”，在“食物链”中摄取某些生物及其他物品，也在“食物链”所能承受的一定量的限度里，自然环境会再度求取平衡的，自然环境与人居环境在建筑后同样是一个均衡的环境总体；如果是带有化学性的取材、去废的“堆积”，充分地显示了人类巨大的“能抽象思维并能制造和使用生产工具”的能力，自然形成的生物界和其他无机物品，便不只是被简单搬取，甚至还改变了其存在性质，并将一些原自然界无需的物品或无需这么多的物品给废弃，这样的取材、去废的“堆积”，显然要给“食物链”的正常生存造成一定威胁，若长期这样取材、去废，有机的“食物链”势必调整自身的适应生存能力和适应内容，甚至可能还需要去适应那“无需的物品”，则“食物链”就要同样也跟着变性。当然，如果变性不了，人类及其他某些物种就可能惨遭灭顶之灾，而从“食物链”中消失。那么，人类所适应的“食物链”环境同时也在改变着，也许将是另一种新的“食物链”构成状况，对此人类这种有机体能否适应？这便是人们认识建筑后的环境总体“均衡”的首要一点。

第二点，是人类创造的“人居环境”这一物品，环境总体是否因新增物品而“均衡”？建筑对自然环境的再造，是对自然环境的改造，改造向自以为更能满足人类生活活动需求的方向发展，或许人类真的能很快地见到满足需求的变化，但自然环境能承受得了这一改变吗？大片的平原没有了，甚至山体、丘陵被削而不见了，森林、植被、湿地消失了，一个个河塘被填平了，等等。于是，其他动物或生物的生活空间被大量挤占，这还能均衡？原曾经是均衡的大自然的东西少了，而人类能思维和制造工具而创造的构筑物突然间多了，这一改变后的大自然还能维持其生物生存环境的存在？如果因之而改变了这一生存环境条件，包括人类在内的所有生物的生存能保证？如气温，人类能生存的气温极限是多少？若超过了这一极限，人类的生存将因之受到威胁，则这样的建筑还能存在？至少人类主观意识上是不容许的。所以，这又是建筑乃至人居环境要求"均衡"的另一需要考虑之点。

也许，人们会说，人类原本就不需要有建筑，特别是不甚理性的科技发展后所创造的建筑更不需要，而泥土草屋则似乎更宜于人类生存。当然，这或许是有道理的。但无论怎样，这至少总能给人们在讨论建筑时，找到一点更理性的建筑创造思维的启迪。这就是人类在创造满足自身需求的同时，也要考虑环境总体的均衡问题，否则，人类所创造的建筑终将是不成立的，客观环境将不允许人类的这一"创造"之举，人类自己"能抽象思维"的能力也必定要自己否认其"创造"，从而去修正自己的"创造"，最终以达到环境总体的平衡，这便是建筑后人居环境均衡的一个方面。

另一方面是人居环境自身均衡问题，或者说，首先要人居环境自身的均衡，才能达到环境总体平衡的实现。

人类的独立，使大自然的"食物链"要重新建立；而人类的迅猛发展或膨胀，无疑给大自然的平衡造成了很大的威胁，人类每一次的膨胀都将要求大自然"食物链"平衡的重新构成。由此而论，人类膨胀到一定程度，大自然就客观上要求人类也要自我平衡了，否则，大自然的"食物链"已无法重新构成。因此，在还未达到人类膨胀的极限时，人类主观上便要限制自己的"思维"创造能力，建筑环境的创造也同样要受到一定程度的限制。特别是在人类还与膨胀极限有一定距离时，便有了建筑的人居环境的自我平衡，那将是一个多么伟大的新"思维"能力的创造成果，这实际上是一个具有一定弹性阶段、带有抽象性的"均衡"概念。

而建筑或人居环境的自我平衡，是一种空间、资源等生存条件上的自我平衡，以便让大自然尚能自如地建立"食物链"的生物界，有个恒定的、宽松的生存环境。

建筑对自然环境的再造，是对一定自然空间而言的，或者是地表面积的占有量，或者是大气空间的占有量。其前者影响植被或水域，后者则影响大气层。建筑的出现，就同时对这两方面有了多多少少的影响，当建筑达到一定量时，客观自然的承受便必然要给建筑提出其自我平衡的要求，这就使建筑的出现有了新的限制要求，即既不影响植被或水域、也不影响大气空间。若以建筑理论而言，或许可将其视为一种进而形成的建筑确立的前提条件。

建筑，取材于自然，即使是最现代的科技成果之"材"，也是源于自然。当然，自然之"材"与空间不同，可以用而再有之，自然环境条件会源源不断地给人类建筑提供其不竭的资源。是的，有些材料确实是至今看来可称之为不竭的资源，如"日光"源等。但有些材料的资源现在已明显地表现出匮乏的现象，如"泥土"源等。于是，建筑在用材上，也应该有其自我均衡的概念，就像是一些可无数次重复使用的材料，同样，这也是可视为建筑的前提条件的一点。

如此等等，那么，建筑的自我均衡，也就能赢得自然环境总体的均衡。当然，这是建筑的一种很高的境界，人类在建筑的发展中要达到这一境界，是很不容易的，但并非不可能，而且是一种人类建筑的理想境界。因此，由"能抽象思维"的人类创造的建筑理论，必须先有这一认识，这是无可置疑的，故而我们在此将"均衡"作为建筑的一个"候补"要素，显然是可理解的。

7.3.2 建筑时宜

建筑，首先是空间的产物，空间赐给建筑以形成和存在的前提。建筑，同时也是时间的产物，时间赋予建筑以存在和发展的条件。不同时间，对建筑而言，意义是不同的。我们在此称与一定时间相适应的建筑因子为"建筑时宜"。

大致而言，建筑时宜有以下三方面的意义。

一是建筑的整体意义。

上文谈过，人类是宇宙产生后，宇宙及地球长期演进的产物，准确地说，是时间概念上的一定时期的产物；而在这“一定时期”之前，并无人类，当然也就没有建筑。

按一般人类科学理论而言，人类大约是形成于200万~300万年前的，是大致经由700万年前的“人科”—两足行走的“猿类”—250万年前脑量增大的“人属”—“现代人”的起源这么一个发展过程形成而来的①。而建筑最早也只能从石器时代开始，也按一般文化人类学理论而言，大约是出现在旧石器时代的后期②，人类的石器时代的开始才有约两万多年的历史。那么，在人类形成后与建筑出现前的这一漫长过程中，人类并非没有居所，其居所是自然界提供给人类的；但这类居所——自然界提供的居所，当然不应该认为是建筑。

“居所”若不等于“建筑”，而这又是两个相近、且不等同的概念，那么人们该怎么认识这两个概念的区别？

从其内涵而言，居所不一定具备“非本能”要素，而建筑则必须有之，这是上文“基本要素”中已经谈过的；从时间上而论，“居所”自人类形成伊始便已有之，建筑则是人类形成一定时期后的产物。于是，这便有了“时宜”的概念问题。

人类从产生的居于自然界提供的居所到人类自己构筑居所这一现象的出现，可能有两方面的客观原因：其一是人口的膨胀，自然界提供的居所无法容纳（当然这么漫长的过程才出现“无法容纳”现象，也说明人类生存发展的艰难以及环境对其生存的不易）；其二是为了选择较好的生存环境，摆脱生物界“食物链”对人类生存的威胁。无论是前者还是后者，都有一个相宜于人类的问题。自然界提供的居所是在自然环境中，人类自己构筑的居所则形成为一个新的环境而称为“人居环境”，“人居环境”实际上仍在自然环境之中，只是经过了人类之力的再造而已。此后，人类自认为，所再造的是相宜于人类生存的，而相宜的就是人居环境——由建筑构成的人居环境；至于不相宜于人类生存的，反而是自然界提供的自然环境。而这种现象及人类的概念，事实上是人类建筑对自然环境再造以后才有的，于是，这就有了一定时间后的相宜问题的出现，即“时宜”的问题。

建筑形成后至今，虽然人类已感觉到了离不开建筑；但公正而言，迄今为止的这些建筑，对地球及人类来说，实际上也潜伏着某种危机。如目前人们已略有惊觉的生态问题，人口及建筑需求量快速的膨胀，使建筑材料需求量也随之猛增，而建筑材料取之自然的传统构筑方式，必然要促使人类终将去改变建筑的构筑方式，甚至转变人们的建筑居所概念。于是，就可能引发建筑“革命”或变革，而有新的建筑及居所的出现。那么，传统构筑方式建造的建筑，在相应的传统时期是建筑，在新建筑时期还仍是建筑？斯时恐怕已不能完全肯定地说是一种建筑。

因此，建筑的“时宜”概念，在此处同样是有其确切的特殊意义的。

二是建筑的个体意义。

对每一幢建筑而言，构筑成形而投入使用后便是建筑，然一幢建筑通常有数十年、百余年，甚至数百年或千年的存在历史，则在其成形存续期间，都是建筑？这或许还会有不同的认识区别。

建筑在其形体存续期间，都具备其构筑时便已赋予的使用功能，以建筑的基本性质而论，建筑的空间、功能、非本能这“三要素”都是具备的。但如果其存在仅仅是形体的存在，并没有投入使用，或者是形成验收合格后还未投入使用，或者是使用中断没有接续，或者是遗后闲置再也没有使用，等等。那么，在没有使用期间应怎么认识？在没有使用时，虽然其形体仍存在，也在客观上具备一定的使用功能，但其使用功能却没有得到实现，则使用功能在此期间是没有实际意义的；而没有实际意义的使用功能，严格地说，其建筑是不存在的。于是，在没有使用时，建筑的“三要素”是不完全具备的，当然其形体也就为非严格的建筑。

因此，若以建筑个体的成形上总的来说，该建筑显然便有了一个时间概念上的“相宜”问题。如果是在使用功能实现时，便“相宜”为严格的建筑；如果使用功能未实现或暂停时，则当是“不相宜”为非严格的建筑。显然，这便是在建筑形体存在过程中，在不同时间段上是否为严格的建筑的“时宜”问题。

而建筑成形后的存续期间，还有一种是不能

---

① 见[肯尼亚]古人类学家理查德·利基著《人类的起源》（吴汝康等译），上海科技出版社1995年9月版，第61页。

② 同①，第81页。

使用的状态，比如遭损而未坏的状态、老旧而未塌的状态等，当然也就不使用或无法使用而仅让其形体存在。那么应该说，这一存在物已丧失使用功能的价值，已不具备建筑的“三要素”的基本要件，其形体存在当然也就不能说是建筑了。但是人们怎么确切地判断其为“不能使用的状态”？在通常情况下，是以建筑及构件的受损安全极限、建筑构件及材料的使用寿命年限等来作判定的，在“极限”或“年限”之内的是建筑，反之则当视为非建筑。于是，在现实中就有“危房”、“建筑遗址”等相关的使用概念出现。“房”和“建筑”当然是建筑，而“危房”和“建筑遗址”，若以“不能使用的状态”的观点而言，显然属于“非建筑”范畴。

故而，确切地说，在这一方面，建筑同样也应该有个时间上的“相宜”概念，包括特定使用条件下的时限和非特定使用条件下的时限两种情况。如现代以来建构的一般钢筋混凝土居住建筑，在通常的特定使用条件下（即在一般的正常情况下的使用），其时限大约在60～80年之间；如果是在地震、风暴等自然灾害或其他非自然灾害的非特定使用条件下，则其时限又当以相应的受灾情况而论，这便带有一定的模糊概念的不确定性。

三是建筑的使用性质意义。

无论是建筑整体，或者是建筑个体，都不仅仅是使用和未使用的问题，通常还有使用中的如何使用的问题，即使用性质的问题。

人类建筑的确立，首先是“空间”，其次是“使用功能”，然后还有“非本能”。而“非本能”对建筑而言，是在赋予特定“空间”的特定“使用功能”中体现的，在建筑成形后，这一“空间”的“使用功能”也就让人类的“非本能”给赋予了。但建筑在其整个成形期间，并不一定都是按赋予的特定“使用功能”而使用的，那么，在非特定“功能”范围内的使用的“建筑”，还是建筑？

对单体建筑而言，一幢建筑的成形，人类非本能便赋予了某种使用功能，则对该建筑来说，若投入使用的功能正好是赋予的这一使用功能，那么建筑便实现了其构建时赋予的功能性质。如一幢“居住建筑”，成形验收后搬入一个居家来使用，则该建筑当然就是完完全全的、名副其实的居住建筑；如果是以“居住”以外的另一种功能来使用该建筑，那么对建筑实现的、使用为非原赋予的功能内容，则该建筑的非本能意识指导下构成的“使用功能”便没有得到实现。又再如这一幢居住建筑，是搬入加工设备而作为加工作坊之用的，那么这一幢建筑还能称为“居住建筑”？以功能性质论，这时候最多只能说是作坊建筑，当然，该建筑仍有使用功能，只是所使用的功能与原赋予的功能性质不同而已。

应该说，建筑的成形，其空间的使用功能是非本能赋予的；而且，使用功能通常是赋予而特定的，是特有的非本能意识赋予了该空间的特定使用功能，并需要在使用中给予实现的。如果使用中没有按特定使用功能使用，则该建筑仅是成形而已，并非原构的某种功能性质的建筑。若仅以“三要素”论此现象，似乎尚难以完全限定。故而，如果有“建筑时宜”的概念，作为一种要素来评定这种现象，想必会更明确些吧？

而以人居总体而论，自人类独立地构建了人居环境后，人类便一直是该环境的主人，至少在此前或未来相当长的一段时间内，人类仍然是人居环境的主人。但人类与所有生物一样，也都是有生命极限的，若在生命极限到来之时，人类不存在了，而如果人居环境形体还在，这似乎很难说是一个具有完整意义的人居环境（当然，人类都没有了，还论什么人居环境？不过，若以某一局部而言，或以某一块大陆或岛屿而言，这种情况还是有其一定的论说意义的。）于是，建筑学似乎便需要有一个相应的概念来完善，这或许就是“时宜”或时间意义上的“相宜”概念的出现和存在的必要。

8 建筑规律

辩证唯物主义认为，世界是物质的，物质是运动的，运动是有规律的。辩证唯物主义是一种思想，这种思想揭示的是人类认识事物的一种方法，即唯物辩证法。而且，这种方法对任何事物都具有普遍意义。建筑是世界存在的事物之一，而且有“物质性”的基本性质，其存在的过程必然是一个“运动”的发展过程。那么，以辩证唯物主义的观点而论，建筑的“运动”发展的规律性，也就是一种事物的必然现象。

英国 R. Scruton **在其** *The Aesthetics of Architecture* **的“绪论”中说，“建筑理论的意图，在于阐明准则、规律和规则，它们指导着或应该指导着建设者的实践”；而“严谨的建筑，却有一种受法则制约的倾向，这些法则是为了建筑各部分的组合与划分而确定的”，那么“也许建筑中最重要的特征，就是惯性和规则所起的作用”。（刘先觉译）。显然，**R. Scruton **先生在此处说得很明确：建筑理论的意图就在于阐明规律，严谨的建筑有受法则制约的倾向，建筑最重要的特征是规则的作用。且无论是从理论上还是从实际上而言，或者是从总体性质特征上而言，建筑都离不开规律、法则或规则。**

况且，早在古罗马时期，维特鲁威先生就认为建筑应能“保持坚固、适用、美观的原则”，所揭示的这“三原则”，实际上就是人类对建筑的必然需求现象，若建筑的构成谨守这“三原则”，则建筑的出现不就有了必然的坚固、适用、美观的规律可循了？

可见，建筑规律的存在是必然的，也是需要建筑学理论去揭示和认识的。

8.1 建筑规律概念

“规律”（law），对中文而言，是一个外来的哲学概念，是指一种客观存在的东西，或者说“规律”是客观，或者直接修饰为“客观规律”（objective law）。而译为中文的“规律”，应该说是相当恰当的；且“规律”二字在中文里均是实意用字，而构成这“规律”的联合式的合成名词。若分别细品此二字，似乎可给人有一种认识启示的感觉。

“规”，原指圆形或画圆工具。《荀子·劝学篇》释曰：“其曲中规。”《墨子·天志》亦曰：“譬若轮人之有规。”前者指圆形；后者指画圆之“规”，而且还带有“轮人”之意。于是，便由“轮人”引申而指一种行为准则或行为规范的法度。如《史记·司马相如传》载曰：“必将崇论闳议，创业垂统，为万世规。”

“律”，也是取自自然的，其原意指定音器。《尚书·舜典》释曰：“声依永，律和声。”那么，既然是用指“音”之“定器”，显然，已有准绳之用意。而后，人们当然也就可能引为自己的生活活动之用，也包括个人或团体的行为之用。如《汉书·刑法志》载曰：“于是，相国萧何攈摭秦法，取其宜于时者，作律九章。”

可见，所译用的此二字，在中文里意义是相近的，而且都有自然存在中的原意，然后引为人类行为准则之用。而以此二字合成词来作为译词，显然，是相当切“law”之意的。

大概也因此之故，“规律”便可能有了更多的应用范围，表现在不同的方面里，出现了诸多不同的规律。如音乐上的“旋律”、舞蹈上的“韵律”、诗词上的“格律”等，从一定意义上而言，都是规律的一种表现形式。而且，这些还都能在建筑上得到体现，体现出建筑上的不同方面的规律，让人有诸多的丰富感受，而这些正是“规律”以及“建筑规律”概念给奠定的。

8.1.1 “规律”概念

事物是发展的，发展是有规律的，这是上文已认知的。而规律是客观的，还带有显著的“自然性”特征，故有“自然规律”（natural law）之称，这是本节所要认识的。

规律，是指事物在其发展过程中固有的本质联系和必然趋势。或者简明地说，规律是事物的本质联系和必然趋势，而且是固有的。

事物的本质联系包括事物内部矛盾双方的本质联系和事物之间的本质联系，这些本质联系将决定事物的发展方向和发展的基本过程；而且，无论是事物的任何个体，或者是事物发展的任何时候，都存在着这些本质联系。事物的必然趋势，就是事物发展的必然方向和必然过程，是事物的本质联系所决定的。本质联系是事物发展的条件，必然趋势是事物发展的结果。那么，规律便具有“本质联系”和“必然趋势”这两个方面的内涵。不过，事物还有“非本质联系”和“非必然趋势”的另一方面，这另一方面也同样会影响事物的发展，这也才有事物发展的曲折性和复杂性，只是非本质联系和非必然趋势不是事物本质所规定的，对事物的发展并不起主要的决定作用。所以，非本质联系和非必然趋势不是事物发展的规律。

而事物发展的本质联系和必然趋势是“固有的”，是由事物自身的本质所决定的。事物的形成或产生，就奠定了其内部构成因子的联系以及所同时存在的、对应的、统一的结构体系，这才使所形成或产生的事物显示出其一定的性质或特征，否则不成其为该事物。而这些内部构成因子的联系以及对立的统一体，正是事物本质所规定的联系，这些所具有的本质联系也将在事物发展中的方向上和过程中起着主导的作用，决定着事物发展的必然趋势。可见，事物内部的本质联系和事物发展的必然趋势，是在事物的产生或形成中便已有的，故我们说是“固有的”；而且，只要事物仍以其特有的性质或特征存在着、发展着，则事物内部的构成因子的联系和存在矛盾的对立的统一便必然是恒定的，这或许也可作为其“固有的”本质联系和必然趋势的说明的一个主要方面。

“规律”概念源于何时已难以稽考，不过，当“规律”概念出现时，这个地球已被人类搅和得异常热闹，不仅自然环境被“再造”、人类生活被“规限”，甚至思想意识也被“导引”入一个人类自己创造的特殊意境中，所有这些都在“规律”概念产生时就已有之。于是，“规律”概念一出现，就有了许多此前存在的事物，包括人类创造的“异常热闹”的事物，被作为“规律”概念的内容对象，而归入“规律”的范畴，也成为“规律”理论的有机内容而被探索和讨论。那么，若按其“内容”类型的区别而分，则规律当有自然规律、社会规律、思想规律（或思维规律）这三个主要类型，构成为规律内容的主要分支体系。

自然规律，所指有两方面，一是指自然性的规律，另一是指自然界的规律。自然性的规律，即指规律的自然性特征（如本节上文所提到过的），这是对规律的整体性质而言的，这种自然性特征也就是其客观必然性。自然界的规律，是规律按其“内容”类别而分的其中一部分，是有关自然界的这一部分规律。

人类之前，自然界便早已存在，如上文所述，自然界是源于“大爆炸”，“大爆炸”后出现了宇宙、银河系、太阳系等，也形成了地球及地球上的一切，以迄今为止的科学看来，这是完全的自然界的演进现象；而这些演进现象，实际上是在一定的相互矛盾又相互联系的情况下形成和出现的，这就是自然界客观存在的一种规律，可称为“自然规律”。人类之后，特别是人类创造了文化以后，自然界的存在不再只是自然的物品，还有文化的存在物，尽管如此，自然规律仍然存在。一方面是人类文化的产生，是在人类了解自然、认识自然的基础上，创造其文化的（本节下文详述），如文化标志之一的劳动工具，人类了解自然、认识自然后创造了相应的劳动工具，也使用劳动工具于改造自然上，包括构筑房屋以改善人类的生存条件等，其劳动工具的创造和使用前提仍然是在满足一定的自然规律后完成的，故人类的创造文化并没有改变自然规律的存在。另一方面是自然规律依然是自然界或自然环境存在以及人类生存和发展的基本规律，人类与自然界或自然环境的任何物品一样，都是客观自然的产物，也都生存于自然中，而自然中的基本的存在仍然是人类及其他任何物品生存的条件，小至人类和其他物种生存需要的水、空气等都是自然存在的构成内容，大到地球在太阳系中绕太阳的运转、宇宙中不同星系间的相互作用等，无不是依自然规律而运动、存在和作用的，人类文化并不能左右这些自然存在，当然也不想左右这些自然存在。于是，人类之后的自然，仍然是依其固有的规律而运行和存在的。

社会规律，是指社会产生、存在及发展的规律。社会规律是对人类而言的，是人类出现以后，并创造了“社会”，而后所出现在其发展过程中的本质联系和必然趋势。自然规律所固有的本质联系和必然趋势，是客观的不以人的意志为转移的；社会规律是人类创造了社会以后出现的规律，似乎是以人的意志为转移的主观的东西，其实不然。社会，是以共同的物质生产活动为基础而相互联系的人类生活的一种共同体。物质生产活动是社会存在及发展的基本条件，也因不同的生产方式而产生了不同的社会形态；而人类的物质生产活动离不开对自然的了解和认识，没有对自然的了解和认识就根本无法进行物质生产活动。所以，社会的存在及发展，也必须以自然为前提，在自然条件许可的前提下来发展其社会；否则，社会将失去其基础条件的支撑，那么没有基础条件支撑的社会还能存在？可见，社会的存在及发展同样有其不以人的意志为转移的客观性的东西存在，则这种社会发展客观存在的本质联系和必然趋势的东西，就是社会规律。

因此，社会也就有了与自然所不同的非规律性的东西存在。自然的存在，都是客观的存在，故自然存在的都是有自然规律的；而没有自然存在的非自然规律，那就是人为的存在，则不在自然存在范畴之内。社会的存在，有客观的存在，也有非客观的存在，故社会存在有客观的社会规律的存在，也有非客观的非社会规律的存在。也就是说，社会的存在，有规律性的东西存在，也有非规律的东西存在，这一点是与自然存在的最大区别。

思想规律（或思维规律），是人类进行思维活动的规律；由于这种思维活动，是在人类实践活动的基础上，反映了事物的客观规律而形成的，所以，思想规律也同样具有了客观性。思想，是指人们对客观事物的理性认识，是对源于客观事物的感性材料进行再加工制作的结果而得的理性认识。思想过程便需要由“客观事物”到感性认识的“感性材料”、到再加工后的“理性认识”这么一个过程来完成；也只有完成了这一过程，才能得到理性认识的“思想”结果。这有一种客观存在的内在本质联系和发展的必然趋势，这就是“思想规律”。由于这一过程是在人脑中完成的，包括第一步骤由客观事物到感性认识的感性材料取得的感觉、知觉、表象的过程，第二步骤的对感性材料进行再加工的理性认识的概念、判断、推理的过程，都是人脑完成的，而完成于人脑的这一由客观事物到感性认识、理性认识的过程，就是思维过程，故思想规律也就是“思维规律”。

无论是自然规律、社会规律，还是思想规律，由于这些是客观的、固有的，故都是可明确认识的；然后在认识规律的基础上，去运用或利用规律，也以此来改造自然、发展社会、端正思想。当然，这里还有一个正确认识规律和运用或利用规律的问题，需要给予明确认识。

尽管规律是客观的、固有的、不以人的意志为转移的，但规律是可知的、可认识的；而且人类并不会仅仅停留在认识规律上，认识规律还另有其目的存在，这就是为了运用规律或利用规律。或者更明确地说，人类认识规律的目的，就在于运用规律或利用规律，就比如本章所讨论的“建筑规律”，讨论认识建筑规律，目的就是为了运用建筑规律于建筑活动之中，也利用它来为人类服务，这是本章讨论的最主要的动机和目的。

实际上人类就是在认识规律和利用规律的基础上，独立了自己，也创造了人居环境，同时也创造了人类的一切。当人类演进到脑量达 800 ~900 mL 而逐渐有了现今看来的思维能力以后，人类会自觉或不自觉地去认识环境、认识环境规律，特别是生存条件的环境及环境规律。当有了一定认识以后，或者还在不甚清晰的认识过程中，便会迫切地去寻求改善生存环境的方式，于是，便有了后来出现的选择在临水、避害处的“巢居”或“窟居”为生存环境的最早的人居现象。而后，也在加深认识环境以及环境规律的过程中，逐步创造了村落、城镇等新的人居环境，这才真正地完全独立了人类自己。人类的一切都是在认识规律的前提下创造的。如音乐的旋律，是在认识了发声、音高以及音的节奏、力度等基础上，而创造出音的线式连续构成的；又如舞蹈的韵律，是以所认识的人体的动作、姿态以及节奏、表情等为前提，而创造的动作、姿态等的连续组成的；再如诗词的格律，是根据语言的字、词、音等规律，而创造的具有一定句式、音韵等限定的文体构成的。总之，人们创造的这些旋律、韵律、格律等，都必须有对相应事物存在规律的认识前提，然后才可能有所创造的这各种“律”的出现，并以此而服务于人类自己。

8.1.2 “建筑规律”概念

建筑是人类创造的一种事物存在，则与任何事物一样，也都同样有其自己的客观规律，而首先应有其“建筑规律”概念的被提出和认识。

建筑规律是指建筑在其存在和发展过程中的固有的本质联系和必然趋势。这是按规律理论而言的基本概念，这个概念同样包括以下三个方面的内容。

一是建筑规律是固有的、客观存在的，人类创造建筑时都是在认识一定的自然观律的基础上完成的，则建筑的产生或形成、存在及发展也就必然有相应的客观规律蕴涵。

二是建筑存在的本质联系，包括建筑内部因素或矛盾的本质联系和建筑与其他相关事物间的本质联系，而且，这些本质联系也都是客观的，都在人类创造了建筑的同时，便已客观地存在着这些本质的联系。

三是建筑发展的必然趋势，既然人类创造建筑时就同时存在着建筑内外的本质联系，这些本质联系就必定要以此决定建筑发展的必然方向和必然过程，也决定建筑发展的必然趋势，这种必然趋势同样也是客观的。

建筑规律就以这三方面的内容为其概念的基本含义，也以此奠定了下文将讨论“建筑规律”的基本意域范围。

“建筑规律”是“建筑”的“规律”，是建筑学研究范畴里的“建筑”概念的“规律”，故“建筑规律”也就有了性质上的归属问题的被限定。

建筑虽然是人类认识自然、取材于自然的，对自然的一种再造行为及行为结果，但建筑已不是一种自然现象，也正因为是对自然的一种再造，故建筑是一种文化，是构成人类社会的基本框架，也是人类社会构成意识的主要表现的一个方面。严格地说，建筑规律，是属于人类社会规律的范畴。

建筑技术不是个体性的技术，而是社会性或社会化的技术。一般而言，建筑技术来源于个体，是由某个个体认识或发现了该技术，而后传播开的。但无论是古代或者是现代，建筑都是一种群体活动的产物；特别是现代，任何由个体产生的新技术，都必须经过一定的实验阶段得到验证其可行后，才推出而被广泛使用，同时还要制定相应的规程来规范其技术的使用范围、使用程序等。那么，在建筑技术相应的规程、标准等颁行后，建筑技术才真正得到人们的认可而广泛使用，这种建筑技术已是带有社会性质或社会化了的技术。即使是规范前的建筑技术，至少也是协同性工作的技术，是由群体性的协作来完成其技术工作的，这不能不说是具有一定的社会性质。

建筑艺术从其出现之始，便已具非常明确的社会性质。建筑艺术是一种综合性的艺术，布局、造型、饰件、色彩等都是建筑艺术表现的手段和内容；而且，只要是能娱乐人感观的建筑表现手段和内容，都可被纳入“建筑艺术”的范畴。不过，若以感受客体的不同来认识建筑艺术，即建筑功能主要使用者的对建筑内部及空间的感受与建筑存在环境的广大人们对建筑外部及空间的感受的区别，则建筑艺术便有内部（或室内）建筑艺术与外部（或室外）建筑艺术两部分。如果说建筑室内（或内部）娱乐的是个体，是居住使用者个体对内部建筑艺术的感受，那么建筑外部（或室外）娱乐的当是社会群体，就是建筑所处环境的社会群体对外部建筑艺术的感受。应该说，即使是人类早期的群居聚集村落，也已有内部和外部不同建筑艺术给不同感受体的感受现象的存在。如瑞士的“湖居”的湖上村落、巴布亚新几内亚海岸的“海居”的海上村落等；甚至更早的“穴居”，通常也有洞穴内外的壁画被发现。则建筑艺术的社会性质是显而易见的，也是伴随着建筑的产生和发展的。

况且，建筑技术和建筑艺术本身就是以社会形态①存在的。尽管建筑在“社会学”看来，是被作为“物质环境”而存在的，但建筑不仅仅是一种物质存在，还有人类的技术和艺术结合的蕴涵存在；同样在“社会学”看来，艺术是被作为“精神环境”而存在的，而建筑也是一种人类非常重要的艺术形式内容。所以，建筑既是社会的物质环境存在，也是社会的“精神环境”存在。而且，建筑还被作为社会系统或社会体系的基本要素内容而出现的，一般认为“社会”的基本要素是“人口、生态环境和社会文化”这“三要素”，而建筑因可能成为文物或遗迹，则更是一种传统的艺术形式，当然被作为“社会文化”而存在是必然的。所以，建筑的存在形态，特别是建筑学中“建筑”概念的建筑存在形态，显然是与“社会”相似的，并且是被作为社会要素内容之一而存在的一种形态，或许可同样地统称之为“社会形态”。

因此，严格地说，建筑规律是一种社会规律；或者说，建筑规律具有“社会性”的普遍性质，建筑的存在和发展都带有社会因素的普遍规律性。同时，建筑也有“非社会性”的规律存在，如果说“社会性”的建筑规律是普遍或一般的建筑规律，则“非社会性”的建筑规律或许可作为与建筑的普遍规律相对的特殊规律来认识。

“非社会性”建筑规律，包括自然性建筑规律和思想性建筑规律。

建筑不仅是人类再造自然的创造物，而且本

① 此处的“社会形态”，不是指社会发展的历史上出现的形态（如奴隶社会、封建社会等），而是指社会作为事物存在的一种形态而言的，即是指一种有形与无形相结合的存在形态，或称“心物结合形态”。

身也是取自自然而用之再造自然的，是以自然形式而存在的，必然要依循一定的自然法则而产生、而存在和发展、而消亡。所以，建筑的存在和发展，当然就有其自然性规律的影响因素。由于自然因素对建筑的影响是多方面的，所固有的规律也是多种的，于是，我们称这一方面的规律为“自然性建筑规律”或“建筑自然规律”。

建筑同时也是人类的一种创造活动，创造自然界原本没有的东西；而创造，是人类运用自己特有头脑的思维能力，去认识自然、改造自然的创造力，并且有新东西被创造而产生，即创造源于人的思维能力，是人类思维能力为创造提供前提条件，也包括人类再造自然的这一种创造。所以，建筑也是一种人类头脑思维能力的创造活动。那么，建筑创造思维既然是人脑的创造活动，而人脑思维的产生和活动过程，同样有其规律性可依循，所以建筑创造的思维也是有其规律性的，即建筑规律也就有了思想性的内容。于是，我们同样称建筑的这一方面的内容为“思想性建筑规律”或“建筑思想规律”（或“建筑思维规律”）。

因此，建筑规律是一个由多方面因素或多种规律构成的综合体，并横跨规律内容的三个基本形态方面，即以不同内容形态来划分建筑规律，便有社会性建筑规律、自然性建筑规律、思想性建筑规律（或建筑社会规律、建筑自然规律、建筑思想规律）。

若站在建筑学本体上，并以其作用的不同而分，又当有普遍性的建筑社会规律和特殊性的建筑自然规律、建筑思想规律这么两个部分的区别。

8.2 普遍建筑规律

普遍建筑规律，是指任何建筑所具有的共同存在和发展的本质联系和必然趋势，简略而言，即指建筑所具有的共同规律。以“建筑本体”论，建筑是建筑技术和建筑艺术结合的产物，就是说，建筑既有建筑技术的一面，也有建筑艺术的另一面，是这两方面构成了建筑。尽管建筑的建筑技术和建筑艺术的存在和发展是相辅相成的，但也有其独立存在和发展的演变过程，这种演变过程同样有其特定的、固有的本质联系和必然趋势。那么，便同样存在独立的建筑技术和建筑艺术的发展规律。

从严格的建筑学的建筑内涵而言，建筑的普遍规律（或普遍建筑规律）的构成划分主要有“建筑技术规律”和“建筑艺术规律”这两大部分或两大类型。当然，普遍建筑规律的构成是多方面的，也应当有多种构成体系的划分，为使本论的上下章节有较严谨的讨论呼应的逻辑联系，以下主要以建筑内涵构成为网架来讨论“普遍建筑规律”问题。

8.2.1 建筑技术规律

建筑技术自建筑被人类创造伊始便已有之，并且一直是人类构筑建筑的基本能力和手段。

在传统建筑理论看来，无论是实践的选材、配料、砌筑、装配、粉饰等，还是理论上的勘测、基础、构造、结构等，都是建筑技术的问题；随着科学和社会的发展，建筑技术概念也在不断地扩大着，甚至可以说，凡是能以一定的规程或规范来限定或约束的建筑内容，都可被归入建筑技术的范畴。如建筑设计，虽然它有许多艺术性、甚至是人文性的影响因素，但相当大的部分已有各种规范来限制，“建筑设计”主体的建筑师若不熟识这些规范，恐怕就不能作出现实可行的建筑作品来，显然其创造思维应遵循一定的格式，否则就作不成“建筑设计”；而所设计出来的作品是否有新意、是否具备创造性，似乎并不重要，只要按规范要求而“设计”，便已具现实可行资格。故在现代看来的建筑设计，更多的是一件技术性的工作。

也正因为如此，建筑技术就有了更多的预定性或确定性因素，这便决定了其构成或存在的本质联系的特征，也决定了其必然的发展趋势的方向。

- 建筑技术存在的本质联系

建筑技术存在及发展的本质联系，包括建筑技术与外部的本质联系和建筑技术内部之间的本质联系两部分；而且，这两部分的本质联系都是多方面的。如建筑技术与外部的联系现象，有与力学的联系、与天文地理的联系、与地质学的联系、与材料学的联系等，都构成了建筑技术的一个方面；又如建筑技术内部之间的联系现象，有建筑材料与建筑构造的联系、建筑配料与建筑结构的联系、建筑砌筑与地基基础的联系等，也构成了建筑技术的又一个方面。而无论是与外部的联系、还是内部之间的联系，都显示出一定的联系特征。概括而言，大致有以下两个方面的特征：建筑技术与其外部的本质联系，主要有科学性和两重性两个特征；建筑技术内部之间的本质联系，主要有历时性和协同性两个特征。

第一，建筑技术与其外部联系的科学性特征。

可以这么说，所有建筑技术的东西都是与一定的科学理论相联系的，或者说是某种或某些科学理论在建筑上的运用而形成其建筑技术的；几乎所有自然科学的基础科学学科，都可在建筑技术中找到其被运用而存在的痕迹。这就是建筑技术与其外部联系的科学性特征。

数学、物理、化学、天文、地学、生物是自然科学的六大基础科学，同样也是建筑技术的基础科学，即所有建筑技术基本上也是以此为基础科学的。如：

建筑概预算，是数学与建筑材料学的结合形成的；

建筑结构，以力学上的理论力学、材料力学、结构力学、土力学等为基础理论，而力学正是物理学的一个主要部分；

建筑材料，除取自于天然的材料外，基本上是经过一定的物理、化学手段制作形成的，如现代建筑通常广泛使用的"水泥"，其主要成分就是硅酸盐，能不以"化学"为基础学科？

建筑设计，最基本的"防寒避雨"的功能满足，正是在认识人类所居环境的天文、地理的基础上设计完成和实现的，包括选址、朝向、通风、采光、取暖、日照等设计内容；

建筑勘测，即勘探"地质"、测量"地理"，而地质、地理正是"地学"的两大基本部分；

生态建筑，是一种以环境总体的生态平衡为目标的建筑技术方式，尽管这是一个现代以后才提出来的新概念，但无论是过去，还是现在和未来，都具有相近的积极意义，也无论人类是如何发展其建筑的，"生态平衡"都一直是个恒定的目标概念。广义上讲，任何满足"生态平衡"的建筑都可被纳入"生态建筑"的范畴，而生态技术，实际上就是生物技术或概念化的生物技术，这同样要以"生物学"为最基本的前提理论和概念。

第二，建筑技术与其外部联系的两重性特征。

建筑技术是人类对一定科学理论和知识的应用所出现的建筑构筑的技能、工具和方法或手段。但不同的资源条件、环境条件所形成和出现的建筑工具、建筑手段等是不同的，这在人类传统时期以前的建筑发展史上表现得最为明确。如热带、亚热带潮湿区域多为"巢居"技术，以及后来形成的"吊脚楼式"的建筑技术；寒带地区则多为"窟居"技术，以及后来形成的"窑洞式"的建筑技术。又如欧洲传统时期形成了混凝土建筑技术，中国传统时期则形成了木构架建筑技术。如此等等，都是源于其客观"资源"、"环境"条件（欧洲的混凝土技术和中国木构架技术的形成当然还有别的影响因素）的不同与影响关系，这是建筑技术与自然条件相联系的一个方面。

同时，建筑技术还与一定的社会生产力水平、社会环境等条件相联系，这则在较发达的现代社会里才表现得最为清晰。建筑技术实际上也是社会生产力构成的一部分，则建筑技术和社会生产力的联系是必然的，一方面是社会生产力总体水平的提高将带动建筑技术的发展，另一方面是建筑技术的演进也会推动社会生产力总体水平的提高，两者是相辅相成共为一体的。而且，社会环境——指社会存在所构成的环境（如社会经济、教育、法规等），也影响着建筑技术的发展。如建筑教育、建筑技术的主体是建筑技术活动的人，而这些从事建筑技术活动的人，若接受的教育内容和程度不同，就可能发现不同的建筑技术，即使是同一种类的建筑技术，掌握和运用的结果也可能有差异。显然，社会环境条件也是与建筑技术相联系的另一个方面。

所以说，建筑技术与其外部的联系，具有"自然"和"社会"的两重性特征。

第三，建筑技术内部之间联系的历时性特征。

应该说，建筑技术的"经验积累"的基础因素，实际上是建筑技术历时性的体现，经验的积累是逐渐的，具有时间性特点，不同时期的经验积累量的不同，必然要形成不同的建筑技术水平；而且，总是由新时期的经验积累结果所形成的建筑技术来取代以往的建筑技术，或者说，随着经验积累量的增多，新积累的经验将说明或检验出以往的建筑技术水平，并告诉人们以往建筑技术的适应需求程度，以及提高其适应度和技术水平的关键所在，新形成的建筑技术必然要高于以往建筑技术，历时性的取代现象更是一种必然结果。在人类建筑技术发展史上，这种历时性技术取代现象是数不胜数的，甚至可以说，每一项建筑技术无不是以历时性取代形式发展而来的。

第四，建筑技术内部之间联系的协调性特征。

人类观察自然、认识自然所形成的改造自然的所有建筑技术，自形成之日起，可以说就不是单一存在和发展的。如果仿自然而构筑的“巢居”、“窟居”不能说是严格的建筑，则所仿自然而构成的人类行为，当然也不能说是建筑技术，或者说建筑技术还只在孕育中。只有当地面建筑或半地穴建筑出现，才能说是严格的建筑，其建筑至少已有侧墙和顶盖两部分构成，相应的技术功能要求便有“侧墙”挡风、“顶盖”遮雨等，而相应的建筑构筑技术也大致应有“侧墙”砌筑技术、“顶盖”构成技术等。这两种建筑技术的协同性是必然的需求，否则砌筑的“侧墙”，其“顶盖”将难以覆上，或“顶盖”无法构成在“侧墙”之上，连接不成一体，这还能是建筑？还能挡风遮雨？

以不同建筑构件来划分发展后的现代建筑技术，至少应有基础技术、墙身技术、屋盖技术三大部分构成，而这些现代建筑技术更是协同发展的。若自上而下论之，屋盖技术要以墙身技术的支撑体为依据，来考虑屋盖技术的运用和发展；墙身技术的梁、柱、板等的构成技术，既要以能承受屋盖为条件，也要考虑基础技术的适应能力，然后才选择自身技术的运用和发展问题；基础技术在适应不同地质条件的前提下，同样要满足墙身、屋盖技术可能有的技术要求，而后结合起来考虑基础本体的技术运用和发展的科学方向。可见，建筑技术的诸多构成方面是协同的，包括任何一部分或任何一项建筑技术的运用和实施，都是与其他相关技术协同的结果，也只有协同后的建筑技术才能成为现实可行的、名与实相符的建筑技术。

- 建筑技术发展的必然趋势

建筑技术的发展趋势同样有其必然性特征。

从人类各文化区的发展历史看，这种发展趋势的必然性是存在的，尽管各文化区的环境条件均有所不同，但人类构筑居所乃至人居环境的建筑技术的发展方向是相近的，由简单到复杂、由单一功能的满足到综合功能的满足，也无论是西方传统的混凝土建筑技术的发展、还是中国传统的木构架建筑技术的发展，都有其发展的必然趋势；而现代以后乃至未来的建筑技术发展，必将朝同样的方向或趋势发展，而且是更相近、更一致的发展趋势，不仅是高层或大型现代建筑发展的相近或一致，甚至各专业技术的防火、防雷、抗震、抗风等更是一致性地朝同一方向发展。如此的发展状况，不能不说是有建筑技术发展规律的必然趋势存在。

概括而论，也大致各有两个方面的趋势特征：建筑技术发展的自然与社会需求的适应性特征；建筑技术发展的自然与社会满足的效能性特征。

第一，建筑技术发展的自然适应性需求特征。

建筑再造了自然环境，使之更适宜人类的生存活动或存在发展，这也是建筑的目的。但再造了自然的建筑，却不能因此而破坏了自然界的“生态平衡”，这则是客观自然对人类创造的建筑所提出的客观要求。同时，也只有得到了生态的平衡，才能反过来让人类生存发展得更科学，这当然应该是建筑技术发展的一种趋势。如现代以后人们提出的“生态建筑”的概念，就是指既能满足人们的建筑功能需求，又能使建筑功能的实现在“生态平衡”的前提下完成，可以这么说，建筑发展至现代看来的这种“生态”技术需求的发展趋势是明朗的，建筑技术发展的自然适应性需求的趋势也是一种必然。

第二，建筑技术发展的社会适应性需求特征。

在人类建筑史上，任何建筑的具体做法都是建筑技术的问题。但任何建筑技术的存在和发展，都是与一定的社会状况的具体需求相适应的。中世纪欧洲的“巴西利卡式”教堂的拱顶技术的大量被运用，这是西罗马教区的教堂形制的要求或需求；中国传统时期的“庑殿式”木构建筑技术的出现和发展，这是与宫殿建筑的“礼制”要求相适应的。即使在现代或未来的社会发展中，任何一项建筑技术也都有其相应的社会适用范围，包括各类不同功能类型的建筑技术适用范围。如壳体技术、网架技术等，是与一定的公共建筑需求相适应的，居住功能的建筑似乎难以适用；况且壳体技术、网架技术的应用，实际上还有诸多连带问题的出现，如经济上的投资问题，所构成的人居环境的景观问题，等等。这些政治、经济、艺术等方面的问题，必然要对建筑技术产生一定影响，这就从客观上决定了建筑技术发展的趋势问题，建筑技术就有其发展的社会适应性的必然发展趋势。

第三，建筑技术发展的自然满足的效能性特征。

建筑技术的产生和存在的第一特征就是对建筑功能需求给予技术上的满足，这同样是其发展的首要特征。人们发展建筑技术，首先考虑的是对建筑功能的满足，即人类最基本的空间功能需求的满足，人类早期的建筑是这样，现代与未来的建筑同样是这样；而这些需求，也是人类的自然需求。人类生活需要居住建筑、商业建筑、生产建筑等，居住、商业、生产建筑等则是由相应的建筑技术完成其构筑的；人类活动需要宗教建筑、教育建筑、交通通信建筑等，交通通信、教育、宗教建筑等同样是由相应的建筑技术来满足其构筑需求的。如果建筑技术无法完成人类的这些生活活动功能需求的建筑空间的构筑，人类将如何生存和发展？显然，建筑技术的自然效能性的发展趋势是必然的，只要人类还需要建筑空间，这一特征就必然存在。

第四，建筑技术发展的社会满足的效能性特征。

建筑技术的先进程度并不一定与社会满足的效能性成正比，先进的建筑技术能创造更高大、更宽敞的建筑空间，也能加快和提高建筑的成品率速度而创造出更多的建筑空间，但并非完全的、纯粹的先进技术就能满足社会需求的一切；在有些时候、有些地方，先进的、全新的建筑技术所能创造的建筑空间的社会效能的满足，反而不如传统的、古老的建筑技术的社会效能，这在现代社会里，表现得尤为突出。比如古城改造，乃至旧村改造，甚至包括传统建筑的对待问题，现今常见的做法是拆除破旧古城、旧村、古建筑，以现代建设技术重新建设新城、新村、新建筑；然而，这样做的社会效能是否同样有新的跨越？却是一个必须给予质疑的问题。文化的积淀是人类社会的至宝，古城、旧村、老建筑，是一定社会时期文化的综合体现，也蕴涵着许多非单一技术或单一科学所能替代的东西，人类社会的发展，非常需要这些文化积淀，特别是原汁原味的文化遗存。对古城、旧村、老建筑的态度，不应只是“改造”，而更多的应当是“保护”；理性而准确地说，应是“保护的改造”，而不是“改造的保护”。至于那些采用现代建筑技术的循古重建或仿建、或改建等做法，实际上都是在制造“赝品”，无论有多真切，都替代不了“真迹”的文化价值。

因此，仅此“古城、旧村、老建筑”一例，便可足以说明建筑技术发展的社会整体效能满足的重要性；而且，人们对这一观点的共识将会逐渐形成而建立起来，建筑技术的社会满足的效能性发展趋势也是必然的。

由建筑技术存在的本质联系和建筑技术发展的必然趋势两方面构成的建筑技术规律，可知其存在和发展的客观必然性，并引导着建筑技术的发展方向，这就为人们研究和发展建筑技术奠定了最基本的理论基础。所以，任何一条建筑技术的具体规律，都是建立在这一理论基础上的，是建筑技术总规律下的分支规律。

如建筑设计规律。

完整地说，建筑设计是建筑的艺术设计和技术设计的结合，在现实的建筑设计中，更多的还是建筑的技术设计，特别是结构、设备等配套专业的设计，便几乎都是技术设计；即使是建筑专业的设计，其功能性质要求、区域规划要求、规范设计要求等，都要求所作的设计，实际上是一种协调的综合性工作和表现，在此之余才或许有些创作的创造性思维的参与。故建筑设计的技术含量，事实上还是很多的。

建筑设计除了具有一般性存在的本质联系和发展的必然趋势的规律特征以外，还应有另外的特殊的、显著的表现特征。

建筑设计，是建筑的图形化（或图纸化）过程，以建筑图形在图纸上的表现为基本设计手段和方式。从历史上看，自人类文明形成以后，象形文字的出现，包括表述建筑物的文字出现，应该说就有了最早的建筑图的产生，或许这也可认为是最早的建筑设计图纸；当建筑作为人类社会的一个领域，并发展到出现了不同的建筑分工以后，建筑图形正式出现，也就同时有了建筑设计专业，其时的建筑图便已是写实的建筑表现图；当建筑设计作为一种专业学科出现时，写实的图形表现演化为一种专业建筑设计图，带有一定科学化的比例尺度的表现。此后科学化的比例尺度的建筑图做法趋于定型,只是在表现的工具上又有了逐级演进,由铅笔图、鸭嘴笔图、针管笔图等到现今普遍运用的电脑打印图;而无论其作图方式怎样演进,建筑图的表现都只是一种纯技术性的技能,不是建筑师的创造性思维,早期有“描图员”或“绘图员”来完成这一项工作,作图工具演变为电脑以后,同样可以由具备一定操作技能的“上机人员”来完成这一作图工作,使建筑师得以从中解放出来,作专职的各种设计因素的协调和其他创造性的思维工作,建筑设计的纯技术性工作被释出了。

因此,建筑设计具有艺术设计和技术设计的逐渐分化的发展趋势,纯技术性的设计工作将被逐渐独立出来,使建筑设计主体的建筑师,最终成为主要是担任建筑艺术设计(兼有一定的建筑技术要求或建筑技术因素)的建筑师,而其他工作便由逐渐分化演进的技术人员及工具(如包括电脑及电脑上机人员)所专职替代。

又如建筑施工规律。

尽管建筑施工不在建筑学专业讨论问题的范畴,但广义而言仍是属于建筑领域的一部分,在此我们仅作为“建筑规律”的一例来说。

建筑施工基本上可以说是纯建筑技术问题,除了具有一般的建筑技术规律特征以外,还有其规律存在和发展的较显著的特征呈现。

建筑施工是建筑构成的最后一个环节,是图形化建筑的物化过程。建筑的物化过程,同样也是以物化时所使用工具的不同的演进状况来看待建筑施工发展的。“冷”工具时期(以人类战争史上的“冷兵器”时代作喻而称),建筑生产力水平低下,主要靠人力及掌握和使用的工具来完成建筑施工的;随着“动力”工具的出现,建筑生产力水平有了质的飞跃,人的劳动强度有了很大的演变和改善。但这还只是人类社会发展中的建筑技术,其最终目标则是人类能完全从直接参与构筑劳动中解脱出来,或许只要将图纸输入一定的构筑机械程序中,就能完成整个构筑过程。那么,那时的建筑施工就只是既定图纸的输入,然后就有了物化建筑的出现。这个建筑施工发展的目标和方向,将决定建筑施工的主要发展趋势,于是,建筑施工的存在和发展规律的或许是最显著的目标也就在建筑施工工具的全自动化程度的逐渐实现。

当然,无论是建筑设计技术,或者是建筑施工技术,其发展规律的最显著特征仍然只是建筑技术的普遍规律存在的一个显著特征而已。

8.2.2 建筑艺术规律

在现代建筑理论看来,建筑所研究的主要就是建筑艺术,建筑理论界的人们通常所讨论的建筑时代,也主要是指建筑艺术发展演变所出现的不同时代,如哥特时代、文艺复兴时代、巴洛克时代、洛可可时代等,或者说是古典建筑、现代建筑、后现代建筑、解构建筑等。在人类还在与大自然的生死抗争中,或许还不知道、也没有思维闲暇去考虑建筑艺术;而当人类已大致满足了“防寒避雨御虫蛇”的最基本的建筑功能需求以后,原已潜在的生存环境艺术需求(或欲求),特别是建筑艺术需求,便逐渐被明朗化,建筑艺术的创造便与建筑的构成同时被探讨和出现。建筑艺术非常明确地成为建筑的一个有机构成部分,并随着建筑的发展、人类文化之力的增强,建筑艺术也逐渐成为建筑的主导内容。故而,才有后来在建筑理论界里出现的、以建筑艺术内容来断代的各种建筑时代(参见下文的“建筑学史论”)。

而建筑的建筑艺术,不同于建筑技术,建筑技术主要表现在建筑工具和工具使用上,建筑艺术则主要是表现在建筑风格或样式上。建筑工具使用的存在和发展,可以一定的数值或指标来衡量;建筑风格的出现和演变,尽管也有“物”的表现形式,但却无法以数值或指标来说明,也就不可能有随时间的发展演变上的直观而简单的优劣比较,只有不同时期出现的不同建筑风格感受的存在。因此,建筑艺术的发展,是有完全不同于建筑技术的存在和发展规律的,这是毫无疑问的。

同样,建筑艺术规律是由其存在的本质联系和发展的必然趋势决定的,并表现出一定的存在和发展的特征。

- 建筑艺术存在的本质联系

建筑艺术的出现和存在包括建筑艺术与外部影响因素的本质联系和建筑艺术自身内部构成之间的本质联系这么两部分。

建筑艺术,源于人的主观创造,当创造出建筑艺术品后便客观地存在着,也由于这种客观的存在能给人以“美”的感受,故认为其是一种建筑的艺术存在。而人对建筑的“美”感的产生,是源于人的主观鉴赏能力，没有具备一定的鉴赏能力，是无法品尝出相应建筑艺术的韵味感受的，而且具备不同的主观鉴赏能力，便可能有不同的韵味感受，其中较高水平的则又有“鉴赏家”之誉。显然，建筑艺术是人的主观产物，也是由人在主观上给予感受的；然而建筑艺术不是主观的人，其本身被创造后却是客观存在的。因此，大体上而言，人是建筑艺术主要的外部联系对象，建筑艺术被创造的内容才是其自身的内部构成联系。

于是，建筑艺术与外部影响因素的联系主要就有了人文性和愉悦性的特征，而建筑艺术内部构成之间的联系则主要表现出韵律性和统一性特征。

第一，建筑艺术与外部联系的人文性特征。

人是建筑艺术创作的主体，对同一背景、同一条件或同一情况的创作目标，不同的创作者将有不同作品产生，这主要是源于创作者的人的不同思想意识指导的缘故。而人的思想意识的形成是有诸多影响因素的，这一点在人类古时的建筑理论里就有明确的提出，建筑艺术的创作者主要就是“建筑师”。古罗马的维特鲁威认为：“建筑师应当擅长文笔，熟习制图，精通几何学，深悉各种历史，勤听哲学，理解音乐，对于医学并非茫然无知，通晓法律学家的论述，具有天文学或天体理论的知识。”（《建筑十书·第一书·建筑师的培养》，高履泰译）这是维特鲁威在谈“建筑师的培养”时所提出的观点，当然，这也许并不全面，但却说明了建筑艺术创作主体的建筑师的素质问题，也说明了建筑艺术创作时可能有的诸多影响因素的存在，包括宗教、民俗、社会、家庭等，以及创作者创作时的健康状况、情绪成分等等，这些都将影响创作出来的建筑艺术作品，或者说这些都是建筑艺术的外部因素。所以，建筑艺术与外部影响因素的联系，显然有非常显著的“人文性”特征。

第二，建筑艺术与外部联系的愉悦性特征。

人也是建筑艺术感受的承受体，没有人的感受，建筑艺术是寂寞的。建筑艺术被创作者表现在建筑上以后，便以“物”的形态而存在着；但建筑“物”的存在，并非是建筑艺术的单一载体，这一点与另一种空间艺术的雕塑是有明显区别的，以“要素”论“物”的建筑，还有非常重要的、也必不可少的基本“功能”内容，“物”的建筑一旦构成，同时也具备了“功能”内容，建筑的“物”的使用通常是以“功能”的满足为标志的。所以，“物”的存在并不一定就有建筑艺术的同时被感受，或者没有完全被感受，这样建筑艺术就可能是“寂寞”的。而实际上，建筑艺术的被感受，也是建筑“功能”内容的一部分，而且以其愉悦承受体的人作为最基本的存在特征。英国的 R. Scruton 先生在《建筑美学》中认为建筑物“看起来是女性的”（刘先觉译）。在一般人们看来，与男性的最大区别是，女性是媚人的，无论是对男性或女性自己来说，这一点都不可置疑，正是因为人的这种天性，Scruton 先生才有此比喻和感叹。这也说明了建筑艺术与外部联系的另一个主要特征的存在，若没有这一特征存在，则建筑便没有其艺术性的构成存在，也就没有所谓的“建筑艺术”。

第三，建筑艺术内部构成之间联系的韵律性特征。

英国的 G. Scott 先生将“建筑艺术”归结为“体量、空间和线条”三个基本要素（参见上文的“建筑要素”引言部分），即建筑艺术内部可以说大致就由这三个方面构成。一定的建筑体量就限定了相应空间的形状和大小，也勾画出基本轮廓的线条；或者说，基本建筑空间的确定，也制约了相应的体量规模，表现出大略的线条构成状况；反过来而言，任何建筑线条的表述，都是为满足相应的空间需求，也展示一定的建筑体量。三者相辅相成，目标是相同的，彼此间都是为了一个共同的建筑艺术效果的目标而设计和构成的。当建筑空间需求量既定时，便必须考虑体量的适宜，线条的恰当；反之亦同，都是为了达到“美观”这唯一的目的，这也是三者相互间的关系。德国哲学家歌德先生将建筑比喻为“凝固的音乐”，这是对建筑艺术而言，实际上也是对建筑艺术创作的要求和对建筑艺术内部构成的本质联系的揭示。所以我们说，韵律性是建筑艺术内部构成的本质联系特征。

第四，建筑艺术内部构成之间联系的统一性特征。

既然“体量、空间、线条”是为了共同的目标而设计和构成的，则建筑艺术内部的这些构成联系的统一性（或一致性）也是必然的。通常一幢建筑物是由一种建筑风格完成的，则该建筑物所表现的建筑艺术形象的体量、空间以及线条的构成因素就有了一致性特征，是一个统一的整体；如果该建筑不是由一种建筑风格来完成，而是由两种或多种风格来完成的，如20世纪晚期出现的“解构式”建筑，以往出现的各种建筑风格的构件或部件都有可能在一幢“解构式”的建筑里得到集中表现，于是，人们便称之为可“解”之“构”的建筑。这种由多种风格的构件或部件组成的建筑，也许不具备风格上的一致性特征，其“体量、空间、线条”等构成因素是多样性的表现形式，但这种建筑也需要有一个主题，就像一篇文章、一本书，都是有其明确主题的，否则还怎么成其为建筑？那么，在同一主题下构成其“体量、空间、线条”等因素，则统一性不就在其中了？故而，建筑艺术内部构成的体量、空间、线条等因素是存在于统一的本质联系中的，没有这统一的本质联系，也许有建筑功能内容的“物”的存在，但建筑艺术是不存在的。

● 建筑艺术发展的必然趋势

建筑艺术是“凝固”的静态空间艺术，则建筑艺术的存在是短暂的；然而，建筑艺术的发展却是永恒的，是一种动态永恒发展的美学理论。

与其他一般艺术形式相同，建筑艺术也具有其发展的一般性质。建筑艺术与人类文化的起源和演进发展一样，都是多元的，人类文明早期有“四大文明古国”（即古埃及、古巴比伦、古印度、古中国），传统时期主要形成为“八大文化区”（西亚北非、中南非、南亚、东亚、欧洲、北美、中南美洲、澳洲），各个区域的建筑艺术都不一样，即使是同一个文化区内的不同地区，建筑艺术也有区别，这种区别在传统时期尤为明确，其例随处可觅，毋庸赘述，这就是建筑艺术的区域性或地区性或民族性特征。即使是现代，建筑艺术的世界全方位交融发展，仍然可找到不同区域或地区的区别所在，因为建筑艺术的发展是连续的，就必然有连续发展后留下的岁月沧桑的痕迹。也因此，由于有“四大文明古国”、“八大文化区”、“世界全方位文化交融”等不同历史时期或阶段的演变，于是，建筑艺术便有了阶段性、历史性或时代性的特征；任何一个地区或区域，只要有一定的发展历史，都能找到不同时期、不同建筑风格或样式的差异，即使是仿古或修复的建筑，也必定有“仿”或“修”与原物的差异所形成的历史性特征。而实际上，这是任何事物自“第一爆炸”以后都同样具备的时空性质，只要时空因素存在，则事物的时空性质的具备就是必然的，这也是毋庸置疑、无可非议的真理。

此处我们欲着重讨论的是建筑艺术发展趋势的非一般性的特征，或者说是对时空性质的进一步诠释。大略而言，有这么两个方面的四个特征：建筑艺术发展的自我积淀性和相互兼容性特征；建筑艺术发展的向心循环性和拾级超越性特征。

第一，建筑艺术发展的自我积淀性特征。

建筑艺术的表现主要有两个方面的构成内容，一个是自我形态的艺术表现，包括平面和立面、构件与总体等内容；另一个是借助于其他艺术形式的结合表现，如雕刻、绘画等艺术形式。而无论是自我形态的表现、还是结合其他艺术形式的表现，也无论是现代的建筑艺术表现、还是古代的建筑艺术表现，每一个建筑艺术内容的表达意识都有一定取向及表达范围。古代创造的建筑艺术，并不因古代已经过去而其艺术就没有了存在或没有了表现的意义。相反的，人们为了表达某种艺术思想问题，同样可以汲取古代的建筑艺术内容为今用；而现代创造的建筑艺术必定是在前人的建筑艺术创造基础上完成的。可见，建筑艺术的发展不是一种简单的替代，旧的建筑艺术在新时期同样有其艺术价值，人类建筑艺术是不断积淀而不断创造发展的，从而不断地丰富了人类建筑艺术的内容，甚至是汲取其他艺术形式内容来丰富自己。现在和以前是这样，将来的建筑艺术也同样具有这种自我积淀性的发展趋势特征。

第二，建筑艺术发展的相互兼容性特征。

历史的积淀是建筑艺术发展的一种特征，区域间的兼容也是建筑艺术发展的一种特征。因为非本能的向客观环境的学习，是人类的一个最基本特征。当人类文化之力还较弱时，人类在一定的环境中生存，便向所生存的环境学习，仿原始或天然的“窟穴”或“巢穴”而构造自己的居所，而后还根据客观环境的所有存在，写实地、象形地将之刻画于所居壁面上，这大概就是迄今所知最早可称为建筑艺术内容的出现，主要有树木、花鸟、禽畜等生物“画”或“刻”；当人类文化之力增强后，逐渐打破所居的自然环境，于是有了新的学习内容，特别是区域间不同文化的学习，这则是最早的人类文化兼容，可以说，最早的人类古文明区的形成，实际上就是邻近区域相互学习的发展结果。传统时期以后，特别是近现代，不同文化区域间的交流、传播的学习，更是频繁，这也是迄今看来建筑艺术发展演进的最主要动力。如约有两千年历史的中国传统建筑艺术，其间虽然仍有一定的演进发展，但因基本上都处于相对封闭的文化禁锢状态，使之演变较慢；而近现代的外域文化的大量输入，丰富了中国建筑艺术的内容，其发展演变速度是前所未有的，这也说明了建筑艺术发展的兼容性特征的存在。

第三，建筑艺术发展的向心循环性特征。

以现代建筑的发展看，最令世人瞩目的是西方建筑，不仅西方建筑物遍布整个世界，而且西方建筑材料（如钢筋混凝土）、建筑技术、建筑理论等，当然也包括建筑艺术，大概整个世界都为其所占领，举目而望，一座座拔地而起的建筑，基本上都是西方样式或风格的建筑，本土风格的建筑反而罕见、罕有。而西方建筑，从其发展轨迹上看，人们不难发现，建筑风格的循环往复，似乎已成为一种必然。自古希腊、古罗马奠定了西方建筑的基础以后，古希腊、古罗马风格的"阶段性"被复兴，成为建筑艺术发展的特征。如"文艺复兴"时期的"古典主义"风格的出现，经过"中世纪"的"压抑"，被认为是"人文主义"思想表率的古典风格被推崇；又如"现代主义"之后的当代建筑，工业化的大规模建设，又使人们对古典风格向往，在现代建筑里，加入了许多古典样式的构件，且以古希腊、古罗马建筑艺术为最被推崇的风格。建筑艺术，从古希腊、古罗马为起点，阶段性地回复到古希腊、古罗马样式为主调的建筑风格上；而且，被感染、传播或占领的区域，也总是被纳入这一发展潮流里，随之而动。于是，由欧洲的建筑艺术到西方建筑艺术、到整个世界的建筑艺术的发展，源于地中海北岸的"古典"风格成为阶段性的被复兴的主题，而且这一发展潮流还似乎已逐渐成为整个世界建筑艺术的发展主流。因此，其建筑艺术的向心循环性特征是显而易见的。

第四，建筑艺术发展的拾级超越性特征。

从古希腊、古罗马为起点的欧洲或西方建筑、或世界建筑艺术潮流，并不仅仅是"文艺复兴"时期的古典复兴，也不仅仅是"现代建筑之后"的古典样式的简单重现，实际上都有一定的超越，对前一时期循环的超越。"文艺复兴"以后的"古典复兴"虽然以"复兴"古罗马、古希腊建筑为旗帜，但并非简单的重版的"复兴"。如对古典柱式的崇奉，并以有其柱式的建筑视为一种"高贵"，却又强调"柱式"结构的合理性和逻辑性。如果说循环发展是一种往复运动，即简单的重现、再版，那么，强调其"合理性"和"逻辑性"，实际上已不是一种简单的重复再现，至少在思想上已有一种审视的意识指导着，这当然就是古典复兴的"超越"。现代建筑之后，人们似乎又发现"古典主义又回来了"，古典柱式闯入现代建筑之中，也许人们会说这又是一次"古典复兴"，事实上，无论是建筑背景、还是建筑意识，都不是简单的"古典复兴"。于是，人们又说这是新的"古典主义"或"新古典主义"的思潮，这同样也不完全是这样，人们实际上并不想"复兴"什么"古典"，更多的还是为现代建筑找新感觉，试图以更多的装饰所取得的美感来填补现代建筑的缺憾。因此，何止是古希腊、古罗马的"古典"样式，哥特、巴洛克、洛可可等各时期的样式都被同时"复兴"了。可见，这并不是历史建筑样式的简单重复再现，也非柱式结构合理性、逻辑性的再次重论，而是一种拾级后的"超越"。

建筑是以建筑技术和建筑艺术结合来完成其形成和存在或发展过程的，建筑过程的任何一个环节都是建筑技术和建筑艺术相结合的结果。所以任何一个建筑环节或构成部分，必然是在建筑技术规律和建筑艺术规律共同作用下发展的，也只有依循这些客观存在的规律，建筑才能得到顺利发展。因此，建筑技术和建筑艺术的上述这些存在的本质联系特征和发展的必然趋势特征，对建筑存在和发展的各个环节和构成内部都同样具有普遍性的指导意义。

8.3 特殊建筑规律

建筑规律，严格地说就是一种"社会性"规律，如果我们视其为一种建筑的普遍规律，则建筑规律依科学原理而论，又有其特殊规律的存在。那么，"非社会性"的建筑规律，便可认为是"特殊建筑规律"。

而"规律"科学理论认为，事物的规律可分为三大类：自然规律、社会规律和思想（或思维）规律。那么，若以上述之理而论，且既然社会性建筑规律是普遍规律，则自然性建筑规律和思想性建筑规律当然就是特殊规律。于是，特殊建筑规律，也就主要包括有自然性建筑规律和思想性建筑规律这么两大部分。

8.3.1 自然性建筑规律

建筑的目的是为了满足人类的某种需求和欲望，特别是最基本的“住”的需求，而建筑的技术和艺术本身是无法给予满足的，只有其“物化”的建筑物才能提供此满足条件；不过，建筑物是以自然形态出现的，也是以自然形态的物质构成的。那么，以自然形态的出现和构成的建筑物，若以物质规律理论而言，就同样必有其产生或形成、存续或存在、消亡或毁灭的发展运动规律存在，这就是属于自然性的建筑规律。

● 建筑产生或形成规律

由于建筑物不是一般的物质，且必定是文化的物质，故建筑的产生或形成不仅有一般物质的规律性，也应当有作为物质性文化的产生或形成的规律性。

也由于建筑的形成，不仅有作为人类文化要素之一的建筑总体的产生或形成现象，也有作为每一个建筑单体自身的产生或形成现象。则建筑的产生或形成规律，便有两种类型且各有两个方面的问题可资讨论。

人类的早期建筑，不同地区、不同环境通常是不同的，并都是根据各自客观环境和条件及可能有的材料构成的。有石砌蜂屋、草坯土屋、树枝泥土棚、兽皮树枝棚、崖洞、窑穴以及穴居、半地穴居等，但无论是在什么环境条件里构成的任何建筑，其产生或形成的过程都是一样的或相似的，都是由最基本功能需求的本能性满足到非完全本能的或非本能的功能性满足的演变过程而产生或形成其建筑的。在上文的“建筑要素”中已经谈到过，人类对“住”的需求满足是逐渐的、可变的“发展性”完成的，即其满足度不是恒定的，随着人类文化之力的增长，人类“住”的需求程度的要求也随着增高，于是，人类为之而寻求满足的“住所”也就相应提高了。而这种满足，是一个从本能到非完全本能或非本能的功能性满足的过程。若以人类自身而言，人类的这种满足需求，是逐渐被启迪或唤醒的，且当唤醒到一定程度，便支配着人类去完成创造出“建筑”的过程；或者可以这么说，是在“居住欲”向“建筑欲”的演进过程中，完成其建筑的产生或形成的。

“居住欲”是人类的本能之欲，“建筑欲”则是人类的非本能之欲，两者是不同的，是人类演进发展中不同进化水平时期出现的不同“欲念①”。

人类首先是一个生物系统，这个生物系统的劳作或活动，会消耗能量，消耗能量后的生物系统会产生累、渴、饿、困等感觉，这种感觉是由大脑神经系统反映出来的，人类意识并没有办法、也不可能扼制这种感觉的产生，这是一种必然出现的生物系统反映，而所产生的感觉就是一种欲求，故这是一种本能之欲。而其中的“困”之欲求，实际上就是此处所讨论的“居住欲”之本源。

“居住欲”虽然不为人的意志所支配，但却是可以解除的。生物系统体对“困”的解除方式一般有两种，一种是调整性的解除方式——打哈，另一种是根本性的解除方式——睡觉。前者只是人体生物系统的自我调整现象，并不能完全解除疲倦之“困”；只有后者，才可能真正解除“困”觉。当然，以后可能有的劳作活动又将产生新的“困”觉，又需要睡觉来给予解除，而呈周期性的交替出现。于是，就需要有一个相对固定的解“困”休息场所，人类的生物本能系统会找到或构成一个可供休息或睡觉的场所，即“原始居所”，而支配这一过程的大脑神经意识是“居住欲”。故“居住欲”是一种本能之欲，所找到或构成的“原始居所”，当然也就是人类本能的产物，即非建筑。

不过，非建筑还是能满足人类的“居住欲”需求的，至少可解除周期性的“困”觉。

而随着人类对自身的大脑神经系统的进化、成熟的演变，“居住欲”的简单满足逐渐在不断演进的神经系统意识里出现了空当，因为人类大脑不断地认识了环境、了解了自然存在，也同时逐渐发现了可创造的空隙，“原始居所”似乎就有了越来越多的可改造的空间。于是，人类新演进产生的意识就会支配着人类去作创造性、试探性的尝试，随着这种不断“尝试”的逐渐深入，在“尝试”中又有了新的发现、新的认识，这又逐渐形成了一种非完全本能或非本能的神经系统意

① 参见陈凯峰著《建筑文化学》，同济大学出版社 1996 年 6 月版，第 148 页和第 169 ~ 170 页。

识，而这种非本能或非完全本能的意识就已不仅仅是“居住欲”了，还可能包含了一些非“居住欲”的意识内容，这也就是逐渐形成的人类“建筑欲”。

对建筑总体而言，人类神经系统相应意识的形成，实际上就是建筑产生或形成的过程；而这一形成过程中出现的诸多内在联系和发展趋势，便由“居住欲”演进到“建筑欲”的形成，从而构成了建筑产生或形成的规律内容。

若仅就建筑单体而言，其产生或形成也是有规律可循的。

人类早期的居所，除了栖居的天然洞穴以外，还有仿构或创构的居所，这就已是人类行为的结果了。但仿构的居所仍是一种本能行为的反映结果，还不属于文化的范畴，当然也就不是严格意义的建筑，则其单体的构成便不在建筑单体产生或形成规律的范畴之内。只有文化形成以后，建筑作为文化形成的标志之一，其单体的产生或形成才属于建筑产生或形成规律的讨论范畴，即具有文化属性的建筑才是真正的建筑。

而文化形成以后，人类建筑的每一个单体的产生或形成，其规律更是显而易见。

仅从“物”的角度而言，每一单体建筑的产生，都是由“物”的堆积完成的，不同的材料、按不同的方式，便“堆积”出不同的建筑物来。以传统时期而论，钢筋、水泥、骨料，按一定比例，先将水泥、骨料等充分搅拌以后，再装入预先制作的、内有钢筋网架的模具里，就这样便产生出了西方建筑；若取来木料，经伐、刨、锯、凿、刻、挖等制作后，按一定法式或定制装配起来，中国建筑也就这样产生了；……等等。显然，建筑的产生过程是材料的选配、加工、制作或装配形成的过程，这也是最直观的“物”的规律。

如果从文化的角度而言，每一个单体建筑的产生，就不只是物的“堆积”的结果，而是人类复杂的文化创造的过程，并且是比物的“堆积”更重要的过程。

“文化”的概念是近代英国人类学家泰勒(1832—1917年)先生给予的，其提出“文化”概念的本意是区别人与其他动物。按生物学家的看法，人首先是动物，也永远是动物，具有诸多动物的本性的东西恒存于人体里；但人之所以是人，也必定有区别于其他动物的根本性的东西。泰勒先生将这种人区别于其他动物的最根本的东西称之为“文化”，当这个概念被人们普遍认同后，文化也就成了人类与其他动物的最根本性区别，也是区分一般动物制造与人类创造的最本质所在。而“住”的场所，也因此而有了最明确的一般动物居所和人类特有居所的区别之处，只有后者才是人类真正的行为结果，建筑学家们称之为“建筑”。

那么，建筑的产生或形成，从此就有了根本性的明确界线，即文化的产生便是建筑形成的前提，只有当人类文化产生以后，才可能有建筑的形成出现。而如果建筑不是人类文化产生的最早的产物，则建筑的形成必定在文化产生之后；若建筑就是人类文化产生的最早标志物，则建筑与文化是同时产生或形成的(参见7.2.3“建筑非本能”部分)。这是一个纯文化问题，在此恕不多加释说。

- 建筑存在规律

建筑一经产生或形成，就是一种存在；而且一直到建筑的消亡，建筑都是存在的。建筑的存在必定有一个过程，即从产生或形成到消亡的过程。建筑的产生或形成，上文已经讨论过了，是明确的；而消亡是下文的问题，非此处所要讨论的，那么在这两者之间的存在过程中，建筑又是怎样存在的？具有什么规律？这则是此处将着重讨论的问题。

由于此处主要是讨论建筑的自然性规律，即建筑作为一种“物”的存在规律的问题，故“建筑存在规律”是指建筑“物”的存在规律。然而，建筑“物”的存在，当有两种存在状况，一种是自然功能性存在，另一种是非自然功能性存在，两者是有明显区别的，则建筑的存在规律，便有两方面的规律情况；而且，由于建筑有宏观上的人类建筑总体和微观上的建筑单体之分，因此，建筑存在规律也就同样有两类且各有两个方面的问题需讨论。

总体而言，人类建筑是沿传而存续的，自产生或形成之日起，人类就再也离不开建筑了，似乎建筑也成了人类存在或生存的特有象征，即建筑与人类同在。尽管有安装机器的工厂建筑、有住“动物”的动物园建筑、有存储物品的仓库建筑等，但它们都是为人类服务的建筑，都仍当认为是人类建筑。也就是说，建筑是对人类而言的，其功能是人类创造赋予的，也自人类创造并赋予了其建筑功能以后，有“功能性”特征的建筑,便是一种具有一定自然性特征的存在。正因为这种存在是人类赋予的,也是为人类自身服务的,所以自然功能性存在的建筑,是与人类紧密联系的;如果没有人类,自然功能性建筑是不存在的,这是由自然功能性建筑的特征决定的。

同时,人类建筑也是连续的,在人类时代里,时间和空间不仅提供给人类以创造建筑的空间,随自然时间的推移,也分化和变换出诸多的建筑类型和建筑样式,则人类建筑整体便是由这些诸多建筑构成的。在人类建筑整体看来,每个建筑似乎只是人类建筑整体的一个点或一条短短的线段,尽管有如中南美洲的“狄奥提瓦干文化”、“摩揭文化”和“阿兹特克文化”、“马亚文化”、“印加文化”等的区域文化的消亡或衰败,但人类总体文化还是延续的,人类对建筑需求的依赖,客观上促使人类去创造一座座替代满足需求的建筑,则人类建筑功能需求的满足便是一个个点或一条条线段的连续,当然,人类建筑也就是连续的。

所以,人类建筑的存在需求是与人类同在的,也因为人类对建筑需求的不间断的依赖性缘故,使人类建筑的存在是连续的,这是人类建筑自然功能性存在的特征。

以非自然性存在现象而论,只能说是区域性的或局部的,不是人类建筑整体的;若就发展至今的人类整体的非自然性建筑存在的现象来说,是不可能出现的,只有区域性的非自然性建筑存在过。如上文提到过的“狄奥提瓦干(Teotihuacam)文化”和“摩揭(Moche)文化”,是中世纪中初期以前存在于中南美洲的两大人类文明,据说都是毁于公元8世纪中叶的一次“厄尔尼诺”大洪现象,其所居之人消失了,但其建筑有“物”的存在。于是,后来的中美洲的马亚人、阿兹特克人就继承了“狄奥提瓦干文明”,南美洲的印加人继承了“摩揭文明”,建筑又得到了接续,其间没有人类的那个空当只有“物”的存在,显然这是一种非自然功能性的“物”的存在。这种非自然功能性的建筑存在也显然是区域性的。迄今看来,也确只有区域性的非自然功能性的建筑存在现象。

就单体而言,建筑“物”的存在,也有自然性和非自然性的不同现象的区别。而且,这种区别比人类建筑整体还会更明确些,甚至还都是普遍的建筑现象。

每一幢建筑的存在时间是有限的,在岁月数轴的每一建筑存在的闭区间内,建筑既是一种以自然形态存在的“物”,也是按一定自然功能需求提供人们满足的存在物,故其建筑“物”的存在是自然性的,而其中关键在于其功能的自然性。建筑成形后,建筑功能是人类赋予的,在建筑成形前人类就预先设置而赋予了成形后建筑的某种特定功能,也在建筑投入使用后,直到建筑自然形态存在“物”再也无法提供这特定功能需求的满足时为止,建筑功能的满足是持续的,也是按既定方向提供满足的,人们通常也按这种功能特征来确定建筑性质。如居住建筑,人们习惯地称传统时期的居宅为“传统民居”,满足居住者的基本生活起居是其主要功能,只要是人们生活起居需求的空间内容,人们都可在这类建筑中找到相应的空间满足,直到人们认为是无法提供需求满足时的“危房”,否则都一直是“居住建筑”。又比如宗教建筑的“基督教堂”,常见的“巴西利卡式”的长方形主堂,以及其前的祭室和祭坛,这种特殊的空间结构,是非常适合祈祷、礼拜等与“上帝”沟通的功能满足的,也同样自教堂建成之日起,特定的建筑空间赋予了特定的功能,使该建筑也以此而称之为“基督教堂”。此外的其他功能的建筑也一样,都是在建成后便有了相应的既定功能,人们通常便按既定的功能给予使用,同时也以功能来确定其称谓及建筑性质,直到该功能的丧失——从“物”的躯体上丧失。因此,建筑“物”的自然性存在,是功能使用和满足的过程,这是人类建筑的每一个单体自然性存在的普遍现象不断给予印证的一条不变的恒定规律。

然而,人类所创造的许多建筑“物”的存在,实际上都并非完全自然功能性的存在。

自然功能性的“物”的建筑存在,以功能的实现为基本准则,否则当然就是非完全自然功能性的“物”的建筑存在,这在以功能性质为标准划分的各种建筑类型中,都是非常普遍的现象。

比如教育建筑的教室,不同教学功能要求有不同的教室空间,一般中学的教室大致为(6.0~6.6)m×9.0 m左右,可容纳约50个学生上课,也按一定照度要求的“窗地比”和交通要求设置相应的窗门,还有讲台、黑板等的设置,则以自然功能性需求而使用该教室,那将非常恰当。但若作为教学上的“办公”之用,虽仍在教育建筑之列，却与原自然功能性已发生了偏离；若作为“居室”而用，则就完全偏离了教育建筑性质。那么，其建筑“物”的存在，显然就是非自然功能性的“物”的存在。

诸如此类的生产建筑的车间作仓库或宿舍之用、居住建筑的公寓房作办公、商铺之用等，其用非原建筑的“功能”作用，同样都可将其建筑视为非自然功能性的“物”的存在。

甚至有的建筑的使用功能与原功能的偏离并不明显，似乎还很适用。如中世纪东拜占廷的“圣索非亚大教堂”，15 世纪中叶被“奥斯曼帝国”占领，这个已存续近千年的著名的“东正教”中心的大教堂，从此被改为“伊斯坦布尔”的清真寺（见图 28），虽然都是属于宗教建筑的范畴，但东正教与伊斯兰教却是完全不同的两种类型的宗教，不仅其各自的教义不同，而且各自的建筑功能意识和形制也不同，则这一建筑“物”的存在，前者说是自然功能性的存在，那么后者当然就是非自然功能性的存在，这是显而易见的。

而且，不仅传统建筑的存在、现代建筑的存在是这样，未来建筑的存在也必然是这样，因为这是建筑“物”存在的规律所决定的。

• 建筑消亡规律（或灭亡、湮灭规律）

建筑既然是以“物”为基本的存在现象，则根据“物质”存在的定律而言，有存在就必然有灭亡或消亡。对单体建筑来说，建筑的消亡人们已见过，而且是经常发生或出现的现象；对整体的人类建筑来说，则是一个未知数，也许人类自身并不希望有“消亡”的出现，但这是自然规律决定的，人类建筑同样有消亡的那一天。所以，若仍需完整地认识建筑的全过程，则建筑的“消亡”规律也应是在此处讨论的范围。

紧接上一规律而论，不仅有建筑单体和建筑整体的消亡，同样也有自然功能性和非自然功能性的建筑消亡。于是，建筑“物”的消亡（或灭亡）规律，也就同样有两类不同的各自两方面的问题被下文所讨论。

就单体而言，历史上所建造的每一幢建筑的生命都是有极限的，人类历史创造了许多建筑的辉煌，也湮灭或淹没了许多人类创造的奇迹。尽管现今仍有许多人类的被称为“第七大奇迹”或“第八大奇迹”的遗存，但恐怕今人已无法知晓人类历史上曾创造了多少辉煌的建筑，也许会远远超过尚遗存的这些“奇迹”，而且即使现今尚遗存的许多“奇迹”或建筑，实际上也正在逐渐被流失的岁月所淹没。这些都说明了建筑存在的有限性，则这也就有了建筑存在后的消亡现象的必然出现。那么，建筑从“存在”走向“消亡”，又将具有什么内在的本质联系和发展的必然趋势？即建筑的“消亡”将有何规律？特别是单体建筑的消亡，人类历史已目睹了无数建筑的消亡现象，其消亡的过程，若仍按自然功能性和非自然功能而论，也同样有两种不同的消亡类型，这是人类历史所已知的。

建筑“物”的消亡，是自然物质规律所使然。建筑物既然按自然规律而取材、而设计、而构成，则使用后也必然会依自然规律而受损耗、而毁坏、而消亡，就像人的肢体一样，随着生命成熟后的延续，肢体器官的老化是不可逆转的，建筑也在不断老化中存在着，直到“消亡”。已经消亡的自不必多言，正在老化的则随处可见，即使是非常著名的建筑，也逃不脱“老化”的纠缠。中美洲的“太阳金字塔”、“月亮金字塔”曾经的辉煌早已不见了；埃及法老的金字塔虽然仍健在，但岁月沧桑留下的遗痕足可说明其“老化”正在逐年、逐月地迫近或出现。尽管其间可能有许多人为的因素，但更多的是自然规律的因素促使其走向“湮灭”，这主要是自然规律的影响，也是人类所无可奈何的结果。

不过，有些建筑的消亡并非自然消亡，或者更明确地说，形体还存在着，但已不具备建筑原构成所赋予的功能或其功能的实现，这还能说是原建筑？如被认为是人类建筑“奇迹”的中国长城，在秦始皇给以增建而连成一体的原构以后，其功能一直是主要作为抵御外域对中原大陆侵入的屏障，且在其传统时期存续的修建、扩建等过程中，也基本上仍然是按这一功能而修、增、扩建的，此间当然是防御性质的“长城”；但进入现代，长城依然存在，有时也被修补过，但已不再是被作为“防御”功能而被修建了，主要功能性质已转化为观赏性、纪念性，甚至被看作为“旅游建筑”。那么，原防御性质的“长城”已完全被观赏、纪念性质的“长城”所替代了，从一定意义上讲，原功能性质的“长城”已经不存在，原赋予的功能性质已没有了，这大概可说是非自然功能性的“长城”已经消亡。然而，代之的观赏、纪念性质的“长城”或许相应地可认为是被创造了，则自然功能性的“长城”是观赏、纪念性质的长城，或许也要以此性质而走向消亡，这就是自然功能性的问题。

诸如此类的非自然功能性消亡建筑单体很多，甚至还有间歇性的非自然功能性建筑的消亡现象存在。这是一种非常特殊的建筑现象，从理论上讲，这还是非常不正常的建筑现象，但却是相当普遍的建筑现象。按一般正常规律的运行来说，建筑以赋予一定的建筑功能建造后，也按所赋予的功能性质投入使用，直到建筑之“物”的“老化”至消亡；但在这一长期的“物”的存在过程中，使用者主体的人所处的社会环境及事态的演变是有许多偶然性的，任何一种事态的演变都可能改变人们对建筑使用的功能性质，这并非客体的建筑所可奈何的，通常也不是使用者的人们所愿。如公共建筑作居住功能之用、居住建筑改为办公功能之用等等，这在人类对建筑的使用现象中屡见不鲜。也许后来还可能又恢复了原构筑时所赋予的功能来使用，但这非原赋予功能的使用过程，是否可认为是一种“间歇性”的非自然功能性消亡？如果可这么认为的话，则恢复自然功能性的使用便是消亡的“起死回生”。而这一“间歇性消亡”和“起死回生”现象，关键都在于其自然功能性的使用与否，这当然也是建筑单体消亡规律的最主要的内容，或者说是其本质所在及由此本质所决定的发展的必然过程。

总体而言，人类建筑的是否消亡、怎样消亡，是一个未来的问题，也是一个“未来学”的课题，人类建筑的自然规律决定的消亡是必然的。只是这还不是人类建筑的现象，人类无法给予明确的引证；但这无疑仍然是建筑学的问题，是“建筑规律”这个课题中不能回避的一个基本问题。

首先需要认定的问题是，人类一定需要建筑？人类当时创造建筑时是为了“防寒避雨御虫蛇”，这是当时的客观环境对人类的生存所要求的；随着人类对客观环境的改造，客观环境正在发生着细微的变化，也随着这一变化的发展，人类的将来还会与现今和以往一样，仍然需要建筑？如果“寒”、“雨”、“虫蛇”等对人类生存的影响所构成的威胁已不存在了，还需要建筑？故而，人类建筑的消亡就至少有了需要的建筑消亡与不需要的建筑消亡的两个方面的问题当给予讨论。

人类自创造了建筑以后，似乎已离不开建筑，人类不仅以建筑来“防寒避雨御虫蛇”，而且还在大自然中勾画出了聚落、村镇、城邦、都市等人类区域，建筑成了自然环境与人类区域的分界线的标志物。可见，建筑已经成为人类社会的最基本的构成成分，没有建筑，似乎已构不成人类社会。以此而论，建筑的消亡便只有两种情况：一种是建筑的创造者和使用者的人类自身的覆灭使建筑失去了意义而消亡；另一种情况是建筑存在的地球的毁灭使建筑没有了存在环境依托而消亡。否则，人类不可能自己毁掉了建筑而无以存栖、而使建筑消亡。

从建筑要素的构成看，建筑“三要素”的缺其一，就构不成建筑，这也是建筑的消亡。

建筑首先需要有“建筑空间”，这建筑空间是地球给予的，地球是建筑构成的前提和依托，若地球没有了（其可能性是存在的），也许人类可以转移到别的星球上去生存，人类当然就还存续着，但建筑便随着地球消亡了。或许人们会说，人类仍然可以到所生存的星球上去构筑新的建筑，当然，这是完全有可能的。但严格地说，我们这里讨论的“建筑”，是针对地球及地球的空间而言的（在地球以外的其他宇宙空间则应另当别论），地球的客观自然状况，使人类需要建筑，也可构成建筑；而别的星球也许没有“寒”、“雨”、“虫蛇”等客观威胁，没有可构材料及重力等因素的影响，即使这些都有，对别的星球来说，也非严格的建筑，至少它没有地球上这狭义的空间要素构成，这是地球上人类建筑学所认定的、给予的基本概念。

建筑也需要有“建筑功能”、“建筑非本能”，这是人类赋予的，也是人类自己享有的，人类是建筑功能和建筑非本能的前提。

建筑非本能是人类发展到一定时期才形成的一种能力现象，自人类具备了建筑非本能的能力以后，人类的构筑物才有了严格意义的建筑性质，并从此成为人类建筑的一个基本要素而存在。若同样以严格的眼光看待建筑的消亡，如果没有建筑非本能具备，当然也就是非严格意义的建筑。那么，建筑发展的未来，什么情况下不具备“建筑非本能”的要素？以目前人类发展的情况看，人类文化的发展是持续演进的，有人类文化的演进，就说明人类保持着非本能意识的拥有，这种非本能意识当然也包括建筑非本能，则人类建筑非本能意识也是持续不间断发展的。或许人们可以作这样的一个假设或虚构，出于某种意外的缘故或自然环境变化的缘故，人类丧失了建筑非本能（或包括人类的所有非本能），人类又返还到原始的本能行为时期，则人类对已有建筑的使用均是出于本能意识及行为，显然，其时的建筑已失去建筑非本能的意义，而此时的人类所可能再构筑的新的具有一定空间内容的构筑物，同样也是非本能行为的结果，当然也就是非严格意义的建筑，因此，建筑也就在人类丧失了建筑非本能的同时消亡了。尽管这种假设有点不可思议、也是难以有这种可能的，除非人类自身灭亡，否则就只有这种可能，使人类生物体存在而建筑非本能意识丧失。

只要人类建筑非本能还存在着，所构筑必然具备了“建筑非本能”要素，也就必定要赋予一定的建筑功能。但建筑功能对于建筑来说，并非在建筑“物”存续期间都恒定存在的，严格地说，只有建筑功能的实现才是真正存在的。那么，人类建筑发展的未来，建筑功能的无法实现，同样是人类不能对建筑的使用，使建筑功能不能实现。而人类不能对建筑的使用，有主、客观两方面的可能。一方面是人类主观上已不使用建筑了，人类已解决了替代建筑的新的创造物（此新的创造物是何称谓可先不必去论说），对尚存的建筑“物”则任其消失，而在此人类已不使用的“物”还尚存的过程中，建筑实际上已丧失了功能；另一方面是人类客观上被自然界淘汰了，遗存的仅有曾经是人类建筑的“物”的存在，其“物”的功能当然也随人类的被淘汰而再也无法实现（也许有其他动物占据了，也非建筑功能的实现）。这两方面的可能情况，都是建筑功能要素丧失的可能情况。当然，也许还有其他的建筑功能丧失的可能情况存在，在此不再赘述。

总之，无论是建筑三个基本要素的哪一个要素的丧失，都可宣告是建筑的消亡；反过来说，建筑消亡规律也就有这么三种发展趋势的可能性存在。

8.3.2 思想性建筑规律

在建筑的具体产生过程中，除了砌筑成形的建筑施工以外，其他的投资意向、可行性研究、规划设计等环节，实际上主要都是思想性的建筑过程。由于其中的“投资意向”、“可行性研究”环节主要是非建筑科学所讨论的社会综合问题，故此处主要以“规划设计”环节为对象，来讨论建筑规律问题，建筑思想问题主要体现在规划设计环节上。

建筑规划设计的主体是规划师或建筑师，建筑师或规划师的思想过程通常就是建筑的规划设计思想的发展过程，讨论建筑师或规划师在建筑规划设计中的思想发展过程，当然就是建筑的规划设计思想过程。建筑师或规划师的规划设计思想大致有两种不同的形成类型，一种是“形匠”类型，一种是“意匠”类型①，这两种类型的建筑师或规划师的最大区别就在于其具备创造性与否。

建筑师或规划师的培养，是以“创造性”为最基本目标和宗旨的，同样也要求培养出来的建筑师或规划师，必须具有“创造性”工作能力的建筑师或规划师。

以中国传统艺术门类的说法，这是一种“意匠”。“意司契，而为匠”，这是中国传统观念对“匠人”或“匠师”的概念，况且，建筑师或规划师也“司契”，以“契”的图纸来表达其对建筑以及人居环境的设计，若也能以“意”来“司”之，则其作为“匠”的资格便具备了，当然也就可称之为“匠人”或“匠师”，或者更明确地称之为“意匠”。

以现代西方建筑科学理论而言，具有一定创造意识的建筑师或规划师，是创造性的建筑师或规划师，这也是“非本能”的建筑要素对建筑师或规划师所要求的，只有具有完全“非本能”意识的主导，才能具有创造性能力，产生具有新意的建筑或人居作品，故可称之为“创造性”建筑师或规划师。

结合或联系这两种说法，实际上是共通的，中国传统概念的“意匠”与西方建筑理论中的创造性建筑师或规划师，事实上是等同的，若要更明确两者的概念，或许称“意匠”建筑师或规划师，更能为人们所普遍理解和认识。

与“意匠”相对的是“形匠”，尽管中国传统概念里没有这个词汇，但却有与“意”相对的“形”的概念。以构词方面而论，“意匠”是“意”

① “形匠”和“意匠”，取自香港已故建筑师李允鉌先生的《华夏意匠》专著及中国建筑西南建筑设计院主办《建筑意匠》杂志，而发表在该刊（指《建筑意匠》）2001 年第 1 期的拙文《建筑・意匠》，亦对这两个称谓有所论述。

之“匠”，前者修饰后者、限定后者，但构成后的词性却是“匠”而非“意”；若仍不变其词性，仅改变修饰、限定词的词义，则又可得另一词性相同、意义相反的反义词，这便有了“形①匠”之词的出现。

“形匠”之“形”，可作形容词解，也可作动词解，是形式化、模型化已有的建筑作品，并仿构而成形为自己的建筑作品，即“形”而仿之、“形”而构之，以现代语言来说，就是一种定型构件的组装成形的建筑。在此我们也形象地称这一类建筑师或规划师为“形匠”建筑师或规划师。

建筑物的确是由诸多构件或部件组成的。即使是最早期的原始居舍，也大致有台基、墙身、屋盖等构成。中国的《墨子·辞过》载述，“为宫室之法曰：高足以辟(避)润湿，边足以圉(御)风寒，上足以待雨霜”。建筑的各种功能需求，形成了建筑的“高”、“边”、“上”三部分构成，也就是台基、墙身、屋盖这么主要的三部分。然后，各部分还逐渐被再拆而分为许多更细的构件组成，并且形成了相对定型的样式或构件。如中国宋代的《营造法式》，就是当时被“定型化”的诸多基本建筑构件的制作样式，甚至还给予尺度上的法定，故称其为“法式”；西方建筑的“样式化”更是有非常明确的时代性，古希腊、古罗马、中世纪、哥特式、文艺复兴式、巴洛克、洛可可、现代式、后现代式、解构式等等，不同时期其建筑部件的构成样式或风格是有非常明显的差异的，甚至赋予不同建筑样式的符号性质的意识概念。于是，建筑师们便以这些定型构件为基本设计要件，去组装一幢幢新的建筑，构成一个个新的人居环境。而这种设计构成方式，若以现代设计手段来实现，首先在电脑中输入一个个建筑构件或部件，然后逐个取而拼成建筑，实际上任何一个具有一定建筑常识的电脑上机人员都可完成这一工作。如果这样的人员也可称为建筑师或规划师的话，则“形匠”之冠的给予，可谓再恰当不过了。

也许人们会说，要“形”式化地组成一幢建筑也需要一定的意识指导，而且这肯定是动物非本能意识的行为结果。是的，迄今看来，除人类以外，其他动物确实无法完成这一组装成形工作；但这一做法却不具备建筑师或规划师们所应有的创造性意识及能力。显然，这还只能被认为是“形匠”之类的建筑师或规划师。

因此，对于一幢建筑物来说，其规划设计思想的形成和发展，主要有两种或两个方面的内部本质联系和发展趋势，一种是具有创造性意识的“意匠”型建筑思想的发展，另一种是没有创造性意识的“形匠”型建筑思想的发展。前者的主体是“意匠”建筑师或规划师，后者的主体则是“形匠”建筑师或规划师，两者在建筑上是有非常明确的区别的，这也是在现今学术界被明确指认的两种类型的建筑思想现象。

对建筑理论来说，更多的还是人类建筑理论整体的发展历程；而建筑理论的发展，实际上就是人类对人居环境、对建筑、对建筑认识的发展过程，其认识过程是思想性的，这也是显然的。故而，人类对建筑的认识过程，事实上就是人类发展整体的对建筑的思想性认识过程，或者也可以说是人类整体(或总体)的思想性建筑的发展过程，这种不以人的意志为转移的客观性东西，当然就是人类总体的“思想性建筑规律”。

人类建筑源自于仿构天然“巢穴”或“窟穴”等，尽管仿构的人类居所并非是严格意义上的建筑，但没有这种“仿构”，就不可能有后来人类建筑的形成，或者说“仿构”是人类建筑形成的雏形或起点。

而“仿构”，实际上是一种简单的神经系统反应，是人类对天然洞穴或巢穴等的一种观察和感知所得的一种表象认识，然后非完全本能地仿而构之。显然，这是人类对客观环境的一种“形”的认识，是一种不完整的对“物质”现象的认识，但这却为人类后来所形成的完整认识奠定了基础。

随着人类对客观环境认识的深入，人类也由简单的“仿构”到逐渐提高、到有创造性的建构，并形成了具有一定意义的建构技术，然后以这种技术向后代嫡传或累积，也成为人类文化发展的一种积淀。这主要是受人类生存意识的支配来完成这一认识的，强烈的生存欲望和恶劣的生存环境以及“物竞天择”的自然规律，迫使人类的生存意识不断强化，也急于将这一意识付诸于现

① “形”与“意”是中国传统哲学中的一对范畴。“形”即形体，《易传·系辞上》曰：“在天成象，在地成形，变化见矣。”“意”，即意念或意识，《楚辞·卜居》曰：“用君之心，行君之意。”在传统命题里，也有“得意忘象”、“得意忘形”等的被讨论。

实生活中，故改变生存环境、构筑人居独立空间，以获取相对安全的生存空间，这是人类的第一欲望和需求意识。在这种意识支配下的人类非本能活动的构筑行为及行为结果，当然就是承传的建筑技术行为及其行为结果的建筑物。于是，人类也就在这一过程中完成了对建筑的“物质”现象的完整认识。这是人类对建筑认识的第一个阶段，或者说是“物质”层或“技术”层的思想意识阶段。

当建筑技术发展到一定阶段，使人类的生存环境得到了一定程度的改善，并消除了环境危机感之后，人类非本能的神经系统就会产生出新的欲望——超越物质需求的非生存意识的感受欲望，并且是能激发神经系统兴奋的感受欲望，否则人类在消除生存危机感后会转入歇息性的消沉。随着这种感受欲望的被唤起和积累，解欲的意识将逐渐增强；而“解欲”的最好办法，就是“感受”的满足。那么感受的满足是什么？该怎么满足？这是一个非常专业的问题。

能激发人类神经系统兴奋的东西是具有“艺术性”的东西，或许这也是从人类自身的角度而言的艺术产生之源。后来形成的“艺术”理论认为，能给人以美的感受的人类非本能的行为及行为结果，就是艺术；而“美”的感受，是人类的一种心理活动现象，而且是对人类非常有益的一种心理活动现象。对人类来说，艺术能消愁解闷、激活心境，据说在养鸡场里播放“轻音乐”都能提高产蛋量，更何况是具有高级神经系统的人类，当然就更可说是一种“兴奋剂”。对建筑来说，仅仅是“防寒避雨御虫蛇”的功能满足，恐不能给人以“美”的感受，尽管建筑的适用、满足也是一种美，但这并非严格意义的艺术之美。于是，人类非本能就会促使人类自己去创造具有给人以“美”的感受的特殊内容，这就是建筑艺术，建筑艺术便是产生于这种人类对居所环境的“美感”需求和欲望。这也更完善了严格意义的建筑内涵，以现代建筑理论而言，建筑是建筑技术和建筑艺术结合的产物，建筑艺术的产生当然可完善“建筑”的严格意义。

人类创造出“建筑艺术”，并不是靠简单“模仿”可以完成的，也无从“模仿”，即使是写实画，也非人类“模仿”而来的，这是一个完全不一样的人类创造。首先是人类要观察生活，提取生活的某些信息，经过大脑神经系统的提炼，摄取其中的精要内容，然后再反馈出来，通过某种表现手段，表现在建筑上，这才出现了建筑艺术的东西，并以能给人有“美”的感受为标准，来判定建筑艺术的形成与否。因此，建筑艺术便是一种“物质”与“心理”相结合的东西，是以“心物”结合形态形成和存在的。

那么，人类对建筑的认识也就上升到一个新的阶段，即上升到了“心物”结合层的或“艺术层”的认识阶段，这也是人类建筑思想发展的第二阶段。

尽管传统建筑学所定义的“建筑”，仅是建筑技术和建筑艺术，建筑技术对象于“物质”，“建筑艺术”对象于“心物结合”或“社会”，但人类对建筑的认识是不会停止的。对“物质”性建筑的认识是人类建筑认识的开始，对“心物结合”性建筑的认识是人类建筑认识的演进；人类认识规律理论还告诉人们：在“心物结合”性认识之后，还必须有“心理性”或“精神性”、或“意识性”的更高认识阶段的跨入，这是人类对任何事物认识的必然过程，也是认识发展的必然结果。于是，以此“理”而论，人类对建筑的认识，还当有“心理层”或“意识层”的认识阶段，这就是人类对建筑思想意识观念内容的认识，也是人类建筑思想发展的第三阶段。

从广泛意义上而言，人类对建筑认识的任何阶段，都是其建筑思想发展的结果。建筑技术虽然对象于“物质”世界环境，但只有通过人脑对“物质”信息的处理和加工，才能转化为技术性的东西而反馈出来；建筑艺术更是通过建筑艺术思想在建筑艺术品的建筑物的凝结而表现的。所以，建筑技术和建筑艺术，实际上也离不开建筑思想的参与，甚至可能是居于主导地位的。因此，当人类的建筑理论认识到建筑思想在建筑活动的主导作用之时，人类建筑认识事实上已上升到“心理层”或“意识层”的认识阶段了。

以目前的人类文化科学理论而言，心理层的建筑认识阶段是人类建筑认识的最高阶段，也是完成一个对建筑完整认识的全过程的标志性阶段。当然，人类对建筑的认识同样仍然还没有终止，只是人类将进行的是下一个全过程的开始，这就是人类思想性建筑活动的规律，由这一个全过程到下一个全过程的认识发展，且呈螺旋上升的发展趋势。

总之，无论是普遍规律、还是特殊规律，都是建筑规律。以这一个角度而言,这是普遍建筑规律,以另一个角度而言,这就可能变为特殊规律。准确辩证地说,普遍或特殊建筑规律是相对的,这一点也是人们应当正确认识的问题。

此处我们所说的只是建筑的规律问题,具体的演变过程和细节,在下文的"史论"中将详谈。但两者是统一的,"规律"揭示的是建筑发展的必然联系和发展趋势,包括已经发生的和还未发生的;"史论"则详细地讨论已经发生的建筑学发展史,两者有不同的侧重点。

9 建筑形式

无论是建筑性质、建筑内涵、建筑要素，还是建筑活动的内在联系和发展趋势的规律，都应该说是建筑的内容。而任何事物都是内容与形式结合的统一，建筑不仅有其内容，还应该有其形式，即建筑以一定建筑内容为基础，而有相应的存在和发展的表现形式。

建筑以营造“住”的空间为基本性质内容，但不同的建筑对象所需的建筑空间要求是不同的，于是客观上便要求建筑作出不同对象的不同满足的表现形式，这就是建筑类型不同的区别。不过，随着时间的推移，即使是对同一种建筑对象，一成不变的建筑构成也可能有不能得到完全满足的现象出现，因为建筑的对象也是发展的，原来的对象满足可能会演变为不满足，那么，建筑表现手法的改变，显然是非常必要的，这就有了不同建筑样式或建筑风格演变的出现。而不管是建筑空间的营造，还是建筑构件的演变，都是建筑以其特有的表现手段完成的，这实际上也是人类文明的一种特殊形式的标志，并以此来谱写满足人类不同建筑需求的美的篇章，这就是建筑语言。

当然，建筑在内容之外，还有许多其他表现形式，但限于篇幅，且建筑学理论客观上也要求有一定的代表性和归纳意义。于是，本章的“建筑形式”，便着重讨论“建筑类型”、“建筑风格”、“建筑语言”这三个主要表现形式。

9.1 建筑形式概念

“形式”也是一个哲学概念，就像其概念所归属的哲学学科一样，它对任何学科来说，都具有普遍意义。“形式”对建筑来说也一样，也表达了一定的概念意义，并为建筑学理论所认可，这就是“建筑形式”概念。而不管是建筑不同功能内容区别表现的“建筑类型”，还是呈现出不同建筑艺术手法的“建筑风格”，或者是表达不同建筑意义的“建筑语言”，等等，都是建筑不同内容的表现方式，也是建筑主体的人与建筑载体的人或物沟通联系的一些特定方式。

然而，毕竟“建筑形式”的“形式”概念是源于哲学的。故而，讨论“建筑形式”似乎当从其源头的哲学的“形式”概念认识起。有了清晰的哲学“形式”概念，才可能明确建筑应用的“建筑形式”概念，而后或许也才有较科学的建筑类型、建筑风格、建筑语言等不同的建筑形式认识。且与“本论”中的上述诸多建筑内容问题相呼应的，形成一个较完整的科学的建筑内容与建筑形式紧密联系的“本论”结构体系。

9.1.1 “形式”概念

尽管我们在此是研究建筑的，或者说是研究建筑理论中的“建筑形式”的。但实际上“形式”概念的诸多问题，是建筑学理论所必须弄清楚的，而单凭建筑学理论自身要弄清这些概念、理清这些思绪，却不容易，甚至是不可能的。如建筑创作及建筑思维，建筑创作应该具备一定的创造性，是大脑的创造性思维支配着建筑创作的进行；而创造性思维是以一定素材为基础，而后按一定的思维程序作思维推演，最后作出具有一定新意的作品，那么，这一过程还仅仅是建筑理论问题？又如“建筑形式主义”，是一种一味追求建筑样式或建筑形态的更新而缺乏建筑内容基础的建筑现象，甚至其只有建筑样式的变换而没有内容意义的与之相呼应，显然，这也不只是空间、线条、色彩等的简单组合的建筑问题吧？

因此，建筑形式的“形式”，是一个概念群的问题，是以“形式”为中心的一组概念的问题群。在此，我们择其主要的或重要的，一个个给予认识。使人们对讨论“建筑形式”课题，有个较清晰的概念环境。

● 形式

任何事物的存在都是运动发展的，不可能是静止的存在；而事物之所以会运动发展，是因为事物内部有能量储蓄（是能量储蓄的被转化为动能而“运动”），不同的事物由于内部结构或构成不同，能量的储蓄和发挥也不同，这才有不同的运动发展状况，而呈现出不同事物的存在特征。那么，形式就是指具备一定内部结构要素的事物的运动发展的存在或表现方式。

对任何事物来说，其存在或运动表现的方式都不是单一的，即事物的形式是多方面的。因为不仅事物自身是以运动而存在的，事物内部的构成要素同样也是运动存在的。

以物质结构而言，任何物质都是由一定元素构成的，而任何元素又是由原子核和核外电子构成的，原子核再由质子和中子构成，这些不同层次的构成，仍然以“运动”方式而存在。不同层次的构成和不同层次的运动，使整体构成的物质无时不在发展演变着。那么,其生命存续的存在和发展方式显然会有多种不同的表现,包括事物整体的多方面表现和每一方面在随时间的演变中所出现的不同表现。这是以西方科学的"物质观"原理而论的事物的形式,是具有多方面表现的形式。

如果以中国传统的物质观原理而论,事物的形式又是怎样的?中国的物质观认为,"气"是万物的本原。也就是说,任何物质都是由"气"生成的,即"气聚而生"。而"气"虽是一种细微的物质,却有多种不同的分别。首先是"气分阴阳",这是比较统一的普遍观点;而后,又有许多不同的看法。《左传·昭公元年》认为"天有六气","六气曰:阴、阳、风、雨、暗、明也"。《素问·气交变论》认为有天气、地气、风气、寒气、热气、燥气、暑气、湿气、火气等。风水理论认为有生气、死气、阳气、阴气、土气、地气等。如此等等。由于"气"的不同,运动又是可变化的,所以有不同"物"的生成。郭璞《葬经》曰:"夫阴阳之气,噫而为风,升而为云,降而为雨,行乎地中而为生气。生气行乎地中,发而生乎万物。"而其生化的"万物",在"气"的运动中的表现方式,当然也不可能是单一的,否则又怎么会有不同物质形态的出现?

因此,无论是中国、还是西方的"物质观"原理,都认为事物形式是多样性的。

● 形式与内容

事物运动发展,除了有存在的表现方式一方面以外,还有事物存在的内部结构要素的另一方面。没有结构要素的事物是不存在的,而具有一定结构要素的事物又无不以一定的表现方式出现。这是事物存在和运动发展不可或缺的两个方面,前者是事物的形式,后者是事物的内容。形式与内容相互依存,而共存于一个统一体中,这统一体就是事物。

于是,任何事物都有形式与内容的两个方面,而形式与内容在事物中是统一的,而且是辩证统一的。也就是说,形式与内容是唯物辩证法的一对范畴,人们是以唯物的、辩证的眼光来看这一对哲学范畴的。

内容是事物的内部结构要素,是主要的、决定的方面,它决定着事物的表现方式,即内容决定形式。对任何事物来说,其之所以能存在,总是因为具备某种性质和功能而为人们所认识或使用;而事物性质和功能的具备,原因于其内部结构要素的蕴涵,是事物特定的内部要素蕴涵和特有的结构状况来决定事物的性质和功能的。这在西方物质结构理论看来非常容易被理解,不同分子结构其物质的性质是不同的,这当然是决定于其分子的元素或原子构成;而在中国的传统物质观里,"气"的存在和构成状况也决定事物的性质,阴、阳之"气"的不同结构比例,就可能有不同事物性质的形成和出现。于是,事物内部结构要素的内容,显然事物是主要的、决定的方面。

至于事物的表现方式的形式,则是外在的,是因内部结构而表现出来的表现方式。食盐由钠元素和氯元素构成其必为方状结晶体的表现方式,人类由其大脑的特殊构成决定了自物种形成伊始便必然是地球的主宰者的生物现象,如此等等,都说明了其外在形式对内在要素内容的从属关系。因此,我们认定,事物的内容是决定事物的形式的。

同时,外在的事物形式也对内在的事物内容具有相应的反作用现象存在。具体而言,合适或适宜的形式可以更好地表现事物内容,不合适或不适宜的形式则不仅不能表现事物内容、还会损害事物内容。这实际上就是说,事物的内容和形式在一定条件下是分离的,是相对独立的两个单体,外在的形式可以很好地表现内容,也可能会是另一种相反状况的表现方式,从而损害了事物的内容。于是,合适或适宜的形式,会促进事物内容的健康发展;反之,则将会损害事物的健康发展,或者说是阻碍事物内容的正常发展。

辩证法还认为,事物的形式与内容在一定条件下可以转化。对这个问题需要注意的是对不同事物来讲,形式与内容是可以转化的。如"生产关系",对"社会形态"来说是内容,对"生产力"来说则便是形式。而对同一事物而言,形式与内容显然无法相互转化,人们应该同时认识到这一点。

● 形式主义

形式是外在的,内容是蕴涵的,故外在的事物形式更易为人们所认识。因此,人们更多的是关注事物形式的发展和演变,并有了极端化的趋势现象,或许这就因此而出现了"形式主义"。

在生物界中,人类是最聪明的动物,为了实现某种所需的效果或利益,都会或多或少地采取诡变的方式，以求尽快达到所需的效果或利益。而且，人类天性似乎就有一种懒惰的通病，以致所有的人们都在这一方面或那一方面有一定的“功利”意识及现象。于是，对任何事物，当然更多的是讲求外在的形式，而不进一步深入探求其内容，这应该是人类的普遍现象和天性的基本心理状态，或者说，“功利”是人类普遍的意识现象。

如果这种“功利”意识走向偏激，人们对事物看法的“物质观”、“世界观”就不再平衡，即事物的形式与内容概念在思想意识中不再是一种平衡状态。那么，偏向“功利意识”的思想，就可能使人们有“形式主义”的倾向，即只注重形式，而忽视了内容。事物在人们的思想概念中，更多的是形式，内容便少有或没有在人脑中了。

严格地说，形式主义（formalism）不是一种只注重形式、忽视内容的社会现象，或者说不是“形式”（form），而是一种“主义”（ -ism）；而且，是一种带有贬义性质的意识形态的思想。这种思想，因为会支配着人们去追求片面的形式效果和作用，甚至可能会夸大“形式”的作用或意义，而割离其与“内容”的必要联系，而独立或孤立了形式，使形式脱离了哲学规律、辩证关系，脱离了事物的存在原理和存在性质。因此，“形式主义”思想是一种不符合事物科学原理的错误思想，也是一种脱离实际的错误理论。

然而，现实社会中，却不乏这种思想支配的社会现象出现，特别是在艺术领域里，片面追求形式效果、夸大形式作用的现象甚是普遍，似乎“形式主义”是一种不息的艺术思潮。

• 形式逻辑

既然任何事物都有其外在的表现方式的“形式”存在，那么作为人的大脑工作现象的思维，若也以一种事物存在来看，则这种事物的外在表现方式就是“思维形式”，研究这一思维形式的学科，就是“形式逻辑”。

完整地说，形式逻辑的研究对象是实现思维过程的各种思维形式，以及完成思维过程的思维形式结构和规律。

人类理性认识阶段上的概念、判断、推理的这三个反映形式，就是基本的思维形式。概念是反映人们进行思维的对象的特有属性，判断是对思维的对象有所断定，而推理则是根据已有的判断得到新的判断。不仅这三个基本思维形式之间有一定联系，而且各思维形式也有自己的结构。概念首先有外延和内涵，然后在此基础上，把概念分成许多类型；判断也首先可分为基本判断和非基本判断两大类，而后再各自又有许多不同结构形式的判断类别被分出；推理也有形式结构正确与形式结构不正确的不同推理的最基本区别，然后前者可再分出许多种类的不同形式结构的推理。

而且，这些由概念、判断、推理组成的思维形式及结构，实际上是在某种规律下完成其思维的。其中，最主要、最基本的思维规律有同一律、矛盾律、排中律、充足理由律等。

限于篇幅，此处仅对一些主要的相关概念提及而已；而且，与“形式”相关的概念，也不仅是这些，上文提及的这几个概念只是与本文的讨论及在建筑上的运用有较密切的关系。故而，此处着重介绍这些概念，为下文的讨论揭开话匣子，也提请人们在讨论“建筑形式”时关注这几个基本概念。

9.1.2 “建筑形式”概念及内容

应该先说的是，这里所讨论的“建筑”，不是建筑物的“建筑”（building），而是建筑技术和建筑艺术相结合的“建筑”（architecture），其“building form”与“architecture form”是有明显区别的。这是因为讨论客体的不同，或者说是事物的不同，其外在的表现方式的“形式”也应该有所不同。

• 建筑形式

建筑（architecture）是一种心物结合形态的事物，它一方面有物质形态的“建筑物”（building）的表现形式的体现，另一方面又有意识形态的“建筑思想”、“建筑观念”等的蕴涵。它既有让人们直观认知的一方面，可从感观上感知其存在，并在现实生活中还有其实际意义；也有需要人们深入意会的另一方面，通过人的大脑对所摄取的信息材料的检索，从而领悟其所具有的思想意识蕴涵。也就是说，建筑作为一种独立存在的事物，它具有特殊的内部结构要素，也就因之而有特殊的运动发展的存在和表现方式，这就是“建筑形式”。

由建筑技术和建筑艺术相结合形成的建筑，作为一种事物视之，同样也有其结构的要素，即“建筑要素”。建筑要素在不同的人看来，有不同的构成内容，线条、色彩、空间、功能等，内容甚多，具体构成也不同。本论认为，主要的当归结为三要素，即空间、功能与非本能（详见“建筑要素”部分）。空间是由建筑技术完成的，也表现为一定建筑艺术形式；功能是人类对建筑提出的最基本要求，是居人、还是储物，都是极具技术性质的，而感官需求同样也是必须具备的功能；非本能是人类区别于其他物种的最本质性的东西，建筑也不例外，而其建筑非本能也有技术性和艺术性非本能的区别，且都是建筑区别于原始穴居的根本内容。而建筑形式就是这些建筑结构要素的表现方式，不同结构要素的表现方式就是不同的建筑形式。

以概略的眼光看，建筑三要素的构成不同，便有不同建筑形式的出现，若以其构成分量占优的角度而言，主要有三种不同的建筑形式。以建筑空间为重的表现方式是“建筑风格”，以建筑功能为重的表现方式是“建筑类型”，以建筑非本能为重的表现方式是“建筑语言”。当然，“建筑风格”除了空间要素外并非别无其他构成内容，“建筑类型”和“建筑语言”亦同。当然，除了这三种建筑形式外，建筑也并非别无其他表现方式，这是此处应当明确的。

• 建筑形式与建筑内容

建筑作为一种空间艺术，是人们普遍认可的。雕塑也是一种空间艺术，同样也为人们所认识。雕塑艺术也有不同风格、不同类型、不同语言等表现方式。但雕塑确确实实不是建筑，建筑也确确实实不是雕塑，这关键在于其内容的区别。正是建筑内容与雕塑内容的区别，确立了两种不同空间艺术的存在和区别。

建筑不仅呈现了各种外部的空间形状，也据有和圈定了一定的内部空间，为建筑所特有。作为一种空间固态艺术，为人居环境的一种最主要、最常见、也最多的固态艺术，它与雕塑一样有外部空间形状，也构成一定的空间联系和空间效果，是人居空间的基本轮廓。更重要的是，建筑拥有自己的内部空间，这是雕塑等其他空间固态艺术所没有的，这也是建筑的目的。建筑自产生或形成之日起，或者说，人类创造建筑的目的就是为了营造一个自己独立的空间，以遮风避雨和防御禽兽的侵袭，即使是科技发达的现今，建筑的基本目的仍然是不变的。当然，迄今看来，也只有建筑能为人类提供这种空间需求，否则，就不叫“建筑”。因此，建筑空间是建筑的基本内容，这是显然的。

相似的，建筑不仅有固态艺术所共有的“观赏功能”，而且也有建筑所持有的“使用功能”，这也是建筑区别于其他固态艺术形式所特有的内容要素。

建筑之所以能成为一种艺术形式，是因为具备“观赏功能”；但建筑更重要的还在于其拥有“使用功能”，否则就不成其为建筑了。建筑之源的原始穴居，也源自于人类的生存本能，美丽的自然环境对人类的生存来说，也是残酷的，风霜雪雨无情、弱肉强食残忍，这就是人类的生存环境。于是，改造自然，与自然作斗争，甚至是在生存与死亡线上挣扎的人类，第一需求就是求取“防寒避雨御虫蛇”的围护体，先是避居于原始之“穴”，而后才由仿构之“穴”演进为地面居所而创造了建筑，这建筑形成过程的自始至终，均以“居”为第一需求。此后，虽然建筑在满足“居”的需求之余，又有了更多或越来越多的艺术成分的揉入，但建筑的“居”的需求却是永恒不变的主题。也许人类可以完全以其他空间固态艺术或平面艺术等形式来满足人类的观赏需求，但建筑的“使用”需求却是永远无法替代的需求。所以，建筑功能，特别是使用功能，是人类建筑中的最主要内容之一，这是毫无疑问的，也是客观必然的事实。

建筑虽源于原始“穴居”，却从本质上区别于原始“穴居”，原始“穴居”不是文化，也不应是建筑，这是人们从本质上认识建筑的最主要的一点。这关键在于是否有人类非本能在建筑中的蕴涵。人类非本能是人类区别于其他动物的最根本所在，建筑非本能是人类非本能在“住”的方面的构成内容，同样也是人类“住”的方面区别于其他动物栖所的最根本所在。虎穴、鼠穴、鸟巢、蜂巢等，这些都是动物本能的行为结果，人类作为动物的一种，也有这种相似的居住本能。特别是在文化形成前的人类时期，这一本能占据人类“住”的方面的全部；当人类文化形成以后，尽管动物本能依然存在，但人类居住的非本能逐渐占据主导地位，这就是人类建筑非本能。由此可见，或者可以这么说，人类建筑源于人类居住本能，但主要是建筑非本能的结果，只有建筑非本能的支配，才创造出人类历史上这诸多辉煌建筑及完全独立的人居环境。所以，建筑最本质性的内容要素是建筑非本能,没有建筑非本能要素的蕴涵,是不成其为建筑的。

因此,建筑内容是建筑的主要方面,它决定建筑发展方向及建筑形式,传统建筑是这样,现代建筑也是这样,未来建筑更必然是这样;无论是西方建筑、东方建筑或中国建筑,都必定由其各自的建筑内容来决定其建筑发展方向及建筑形式。西方中世纪,由于教会的宗教统治渗透人人们生活中的每一个部分,似乎宗教生活成为人们的第一需求,于是,宗教建筑也就成为其时的主导建筑。同时,这也要求宗教建筑完全有别于世俗建筑,具有独特的建筑空间形式、建筑风格,从而表现出一种特有的宗教气氛,以其特有的语言方式为人们述说宗教。而传统时期的中国,以儒家伦理观为核心的社会及家庭,“礼”序是其人居环境建构的指导思想,从城镇到每一建筑单体,都无不依循这一思想而构,所以,均衡对称、方正规矩是其建筑最基本的表现形式;而且,只要这一建筑功能思想是不变的,则相应的中国传统建筑的表现形式也必然是永生的。

建筑形式对建筑内容也有一定的反作用现象,这似乎相似于牛顿的“作用力与反作用力”定律。西方宗教建筑教堂的空间形式,前庭、柱廊、主堂、祭室等不同空间的构成及风格(参见图84),都从一定程度上为教堂营造了更浓的不同宗教的空间气氛,这是一种有利于建筑内容的建筑形式现象。当然,也有不利于建筑内容的建筑形式现象在人类建筑史上出现,如中国传统建筑,同样也有民居建筑、商业建筑、手工业建筑、宗教建筑、行政建筑等众多建筑类型,但建筑样式过于单一,建筑空间及建筑风格趋于一同,以致人们很难从表面建筑形式上辨认出不同的建筑类型,实际上这不仅限制了建筑内部空间的变化,也影响了建筑功能的展开表现,建筑的非本能思想内容当然也就难以得到较完全的满足。显然,建筑形式也会影响或限制建筑内容的发展和存在,这大概可说是一种非决定性的反作用现象。

• 建筑形式主义

当然,如果人们主观上过于夸大建筑形式的作用,而一味单纯强求建筑形式的片面发展,就必定会走向建筑形式主义。文艺复兴以后的西方建筑,“人文主义”思想的觉醒,一度使其建筑得到完全不同的改善,无论是建筑形式和建筑内容,都出现了繁荣景象,也激起人们久违了的兴奋情绪。然而,而后的建筑形式的发展,由于建筑样式的更新换代非常快,使建筑内容似乎有点跟不上的态势,而且巴洛克、洛可可以及古典样式的模型化等,都有点过分强调了建筑样式的主观需求;而现代以后,人们从极端的“住的机器”中走出来,又逐渐走向狂热追求“矫饰”的另一极端,又似乎不愿意承认这种不甚理性的样式变换手法,进而玩弄起“概念”游戏,“后现代主义”、“晚期现代主义”等概念接踵出现,甚至还有近似大杂烩的“解构主义”等概念,实际上这是为各种变换了样式的建筑套上一个似乎是漂亮诱人的称谓,准确地说,这已经是一种建筑形式主义倾向。

不过,也许人们已经感觉到了这种建筑形式主义倾向的出现,于是,人们不再只是在建筑技术和艺术上去追求建筑的发展,似乎是较理性地在人类文化中去探索建筑演变的根源,以避免形式主义倾向的深化,也使建筑能再度被纳入建筑内容与建筑形式协调的辩证统一发展中来。

• 建筑形式逻辑

无论是非理性的建筑形式主义,还是较理性的人类文化整体观里的建筑,都仍然是按一定秩序完成其思维过程的,这就是建筑形式逻辑。

“建筑形式逻辑”,可以有两种解释或理解,一种是“建筑”的“形式逻辑”,另一种是“建筑形式”的“逻辑”。前者是指形式逻辑在建筑上的应用,后者是指有关建筑形式的逻辑问题,这是应该给予区别对待而理解的。

据形式逻辑的基本原理看来,人们在建筑的理性认识阶段上,也当有建筑概念、建筑判断、建筑推理三个不同认识的反映形式。“建筑”,首先就是人们赋予某种特定内涵的一个概念,也是人们进行建筑思维最先出现的反映形式,使人们对所进行的思维及思维对象的特有属性有个最初的认识轮廓,这便是建筑概念,如人们将可用以居住、储存的人类构筑的围护体都称为“建筑”,这大概就是人们最初认识的建筑概念。而后,人们又认为,建筑是技术的、建筑是艺术的,等等,这又是人们对“建筑”这思维对象的进一步的认识或新的认识,这种认识还有一个特点,就是有所断定,即“建筑判断”。在某种建筑判断的基础上,再作出新的判断,就是建筑形式逻辑的另一种认识的反映形式。如传统建筑学理论认为，建筑是技术和艺术结合的产物，所以，否认或不认为建筑是技术和艺术结合的产物的观点的，就不是传统建筑学理论。又如，由于传统建筑学认为建筑是技术和艺术结合的产物，而建筑技术是以心物结合形态存在的，建筑艺术也是一种心物结合存在形态，所以，传统建筑学认为的“建筑”，是以心物结合形态而存在的，或者说传统建筑学认为的“建筑”是一种心物结合存在形态。

当然，建筑的形式逻辑远不止这些，还有建筑类推、建筑假说、建筑论证等，以及建筑逻辑思维的诸多规律等，这些都需要人们去认真研究。

至于建筑形式的逻辑问题，一方面是针对“建筑形式”而言的，另一方面则是以逻辑学的整体而论的，主要包括形式逻辑和辩证逻辑两大类的方法论。前者主要研究建筑形式的思维形式结构，后者则独立地偏重于研究其思维形式间的联系和发展的规律。如在传统建筑学里，空间、功能均是建筑的基本要素，甚至线条、色彩、形体等都被认为是重要的建筑构成元素，当然，传统建筑学教育的培养对象，也正是以掌握和运用这些构成要素或元素为主要方向的。那么，运用这些要素或元素，怎样作建筑形式上的表达或表现，且要符合基本的逻辑思维原理，这便有了相互间的联系和发展的问题。因此，不仅建筑形式的逻辑思维形式结构值得建筑学教育和建筑师创作的认真探讨；而且，建筑形式的逻辑思维形式结构的内在联系和发展趋势的规律，也同样是建筑学家们应深入研究的内容。

9.2 建筑类型

这实际上是一个“类型学”对建筑而言的问题，是从形式上观察建筑后，所作的“建筑类型”的划分和构成的问题。

仅从形式上而言，建筑类型可以有两个方面的构成划分的讨论方向，一方面是建筑作为物质形态存在本身的结构性构成划分，另一方面是对任何一个建筑体都有的功能性特征蕴涵的构成划分。前者是对建筑体的解剖划分，解剖成一个个建筑构件，然每一个构件本身不是建筑，只有满足一定量和一定构件类型的诸多构件组成后，才是一座建筑；后者是以建筑功能为标准划分的建筑类型，这是对建筑整体或某特定的建筑对象群体而言的，划分后便是以一定功能性特征被分门别类，各门类内的单体都是建筑。显然，前者是一种构造性或结构性的解剖建筑，不该是建筑学作为一门独立学科的研究范畴；只有后者的功能性分类，似乎才最适宜于此处“建筑类型”的讨论。

然而，功能性的建筑，在建筑史上或建筑存在中还有形式上的功能建筑与内容上的功能建筑的区别。有时候形式与内容是吻合的，有时候两者却是分离的，这在西方或东方的建筑史上和建筑现实中都存在。如著名的伊斯坦布尔的“圣索非亚大教堂”，原建为东正教堂，后被“十字军”征占为天主教堂，再后又被穆斯林改建成清真寺，在同一的建筑上（当然有一定的小变化），建筑形式与功能内容就发生了变异。又如中国传统时期的“舍宅为寺（或为庙）”的现象也很常见，实际上，这同样是建筑形式与功能内容发生位移的现象。因此，建筑类型的划分当有两种现象的考虑，即有形式与内容吻合、形式与内容错位的不同现象的区别。

当“形式与内容”吻合时，其建筑形式的划分也是建筑内容的划分，两者可统一归结在功能性建筑类型的集合里；若“形式与内容”错位时，同一单体建筑便有了两者不同的特征，也就可以有两者不同划分情况的出现。那么，前者是一种严格的“功能性”建筑类型的划分形式；后者便无法作为一种科学的建筑类型被划分。但是，如果不考虑“功能性”内容的因素，仅以不变的某种建筑形式看，则后者亦是一种可以考虑的建筑类型的划分方式，在某一特定状况下，或许同样有一定的建筑类型划分意义。

9.2.1 功能性建筑类型

“功能”是建筑的一个基本要素，也是人类创造和构筑或营造建筑的最基本动机，人类建筑形成时是这样，人类建筑发展至近现代的状况也是这样，人类建筑的未来仍应该是这样。因此，在人类建筑中，若以“功能”为标准，即可划分出许多不同建筑功能的建筑类型。而且，这一划分方式可适应任何建筑的划分背景，包括人类建筑整体、某一时间断面的任何区域的建筑总体等。

从人类建筑形式和发展情况看，人类建筑始于居宅（也许还有墓葬），而后才陆续出现了庙宇、宫殿、市政厅（或衙署）、剧场等不同建筑（当然,此处前后所列的这些建筑并非是人类不同建筑类型形成的先后顺序)。

实际上这就是不同功能建筑的逐渐出现,而人类是以“住”的生存需求召唤出建筑的。当人类刚要从生物圈中独立出来时,“人居环境”的构建是人类当时的最迫切需求,以抵御或防御自然界的各种灾难及其他生物对人类所造成的可能有的灾难侵袭。于是,人类生存或日常生活活动的围护体,就这么被人类创造而产生了,这就是居舍及群居或聚落所应有的围护体。然而,人类仍然会受到来自自然的各种因素的侵害,如风雨雷电、山洪海啸、虎豹虫蛇、瘴雨蛮烟等,因为其时人类文化之力尚弱,自然观、世界观的认识非常有限,从而人类畏惧自然,无奈中又转化为崇敬自然,这就产生了最早的原始崇拜、自然崇拜,而后又演化为对“神”的崇拜。那么,人类在创造了人居之所的同时,也为“神”构筑了居所,这就是庙宇。而人类,作为自然界的生物之一,生而后的“死”还是人类无法逃避的最终结局,这就又有了“死”的居所的被考虑和相应建筑的产生,尽管各个区域或各个人居聚落所创造的“死”的居所及对“死”的处理方式有很大差异,但都是一种墓葬方式,因之又有了一种新的建筑类型在人居环境中出现。

当人类的聚居由群居的部落、氏族逐渐发展成为一个城邦、国家以后,在其时的人居环境中,简单的居舍已无法满足已形成的庞大的人类社会群体的需求。于是,诸多具有特定功能的建筑便逐渐被分出,特别是不同的社会群体、社会功能或社会分工等的出现,相应的生活活动功能需求便随之产生,建筑也就义不容辞地分化出新的功能建筑,有统治者王室的“王宫”、有社会管理或统治机关的“市政厅”(或“衙署”)、有宗教场所的“教堂”、有商贸活动的“集市”或“商业街”、有娱乐活动的“剧场”,甚至还有“角斗场”、“监狱”等等。这些都是因人类社会膨胀以后,社会结构和社会分工的趋于复杂而被分出的满足各种功能需求的新建筑类型,也为世人所普遍接受和使用的这一建筑类型概念和称谓,应该说,这是最普及、最常用的建筑类型。

无论是东方建筑、还是西方建筑,尽管其有各自的特征,相异之处也甚多,但以功能内容为标准命定的建筑概念和称谓的普遍使用,却是相似的。

传统建筑学理论发源地的西方,对其建筑主要也是以功能内容为标准来作其建筑类型的划分的。在近现代里,随西方文化在世界各区域的拓展而传播,不仅拥有西欧、东欧及北美、南非、澳洲等文化核心基地和移民文化繁衍基地,而且相继在近现代里对亚洲、非洲、中南美洲等世界其他区域构筑殖民区或形成文化辐射传播区,至现代时期,已大致完成了西方文化对全世界各区域的传播过程,各区域基本上也认同了西方文化,特别是西方科学体系的理论及科学原理,并相继纳入该体系的发展演进中,这也才有“architecture”及其理论在此的被讨论。迄今看来,所形成的建筑学理论的“功能性建筑类型”的划分,已发展成熟,看法也大致相近。

据《中国大百科全书·建筑、园林、城市规划》所载,共分有功能性建筑八大类。

(一)居住建筑:独户住宅(别墅)、多户住宅、农村住宅。

(二)行政办公建筑:办公楼、市政厅、会堂、法院、监狱、消防站。

(三)文教卫生建筑:学校、托幼、实验室、天文馆、图书馆、博物馆(美术馆)、展览馆(国际博览会)、文化宫、少年宫、剧场、音乐厅、电影院、杂技、体育(体育馆、游泳馆)、医院、纪念性建筑。

(四)商业建筑:旅馆、银行、仓库(冷藏库)。

(五)交通通信建筑:铁路客运站、长途汽车站、水路客运站、航空港、邮局、电信楼、广播电视建筑、国际卫星通信地面站。

(六)工业建筑:钢铁厂、机械制造厂、精密仪表厂、火力发电厂、水电站、核电站、造船厂、航空工厂、化工厂、水泥厂、纺织厂、洁净厂房。

(七)农业生产建筑。

(八)其他建筑:火葬场等。

此外,还当有一类在西方建筑史上很重要的“宗教建筑”(即庙宇、教堂等)。

尽管这一分类,并没有完全包括所有现代建筑的功能内容,许多当时已出现或正在出现的功能建筑没有被归入其内,且随着人类社会分工和科学发展的演进,还将有越来越多的功能建筑出现;而且这一分类中尚且也存在着一定的功能内容交叉现象。如第四类的“商业建筑”中的“仓库”,其他建筑类型中也可能有这一功能建筑的出现;又如第二类的“行政办公建筑”中的“办公楼”和“市政厅”,两者在某种情况下也许就是合为一种功能建筑的。不过,其基本的建筑功能类型的划分还是很分明的,大致可覆盖当时社会状况下的绝大多数功能建筑,这样也就够了。况且,建筑学理论的关键在于揭示一个建筑方法论的问题,只要方法明确、理论方向不模糊,这便有其学术上的理论价值。故而,我们在此想说的便是“建筑功能性类型”划分的一个方法问题。

在中国传统时期的“营造”里,也有因功能内容的不同而被区分的建筑类型,只是因为与西方社会的功能需求内容的差异,故被划分出来的类型及称谓或概念有较大的不同。不过,功能类型性质是相近的,或许这是人类有“同一”的科学的缘故。由于此处是以西方建筑理论为基点来讨论“建筑学”问题的,故我们仍然以西方建筑类型框架制定的方法论眼光来看“中国传统建筑类型”。于是,依其“建筑类型”框架而言,《中国大百科全书·建筑、园林、城市规划》里的“中国传统建筑”便有以下类型。

(一)居住建筑:民居、庄园、宫。

(二)行政办公建筑:衙署、殿。

(三)文教卫生建筑:藏书楼、戏场、会馆。

(四)商业建筑:市、仓廪、府库、店肆、酒楼、旅邸。

(五)交通通信建筑:驿。

(六)工业建筑。

(七)农业生产建筑。

(八)其他建筑:陵墓、塔、石祠(墓前祭祀建筑)。

同样,也有宗教建筑:坛、庙、佛寺、清真寺、石幢(刻佛教陀罗尼经文)。

此外,还应有两类特殊功能的建筑类型。

市政建筑:城、街巷、里、坞壁、钟鼓楼。

通用建筑:堂、楼、阁、廊、亭、阙、坊表、影壁、台榭等。

尽管这样将中国传统建筑硬挤入西方建筑理论的“建筑类型”框架里,似有些不甚妥当和勉强;而且,有些中国传统建筑类型确实无法在这一“类型”框架里找到适当的类型位置。如上文补加的“通用建筑”类型,其楼、阁、廊、亭等,虽自己本身就是一座完整的单体建筑,但在传统建筑中通常却是某建筑群里的构成部分之一,随整体建筑群的功能而具有自己相应的功能作用。因此,与西方建筑相比较,中国的功能性建筑类型特征并不很显著。当然,或许也正是因此之故才真正具有中国传统建筑的个性,或者说才真正体现出中国传统建筑的最本质特征,而这也正是此处引为人们注意的重要一点。

然而,无论怎样,从迄今为止的人类建筑发展史看来,功能性的建筑类型的划分还是不乏其科学性的。而且,还具有广泛的实用意义,不仅是现在、以前,还是人类建筑的未来,应该说仍可以采用这一建筑类型划分的基本方法和原理,因为“建筑功能”是人类对建筑的第一需求。

9.2.2 空间性建筑类型

“空间”也是建筑的一个基本要素,不过,这“空间”非自然空间,而是指“建筑空间”。

传统建筑学通常把建筑空间归纳为三大类:一类是建筑体量或建筑轮廓的建筑空间,或者说是由体量或轮廓线在自然界中勾画出来的建筑外部空间;第二类是各种建筑形体与建筑容量的建筑空间,也就是指由形体与容量所特意给定的建筑内部空间;第三类是通过建筑门窗等沟通建筑内外的构件所赋予的建筑空间,包括建筑外部对建筑内部而言的建筑外部空间和建筑内部对建筑外部而言的建筑内部空间。无论是什么样的空间,它都是由一维的线条、二维的平面到三维的立体而构成的,然后或许还要再加上四维的运动概念。那么,在西方科学原理里,空间就被分解成了最基本的“线条”,包括各种各样的线条,就构成为各种建筑空间的最原始的元素,以致还有人将“线条”说是建筑的基本要素之一。

然而,我们这里不是在讨论“线条”,而主要是讨论由“线条”勾画出来的“建筑空间”,以及在这空间中表现出来的建筑风格或建筑样式,或者说是由各种线条画制出来的建筑风格或建筑样式所展现的建筑空间特征。那么,若以此为特征或标准,来审视人类建筑整体,同样亦有其不同建筑类型被划分出来。

从人类建筑整体看,各个地区或区域的建筑看起来是有差异的,特别是各区域的传统建筑,尽管都有一样的居住建筑或其他功能建筑,但看起来就是不一样,各有明显的地域特征,这就是风格或样式的区别,也是地域自然空间差异所带来的建筑区别。人类进化或演进于各个人类选择的、适宜生存的自然区域,由于地球上不同自然区域差异的存在,这就形成了不同的人类文化，以及逐渐演进的人类文明，并主要形成有埃及文明、巴比伦文明、爱琴海文明、印度文明、中国文明，还有中南美洲的马亚文明、阿兹特克文明、印加文明等较集中的几个主要区域。建筑随着人类文化而产生，并在人类文明形成前后，也随着得到较明显的演进，而逐渐形成有较大的区域特征，从而奠定了后来出现的不同区域建筑风格的区域建筑的基础。于是，这就有了人类建筑史上最初形成的埃及（或北非）建筑、西亚建筑、南欧建筑、南亚建筑、东亚建筑、中南美洲建筑等不同的建筑风格，然后由此而发展成为各文明区域的不同传统建筑。如公元前后数百年出现的希腊建筑、罗马建筑，就是在爱琴海文明的基础上形成的，也都是以其建筑风格的特征而称之的。又如在公元前后出现在中美洲地区的“太阳金字塔”、“月亮金字塔”等，便是当时马亚、阿兹特克、印加等文明的结晶，并形成了与“埃及金字塔”有较大差异的不同建筑风格而著称于世。

人类的各种建筑风格，并不只是存在于空间差的各个人类文明区域，即使在同一个文明区域内，也有不同聚落、城邦或国家、城市间的建筑风格差异，甚至在同一城邦或国家里，也有因随时间的推移而出现了时空差的建筑风格的演变区别。这同样是人类建筑空间性的不同建筑风格的建筑类型的区别现象，也当有被划分的必要。特别是创立了“传统建筑学”理论的西方建筑尤为显著，当然，各文明区域也都有类似现象。

西方建筑源自于欧洲建筑，历中世纪后，顺着“文艺复兴”的浪潮，随海上文化交流之势，以移民的方式，逐渐拓展至北美、南亚、澳洲等区域后形成为以欧美为主体的西方建筑整体，并以此在近现代传播向世界其他各文化区域，并成为执近现代世界建筑发展潮流之牛耳的主流建筑。而大概是由于在地球上，太平洋是最大的洋，且“国际日期变更线”也在太平洋上，若以太平洋为中心，那么“欧美”便大致在太平洋之西而居西经150°～东经30°（刚好是半个地球），故人们通常习惯统称其为“西方”。那么，这也就因之而有了“西方建筑”之称。

纵观西方建筑史，从欧洲建筑源起的爱琴文明伊始，至20世纪西方建筑发展至鼎盛时期的近现代建筑，“西方建筑”的空间性风格的建筑类型主要可分为以下几类。

（一）希腊建筑：是在继承爱琴文明的基础上，受埃及、西亚的影响而形成的，如雅典卫城、帕提农神庙等，以“希腊三柱式”（即多立克、爱奥尼克、科林斯）为最主要特征。

（二）罗马建筑：承自其前的伊特里亚文明，也接受了希腊文化的影响和传播，而发展形成的建筑风格，如罗马皇宫、浴场、万神庙、角斗场、凯旋门、庞培城等，都留下了不朽的风格典范，并以“梁柱拱券结构”、“罗马五柱式”为最主要特征。

（三）拜占庭建筑：是西亚、南欧文明综合、发展的结果，著名的有君士坦丁堡（今伊斯坦布尔）的“圣索非亚大教堂”，以砖石拱券和穹窿、古典柱式的结合为主要特征，平面主要有“巴西利卡式”、“集中式”、“十字式”三种。

（四）俄罗斯建筑：受拜占庭建筑的影响，也承袭本民族的木构建筑传统，如早期的莫斯科“克里姆林宫”，其建筑以浑圆的“战盔式”穹顶为最主要特征。

（五）哥特建筑：仍以中世纪的教堂为主要创作内容，但却是汲取了东方尖券技术后创造形成其特有风格的，风格源始于法国，如巴黎“圣丹尼教堂”、巴黎“圣母院”等，以尖形的肋拱顶、飞扶壁等为最主要的特征。

（六）文艺复兴建筑：以否定中世纪和复兴古希腊、古罗马文化为旗帜，以“人文主义”为指导思想，于是，古典柱式等复为这时期建筑的主题和特征，如意大利“佛罗伦斯大教堂”、罗马的“圣彼得大教堂”等，都是文艺复兴建筑的标志性建筑。

（七）巴洛克建筑：以制造迷惘、显耀富丽为目的，而追求劲感、强调色彩，故而有丰富的曲线及曲面、多彩的颜色等手法来表现，以达其目的，如罗马“耶稣会教堂”等。

（八）洛可可建筑：它是在巴洛克建筑基础上发展形成的，并主要表现在室内装饰上，且以明快的色彩、精致的装饰及设置为特征，如巴黎“苏俾士府邸”、“凡尔赛宫”等。

（九）现代建筑：是近现代工业化大生产出现后形成的建筑风格，并流行于世界各地，故又称“国际式”建筑，以平顶、白墙、简檐、少饰等为建筑构图的主要特征。

在现代建筑时期，西方建筑进入高峰而达鼎盛。而后，就大致已非完全的西方建筑所独具，可认为被纳入了人类整体的建筑风格的发展演变潮流中。

察看东方建筑史，主要是印度建筑和中国建筑，或许还有日本建筑、东南亚建筑等。然而最具连续性、独立性的，当仅有中国建筑，其他建筑则不完全具有连续性，或者就是某种建筑的辐射结果。故而，我们在此便主要以中国建筑为对象，来讨论其空间性建筑类型。

空间性的中国传统建筑，也有与西方建筑相近的不同时代出现的建筑风格上的演变，从而也形成了区域空间性风格的不同时代建筑类型构成的体系。同样也依《中国大百科全书·建筑、园林、城市规划》的划分，主要的便大致可分为以下几类。

（一）秦汉建筑：承自此前各朝各代，完成了纵架结构、井干结构以及斗拱和木结构构造细部的结构体系，如阿房宫、秦始皇陵、未央宫、王莽宗庙等。

（二）三国两晋、南北朝建筑：佛教文化传入后，出现了新的建筑风格上的演变现象，从装饰、构件、材料等上面都可找到这一演变的痕迹，如南亚、西亚、中亚等地区内容及技艺的雕饰、壁画等在建筑上的出现，塔、石窟等建筑形式的出现，砖券构件、琉璃制品、模制花砖、镏金饰件以及屋面反曲、屋角起翘、鸱尾瓦饰等的出现，典型的建筑有洛阳永宁寺、敦煌石窟、南朝陵墓等。

（三）隋唐五代建筑：传统的木结构建筑已经成熟，完成了斗、拱、枋组合的"铺作"结构形式，而且由于逐渐普遍使用桌椅家具，建筑高度增加了，门窗及花格子也随之出现，如山西南禅寺、佛光寺、唐长安宫殿等。

（四）宋辽金元建筑：宋辽均袭唐制，而由于北宋末《营造法式》的颁行，建筑的小材精巧成为此后的趋势，亦是一种风格，即使是元代亦大多袭承其制，如永乐宫、广胜寺"明应王殿"等。

（五）明清建筑：有较严格的规制程式化趋势，故建筑大多没有创造性，特别是清工部《工程做法》出现以后，其标准化、模式化"做法"更普遍，其风格当是模式化的"工程做法"，前如明南京城、后如北京城。

（六）近代建筑：晚清的鸦片战争以后，西方文化的大量输入，中西合璧的建筑随之出现，在中国传统建筑里加入了西方建筑元素，如中山陵、中山纪念堂等。

（七）现代建筑：是由中西合璧的以中国传统建筑为主体，转化为以西方建筑为主体的建筑风格，中国传统建筑反成为次要地位的辅助构件，故大致可按西方建筑体系的称谓纳入该系统中。

尽管这一建筑类型的划分，在学术界是存在的，但人们看得出这显然有些牵强，更多的还是一种建筑风格的成熟与格式化的发展过程的阶段性所划分出来的建筑类型。实际上，中国传统建筑还有一种空间性特征的建筑类型划分。这似乎是一种"功能性"的建筑类型，又不完全是；也似乎不是一种不同建筑风格的区别类型，但却很能表现中国传统建筑的不同建筑类型的区别。现代的刘致平先生在《中国建筑类型及结构》中，是以"单座建筑"来作这一建筑类型区别的，并分为以下五类。

（一）楼阁：有蓟县独乐寺观音阁、曲阜孔庙奎文阁、广汉奎星阁、应县木塔等。

（二）宫室殿堂：有五台山佛光寺大殿、曲阜孔庙大成殿等。

（三）亭、廊及轩、斋、馆、舫：有轩、榭、斋、馆、亭、廊、舫等。

（四）门、阙：有牌坊门、屋宇式门、墙门、阙等。

（五）桥：有跳墩子、浮桥、木石板平桥、券桥、廊桥、飞桥、索桥等。

在此基础上，我们再作更明确、更形象的具体的划分，便于人们更明确地认识，且具有普遍意义。

（一）宫室建筑：也就是一般的居舍或房室，形成最早、使用最普遍，只要有地面、屋顶及四壁而可居人以避风雨，均可称之为"宫室"。这类建筑通常较简陋，规模也小，以"民居"为最基本的建筑形式。

（二）殿堂建筑：是规模较大的、壮观堂皇的一类建筑，最常用为宫殿、衙署、寺院等的主殿或主体建筑，也通常是一组建筑群中规格最高的建筑，以庑殿顶或重檐歇山顶为最常见的屋顶形式。

（三）楼阁建筑：是"重屋"的一类建筑，有岳阳楼、黄鹤楼、天一阁、滕王阁等。

（四）亭榭建筑：是在一定的台上以柱支撑屋顶而无墙的一类建筑，有八角亭、水榭等。

（五）廊庑建筑：由列柱支撑屋盖的通道空间的一类建筑。

（六）轩建筑：是屋顶为捲棚形式的一类小建筑。

（七）舫建筑：是一类建在水里的、船形台座的建筑，如北京颐和园的清宴舫。

（八）门阙建筑：是建在一座建筑或一组建筑之前的入口处的一类建筑，如阙、华表或牌坊等。

（九）桥梁建筑：是架空的通道一类的建筑，如浮桥、梁桥、拱桥、索桥、天桥等。

（十）塔建筑：是源于印度佛教的一类纪念性建筑，如单层塔、楼阁塔、密檐塔等。

（十一）台坛建筑：是仅有墩基部分的一类建筑，如周代的“灵台”、北京“天坛”等。

确切地说，这是一种“空间性”与“功能性”相结合的中国传统建筑类型的划分状况，而中国传统建筑是很难完全区分开这两种性质各自的建筑类型的。故而，为了尊重中国传统建筑的发展状况的事实，在此便结合这两种性质来作这一建筑类型的划分；也因此之故，便放在本节的末尾部分，来讨论这一问题，或许还是比较恰当的。

9.3 建筑风格

希腊建筑、罗马建筑、巴洛克建筑、洛可可建筑，或西方建筑、中国建筑，等等，都是因为表现出某种特征而称之的，这就是“建筑风格”。

人类以某些可用之材构建出满足“防寒避雨御虫蛇”的功能需求的建筑之后，基础、墙体、门窗、屋盖等便成为建筑的必备构成部分或构件，任何功能需求的建筑、任何区域的建筑，都大致必须以这些构成部分或构件来完成其建筑的表现形式，人们称这些具有“住”的功能作用的构成物为“建筑”。然而，人们又能从相同的“住”的功能中区分出不同的表现方式的建筑，也就是说，除了基础、墙体、门窗、屋盖等这些必备的构件以外，具有特征性的表现方式也是建筑形式的构成部分。那么，这种具有特征性表现方式的“建筑风格”，也是建筑形式之一。

建筑风格的最主要的内容是最具个性表现的建筑特征，是因其特征在建筑上的出现和存在，而表现出其建筑风格的存在形式，否则，就只有“同一”的“建筑”，而没有了“风格”。

因此，建筑风格自人类建筑形成伊始，就已存在。“下者为巢，上者为营窟”（《孟子·滕文公》载），这是中国古藉所载的两种不同风格的人类早期居所——“巢居”和“窟居”（或“巢穴”或“窟穴”）。在中国以外，则人类早期的居所形式还甚多，有石屋、帐蓬、湖居等，这实际上可认为是最早的人类不同风格的建筑形式。而后，不仅不同时代各区域自己的建筑风格有很大区别，而且不同区域间的建筑风格的区别就更大了，至公元以后，人类建筑愈加丰富多彩，让众多的建筑学子们流连忘返，甚至矢志终身，而令人感动。

于是，在此我们也与这“众多的建筑学子们”一样，看重并关注人类传统时期的这些丰富多彩、风格各异的传统建筑，也许这样更能明确地阐释、认识“建筑风格”这一人类建筑最耀眼的建筑形式，也让人们对这似乎并不很清晰的建筑概念，被揭去神秘而无色乏味的面纱，还原其通俗易懂的、建筑学方法论建立初衷的、可亲可爱的悦人面目。

那么，从发展至今的人类建筑的建筑风格总体上看，建筑风格的认识主要有两个方面，一是以一个建筑整体为对象而观察的形体风格，另一是被分解以后以单个构件来看的构件风格。对同一的建筑来说，两者也许是统一的，也许是不统一的。当然，统一是一种风格，不统一也是一种风格。于是，这就需要人们给以分别触摸、感受，然后或许可因之而得到完整的统一认识。

9.3.1 建筑形体风格

这是对建筑群或单个建筑而言的“形体风格”。严格地说，只有具备“住”的功能的完整的构筑体，才是建筑，而被分解后的构件或饰件，就不应该说是建筑，最多只能说是建筑的构件或部件（下文详述），这是本小节的关键一点，也是理解、感受建筑形体风格必须首先把握的要点，忽视或根本没有了解这一认识意识的前提，就恐怕难以切入“形体风格”的要义中，这是在此首当说明的问题。

建筑从形成之日起，就是一个完整的整体，屋基、墙身、门窗、屋盖无一不全，否则能满足人类的“防寒避雨御虫蛇”的最基本的功能需求吗？当人类建筑在各文明区域形成了各独具风格的建筑时，也确是一个完整的整体，无论是南欧建筑、北非建筑，还是东亚中国建筑、南亚印度建筑，都毫不例外的各是一个完整的建筑整体。

当我们称某些建筑为希腊建筑、罗马建筑

时，并非这些建筑只有希腊柱式或罗马柱式，我们就称之为希腊建筑或罗马建筑，柱式仅是其构成的一部分，其有希腊或罗马柱式，并不代表着其就是希腊或罗马建筑，有这两种柱式的建筑还很多。况且，其柱式是因最早出现在完整的希腊建筑、罗马建筑上而闻名的，若非曾为希腊建筑、罗马建筑起用，恐怕还只是“经”所不传的多立克、科林斯、塔斯干小区里的一般柱式而已，甚至可能湮灭于浩瀚的人类建筑大海洋中而鲜为人知。

但我们所认识的希腊建筑、罗马建筑却也都离不开这些柱式要素的构成，似乎没有这些柱式，也就不成其为希腊建筑、罗马建筑。

因此，严格地说“建筑风格”，是对一类或一群、或一座建筑整体而言的，离开建筑整体，是没有建筑风格可言的。不过，建筑风格却通常是以某些构件或饰件等表现出来的，从而体现出其建筑风格的个性特征。

人们说，人类文明首先是由几个较先进的文化区域独立演进形成的，而建筑是其中主要的文明形成标志之一，而后也正是作为文明演进的一个重要标志，为人们所认识其文明的发展状况及文明特征。那么，建筑作为区域文明的标志及发展状况和文明特征，正是以其建筑风格体现的，甚至建筑风格也在一定程度上代表着其区域文明特征，当然，这也是建筑作为一个人类文化的特殊要素的缘故之一。

北非（埃及）建筑，特别是金字塔，已经是人们所熟知的埃及文明的最基本、最典型的代表，也仅此诸多的“金字塔”，人们亦能领略到埃及建筑的雄伟庄严而又神秘的建筑风格：简洁的几何形体、明确的纵中轴线、庞大的建筑规模、深邃的纵向空间等，表现出丰富、深广的强大埃及文明的蕴涵，而丰富的石材也为这些建筑提供了可能。如约建于公元前2000年前后的“曼都赫特普（Mentuhotep）三世墓”（见图18），这是一座石窟崖墓与金字塔的巧妙结合，其埃及建筑的风格特征得到很好的表现，人们仅此便可感受到埃及建筑的所有风格特征。

西亚（巴比伦）建筑是巴比伦文明与客观的缺石少木的环境创造而形成的。从公元前18世纪的古巴比伦到公元前7世纪后的新巴比伦，用土坯砖或烧制砖砌筑拱券，甚至是穹窿结构，黏结以沥青，而后以一般面砖或彩色琉璃砖作为饰

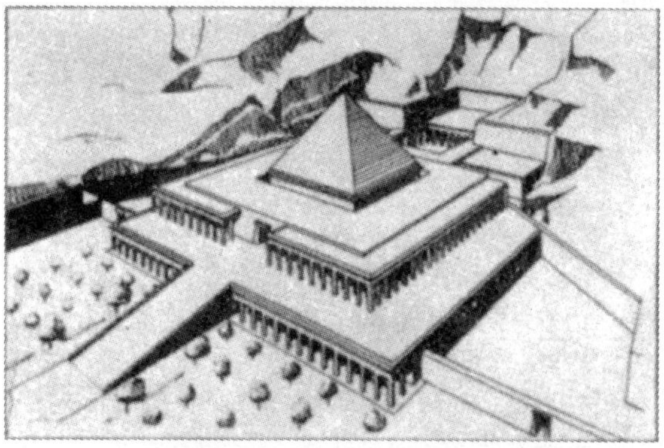

图18　曼都赫特普三世墓

面材料，来保护和装饰其建筑，这就是西亚的巴比伦建筑。著名的新巴比伦城以及城北“巴比伦空中花园”就是其最杰出的建筑成就（见图19“巴比伦空中花园”及图20“新巴比伦城”），该城建于公元前7世纪—公元前6世纪之间，拱券结构、琉璃砖饰等成为其最主要的建筑风格特征；不过，其“空中花园”已大量采用石墙、石拱等石构件却是个例外，只是拱券等特征构件还保留着巴比伦建筑的风格而已。

图19　“巴比伦空中花园”

南欧（爱琴）建筑是在爱琴海域的诸多岛屿或半岛上形成这一建筑风格的。以墙脚大石砌筑、建筑空间开敞、柱式上粗下细、写实装饰壁画、色彩艳丽丰富为特征，这大概也是温和的海域环境，形成这一建筑风格的。如约建于公元前17世纪—公元前16世纪之间的克里特岛上的“米诺斯王宫”（Palace of Minos），因其依山而建，故宫内空间上下、高低由诸多楼梯过道曲折

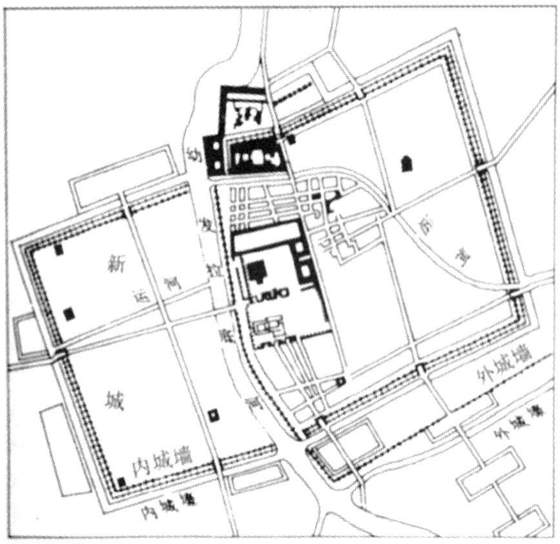

图 20　“新巴比伦城”平面

图 22　“米诺斯王宫”柱廊

连接而成，又建筑规模宏大，建筑空间还多为开敞的堂廊，故而后来被希腊神话称为“迷宫”（见图 21 平面图及图 22 梯间柱廊）。

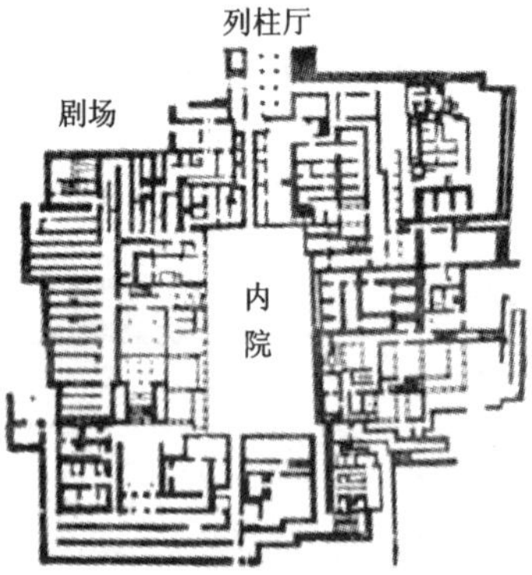

图 21　“米诺斯王宫”平面

南亚（印度）建筑，在这南亚次大陆的半岛上，其古代文明结晶的建筑在现今看来，除了已不存的泥墙草顶木屋的早期居所外，就是三大主要的本土宗教建筑了，这或许就是其建筑的风格特征的关键所在。而无论是佛教建筑、还是婆罗门教建筑，或者是耆那教建筑，归结起来就是塔、石窟和庙宇（或寺院）这三种类型的建筑，且以“塔”为最主要的建筑形式，甚至石窟、庙宇（或寺院）也融入这一建筑形式。现存最早、最大的塔是建于公元前 3 世纪中叶的“Sanchi”佛塔（见图 23），是在一个鼓形基座上的砖砌半球体，球体上还有一圈正方形的石栏杆，其中有一小亭名曰“佛邸”。其他建筑形式也大多有塔的影子或成分，如公元前 78 年建的、现存最大的佛教石窟寺“卡尔利”（Karli）支提窟，窟内深、广分别约为 38.5 米和 13.7 米，最里端的半圆形平面的圆心处就是一座塔，两侧粗大石柱环绕而过成闭合状（见图 24）；又如科纳拉克的婆罗门教“太阳寺”（见图 25），由前门厅、后神堂两部分构成，门厅为方锥顶加扁球形宝顶而恍若塔状，神堂上是一个方锥形高塔。故而，塔是印度建筑最主要的风格特征，当然还有宗教雕刻、十字平面、圆形（或八角形）藻井以及马、狮、牡牛、覆莲、轮回等佛教意义的柱头的建筑风格特征。

图 23　古印度前 3 世纪中叶“Sanchi”佛塔

东亚（中国）建筑以“营造”技术著称于世，且主要是在木结构上的伟大成就，并以此影响到其他结构，特别是石结构的“营造”技术。形成非常明确的从下到上的屋基、屋身、屋盖的三段结构形式，且以屋盖的斗形方木的“斗”与方形

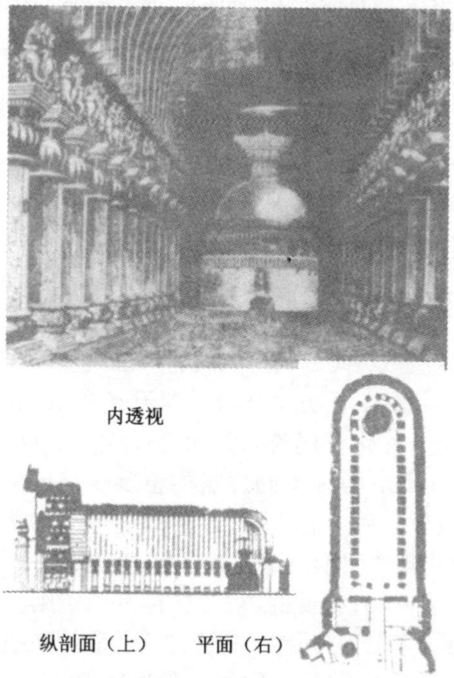

图 24 古印度佛教“卡尔利”支提窟

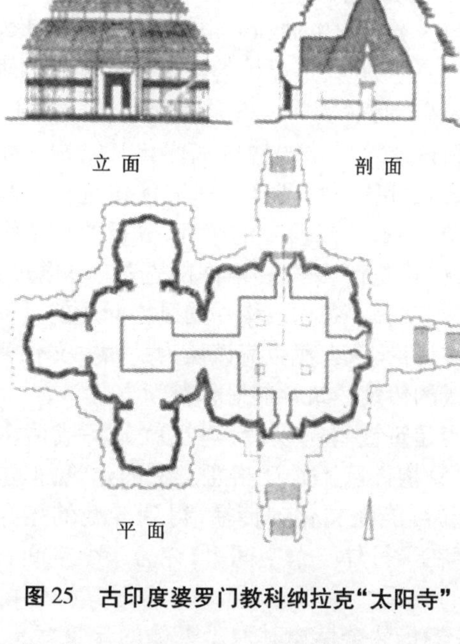

图 25 古印度婆罗门教科纳拉克“太阳寺”

短木的“拱”结合的“斗拱”铺作结构为显著的结构特征，而后创造出非常丰富的屋顶形式而为世人所赞叹，也被认为是最具中国建筑风格特征的最基本部分。其中最基本而主要的屋顶形式有：悬山、硬山、庑殿、歇山、卷棚、重檐、盝顶、攒尖、盔顶等（见图 26），然后再组成或衍化为其他屋顶形式，这在人类建筑史上是罕见的。也因此，中国的建筑风格便由此而形成和出现，成为非常独立的一种建筑风格特征，并影响了周边地区的建筑形式。

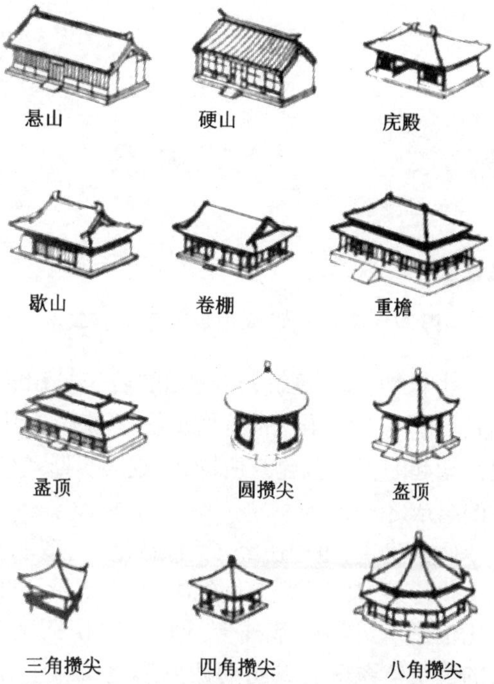

图 26 中国古代建筑主要的屋顶形式

中南美洲建筑，一般认为其建筑也是独立的文明发展的结晶，并且在公元前 11 世纪左右，就有标志性建筑的“金字塔”出现，而后还成为该区域的狄奥蒂瓦干、托尔特克、马亚、印加、阿兹特克等文明的最主要的建筑类型，甚至遗存至今。然而，其“金字塔”准确地说，是一种锥台塔庙，是在锥形高台座（Pyramid）上再建庙宇或神殿（Temple）的一种建筑，或许是因此之故，也才是其建筑风格的体现，也说明其独立发展演进的可能。如约始建于公元前 3 世纪的狄奥蒂瓦干（Teotihuacan）的“太阳金字塔庙”建筑群（见图 27），包括月亮金字塔庙、太阳金字塔庙、羽蛇金字塔庙等，都是数级塔台加神庙顶的建筑。

这六大文明区域的基本上是独立演进形成的建筑风格，在而后的人类建筑发展中，由于人类文化具有好动、传播、交流的本性，在进入各自的传统时期，开始了汇合或吸纳的文化现象，建筑风格也就在这一文化发展的环境中，出现了丰富、完善或变异的转变。除了美洲建筑以外，其他建筑都相继在公元前后至中世纪末，重新形成自己的“传统建筑”风格，实际上是不同区域文化交汇或吸纳的结果。比如：

图27　美洲古代“太阳金字塔庙”建筑群

北非(埃及)建筑,在公元前后先是出现了“希腊化”、“罗马化”的建筑现象,后来又在中世纪为崛起的伊斯兰建筑所同化,成为伊斯兰建筑区的组成之一;

西亚建筑,也曾历经了“希腊化”、“罗马化”的文化侵袭,却在六、七世纪崛起,在继承了此前巴比伦建筑风格的基础上,创立了“伊斯兰”风格的建筑体系——封闭的四方形建筑体上加穹顶、配以各种叠涩拱券、饰彩色琉璃砖面等,又汲取了南亚建筑的弓形尖券及精雕细镂、埃及的庞大的建筑规模等;

南欧的希腊建筑,继承爱琴文明的开敞空间风格及柱廊,但柱式已不再是上粗下细,而是下粗上细的爱奥尼克、多立克、科林斯柱式,显然已受西亚、北非的柱式影响(详见下文“构件风格”),而继之而起的罗马建筑,不仅继承发展希腊“三柱式”而演进为“五柱式”,还创造使用了“拱券结构”,显然这一风格是受西亚巴比伦建筑影响而形成的;

南亚(印度)建筑,历史上就一直接受着西北而来的外来文化的浸入,七、八世纪以后,又陆续有伊斯兰文化的侵入,以致西亚的伊斯兰建筑后来也成为印度传统建筑的一个基本成分,并由此而影响到东南亚的传统建筑;

东亚(中国)建筑,也在公元前后和中世纪,相继受到了主要由西域而来的印度佛教和西亚伊斯兰教文化的侵入,为古老的中国建筑注入了新的元素,不仅从意识形态上影响了中国传统建筑观念,也为中国传统建筑带来了新的建筑形式,主要是佛教建筑,特别是“塔”建筑的出现,丰富了中国传统建筑风格和内容。

也由此可见,人类传统时期的建筑形成了两种发展类型或发展状况,一种是地中海沿岸地区的文化交融现象,另一种是亚洲大陆基本上是独立演进、也汲纳一些外域文化的发展现象。前者主要形成了欧洲以及后来的西方的较具“开放性”的传统建筑发展状况及建筑风格,后者则大致形成了西亚北非的伊斯兰地区、南亚的印度地区、东亚的中国地区三个相对“封闭”而独立发展的传统建筑及建筑风格,最突出的是中国传统建筑的形成和存在。

于是,到了传统末期的近代,人类建筑便大致出现了东、西方文化以及建筑的明显分化现象或发展状况,西方文化及建筑开拓进取、兼容并蓄,东方文化及建筑则封闭固守或固步自封,形成为鲜明的两种不同建筑类型及建筑风格。故而,近代以后,西方文化及建筑得到了“复兴”,进而在现代时期逐渐称霸世界,完全是一种主动进取的风格;相反的,东方文化及建筑则显示出被动固守态势,并逐渐为西方文化和建筑挤占了生存空间。于是,不同的文化性质,决定了不同的建筑特征及风格,至今看来,似乎也决定了不同建筑及建筑风格的命运,而为人们所认识和感受。

9.3.2　建筑构件风格

当人类文化发展到一定程度以后,并具备了传播交流能力时,最原始的建筑形式及风格便随之被打破,而后实际上就是不断地汲取而演进,并重新作建筑风格的构成和优化其结构。而人们因之就可从中找到这一演进优化过程的踪迹及渊源关系,若以西方的解剖、分析的科学眼光来看,也就是诸多构成构件的选择、演化过程。于是,这就有了各构成构件的风格问题的可资观察和被讨论,这大概也应该认为是西方文化背景里形成的传统建筑学的一种科学方法。

当建筑被解剖以后,建筑就分解成诸多构件,尽管构件已不是严格意义上的建筑,但这些构件却可能随文化的传播,得到异地的生存机会,存在于另外一个空间里,在另一个空间找回建筑的意义。然而,人们不会忘记其构件的来源,人们仍然会惦念其原生母体的建筑意义,并仍以原生母体的建筑风格称之。且因新的生存空间的出现,又或许有了新称谓的出现,构件风格也就因此而有了别样的传奇色彩,令人兴奋,且对母体的建筑风格而言,似乎也因此而有了更顽强的生命力。

于是,认识构件风格的传奇经历,似乎就更有现实意义,这应该是建筑学所必须讨论和认识的问题。

● 构件更容易被传播和接受

建筑是文化的一个构成要素,文化的传播当然也就包括有建筑传播。而文化传播是文化的本性,建筑的传播当然也应该是建筑的本性。不过,文化传播并非所有文化要素都是同步被传播的,以人类文化发展史看来,基本上是以物质形态要素为最容易在异地传播和生存的,意识形态要素通常都难以被异地接受,而建筑——此处所讨论的"architecture",从广泛意义上讲,也是一个具有多种形态内涵的复合要素(参见上文的"建筑内涵"部分),于是,也同样有传播和接受的"易"与"难"之别。那么,建筑传播的易、难便大致包括两个方面的问题:一是不同形态存在的传播易难,另一是建筑风格与建筑构件风格传播的易难。前者非本处论题范围而不论,后者则似乎是"建筑构件风格"的传播,而更易为人们所接受。

在人们眼里,建筑风格不仅仅是一种艺术性(或结合以技术性)的风格而已,各文明形成初期的人们是这样,文化的传统时期的人们也是这样。人们通常将建筑风格与某种建筑思想意识相联系,形成一种"条件反射"概念,或者说是一种符号概念(参见下一节的"建筑语言"),特别是完整的建筑形体的风格意识尤为强烈,这在人类建筑史上有许多可引以为证的实例。如公元前后,后来居上的地中海北岸的希腊建筑和罗马建筑,在希腊人与罗马人的剑下,开辟了沿岸其他地区的"希腊化"、"罗马化"时代,人们也因之而感受到更多的被统治、被奴役的心理处境,或许也因此而形成了相应的意识概念,并有了一定的逆反心理,这可能就是人类建筑史上最早、规模最大的建筑风格传播事实,以及相应的传播意识和可能有的逆反心理现象。于是,建筑风格与一定的建筑思想意识相联系,成为人们的普遍概念,或者说,人们原已有此心理感受机能,只是这一"希腊化"和"罗马化"之举,更明确、更坚定了人们的这一意识概念,也就有了更迅速的"条件反射"的思维反应状态。

因此,完整的建筑形体风格,很容易让人们产生相应的思维上的意识反应,那么,建筑的传播在文化差异较大的异地便产生"排异"心理现象,或者说,不同文化背景的人们对建筑形体风格的感受是不同的。最典型的建筑例子当数中世纪的小亚建筑,原为在西亚古建筑基础上发展起来的东拜占庭建筑,中世纪后期遭东征的"十字军"破坏,或许是一种天主教对东正教的"排异"现象;15 世纪以后,入主的穆斯林又对这些建筑再一次摧残,无论是原构有的东正教、还是后来"东征"改建的天主教,对穆斯林来说,都是"异教徒"的建筑,则穆斯林还能在异教徒构筑的建筑氛围里生存?其强烈的宗教意识能容忍?于是,大多异教建筑均被毁去,即使不毁,也被改建了。如伊斯坦布尔城里的"圣索非亚大教堂",原为 6 世纪建的"东正教"标志性教堂建筑,13 世纪曾被东征的"十字军"改为天主教堂,15 世纪中叶入主的穆斯林又改建为"清真寺",并加筑宣礼塔(或称邦克楼)等(见图 28),那么这似乎接受的是西亚古老的方形平面加穹顶的建筑风格,何况又有了伊斯兰的标志性建筑成分的加入,使穆斯林对此建筑有可容性的心理意识接受度。

图 28 "圣索非亚大教堂"

至于为什么人们更易于接受传播的建筑构件，而非完整的建筑形体？主要还在于建筑的思想意识，是由建筑的完整形体营造的，每个构件只是营造建筑氛围的一个元素，显然元素与建筑整体的效果是无法比拟的。故而，较为中性的建筑构件也就较容易在建筑传播中被分解出来而接受之，这在建筑史上同样是常见的建筑现象。而最常见、也最典型的是南欧的古典柱式，至今仍是人们津津乐道的也最具人气的建筑构件。

当罗马人继承希腊柱式发展为“五柱式”以后，建筑史上的“古典柱式”（见图29）就成为似乎是永恒话题的建筑构件。中世纪，欧洲被宗教政治分裂为东、西欧两部分，建筑也分为东拜占庭建筑和西欧中世纪建筑两部分，东拜占庭以希腊柱式为其建筑的基本构成内容，西欧则创造了“束柱”，却也带有一定的罗马风格而称之为“Romanesque”。中世纪以后的“文艺复兴时期”，以复兴古罗马建筑风格为主导，“古典柱式”便成为其时的建筑主题，甚至有专著《建筑五柱式》（维尼奥拉著，1562年出版）的面世。17世纪的法国古典主义，更强调必须恪守古罗马柱式的规范，且以“纯正”的古典柱式为最高贵，此一思想也影响到整个欧洲建筑，并持续到18、19世纪的“古典复兴”潮流。而后至当代的“折中式”建筑、“典雅式”建筑、“后现代式”建筑等，都多少持有复兴“古典”的思想，以致“古典柱式”一直仍是其创作的主要形式来源。当然，这或许是“古典柱式”的艺术魅力，却也说明了建筑构件风格在建筑发展中存在的一种特殊现象。

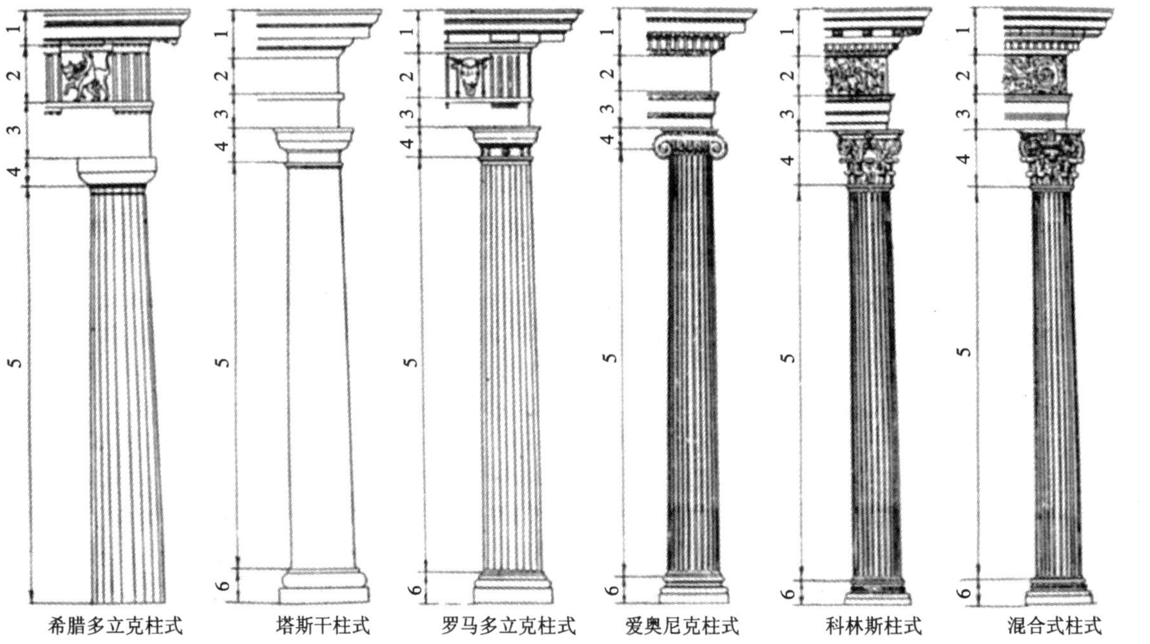

图29 西方古典柱式比较

事实上，在人类建筑史上，并非只有欧洲有“古典柱式”，应该说，几乎所有人类文明区域的建筑都有其特有的柱式，只是欧洲的古典柱式随其文化的发展而有较明显的强大力度的传播优势。公正地说，人类建筑“古典柱式”是丰富的，远非仅古希腊、古罗马传承的一式而已。这可在以下各例中找到印证。

埃及柱式：有莲花束茎式、纸草束茎式、纸草盛放式（见图30）。

巴比伦柱式：主要是柱头的区别，或由覆钟、仰钵、涡卷、雄牛组成，或仅一对背相对的雄牛柱头（见图31）。

印度柱式：主要是柱头的变化，更多的是具有宗教性质的柱头，有覆莲、轮回、狮、马、牦牛、象等（见图32）。

美洲柱式：托尔特克建筑（在中美洲）出现了柱式墙和柱廊，有方形浅浮雕“石柱廊”。

中国柱式：有“穿斗式”木柱、“抬梁式”木柱，且柱脚出榫入础卯、柱头出榫入栌斗底卯。

这些同样是人类建筑的“古典柱式”，也有被传播和接受的可能。而其他建筑构件如同“柱式”，均同样较建筑整体更易在传播中为人

图 30　古埃及常见柱式

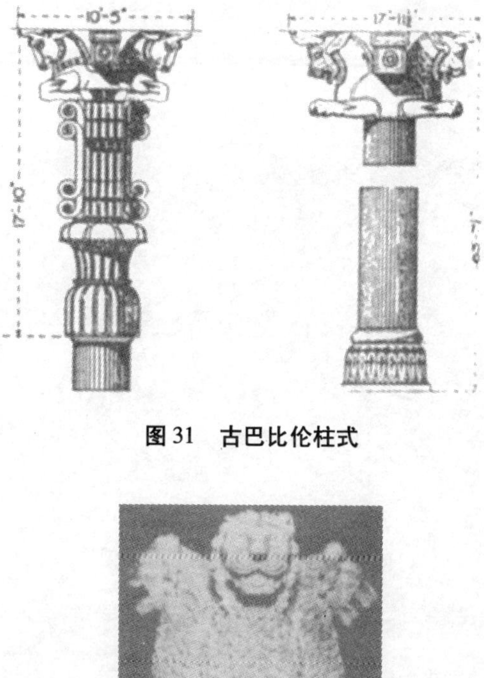

图 31　古巴比伦柱式

图 32　古印度建筑柱头

们所接受,这似乎也是一种必然,在此便不赘述。

● 构件风格在传播中的变异

建筑的传播,以建筑构件的被接受为最常见;而建筑构件的被接受,通常还有被改造而出现变异的现象,这与文化的传播现象是相似的,也无论是在西方、还是在东方。如西方建筑源于南欧,由古希腊、古罗马奠定了其“古典”风格,而后在中世纪的西罗马和东拜占庭、文艺复兴以后的欧洲和北美、近现代的世界各大洲等,从整体到构件的风格,都得到了接受的传播和发展,也都有一定程度的异化,如“古典柱式”,这在上文的许多论述中,人们已能多少了解到这种传播的一些变化现象。而此处则换一个区域及建筑系统,主要着重谈东亚中国建筑及构件在临近地区的传播和变异现象,从另一个角度印证建筑及构件在传播中的风格变异的必然规律,以此理解建筑及构件风格传播的科学原理。

公元前后,当印度佛教传入中国时,不仅给中国带来了佛学或佛典,也给中国带来了印度建筑,从此中国建筑有了“塔”的建筑内容(当然,中国塔已非印度塔),却也出现了中国塔与印度塔的许多不同,与中国佛学一样,已同印度佛教塔建筑以及印度佛学有很大的区别,这显然就是传播中的文化变异现象。而朝鲜佛教、日本佛教,又是传自中国,相似的,又有了新的变异,这也是建筑传播大环境的文化现象。

朝鲜与中国的东北侧紧邻,历史上一直是中国文化的辐射区域。当佛教在中国大陆被诠释而逐渐“中国化”以后,并在两晋南北朝时期大致完成了其“中国化”的过程。此间,已有佛教陆续传入朝鲜,最盛时则是公元 7 世纪的新罗国之后,出现了许多佛寺,那么,其时所传入朝鲜的佛教,当已是“中国化”了的佛教。因此,可以这么说,朝鲜佛教建筑受影响的,应是“中国化”的佛教理论及佛教建筑,而非印度佛教。又由于朝鲜半岛实际上是中国大陆的延伸,是以中国文化为基础和大背景的,故可以说朝鲜文化及建筑大致是中国文化及建筑系统的一个组成部分。若保守或慎重点,亦可说“朝鲜建筑同中国建筑的关系是十分密切的”等诸如此类的两者有微妙关系之语。

那么,在此文化大环境里,朝鲜建筑也以源自中国大陆的木构架结构为主体,即使是石构材料,也与中国大陆一样,为仿木结构。也由于石构建筑具有较强的生命力，故能留存至近现代的最早期的朝鲜传统建筑，基本上均为仿木的石构建筑。如平壤龙冈郡的“双楹冢”的墓建筑，就是一座仿木石构建筑，而且各构件的做法与中国建筑的木构件几乎完全一样，梁、柱、斗（栌斗）、拱等中国建筑的基本木构件，几乎都能在这一建筑中找到，而且风格相同，甚至还有重拱、人字拱等组合构件或非常用构件。随着佛教在朝鲜的传播，唐代中国佛寺大致在同一时期也能在朝鲜土地上找到风格极为相似的寺院建筑。如始建于公元7世纪新罗国都庆州的“佛国寺”的山门及门侧钟楼（见图33），（内）山门面宽三间、深有两间，而宽阔的大屋顶由数重斗拱而得飞檐，复以歇山顶屋面；（外）钟楼向山门而置，风格与山门相似，但规格稍小，为面宽两间、深一间，也复以歇山顶，其斗拱铺作与中国“唐制”似无多少区别（比较而参见图34），其屋宇似乎还更宽大壮观。这也说明朝鲜建筑作为中国建筑大系统的上述观点的并无大错，当然，这同样是文化大环境影响的必然。

图33　公元7世纪朝鲜新罗国“佛国寺”山门

越过朝鲜海峡或日本海，就是岛国日本。大概也因此海峡及海的缘故，佛教及佛教建筑就出现了神奇的变异。

尽管日本的先民都是先后来自中国大陆的移民，但岛国的地理特征却使其有相对独立演进的可能和必要，也就形成了较特殊的文化性质。也大致在朝鲜佛教兴盛时的新罗国时期前后的六、七世纪，佛教也传入日本岛，出现了最早的佛教寺院的四天王寺、法隆寺、法兴寺等，至8世纪的奈良时期，几乎在中国流行的佛教各宗均相继经由朝鲜传入，在8世纪中期，天皇曾诏令地方各国建佛教分寺，显然，佛教已在日本取得了统治者信仰的地位。9世纪末，随着天皇政权的旁落，“摄关政治”的出现，庄园贵族及“武士”、“武士团”的形成，社会各阶层矛盾激化，至12世纪末，陆续出现了一些佛教新宗派，如净土宗、一向宗、法华宗等，主要是社会上一些中、下层人群的信仰者，且也只重信仰、不拘形式及经文，自然也就不在乎寺庙的多寡与大小，甚至显得很简陋。当然，也因此，新旧宗派发生了较大的分歧而争斗，这大概便使日本佛教有了自己的性质或特征，或者说是“日本化”的佛教。况且，日本在佛

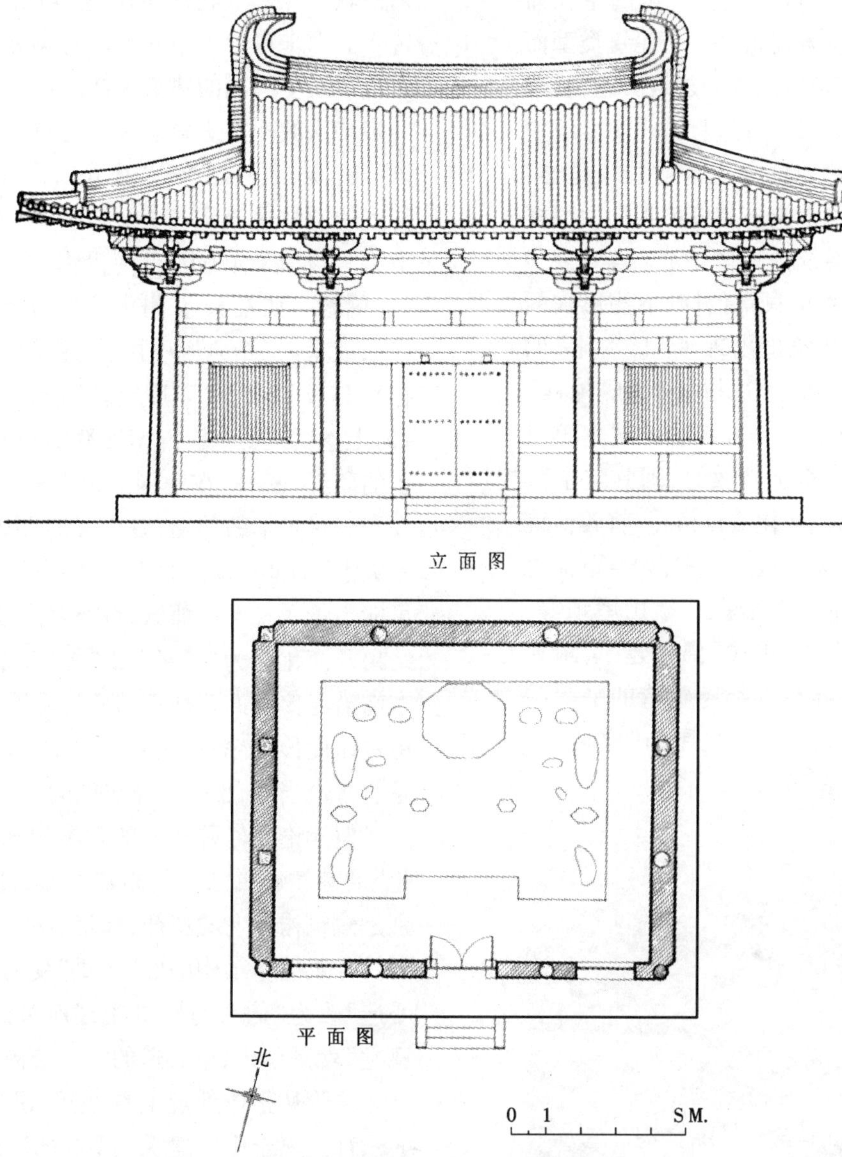

图 34 唐代山西五台县“南禅寺”大殿

教输入前，就已有本土的“神道教”出现，以祖先崇拜和自然农耕神灵崇拜相结合为主，由自然崇拜演化而来的（大概也以此可知其文化的独立演进特征），约5世纪前后时开始有其宗教建筑的构建，称“神社”。如最早的“伊势神社”、“出云神社”等，其建筑是一种以当时下部架空的“木架草顶”的居宅为原形的“神社”建筑，如三重县的“伊势神社”（见图35）。后来传入的佛教及佛教建筑，显然要受日本本土这种“神道教”的影响，而有了“日本化”的转变或异化，这大概就是日本佛教形成的最主要原因。

佛教输入前，日本主要是“木架草顶”的住宅建筑及由住宅演化的宗教或其他公共建筑；佛教输入后，并有了佛教寺院的出现，而早期的佛寺基本上是接受了中国建筑技术的朝鲜匠师入日本建造的，偶而也有中国匠师的到来，则中国

图 35 公元5世纪日本神道教的“伊势神社”

的木构架建筑也就这么随佛教在日本的生存而进入日本，并首先以佛教建筑这一新建筑类型而出现。由于佛教建筑是新出现的建筑类型，且建造者均由朝鲜或中国匠师担任，甚至在8世纪中叶还有“鉴真和尚”的赴日本主持建造。显然，其建筑技术、建筑风格都应该是较纯真的中国样式，包括其斗拱梁架系统的具体做法。至少从9世纪末开始，随着佛教里只重信仰、不拘形式的新宗派的出现，佛寺建筑也出现了“日本化”的演变现象，即中国的佛寺建筑与日本的“神社”或传统民居建筑的结合。一方面是民居宅第里出现宗教性质的空间，有了佛教的“阿弥陀堂”；另一方面是佛教建筑民居化或世俗化，将其传统民居的最主要特征带入佛教建筑中，如自下而上的架空地板、推拉门板、出檐深长、歇山屋顶等。这大致就是此后盛传的“和式”佛寺建筑，最典型的就是11世纪中叶在京都府建造的平等院“凤凰堂”，这是一座以一殿两配屋的“寝殿造”形制建造的建筑（见图36）。

外透视

正立面

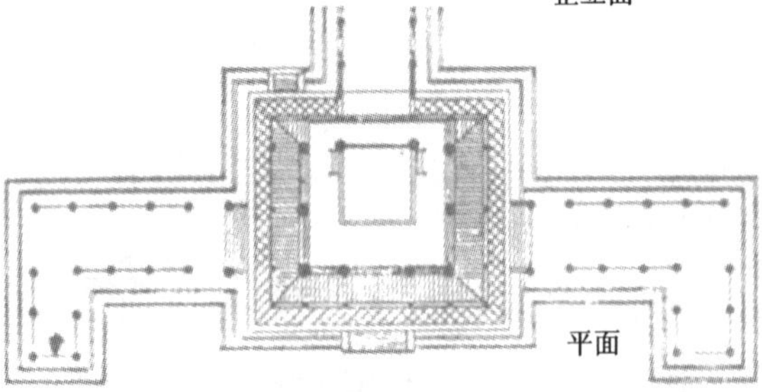

平面

图36　公元11世纪中叶日本平等院“凤凰堂”

12世纪以后，日本又传入了中国宋代的禅宗佛教，中国禅宗盛行的江南地区的建筑也随之传入。而来自中国不同地区的建筑不同，故在日本也形成了不同的建筑风格。一般认为，由江浙一带传入的禅宗佛教建筑演变的，由于仍沿袭中国“唐”称，故其建筑称“唐式”；由东南沿海福建传入的佛教建筑演变的，则称“天竺式”。实际上，在宋代以前中国东南沿海地区也传有“密宗”佛教。如福建泉州中唐时期始建的“开元寺”，就是以“密宗”为主导的佛教寺院（至今尚存），其教非藏传“印度密教”演化，而是直接沿“海上丝绸之路”从古印度登陆泉州的，是较纯正的印度“密教”在中国的传播地。随中国佛教在宋代对日本的传播，在宋元时期曾是“东方第一大港”的港口城市的泉州的禅宗、密宗佛教都可能也传入日本。那么，将禅宗佛教建筑传入的结果及演化称为“唐式”或“禅宗式”；而由中国东南沿海传入的非禅宗的佛教建筑，而且是直接由古印度传来密宗的建筑，称之为“天竺式”则是非常恰当的，也是完全可能的。

但无论是何种样式的日本佛教建筑，“日本化”的佛教建筑已有了非常明确的自身特征，特别是建筑构件上的特征，那就是将中国建筑最主要的斗拱铺作结构中的“重拱”变为“单拱”、“计心造”改为“偷心造”，如上述所举的平等院“凤凰堂”就是单拱、偷心造的铺作结构。

尽管从整体外观上看，朝鲜建筑、日本建筑显然都是属于中国建筑大系统的建筑风格，但建筑构件已有了一定程度的变异也很显然，特别是有海峡之隔的日本建筑尤为显著，这大概也是一种文化及建筑传播的必然。而且朝鲜、日本建筑的传播，尤其是日本，还是以佛教的传播为基本媒介的，是中国佛教的传播给日本建筑带来了新的源泉，也为日本的传统建筑注入了新的营养。

● 构件似乎更具生命力

在现今的世界建筑学界，以西方科学原理为基础构建的建筑理论已完完全全地居于主体地位无疑，建筑科学体系、建筑科学方法等，均毫不例外地是演进于西方或欧洲科学理论。而西方或欧洲建筑科学之源头的古希腊、古罗马的建筑，是其理论的结晶，也应该说是人类建筑辉煌的一页。

然而，古希腊、古罗马建筑，也只是那个时代的辉煌。尽管后来的各个建筑发展时期,人们还时常眷恋其建筑,并尊称其为“古典建筑”,奉其为一种建筑史上具有“典范”意义的建筑,但是大多数的人们并不完全赞同原汁原味地照搬其样式、尺度而重新再建其建筑,其所具有的“古典复兴”、“古典主义”思想,更多的还是对某些建筑构件的推崇。

中世纪,是欧洲的罗马大帝国分裂为东欧(即东拜占庭)与西欧(即西罗马)两大部分的时期,其主导的宗教思想都是秉承基督教的衣钵的,并都自认为是最正宗的基督教思想。于是,其宗教场所的教堂便同样是承自罗马建筑的风格,不过,却也没有完全以原型的罗马教堂为复建目标,而是在继承的基础上各自又创造出自己建筑风格的教堂。西欧建筑是在继承了古罗马圆形拱券的基础上,且承袭其整体的建筑风格而称“罗马风”建筑,却也创造出束柱、肋拱等新的建筑构件,而非完全的罗马建筑的复建,故也只能以其风格之承袭而仅称“罗马风”;东欧建筑则主要仅是将古典柱式给承袭了,而更多的还是汲取了西亚建筑的东西,如砖石拱券、穹窿等建筑手法和样式,故而干脆称其建筑为“拜占庭建筑”。

中世纪后的“文艺复兴式”建筑,虽然是以“复兴古罗马”建筑为口号,在建筑实践上也尽量去仿效古罗马建筑,并主要是在一些公共建筑、纪念建筑上取得仿效成果,“人文主义”思想的主要对象之一的世俗建筑却没有做到这一点,最多只是一些建筑构件的仿效。或许也因此,后来的“古典主义”思想或思潮出现后在其指导下的建筑,便不再追求对古典建筑的完全仿效,而是主要在构件上、符号上的求取规制的尊崇。如“法国古典主义”时期的建筑及建筑理论,强调对古典柱式在“度量与比例”上的谨守,其他方面虽然也有一定的“古典”要求,如在轴线及左右对称、结构比例及主从关系等方面都奉古典尺度和方法为“金科玉律”,但似乎就没有“柱式”那么规范和严格。况且,从客观上讲,有些“古典”的建筑内容,早已被历史摧毁得残缺不全,即使有心欲全息继承,恐也无从遵循,这或许也是各“古典复兴”或“古典主义”时期,大多只有某些构件被“复兴”的一个主要缘故。

于是,由建筑历史发展看,“古典复兴”的建筑,基本上是以“复兴”构件为主,从中世纪的欧洲到近现代的世界各区域,主要都是以对“古典”构件的熟悉来认识古典建筑的。这一方面是建筑史发展的客观因素所致,另一方面也大概是人们普遍都有对某些“古典”构件的偏好的趋向。则因此之故,使建筑构件被历史上的人们主观分解后,成为独立演进的“单体”,顽强地在历史长河中挣扎生存着,并各自走向自己发展道路的辉煌;而母体的“古典建筑”已成为永远的历史,留下的只是一个仍然带有光环的称谓,只有曾经是其肢体成分的“构件”,才永生不息,长得后世人们的垂青,而显示出其更强的“生命力”。这或许也是建筑自身发展的一条必然规律,当揭示为人们大众所认识。

9.4 建筑语言

《三国演义》第七十二回述说:曹操造花园一座,完工后,杨修陪曹操去察看,曹看后无语,仅在门上写一“活”字,人们均不解其意,询问杨修,杨修建议缩小园门,工人们依此改造围墙、缩小园门后,果得曹操满意。这虽是一则无语的哑迷,却是以一个建筑行为活动来回答的建筑实例。以这么一种建筑行为活动结果,来回答这一哑迷,实际上是在说明一种很形象的建筑语言现象。

语言是人类交流信息的一种最主要的手段,语言发展到文明时期形成了文字,文字成为语言发展的一种较高级(层次)的交流形式;而文字之前的人类交流的语言形式是很多的,有动作语言、肢体语言、声音语言等,这些语言都曾经为人类生活活动或生产活动提供了很多的交流方便。当文字形成以后,这些非文字语言仍然在人类活动中被保留着,并存在于人类的许多行为活动中,也包括建筑活动,而后随着建筑活动的进行而凝结在建筑上,以此传播或传递某种信息,这就是我们此处所要讨论的主题“建筑语言”。

建筑语言的表述方式应该说是很多的,从人类早期建筑的“巢居”到“吊脚楼”、埃及“金字塔”、中世纪西欧的“拉丁十字”教堂平面、伊斯兰教寺的穹窿顶、中国传统木构建筑的植物花草装饰等等,无论是以平面、立面、还是透视的形式,或者是仅就某个物件或部位与装饰上看,都可能在表达着某种建筑意义,这实际上即是建筑对某种建筑信息的表述,此处称之为“建筑语言”。显然,我们正在讨论的“建筑语言”有很多表现形式,人们也应该有相应的认识途径。而从建筑发展的历史及发展至现代的状况看来,建筑语言从朦胧到清晰、从不规范到规范化,形成了至现代的人们可识、可读的这诸多建筑语言形式,也成为建筑的主要表现形式之一。

9.4.1 建筑形体语言

无论是哪一个文明区域,人类早期的文字都始于象形文字,这就是在实物与语言之间建立了一定的表现方式的联系。文明前,人类对任何物品或事件的交流,都主要是以肢体语言或声音语言来表达交流内容的,但这些表达方式都是瞬间即逝的,后来逐渐发明了能保存交流内容的记录方式,且由图画文字、象形文字演进而来,从而形成了人类文明标志之一的书写文字。那么,能保存交流内容的最早形式的图画文字、象形文字,实际上就是人类当时对物品或事件等的认识的写实表现,且对物品而言,主要是形体的观感结果的描述。于是,在实物与语言(指肢体语言或声音语言)之间,就有了两者结合的中介体,它既是实物的象形表现或表达,又是一种语言形式;而且,前者是人类对物品形体的认识表述,后者是人类之间的对物品认识的交流方式。显然,在物品与语言之间便接上了紧密联系两端的桥梁,使“物品——文字——语言”构成为一个从物质到认识思维的连续过程,因此,文字不能不说是人类文明的一个主要标志。

对建筑物品而言,人类最早的交流表达的语言是什么,已无法认知,成了永远的谜。但形象的文字存续,却也给后人留下了一条了解当时人们的建筑认识观的途径。大概可以这么说,不同文明区域的人们,都应该可以从本文明的象形文字中,了解到本民族当时建筑认识观的基本概况,因为这是由如上述所说的各文明区的文字都是源于象形文字的共性缘故所决定的。如中国文字,由陶文、金文、玉文等的发展而来,而现今人们所认识最多的为“甲骨文”,其文还应该说是属象形文字的范畴,而甲骨文经现代的学人诠释后,认为其中有关建筑的文字有宫、室、宅、楼等(参见1.1.2部分),也许这种甲骨文与现代汉文的对等关系,会有一些牵强之嫌,但甲骨文原本就是以“象形”为特征的,故现代人的这种诠释,应该不会有太大的意义差距。那么,今人们便可以此了解当时的建筑观以及建筑状况。故而,“甲骨文”或其他象形文字的建筑意义也就在其中了。

实际上,人类构筑居所建筑的过程,就是一个将某种建筑思想进行物化的过程,或者通俗一点讲,就是按照某种思想或意愿要求,去构筑满足这一思想或意愿的建筑。那么,物化以后所成的建筑物,当然就是原建筑思想或意愿的一种表述,我们可以这么认为,这建筑就是其所表述的一种形体语言。而人类建筑大致可归结为始于或源于“巢居”和“窟居”,“巢居”、“窟居”形体及构成就是人类最初建筑思想或意愿的表达结果,并集中地可归结到“防寒避雨御虫蛇”这么一个主题内容上,建筑形体语言也就这么产生了,其语言的意义也就在其形体之中。如后来形成的中国传统建筑的“三段”构成,“屋基”(或台基),就意味着奠定人居空间的基础;“屋身”,是人居安全的围护体;“屋顶”,是遮风避雨的隔绝体,也构成人居安全围护体的一个基本组成部分。

然后,人类建筑在满足了基本功能思想以后,逐渐又赋予了基本功能思想以外的其他思想意识。于是,所构成的建筑就有了新的建筑形体语言的出现,直至现今已是非常繁杂的建筑体系,其出现的新建筑形体语言更是层出不穷,让感受者们应接不暇。

如果对人类传统时期的建筑进行读识的话,大致可以有这么几个方面的建筑形体语言:平面语言、立面语言、透视语言以及构件语言或部件语言等。

• 建筑平面语言

无论是哪一个文化区域,人类始筑的居所,大致都为单开间平面,或为“巢居”,或为“窟居”。当地面建筑出现并有了两个开间以后,新的建筑平面语言也就形成了,或许就不仅仅是居所空间的简单增加,这大概就是新建筑语言的出现。如西安客省庄的“龙山文化”房屋遗址的平面即为“吕”字形，有两个开间，且为前后间构成；前间西南侧有一入口，前间有灶、窖穴等，前后间之间稍窄，且后间无出入口，显然是一种套间的平面结构（见图9），或许便有了“私密”的空间意义的产生。

居所建筑是建筑的最原始雏形，表达了人类最初的建筑意义。由于当时人类文化之力尚弱，除了最原始的基本功能需求的满足意识外，恐难以有更多的其他建筑意识的萌生，即使有，人类也无力去满足这些其他建筑意识。故而，居所建筑中“私密性”空间的出现，应该说是人类最原始的基本功能之外的建筑意识的表现。而后，私密空间的延伸和其他功能空间的扩展，才丰富了居所建筑的表现语言，也形成了至传统时期人类那么丰富的传统民居形式，并逐渐衍生出以其他功能为主导的其他建筑类型。

中国传统民居以三合院、四合院等的平面“合院”形式著称，均衡对称、封闭围合的平面形式所表达的建筑意义，已远远超出了私密空间的建筑意识，这是一种中国传统文化核心思想的“礼序”的表述和体现。居室平面有明确的中轴线，且大致以中轴线为左右对称，而给人以均衡稳定的感觉，表现出人们对居者家庭安宁、稳定的一种建筑意识或意愿；三或四合院的以内院或天井为中心的围合平面，不仅有内外有别、男女有别等传统观念的表现，也有固步而自封、排外而自大的深层意识的蕴涵。人们完全可以此平面形式，来识读中国传统文化思想，其平面构成，不就是一种特殊语言形式吗？

欧洲中世纪，以基督教建筑为其主导建筑，“拉丁十字架”是其宗教的最主要标志物，甚至可以说，“拉丁十字架”就代表着基督教。而尽管欧洲中世纪的基督教堂有许多建筑平面形式，但最能代表其建筑性质的、也出现得最多的，是“拉丁十字”平面的教堂建筑。或为严格的“拉丁十字”平面，如欧洲现存最早的建于5世纪的“Galla Placidia”教堂（见图37），又如法国西南部“Angouleme”主教堂（见图38）。或为变形的“拉丁十字”平面，如意大利11世纪建的“比萨”主教堂（见图39），平面的纵向稍粗，且上、左、右外凸半圆；又如意大利建于14世纪—15世纪“Milan”主教堂（见图40），平面上的横向过于短小。其他变形得更多的实例还很多，但其“拉丁十字”平面仍然可见，其平面所表达的意义是显然的，就是象征着“耶稣基督受难”之意。

外透视

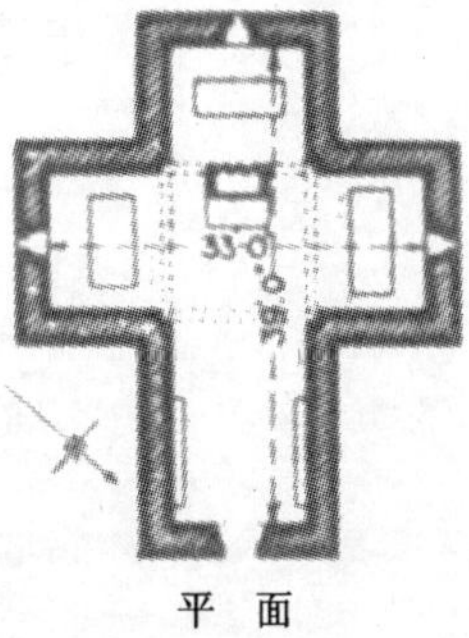

平 面

横剖面

图37　5世纪欧洲“Galla Placidia”教堂

平面是建筑最基本的表现形式，从建筑群或城镇总平面图，到单体建筑平面图以及开间个体的平面，实际上都是以其特有的平面语言在述说着人们的某种建筑思想的，这也是人们读识建筑形体的一个最基本方面。

● 建筑立面语言

建筑立面，具有平面语言相似的功能意义，而且立面显然要比平面更具可读识性的象形特征，人们也更易于从立面上读识建筑语言。

在现代人眼里，东西方建筑，特别是中西建筑，是完全不同的两种建筑系统，也包括其建筑形式的风格。西方建筑以满足“人文主义”的个性所需为特征，开放、自由、活泼、奔放；中国建筑则是封建“礼制”思想的产物，封闭、规矩、守衡、僵化，甚至整个东方建筑都大致有这种中规中矩、内向守衡的倾向。事实上，东、西方建筑并不都是这样完全不同的两种建筑风格倾向，西方建筑也有中规中矩的建筑典范，中国建筑同样也有

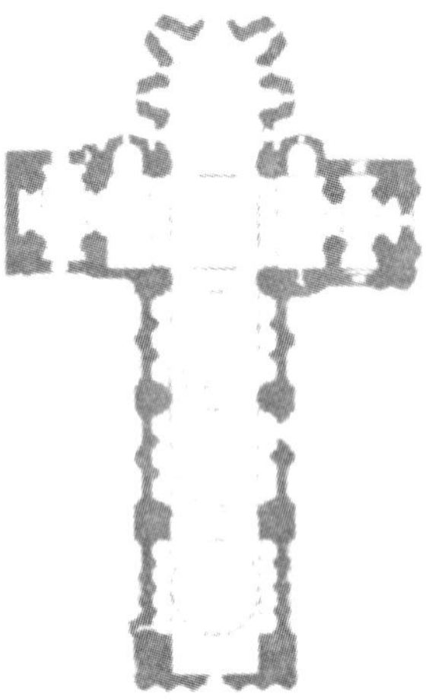

图 38　12 世纪法国“Angouleme”主教堂

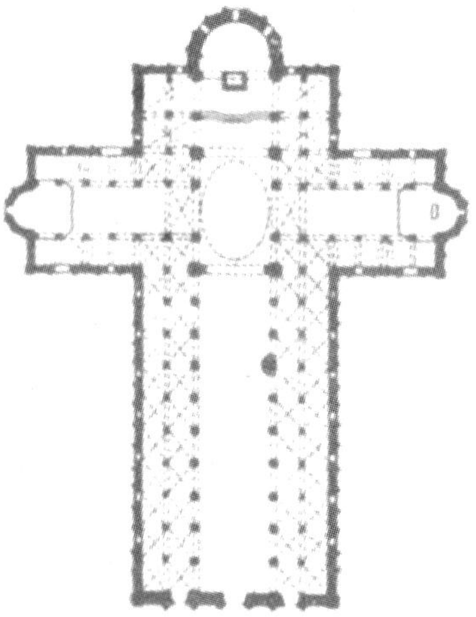

图 39　公元 11 世纪意大利“比萨”主教堂

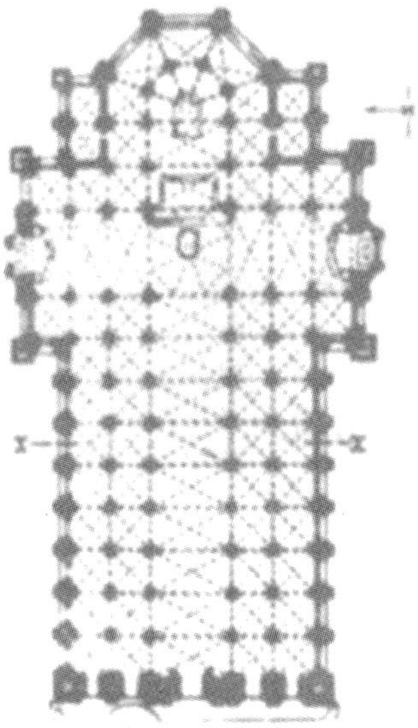

图 40　14 世纪—15 世纪意大利“米兰”主教堂

自然情趣极浓、且令西方人倾倒的建筑类型。当然，这也因此而丰富了人类建筑的建筑语言，且从立面上也能看到这一语言形式的表述现象。

西方建筑奉为经典的古希腊、古罗马建筑，不仅是古典柱式为世代所崇奉，而且其几何形体组合构成的立面的中规中矩形式也为后人们所赞识。如古希腊公元前 5 世纪建的奥林匹亚(Olympia)的“宙斯庙”(Temple of Zeus，见图 41)，大致由规整的矩形体加扁平的正三角形叠加构成其立面。这是一个典型的希腊神殿建筑立面，由正矩形体加正三角形构成，故有明确的中轴线，中轴线左右形体完全对称，甚至正三角形内的雕塑图案也大体左右对称，其均衡、稳定的形体意义是显而易见的。然而，其立面形体所表述的并不仅是这些，还当有“数”的关系意义；若以檐下的“三陇板”宽度为 1 个单位，则立面上三角形屋盖高度为 4、“多立克式”柱间距约为 5(边跨为 $4\frac{1}{2}$)、柱高为 10、檐下至台基高约 13，台基面宽则为 26，显然都是一些“数”的比例关系，且两柱间所构成的长方形与正立面的檐下长方形是完全相似的几何形体，从立面上看，建筑物的总高与高宽比也非常接近“黄金比例”。其“数”的美学意识是非常明确的，实际上，这也是一种特殊建筑艺术的语言形式，而且是以“数”的比例为表达方式的，表现出西方特殊的美学思想及美学体系。

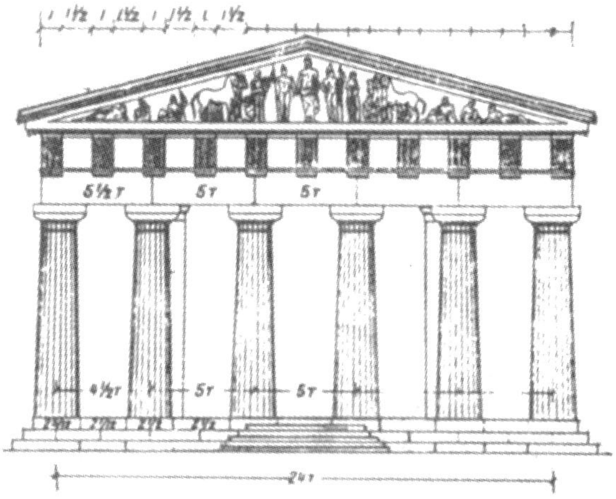

图 41　公元前 5 世纪古希腊奥林匹亚“宙斯庙”

而且希腊的这一立面建筑形式与中国传统时期早期的建筑亦有甚多的相似之处，同样也由屋顶、台基及两者之间的梁柱结构的屋身三部分构成。如中国南北朝时期北齐建的一座石柱上的小石殿(在河北定兴县)，这实际上是中国汉末以前典型的建筑，只是被后代承袭而已，其屋顶、台基、屋身的三部分构成很分明（见图42），从此立面上看，大致为正三角形的屋顶立面，与希腊建筑的立面很相似，只是出檐较大，若再增加两根边柱，与上述的“希腊建筑”一样为六柱构成，并将稍高的台基降低一些，则两座建筑就更相似了。

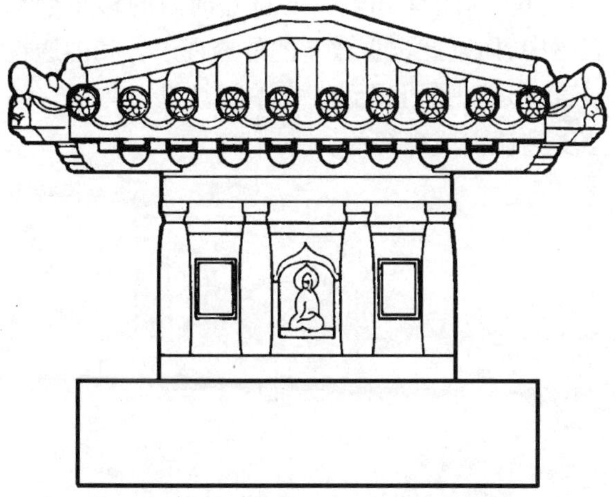

图42　河北定兴县的北齐“小石殿”

显然，人类建筑的美的感觉及所形成的美学概念是相近的，且无论是东方文明、还是西方文明，早期的文明都较近乎天然的纯真，比较没有其他文化成分的混杂，唯有纯真的美学概念的存在，这从上述古希腊的建筑与中国传统早期的建筑可以清楚地看出这一点。后来，中国建筑的台基或高或低、屋宇反曲上翘等的变化，显然有了其他文化成分的浸入，而其建筑也正好是这些不同文化成分的综合体现，或者说是一种特殊的语言表达方式，当然台基和屋宇是建筑构件或部件的问题，故此话留待下文的“构件语言”处再详叙。

• 建筑透视语言

实际上，对建筑来讲，人们从中读识的，更多的是透视语言，而非平面语言和立面语言。现实中，平面语言和立面语言反而不容易为人们所感受，特别是平面语言，更不易让人们读识出来，而需要具备一定的空间记忆和联想能力，才能将各平面构成部分组合成一个具有特定标志意义的符号而为人们所读识领悟其语言意义。如中国传统的多落（或多进）建筑，只有通过对不同进“院落”的记忆、比较，才能识别主题或主体建筑的位置及与前后落建筑的关系意义，以明确其总体平面构成的布置语言及所表述的建筑布置意识。建筑立面通常只是西方建筑学的一种理论上的表述语言，现实中并不存在完整意义的立面语言，或者说，立面语言的读识也是一种专业能力，必须在现实的三维空间中，提取不同进深的二维立面形体，摒弃第三维的干扰，还需在记忆中重新构图，才能有其立面形体的完整出现，所表述的语言意义方能得以认识，显然也不是易于识别的一种语言形式。

正因为人们所能感受的多为三维空间，或者说是三维建筑的空间，因此，现实中的建筑语言，当然也就多为三维透视语言，这是显然的客观现实。况且，人与建筑的关系，一方面人是建筑语言的创造者和读识者，另一方面人是“动”物，而建筑是“静”物，这两方面或两者不仅决定了人与建筑的关系，实际上也决定了建筑透视语言的表达和认识（或读识）。那么，创造性的、能“动”的人相对被创造的、“静”态的建筑来说，当然更多的是透视语言，而且是具有丰富透视面的透视语言。

在人类建筑里，宗教建筑是一类特殊的建筑，其营造的特殊的建筑空间，对人类来说是一个神秘的空间，也是让人充满着敬畏的空间，无论是东方宗教还是西方宗教，所给予人的空间感觉都是相似的，入其建筑，似乎便能感受到其宗教神灵的存在。显然，其建筑也正是在传播着某种宗教信息的存在，其建筑语言的被表述是毫无疑问的。

以外观形体而言，“塔”代表着佛教建筑的存在，主体建筑之外的“邦克楼”就说明其为伊斯兰教，等等，无论从哪个角度感受，这些都是宗教建筑形体语言性质的明确表述。

而西方的教堂建筑，自外而内，都充满着鲜明的宗教特征，更是宗教建筑形体透视语言表达的典型，让人感受其宗教建筑语言的丰富。特别是中世纪以前的教堂，无论是“集中式”的、还是“巴西利卡式”的，虽然布局不同、风格各异，但形制意识的蕴涵或宗教语言的表述是相同的，当人们或教徒们由外而内移步进入教堂的过程中，教堂所给以人们发出的信息是不同的、演变的，也是连续的、具有同一主题的完整语言的感知，就像在读识一篇论述由“俗界”走向“天界”的诗文。其建筑是这么言语的：

皈依前，人们是生活于“俗界”的，这是一个广阔的、天地间的人居空间；当其感受到“主”的召唤，并接近“主”时，心情是激动的，也充满了无限的崇敬，但“主”似乎希望人们能平静下来，以平静的心境等候“洗礼”，于是便有了堂前的前廊空间；当人们静心地由前廊步入本堂（或主堂），接受了“自愿洗礼”，本堂便给“洗礼”后的信仰者营造了一个“圣域”空间；而后，便在此时常接受祭坛“圣职位”发出的传播信息——“福音”，并向往那至圣空间的“天界”——祭室，以求完成一个由“俗界”到“天界”的过渡过程。

这一空间营造形制和构成意识及手法，是源于罗马神殿。如建于2—3世纪的巴勒贝克神庙（在今黎巴嫩，见图43），由“FORECOURT”、“MAIN COURT”经前廊进入“TEMPLE”，与后来的西方教堂建筑的构成是一致的；且由在“COURT”对“TEMPLE”的自外而内的移步运动观感中，而以此读识教堂的外透视语言和内透视语言，显然，是可得到较完整的教堂形体语言的感受和认识或理解的。

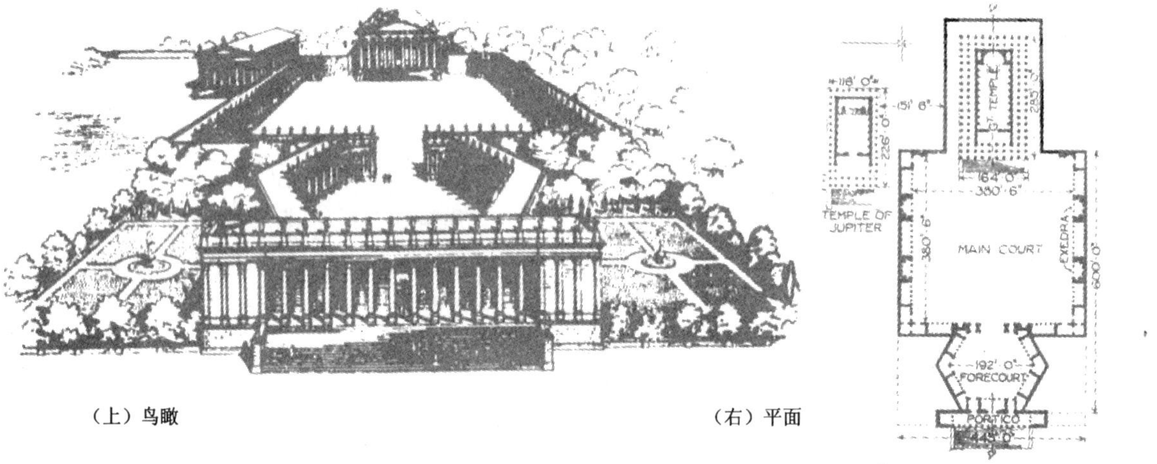

（上）鸟瞰

（右）平面

图43　2—3世纪罗马时期“巴勒贝克神庙”

不过，最具建筑透视语言魅力的，也最耐人寻味的，当数中国的园林建筑，这恐是无需争议的人类建筑历史的事实。

中国园林的形成，有着一条与中国建筑完全不同的发展道路。中国建筑形制于儒家“礼”制，人们从中读识的，几乎完全是儒家思想的建筑语言；而中国园林则形成于佛、道思想，源于殷周皇家“灵囿”的园林，大致在汉末以后逐渐演化形成，并成为非皇家的世俗私家园林而普及。中国园林以其丰富的变化手法而闻名，也以此表述其建筑丰富的内涵语言，在山、水、花草、林木间，能让人们读识出真切的园林语言，东晋时的陶渊明在其《桃花源记》中有一段让人如临其境的记述：林尽水源之“山”，有小口，“初极狭，才通人；复行数十步，豁然开朗”。真是移步换景，“狭”、“朗”之别，仅在“数十步”之间，让人感叹其透视语言的变化莫测。这也正是中国园林的精妙之处，说明中国园林的透视语言非常丰富而耐人寻味。

在成熟的中国园林史上的明清时期，最典型的又数清初的“圆明三园”，这是一座建于雍正、乾隆时期（约在1723年—1772年间陆续建构完成）的，集南、北方园林之精髓的大型人工山水园林。虽占地达347公顷，大小园景有150多处，却并无一处雷同，且各处园景意义明确，据说都还是由雍正、乾隆二帝亲题赋名的。如其中的圆明园四十景（见图44），雍正帝题名二十八景为：

正大光明、勤政亲贤、九洲清晏、镂月开云、天然图画、碧桐书院、慈云普护、上下天光、杏花春馆、坦坦荡荡、茹古涵今、长春仙馆、万方安和、武陵春色、汇芳书院、日天琳宇、澹泊宁静、多稼如云、濂溪乐处、鱼跃鸢飞、西峰秀色、四宜书屋、平湖秋月、蓬岛瑶台、接秀山房、夹镜鸣琴、廓然大公、洞天深处。

乾隆帝题名有十二景为：

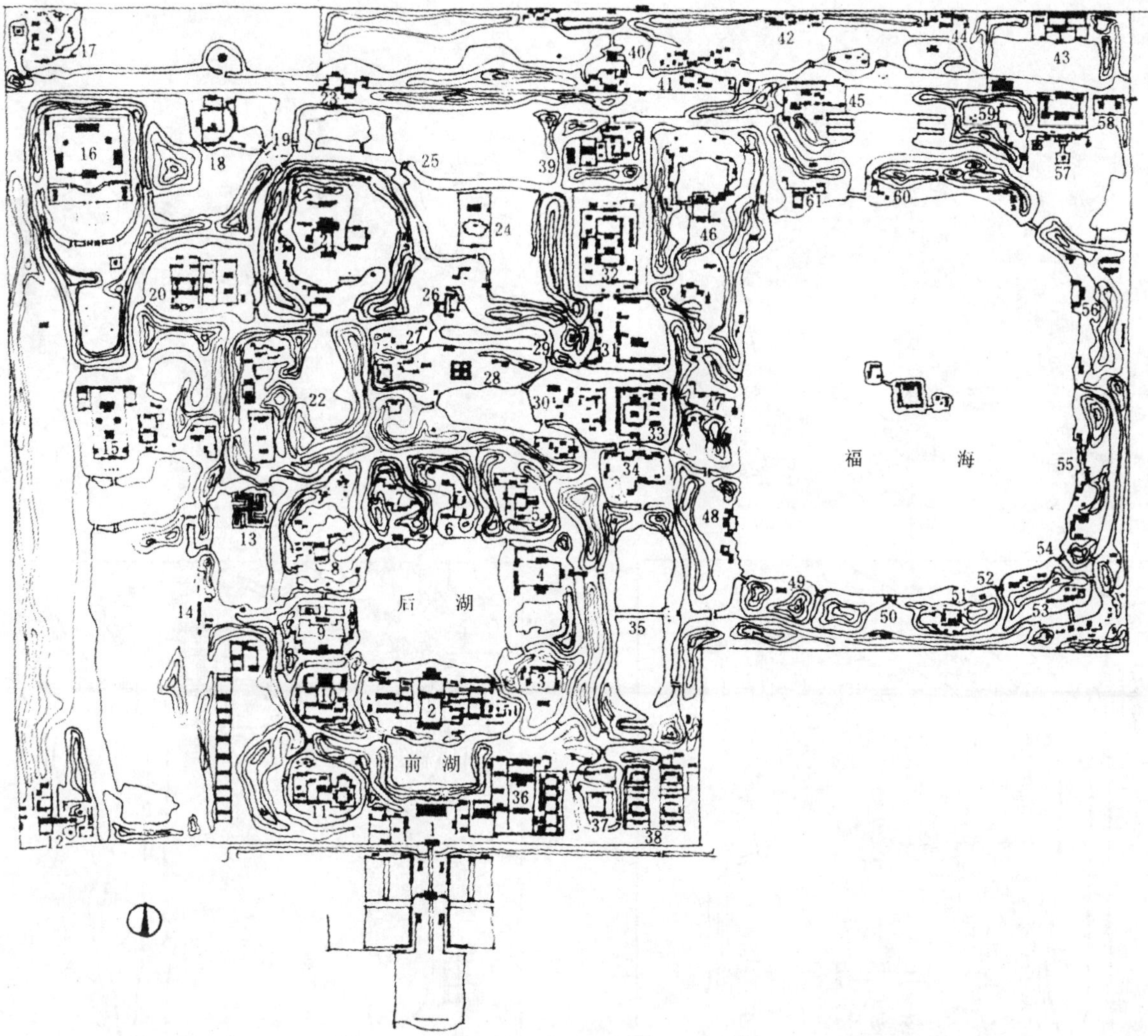

图44　清“圆明园”总平面

注:1.正大光明　2.九洲清晏　3.镂月开云　4.天然图画　5.碧桐书院　6.慈云普护　7.上下天光　8.杏花春馆　9.坦坦荡荡　10.茹古涵今　11.长春仙馆　12.藻园　13.万方安和　14.山高水长　15.月地云居　16.鸿慈永祜　17.紫碧山房　18.汇芳书院　19.断桥残雪　20.日天琳宇　21.濂溪乐处　22.武陵春色　23.多稼如云　24.文源阁　25.柳浪闻莺　26.水木明瑟　27.映水兰香　28.澹泊宁静　29.澡亭　30.坐石临流　31.买卖街　32.舍卫城　33.同乐园　34.曲院风荷　35.九孔桥　36.勤政亲贤　37.前垂天贶　38.洞天深处　39.西峰秀色　40.鱼跃鸢飞　41.北远山村　42.若帆之阁　43.天宇空明　44.清旷楼　45.安澜园　46.廓然大公　47.延直院　48.澡身浴德　49.一碧万顷　50.夹镜鸣琴　51.广育宫　52.南屏晚钟　53.别有洞天　54.观鱼跃　55.接秀山房　56.涵虚朗鉴　57.方壶胜镜　58.蕊珠宫　59.三潭印月　60.君子轩　61.平湖秋月

曲院风荷、坐石临流、北远山村、映水兰香、水木明瑟、鸿慈永祜、月地云居、山高水长、澡身浴德、别有洞天、涵虚朗鉴、方壶胜境。

也许这样的园林建筑语言过于简单,其仅是一个“题名”而已;不过,先人能留有此“题名”足矣。当人们身入其境,尚可围绕着此“题”展开,继续深入地读识其更详尽的语言内容,则有此“题名”,足使赏读者不致于让思路跑出题外,而有负构园者的一片述说表达之苦心。

况且,这四十景实际上还有“御诗”作引,让人更明确地读识其园林建筑语言。

据考证说,此“御诗”乃乾隆帝所作,绘图、书写则是其“臣张若霭”(张廷玉之子);每诗前还有小引,诗画相成,以释景园。如“杏花春馆”(见图45),“由山亭逦迤而入,矮屋疏篱,东西参错,环植文杏,春深花发,烂然如霞。前辟小圃,杂莳蔬蓏,识野田村落景象”。

(诗曰:)霏香红雪韵空庭,肯让寒梅占胆瓶;
最爱花光传艺苑,每乘月令验农经;
为梁谩说仙人馆,载酒偏宜小隐亭;
夜半一犁春雨足,朝来吟屐树边停。

又如“万方安和”(见图46):“水心架构,形

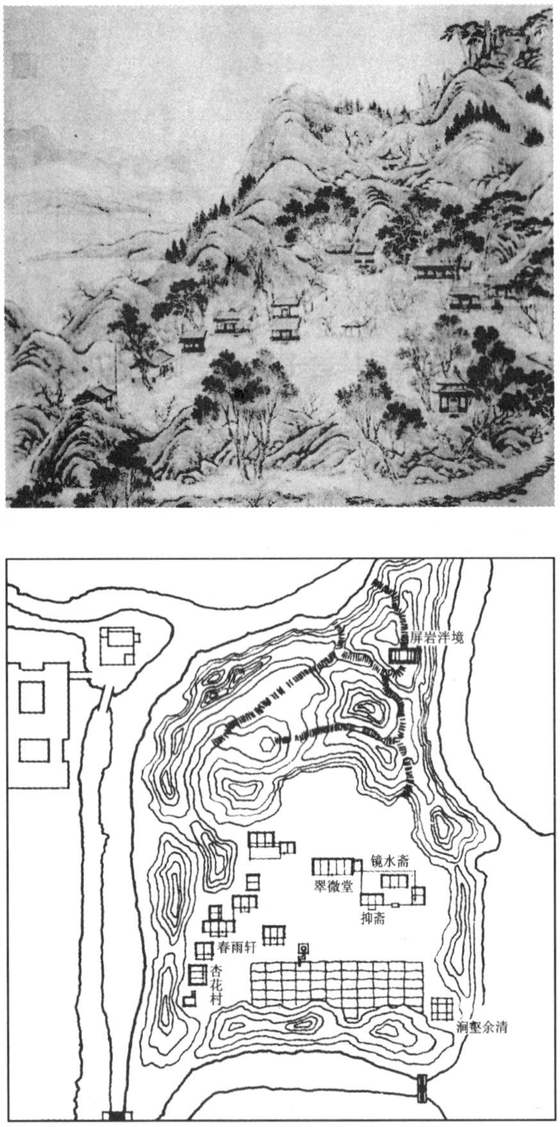

图 45 圆明园的“杏花春馆”

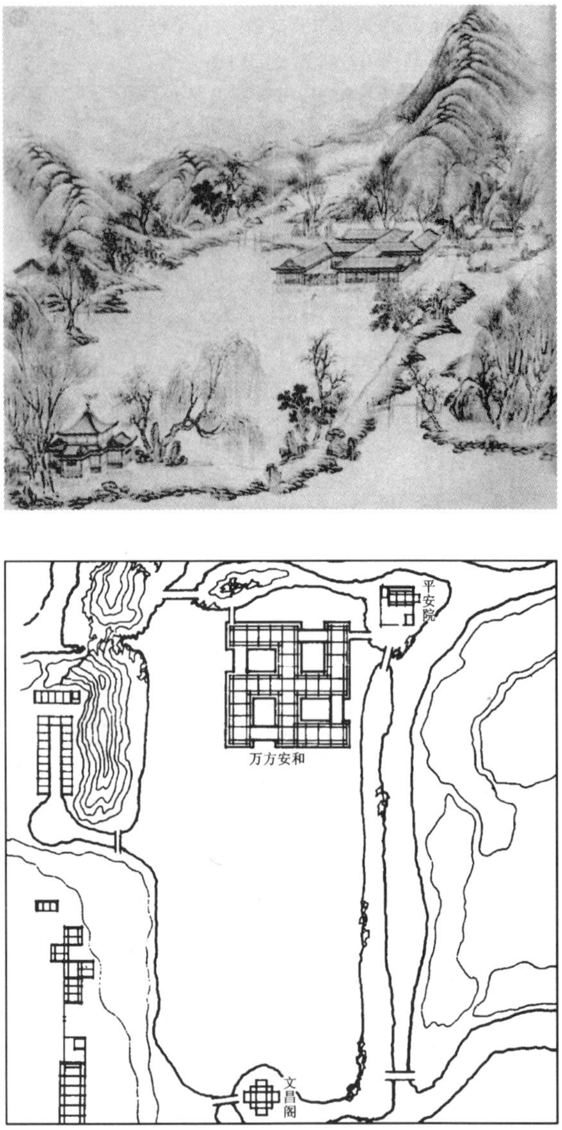

图 46 圆明园的“万方安和”

作卍字，略彴相通；遥望彼岸，奇花缬若绮绣，每高秋月夜，沆瀣澄空，圆灵在镜。此百尺地，宁非佛胸，涌出宝光耶。”

（诗曰：）　作室轩而豁，当年志若何。
万方归覆冒，一意愿安和。
触景怀承器，瞻题仰偃波。
九年遗泽在，四海尚讴歌。

显然，有此指导，人们对四十园景的读识，就容易多了，这也是透视语言存在和表达的象征性语言的体现。

● 建筑构件（或部件）语言

在建筑史上，当某些建筑构件或部件被承袭或传播以后，建筑整体语言就可能随着构件的被分出而产生局部语言或部件语言的传递现象，构件或部件语言也就在这一分化传递中产生，或许人们就开始有了读识构件或部件语言的知觉与意识反映。

在西方建筑史上，对建筑构件或部件的汲取和传播，是其传统建筑形成和演进的基本方式，北非埃及规整的几何形体或构部件，西亚的拱券、穹窿结构及构部件，都可能对早期欧洲建筑的形成有一定影响作用；而形成了欧洲建筑以后，其构部件及风格也返而向北非、西亚传播，以致形成了一个“希腊化”、“罗马化”的建筑发展时期，并影响了后世的建筑发展。其中，最有影响力的当是“古典柱式”的传播影响力度。而希腊、罗马柱式，在其形成时也许有自己相应构件语言的形成和被表现，但作为传播后的“希腊化”、“罗马化”的柱式，也许又有了新的构件语言的出现，甚至可能是一种统治、奴役的象征性语言的体现。显然，其建筑构件语言不仅是存在的，而且是演变的，随着时空位置的改变，也就可能出现了新的建筑语言，这或许也是建筑的一个特性。

当文艺复兴时期来临时，希腊、罗马柱式被尊称为“古典柱式”，新的建筑构件语言又产生了。15、16世纪的文艺复兴，以复兴古代典范的古希腊、古罗马文化为旗帜，反中世纪的宗教统治、反封建禁锢，以“人文主义”思想取代“禁欲主义”。于是，复兴的古典建筑便有了新的人文意义，特别是“古典柱式”更是倍受推崇，甚至还归纳出版了《建筑五柱式》（维尼奥拉著）以作范本，显然，其“柱式”的人文主义意义非常明确，而且具有规范性意义。

后来，各个“古典复兴”或“古典主义”建筑时期，都仍以复兴“古典柱式”为基本特征，其尊人性、倡人欲的思想的表达都是非常明确的；而且，在“现代之后”的当代建筑里，古典柱式还有“人情味”建筑意义的延伸，让人们对古典建筑有了新的诠释意义的理解或解读。

因此，建筑构件或部件语言的表达是有一定历史性特征的，可以在不同的历史时期，随时代文化背景的不同和演变而有新的构件意义的形成或出现，这一点似乎比语言文字本身更富活力。

对中国建筑而言，最富传奇色彩的建筑构件或部件是斗拱及铺作或屋顶，也是东方中国及朝鲜、日本等地区的建筑最让西方人难以理解而神秘的构件或部件。先秦时期，中国已形成了木构架系统及坡屋顶，虽然现今已找不到、也不可能有当时的建筑遗构可供研究，但从当时的画像和出土的汉代明器上可知，当时已有较完善的木构架系统和坡面平直的坡屋顶（见图47）；汉末三国以后，传统的木构架系统逐渐趋于成熟，但屋脊和屋面都有了细微的变化，开始出现了微曲升起的屋脊和屋面现象（这种屋宇微曲现象始于何时何地未考），如北魏时期河南洛阳宁懋石室“悬山顶”（见图48）；而且其曲线的曲率有越来越大的变化趋势，如莫高窟（敦煌）第148号窟壁画所示的“唐代佛寺”（见图49），而从唐宋时期传入朝鲜、日本的建筑，也可看出这趋势的变化（见图33、图36）；至明清时期，尤以江南园林建筑的屋顶曲率为最大（见苏州留园“可亭”图50和拙政园“芙蓉榭”图51）。

那么，为何中国建筑的屋顶会有屋面曲率越来越大的变化趋势？为什么汉末以前末见此现象、而汉末以后才有这种现象？这是否在表达着某种思想意识支配下的某种建筑构件或部件语言？这是一个可作专题讨论的中国建筑问题，在此限于篇幅，也非此处论题，便不再作更多的深入讨论。不过，有一点却可以明确，那就是中国传统建筑的构件或部件语言一样是存在的，比如此处所说的屋宇，所表达的并非只是遮阳避雨的功能语言，还应该有不同时期所构筑的不同变化而欲表达的非完全功能性的人文意义，这大致应该是属于建筑语言所探讨的范畴。

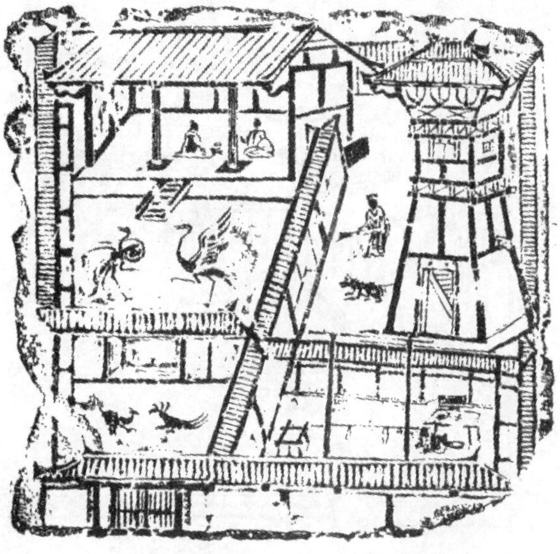

图47　汉代“四川成都画像砖”

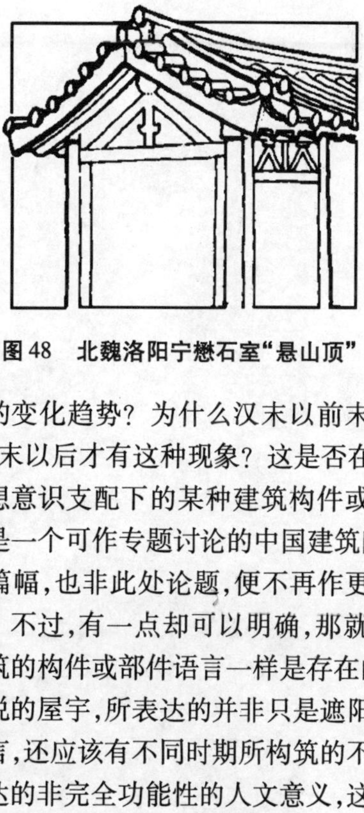

图48　北魏洛阳宁懋石室“悬山顶”

在此，能明确这一点也就足够了。

9.4.2　建筑符号语言

当人类的沟通，由语言发展到创造出文字以后，其文字实际上就是一种符号，且无论是早期的图画文字、象形文字，还是现代的各种文字，都仍然是人类沟通的语言表述的一种符号。包括建筑学理论现存最早的《建筑十书》，还有本论

图 49　敦煌莫高窟第 148 号壁画的"唐代佛寺"

图 50　苏州留园"可亭"

所讨论的"建筑学"，都是一些符号堆积组合构成的表述，由于是表述建筑问题的符号构成，故大致可说是"建筑符号语言"，而且是最基本、最通行的建筑符号语言及表述方式，可以之直接传递或传播建筑信息，并有最广泛的读识人群。当然，这还有专业用字或专业用词的限制，即专业字词可能与人们的常用意义有一定距离，就如"建筑"，在一般人们的眼里，更多的仅是把它读

图 51 苏州拙政园“芙蓉榭”

识为一种可供居住使用的物质形态存在，这显然就与建筑专业的用意有较大的距离。不过，这些有专业特殊意域的专业字词，毕竟为数少，人们还是能大致读懂其基本意义的。

此外，建筑符号语言，主要的还可以有两个方面或两种方式的表达和认识的途径，即由图标符号和象形符号这两种不同方式来表达所欲表达的建筑语言，人们认识其语言同样也可有这两种不同的方式或方面。

• 建筑图标符号语言

图标符号是建筑师进行创作时的专用建筑符号，通常也是建筑师与其他群体或个人沟通的基本语言。建筑师用以表述自己的创作思想和创作内容，与之沟通的其他群体或个人则通过这些图标符号来读识建筑的创作思想和内容，那么这些图标符号当然就是一种特殊的、专用的建筑语言。

就像一个小说家，其叙事述说的事件、人物及空间是由文字表达和构建的，文字搭构了一个特定的空间，且在这个空间里塑造了若干人物，并给这些人物以活动的线索和过程，这就是一篇或一部小说；也像一个哲学家，其抽象思维的逻辑关系也是以文字为基本元素的，所赋予文字的概念决定了其思维方式，而后才有其推理、判断等思维演绎过程，最终形成了具有辩证性质的结论，这也就是一个哲理命题。而无论是小说家、还是哲学家，“小说”和“命题”都是以文字为基础的，文字这种专用符号给了其空间、也给了其思维，这也就是人类文化、人类智慧的最辉煌的成果。而建筑师除了文字这一表达方式外，还有专用的图标符号可资使用，这同样是一种能给其空间及思维的特殊符号。

建筑师是图标符号的掌握者和使用者，也只有建筑师能熟练地运用这一符号语言，因此，建筑师成为人类能够使用、且唯一有资格使用这一语言的职业者。然而，建筑的构筑形成，并非建筑师一人或一类人所为，甚至在现实中，建筑师还不是处于建筑形成的主导地位，有时仅是一个或一类图标符号的运用者或使用者，运用或使用这些图标符号的指导思想，还是来自其他社会群体或个人，而这些其他社会群体或个人又不能够使用、也没有资格使用建筑图标符号。于是，与建筑形成有关系的，便有了两类人或两个群体，一类是建筑师，一类是建筑指导思想的策划人或制造者，是这两者的合作或合成才形成建筑，其中居主导地位的却是后一类人。因此，建筑的形成便需要有两个主要过程，一是建筑指导思想的形成过程，然后建筑师才根据所形成的建筑思想去指导建筑创作，运用建筑图标语言去完成建筑形成的另一个设计过程。

那么，对建筑师来说，有两个不同存在形态的空间必须面对，一是建筑创作设计前的无形空间或虚拟空间，一是设计后的有形无形相结合空间或图形空间、或计划空间，其建筑创作过程，实际上就是将前者的虚拟空间过渡或演化为图形空间，如果说，前者的虚拟空间能用一定的语言形式给以表述出来，那么，后者所构成的图形空间的构成符号——建筑图标符号，就是对前者的另一种方式形成的表述语言。在现实中，前一种空间的表述语言通常是以通用语言或文字完成的，而后一种空间表述的建筑图标符号就与人们的通用语言或文字有一定的对等关系或联系。于是，建筑形成前后就曾有两种表达语言，一种是虚拟空间构思的通用语言，一种是图形空间成形的图标语言，虽然前者的立意、构思通常并非建筑师所为，但建筑师却必须有领会其语言的能力，然后才以精通的后一种语言来阐释、展开，将原有的虚拟空间图形化而落实在图上。

因此，建筑的形成实际上其设计者并非建筑师一方所为，而是策划人或制造者与建筑师共同设计完成的，只是建筑师运用图标符号将设计构思的空间图形化而已。或者应该说，如果“设计”只是特定对建筑师而言的，那么建筑师确实是建筑的唯一设计者，但其建筑设计还当有指导者，则建筑的形成便有了两个不可或缺的环节，即指导思想环节和图形设计环节，前者使用通用语言，后者使用图标符号语言，并且是建筑师作为一种职业者的专用语言。

建筑图标符号是一种简略了的写实图标符号，它比写实绘画抽象、却比语言文字形象，它是介于绘画与文字之间的一种特殊符号（见“《建筑制图标准》图例选表”）。

《建筑制图标准》图例选表

名称	图例	名称	图例	名称	图例
双扇双面弹簧门	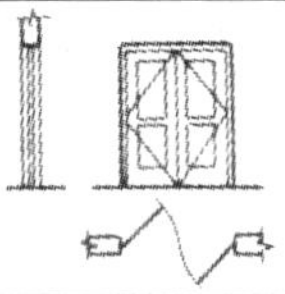	提升门	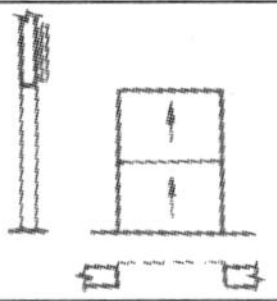	墙内单扇拉门	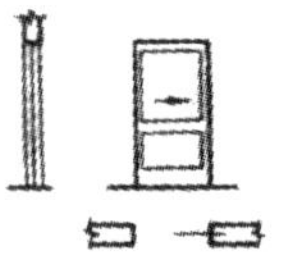
单扇内外开双层门（包括平开或单面弹簧）	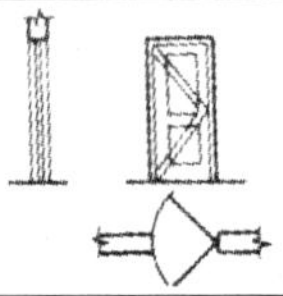	单层固定窗	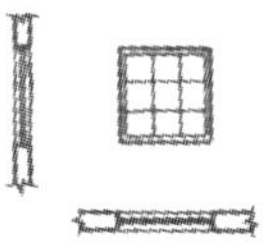	墙内双扇推拉门	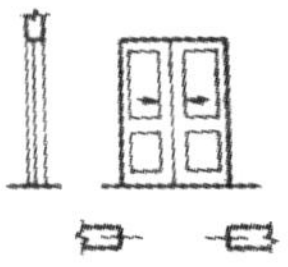
单扇门（包括平开或单面弹簧）	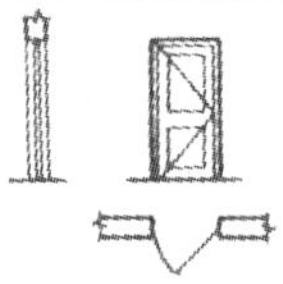	单层外开上悬窗	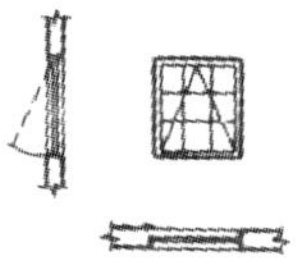	单扇双面弹簧门	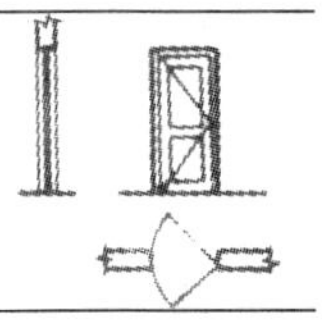
单扇门（包括平开或单面弹簧）	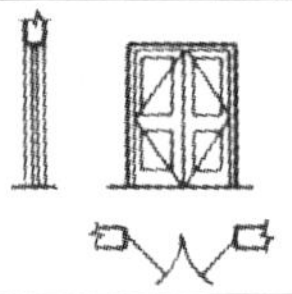	单层中悬窗	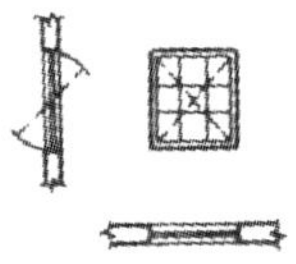	单层内开下悬窗	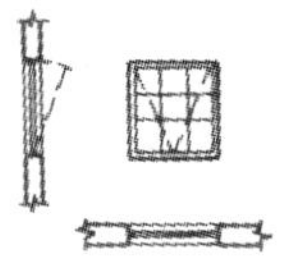
对开折叠门	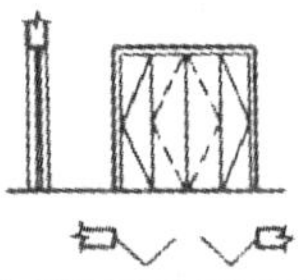	墙外单扇推拉门	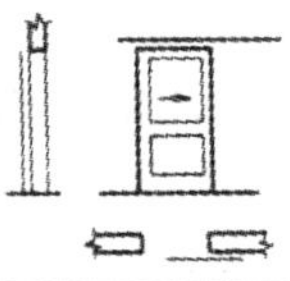	单层外开平开窗	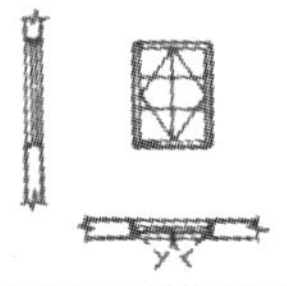
卷门	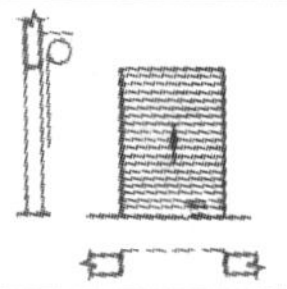	墙外双扇推拉门	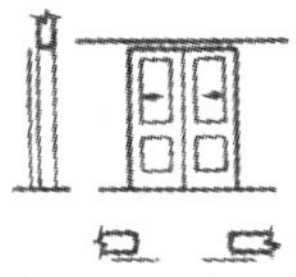	立转窗	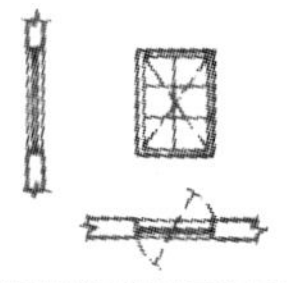

续表

名称	图例	名称	图例	名称	图例
单层内开平开窗	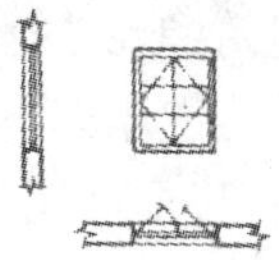	转门	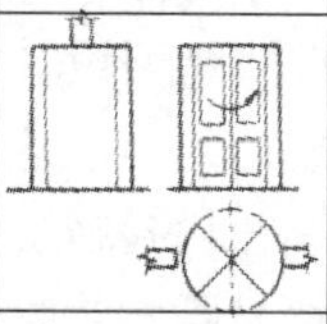	上推窗	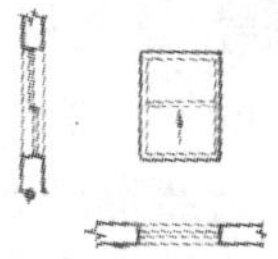
双层内外开平开窗	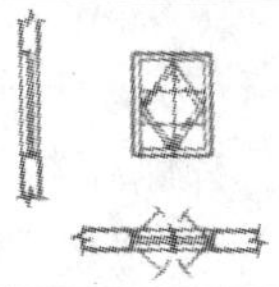	折叠上翻门	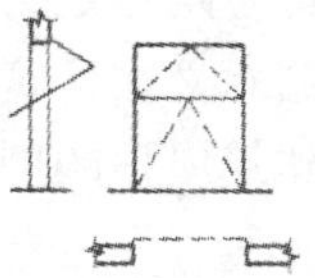	百叶窗	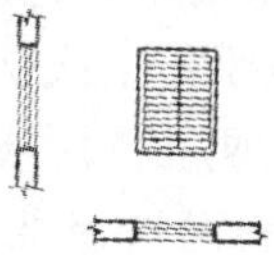
双扇内外开双层门（包括平开或单面弹簧）	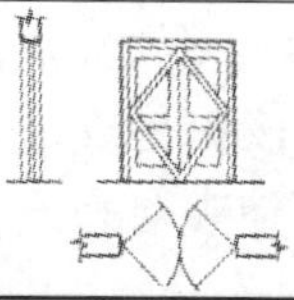	左右推拉窗	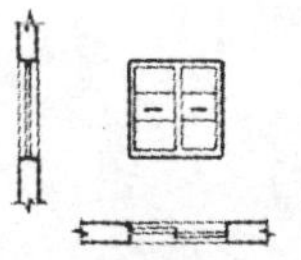		

传统绘画大致都是写实性的，无论是采用什么绘画方式，也无论是哪一个区域，都是将三维立体存在的物表现在二维的平面上而成为画的，也尽量让人有亲临其境的直观感。而文字源于语言的记述，并演进于写实的图画文字，后来又逐渐抽象化为象形文字、拼音文字等，从而逐渐远离了写实的图画。不过，演变的过程却将演变前后两极的图画与文字联系在一起，于是文字就有了等意的图画，写实图画的意义就演进为文字意义。

建筑图标同样是演进于写实图画的，只是演进的目标不同，方法也有差异，结果当然就不同，从演化差异上看，更接近写实画。或者说，它是按一定的思路，以某种方式将实际建筑解剖以后，抽象化为符号而形成的，当然就要比文字（即使其仍为象形的中国文字）更接近写实画。因此，建筑师所构画出的图形化的建筑，应该说还是形象的，也大致能让大多数人读识其大概，或许正是因此之故，建筑图标符号还是能让大多数人所接受而沿续下来。

• 建筑象形符号语言

图标符号是一种与文字相似的语言方式，且比文字更具体、更形象，或者说是一种图形化语言。然而，图标符号仅是一种建筑表达手段，并非建筑的目的，建筑的目的是创造一种具有某种功能内容具备的空间，是直接服务于人们的建筑空间，这才是人类创造建筑、构建建筑的真正目的，否则建筑也就没有必要产生，即使产生了，也不可能长存和被沿袭。

那么，建筑既然是人类某种建筑功能的体现和物化，构筑成形的建筑功能思想及内容，就必定要通过物化的建筑表现出来，如“门”表示通道口，“柱”可以支撑、“斗拱”满足屋盖的伸展和承重等，这是上文“建筑形体语言”已经讨论和认识的内容，这也是建筑本身的构成所表达的一种语言方式，是直接的形体语言表述在物化的建筑上。然而，同样是建筑形体的表现或表述，却不是对功能内容的直接表述，而是以某种形式对建筑思想的一种寄意，甚至是一种隐秘的、间接的表述方式，由于是表现在物化的建筑上，故被认为是一种建筑语言，是以特殊的象形符号形式表述的建筑语言。

与图标符号大致相反，图标符号是将建筑抽象化为一种标志符号，再来表述建筑；而象形符号则是以建筑构成的某种形体为象形特征，且其特征象形于某种语言符号，然后以之表述某种建筑思想，简略而言，就是以建筑实体的象形符号特征，反过来用以表述符号的语言意义。则这种建筑象形符号语言的形成，必须具备一定的前提条件，否则其语言是难以被表述而读识的。

其一，其建筑物化的形体符号，必须是人们已经熟知或认可的文字或符号等。这种符号通常有两类，一类是人们已经在使用的通用语言文字或文字元素的字母、或通用标志符号，如中国传统民居的“口”字形平面的合院建筑，又如西方教堂的“十”（拉丁十字）形平面的宗教建筑、法国 A 字形的“埃菲尔铁塔”立面（图 52）；另一类是仿生或象形于某种生物或物品的表述符号，如中国传统建筑常用的屋顶飞檐、翘脊（甚至是直接连接上兽吻），又如现代建筑的悉尼歌剧院

（见图53）、纽约肯尼迪机杨"候机楼"（见图54）。前一类符号由于源于文字、字母或标志等符号，这些符号所具有的原意，就必然是因设计者或创作者的需要而引入的，则建成后其建筑意义当然也就在其中了，如拉丁十字平面的教堂，仅此便可明确其建筑意义；后一类符号既然是寓意于仿生或某种物品，则生物或物品意义在建筑上便被借用或引申了，如中国传统建筑屋顶的剖面，两坡反曲的屋面与正脊便构成像一只飞鸟（"⌒⌒"），"斯飞"的意义也就很明确了。

图52 法国巴黎"埃菲尔铁塔"

其二，其建筑的"符号"形体的象形，必须明确。应该说，建筑物的"符号"象形不是读识者臆猜的，而是创作者在创作时便赋予的。那么，既然是创作者赋予了建筑的某种"符号"意义，则其创作的建筑象形"符号"应该是明确的，否则就是创作者的创作词不达意，或者是出现字词不通顺的叙述，甚至可能是病句。如在华盛顿的"美国国家美术馆东馆"，贝聿铭先生设计，其馆的正立面由左右两棱柱和中部连接构成为一个"H"形，但由于右侧棱柱底部设置了一个入口，而使这个"H"不甚规整，似非为象形符号"H"而创作（见图55）；不过，曾任该馆馆长的J. C. 布朗先生认为：该馆是安放艺术品的"房子"而不是"殿堂"，要使观众来此，如同在"家"里安闲自在地观赏家藏珍品一样①。其意是说该馆是"房子"（house），观赏如同在"家"（home）。则该馆的设计若果有此之意，则其立面的"H"象形意义就是显然的；只是其"H"不规整，而让人存有疑惑，这不知是贝先生的特殊用意？还是贝先生创作时并无此寓意？或者是真的为贝先生的笔误？

其三，所表现的象形"符号"，与建筑及读识人群的文化背景应是相宜的。建筑的设计者或创作者可能有多种文化的修养或知识结构，但其在建筑的象形表述应该与创作的建筑相宜，否则不仅人们可能难以读识，甚至有可能错解其建筑的创作原意。因为不同的文化区域或不同的文化背景，可能对同一个"符号"的理解或解释不同，甚至有可能是相反的。如西方"十"字，更多的是一种宗教符标，人们很快会有一种与耶稣"基督"的联系；而东方中国的"十"字，则是一种圆满的概念，且更多的是一种满足的世俗观念。

前透视

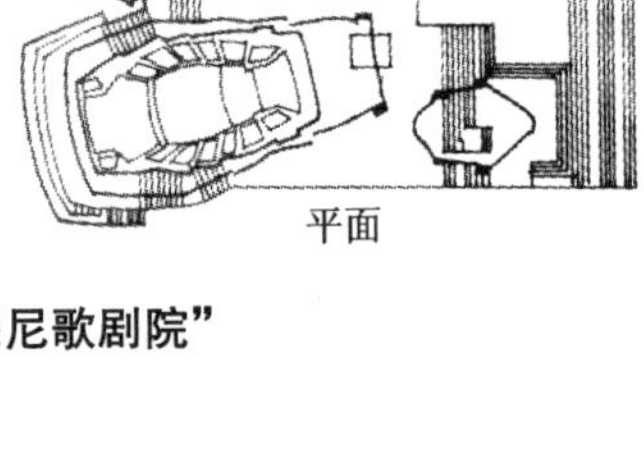

平面

图53 澳大利亚"悉尼歌剧院"

① 见《中国大百科全书·建筑·园林·城市规划》，中国大百科全书出版社1988年5月版，第207页。

故而，建筑上的象形符号语言的使用需要一定的前提，也需要文化环境的生养，否则就没有意义。因此，建筑师应该有更多的文化素养，而不只是简单地掌握、运用“图标符号”。如果建筑师只是会那么一些“图标符号”，则建筑师便仅是一个绘图师而已。随着人类先进科技的发展，总会有一个完全可以以一台电脑或一个机器人来代替便足够的情况出现，届时又何需那只会“图标符号”的建筑师？

图 54　美国纽约肯尼迪机场“候机楼”

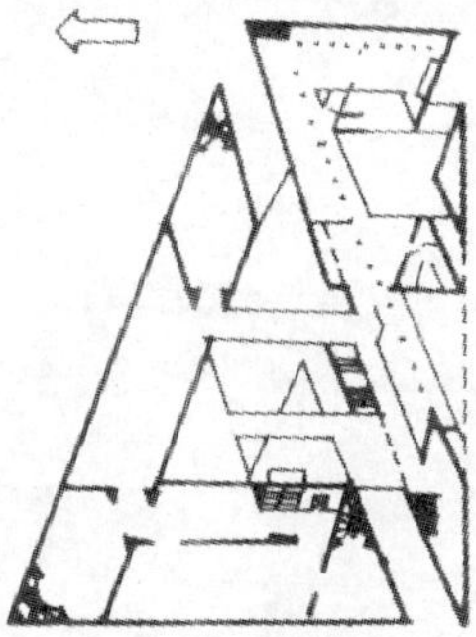

平面

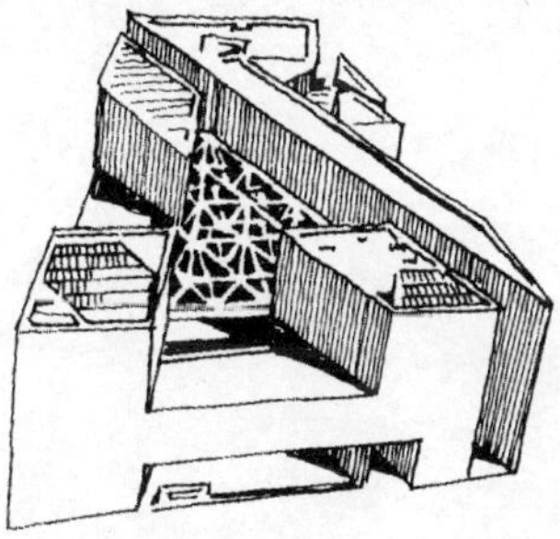

鸟瞰

图 55　美国国家美术馆“东馆”

第三篇：建筑学史论

在一般传统建筑学的范畴里，通常被讨论的是"建筑史"，准确地说是讨论建筑技术、建筑艺术及建筑物的发展史，并作为一门独立学科而被单独设置。然此处所将讨论的"建筑学史"，基本的方面当然是一致的，但主要侧重于理论学术史，则以此而言，两者应该是有些区别的，也有一定的学术意义。而且，作为一门较完整的建筑学学科而言，其学术理论及思想发展的被阐明，应该说是一个非常重要的构成内容，否则建筑科学的核心学科的"建筑学"的确立，又将如何给予正确而公正的审视？

因此，"建筑学史"是"建筑学"学科确立的主要内容，也是建筑学不可分割的构成部分，在此作为建筑学的第三部分来讨论，是有其相应的学术意义的。也是检验"建筑学本论"中诸多建筑概念和定义的一个标准，是以一种历史的建筑事实来检验上述的建筑概念和定义的。

不过，人类历史上给今人留下的建筑学术史的著作，却是极其可怜的少，至今还几乎不具有一部是记载或讨论人类建筑学术史的论著或史书，与建筑学本论中所讨论的基本概念及定义一样，这仍是一个尚需被填补的空白，也同样是本"建筑学"不可推卸的基本课题。

以迄今发展的建筑理论的历史事实看来，人类建筑学的发展，主要有这样明显的三个不同发展阶段。

一是各人类区域相对独立演进的发展阶段，在各自人类文明的背景里，形成了各自的建筑理论体系，这也是一个最具区域特征的建筑理论发展时期。

二是各区域交流而混融的发展阶段，当人类文化之力突破了自然界的局限以后，原已形成的各建筑理论体系也被打破，互相渗透、互相交融成为这一时期的基本特征，也因此而发展成为一个特殊的建筑理论阶段。

三是交融后并取得一致性认识的发展阶段，这是不断渗透、不断交融的建筑理论发展的必然结果，不同区域的人们取得了对建筑理论观点的同一概念或共识，于是，人类又进入了一个新的建筑理论发展阶段。

本论便以此为线索，在以下各章节中，逐个阶段或时期地讨论人类建筑理论的发展历程。

10 建筑学区域史

这是以建筑理论的发展具有明显的“区域性”特征为依据，而划分出来的一个人类建筑理论发展阶段或时期。

时空概念是任何事物的共性，当“时间性”阶段的划分被确立后，则“空间性”当然就成为最主要的基本特征；而在特定的时间段内，空间的被自然局限，形成独立的发展演进体系，并在与其他时间段作比较后，独立的区域性特征最为显著。于是，也就可以此作为这一时间段建筑理论发展的特性而称之为“区域史”。

建筑学的“区域史”，便是指建筑学发展的“区域性”特征最显著的那个时期的发展史，也因此各独立演进的区域。由于各区域环境条件的不同，必然要形成对自然环境有不同认识的不同人居环境意识，这也就逐渐形成了不同的建筑理论认识体系。全面公正而理性地说，人类早期聚居的各部落或自然区域，都应该有自己的源于各自自然环境反映出来的人居环境观，只是形成的建筑理论的东西可能不明确，难以一一给予表述。故而，此处仅选择较明确的人类文明区域，来阐述其建筑学思想或理论的发展状况。

横阅较明确的人类文明区域，自西而东主要有：南欧（地中海北岸）、北非、西亚、南亚、东亚、中南美，即“四大文明源区”加上南欧和中南美洲这么六个区域，这是相对独立演进的文明区域，其他区域则大致是这些区域的辐射或传播，然后由此而进入下一个时期的建筑学发展阶段。

10.1 建筑学区的划分

若以建筑学理论为内容标准来划分的世界建筑区域，即为建筑学区。尽管在早期还基本上没有形成明确的建筑学说，甚至连经验总结的建筑理论也罕有，但建筑实践所蕴涵的经验性的东西已经形成，应该说，这已经是一种雏形理论，后来的建筑发展也说明了这一点。建筑理论是形成建筑学的前提和基础，或者说，建筑学是建筑理论发展到一定时期后的升华的结晶，也可以说，建筑学形成前的建筑理论实际上就是一种准建筑学。从广泛意义上而言，世界建筑学区域的划分，大致就是建筑理论区域的划分，特别是在早期的区域性发展阶段。本论谈“建筑学史”，当然便以“建筑学区域”（或简称“建筑学区”、或“建筑区”）而统称之。

建筑学区的划分，并非是一种肆意行为，更不可任意妄断所命定的结果。这是由一种科学的推论给予认定的，然后在一定划分标准的条件下，作出符合建筑学理论发展规律及结果的区域划分的。如果仅仅是一种结果，确实有肆意妄断之嫌，这是本论无法认可的，更非科学之“道”。于是，本论对“建筑学区的划分”，就有一个必要的划分推论过程。

10.1.1 建筑学区的划分认识

以迄今的建筑理论发展状况看，如前言所述，由于还没有一部严格意义的“建筑学”，当然也就没有“建筑学区”的区划可认识。不过，而今在作建筑学区的划分时，尚有两个方面的人类区域的划分及其理论可供参鉴，一个是建筑学大类属范畴的“文化区域”的划分，一个是建筑学小类属范畴的“建筑区域”的划分。建筑学从大的隶属范畴上讲，既属于“文化”的范畴，从小的隶属范畴上而言，也属于“建筑”的范畴，“文化”与“建筑”的区域划分对“建筑学区”的划分显然是有一定意义的。于是，“建筑”与“文化”的区域及区域理论，不能不说是可资借鉴为用的。

文化是人类一切非本能行为及行为结果的总称，当然也包括建筑及建筑学等内容。文化学认为，文化区的划分是以语言和宗教为标准区划形成的。语言是人类群体中人与人之间的交流工具，宗教是人类心灵的一种自我诠释、特别是对聚居环境自然现象的诠释。以此而论，文化是产生于人类聚居群体中的，文化的产生实际上是人类群体的结晶；反过来而言，文化也同时蕴涵着某种区域的形成，这或许可因之而称之为“文化区域”。

那么，文化区域便源于人类群体，人类群体之始当然就是文化区域的最原始之源，这是显而易见的。

一般认为，人类原始的社会组织，始于“氏族”；而“氏族”实际上是源于“性”的纽带关系。据载，有天文科学家认为，是天体星际运动的演变，使地球上的生物，基本上是由无性繁殖变为有性繁殖的，包括后来的人类自己。而无论此论是否可信，人类及后来的人类社会，以“性”为其基本前提条件这一点，却是无可置疑的。性本能赋予了人类繁衍的诸多机会，使两性的性关系成为人类群体最早或最基本的非单体结构的联系，也许这最早的非单体的人类结构联系是暂时的、是不稳定的,甚至是游离的,但其非单体性结构联系却是最早的,当这一非单体性结构联系有了一定的稳定性以后,人类群体也就由最简单的两性非单体结构逐渐演进为家庭式的氏族群体结构,也无论是"母氏"或"父氏"的群体,都仍然是以"性"为最基本的群体结构联系纽带。

然后,不同"氏族"间的通婚(仍然是一种"性"的关系),又使人类群体在不断地扩大着。通婚产生的婚生后代,既是一种血脉的繁衍和沿续,也同时是一种文化的嫁接和融合,不同氏族所形成的文化内容,在多重婚姻中掺和在一起,实际上是一种较大规模的以两性关系为基础的文化联合,在一定地域环境条件下,形成了多个氏族通婚后构成的一个特定区域的文化结合或联合体,该文化当然也就是该区域共有的、共通的文化体。这应该说,就是人类最早形成、相对稳定、具有一定独立意义的"文化区"。

形成的文化区虽然其文化构成内容是众多的、丰富的,但文化学家通常以两个被认为是最具代表性的东西来评价和衡量,即宗教和语言。也许最早的人类文化区域可能还没有如今人们所见的宗教和语言的完善状况,但原始崇拜、示意语言至少应该是有的,从这一点上说,宗教和语言在原始的最早的人类文化区中同样有标志性意义。

无论是早期的人类文化区域,还是后来形成的较具严格意义的"文化区",为什么要以宗教和语言来作为其区域划分的标志?这是一个文化学问题,也是建筑学的"建筑学区"划分欲借鉴的要点或精髓所在。

人类宗教是由内外因素影响或结合而产生的。一方面是客观环境的许多对人类生存的威胁因素的存在,甚至给人带来死亡;另一方面是人类心理的自我调整意识的必然存在,人类要生存,既要物质能量补充的生存,也要心理意识平衡的生存,这也就有对客观环境给人类带来的心理感受的调整需求的必然存在。而且,这两方面是相互影响的,客观环境给人类造成的威胁,使人类对自然环境产生了恐惧感;而恐惧感的产生,也是在人类群体间的相互印证中逐渐形成的,从而反过来出现了一个具有相同的恐惧感意识氛围的人居环境,然后由恐惧到信仰的意识调整,其自认为通过对物或某种现象的信仰,就可缓解或解除危险因素对人类所造成的威胁。于是,这种由恐惧或敬畏到"信仰",就是最早的人类宗教源起的形式;而宗教的这种源起状况,实际上也带有非常明显的社会性。故而学术界也普遍认为,宗教是人类社会发展的产物。作为社会产物的"宗教",当然就有社会性的必然特征,那么,以此特征来认识社会、划分区域,显然是完全可以的,也是非常合理的。

即使是在最早的两性结构体阶段,人类就已经需要交流,需要表达两性间的感情或情绪,于是,就有了形体表达(姿势或手势等)、发声表达等交流方式的出现,这大致就是人类最早的语言;紧接着是群体活动间交流的信号、保存交流记忆的记号等的出现,这同样也是最早的人类语言,甚至已有文字的雏形出现。那么,可以这么说,没有群体就不需要交流,也就没有语言文字的产生。故而,语言具有更鲜明的社会性特征,也是显而易见的。

而且,在不同的客观环境里,各社会群体所形成的宗教和语言的形式或状况是不同的;况且,在任何一个有人类群体的客观区域环境里,不可能不存在"语言"的交流和"宗教"的心理调整。因此,以此来划分都存在的、又有一定区别的不同区域的文化区,显然是再恰当不过的"标志物"。

于是,学术界以宗教和语言为标准,将人类文明形成以后传统时期的世界整体,划分成这么几个文化区域(见下表)。

文化区	信仰宗教	使用语言	备注
欧洲文化区	基督教	印欧语系①	北美、澳洲是其辐射移植区
北非、西亚文化区	伊斯兰教	闪含语系	
南亚文化区	印度教	印度语族和达罗毗荼语系	印度语族属印欧语系

① 依"历史比较法"、按亲属关系将世界语言分为"语系",这种分类法称"谱系分类法"。学术界最初将世界语言分为八大语系,后来又再细分为约20个语系;语系下再分为语族,语族下又分出语支。如"印欧语系"下有"拉丁语族",拉丁语族下还有西语支(西班牙语、葡萄牙语等)、中语支(法语、意大利语等)、东语支(罗马尼亚语、摩尔达维亚语等);又如汉藏语系下有汉语族,汉语族下还有八大语支(北方语、吴语、湘语、赣语、客家语、闽北语、闽南语、粤语等)。

续表

文化区	信仰宗教	使用语言	备注
东亚文化区	儒教、佛教	汉藏语系	
东南亚文化区	佛教、伊斯兰教	马来、玻利尼西亚语系	
中南美文化区	萨满教①	印第安语系	
中南非文化区	原始拜物教	班图语系	

建筑是文化的一个标志性内容，或者说建筑是文化发展的一个标志，建筑当然要从属于文化。但建筑区域的划分，仍然有其一定的特征存在，这是由建筑自身的性质决定的。

建筑是建筑技术和建筑艺术结合的产物，是以一定的建筑技术为手段、受某种思想意识支配、创造出一定的艺术风格而表现出来的，不同区域的建筑，通常就是指不同艺术风格的区域建筑。而建筑艺术风格的形成，主要是由自然因素和文化因素两个方面的因素影响而形成的。

应该说，自然因素对人类建筑的影响是最早的影响因素。人类建筑形成于自然，自然环境中的任何特征因素，都将决定或左右所处建筑的形成；而且，人类是在认识这些自然环境中的特征因素后而创造出建筑来的，且因不同区域的自然环境特征因素不同，这便形成了不同区域的不同特征的建筑。若以中国建筑理论来认识，所形成的不同特征的建筑构成主要包括屋基、屋身、屋顶三个部分。

屋基，无论在世界的任何地方，都大致有相近的演变过程及现象，在沿海、沼泽、潮湿地区多由原始的“巢居”演进为吊脚台基(也类似现代的有架空层的建筑)，而在高原少雨、干旱地区则多由原始的“窟居”演为窑洞、地穴基座(也类似现代的有地下室的建筑)。

屋身，多与建筑功能本身和建筑环境易得材料因素相联系，土木结构、砖石结构或土楼、木屋、砖塔、石城等，都是以屋身构筑材料而得称，这也有一定的区域性，不同区域的建筑，多以易得材料构筑而使其建筑有了一定的自然区域性特征，甚至近现代普遍通用的混凝土结构建筑，虽然其水泥是相同的，但区域易得骨料的不同，而使混凝土有一定的差异。

屋顶，在各区域的传统时期，其自然因素尤为显著，多雨雪地区屋面坡度大(且多雪地区比多雨地区的坡度更大)，少雨雪或干旱地区则坡度均较小，甚至是平顶，以此可区分或判定出不同区域的建筑的不同所在。

此外，寒冷地区的建筑围护都较严实而厚墙，甚至门窗少而小或双层以利保温，炎热地区则反之而薄墙、门窗多而大或单层以利通风、散热(实际上厚墙和双层门窗更利隔热)亦省材，等等。这些都表现出建筑的自然因素的影响结果，也因之而有了建筑的区域性特征，我们在此可称之为建筑的“自然区域性”特征。

随着人类战胜自然之力的增强，也就是人类文化的形成以及其文化之力的增大，影响人类建筑的，又有新出现的文化因素。

自然因素的影响使建筑的形成满足了人类的居住需求，这是一种人类被动行为结果的满足；文化因素的影响是人类主观意识上提出的另外一种需求，其影响建筑的构成形式，却是人类主观意识支配的主动行为结果的满足。因为文化是人类非本能意识的现象，人类非本能意识是主观性的，其支配的人类行为相对于自然因素影响的人类行为来说，当然就是主动行为。

文化因素的影响是多方面的，比自然因素对建筑风格形成的影响要多得多，也使人类建筑在文化因素影响以后，变得丰富而灿烂，让人类以此感到自豪和骄傲。

首先是建筑类型的分化和增多。原始建筑基本上都是居住建筑，以满足自然功能需求的居住，随着人类文化的产生和对建筑的影响，从单一的居住功能的建筑中开始分化出不同功能需求的建筑来，从居住建筑中分化出公共建筑，又从公共建筑中独立出宗教建筑，等等，这些都是人类文化因素影响的结果，也因此而成为区域性建筑的特征，如不同区域有不同的宗教信仰，不同的宗教场所所构的建筑风格是不同的，故而也就成为该区域建筑的某种代表性风格，譬如欧洲的基督教堂、西亚的伊斯兰清真寺、东亚的佛教寺院等。

其次是建筑内功能空间的细腻化，无不包含着人类文化的渗透。人类文化的发展，不只是使建筑分化出各种不同功能类型，也进一步使各类型的建筑内部，有了不同功能空间的区分。居住

① 萨满教和原始拜物教，都是人类早期的自发宗教，以传统时期的宗教概念而论，都非严格意义的宗教，而其两者的崇拜信奉方式是相近的。

建筑内有厅堂、卧房、厨房、餐室等空间区分，宗教建筑有供堂、斋房、修道室等功能空间的区别。甚至不同区域还形成各具特征的建筑功能空间差异的表现状况，并形成为一种制式而被沿传。如中国传统居住建筑的“前堂后室”之制，严格地区分出外堂和内室空间，这是一种“别男女之礼”思想的体现；又如欧洲的矩形“巴西利卡式”基督教堂，不仅以较低的侧廊来烘托主堂高耸的空间（参见图66），而且由前庭、前廊的前奏空间到主堂、祭坛、祭室的至圣空间逐步地抬高，都是其宗教思想的明确表现；再如阿拉伯地区的清真寺，朝向“麦加”的始终如一的形制，也完全是由穆罕默德创教时的思想决定的；如此等等。都说明了文化思想在建筑中的主导地位，左右着建筑功能空间格局的处理。

再次是同一功能类型的建筑空间在不同区域的不同表现，同样也是区域文化支配的结果。尽管不同区域形成的不同文化孕育了不同宗教，但传统时期或中世纪以后的人类世界，文化及宗教是相互传播的，故不同区域有相同类型的宗教建筑；何况，有的建筑类型是殊途同出的，如居住建筑，任何一个人类区域，都有同为人类居所的居住建筑类型的各自独立形成。然而，不同区域的同一类型的建筑其构成和风格是不同的，最典型的当数各地的传统民居，翻开人类的传统民居画卷，各区域的传统民居都是不同的，甚至相邻很近的两个区域，其传统民居还是有一定的差异，可以这么说，人类传统民居的区域性是最显著的。即使是因传播而出现的同一类型的建筑，特别是宗教建筑，也是有区域性差异的，如佛教建筑，形成于南亚，主要传播至东亚、东南亚，但东亚、东南亚的佛教建筑与原南亚的佛教建筑是不同的，甚至东亚、东南亚的佛教建筑在各地区也是有相当多的差异，中国与日本、朝鲜、泰国、印尼等的佛教建筑都有明确差异，因为这是佛教与当地文化融合的结晶，故其差异性的存在是显然的，也是必然的。以此看来，文化对建筑的影响毋庸置疑，也是无需赘言的。

由自然因素和文化因素共同影响，形成了传统时期世界各人类区域不同的建筑状况，因此可归结为几个不同的建筑区域；或者说，是以自然、文化因素为标准，而划分出来的世界建筑区域。若以最具代表性的区域性建筑风格称之，则传统时期的世界建筑区域主要如下表所示。

建筑区	自然因素	文化因素	备注
罗马建筑区	西欧	天主教	承自希腊，下接中世纪、文艺复兴时期
拜占庭建筑区	东欧	东正教	
阿拉伯建筑区	欧亚非大陆枢纽	伊斯兰教	主要是北非与西亚地区
印度建筑区	南亚次大陆	印度教或婆罗门教	
中国建筑区	东亚大陆	儒佛文化	蒙、日、朝、东南亚等均为其辐射区
美洲建筑区	美洲大陆	印第安文化	指“新大陆”被发现及开发以前
非洲建筑区	非洲大陆	原始拜物文化	指撒哈拉形成后的南部非洲

那么，根据人们所认识的“文化”与“建筑”的状况以及对两种不同专业区域的划分看来，两种区域的划分，相同的多、相异者少，这或许是建筑从属于文化的缘故，或许是建筑区域的划分本身就受文化因素影响的缘故。故而，可以这么给予认识，无论是文化区域、还是建筑区域的划分，对建筑学区影响的，主要还是文化因素，特别是文化因素中的宗教因素，这是下文在作建筑学区的划分时首先应当给以认定的东西，这也是很显然的问题。

10.1.2 建筑学区的划分标准

对任何人类区域的划分，应该说都是有划分标准的。不仅如上文所谈的文化区、建筑区，有划分标准；而且其他的如语言区、民族区、宗教区、政治区、军事区、经济区等，也有其特定的划分标准。甚至非人类或人文性质的纯自然区域的划分，同样也有其划分标准，有以地质结构为标准、有以气候为标准、有以海拔高度为标准、有以植被为标准等划分出的区域。如以气候为标准划分出来的热带、亚热带、亚寒带、寒带之四大自然区域。无论是人类性质或自然性质，实际上都是人为现象，是人类将地球表面，按人类自己在某种意识上给定的标准，给划分的区域。故而，所有地球上任何区域的划分，虽有客观特征，却都是人为的，是人类以某种标准为前提来完成其区分的，不同的标准，就划分出不同的区域。

那么，此处讨论对象的“建筑学区”，又是以什么标准来划分完成的？直观而言，宗教区域是宗教信仰不同之区、政治区域是政治制度不同之区，依此理而论，则建筑学区域当然就是建筑学术理论不同之区。不过，宗教区域的划分仅以“宗教信仰”为标准来划分，政治区域仅以“政治制度”为标准来划分，等等。那么，则建筑学区域，也仅以“建筑理论”为标准来划分？显然，在讨论其划分标准时，这应是认识的前提。

划分标准，一方面是被划分对象的基本要素或构成内容，另一方面应是划分后各子项之间的共有成分。宗教，以现代宗教学理论来说，有六个基本要素，其中最主要的当数“宗教信仰”要素，因信仰对象差异导致不同宗教的出现，故通常是以“宗教信仰”为标准来划分不同宗教区域的。如信仰“亚卫”神的是犹太教、信仰“耶稣基督”的是基督教，信仰“安拉”的是伊斯兰教，信仰“释迦佛”的是佛教，等等；若以此为标准，便同时有被区分出来的不同宗教区域。而文化，有语言、宗教、政治、经济、科学等诸多构成要素，以现代文化学的观点来看，“语言”和“宗教”被认为是最主要的文化要素，人类文化的发展也多以此而人为地产生了许多隔阂甚至是冲突。因此，学术界通常选取这两个要素作为文化区的划分标准，这实际上也是与现实很吻合的。

建筑学区，当然是指建筑学理论的发展区域；而且，建筑学区应该是有别于文化区与建筑区的，特别是建筑区，与建筑学区应该有一定区别。建筑区主要是对建筑物形体存在的区分而言的，建筑学区则侧重于建筑学理论的发展区别，故而两者明显不同。但建筑形体是在一定建筑学理论的指导下形成或出现的，建筑区与建筑学区显然又都有一定联系，而且不排除两者可能出现的一致性状况。不过，即使建筑区与建筑学区两者的区域划分结果是相同的，但却不能完全等同两者的关系，更不能以建筑区来替代建筑学区，应该承认两者之间在区域划分标准上的不同，这也是作本论研究的基本出发点。

尽管传统时期，建筑学理论的发展并不清晰、明朗，也没有明确的“建筑”概念及其内涵和要素，不过，本论的上文已确立了建筑学作为一门学科的基本构架，也给以论定了“建筑”概念及内涵、要素等。反过来以此审视传统时期的建筑学理论，仍然可以较清晰地重新认识传统建筑学理论。同样这也就能以此理论为依据来认识和划分传统时期的建筑学区。

在上文确立的建筑学理论构架中，给定的“建筑”概念及内涵、要素等，都可能是在建筑学区划分中被认定的划分标准，应当一一给以认识，而后再选取最合理、科学的标准来划分建筑学区。

建筑学理论认为，严格意义的建筑内涵包括建筑技术和建筑艺术，从而确立了“建筑”概念；且同时认为，建筑是建筑技术和建筑艺术融合的结果，这是建筑学术界一般认可的“建筑”的基本概念。正因为这一建筑内涵是传统时期长期以来普遍认可的基本概念，故各区域的建筑学理论的发展大致都是以此为发展方向或目标的，所形成的建筑学理论的主要内容，当然就是有关建筑技术和建筑艺术方面的东西。如果各区域对建筑技术和建筑艺术研究的理论成果是有区别的，则以此为标准来审视各区域的建筑学理论状况及发展，则其区域性差别是显而易见的，这便可说是一种显然的建筑学区的划分方式和划分标准。

上述的建筑学理论同时也认为，严格的建筑是由建筑空间、建筑功能、建筑非本能这三大要素构成的。对任何地区的任何建筑来讲，都必须具备这三大要素，缺其一都不成其为建筑。但不同区域，由于所形成的建筑非本能思想的差异，即有不同的建筑功能意识的需求差别，故而形成了不同的区域建筑特征。这主要是以建筑物的形态表现的，当然，可能也表现在其建筑学理论上。于是，这同样可作为区域性建筑学区的划分标准。

两者相较而言，或许以建筑内涵的建筑技术和建筑艺术为标准来划分建筑学区，会更明确些；而建筑要素的“建筑非本能”，则尤具特殊意义。虽然“建筑非本能”在传统建筑学的研究中，一直是一个盲点或空当，人们并没有给予明确的揭示和探讨，却是至关重要的一个要素；当然，建筑空间和建筑功能要素亦应给予必要的关注，但其更多的是体现在建筑物的形态和需求上，若以此来作为建筑学区的划分标准，似乎还会让人有不甚妥当之感。

因此，建筑学区的划分标准便主要为“建筑非本能”概念下的“建筑技术”和“建筑艺术”。

10.1.3 建筑学区的区划认定

在区域史里的建筑学区，是指具有相对独立发展时期的建筑学理论发展的区域划分状况，若以上述建筑内涵的建筑技术和建筑艺术为标准来审视当时的发展状况，不同区域的建筑技术和建筑艺术的发展的确有一定的差异，这就使建筑学区以建筑技术和建筑艺术为标准的划分有了可行性而可资讨论。于是，这才有人类文明早期的建筑学区的划分的被认定。

应该说，虽然人类文化形成时就有了建筑作为标志性的文化的出现，但对建筑理论而言，只能是在语言文字的形成和使用以后。人类文明前是没有建筑学区域可言的，只有人类文明形成以后，才可能有语言文字的产生，也才有建筑理论的发展，以及其不同发展区域可论之。因此，文化区域、建筑区域显然是早期建筑学区发展演变的主要影响因素，也应该是建筑学区划分的“参照系”。

在人类文明史上，一般认为是“四大文明古国”，即有四大文明区域，自西而东是古埃及、古巴比伦、古印度、古中国，以迄今为止的研究结果认为，这四大文明古国大约都是在公元前5000—公元前3000年之间相继进入了文明时期的（以美国L. H. 摩尔根先生的蒙昧、野蛮、文明三阶段划分的标准而言），并且都是依托于河流而形成其文明的。古埃及依托于撒哈拉沙漠形成后的尼罗河，古巴比伦依托于幼发拉底河和底格里斯河，古印度依托于印度河和恒河，古中国则依托于黄河和长江。各文明区域，也分别称为尼罗河文明、两河或美索不达米亚（意即两河之间）文明、印度河和恒河文明、黄河和长江文明。也就是说，是各条江河的流域孕育了各人类文明，因为空气和水是人类生存的前提条件，离开了水则人类生存就无从说起。然后，人类便在这各个流域构筑自己的生存环境，或许已可称之为“人居环境”；而人居环境的基本构架就是建筑，即人类以建筑勾画出各流域人居环境的基本轮廓。当然，也就以此而形成了以河流为依托的各人类文明区域及其基本轮廓的建筑，这就有了这“四大文明古国”的出现。

不过，以地球演进进入新生代的后冰河期（Post-glacial time）的发展状况看来，不仅地球上几块大陆已相继形成，而且其时人类已进入旧石器时代久矣，即在形成各大陆时，各大陆都应该有已具旧石器演进水平的人类生存，特别是有河流的大陆，都应有此可能性存在。那么，又何独仅产生出“四大文明古国”？则这一点是应引起人们深思和进一步讨论的。

“四大文明古国”，除古埃及是在非洲大陆以外，其他三个是在亚洲大陆，是否其他大陆没有人类文明的独立演进形成？

欧洲大陆也有众多河流均匀分布，而且有贯穿整个欧洲大陆的莱茵河和多瑙河等，而东北欧的高加索地区早已有人迹活动或行踪的出现，则高加索地区的早期人类南下进入莱茵河、多瑙河地区是完全有可能的，也就是说莱茵河、多瑙河孕育欧洲文明是完全有可能的。然而，以迄今所发现及研究的结果而言，或许由于其大陆中部稍高的缘故，却在其河流东入黑海、地中海的地中海北岸地区出现了被认为是最早的欧洲文明，即地中海东北的“爱琴海文明”。也许是受地中海沿岸的古巴比伦文明、古埃及文明的影响，或许这才因此而使欧洲人会选择在临近这两大文明区域的地方，在其稍后形成了“爱琴海文明”。

美洲大陆不应该认为是欧洲文明的移民或殖民地区，即不能认为是欧洲给其带去了最早的文明，因为在后冰河期或其前，就有亚洲蒙古人的越过“白令海峡”（据称当时应为“白令地峡”或“白令浅海峡”）进入美洲大陆，而美洲大陆也有密西西比河、圣劳伦斯河、格兰德河等众多的内陆河，于是，这些河流便孕育了美洲大陆自己的文明。由于越过“白令海峡”的亚洲蒙古人在后冰河期以前，仅大约是在旧石器的发展水平上，此后海平面上升，海峡的出现或增阔，割断了与亚洲大陆的联系，使此后的美洲大陆文化处于一种自然性独立演进的状况；而北美地区的寒冷，迫使进入北美洲大陆的蒙古人南下，最后栖居于中美洲地区以及南美洲中北部地区的亚马逊河等诸多河流区域，依附这些河流而生存。可见，美洲大陆也应是一个人类文明发源区域。

澳洲大陆，在后冰河期及其前，也有亚洲蒙古系人种的“马来人”南下进入该大陆生存，虽然也有许多河湖水系，但冰河期后，自然独立的澳洲并没有给进入澳洲大陆的“马来人”的文化演进带来多少改变，直到近代被欧洲人发现了这里又有一块“新大陆”时，其居民还在文明前的蒙昧中挣扎着，故澳洲大陆的文明才是欧洲文明近代移植的。

由此看来，有人类生存的“五大洲”，是独立的人类文明演进形成的，主要的除了“四大文明古国”以外，还有“爱琴海文明”和古美洲大陆的马亚、阿兹特克、印加等文明。

这些早期的文明区域的人类，不仅创造了文明标志的语言文字（都不约而同地源于象形文字）、而且也有构筑人居文明范围的建筑（都是以自然环境可提供的原料为材料构筑的，主要为土、木、石或砖）；同时也形成了自己的建筑技术和建筑艺术内容，甚至还有其特征。这就为建筑学区的区分提供了必要的前提条件，也是人们作相应的建筑学区划分的基本标准的准则。

爱琴海地区文明，虽然其海域岛屿及沿岸地区均有文明的痕迹，但主要集中在克里特（Cretan）岛和伯罗奔尼撒半岛的迈锡尼（Mycenae）。受邻近的埃及、两河流域等地区的影响，公元前3000年左右即进入了金属时代，也创造了自己的文字“克里特象形文字”（Cretan hieroglyphs），并兴起了“城市王国时代”的文明。近代考古才发现，早期克里特岛上多为宫殿、住宅、旅馆、浴室等世俗建筑，特别是米诺斯王宫（Palace of Minos，参见图21、22），已有相当高的建筑成就和甚大的建筑规模，主要也是宫殿、住宅等世俗建筑（还有仓库、陵墓等建筑），其发现的是集中于城市核心的卫城里，也甚具建筑技术和艺术水平。而且，已有悬挂、梁柱、出挑和叠涩、穹窿、券洞等建筑技术和建筑艺术的形成出现。

尼罗河流域文明，主要是指下游至其河流入地中海之间的古埃及文明（尼罗河源于非洲大陆中部，由白、青尼罗两源汇聚形成）。至少在公元前4000年以前就已有金属器和文字的使用、历法的发明，至公元前2500年左右便已进入文明非常发达的王国“金字塔时代”，并以金字塔建筑的出现而著称于后世。其“金字塔”，实际上就是一种葬埋逝后国王的石构墓塔，因外观显现“金”字形而称之；而此前的埃及人早已有这种墓葬形式出现，只是规模小而已。此外，还有神庙、宫殿以及城市遗址的被发现。当时的建筑技术能力和建筑艺术成就，在今人看来，亦不得不让人赞叹，如在今开罗“吉萨金字塔群”中的“胡夫金字塔”（见图56），是一座高近150米、底边长约230米、由230万块每块重约2.5吨的巨石砌成的正四锥形墓塔，至今已历约4 500年，依然基本完好地存在着。在其神庙和宫殿建筑上，也出现不少极具艺术特征的“柱式”和雕饰等，如底比斯卡纳克的阿蒙（Ammon）太阳神庙的梁柱、浮雕、阴刻等。

正面透视

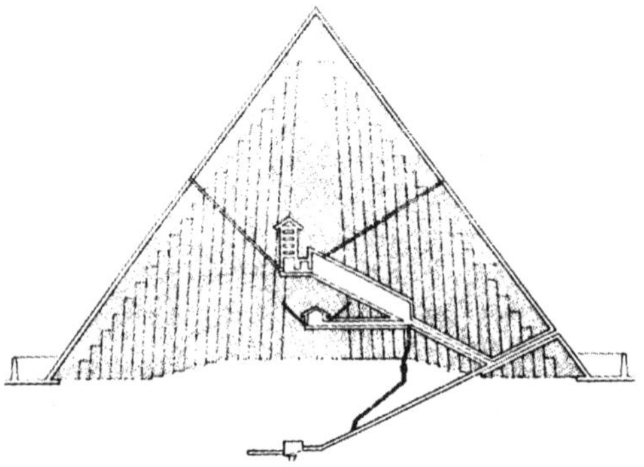

“胡夫金字塔”剖面图

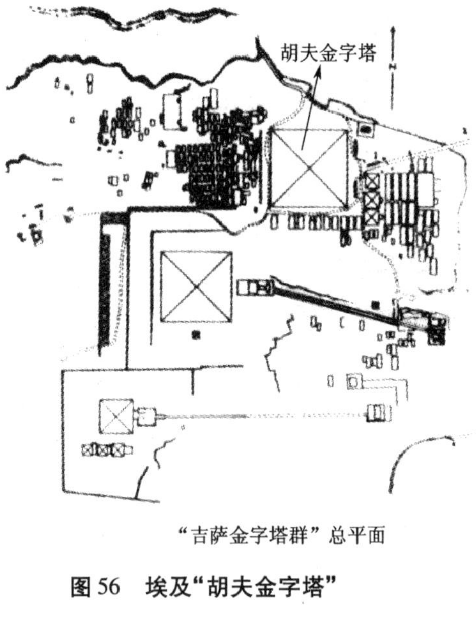

“吉萨金字塔群”总平面

图56 埃及“胡夫金字塔”

两河流域文明，是指在地中海与波斯湾之间的两条大致平行的河流区域（古巴比伦）所形成的人类文明，也大致与埃及人约在同一时期进入文明时期，不仅有图画至楔形文字的使用、发明了十二个月及闰月的历法、信仰Enlil（即“气神”）的宗教生活，还有国家、城市、宫殿等人居建筑环境的出现。如公元前3000年后出现的“乌尔城”（见图57），内有宫殿、庙宇、宅院等建筑，多以狭长形平面、以草木黏土构成，有穹窿顶和拱券等建筑技术和艺术造型。

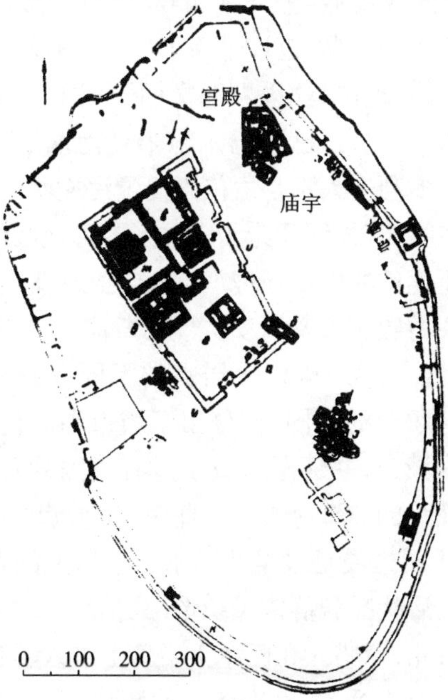

图57　古西亚“乌尔城”平面

印度河—恒河流域文明,是指南亚次大陆北部的印度河—恒河流域平原形成的文明。约在公元前3000年左右,该区域便已脱离石器时代而进入金属器时代,也有器物上铭文的象形文字被今人发现,在建筑上,还有城市以及住宅、庙宇等的发现。如被认为是现今已知为最早的人类城市的谟汉佐·达罗(Mohenjo-daro)城(在今巴基斯坦境内,见图58),时在公元前3000年左右,而且在发掘的道路及排水网完整合理的城市下面,还有遗物甚多,其年代显然要更早些;发掘的城内建筑物主要有住宅和庙宇两类,均是砖砌建筑。其中的庙宇虽开间小、却厚墙,似乎当是一种较高的建筑物;住宅建筑虽简朴,却功能内容完备,是一种具有较高文明程度的人类居宅。显然,这同样也体现了其人类的建筑技术和建筑艺术的发展水平。

黄河—长江流域文明,主要是指古中国中原地区的人类文明。至少在公元前3000年就已有金属器使用、文字的创造、历法的发明的黄河、长江流域,在公元前3000年后,在黄河下游的今山东曲阜出现了“少昊”朝都城,并有专管水土建筑工程的“司空”官吏的设置。其后的“三皇时期”(即唐尧、虞舜、夏禹)之初便有“鲧作城廓”(《世本》载)的记载。其时主要是土木石瓦结构。如夏都“阳”城,为夯土城,南北长约2 000

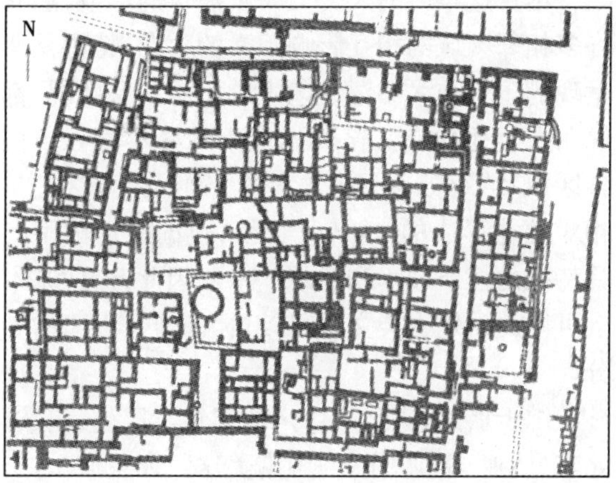

图58　古印度“谟汉佐·达罗城”平面

米、东西长约700米,城残高尚有8米;又如商汤都“敫”,亦为版筑夯土城,南北长约2 000米,东西长约1 700米,城墙残高达7米,墙厚达21米,城内外建筑亦多为版筑夯土构成。这也为后来中国形成的建筑技术和建筑艺术特征,奠定了基础。

密西西比河、亚马逊河流域文明,虽是来自亚洲蒙古人创造的,但其进入后而被称为“美洲蒙古人”的这些迁徒人类,在其源地的亚洲蒙古地区,尚在旧石器时代中挣扎,故而,“美洲蒙古人”的文明是自我独立演进形成的,也因此而较迟于其他区域而进入文明时代。约在公元前后才有城市、文字、历法等的出现,在今墨西哥南部的尤卡坦(Yucatan)半岛上出现了众多的马亚人建的城市及建筑,有宫殿、居室、堡垒等建筑,最著名的有许多金字塔庙(是上窄下宽、没有尖顶的“梯状”体宗教建筑),故有“美洲之埃及”的美称。在墨西哥中部的迪奥提瓦干文明遗址上有“太阳金字塔庙”(见图59),底边长约200多米,高五层约60多米。这些都表明了公元前后中美洲人类的文明程度,以及其所具有的建筑成就。

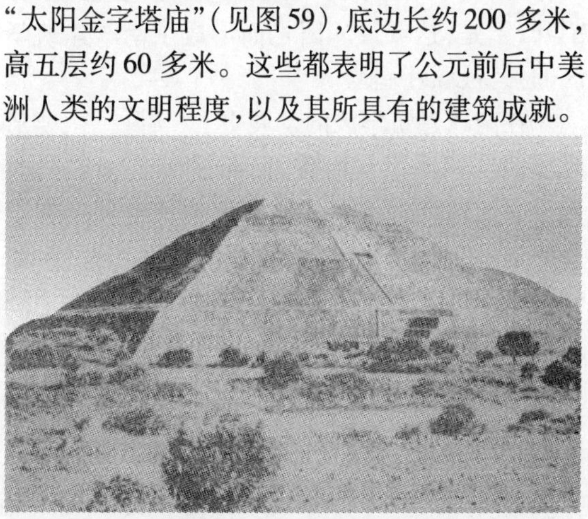

图59　古美洲迪奥提瓦干文明“太阳金字塔庙”

尽管这早期的人类文明及建筑的形成，还有许多相邻区域的相互影响因素的存在，特别是所呈现的建筑技术和建筑艺术的渊源关系状况，都说明人类迁徙或文化交流现象的必然存在。但各区域及“母亲河”所孕育的文明及建筑，又是相对独立形成的，也各具特征，也同时形成了各具特征的建筑技术和建筑艺术。因此，这便基本上可以此认定人类文明早期的“建筑学区”的划分。

综上所述，大致可认定的建筑学区是：南欧、北非、西亚、南亚、东亚、中南美这六大区域。

10.2 南欧建筑学区史

源于地中海东北侧的爱琴海文明的南欧建筑学区，是指地中海沿岸（或北岸）的欧洲大陆南部地区的建筑学发展区域，这也是后来欧洲建筑学区的发源地。源于爱琴海文明的南欧建筑学区，首先得到发展的是巴尔干半岛，然后是亚平宁半岛，而后才是伊比利亚半岛等其他南欧地区。

仅以自然因素来看，爱琴海在欧洲大陆的东南端，若爱琴海文明要登陆欧洲大陆，当然首先是最邻近的、欧洲大陆凸出部的巴尔干半岛，也只有在巴尔干半岛站稳脚跟并得到一定程度的发展后，才能继续拓展，然后才有对西邻的亚平宁半岛突进，以及跨入伊比利亚半岛等其他地中海北岸地区。而之所以会形成这初期的南欧建筑学区，同样也是以自然因素为主要缘故，巴尔干山脉及南喀尔巴阡山脉、阿尔卑斯山脉、塞文山脉、比利牛斯山脉等将这些大陆半岛与大陆分割开，于是，这或许才因之而形成了南欧建筑学区的独特发展阶段。

在南欧建筑学区的发展史上，实际上主要形成了两个基本发展时代，即希腊时代和罗马时代。因这两个时代在欧洲古代建筑史上具有重要的学术“奠基”意义，故又合而统称其为“古典时代”。

10.2.1 希腊时代

巴尔干半岛的希腊人，原系栖居黑海西岸的多瑙河流域的亚基安（Acheans）、多利安（Dorians）等游牧民族，公元前2000年以后逐渐南下进入巴尔干半岛，也许是为了寻找更有利于生存的栖息地，也许是“爱琴海文明”的诱引，至公元前1500年左右，已达巴尔干半岛南端。但这群南下的多利安人不是去依附爱琴海文明，而是掠夺其文明，其强悍吓跑了多数爱琴海地区的文明人。而优良的生活环境（包括自然地理、人类文明），使游牧的“多利安人”逐渐演进为定居的“希腊人”，后来也以定居点的不同以及定居后所从事职业的不同，而分出了城市和农村，且农村依附城市，并逐渐形成了具有王国性质的、由国王统治的“City-State”（直译为“城市之国”或“市国”），这便是最早的巴尔干半岛上的希腊人及其生活状况和群体组织形态。

由此，希腊人在巴尔干半岛上进入了各个不同的文明生活阶段，在各文明阶段里，创造了自己的建筑理论。

● “荷马”①阶段（公元前11世纪—公元前8世纪）

自公元前2000年以后陆续进入巴尔干半岛的亚基安·希腊人（Achean－Greeks）、多利安·希腊人（Dorian－Greeks）等，这些南下的游牧民族，一般史书都统称为“多利安人”（Dorians），实际上其间南下的民族或部落族众甚多，并非仅亚基安、多利安这两个部族。由于多利安人是游牧民族，文化演进水平相对较低，而巴尔干半岛的原希腊人已有了登陆的爱琴海文明，包括“克里特文明”、“迈锡里文明”等。故“荷马”阶段战争时期的巴尔干半岛，以及战争平息后“多利安人”的定居和留居的原希腊人混居后形成的“新希腊人”，其文化应该主要还是原希腊人的文明经战争摧毁后的残存和沿续。只可惜已无发现的遗址或遗物可资引证，唯有的仅是“荷马”史诗的记述所留下的有关建筑的只言片语。

现存的“荷马”史诗包括两部分——《伊里亚特》和《奥德赛》。《伊里亚特》讲述希腊联军围攻小亚细亚城市“特洛伊”的故事，故事地点在小亚细亚的城市“特洛伊”，故基本上与巴尔干半岛无关，也就没有该半岛建筑的载述。《奥

① “荷马”（Homer），是生活于公元前9世纪中叶至公元前8世纪的一位文人，因其将此前进入巴尔干半岛的多利安·希腊人的“部族战争”以及与波斯人的战争等编成诗歌，并汇编成“史诗”，如《伊里亚特》、《奥德赛》等，而称“荷马史诗”；且由于这些“史诗”是希腊现有最早的文字史料，故将该阶段称为“荷马时代”。

德赛》记述“特洛伊”战后，希腊“伊大卡”国王奥德赛回“伊大卡岛”途中的十年漂流，以及其间“伊大卡”邻国贵族欺其妻弱子幼、逼婚其妻“皮涅罗普”，和奥德赛回国后与其子杀尽“求婚者”、恢复国王权力、家庭团圆的经过，从而开始有了半岛建筑的叙述语言出现，从中或许可了解其当时的建筑基本状况之一二。

“她行至厅堂，由侍女们陪伴，她，

女人中的姣杰，来到求婚者近旁，

站在房柱下，柱端支撑着坚实的屋顶，……”（《奥德赛》十六卷，陈中梅译，下同）

“当行至宏伟的家居，他放妥

手握的枪矛，使其倚靠高耸的壁柱，

跨过石凿的门槛，步入宫中……”（《奥德赛》十七卷）

从这些记述中，人们可读出“厅堂”、“房柱”、“屋顶”、“壁柱”、“门槛”等建筑空间或构件的大致状况，也从中了解当时建筑的“宏伟”，有“坚实的屋顶”、“高耸的壁柱”、“石凿的门槛”等构成状况。若通读《奥德赛》，从记述有关建筑的零碎混杂的只言片语中，或许大致能连接成当时的一些建筑基本构成内容和分布状况，其中主要是奥德赛（即“俄底修斯”）的宫院：

这是一座院式建筑，院墙有主门和边门，院内有磨房、祭坛等附属建筑，主体是一幢二层的楼房建筑。一层主要有前厅、后厅两部分，前厅稍小，前厅之前还有门廊；后厅也称“厅堂”、“大厅”等，是建筑的主体空间，似乎大多生活起居的功能都可在这大厅里完成，兼有餐厅、客厅、厨房等功能内容，厅中还有一个火盆，可取暖、照明，甚至是烧烤等；除厅外还有休息的“房间”，包括其子“忒勒马科斯”的卧室、“女仆”的房间。二层有俄底修斯与其妻的一套居室——睡房，这套居室包括休息的睡房、置存“珍财”的藏室，而且是在上楼梯后走过一段过道的“最里端”，显然，二层的功能空间也非仅这一“套间”。（参见《奥德赛》第二十一卷）

可惜没有配图可查，也没有能力以这些零碎的片言只语来勾画出其建筑的轮廓图或示意图，只能总结性地综述出这些，实在令人遗憾。

尽管如此，荷马汇编的这部《奥德赛》，仍是一部很有价值的史料，不仅有克里特岛的“九十座城市”及米诺斯王宫的记述，也有巴尔干半岛建筑的描述，诸如上述俄底修斯“宫院”的功能空间的构成状况，甚至还有某些构件或部位的装修做法及情况：

“橡木的门槛前，由木工

精心削刨，紧扣着划打的粉线，

安上贴吻的框柱，装上闪光的门面。”（《奥德赛》第二十一卷）

这似乎已有后来形成的“多立克”（Doric）柱式的影子。

因此，在目前对“荷马”阶段研究史料和遗迹匮乏的情况下，《奥德赛》已是一部不可多得的宝贵史料，也是人们探讨当时建筑技术和建筑艺术研究状况的非常珍贵的第一手材料。而且从另一个方面而言，这也可以说是当时巴尔干半岛的希腊人的建筑研究理论成果的记载史册。

● “古风”（Archaic）阶段（公元前8世纪—公元前5世纪）

“古风”阶段，在建筑史看来，是“神殿”的阶段，因为在人们可研究和考证这一阶段的建筑内容中只有“神殿”，特别是“希拉”神殿的屡建屡毁、屡毁又屡建，贯穿于整个阶段。

由于巴尔干半岛的地形特征和所居民族的部落特征的缘故，公元前8世纪以后逐渐形成了奴隶制“城邦”（Polis），并出现了不同民族占据的城邦格局，主要分别由伊奥利克人、爱奥尼克人、多立克人所割据，共有二百多个城邦，其中以南部的多立克人占据的斯巴达（在伯罗奔尼撒半岛南部）为最大，中部的爱奥尼克人占据的雅典（中希腊东南）次之，也以这两大城邦为最著名和最具代表性。

斯巴达是没有城墙的城邦，面积达8 500 km^2，是公元前1100年左右自北进入伯罗奔尼撒半岛的多立克人，至公元前约9世纪逐渐建立起来的一个奴隶制城邦；统治者是进入的多立克人，被统治的奴隶是当地的原居民（称为“希洛人”），另有是当地原居民被驱逐至边远地区的无政治权的“自由民”（称为“皮里阿西人”）。

斯巴达以贵族居住的“卫城”为核心，卫城的中心又是“神庙”的殿宇建筑，完全体现了其“泛神论”的以神为中心的思想观念。故而，“神庙”建筑是其最主要的建筑，也是留给后人以供研究的最主要遗存。

神庙建筑主要由两部分构成，一部分是建筑内部仅有一“圣堂”的功能空间，另一部分是建筑外部的也仅有一个围合的柱廊，这两部分基本上构成了神庙建筑的全部，而被称为“围廊式”庙宇形制的神庙。而斯巴达神庙的柱廊，还形成了传之后世的柱式基本特征，即名闻后世的“多立克”柱式，因是统治者“多立克人”创立的而称之。其“柱式”的主要特征是粗壮、刚挺、简明（见图60），被认为是“奴隶制城邦”的体现。

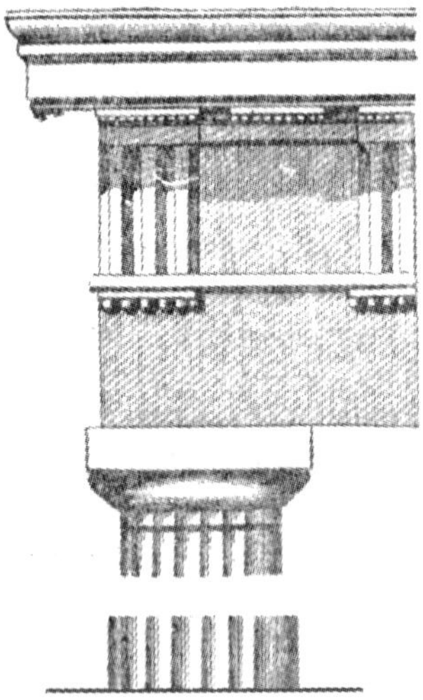

图60　希腊“多立克”柱式

奴隶制城邦在得到了一定发展后，逐渐开始大规模地向外殖民，约至公元前6世纪，已基本上在地中海的北岸都建立了奴隶制的城邦，著名的有西西里岛的叙拉古、亚平宁半岛南部的那不勒斯、爱琴海北岸的波提底亚、黑海西岸的拜占庭等新的“殖民城邦”，也实行“奴隶制”制度，但却是政治上独立的城邦。

在公元前6世纪的“奴隶制”城邦制时期的亚平宁半岛南部的“克里顿城”，从爱奥尼亚的萨摩斯岛逃来了一位叫毕达哥拉斯（公元前580年—公元前500年）的人，他就是后来著名的古希腊最早的唯心论哲学家，而且是“数”的唯心哲学家①。

毕达哥拉斯认为，万物本原于“数”，是“数”产生了万物；而且认为，数是人认识事物的前提，有数才能认识事物，也以此思考一切、认识一切。多立克人创造的柱廊庙宇，就表现了非常优美的有“数”的比例规律的一种秩序，主要有三个方面：

一是柱距与柱径的比例，即柱距取柱径的1.2～1.5倍（显然是一种构造或装饰性的密柱网）；

二是檐高与柱高的比例，即檐高仅约为柱高的1/4；

三是柱本身的径高比例，即柱的底部直径与柱身高度比为1∶(4～6)。

这三个方面的“数”的比例值，实际上就决定了多立克柱廊庙宇的造型格局；反过来，也可以之体现多立克柱廊庙宇结构各部分的“数”的关系。

同时，毕达哥拉斯还认为，万物的构成还存在着某些辩证关系的因素，归结起来，有奇数与偶数、一与多、有限与无限、直与曲、动与静等10种矛盾来构成万物的一切。这些矛盾在多立克柱廊庙宇的体现是显然的，无须赘言。若仅以其柱式的构成而言，这种矛盾的构成也随处可见。如多立克柱身是直的、是垂直的，其柱身的剖面是圆的；其柱身有均匀的多凸线条，这些线条是直的，而这些线条是由凹圆槽雕成的，等等。显然这些都是由“直”与“曲”的矛盾来构成多立克柱式的，在这方面体现了毕达哥拉斯所揭示的这种矛盾因素的规律，若多立克柱式没有柱身的凹槽之“曲”，又哪来柱身的立面线条之“直”？且多立克柱又特以凹槽之“曲”来表现柱立面线条之“直”，这同样是对毕达哥拉斯理论的一种引证。

也许“多立克人”创造柱廊庙宇时还没有毕达哥拉斯“数”的哲学理论的出现，但这多立克柱廊庙宇蕴涵了“数”的理论却是显然的，无论这种理论是毕达哥拉斯创立的，还是毕达哥拉斯承自某位先贤的思想，于此处都并不重要，此处可认定的是建筑理论实际上已经形成为一种定制，是一种“多立克式”的建筑艺术理论的制式，而通过毕达哥拉斯的“数”的理论，便可说明当时建筑理论的形成事实。

雅典城邦居其次，比斯巴达要小得多，领土还不足斯巴达的1/3，仅2 650 km^2。公元前1600年左右爱奥尼克人进入该区域（此后南下的多立克人并未进入该地区），逐渐地直接由“氏族”社会演化为“阶级”社会。约在公元前8世纪以前，已基本上形成为贵族、农民、手工业者

① 毕达哥拉斯也是一位数学家，数学上“直角三角形的斜边平方等于两直角边平方和”的定律就是其提出的，该定律故也称“毕达哥拉斯定理”，即“勾股定理”。

三个等级的阶级社会，贵族掌握政权，对农民、手工业者进行残酷压迫和剥削，这就是最初形成的雅典城邦的国家社会制度及社会状况。

随着贵族城邦阶级社会矛盾的日益激化，在公元前7世纪中叶以后激发了“基伦暴动”等社会动荡，尽管暴动最终是失败了，却也迫使城邦社会对“法典”进行了修订。首先是没落贵族“梭伦”在公元前6世纪初的修改宪法，以削弱贵族权力、提高公民地位为目标；而后是平民领袖“克里斯梯尼”（实际上也是出身于贵族家庭），在公元前6世纪末的“民主改革”，从而结束了平民与贵族的斗争过程，进入“奴隶主民主政治”时期，完成了奴隶制城邦国家的创立，这是爱奥尼克人对异族奴隶的统治社会的形成。

雅典卫城（acropolis）居雅典城西南，是雅典城的政治中心和宗教中心。爱奥尼克人大致形成了以雅典为中心的爱奥尼克区域，主要的除南希腊的东南部以外，还有其南的克里特岛、其东的爱琴海东侧岛屿及邻近的小亚细亚。而在爱琴海东侧的萨摩斯岛上，却集中地“演绎”了一系列的“希拉”女神崇拜场所的“希拉神殿”，屡建屡毁，屡毁亦屡建，由公元前750年的第一希拉神殿，到公元前540年的第四希拉神殿，以及公元前560年的女神“亚特米斯”神殿、公元前540年的“阿波罗”神殿，等等，都是爱奥尼克人创造的。并以“双重围柱式”的形制和柱本身的特有柱式而著称；特别是柱本身的柱式，更是一种辉煌的成就，也因为是爱奥尼克人创造的，故以“爱奥尼克柱式”而称之。

爱奥尼克人创造的“柱式”有较明确的数值比例：

一、柱距与柱径的比例，是柱距为柱径的两倍；

二、檐高与柱高的比例是1∶5；

三、柱径与柱高的比例是1∶(9～10)（柱径指柱的底部）。

此外，多立克柱式没有柱础，爱奥尼克柱式还增加了柱础（见图61）；最明显的特征是两者柱头与檐壁有非常大的区别，这也是人们一般识别两种不同柱式的第一视觉感受点。

爱奥尼克人创造的柱式同样是“数”的关系的存在，其他柱身结构也一样；而且，爱奥尼克柱式似乎还更精确，表现的“数”的比例宽限更严谨，这不能不说是对多立克柱式的一种发展。

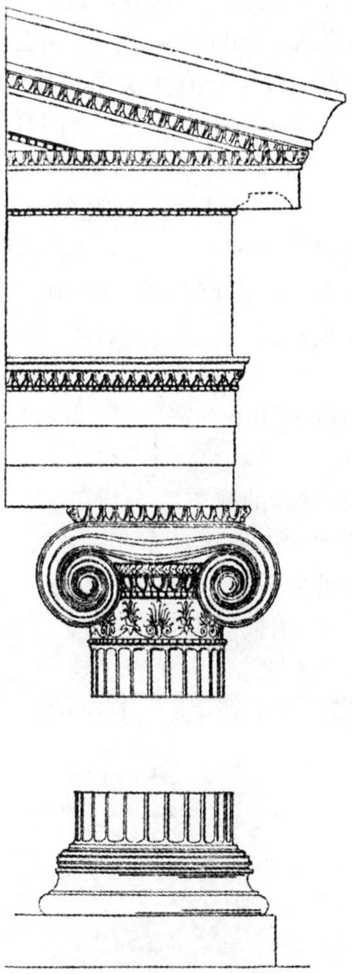

图61　希腊“爱奥尼克”柱式

况且，毕达哥拉斯原本就是居于爱奥尼克地区的萨摩斯岛，其“数”的理论的影响更是一种必然。

● 古典阶段（公元前5世纪中叶—公元前4世纪后期）。

公元前6世纪中叶以后，时东邻的波斯帝国不断西侵，并陆续占领了不少希腊城邦，公元前6世纪末触发了希腊与波斯的反入侵与入侵的战争，并在公元前478年结成了以雅典城邦为首的“雅典海上同盟”，至公元前449年大败波斯军于塞浦路斯岛附近，而战争结束。希腊重新确立了东地中海区域的霸权地位，其实是以雅典城邦为主的希腊统治区，这就开始了希腊历史上的“古典”阶段。

古典阶段的希腊，是以雅典为核心城邦的希腊，雅典成为实际上的政治中心。在战后拟定了重建被波斯人破坏的“圣城”的卫城计划，其中，首先是卫城中部偏西最高处的女神“雅典娜”保护神神像的塑造,为铜像;并构筑了有多立克柱廊的“帕提农(Parthenon)神庙”(公元前447年—公元前432年)、有爱奥尼克柱门廊的“伊瑞克先(Erecthenm)神庙”(公元前421年—公元前405年)等的拱卫。这些神殿,不仅有多立克式的建筑,也有爱奥尼克式的建筑,说明两种不同文化在战后雅典的同处共生,也说明了爱奥尼克文化对多立克文化的吸收和容纳。因此,便发展了多立克柱式和爱奥尼克柱式,使之更成熟、更完美。

大约在此同时,又产生了一种新的柱式——科林斯(Corintio)柱式。

相传,雅典的雕塑家卡利马扣斯(Kallimachos)经伯罗奔尼撒半岛东北科林斯城邦(公元前540年由多立克人建立)时,偶见一少女墓地有一个篮子,为地上长出的茛莨叶茎所包围,由此受启发而发明了一种新的柱头,也因此将该柱头样式称为“科林斯柱式”(见图62)。

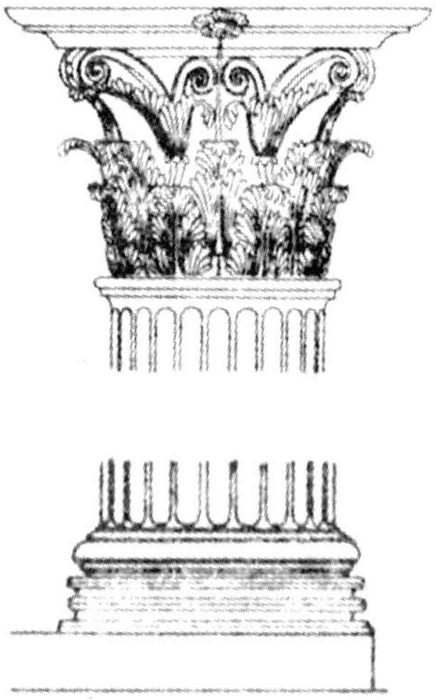

图62　希腊“科林斯”柱式

但迄今所知,这种柱式出现在建筑物上,最早的是公元前430年后建在巴斯(Passae)的“阿波罗”神殿,在正殿和其后神龛之间,就立有茛莨叶柱头装饰的圆柱,这是最早有科林斯柱式的建筑①。

科林斯柱式除了柱头是花篮状的装饰以外,其他的部分基本上是沿袭爱奥尼克柱式。后来,科林斯柱式逐渐也形成自己的柱式,只是构成样式也确实较接近爱奥尼克式。

至此,希腊三柱式都已完成了其形制及艺术构成样式。由多立克柱式、爱奥尼克柱式到科林斯柱式,都有较定型的“数”的比例形制。而其间的差别主要在于柱头,多立克式没什么装饰;爱奥尼克式、科林斯式则富于装饰,前者是涡卷状装饰、后者是花蓝状的草叶装饰,后者是在前者的基础上改进形成的,并都是爱奥尼克人创造的。那么,这似乎有什么渊源关系存在吧?

在公元前6世纪初以后的爱奥尼克地区,曾出现了古希腊最早的唯物学派——“米利都学派”(因创立于小亚细亚的米利都城而称之)。特别是其创始人泰勒斯(公元前624年—公元前547年),他首先将埃及的唯物主义思想带到了希腊,也指出了哲学最基本的理论问题,认为万物本源于水、也复归于水。这种理论对现代科学来讲,特别是对一切生物而言,仍然无法完全否认其科学性的意义。

爱奥尼克人在继承了多立克建筑的“数”的概念以后,却又突出地创造了“涡卷状”的柱头而区别于多立克柱式,这“涡卷状”的柱头的造型是难以用“数”来描述和定制的,应该说是当时写实雕塑家们的作品,因为当时几乎所有的神殿都不仅是建筑家创造的,也是雕塑家共同创作的结果,而且雕塑的基本上是写实作品,如雅典伊瑞克先神殿的“人像柱廊”,甚至是“人像柱”。由此看来,雕塑家塑就的“涡卷状”柱头,并非建筑构造需求,而是雕塑造型需求,其写实所表现的是什么?如果联系起同一区域、约同一时期的“米利都学派”创始人泰勒斯的理论思想,也许会让人有一种“悟道”的感觉,这不就是“水”日常存在的一种写实形状?

尽管“米利都学派”信仰的是唯物论的哲学,否认神为万物之源的世界观,但也默认神的存在。于是,这就有神殿柱廊或柱式的“涡卷状”柱头的出现和存在,当然,这似乎是一种矛盾。但现实通常就是在这诸多的矛盾中存在的,也说明了人们当时的一种思想状况。

在爱奥尼克柱式基础上形成的“科林斯”柱式,最典型的同样是柱头的变化,由“涡卷状”演变为“花篮状”,并以忍冬草叶为最主要的饰件。

---

① 李政隆主编《世界建筑全集·2·希腊、罗马建筑》,台湾光复书局股份有限公司1984年8版,第106页。“茛莨叶”,大概就是指“忍冬草”的叶,盛产于希腊、意大利等地的严冬。

这也同样是雕塑家的写实作品，取自然之物而饰之，而且是一种即使在严冬也茂盛的“忍冬草”。这似乎带有较多的引申意义或隐含意义，有生物就意味着水的存在，以生物代“水”状而出现，似乎更隐密、更具实质意义，也更富有科学深度。这应该说，是一种建筑思想的发展和进步。

因此，我们说，尽管当时的希腊，还没有明确的建筑理论出现，但从其建筑成就及文化学术理论的发展看来，实际上已形成了还未成文的建筑理论，包括其著名于后世的希腊“三柱式”，就是建立在毕达哥拉斯和泰勒斯的“数”和“水”的思想理论之上而形成的。当然，也可以这么说，或者是多立克人和爱奥尼克人创造的柱式孕育了毕达哥拉斯“数”的理论和泰勒斯“水”的理论；若较公正而言，应是两者的相辅相成或相长的。但“数”和“水”的理论，是“三柱式”的理论基础，这一点却应该是可以被认定的。

• “希腊化”阶段（公元前 4 世纪后期—公元前 146 年）

希腊诸城邦中两个最大的城邦——斯巴达和雅典，为了争夺霸主，长期存在着矛盾，至公元前 431 年终于爆发了战争，史称“伯罗奔尼撒战争”，至公元前 404 年才结束，战争波及了各城邦，结果是两败俱伤，诸城邦也皆被拖入此危机中，中、南希腊从此走向衰退。公元前 395—387 年，稍胜的斯巴达城邦又与雅典等城邦联盟再战于科林斯地峡，史称“科林斯战争”，以斯巴达城邦的大败而告终。这更使中、南希腊诸城邦再无复兴之力，并在东邻的波斯帝国的压力下，同年签下了依属于波斯帝国的“安太尔西达和约”。

约在此同时，公元前 12 世纪南下留居北希腊的多立克人（也称北希腊人或伊奥利亚人），公元前 5 世纪后期“马其顿城邦”崛起，至“腓力二世”国王（公元前 359 年—公元前 336 年位）时，已逐渐强盛起来，其子“亚历山大”国王（公元前 336 年—公元前 323 年在位）继位后，不仅臣服了希腊各城邦，还在公元前 330 年灭了波斯帝国，建立了北希腊的马其顿人统治的“亚历山大帝国”。随着马其顿人的向外扩张和侵略，希腊文化及建筑随之而达北非、西亚等地区，使这些地区的建筑进入了一个特殊的阶段，史称“希腊化”阶段。这个阶段实际上就是所形成的希腊建筑及理论向外传播的阶段，最典型的就是“三柱式”的建筑及理论的传播，这在北非、西亚等地区的建筑学理论发展史上，都能明确地看到这一点，也成为这些地区的一个特殊的建筑发展阶段而载入史册。

在此间，希腊学术界出现了影响后世、乃至近现代科学发展的杰出人物，也是希腊学术理论发展至顶峰的时期。由苏格拉底（公元前 469 年—公元前 399 年）提出的“概念在认识中的作用”、柏拉图（公元前 427 年—公元前 347 年，苏格拉底学生）的万物本原于超感觉的理念①的“理念论”，到亚里士多德（公元前 384 年—公元前 322 年，柏拉图学生）著名的“三段论”的形式逻辑理论的创立，为后世的科学奠定了坚实的理论基础，并且是一般性的科学方法论。特别是亚里士多德，公元前 343 年—公元前 335 年还曾受聘为“亚历山大”的老师，约近十年的授学历程，对后来的“亚历山大”大帝的影响之大是不言而喻的；而亚里士多德不仅是当时的一位百科全书式的学人，而且还被现代学术界尊崇地认为是现代科学的奠基者，现代科学就是在其逻辑理论的基础上发展形成的。

或许可这么说，希腊化建筑的传播和发展、演进，亚里士多德的逻辑理论起到了相当重要的关键性作用；甚至可以说，在一定意义上，亚里士多德理论也是希腊化阶段建筑理论的主要部分，以此推演出传之各地、传之后世的“希腊三柱式”。

10.2.2 罗马时代

尽管在南欧或欧洲的历史上，紧接“希腊时代”的就是“罗马时代”，而且罗马文化也是在希腊文化的基础上形成的，但这两个“时代”之间，并不是纯时空上的衔接。昙花一现似的亚历山大帝国瓦解后分裂为希腊本土的“马其顿王国”、西亚的“塞琉古王国”、埃及的“托勒密王国”三部分，而后又先后在公元前 146 年、公元前 64 年、公元前 30 年为罗马人所灭或吞并；且希腊在爱奥尼亚海东侧、罗马在爱奥尼亚海的西侧，两者也有明确的空间差。故两个时代是相继

① 柏拉图的“理念”，是一种最简单的思维方式，即对事物抽象后的一般概念或共性。由于柏拉图过分强调其概念或共性的抽象性和独立性，故与事物存在分离，而使其“理念”也成为一个独立的实体，这便形成了其客观唯心主义的思想特征。

出现的，但并不完全衔接。

罗马产生于亚平宁半岛，该半岛就像是欧洲大陆伸入地中海的一只脚，这脚的脚尖还踢出了一个"西西里岛"。罗马之西西里岛，就像希腊之克里特岛，希腊文明就是源于克里特岛，而希腊文明对罗马的浸入，也相似地就是经由西西里岛进入的，这才使罗马文化的发展出现了各个不同阶段的演进。

● "伊突利亚"阶段（公元前 8 世纪—公元前 2 世纪）

"伊突利亚"（Etrurian），是公元前 1200 年以后陆续进入亚平宁半岛的外来民族伊突利亚人①创造的一个城邦国家，位于亚平宁半岛中部，形成于公元前 8 世纪。公元前 7 世纪—公元前 6 世纪为其鼎盛时期，基本上统治着整个亚平宁半岛，与东邻的希腊、西邻的迦太基（在地中海西南岸的今突尼斯，为迦南人在公元前 9 世纪后建立的殖民地），成鼎足之势。衰落后，为逐渐强大的罗马城邦王国所取代。

约在公元前 8 世纪以后，希腊人陆续越过爱奥尼亚海，移植入西西里岛及亚平宁半岛南部，伯罗奔尼撒岛上的科林斯人在西西里岛建立了"叙拉古城"、也来自伯罗奔尼撒岛的斯巴达人在亚平宁半岛南部建立了"他林顿城"等，给伊突利亚人带来了新的希腊文明，包括希腊文字。

伊突利亚人创造的建筑，所遗存至近现代供人们研究的，基本上仅有地下的坟墓。而地下的坟墓，很像中国人所称的"阴宅"，似乎就是一座建在地下的居宅，有墓道、前屋、墓室及墓室内的床铺，其顶还有梁架的两坡顶（见图 63）②；且有如神殿样式的石块砌筑的穹顶结构的墓室。然而，被认为是最能体现伊突利亚人独创匠心的，却是"拱门"和"柱式"。

被认为是公元前 5 世纪的"毕达哥拉斯洞穴"，和伊突利亚人创造的都市城门，都出现了"拱门"或拱式建筑构件，其技术为后来的罗马人所继承，也形成为罗马建筑的一种建筑技术特技和建筑艺术造型特征，即建筑上的各种"拱券"。

图 63　公元前 2 世纪末伊突利亚"地下墓室"建筑

伊突利亚人也创造了一种柱式——"塔斯干"（Tuscom）柱式（见图 64）。该柱式与希腊的"多立克"柱式极相近，柱头、柱脚基本上是一样的，只是柱身没有内凹刻沟。仅以形式看，两者似乎有前后渊源关系，故人们又有认为塔斯干柱式是多立克柱式的前身或初期形式。目前尚无资料或遗迹考古发现来说明塔斯干柱式的形成或出现时间，从伊突利亚人鼎盛的时期来看，塔斯干柱式的形成与多立克柱式是相近的。不过，无论两种柱式的形成谁早谁迟，近乎相同的柱头和柱脚的出现，不能不让人关注各自创造者的多立克人与伊突利亚人的渊源关系，也似乎让人更坚定了伊突利亚人与多立克人同源于里海西岸的多瑙河流域的推测。

为什么亚平宁半岛会出现塔斯干柱式、巴尔干半岛会出现多立克柱式？这应该说是不同思想意识观念的反映，或者说是不同思想意识观念的体现。希腊的毕达哥拉斯等的唯心学派注重非物质形式上的东西，如毕达哥拉斯的"数"、柏

---

① 伊突利亚人，应该是与进入巴尔干半岛的先民为同一种系的民族，也是来自黑海西岸的多瑙河流域的游牧民族，公元前 1200 年以后没有迁居巴尔干半岛，而进入亚平宁半岛。

② 李政隆主编《世界建筑全集·2·希腊、罗马建筑》，台湾 光复书局股份有限公司 1984 年 8 版，第 115 ~ 116 页。

拉图的"理念"、亚里士多德的"形式逻辑"等;伊突利亚人则似乎更注重实用主义,由于伊突利亚人没有留下任何可供考证的史料或记载,人们无法确知其确切的象征意义,但若仅以此仅有的柱身差别看来,这种思想观念上的差异是显然的。而且,从后来承之而出现的罗马人的思想内容来看,如罗马文学家、哲学家西赛罗(公元前106年—公元前43年),就提倡"节制欲望"、"不生欲念",以"心灵的快乐"为最大的快乐,则以此而论,就更能理解塔斯干柱的柱式出现原因和该柱式所具有的意义。

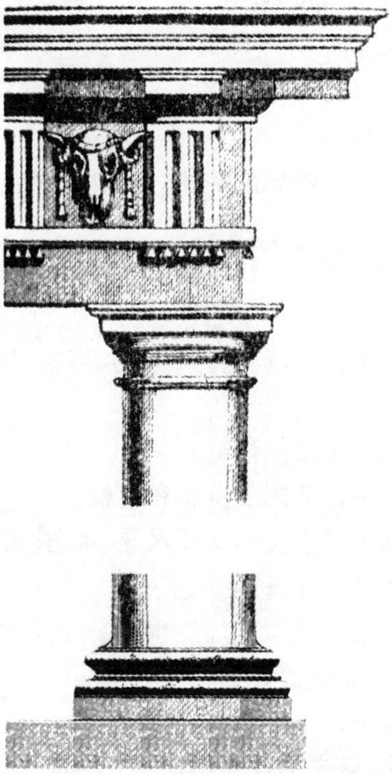

图64 罗马"塔斯干"柱式

• "共和国"阶段(公元前2世纪—公元前30年)

这是指罗马人的"共和国"阶段。实际上早在"共和国"阶段之前,罗马人的历史就有一个称为"王政"时代的阶段。公元前8世纪中叶,在亚平宁半岛中部的第伯河畔,有一个称为"拉丁"的部落,以"巴拉丁"山丘为中心,联合其他部落而结成"联盟",以"氏族"为基本单位,十个氏族结合成一个"大氏族",然后以十个"大氏族"再结合成一个"部落","王政"阶段的罗马是一个城邦国,主要由三个部落组成(即拉丁部落、萨宾部落、伊突利亚部落),共由三十个"大氏族"、三百个"氏族"组成,但都在伊突利亚人的统治之下。公元前509年,罗马人赶走了伊突利亚人的统治,进入"共和国"时代,虽然其时罗马城邦已独立,但仍受伊突利亚人的势力及文化的影响。不过,随着罗马人军事扩张的展开和胜利,逐渐在亚平宁半岛上取得了统治权,而且至公元前146年还征服了希腊,这才真正成为地中海的霸主,发展至"共和国"的鼎盛阶段。也在吸收了外来的希腊文化、本土的伊突利亚文化的基础上,发展自己的罗马文化。

在"共和国"初期,罗马城已经是一座以"巴拉丁"为中心、包括卡皮托林、阿芬丁、奎利纳里、维米纳里、埃斯奎林、凯里乌在内的七个山丘围成的城市。其城内建筑在共和国早期多以伊突利亚建筑为主,可以说伊突利亚建筑是罗马城的基本骨架;公元前3世纪后,则主要吸收希腊建筑技术和建筑艺术的成果。其中最典型的,是集中体现在公元前40年建在罗马城中心的"凯撒广场"(Forum of Caesar),这一阶段的建筑成就基本上都在这一建筑上得到体现。

其最主要的对其他文化的吸收和发展,就是罗马"拱顶"建筑的形成和成熟,还有就是"罗马五柱式"在这一阶段的形成。前者承自伊突利亚人的创造,后者则是在吸收了希腊柱式和伊突利亚柱式的基础上发展形成的,并以此成为罗马建筑的最著名、最伟大的建筑贡献和成就而广泛地流传于后世,且迄今看来,尚辉煌依然。

"罗马拱顶"主要包括"筒形拱"和"交叉拱"两大类(见图65),其他的"棱拱"、"十字拱"等,以及用于门窗上的"券"或做成穹窿的"拱壳"等,都是这两大类拱顶的异称或变形、或演化而出现的。

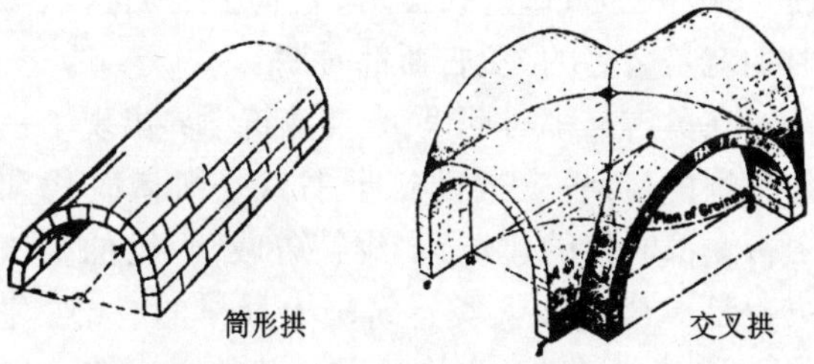

图65 古罗马拱顶基本形式

"罗马五柱式"是汲取了希腊"多立克柱式"、"爱奥尼亚柱式"、"科林斯柱式"和伊突利亚的"塔斯干柱式"以后,并综合这些柱式创造了"混合柱式",从而构成为"罗马五柱式"(参见图29)的。

在这一时期，有一位罗马学者西塞罗，其最大的功绩就在于对希腊文化的汲取，并给予“罗马化”，使罗马人对希腊文化的了解和认识成为可能，也大大地促进了罗马人对希腊文化的吸收进程。其时的罗马还有另一位学者卢克莱修·卡鲁（约公元前98年—公元前54年），是一位完全的唯物论者，他认为，物质、也包括人都是由“原子”构成的，人以及其灵魂，都同样是物质的存在，故人要从宗教迷信中解脱出来，回到现实的物质——由原子构成的物质世界中来，这也反映出其时罗马人崇尚现实、重于功利的思想发展趋向。

因此，其时的罗马人兼容并蓄，更重于现实的功能意义，这才有承自伊突利亚文化和汲取希腊文化后而发展形成的“罗马拱顶”、“罗马五柱式”的建筑成果的出现。

● “帝国”阶段（公元前30年—公元476年）

“共和国”阶段后期，即公元前48年打败了庞培的凯撒当选为“终身保民官”，三年后又宣布为“终身独裁官”，则“共和”政体实际上已名存实亡，使罗马进入帝国的独裁统治阶段。公元前44年，凯撒被刺身亡，养子屋大维继立，且出现了其与安东尼、雷必达的“三头同盟”的统治，而后屋大维又在公元前36年剥夺了雷必达的军权，公元前31年又败杀安东尼于埃及，第二年埃及并入罗马版图。至此，罗马帝国形成，屋大维也就成为罗马帝国的首位“皇帝”——是“元首制”的“元首”，但仍以“共和”为虚设外壳。

公元前27年，“元老院”正式授以其“奥古斯都”（Augustus，意即至圣至尊）的称号，屋大维便正式进位为帝，直到公元14年逝去为止，这一时期就是著名的“奥古斯都时期”。

在奥古斯都时期里，人类建筑学界出现了一部辉煌的巨著——《建筑十书》，是凯撒时代和奥古斯都时代的建筑师“维特鲁威”撰写的。该书也是迄今所知人类建筑史上最早的一部“建筑学”著作。当然，也许此前的建筑学研究已发展了相当长的时期和过程，也许曾出现过很有价值的研究成果和著作，但却没能给后人留下什么记述或遗著，以致今人所能拜识的，唯有奥古斯都时期“维特鲁威”的《建筑十书》，这确是一件令人遗憾的历史事实。不过，从《建筑十书》的成书内容上看，在维特鲁威之前的建筑学研究应该是已经有了，而且还研究得相当深入和广泛，否则，不可能有建筑百科全书式的《建筑十书》在某一时期突然出现，就像百科全书式的学者“亚里士多德”，也是在诸多先人研究成果的基础上，构建出这么一个大学者来的。只是后人尚未见有更早的遗著或记载的出现，才给建筑学史留下了遗憾的前一段空白，而让人感觉似乎有些难以续上或承接不上。

《建筑十书》（*De Architectura Libri Decem*），即是由建筑的十部分内容的“十书”构成：

第一书谈建筑师的培养和建筑的基础概念，以及城市、神庙等划分；

第二书论房屋的起源和发展，以及砖、石、砂、石灰、木材等建筑材料问题，也谈建筑围护的墙体种类和构造；

第三书谈神庙的均衡、种类和建造方法，以及爱奥尼亚式神庙；

第四书接着谈科林斯、多立克、塔斯干式神庙；

第五书谈广场、会堂、剧场、浴室、体育场等公共建筑；

第六书主要谈住宅；

第七书谈装饰及色彩和色料；

第八书谈水文知识及水脉、水质、雨水、输水和利用水准的测量；

第九书谈天文知识，也包括“星占学”、日规、水钟的制造等；

第十书谈施工机械、工具等。

可见，该书不仅总结此前的希腊、罗马建筑的各种类型，而且着重总结了希腊、罗马建筑典型代表的各种风格的神庙及柱式，甚至与建筑相关的建筑概念、建筑师和建筑材料、建筑施工、建筑装饰以及建筑天文、水文、地质、机械、城市规划、设计原理等都给予阐述，以现代的眼光看来、且对当时的科学发展水平而言，这完全是一部以“建筑”为核心的百科全书。

以后来发展的欧洲建筑学史和近现代世界建筑学史而论，《建筑十书》基本上就奠定了建筑学的研究基础，甚至是整体建筑科学的基础。于是，大致可以说，后来的任何建筑科学的研究成果或著作的研究和面世，都无不是在《建筑十书》的基础上完成的，包括本书的《建筑学》。

公元14年屋大维死后，罗马帝国又经历了克劳狄、弗拉维、安敦尼三个王朝的发展至罗马帝国的鼎盛时期，其版图东起幼发拉底河、西至不列颠岛、北起达西亚（越多瑙河）、南达北非，形成为一个跨有欧亚非三大洲的大帝国。接着帝国渡过了“三世纪危机”，其后掌权的戴克里先（公元284年—公元305年）改“元首制”为“君主制”；而继位的“君士坦丁”（公元306年—公元337年），迁都至东“拜占延”，改称“君士坦丁堡”，并号“新罗马”，还给其前出现的基督教以合法地位，以取得基督宗教的支持。公元392年，基督教还被奉为罗马“国教”，也就是在奉基督教为国教的罗马皇帝提奥多西（公元379年—公元395年）逝后，却将罗马分为东、西罗马帝国而分立两个儿子，东都君士坦丁堡、西都罗马城。至公元476年9月，日耳曼人废黜了西罗马皇帝罗慕路，至此罗马帝国时期结束。

这一时期的罗马建筑特点，是世俗功能建筑昌盛，除了有府邸等居住建筑以外，还有浴场、剧场、角斗场、广场、凯旋门等大型公共建筑，只是这些建筑基本上是为统治者等贵族阶层服务的。其中，还形成了一种被称为“Basilica”的公共建筑（见图66），是作为法庭、交易所或会堂的集合式功能空间的建筑，由中厅、侧廊和两端或一端外凸半圆形龛的空间形式构成；在构造上，主要是由列柱和拱顶构成。实际上，这是罗马建筑的“拱顶”和“五柱式”结合的集中表现构成的一种世俗性公共建筑。不过，却也为后来中世纪的宗教建筑奠定了基本风格和形制基础。

总之，帝国阶段的罗马建筑思想意识或思潮，主要是对早期罗马的沿袭，既继承了伊突利亚文化，又汲取了希腊文化，且主要还是“现实主义”和“功利主义”起建筑的主导思想作用。

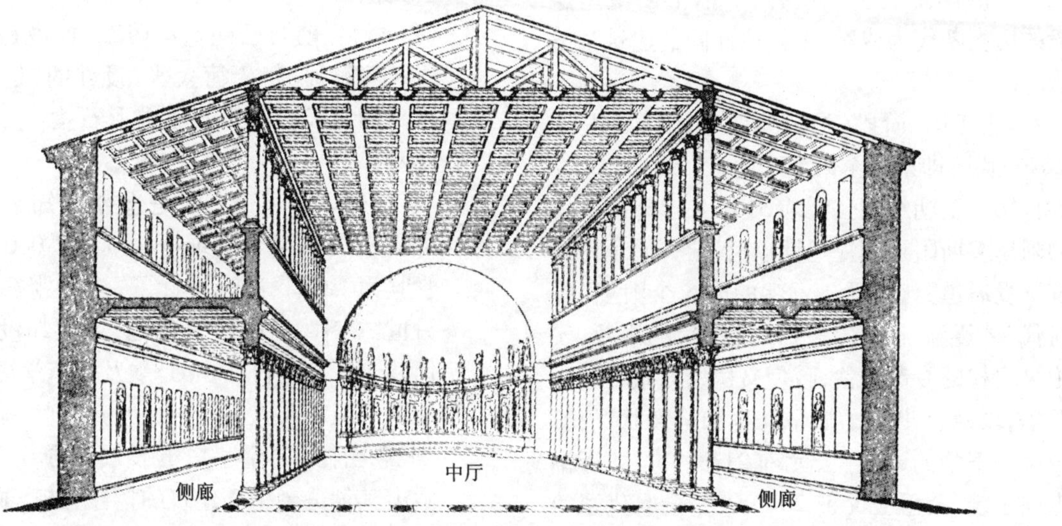

图66　古罗马“Basilica”的公共建筑

10.3　北非（埃及）建筑学区史

在地中海地区，最早形成人类文明的是南岸的尼罗河流域的古埃及，且是在撒哈拉大沙漠出现后而形成该文明的。撒哈拉大沙漠又将北非与中南非洲截为两段，古埃及文明大致也就是对北非洲整体而言的人类文明。那么北非建筑学区就应该是指地中海南岸、以东侧的古埃及文明为主体的北非洲大陆的建筑学发展区域。准确地说，地中海沿岸地区是人类最早的建筑学理论发展区域；而北非又是其最早的源地，甚至古希腊、古罗马的建筑学的理论发展，也是在北非建筑学理论影响下形成的。

尽管非洲古人有被认为是人类之源的说法，实际上也确有尼格罗人的早期人类人种之一的在此发源生存；同时，尼罗河也的确孕育了古埃及的最早人类文明。但由于非洲是一块高原性大陆，沙漠又多，特别是撒哈拉沙漠的出现，埃及文明向其内陆传播、发展受到了自然环境的阻隔，或者说非洲大陆对古埃及文明的传播存在着许多自然障碍。所以，古埃及文明形成后，除了自身的发展以外，主要是纳入地中海沿岸地区的交流，或传入西亚、小亚细亚、南欧地区，或由这些地区引入其文明。那么，其建筑学史的发展，主要也体现在这一特征上。

10.3.1 王国时代

这是古埃及文明独立演进所出现的第一个发展时代。

古埃及，通常被划分为两个部分——上埃及和下埃及，且以孟菲斯（在开罗之南）为界，孟菲斯以南称“上埃及”（为尼罗河谷地），孟菲斯以北称“下埃及”。古埃及的第一个王朝便是在上埃及的提尼斯（在阿卑多斯附近）建立起来的，也开启了古埃及的王国时代之门。

而后埃及经历了统一到分裂、分裂到统一以及外族人侵入所形成的三个主要发展时期。由于这一期间，埃及历经了三十一个王朝的更替，若以王朝的更替来划定埃及的统一、分裂断代状况，则大约是第一至第十王朝的“古王国”阶段、第十一至第十七的“中王国”阶段、第十八至第三十一王朝的“新王国”阶段（且每个王朝，又有数代不等的国王更换或接替）。以下便借用这一般的历史断代为线索，来讨论此间的建筑学发展状况。

● “古王国”阶段（约公元前3100年—公元前2040年①，即第一至第十王朝）

自第一王朝约在公元前3100年出现在上埃及的阿卑多斯附近的提尼斯以后，便开始了埃及的统一发展道路，至第一王朝的第5个国王“登的时代”才逐渐统一了埃及。统一后的埃及，实行中央集权的专制统治，致使贫民及奴隶发动起义斗争，埃及又出现了战争动荡和分裂状况，直到第十一王朝的建立（公元前2133年），才逐渐又走向了统一，至公元前2040年完全取代了第十王朝，而结束了这一时期的发展历史。

埃及人自古就有“灵魂不灭”的观念，而取得了统治权的国王“法老”则认为是“君权神授”，这一思想观念支配着当时人们的行为。前者让人们去制作“干尸”（即木乃伊），然后埋入地下；后者则出现了壮观的大陵墓，以别于一般的百姓坟墓，先是贵族阶层的“马斯塔巴”（Mastaba，即长方形梯状陵墓，见图67）的出现，后约在第三王朝以后出现了高大的“庇勒密德”（Pyramid，“高的角锥体”之意）的正方形底边的四棱锥体的陵墓（中文以其形似而译为“金字塔”，参见图56）。因为古埃及人信奉“拉神”的太阳神，且认为国王法老就是“拉神之子”（有点类似中国的“天子”），“拉神之子”是人间或世上最高的统治者，其至高无上的地位也体现在藏置其“灵魂不死”的躯体的陵墓上，故有高大而无与伦比的“金字塔”的出现。

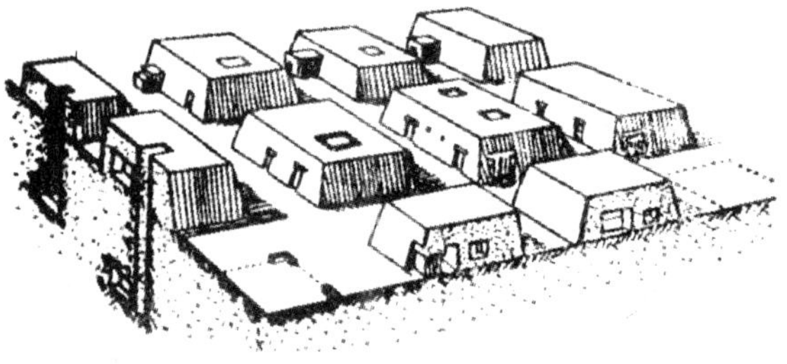

图67 古埃及的“马斯塔巴”

迄今所知，最早的“庇勒密德”的金字塔，是公元前2686年出现的第三王朝法老“约塞”（Zoser）生前自己建造的陵墓，据说是由当时的埃及建筑师“伊姆荷太普”设计的，是一座约57米高的六级阶梯状四陵锥形石构“金字塔”（见图68）。

“伊姆荷太普”便是迄今所知最早的建筑师②（远比古罗马的维特鲁威早2 000多年），尽管其为“约塞”法老设计了“庇勒密德”，并成为后世“金字塔”的建筑典范，可惜却没有留下任何建筑理论著作，这亦是埃及建筑学史上的一大遗憾。但埃及人的由“木乃伊”到“马斯塔巴”、“庇勒密德”的金字塔的发展形成历程，却也揭示出其创造金字塔建筑的指导思想，或许这可认为是一种未成文的建筑学理论。

● “中王国”阶段（公元前2133年—公元前1567年，即第十一至第十七王朝）

就在第十王朝还在起义的战乱中挣扎时，南埃及已在“底比斯”建立了第十一王朝（公元前2133年—公元前1991年），开始了埃及的“中王国”阶段。但“中王国”阶段的法老，已失去了以往专制时期的绝对权威，地方贵族势力膨胀而出现的世袭官爵，使国王法老无奈和不满。于是新建立的第十一王朝开始试图借助宗教力量来扭转这一局面，这才有此后出现的诸多“太阳神

① 由于对古埃及各王朝存在年代的说法甚多，差异亦大。故此处“年代”谨据《剑桥古代史》而论，以下同。并参见崔连仲主编《世界史·古代史》，人民出版社1983年5月版，第50～91页。

② 以此看来，所发现的早期埃及的建筑平、立面图，至少是产生于古埃及“第三王朝”以前。

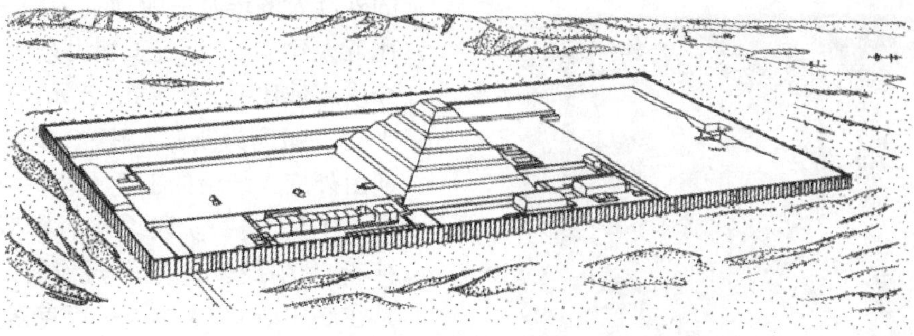

鸟瞰（上）　　　　平面（下）

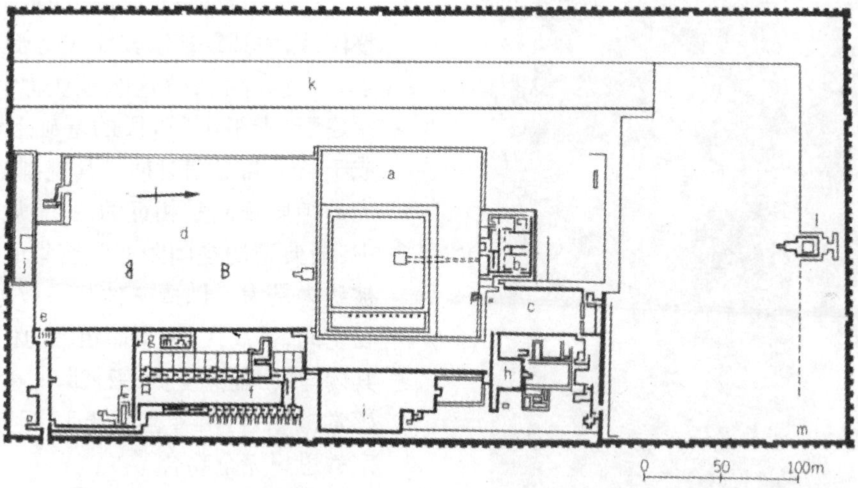

图 68　古埃及的“约塞”金字塔

庙”，在建筑史上也成为这一阶段的典型建筑。

“太阳神庙”源于早期的宫殿和贵族府邸建筑，随着“太阳神庙”的作用的增大，法老逐渐将自己的王宫融入神庙中，似乎王宫和神庙的统治地位和作用是一致的，法老的意志就是代表着神的意志，神的意志是通过法老表现出来而带给大众的。同时，人们也可以从对神庙的考察中，了解当时王宫建筑的构成内容和指导思想。

从发掘的遗址看，在这一时期所出现的神庙已基本上有了一定的构建定制，也看出了与宫殿、府邸等居住建筑的联系，或者说是“人格化”的“神”的一种居所。其大致的布局构成定制是：有严格的纵中轴线，轴线上由前而后依次为高大的入口门（门前有一两对国王圆雕坐像——有点类似中国建筑的门前石狮子，其前还有一两对“太阳神”崇拜的纪念碑——方尖碑）、柱廊围合的庭院、主殿、诸多密室；且由前而后建筑体量逐渐缩小、地面却逐渐抬高（与中国建筑数进院落的构成还有较大区别），形成了空间构成逐渐收分或内收的建筑特征。

于是，这一时期建筑就有了传之后世的构件特征的出现，主要的有柱式和方尖碑。这两者所体现的是埃及人当时思想意识上的自然观、世界观，更重要的是一种人生观，以及所遵从的宗教信仰。人们崇尚人生的永恒、生命的永恒，即无不体现着对“永恒”主题的追求。故埃及建筑特征的“柱式”便主要是带有生命意义的雕饰，如柱头上的莲花、纸草花、棕榈叶等生物雕饰（参见图 30）。而崇拜太阳神，不仅承自古王国时期的“拉神”被崇拜，底比斯地方神的“阿蒙”太阳神也被提升为最高神，甚至合二者为“阿蒙拉神”，都是指太阳神；而所合成的太阳神，同样也是永恒之神。因此，这才有诸多太阳神庙的被建造，以及太阳神崇拜象征的“方尖碑”的表现（参见图 69）。

● “新王国”阶段（公元前 1567 年—公元前 332 年，即第十八王朝至第三十一王朝）

“中王国”阶段鼎盛的十二王朝过后，法老权势的衰落使埃及再度出现了割据现象，崛起于地中海东岸（约今巴勒斯坦、叙利亚等）的游牧部落民族“希克索斯”（Hyksos）人，乘乱侵入，占领了下埃及，并侵入上埃及；直到十七王朝才逐

图 69　古埃及新王国时期第十九王朝勒克苏“方尖碑”

渐在斗争中将希克索斯人逐出埃及，继承的“雅赫摩斯一世”才完全收回国土，也在底比斯创立了十八王朝，开始了“新王国”阶段。而且，十八王朝还追击希克索斯人进入了地中海东岸，并在吐特摩斯三世（公元前 1504 年—公元前 1450 年）时，使“新王国”的埃及版图盛达空前规模：北临小亚细亚（今土耳其）、南至尼罗河第四瀑布（在今苏丹境内），且同样也建立了古埃及的“帝国时期”。

十九王朝以后，埃及又开始衰落，而越是衰落，法老对宗教越是依赖，而且是对原首都底比斯地方神“阿蒙”的推崇，不仅将“阿蒙”神上升为与“拉神”平等，而且逐渐超过“拉神”，成为此后的最高神，并给予其神庙拥有奴隶、土地及财物等经济特权。随阿蒙神庙及其祭司力量的增强，反而成为吞食自己的“狼”，第二十一王朝便是由祭司长“赫里霍尔”夺取政权建立的。接着，邻近的国家或民族也入占埃及并建立了相应的外族人的埃及王朝，如二十二王朝由西邻的利比亚人建立、二十五王朝由东南邻的努比亚（即今埃塞俄比亚）人建立、公元前 525 年以后的二十七王朝也为波斯人建立，成为一个特殊的、长期由外族人统治的王朝更替阶段。

于是，这一阶段埃及的典型建筑是“阿蒙”神庙，其中最著名、也是规模最大的神庙建筑，便是在底比斯的“卡纳克—卢克索”神庙，是由“卡纳克”与“卢克索”两组阿蒙神庙建筑、以一条约一公里长的石板大道连接而成的一个宗教建筑整体，因为其祭神宗教仪式是始于“卡纳克”、终于“卢克索”的，故这么被认称。该建筑群是在原建于“中王国”阶段的基础上而扩建的，并形成于第十九王朝时期。其规制与中王国阶段形成的神庙规制是相近的，只是规模要大得多；其中，最典型的是间距非常密集的柱廊或柱殿，并被认为是为了创造一种与宗教思想相呼应的神秘空间，其高大、密集而粗壮的柱群，使人在置身其内时，便能感觉到一种渺小、变幻、压抑的神秘感觉，然后再由神秘而产生崇拜，这便完全与其宗教思想完全吻合了。

也许这就是一种建筑理论，或许当时就已经形成了这种明确的理论思想（尽管这是后人认为的），只是目前尚无据可证，故仅是一种推测而已。不过，这已能说明“新王国”阶段的建筑是对“古王国”阶段的一种继承和发展的事实，这大致也能认为是一种建筑理论上的演进。

10.3.2　同化时代

实际上，至少从公元前 525 年以后的第二十七王朝开始，埃及就已经有较大规模的先进的外域文明的输入，即西亚波斯人所带来的另一文明源地的先进文明，这不能不说是一种文化的侵入。其时虽已有外族人所建立的统治，但毕竟还是埃及王朝，故仍当认为是属于王朝时期。而真正被“同化”的，是公元前 332 年以后的马其顿“亚历山大”的占领埃及，这才出现了一个新的埃及发展时代——同化时代。

这一时代，包括希腊人侵入和罗马人侵入的两个不同的文化时代，由于是以文化被同化为基本特征的，故分别称“希腊化”和“罗马化”的两个不同发展阶段。

- “希腊化”阶段（公元前 332 年—公元前 30 年）

公元前332年，亚历山大在地中海东岸叙利亚的“伊苏”大败了波斯军，而后南下挥师攻占埃及，遂成为后来形成的“亚历山大大帝国”的一个组成部分。公元前323年亚历山大病逝，帝国分裂而战乱，至公元前301年“伊普斯”战役后，埃及为其部将“托勒密”占据，并创立了“托勒密王朝”(都“亚历山大城”)。此后的约一个世纪，是其王朝的全盛阶段，后又衰落，直到公元前30年为罗马人所吞并。

马其顿原是希腊北部的一个城邦，公元前4世纪中期以后国王“腓力二世”及其子“亚历山大”逐渐强盛，并在公元前337年后成为希腊的统治者。故称亚历山大及后来的“托勒密王朝”在埃及的统治阶段为“希腊化”阶段，所侵入的当然也是希腊文化。

“希腊化”的标志，是亚历山大占领埃及后，至公元前330年首先建立起来的“亚历山大城”，这是在尼罗河入地中海的西侧建立的一个港口城市，后“托勒密王朝”定为都城，并发展成为当时地中海地区的最大城市。

据中国南宋赵适的《诸蕃志》载：“相传古有异人徂葛尼(即亚历山大音译——作者注)于濒海建大塔，下凿地为两屋，砖结甚密，一窖粮食、一储器械。塔高二百丈，可通四马，齐马驱而上，至三分之二。上下可纳二万人，内居守而外出战。其顶上有镜极大，他国或有兵船侵犯，镜先照见，即预备守御之计。”这就是亚历山大在其城外菲罗斯岛上所建的高达122 m的大灯塔，应该说这是最有说明意义的“希腊化”标志性建筑；而且，这种建筑技术，就是在近现代里，亦属不易，何况是2 000年前的人类，说明当时希腊人及埃及人的建筑技术的先进程度，故也被近现代人们称其为“古代世界七大奇迹之一”(据传在14世纪初方完全坍塌)①。此外，还有诸多的神庙、宫殿、广场、剧院等建筑的出现，这些都是“希腊化”的建筑现象。

值得一提的是，在亚历山大城，还建有当时最大的“亚历山大”图书馆和博物馆，也集中了当时希腊的许多学者或科学家，成为当时的一个科学研究中心，而且是一个由国家负担其基本费用的研究机构，这是人类科学史上非常难得一见的一件大事。只是“亚历山大”图书馆和博物馆这个研究机构，据载只设数学、天文学、医学、文学这四个学科部门，而这四个部门的学科，似乎与建筑联系不上什么关系。不过，据称，聚集到“亚历山大”图书馆和博物馆的不仅是自然科学家、文学家、哲学家，还有艺术家，况且，很多艺术家同时也兼为哲学家；而且，此前的希腊，社会科学、人文科学的发展远在自然科学之前、之上，这些哲学家、艺术家不可能不到亚历山大城来聚集，一齐探讨人类文化及人类科学的真谛，因此，这便极有可能也有建筑艺术家的参与。只是迄今尚未发现亚历山大图书馆和博物馆有建筑学理论的研究成果及相关的史料记载，实亦是一件遗憾之事。

当然，就在埃及“希腊化”阶段出现的同时，希腊的亚里士多德开创的逻辑理论已经产生，或许是这种理论传入埃及以及亚历山大城的缘故，希腊化的埃及以及亚历山大城(更主要的是其研究机构的图书馆和博物馆)，兴起了数学、物理学、天文学等自然科学的基础研究；或许是这诸多自然科学的基础研究奠定的缘故，才有后来罗马维特鲁威《建筑十书》的撰成，《建筑十书》中许多的数学、物理学、天文学等内容的论述，都说明了其前在这些方面的研究发展成果的早已有之(因这些学科内容不可能都是维特鲁威本人的研究成果，他毕竟只是一位建筑师)；若果真维特鲁威是汲取了这些前人的研究成果而撰成《建筑十书》的，则亚里士多德以及后来的亚历山大城的科学家们，则便是《建筑十书》研究成果的先驱们。同时，也说明了《建筑十书》的发展历程的形成过程，当然，这显然也是建筑学理论的演变形成过程。

• “罗马化”阶段(公元前30年—公元640年)

自公元前3世纪末以后，托勒密王朝统治下的埃及自北而南的蔓延相继发生了大规模的起义，起义军与统治者政府军的斗争，逐渐削弱了托勒密王朝的统治；而随着希腊文化中心的西移，亚平宁半岛上罗马人的崛起和势力范围的不断扩大，至公元前40年基本上已渗入了地中海的各沿岸地区，其中的“后三头同盟”的安东尼，

① 在古希腊、古罗马看来，“世界七大奇迹”是：埃及的金字塔、亚历山大城的灯塔、巴比伦城的空中花园、奥林匹亚的宙斯神像、罗德斯岛的太阳神像、小亚爱菲斯的阿蒂密斯月神庙、小亚哈里卡纳苏的摩索洛斯陵墓。

统治了地中海沿岸的东部地区(大致以爱奥尼亚海为界),埃及便是安东尼的势力范围。公元前37年,安东尼与埃及托勒密王朝的女王"克楼巴特拉七世"结婚,公元前32年罗马元老院向安东尼及埃及女王宣战,公元前31年安东尼及女王败回亚历山大城后均自杀,公元前30年托勒密王朝灭亡,埃及被纳入罗马版图,从而进入了埃及的"罗马化"阶段。

这时候正是亚平宁半岛的罗马本土的屋大维统治的"奥古斯都"时期(公元前27年—公元14年),这时期,在其统治者本土上出现了建筑学的传世巨著——《建筑十书》。而这本巨著,大致可说是埃及与罗马本土文明的共同结晶。"希腊化"阶段,亚历山大城汲取了地中海周边地区的文明,并创立了研究基地,建立了自然科学的诸多学科基础,应该说也为《建筑十书》奠定了自然科学基础。因此,《建筑十书》主要是自然科学的建筑理论,如数学、物理学、天文学、地理学、声学、材料学、机械学等。《建筑十书》对埃及的传播,便更有其传播的客观背景和接受基础,因为其自然科学理论基础特别雄厚,或许还可认为是其基础理论的构成源地。

于是,我们可以这么认定,埃及的"罗马化"阶段,主要是《建筑十书》的影响和传播阶段。当然,如果埃及本土自己也确曾产生过自己的建筑理论著作(至今尚未发现),则另当别论。不过,《建筑十书》在其阶段的影响却是必定无疑的,这一点还是可以被认定的。

随着罗马建筑及《建筑十书》的影响,埃及建筑便也从此纳入罗马的演变历程,特别是基督教的崛起,并逐渐居于国教地位,而后又分为东罗马正教、西罗马天主教两大部分(即大致也以爱奥尼亚海以界),埃及(即东北非)隶属东罗马帝国统治(西北非隶属西罗马)。直到西亚的伊斯兰文明的崛起,埃及才结束了其"罗马化"阶段,也包括其建筑及建筑理论的发展。

10.4 西亚建筑学区史

在地中海东岸,与尼罗河文明相继地出现了两河文明,包括两河流域地区南部的"苏美尔文明"、北部的"亚述文明"。最早得到发展的是南部的苏美尔文明,由诸多的城邦国家发展为统一的"阿卡德王国",而后形成"古巴比伦王国";北部亚述文明则后来继起,也形成了与古巴比伦王国共存的"亚述王国",开创了早期西亚文明的发展道路。

后来,由于与巴比伦东邻的波斯兴起,并统一了整个西亚地区,使西亚地区又进入了一个新的历史时代。直到伊斯兰文化的崛起,并形成为一个大帝国,才替代了波斯时代而进入下一个西亚的发展时期。

故而,较有独立发展意义的西亚地区,主要就是经历了"巴比伦—亚述时代"和"波斯时代"这两个发展阶段。

10.4.1 巴比伦—亚述时代

同源于小亚细亚的亚美尼亚高原的托鲁山脉而分成的两条河流,"幼发拉底河"起自于土耳其、流经叙利亚、穿过伊拉克而最后注入波斯湾;"底格里斯河"也源自土耳其,却绕过叙利亚、贯穿伊拉克后再注入波斯湾。这两条河流之间的狭长地带被古希腊人称为"美索不达米亚",约今的土耳其、叙利亚、伊拉克,主要是中下游的伊拉克地区。而这一地区的原居民都是闪族(或称"塞姆族")人,以伊拉克中部的两河中游最窄的地方(约今巴格达)为界,中上游为亚述地区,中下游为巴比伦地区[由北部阿卡德(Akkad)、南部苏美尔(Sumer)组成]。这就是两河流域早期的文明时代:巴比伦—亚述时代。

• "古巴比伦"阶段(公元前1758年—公元前900年)

据载:苏美尔人和阿卡德人原是生活在里海一带的游牧民族,约在公元前4000年以前陆续南下而抵巴比伦地区的。至公元前2371年"阿卡德王国"兴起时,苏美尔地区已出现了几十个城邦国家,后来阿卡德统一了巴比伦地区;苏美尔地区的乌尔城邦后兴起,在约公元前2113年建立了"乌尔王朝",也统一了巴比伦地区。而后又在公元约前1894年,有一支阿摩利人占领了巴比伦城,并建立了"古巴比伦王国"(即古巴比伦第一王朝),至第六代王的"汉谟拉比",在约公元前1758年才又统一了巴比伦地区,并曾一度占领过亚述城等亚述地区,从而汉谟拉比便开创了两河流域的"古巴比伦"阶段。

然而公元前1750年汉谟拉比死后,战乱又起,城邦纷争局面依然。至公元前1595年第一王朝灭于北方的赫梯人,不久退去;后又历经了海国人的第二王朝、加喜特人的第三王朝，还有或许是“回光返照”的第四王朝（曾一度战胜亚述、埃兰等），后终被“亚述”所灭。

受自然因素影响，由于西亚石料匮乏、木材又缺，其建筑则主要是泥土或夯土建筑，以及由泥土制成的砖（或日晒砖、或烧制砖），并以沥青为黏合材料，做成有一定跨度的砖土结构的建筑；其结构形式，就有了相应的和可能有的拱券或穹顶等，以满足自然力的结构要求和人们生活功能空间的需求。

一般认为，西亚形成的这种拱、券的建筑技术和艺术是欧洲或古希腊建筑之源，且还在“荷马”时代以前就已经传入欧洲了；同时，也传入邻近的小亚细亚、北非等地。虽然古巴比伦没有留下什么理论著述，却在自然环境中创造和发明了拱券、穹顶结构的建筑技术和建筑艺术，因之而丰富了人类的建筑理论和实践，这不能不说是“古巴比伦”阶段的一种建筑成就，也为后来的建筑理论研究奠定了坚实的实践基础。

这些建筑技术和建筑艺术成就主要体现在宗教建筑的神殿、庙塔、宫殿以及城市建设上，著名的有古巴比伦城、乌尔城以及城里的诸多建筑。

• “亚述”阶段（公元前900年左右—公元前612年）

亚述原是两河流域北部地区的一个城邦，也曾向外扩张，势力达地中海东岸地区；古巴比伦王国出现后受打击。公元前15世纪左右，亚述又乘机而崛起而独立，公元前12世纪末至公元前11世初曾盛而强极一时，南服巴比伦、西达地中海东岸。此后又因遭闪族（或塞姆族）的阿拉米亚人的进攻而溃散，至公元前10世纪末始又恢复而转为反攻，并不仅打败了阿拉米亚人，还打击了北方“乌拉尔图”王国；至公元前8世纪后期，才先后征服了小亚东部和叙利亚、腓尼基、以色列、巴比伦、乌拉尔图、埃及、埃兰（今伊朗库齐斯坦）等，而建立起大致是据有西亚、北非的“亚述大帝国”。由于其“君主制”专制的统治、奴隶的大量使用，且不断地对外战争，并加大了赋税压力，致使其统治区内不时爆发起义，屡屡的镇压，仍未能阻止各地区的独立以及亚述帝国的走向衰亡，并在公元前612年为迦勒底人建立的“新巴比伦王国”所取代。

亚述帝国先都底格里斯河中上游东岸的夏鲁金（Sharrukin）城（在今伊拉克境内，公元前？年—公元前705年），后都夏鲁金南邻的尼尼微（Nineveh）城（公元前704年—公元前？年）。

夏鲁金城有“萨尔贡王宫”的宫殿建筑，为石基、土墙（厚达3～8米）、饰砖（贴砖和琉璃砖）结构，由30多个院落组成占地约17公顷的建筑群；以遗址存有的约10米跨度的建筑看来，推测原为拱顶，此建筑技术和造型艺术大约来自南部的古巴比伦建筑。建筑上还有许多雕饰，其中的“人首翼牛像”最为独特，是一幅长出翼的五腿牛加人首的混合为一体的浮雕像，据一般学术界认为，可能是埃及的“狮身人首像”传入后演变的，这可能与宗教信仰的差异有关，但人物化崇奉这一点应该是相同、相袭或汲取的。

尼尼微城，是亚述王辛那赫里布在位（公元前704年—公元前681年）时扩建成的新都。该新都除了王宫、寺庙等大建筑以外，还有大量的商业建筑、居住建筑等，其经济之繁荣、商人之众多，是当时的西亚所罕见的，被誉为“多过天上之星”。其建筑也以各种样式的拱顶或穹窿为特征，上承于古巴比伦，下传至后来的东拜占廷和伊斯兰建筑，是显而易见的。

• “新巴比伦”阶段（公元前626年—公元前538年）

公元前11世纪初，有一支进入两河流域南部的塞姆族的“迦勒底”人，在亚述帝国衰落时却日益强大，其首领“那波帕拉萨尔”于公元前630年称王。公元前626年，“迦勒底”人占领巴比伦，建立“新巴比伦”王国；约至公元前612年，攻克“尼尼微”而代亚述帝国，成为西亚的新统治者。其时的“新巴比伦”主要占据两河流域，东有伊朗高原的“米底”强国，北有小亚细亚的“吕底亚”富国，西有“犹太王国”，西南有“埃及”。在有88年“新巴比伦”王国统治历史的过程中，执政了近43年的第二代王尼布甲尼撒二世（公元前605年—公元前562年在位），采取东联“米底”、北和“吕底亚”、西占“犹太”（迁其人口至巴比伦，史称“巴比伦之囚”）、西南掠“埃及”的策略，使之成为最强大的一代新巴比伦国王，此后便国运衰落，为后来崛起于伊朗高原的波斯人所吞并。

强盛时的新巴比伦，造长城（在其王国之北修筑一条跨越两河平原的长城以御外患）、扩都城（即巴比伦）、修宫殿，还为其“米底”人的皇后筑“空中花园”，特别是后者，是一座高 25 m 的 275 m×183 m 的土台，有石基础及台座，座顶面铺砖，砖上复以铅板，然后堆土种花草树木，也由于其高达 25 m，故称“空中花园”（参见图 19），并被后来的希腊人称誉为“世界第七大奇迹”。

此外，新巴比伦也建庙宇，崇奉神祇，但其宗教建筑与世俗建筑基本上是完全分离的，大致不存在世俗建筑的宗教成分，宗教建筑也不混同于世俗建筑，“人”、“神”在人们的观念意识里是分离的。虽然巴比伦也与埃及有甚多的文化交汇，埃及的金字塔、狮身人面像也对巴比伦地区有一定影响，而巴比伦地区据称也曾有金字塔（据说巴比伦的金字塔是砖砌的、规模也较小）、人首翼牛像，但由于新巴比伦或许更富有人情味或“人文”意识，其虽然仍有相当盛行的宗教及宗教形式，但并不泛世俗建筑，使世俗建筑有更多的独立意义——从形式到内涵。

或许因为这种“人”、“神”分离意识的存在，无论是世俗建筑和宗教建筑，除了“巴比伦空中花园”以外，并没有更多的让人难忘的惊世大作，普遍的还多是一般性的建筑。

10.4.2 波斯—萨珊时代

两河流域东侧的伊朗高原，腹地基本上都是山脉、沙漠交错的高原，只有北侧里海沿岸、西南侧波斯湾沿岸有少许的狭长平原。也就在西南沿波斯海湾的“库齐斯坦平原”上，公元前 3000 年中期，建立了一个称为“埃兰”的最早的伊朗地区王国。古巴比伦时，曾两次侵入两河流域；亚述时代末期，在公元前 639 年才被亚述帝国征服；新巴比伦时，亦属之。在里海西南岸的伊朗西北高原，在约公元前 9 世纪也出现了一个强国“米底”王国，初臣服于亚述，前 7 世纪后却兴起而逐渐征服了伊朗广大地区的各部落而独立。而米底统治下的“阿黑门尼德”部族，乘米底与新巴比伦有冲突，起兵反米底统治，于公元前 550 年灭米底王国，建立了“波斯王国”，并逐渐发展而形成了一个新的西亚时代。

此后，源于希腊北部的马其顿人于公元前 330 年灭了波斯帝国，并统治了该地区；公元前 64 年以后，罗马人代之为新的西亚统治者。直到公元 226 年，波斯人才重新兴起，建立起波斯人的萨珊王朝。如此更迭，形成了“波斯—萨珊时代”不同的几个发展阶段。

- “波斯”阶段（公元前 550 年—公元前 330 年）

古波斯，大约是现在的伊朗，居西亚腹地；东北连中亚，东南接古印度，西与小亚细亚、巴比伦为邻，南临波斯湾及阿拉伯海。公元前 550 年，由波斯一个氏族部落首领居鲁士建立的“波斯王国”，得到迅速扩展，公元前 546 年灭小亚细亚的“吕底亚”王国，公元前 538 年不战而胜新巴比伦王国，公元前 529 年远征中亚的大夏、粟特、花剌子模等而达锡尔河，公元前 525 年征服埃及，公元前 518 年征服印度西北，公元前 513 年以后进军爱琴海地区。至此，波斯人所建立的帝国不仅是整个西亚地区，还包括北非的埃及和中亚、南亚、东南欧等地区。

大约在波斯帝国第四任国王大流士一世在位（公元前 522 年—公元前 485 年）以后，其帝国已辟有四个都城——苏萨（Susa，在底格里斯河下流东侧今伊朗境内）、爱克巴坦那（原米底王国首都，今伊朗西北哈马丹）、巴比伦（两河流域）、帕赛波里斯（在波斯湾东北侧的今伊朗法尔斯省境内），四季轮流驻跸各都城。特具军事性质的波斯帝国，战争掠夺所得的钱财，除了修驿道（形成全国驿道网）、凿运河（沟通尼罗河与红海）等，满足军事需求外，就是这四个都城建筑，主要是宫殿建筑。如帕赛波里斯宫（Palaces of Persepolis，见图 70），是一组占地约有 13 公顷的大建筑群，建筑亦庞大宏伟，如其中的“接待厅”室内有大石柱径达 1.5 m、高约 18 m，其建筑之宏大便可想而知。

出于军事目的，虽然允许犹太人或希伯来人回耶路撒冷重建“犹太国”，筑犹太圣殿；但在宗教上却奉“琐罗亚斯德教”为国教，崇拜善神阿胡拉·马兹达及古老的火神（称之为马兹达之子），礼拜“圣火”（故又称“拜火教”），宣扬善与恶、光明与黑暗的斗争精神和观念，这似乎也是一种出于军事目的的宗教需要。而且不建神庙、不塑神像，只是在露天献祭和祈祷时对“圣火”的礼拜（即点火祷告、颂经《阿维斯塔》①），显然更多的是一种精神信仰。所以，在该帝国阶段，实际上没有宗教建筑，仅有被其利用而建有的

① 《阿维斯塔》是琐罗亚斯德教的“圣经”，实际上是一部宗教文献和其古老文学作品的汇集。

“犹太圣殿”，并非其真正信奉的宗教建筑，这也是建筑发展史上的一个奇特现象。

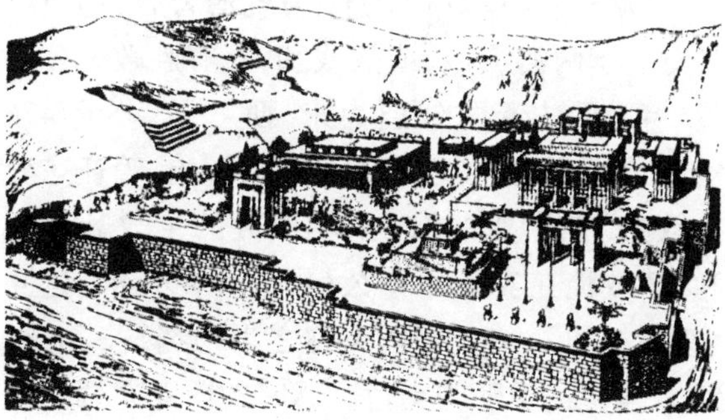

鸟　瞰

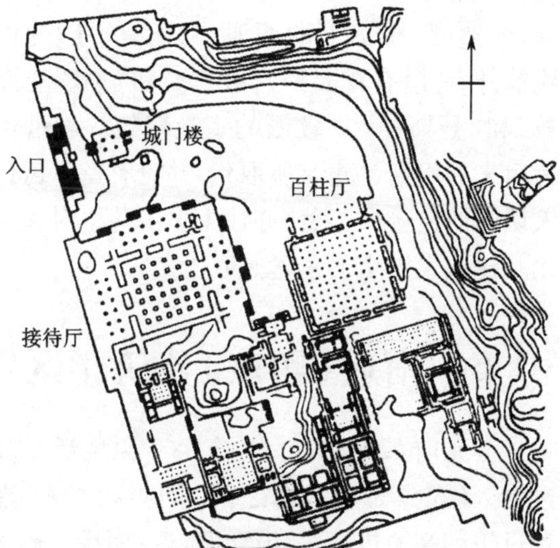

总平面

图 70　古西亚“帕赛波里斯宫”

即使波斯能有的建筑，包括庞大的帕赛波里斯宫，基本上也是由来自希腊、埃及、巴比伦等邻近区域掳来的建筑师或工程师与工人设计、建造的，因其自身的文化并不优秀，只是善于打仗而已。故而，所造建筑基本上是承袭邻近地区的建筑技术和建筑艺术，然后糅合构成的，却也建造出了当时难以攀比的豪华、宏大的宫殿建筑。尽管其本身并没有创造出什么建筑理论来给予指导，但却是一种试图以拥有的财富来炫耀和显示其地位尊贵的思想观念支配的结果，人们能认识到这一点，实际上也就认识了其建筑和建筑思想。

• “希腊化”阶段（公元前 330 年—公元前 64 年）

文化的同化，有被动的强制同化，有主动的掠夺同化。波斯人早在其居统治地位的帝国阶段，就已经有掠夺他人文化为已有而被同化的现象出现，在帝国阶段建造的建筑上，便表现和说明了这一点，包括对希腊文化的掠夺同化。

公元前 332 年，亚历山大率军与波斯军会战于叙利亚的伊苏而败之；第二年，进而战于两河流域的尼尼微又败之，并继续东进而占领巴比伦、苏萨两都；再一年（即前 330 年）又进而占领另一都城帕赛波里斯，波斯帝国的最后一位国王大流士三世亦在东逃中被杀。至此，西亚便沦为马亚顿・希腊人的统治范围，也使西亚进入了“希腊化”的阶段。

亚历山大死后，其部将“塞琉古”据西亚地区，建立起“塞琉古王国”，都“安条克”（在地中海东岸）。其沿袭的是波斯帝国的专制政体及统治手段，但推行的是“希腊化”的文化内容，甚至原被波斯帝国利用的犹太属国，也成为“希腊化”的对象，特别是要统一其宗教，废止“安息日”①。在建筑上，更是唯“希腊化”是从，似乎只有“希腊化”的建筑才是唯一可行和完美的建筑。如在耶路撒冷修建“竞技场”，便完全是希腊式风格的建筑。至于其他建筑，那就更“希腊化”了。

可见，“塞琉古王”统治阶段的西亚，由于居统治地位的是来自文明较先进的希腊的马其顿人，沦为被统治或奴隶地位的波斯人则文明水平低，无论是从政治的角度而言，还是从大的文化总体来说，选择“希腊化”的文化取向并无什么不妥。也因此，“塞琉古王国”阶段的“希腊化”发展倾向，便是一种必然。

• “罗马化”阶段（公元前 64 年—公元 226 年）

公元前 190 年，“塞琉古王国”军队与罗马人战败于小亚细亚的马革尼西亚，二年后退出小亚细亚；公元前 142 年征讨“安息王国”（今约伊朗东北部里海东南侧）时，全军覆没，五年后两河流域以东地区尽失；也在公元前二世纪后期以后，“塞琉古王国”也因王朝内讧而政权动荡，至公元前 64 年罗马人的“海上独裁官”庞培领军自小亚细亚南下灭了其王国，从此成为罗马的一个“行省”，而进入“罗马化”阶段。特别是公元前 30 年以后，罗马进入了鼎盛的“帝国”时期，

① 守“安息日”，是犹太教的基本戒律，废止“安息日”，则意味着放弃犹太教信仰。

其隶属的行省的西亚①,更是被罗马文化同化的地区。

实际上,罗马人在公元前64年占领的只是两河流域的西部,两河流域以东地区还崛起了一个西亚王国——安息(即"阿尔萨息王朝,中国的司马迁《史记》译称之为"安息")。塞琉古王国之后的西亚,事实上是一种以两河流域为界的东西分治的状况,西部为罗马人统辖(称之为"叙利亚行省"),东部为"安息王国"统治地区。

安息在里海东南,原是"塞琉古王国"的一个省,是中亚大夏人"阿尔萨息"率领部人起义、杀了"塞琉古"的总督而建立了"安息王朝"。公元前155年吞并米底,公元前141年攻占两河中部,公元前94年又占领亚美尼亚、南高加索及小亚一部;公元前65年后罗马人东侵,灭"塞琉古"后与安息交战十多年,公元前53年因罗马人全军覆没、克拉苏②被俘杀,而得罗马人与安息均势于两河流域的局势。

安息的建筑,原是承袭古波斯地区的建筑形式;"塞琉古王国"时期,也吸取希腊建筑形式,建筑材料仍取当地常用的土坯、砖、石为主要材料。只惜,后来的萨珊王朝完全摧毁了安息时期的建筑,故至今未能找到其任何建筑的遗迹,使后人难以更多地了解安息建筑,在建筑史上留下一段遗憾。故而,建筑史上一般略去了西亚的安息王朝这一阶段建筑的发展史,当然,也无从研究起。

所以,在建筑史上,公元前后的西亚,主要是"罗马化"的建筑阶段。

而"罗马化"阶段的两河流域西部,是罗马的一个"叙利亚"行省,更多的是接受罗马人的建筑,也包括其建筑理论。其建筑及建筑理论,只能说是罗马建筑及建筑学史的一个组成部分,并没有什么另外的建树,这是迄今所知的发展状况。

- "萨珊"阶段(公元226年—公元642年)

"安息王朝"统治下的西亚东部,由于种族歧视,波斯人屡抗安息统治者。公元224年在安息王下的"波斯侯"阿尔达希尔率兵起义,两年后占领安息首都"泰西封"(在底格里斯河东岸,约今伊拉克的巴格达东南),并定都泰西封而建立以其始祖"萨珊"而得名的王朝,仍以原波斯人信仰的"琐罗亚斯德教"为国教。

"萨珊"王朝代"安息"为统治者后,仍与罗马对峙于两河流域,或战或和,互有胜败。公元395年,罗马帝国分裂为东、西罗马;公元476年,西罗马灭亡代之以基督教会统治;曾任东罗马教会(在小亚的君士坦丁堡)的主教聂斯托利,其教徒在其死后不久(即公元498年)建立"聂斯托利"教会(中国人称之为"景教"),并得到了"萨珊"王朝的支持。其时的西亚有两个主要宗教——"琐罗亚斯德教"和基督教的"聂斯托利"教派。

"萨珊"统治下的西亚,除了有一般的世俗建筑外,还应有较大的宫殿建筑和"琐罗亚斯德教"和"聂斯托利"教派的宗教建筑。可惜也都为后来的伊斯兰建筑所取代,并没有留下可让后人认识的遗迹或遗著,亦让人多少萌生对人类文化及建筑发展史的一丝感叹。

10.5 南亚(印度)建筑学区史

公元前1200年左右,有一支原生活于高加索地区(在黑海与里海之间)的雅利安人,南下越过伊朗高原进入了印度河地区,而后又逐渐渗入恒河地区,尽管在这一逐渐进入或渗入的过程中包含着诸多的争战,也包括雅利安人与土著的达罗毗荼人以及雅利安各部族之间的争战,但却也正是这一些雅利安人给南亚带来了新的文化,并约在公元前1000年时形成和出现了最初由部落发展起来的"城市国家"(类似地中海地区的"城邦国家"),而后又陆续出现了许多国家,这就是南亚史上的"列国时代"(主要有16个大国,实际上共有20多个国家)。

在"列国时代"中后期,屡遭越过伊朗高原的外域入侵。公元前518年波斯帝国侵入而占领印度河流域(并作为其一个行省),公元前327年来自马其顿的亚历山大灭波斯后入占印度河流域。而在列国中最大的"摩揭陀"国的孔雀宗族里,有个叫"旃陀罗笈多"的人趁机率民起事,于公元前324年自立为王,并很快推翻了"摩陀

① 罗马帝国,将其所辖行省分为两类,一类是"元首直辖省",另一类是"元老院行省",由于是"元首制"政体,故前一类比后一类重要,西亚正是前一类行省。

② 克拉苏,是与凯撒、庞培并称为罗马的"前三头同盟"的统治者之一。

国”的统治;公元前317年,马其顿军撤离后,又很快统一了整个北印度。这就是印度史上首次统一印度河、恒河流域的“孔雀王朝”。孔雀王朝灭后,又相继有大夏、安息、塞种人和贵霜帝国等的入侵,至公元4世纪,才又出现了一个由东印度兴起的“笈多王朝”(公元320—公元467年)。于是,南亚的区域性建筑学史,便主要有“孔雀”和“笈多”两个时代。

10.5.1 孔雀时代

孔雀时代,实际上还包括了好几个不同的发展演变阶段,除了其强大的“孔雀帝国”阶段以外,还有“巽加王朝”、“甘婆王朝”等阶段。然而也除了强大的“孔雀帝国”曾统一了整个南亚次大陆以外,随着帝国的灭亡,不仅南印度基本上成为一个独立的区域,而且北印度也不完整,或者是自己争夺权力、地盘,或者是被外域入侵,甚至存在着“甘婆王朝”之后的一段至今尚不甚清晰的历史,而让史学界及其他学术界无可奈何。

故而,此处也只能在曾统一了全印度的“孔雀时代”的大“时代”里,暂得较明确的这么三个阶段来讨论其可能有的建筑理论及建筑状况,余者留待以后或许能有新发现的再增补而讨论之。

● “孔雀帝国”阶段(公元前324年—公元前187年)

还在孔雀帝国出现以前的“列国时代”,就形成了雅利安人创立的“婆罗门”等级观念(即将人分为四个等级:第一等级为“婆罗门”僧侣、第二等级为“刹帝利”的部落首领和贵族组成的武士、第三等级为“吠舍”的一般雅利安人、第四等级为“首陀罗”的土著),且婆罗门教还主宰着人们的一切生活。而且,在此后的“列国时代”里,又出现了佛教,并与婆罗门教争夺着生存空间。而统治者或许出于自身统治地位所需的考虑,则在两大宗教中进行取舍,于是,这两大宗教在斗争中,便有兴有衰,这也决定了其宗教建筑的兴衰命运,南亚的建筑及建筑理论史主要是由其宗教的兴衰命运决定的。

孔雀帝国主要兴盛于阿育王统治时期(公元前273年—公元前236年),阿育王是一个极力宣扬“达摩”教义和佛法的君王。故佛教在阿育王时期得到迅速发展和广泛传播,其统治势力达哪里,佛教便被传到哪里,也为后世留下了许多佛教建筑,成为后人研究南亚建筑的不可多得的遗迹。

最早的佛教建筑是“Chaitya”(石窟)和“Vihara”(精舍),供修行和居住,没有偶像崇拜;此外就是佛教徒死后的墓葬“Stupa”,由于对前代教徒的尊崇,而使得其墓葬也被奉祀,则“Stupa”逐渐成为一种佛教建筑,并被精心建造,而成为佛教建筑中的最主要建筑,大概也因之而使该建筑成为最早的佛教崇拜对象。如在阿育王时期,有一座在印度“Sanchi”的大“Stupa”(见图23),原为砖砌成的半球状的“Stupa”,后扩而加砌一层石结构外壳,仍呈半球形(直径约32 m),顶部为一平台,台上又有一方坛,坛上再竖立“伞形柱”。

早期的佛教不作偶像崇拜,可能是受其前的西亚宗教思想的影响,因为西亚地区历史上出现的宗教,大致都没有偶像崇拜。西亚“希伯来人”约于公元前1200年创立的“犹太教”在其“十诫”中,就明确规定“不可雕刻偶像”;约与佛教同时期出现的波斯“琐罗亚斯德教”,也不建神庙、不塑神像,包括后来形成的伊斯兰教,也不作偶像崇拜。似乎与雅利安人的进入一样,自西北越过伊朗高原的文化,早期支配着印度宗教的形成和发展,故而有较相同的宗教现象。然而,宗教信仰、宗教崇拜是人为宗教的一大共性特点,故而,没有偶像崇拜的早期佛教,就转而为对先辈佛教徒的崇拜,崇拜其逝后的遗骨、墓葬,这就有了“Stupa”成为最早的佛教崇拜对象的来源之故。

● “巽加王朝”阶段(公元前187年—公元前75年)

孔雀帝国的鼎盛是阿育王的统治阶段,阿育王逝后,帝国又出现了混乱分裂的景况;而且,至公元前187年,帝国的最后一个帝王为其部将“补沙弥多罗”谋杀,篡夺权位,另立王朝,仍都“华氏城”,由于其属“巽加族”人,故称其王朝为“巽加王朝”。

虽然“巽加王朝”取孔雀帝国王朝而代之,但实际上并未能改变帝国所留下的残况,巽加王朝的势力范围主要是在恒河流域中下游,其他地区则基本上不受其统辖,似乎还只是孔雀帝国时代末期的那种分裂状态的沿续。

其时在次大陆的海得拉巴省境内,温德亚山脉中出现了后世著名的“Ajunta”(译为“阿旃陀”)大石窟群,实际上主要是修行和居住的

“Chaitya”和“Vihara”(见图71)。虽然只是石窟,但里面却布满精美的佛教主题的雕刻和绘画。事实上,在这一阶段,印度北部也出现了许多这一功能性质的石窟建筑,而且,还在以后相当长的一个阶段不断地发展和扩大其建筑规模和数量。

“支提”外透视

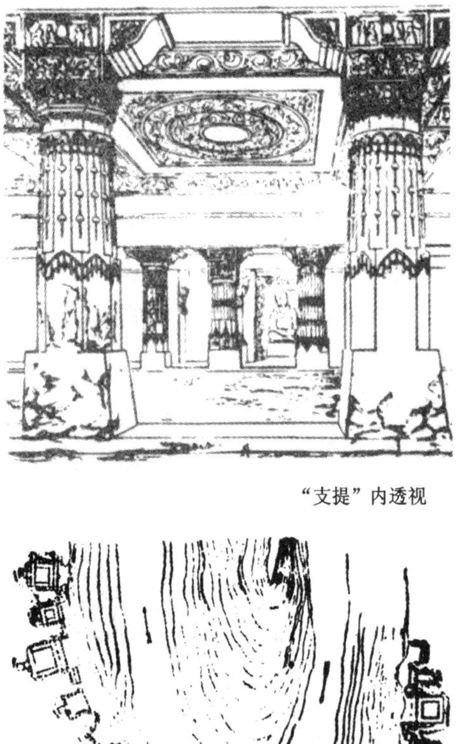

“支提”内透视

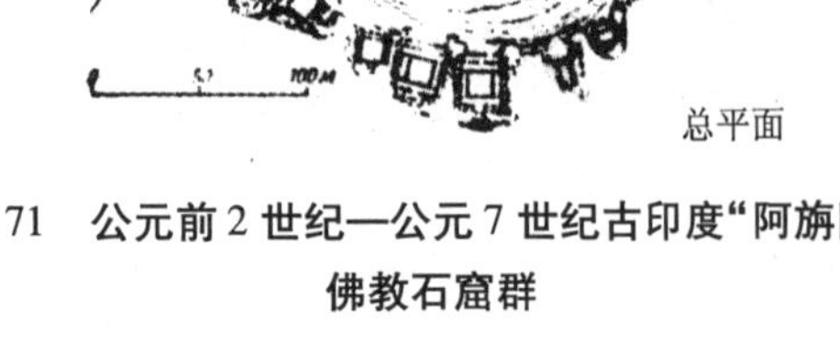

总平面

图71 公元前2世纪—公元7世纪古印度“阿旃陀”佛教石窟群

这些石窟建筑,凿后均仿当地民居的竹、木结构而构,所沿续的是一种民居建筑的形式,只是其功能性质已发生了质的改变和不同而已。

- “甘婆王朝”阶段(公元前75年—公元前30年)

公元前75年,原已摇摇晃晃的巽加王朝,在祭司身份的大臣“伐苏迪跋”发动政变下,国王遭杀,王朝被推翻,以伐苏迪跋的族名定称的新王朝“甘婆王朝”建立;新王朝的统治政权更不稳固,历四个国王的45年后,被南印度的“安德罗”所灭。

其时,南印度存在着除“安德罗”以外的“羯陵伽”,并合为两大强国,后者也曾在此前进攻过北印度而不敌,即使是灭了甘婆王朝的“安德罗”也并不能长期统治北印度,不久后便退回南印度,仅兴盛一时而衰落。在公元初,兴于中亚的“贵霜”(大月氏的一支)王国,在公元1世纪中叶,入占南亚西北部(即“旁遮普”地区),一直到后来的“笈多王朝”的兴起。由于贵霜王朝,准确地说是中亚地区的王国,在此不单独作为南亚地区的一个时期来认定,则这一演变过程,仍认为是孔雀时代的一个沿续阶段,并不独立被分出。

“甘婆王朝”及后来的“安德罗”、“贵霜”等发展阶段,南亚的佛教建筑仍是其建筑史上的最主要建筑,且基本上是以石窟群为主。上文提到过的著名“阿旃陀”石窟群便一直在此期间扩建着。据载,这一石窟群的开凿构筑,跨越至整个笈多时代,此是后话便不赘述。佛教建筑由对纯佛塔的崇拜,到贵霜阶段,印度西北有了佛像的出现和崇拜,却是这一阶段佛教建筑的重大转变。

另据学术界认为,土地的开发使用、建筑的构筑实践,是促进南亚地区数学理论的发展动力,不仅有几何、三角、代数等的运算,还有1~9的数字的发明,据称后来自然科学普遍使用的阿拉伯数字,便是源于南亚的这一发明,由于后来是经阿拉伯人引入欧洲的,故反而被欧洲人称为“阿拉伯数字”,实际上应是称“南亚数字”或“印度数字”更准确。

因此,或许可以这么说,南亚地区在这一时代发明创造了建筑的数学基础理论,包括后来被数学引为基础理论的数字符号。

10.5.2 笈多时代

南亚东北部的“Kosala”(译“迦萨罗”)国的“释迦”族诞生了后来被尊称为释迦牟尼的王太

子，他在其邻国“Magadha”（译为“摩揭陀”）顿悟了佛道后，创立了佛教；也就在“摩揭陀”国，数百年后的公元320年，崛起了“笈多”帝国，再次统一了整个南亚地区，并将佛教推向在本土发展的顶峰，同时，也在其末期，出现了婆罗门教的重兴现象，这就是南亚的另一个新的发展时代。

而这一时期大致出现了两个较强盛的帝国发展阶段，即笈多帝国阶段和戒日帝国阶段。其间也多有外族的入侵，直到来自西北的阿拉伯帝国的侵入，才结束了这一时代的发展。

• 笈多帝国阶段（公元320年—公元570年）

就在西北入侵的贵霜帝国和南方的羯陵伽、安德罗均强盛一时而衰落时，在恒河下游的摩揭陀境内有个叫“笈多”的王公起兵占领了恒河西南岸的“曲女城”，于公元320年称“王”。而后首先驱逐了西北贵霜帝国的“大月氏人”，扩至印度河；接着，又征服了整个恒河流域；然后，再征其南部的德干地区。就这样，大约在5世纪初，已基本上统一了整个南亚地区，也定都恒河中游岸边的“华氏城”。

在笈多帝国阶段，著名的“阿旃陀”石窟继续在开凿构建着。该石窟至近现代尚存的，大部分是在这一阶段以后完成的。此外，华丽的都市“华氏城”，还兴建了许多高大豪华的宫殿建筑，也建有许多庙宇。

令后人注目的数学上用于计算、创立于建筑实践的数字，也在这一阶段得到完整、完善的演进发展。孔雀时代出现的1～9的数字，无法满足“十进位法”的数字计算需求，于是又发明了“0”数字（当时是以“点”出现的，后来改成“圈”而沿袭至现代），并确立了“0”的位置以及在数字计算上的地位，这才完善了“十进位法”数学的计算方法。

在这一阶段中期以后，原已衰落的“婆罗门教”在四、五世纪开始其中兴的发展道路，也吸取了“耆那教”①和“佛教”的一些内容来丰富自己，甚至改变自己。据宗教学术界的一种观点认为，这也是由婆罗门教转化为印度教的开始；当然，也有认为是至八、九世纪才完成这一转变过程，而正式演化为印度教的。至于这一时期兴起的婆罗门教建筑，除了有石窟，还有以石砌构筑的寺院。

也许主要就是这些石窟或石构的宗教建筑，促进了数字计算上的发展，才有“十进位法”的形成。则以建筑实践升华为一种科学理论，也就有了建筑之功。

• 戒日帝国阶段（公元606年—公元7世纪末）

公元6世纪初以后，笈多帝国受中亚的“哌哒”人的入侵而衰落、分裂，至公元570年而结束其统治。其后，在恒河上流地区与印度河之间的“湿伐罗”（约今德里西北）崛起了“伐弹那王朝”，至公元606年始称“王”，即“戒日王”，数年后亦统一了北印度，定都“曲女城”（在恒河中游两岸，约今坎普尔）。

创立“伐弹那王朝”的戒日王（公元606年—公元647年），不仅崇尚佛教，故著名的“阿旃陀”石窟在这个阶段开凿得特别多；而且还尊崇婆罗门教，为婆罗门教的中兴创造了有利的社会政治环境。甚至戒日王还每5年定期举行一次“宗教大会”，此会并非某一宗教派别主持或专制的会议，而且是不分宗教支派的大会，这应该说已是一种具有空前包容性的非常科学的聚会，为不同宗教提供了相互吸收、相互交流的良好机会，在当时的那种社会环境状况里，确是一个非常不易之举。或许可以这么认为，戒日王的此举，不仅为婆罗门教、耆那教、佛教等宗教的发展，起到了非常有实际意义的演进的推进作用；而且，对整个印度传统文化的形成和确立，也具有非常大的促进意义。

而后的“婆罗门教”，在吸收了耆那教、佛教的基础上，正在向具有较大包容性的“印度教”目标演进和转变而兴起，婆罗门教传统的多神崇拜、多种化身的宗教现象也被继承，多面多臂的神像供奉的庙宇又大量地相继出现，特别是众多自然神崇拜的重新出现。也许是“性力派”②的存在和被人们广泛推崇和敬奉的缘故，寺庙里多有女性神像的供奉以及能体现“性”特征的夸张的表现，常见的主要是乳部、腰部、臀部的特写（或许现代选美的对“三围”指标的重视，正是源

① 耆那教，是“毗沙离”的一个“刹帝利”种姓贵族“耆那”（jina，公元前540—？年），在其43岁时“悟”而创立的一种印度早期宗教。认为世界是由“灵魂”、“法”、“非法”、“空间”、“时间”、“物质分子”六种要素组成的。而大致看来，这仿佛是以现代科学概念为基础的宗教思想。

② 婆罗门教及后来演成的印度教，主要有梵天、毗湿奴、湿婆三大神的崇拜，也因其崇拜的重心不同，而分出三大支派，其中侧重崇奉“湿婆”神的就称为“性力派”。

于印度教或婆罗门教"性力派"所供奉的女神像夸张的启示),也说明了其寺庙里"性"活力思想的功能表现意向。

佛教对其他宗教的汲取,主要表现在对婆罗门教的汲取上,且最主要的是体现在这一阶段所开始孕育的"密教"的形成出现上。现代学术界一般认为,密教是婆罗门教在向印度教演变过程中与佛教融合形成的新宗教,或者说是佛教向婆罗门教妥协而出现的新教派。但无论怎么认为,密教兼有佛教、婆罗门教的内容这一点却是事实。密教寺庙供奉的仍是佛陀、菩萨等佛教神像,但却已融入了婆罗门神像的最基本特征——"多面多臂"形象,最常见的如"多面多臂"观音菩萨的出现和被供奉。实际上,佛教建筑因此而有的发展演变,不仅仅是密教寺庙的出现,对其他佛教寺庙也有一定的影响。如原佛教建筑里是没有偶像崇拜功能内容的,仅是对佛的祖先崇拜的"Stupa"的存在;只在贵霜帝国统治阶段以后,才陆续有佛像出现于寺庙建筑中。而在密教的影响下,不仅在佛教寺庙里的因塑造像而受崇奉的现象更普遍了,而且还有"多面多臂"的佛像在寺庙中的出现,这便说明了佛教已深深地被婆罗门教所浸入了。

当然,除了这些宗教建筑以及宗教思想在这些建筑中的体现以外,也尚未见有任何建筑理论给后人留下,这似乎也是以印度教为主体的混沌的印度传统文化的一种特性。

10.6 东亚(中国)建筑学区史

在亚洲大陆,具有相对独立发展演进特征的区域,除了南亚、西亚地区以外,那就是东亚。当然,还有介于西亚与东亚之间的"中亚"地区。不过,中亚地区多为游牧民族区域,在历史上一般较少有稳定独立发展的过程,大多均从属于西亚、南亚或东亚,即使曾通过武力而发展成为一个强大的帝国,如公元 1 世纪末、2 世纪初大月氏人创立的"贵霜"帝国,其统辖跨有中亚、西亚和南亚一部分,而且将首都移入西亚与南亚交界的富楼沙(今巴基斯坦北部的白沙瓦),也维持时间不长,故基本上没有独立发展的文化史,当然同样没有明确的建筑学理论发展史,也就不将其作为一个独立区域来讨论。

东亚的独立发展史,主要是中国大陆的发展过程,其他地区或国家基本上是中国大陆政权的附属国或文化的传播辐射区域。中国大陆的独立发展史,大致也就是东亚地区早期的发展历程,且此后也才有后来其他各地区或国家的衍生发展,特别是建筑史或建筑学区史。

因此,东亚建筑学区的早期区域史,便主要是以中国大陆的发展为依据断代划分的区域史。于是,在此我们大致可将其分成先秦和秦汉两个时代,来讨论其建筑学区史。

10.6.1 先秦时代

据《韩非·五蠹》载,"上古之世","有圣人作构木为巢,以避群害,而民悦之,使王天下,号之曰'有巢氏'"。韩非是先秦战国时期的哲人,其所言之"上古"的"有巢氏",没有更多的说明,但作为中国地面建筑的创造者,这一点却是后世人们所普遍认可的,其年代大概应是在公元前 2000 多年的夏朝以前。若以此而论,则夏朝以前,中国就有了"构木为巢"的建筑。不过《中国古代建筑技术史》则认为,其"构木为巢"的"上古"是指五十万年前的"旧石器时代"①。

迄今所知,中国有比较明确发展史的是夏王朝以后,也包括其建筑及建筑理论的发展。于是,此论便以"夏"以后的中国建筑理论为主要讨论范围,兼论整个东亚地区的建筑发展状况,来说明区域史的早期东亚建筑及建筑学区史。

• 夏商周阶段(公元前 21 世纪—公元前 770 年)

继传说中的"三皇五帝"之后,唐尧、虞舜、夏禹相传,其后者就是夏王朝之始,即夏禹之子"姒启"废"禅让制"为"世袭制"而始创夏王朝,其时大约是公元前 2000 年前后。约 500 年后,即约公元前 1562 年,商汤代之而建立商王朝;又过了约 500 年,即公元前 1066 年,周武王灭商纣王代之而创周王朝。夏都"阳城"(今河南登封附近)、商都"隞"(今河南郑州)后迁都"殷"(今河南安阳附近)、周都"镐"(今陕西咸阳西南)和"洛邑"(今河南洛阳),显然,都在中原腹地建都,这便是最早的中国奴隶制王朝之始的前三个朝代及都城。

夏初基本上还只是夯土建筑,包括最尊贵的都城"阳城"都仅是夯土城,城内有陶水管的地

---

① 中国科学院自然科学研究所主编《中国古代建筑技术史》,科学出版社 1985 年 10 版,第 586 页。

下排水设施；至夏末才有“桀为瓦室”(《史记》载)，“桀”为夏王朝最后一位君主，却有“为瓦室”的中国最早的“瓦”建筑的记载。

商初都城已是“版筑”的城墙，墙身厚达20米左右。后来“版筑”也用于居住建筑上，取代了木骨泥墙的原始居宅构筑形式。商末期，除了沿袭“版筑”建筑技术以外，遗构上还发现了木椽、草泥顶遗迹；而且有建基坐落取向的共同偏向现象，且大都取正南北朝向，这应该说还只是一种自然观意识所支配的结果(与后世的人文“尊位”观念有明显不同)。

周时，不仅有建筑技术的继续发展，如铺地砖的出现、木结构梁柱额枋等以及斗的结构体的构件趋于完整的形成；而且，最主要的是建筑被规划的形制的产生。从此，建筑便按不同功能类型被布置在一定的聚居区的城市位置上，这实际上已是一种相当成熟的建筑理论思想，并且是作为一种“礼”的内容而形成和出现的。据载，这是“周公制礼作乐”的“礼”的其中一部分。“周公”是周武王之弟，在武王逝后佐武王之子成王而摄政，其间“制礼作乐”，这便是记载中最早的有关建筑的理论，其时当是在公元前11世纪后期。这在人类建筑史上和建筑理论发展史上，其先进程度恐怕也是罕有的，特别是其“礼”的理论，比古罗马的《建筑十书》还要早上千年。

具体而言，其理论著作就是《周礼·冬官》。

按《周礼》之制，将政务分由天、地、春、夏、秋、冬“六官”执掌。其中，冬官“司空”，若逐字释之，“司”乃执掌之意，“空”指工程，似与现代概念的“建筑”近意；而现代认为，建筑就是一种创造专有或专用空间的技术和艺术结合的产物。实际上，《冬官》就是一部有关建筑乃至城市建设的“礼”的著作，也是迄今所知，中国最早的一部建筑理论著作。只惜《周礼》“六官”，唯《冬官》后却亡佚，现今未知其详，而令人感叹和惋惜。

• 春秋战国阶段(公元前770年—公元前221年)

周历约300年后，由于所分封的诸侯日盛、而中央集权的周王朝渐衰，再经周幽王的荒淫买笑而失信于诸侯，致申侯联合犬戎所攻无助，而被杀于骊山下，继位的周平王只得迁都洛邑。西周亡而东周分裂为“春秋五霸”、“战国七雄”的纷争状态，直到“七雄”之秦灭六国统一于秦而结束了纷争，这就是“夏商周”三代之末的“春秋战国”阶段。

其实，这一阶段的诸侯何止“五霸”、“七雄”，据载，大大小小有一百四十多个诸侯国，则诸侯国的国都便有一百多个，显然，都城是当时最主要或最重要的聚居建筑区。且最先进的建筑技术和建筑艺术，也主要是在这些都城中给予体现的。除了仍沿用的夯土城以外，瓦的制作技术日臻完善，其他的建筑技术、建筑施工管理等也逐渐出现。

此间值得着重一提的是公元前507年鲁班的诞生。据载，后来作为中国传统建筑最主要的建筑技术和建筑艺术结晶的木构架，便是此人创下的，其建筑技术被中国古代的匠师们师徒相传而一代代地传袭下来，至明代才出现了冠以“鲁班”之名的著作，先有《鲁班营造正式》、后有《鲁班经》等书的出现，说明鲁班所创立的木构技术，已是一套较完整的建筑技术，虽然当时并未形成著作而行世，却为后世匠师们所崇奉而师承之。事实上，这已是一种具有独立体系的建筑技术理论，其仅作为一种技艺而被身传口授的传袭下来，其实也是中国传统文化的一大特点，并非建筑方面的特例。

上文提到的周公“制礼”所成的《冬官》亡佚，使中国建筑理论的产生年代的考证，无有实据，难以服人。不过在“春秋”与“战国”之间(约公元前475年前后)成书的《考工记》，却是存续至今可见，其中的“匠人”篇，就是有关建筑的著作。其主要包括三部分内容。

第一，“匠人建国”，是谈“建国”时的选择城郭宫室的测量、定位、找平面等的基本方法。

第二，“匠人营国”，是通过“夏后代世室”、“殷人重屋”、“周人明堂”等的记述，谈都城规划以及“市”、“朝”、“祖”、“社”等的布局形制(见图72)和做法。

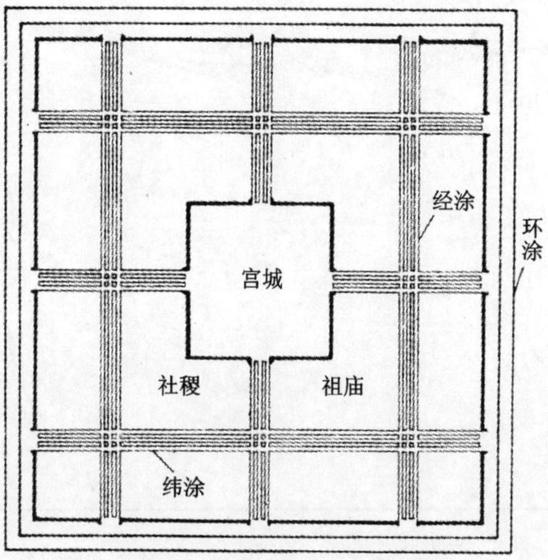

图72 “周王城”形制示意

第三,“匠人为沟洫”,从大建筑的水利、到小建筑的宫室,都有其建筑技术上的记述。

不仅于此,其他的“轮人”篇、“輈人”篇、“车人”篇等,也可从其记述中,看到不少对建筑材料、建筑工具、建筑质量等的要求和做法。

因此,可以说《考工记》已是一部有关建筑理论的著作。当然,至今看来,该书还很简陋,言语不甚明确,内容也并不完整,但能有这样的书出现在当时,已是非常了不起的事。况且,它比古罗马的《建筑十书》还早了400多年,可惜人类建筑学界,并没有给《考工记》以应有的学术地位,当然,也许这是中国建筑学界在世界的地位所影响的结果。

10.6.2 秦汉时代

从春秋百余诸侯国纷争、兼并,至战国时七雄混战,到秦一国独强而灭六国,中国历史上开始出现第一个封建大帝国。虽然秦王朝强盛空前,但也仅盛极一时,从政令到生活的诸多过激做法,促使统一的国家生变。当然,其实际上已为后世的王朝奠定了统一的政治、社会基础。也正因为有秦王朝的大变革,才有紧接着又统一的汉王朝的400年基业,故秦汉事实上是构成了一个时代的两个不同王朝。于是,这便有秦汉时代的不同阶段的建筑发展和建筑理论演进过程。

● 秦及楚汉阶段(公元前221年—公元前206年)

秦始皇26年(公元前221年),秦王朝在咸阳建都,并在原战国时秦孝公已建有的“上林苑”里、渭水之南建“阿房宫”。“先作前殿阿房,东西五百步,南北五丈,上可以坐万人,下可以建五丈旗。周驰为阁道,自殿下直抵南山。表南山之巅以为阙、为复道,自阿房渡渭,属之咸阳”。显然这是规划与咸阳宫殿为一体的另一组宫殿,而且,还只是“先作前殿阿房”,可惜(从建筑的角度而叹之)也只作了前“阿房”之殿,其余还来不及做,便已将其王朝给葬送了,即使是“前殿阿房”也没有做完,就被付之一炬了。

渭水之北原有旧宫,始皇后在渭水之南建信宫、甘泉宫、北宫及在原上林苑里的阿房宫等,并以新建的“信宫”为整个宫殿群的中心,将渭水南北联系在一起,这是一个了不起的建设计划,或者说是一个庞大宫城的总体规划,其规划者是何人?无从考究。不过,能在旧宫的基础上、依渭水两岸规划新的宫室总体,且旧宫、信宫、阿房宫有正南正北的明确的中轴线(见图73),这种规划现象及规划思想已是相当先进和难得的了。

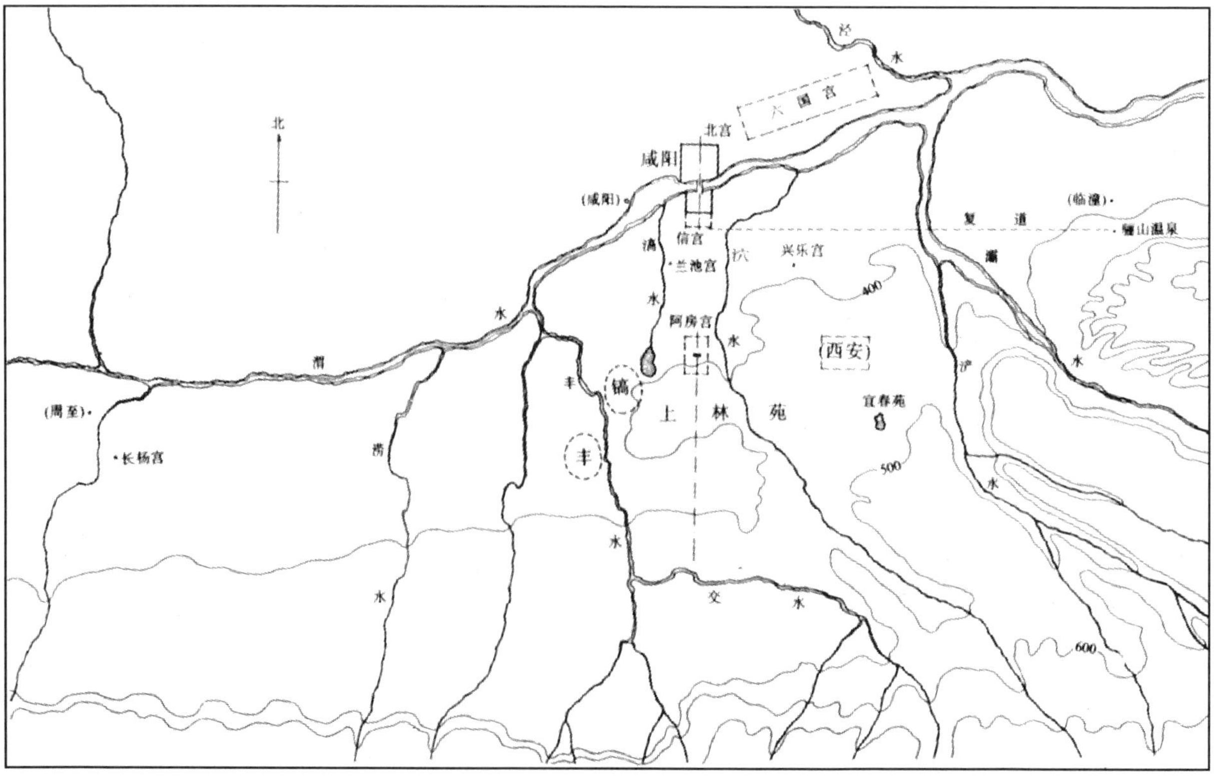

图73 秦咸阳宫殿建筑总体平面

始皇33年(公元前214年),为御匈奴而“筑长城”。实际上,中国长城并非始于秦统一中国后,早在“战国七雄”时,各国间便都已因险筑城为塞,且因纷争而筑城。只是秦统一后,各自为城的局面被打破了,相互设防已为不必,代之的是外域匈奴之患,故始皇连而将各国城塞接为链式城体,并增建亭障关隘,因连接后其城长达万里,而称“万里长城”。

建筑,是自然空间的再造;而通常人们构筑的,仅为一室、一座建筑(或大至一城),所规划设计的,也无非仅此而已。始皇能为具有万里疆土的一个国家而规划其城,其手笔之大、气魄之宏伟,至今看来,仍是空前绝后的,中国人乃至人类也应为有这样的一位不朽的规划师,而感到骄傲。当然,也许其规划并非出自始皇之手,实际规划者另有其人。但无论是何人,或何种群体机构,都是人类文化的结晶,是建筑界的奇迹,所具有的规划思想也是一种不朽的精神财富。短短的、并不安定的15年秦王朝史,能创造出这么伟大的文化内容,实在是让后人汗颜。

● 西汉阶段(公元前206年—公元8年)

秦末楚汉相争时,汉先入咸阳而未动“阿房”、而退居坝上,楚后入咸阳却一把火葬送了“阿房”(有点像后代清末的英美联军之对“圆明园”),给建筑史留下了永远的遗憾。不过,后来的历史还是将政权交给了较温和的、先入咸阳的“汉”,让汉高祖再次统一了中国。

西汉定都长安城(今西安西北隅),是在原秦朝的一离宫的“兴乐宫”的基础上建成的。取正南正北朝向,似有将城中轴线置于南北向主道上之计,而后长乐宫居东侧,未央宫、桂宫居西侧,而东西两侧不对称、但却大致均衡(见图74)。这一布局,与秦咸阳宫和汉后的宫城或都城建筑规划布局似有较大不同。若以大朝的未央宫为主轴线,则轴线的西侧缺失甚多,似乎亦不合“礼”制的都城规划布局观念,此处便留下了许多可让人深思之疑点。

当时城用“版筑”,城内排水系统有明沟和地下砖砌涵道。

其时所承袭的建筑理论,大致仍是《考工记》的“礼”的思想;而且,据载,《考工记》作为“礼”的构成内容,还是汉初“河间王”刘德之功。因当时的《周礼》“六官”中“冬官”亡佚(可能是毁于始皇的“焚书”之灾),人们大概不习惯于“礼”的不完整,所缺的“冬官”乃“空”之“司”的内容,故以齐人《考工记》补缺似为吻合(尽管与所“司”之“空”的联系不是很多),则“河间王”此举不仅补齐了《周礼》的“六官”,也使齐人的《考工记》能得以沿传后世至今,其对中国建筑理论发展和研究之功,不可灭也。

因此,流传于后世并正式纳入“周礼”范畴的建筑理论的《考工记》,是始于汉初。而且,这种“礼”的建筑理论,也从此作为中国传统文化的核心内容为后世所承袭和崇奉,成为后世中国建筑的最高圣典。

● 东汉阶段(公元25年—公元220年)

公元8年汉臣王莽代汉,结束了西汉的统治。而后的王莽虽比秦王朝有更长一些的统治存续时间,但也仅是“代汉”的统治,并没有超越汉王朝,仍在汉王朝的框架中代之统治,故王莽的“新朝”一般不被作为一个独立阶段而视之。17年后,刘汉后裔复夺政权而于公元25年建立“东汉”,因其建都“洛阳”(较“西都”长安)而称之。

洛阳城原建于东周,秦、西汉时均在此建有宫殿;东汉则在此基础上建都,在城中轴线上建南北二宫,以三条“复道”连接此二宫,依战国时规制而“前朝后寝”。其中寝居的北宫,后来又向北扩建“苑囿”,更规范和加重了其功能内容。

在中国传统建筑中,具有世界性建筑意义和特征的,主要有两个方面,一方面是城市建设规划,汉初时的“河间王”又将其理论纳入“周礼”中;另一方面是木构架建筑,即以木构架为主的土木结构建筑,后来出现的砖、石或砖石结构建筑,也仍然是以木构架为主体或以木构架为原理的。按照中国学术界传统的观点,认为木构架的奠基人或创立者是鲁班(即公输子,公元前507年—公元?年),是春秋末期鲁国人。鲁班出生于工匠世家,则其技承自家传,这自无可置疑;而其传之于后世者,也主要仅是“技”而已,至今尚未见有任何遗著的记载,故难以得知其在世时的技术水平状况。不过,从出土的汉以来的一些陶屋、砖画像等看来,大概至少在东汉时,就已形成了较完整的木构架系统,且主要是“梁柱式”(或“抬梁式”,见图75)和“穿斗式”(见图76)两种构架形式,并以此传之后世。

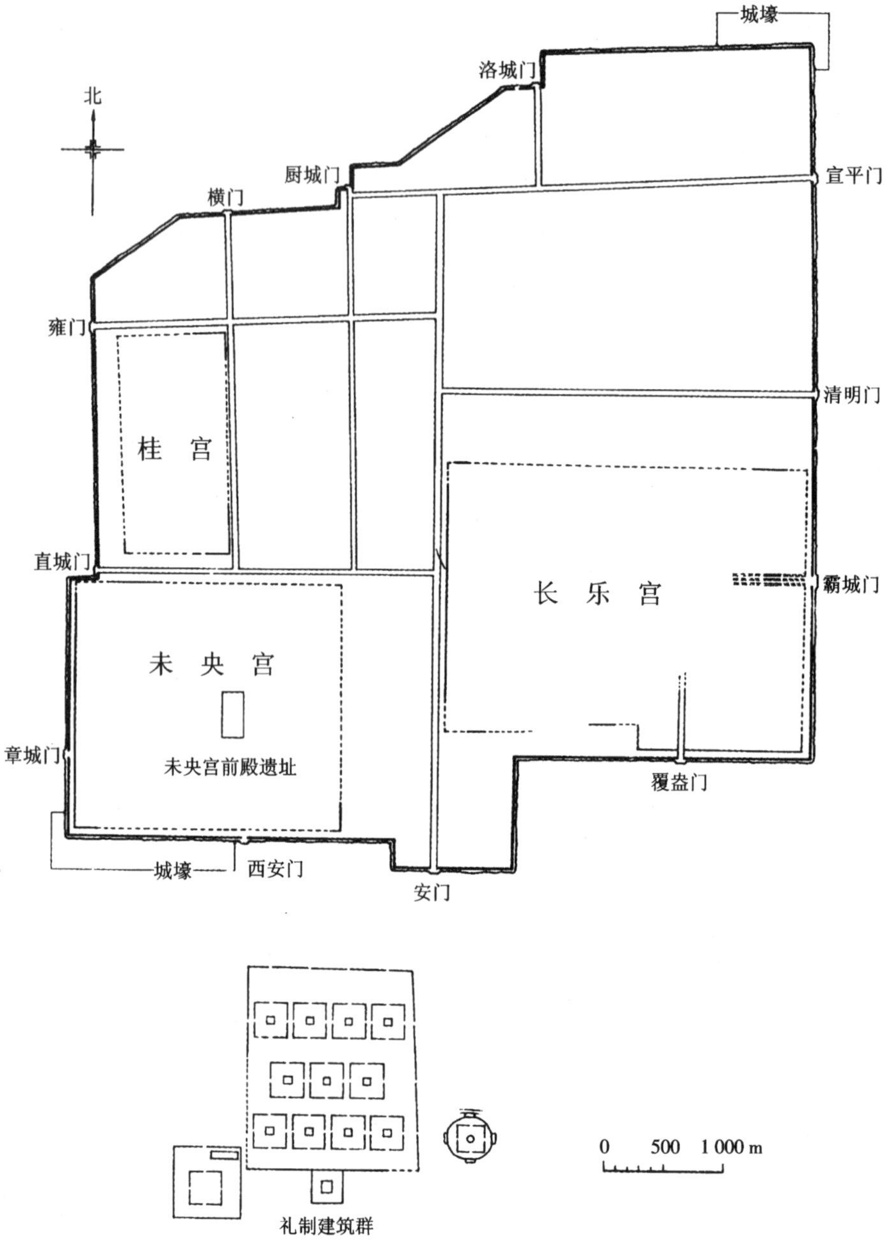

图 74 汉长安城遗址平面

况且，至东汉时，中国数学上自周以来的数学成就汇集的《周髀算经》、《九章算术》两部著作已刊行，书中不仅有数的计算、一次方程的解法，而且还有几何上的“勾股”定理的引用，这在世界数学史上也是最先进的。以此为理论基础，中国木构架结构在这一阶段的形成是毫无疑问的，这同样是一种当令建筑学术界给予铭记的理论成就。因此，在中国建筑学术史上，至少在汉末以前，中国已奠定了城市规划建设、建筑总体结构的理论基础，为整个传统时期建筑学理论的发展，创造了很好的条件，也指明了基本的发展方向。

此外，以中国大陆为中心的其他东亚地区，主要由三个部分构成，北方的游牧民族、南方的马来人、东侧的朝鲜和日本人；至于西侧，已是属中亚地区，且与北方相似多为游牧民族。

中国西、北地区的这些游牧民族，起源虽然很早，如蒙古人，还是人类黄种人之源，但文化演进较缓慢，通常都是在定居后才有较快的演进速度；中国大陆的南方，即为东南亚地区，则大约至中世纪中后期以后，才陆续有较明确的发展史。唯有东侧的朝鲜、日本，才有较早的发展史。不过，迄今所知，朝鲜的文明，大致是始于殷末的箕子（商纣王之叔），《汉书·地理志》载：“殷道衰，

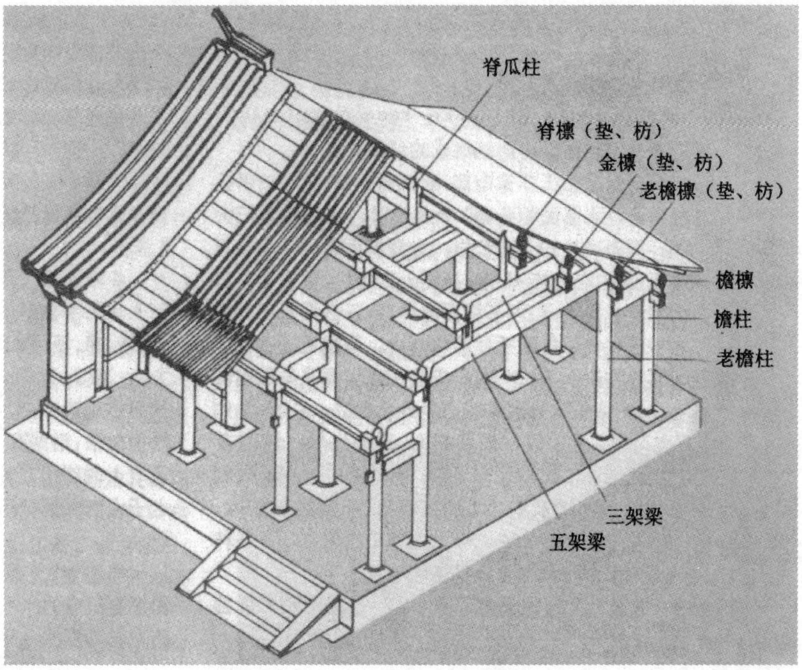

图 75　中国“梁柱式”传统木构架

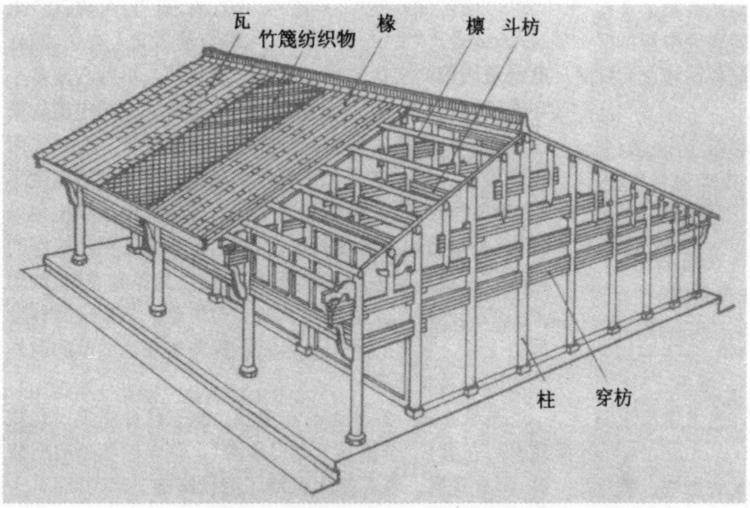

图 76　中国“穿斗式”传统木构架

箕子去之朝鲜，教其民以礼义、田蚕织作。”这才有最早的“朝鲜国”，至汉代，仍大致是中国汉王朝的势力范围，使用汉字。《三国志 · 魏志 · 东夷传》载：“汉以卢绾为燕王，朝鲜与燕界于浿水（约今朝鲜境内清川江——作者注）。”日本则更落后，至中国的东汉时，才出现了阶级社会的分化，由部落形成许多聚居小国；大约在东汉末三国时，才首次形成较大的“邪马台”奴隶制国家，中国的晋代以后才从朝鲜传入汉文化及汉字，这是后话。

故有文化独立发展意义及发展史的，东亚地区唯有中国大陆，然后由中国大陆传播到其他东亚地区，这是下一阶段讨论的问题，容后续论。

10.7　中南美建筑学区史

美洲大陆除了西北角与亚洲大陆间以白令海峡而为最近以外，实是一个独立完整的大陆岛，且分为南北两大块，中部在墨西哥以南有一段窄小不规整的陆地给予连接，而构成美洲大陆。据载，其土著均源于亚洲的蒙古人，而后在近代后均统称为“印第安人”。由于北美寒冷，早期的土著大多南下定居于赤道附近的中南美洲，北美则因此而荒芜，故其大陆的区域文化发展史，便基本上是在中南美地区。此处将讨论的美洲区域建筑学发展史，当然是以“中南美”称之为更准确。

中南美地区的早期文化，主要集中在邻近太平洋沿岸的西部“中南美”区域，是16世纪以后欧洲人进入该区域，才改变了这一区域的长期发展过程。而16世纪以前的这一区域，虽然有甚多文化较发达的部落出现，但形成强盛的文化区域的，主要是中美洲的马亚文化和阿兹特克文化、南美洲的印加文化三部分，而且中美洲文化发展得较早些，印加文化稍迟些，两者似乎还是时空间错位的文化发展独立体，故以下便分别作为一个时代来讨论。

10.7.1 马亚—阿兹特克时代

据考古发现，中美洲地区在一万多年前就已进入了较高阶段的石器时期，公元前2000年已有繁荣的农耕生活出现，不仅有石杵、石臼，还有陶器、纺织的产生；约在公元前1500年左右，孕育了最早的美洲文明——奥尔梅克文明。这便开创了新的美洲时代，而后逐渐衍生和形成了马亚、阿兹特克等不同发展阶段的中美洲文明，这也是将分段给予讨论的各不同的建筑及建筑学术发展的阶段史。

• 前古典阶段（约公元前16世纪—公元1世纪）

以一般的文化发展理论而言，文明是文化发展达到一定水准时所出现的一种新文化现象，所认定的发展水准人们称之为“文明标志”或“文明要素”；而被认定的文明标志或要素甚多，其中最主要的为文字使用的出现。美洲最早的文字出现于公元前1500年左右的墨西哥中部，也是一种“象形文字”，史学界一般称其为“奥尔梅克文明”①，也有称之为“狄奥提瓦干”（Teotihuacan）文明（因其城有当时的文明遗址的发现而称之，城在今墨西哥城西北五十公里的高原地区）。这便为后来的中美洲的文明发展奠定了基础，或者说开辟了文明先河，史称为“前古典”阶段。此外，奥尔梅克人创造的历法——1年365天（18个月、每月20天，另在岁余再加五天），也为其文明的形成增添了佐证。

在这一阶段，墨西哥中部地区出现了许多金字塔，著名的有在“狄奥提瓦干”出现的、约在公元前3世纪建的“月亮金字塔”、“太阳金字塔”（参见图59）等，是祭神的宗教场所（前者祭月亮神，后者祭太阳神）。月亮金字塔高43 m、基150 m×120 m，坐北朝南；太阳金字塔，高65 m，基225 m×220 m，坐东朝西，内尚有三座小金字塔（据传，其各部落间常有战事，胜者可增建小塔纪念，因该城曾三度易主，故有三座小塔建于其内）。两塔顶均还建有神庙，分祭月亮神和太阳神，故亦称“塔庙”。

狄奥提瓦干城，约在北纬20°、西经98°，太阳和月亮对地球而言，都是东升、西落的运行规律，且太阳一年四季均在南北回归线上来回移动。月亮金字塔坐北朝南可理解，太阳金字塔坐东朝西、向日落之处，这又如何去认识？其时中美洲人已有相当准确的“太阳历”的历法及相应的科学知识，为何其“太阳金字塔”会取这一朝向？其塔是以“太阳神”为主要功能对象，甚至挖出活人心祭献太阳，难道其认为的“太阳神”是在西方？

其时，中美洲的奥尔梅克人不仅创造了历法，也发明了数字及计数法，而且计数与历法似乎还是同一体系的。其数字是“廿”进位法，则第一位数字是0~19，第二位数字是20~399；但第三位数时，却是“十八”进位法，即400以上的三位数是以“十八”进位的。其理为何（据说是手脚并用才创出20个数字来的）？这当然是古典数学和数学史的问题；不过，其同时期发明的历法的20天为一月、18个月为一年的“太阳历”，却给人另有所思。或许这两者有某种必然的联系，这显然是一个值得人们深思的问题。

这种特有的计数法，对当时及后世的建筑的支配或影响作用，显然应该是相同的。至于其“金字塔”建筑，学术界有人认为，公元前800年—公元前680年间，曾有埃及人到过美洲大陆②，或许是埃及人给带来的。不过，埃及金字塔是“法老”的墓葬，中美洲的金字塔是祭神的

① “奥尔梅克”，意“橡胶地区的居民”，主要聚居于特万特佩克地峡北侧海湾地区。该文化盛于公元前13世纪以后，这与狄奥提瓦干文明相近，或许可认为是坎佩切湾沿岸的两个相近而不同的文明。

② 参见庄锡昌等主编《世界文化之谜》（第一辑），上海文汇出版社1986年9月版，第166页。

“塔庙”，两者却是有功能上的较大区别的。

●古典阶段（公元1世纪——公元10世纪）

在奥尔梅克文化或狄奥提瓦干文化的基础上，中美洲中部的狭小的过渡地段（包括现在的墨西哥南部及尤卡坦半岛、危地马拉、萨尔瓦多、洪都拉斯等），公元后逐渐形成了新的马亚文化，建立了城邦；至公元8、9世纪进入了鼎盛时期，计有城邦一百多座。然而，约在9世纪末、10世纪初，却突然“北迁”，似乎像是“激流勇退”，后人因之而叹息、而迷惑，也因此而留下了一个未解之谜。对此有人猜测是瘟疫流行、地震灾害或外族入侵、阶级反抗、耕种有误，等等。但现代学界更多的还是赞同“厄尔尼诺”现象的缘故，而迫使其“北迁”内陆地区。于是，这也就形成了一个特殊的文化阶段。

其时，各城邦都已有高大雄伟的建筑，有的宫殿建筑堪与欧洲最大的宫殿媲美；同时，其继续在建着金字塔，如提卡尔（Tikal，在今危地马拉东伯利兹境内）城内的金字塔，约建成于公元6世纪初，高达70多米，远望就像一位魁梧的将军，塔顶仍有庙宇、塔内窄小为殿堂（见图77），与前古典阶段的金字塔相似。马亚建筑的最大特点是巨大的石雕装饰，基本上每一幢建筑都有，而且装饰图案精美华丽；还有一点让人甚是惊奇，其正立面的装饰图案多为“蛇形之脸”，与中国公元前16世纪至公元前11世纪商代的装饰图案几近相似，甚至有大致一样的“蛇形”饰纹，只是商代的中国“蛇形”饰纹是出现在铜器的祭皿上的①。

古埃及在公元前28世纪就已有的金字塔，据说在公元前9世纪至公元前7世纪曾有埃及人将之传入中美洲，而使其有了相近的金字塔，只是功能稍有差异而已；古中国商朝的“蛇形”装饰于铜器皿上的图案，公元1世纪以后，几乎一样地出现在中美洲马亚人的建筑饰面上，这或许也是文化传播的结果。若果如此，则中美洲与欧亚非大陆的联系早就存在，并非后来的“哥伦布”才发现了“新大陆”，才有了外域文化对美洲的输入。当然，这还需要作更有说服力的考证，来证实这一结果或文化现象。

图77　古中美洲公元6世纪“提卡尔”金字塔庙

马亚人尚有立石柱记事的传统，以记录当时发生的一些事件，迄今所发现的最早的石柱始于公元292年，而不同城邦立石柱的情况不同。不过，都大致是每20年立一根石柱，这一点却是相近的。这大概也是第一位数的计数法所决定的立柱记事周期。至9世纪末、10世纪初，随着马亚人的“北迁”，立柱记事也就随着相继停止了。所遗留下可供后人们研究的，则就是公元3世纪至公元10世纪之间的这些立柱。

●后古典阶段（公元10世纪—公元1525年）

在古典阶段，与马亚人共存的还有其北侧的托尔特克人（Toltec）②，托尔特克人从公元4世纪起就出现于墨西哥各地，至6世纪以后便聚居建城，并建立了以首府“图拉”（在现墨西哥城北侧一百多公里处）为中心的聚居区。同样也在公元9世纪末、10世纪初，与马亚人相似地突然遭毁，或许也是“厄尔尼诺”现象之故。

此后，原居于加利福利亚半岛及邻近海岛上的阿兹特克（Aztecs）人，代之而进入并定居于该区域，在吸收了已有文化的基础上，逐渐强大起

① 先秦及更早时期，中国南方越地早有“蛇”的崇拜，至今尚有东南沿海泉州地的“拍胸舞”者头戴“蛇形箍”的遗存现象。参见陈凯峰著《泉州民俗与多元文化》，载泉州闽台关系史博物馆、泉州民俗学会主办《闽台文化》第6期，2005年元月版，第136～137页。

② 实际上在中美洲的古典时，也不仅有马亚人和托尔特克人，还有诸多其他较小部族，如墨西哥沿岸、委拉克鲁斯州东海岸中部的埃尔达清人，又如以阿尔班山为中心的萨波特克人，等等。

来，并在1325年建立“特诺奇特兰城”（即后来的墨西哥城），至15世纪前期，已发展成为势力达整个墨西哥中南部的帝国。其府城的“特诺奇特兰”，是拥有10万人口的大城市，宫殿、塔庙等高大的建筑甚多，特别是有40多座金字塔，最高的有36米，基底面积达1.6万平方米；却仍是太阳、月亮、云雨等自然存在的神的崇拜，且同样是生人献祭，是一种相信灵魂永生的自然崇拜的宗教信仰。

其历法、文字、计数等文明，均在承袭了马亚、托尔特克文明的基础上发展的，故与马亚文明、托尔特克文明很相近。

10.7.2 印加时代

与中美洲几乎平行发展的是南美洲的印加文化。虽然南美洲的居民是来自亚洲的蒙古人，但南下定居于南美洲后，基本上是独立形成其文化的。尽管我们在此将其作为一个“时代”来讨论，然其并非是马亚—阿兹特克时代的沿续，而是平行形成和发展的另一种文化演进的时代，这是讨论中南美洲区域发展史的一种特殊情况。

在特殊独立发展的印加时代，印加文明的形成是漫长的，于是，我们在此将其分成印加文明形成前和形成后两个阶段来分别讨论。

- 前印加阶段（公元前16世纪—公元11世纪）

南下的美洲蒙古人主要定居于南美洲西临太平洋的安第斯山脉的高原地区，迄今的考古结果，约在公元前8500年左右已有定居生活遗址的发现，由采集、渔猎到农耕，至公元前16世纪以后，相继形成了一些文明区域及文明。

公元前16世纪以后，在安第斯高原北部的“莫纳斯河”流域（指在今墨西哥境内）形成了“查文”（Chavin）文明，已有崇拜虎神的大石庙宇建筑出现，装饰图案以虎纹为多，包括其他的石刻、陶器、金属制品等也多有虎纹图案。

公元前11世纪以后，在（安第斯高原北部）“查文”文明西侧的太平洋沿岸地区，形成了“摩揭”（Moche，也译为“莫切”）文明，至公元4世纪以后已形成了阶级社会，有庞大的农业灌溉工程，其渠道长达百余公里，越山跨谷筑引水槽。“摩揭”文明也有自己的金字塔庙建筑，著名的也称“太阳金字塔”（高约50米，基底宽136米、长228米）及“月亮金字塔”（高约21米，基底宽60米、长80米），均以日晒砖砌成，塔顶为庙。

公元4世纪后，安第斯高原中部的“的的喀喀”（Titicaca）湖东南侧（在今玻利维亚境内），又形成了“蒂亚瓦纳科”（Tiahuanaco）文明，并以精美的巨石建筑闻名于后世，著名的“太阳门”就出现于此（见图78）。“太阳门”是由一块高3.048 m、宽3.962 m、重达百吨的巨石镌成的，因其中央凿有一门洞，且据说每年9月21日黎明的第一缕阳光总是先从门中射入，故得此称。而此门作何用途，众说纷纭，有认为是一宗教场所的门、有认为是大商业中心之门，等等，但作为某一组建筑的一部分这一点却是一致的。也就是说，“太阳门”不是孤立的建筑，而是一组庞大建筑群的一个构成部分。

图78　古南美洲公元4世纪“蒂亚瓦纳科”文明的太阳门

公元9世纪后，“摩揭”文明由盛而逐渐衰落；至11世纪，代之而起的是“奇姆”（Chimu）文明，并突出地表现在金属器的冶炼和锻造上，也打造出各种坚硬的开山采石工具，如斧、凿、钎、锤等，为其时及后来的“印加”所构筑的大量巨石建筑提供了可能，这应该说也是建筑技术及工具上的一个巨大贡献。

由此可见，南美洲的“前印加”文明，主要集中在安第斯高原的中北部地区，即大致为现在的秘鲁及临近区域。

由于当时的文明程度不平衡，特别是文字上的落后，所留下的更多是建筑遗构和遗物，人们只能通过这些遗构和遗物来认识“前印加”文明。

● 印加阶段(公元11世纪—公元16世纪)

"印加"(Inca,意为"太阳的子孙")人,据其传说,太阳神在"的的喀喀"湖的岛山,先创造了一对男女,其结为夫妻,印加人便是这对夫妻的后代子孙。11世纪,这个"太阳的子孙"的新部族,就按太阳神的意旨定居于"的的喀喀"湖西北侧的"库斯科"谷地;至13世纪初,才建立起包括其他许多小部族的区域性国家(即大致是现在的"库斯科")。很显然,印加国是建立在此前的"蒂亚瓦纳科"文明之上的,是承袭了其文明的"太阳神"崇拜,这才有其部族的传说,或许"太阳门"建筑及可能有的建筑群,在此中起着关键的启发和引导作用。

至15世纪末、16世纪初,即第十代王图帕克(公元1471年—公元1493年在位)及其继嗣者的统治时期,在南纬约0°~30°之间的安第斯高原地区,建立起强盛的"印加王国",且以都城"库斯科"为中心。承袭了此前的北部的"查文"文明、"摩揭"文明及由此而形成的"奇姆"文明,南部的"蒂亚瓦纳科"文明,形成了新的印加文明,包括语言、历法、计数等。

按照民族学的看法,认为印加人是源于南美最早的居民的"克丘亚族"(另有"摩揭族"、"艾马拉族",合称南美早期三大部族)的一支,故后来印加人的语言以"克丘亚语"为通行的标准语,据中国明天启年(公元1621年—1627年)成书的《职方外记》载:"凡天下方言,过千里必须传译,其正音能达万里之外,唯中国与孛露而已。"此"孛露"即是秘鲁的异译,所载其"正音"(指通行语言)可"达万里之外",则这也说明了其疆域的广阔。

历法采用"阴阳合历",即"太阴月"和"太阳年"的"合历"。一年为太阳公转的365天,且以太阳在南回归线的"冬至"为第一天;一月为月亮圆缺一次的30天,每月还有三个十天的"长周"之分,每年另有一个五天的"短周"。

计数为"结绳记事法",这算是比较原始的一种计数法,为了辨别不同物的计事,采用不同颜色标志来区别(这是人类早期罕见的以"色标"分类的现象)。

在此文明环境里,印加人的建筑也很是繁荣,建筑类型亦多,殿堂、庙宇、堡垒、作坊、居宅、园林等建筑均有之,都城库斯科(建于海拔3 000 m的高原盆地里)还有用黄金和宝石装饰的"太阳神"大神庙、庙园的"黄金园林"等令人赞叹的建筑。印加建筑又以石构、金饰为最主要的特征,甚至有上述被称为"黄金园林"的庙园,这在建筑史上,恐怕是绝无仅有的。

可惜,其使用的"克丘亚语"虽"能达万里之外",却也未见有其文字记录的这些辉煌语言和历史,故后人无法更多地认识南美洲的印加建筑及其文化的发展和思想意识的蕴涵。

就在印加文化发展的极盛时期,西班牙人窜入了这片土地,不理性的掠夺摧毁了其文明,石构金饰的建筑成为其主要的掠夺对象,留下的仅是幸存的残缺的花岗岩遗构,也就使印加文明成为再也难以完全读识的谜。

11 建筑学混融史

人类建筑学理论产生于各文明区域，这就是上文所谈到的“区域史”；区域的各建筑学理论发展到一定阶段，随着人类文化的膨胀发展，原独立发展的区域间，出现了交叉或交汇、混合或融合的现象，这就是建筑学理论发展的“混融史”。

随着人类文化的继续演进发展，建筑学理论的交叉或交汇、混合或融合的途径和方式亦逐渐被丰富，这其中有自然影响因素，也有人文影响因素。无论怎样，人类不同区域文化交汇混融的方式是增多了，由简单的陆上行走迁徙交汇、到利用舟楫跨海交汇，直至借飞行器的凌空飞越自由交汇等，使区域间交叉或交汇的建筑学理论更深入、更彻底，也同时促进了建筑学理论的新发展。以致，不同的交汇方式，形成了不同的建筑理论发展进程和演进速度，这就有了特征不同的不同建筑学混融时期的出现，构成了一个新的建筑学理论的发展史。

11.1 建筑学混融时期的划分

建筑学区的划分是空间性的划分；建筑学史的划分则是时间性的划分。当人类不同建筑学区之间出现了交叉或交汇现象时，则学区之间的界线便被打破，即逐渐模糊了其界线。而区域间模糊界线的发展，当然主要是模糊程度不同的阶段性发展。故而，建筑学理论混融史主要是时间性划分的不同时期的被区分和认定。

11.1.1 建筑学区混融的必然性

建筑学区的混融现象是人为创造的，但这种创造不是偶然产生的，而是发展的一种必然，是由文化本质决定的。

建筑是人类创造的一种特殊空间，只有人类创造的这种空间，才是建筑。人类是动物，是一种具有特殊内涵的动物，文化人类学家在近代的科学研究中，赋予这种特殊内涵的东西定称为“文化”。就是说，人类是有文化的动物，除了文化以外，其他的存在都是一切动物所共有的东西，大致形象地概要而言，是“动物”加上“文化”的东西而形成了“人类”，建筑就是文化中的一部分。

人类原本与其他动物一样，也是混居于大自然的，也与其他动物一样会构筑自己栖居的巢、窟之穴。一般而言，飞禽类动物，大多筑巢于地面之上的空中，或依崖而构，或傍枝而筑，最常见的就是利用树叉构筑的“禽巢”；爬行类动物，则大多掘穴于地面之下的洞里，且不同的动物根据自己的特有习性就掘出不同的“兽穴”来。无论是飞禽类动物、还是爬行类动物，都是类聚而居，各自本能地选择宜于自己生存栖居而构其居所——“禽巢”或“兽穴”。前人类时期（即人类演进形成前期）的人类也相同，同样是自己聚居于相宜之所的，而且其居所以现今的视角看来，主要的也是地面之上的“巢居”和地面之下的“窟居”两大类，也许是自己构筑的、也许是仿于其他动物而构筑的，应该说都仍是一种本能所为的结果。只有在创造了有别于其他动物的居所、同时也创造和独立了人类自己时，即创造了文化以后，这才是人类非本能的真正体现。可见，建筑也应该是人类文化形成的一个主要标志，甚至可以说是比较重要的标志。

当然，人类早期的建筑都有一个较明显的区域特征，潮湿地区的人类所居都较接近“巢居”，也大概是由“巢居”演进而来的；干旱地区的人类所居则多与“窟穴”相似，同样可能是由“窟居”演化而来的。但无论是较接近“巢居”，还是与“窟穴”相似，最终都合而归于沿续至近现代的地面建筑。对此，人们能说是一种巧合？准确地说，这是人类文化演进的一种必然结果，是人类共同创造的文化的本质特性决定的。

以现今的眼光看，人类建筑是“巢居”和“窟居”融合的结果。台基大致是来源于“窟居”，屋顶大致来源于“巢居”，墙身则两者皆有。以此台基、墙身、屋顶便构成为所有的建筑。“巢居”地区从“窟居”上习得了台基座，而放下了其居所；“窟居”地区则从“巢居”处学到了屋盖，而上升了其居所。那么，两者的相互学习，从而改变了其居所形式，最终达到了相混融的人类建筑发展的结果，这是仅以建筑形式而论的现象。

若以文化本质论之，亦是一种混融必然。

文化以有别于其他动物而产生，产生后的文化仍以创造出更多有别于其他动物的内容为己任，即所创造的文化越多，则与其他动物的差距越大，且其后者的差距才是文化的目的。而与其他动物的差距，除了自身的创造可以增加其差距以外，不同区域的相互学习不同的文化内容，同样可以丰富自己的文化内容，也以此拉大与其他动物的差距；而且，学习文化比创造文化要容易得多，文化的发展速度的增长也快得多。因此，人类创造了文化以后，便以"学习"的方式来增强自己的文化内容，这是其自身的一种主要的本质特征。

作为文化内涵构成要素之一的建筑，同样是受这一本质特征支配的。

无论是"巢居"、还是"窟居"，其本身对人类生活来说，并不方便，更不是完善的栖居方式。当然，为什么人类都在后来不约而同地选择定居地面的建筑方式，也许是一个难确证的谜，因为人们很难找到可确切引证的证物或原始记载。然而，以人类创造了文化和掌握了文化的能力而言，敏锐的观察眼光是具备的，而文化则赋予了人类虚含广博的能力，"汲取"成为人类文化发展的一种能量和动力补给的基本行为，即人类不能没有文化发展，文化发展就必须在生存环境中去寻找能量和动力的"汲取"补给。因此，广泛取舍于自然环境成为一种必需，而可能有的来自不同居所形式的信息传播，更是其"汲取"所认定的佳品。于是，"巢居"习得了"窟居"之信息而"下放"、"窟居"得到了"巢居"之启发而"上升"，两种原始居所形式混融现象便逐渐产生了，文化在此中起到了决定性的支配作用是显然的。

从此，文化动物的人类再也无法离开文化而生存，居住生活环境是由文化的建筑构成的，生命存续的能量补给也是文化的食品，行为活动更是以人类非本能的文化为主导。于是，在文化意识的支配下，建筑的混融就成为后来人类建筑史的主要发展趋势，而且是由浅而深、由形式到意识的逐渐深入的混融，而后逐渐演进成为人类自己的建筑构成的一个不可分割的内容或要素。那么，这种由文化支配所形成的建筑发展的混融现象的出现和形成，当然就具有必然性特征存在。

11.1.2 建筑学区混融的过程概要

实际上，在上文的"区域史"里，混融现象就已经存在，各文明区域的建筑学理论的发展，就已经在混融中完成其演进，特别是地中海东侧的沿岸地区，是欧亚非大陆的枢纽，西亚、北非、南欧等的文明就是在相互浸透中形成的，古埃及的亚历山大图书馆聚集了当时地中海沿岸附近各地区很多的科学家、哲学家等学者，使之成为一个科学研究的中心；古希腊帝国、古罗马帝国都曾建立了跨有欧亚非大陆的鼎盛时期，也以此孕育了不朽的《建筑十书》典著，并影响到了相邻的欧亚非地区，各地区相继出现了受古希腊、古罗马建筑影响的"希腊化"、"罗马化"阶段，这应该说已是建筑混融的一种现象，或者说是建筑混融的序幕已被揭开。

尽管混融的序幕已被揭开，但大致至中世纪初期，各地区还是相继形成了各具特征的建筑学区，并具有相对的独立体系以及独立的建筑风格。故而，真正具有严格意义的建筑学区的混融过程，是进入了中世纪时期后出现的。当然，各区域的发展并不同步，难以有划一的断代划分标志点，更多的还是一种模糊状态，此处只能大致取欧亚非大陆建筑学区的发展状况论之，给模糊状态的建筑学区的混融发展史理出几条稍清晰的线索，以便人们的读识。

事实上，建筑学区的混融是与时逐渐扩展的，这似乎与混融的方式有一定联系或关联。以混融的区域而言，先是毗邻的欧亚非大陆的混融，这是由地中海东侧沿岸的欧亚非大陆枢纽扩展形成的；然后是欧洲、美洲、非洲中南部等地区的参与或加入混融，并且主要是由欧洲大陆担当主角来拓展这一"质"的飞跃混融的；最后是没有国界、洲界的全方位的混融跃进，是由单向单线拓展演变为多向多线互动混融的"质"的新飞跃。以混融方式而论，则是由初期的陆上传播混融为主开始，进而演为越洋混融，再而又跃为凌空互动交流混融的新方式，而且这些演进也都有"质"的飞跃性质。如果再引入"时间"概念且将两种不同的发展演变方式结合而论，那么，人类建筑学区发展的混融过程就更明确了。

第一，主要是中世纪及其前后的欧亚非大陆的陆上传播的建筑学混融过程。

在地球上，陆地是成块状分布的，其中欧亚非大陆是最大的一块大陆，其他的则似乎是游离的陆地,而欧亚非大陆也是人类文明最集中的大陆。当然,也只有文明的多支存在,才有文化交流、混融的可能。欧亚非大陆显然是建筑学混融现象出现的最早区域。

欧亚非大陆的人类文明主要分布于北纬20°以上的北半球,且为东西向分布排列,自西而东主要有埃及文明、克里特文明、巴比伦文明、印度文明、中国文明等,由北非、南欧、西亚、南亚而东亚,大致成东西向带状分布。于是,最早的人类文明的传播、建筑学理论的混融,就在地球的这一“条状”的传播带上出现了。

由于最早在这一东西传播带上输送的主要是生活资料,且以“丝绸”最著名,故后世称之为“丝绸之路”①,这条传送之“路”,实际上是地中海沿岸地区与亚洲大陆的传播带。而地中海沿岸地区的建筑学理论的混融,在此前早已存在;至于“丝绸之路”的开辟,至少也在公元前后就已出现或通行。

“丝绸之路”的两端是南欧的希腊、罗马帝国和东亚的中国,两端之间有西亚、中亚、南亚诸文明区域或古国;希腊、罗马帝国势力达整个地中海沿岸,包括北非、西亚等地区,中国文化则几乎辐射至整个东亚。于是,这一条状的传播带实际上已将整个欧亚非大陆纳入其传播、混融范围;而且,“丝绸之路”并非仅一条道路,而是逐渐拓展的一束通道,是由东亚到南欧或北非的数条大致同向的通道组成了这一“丝绸之路”的整体(见图79)。

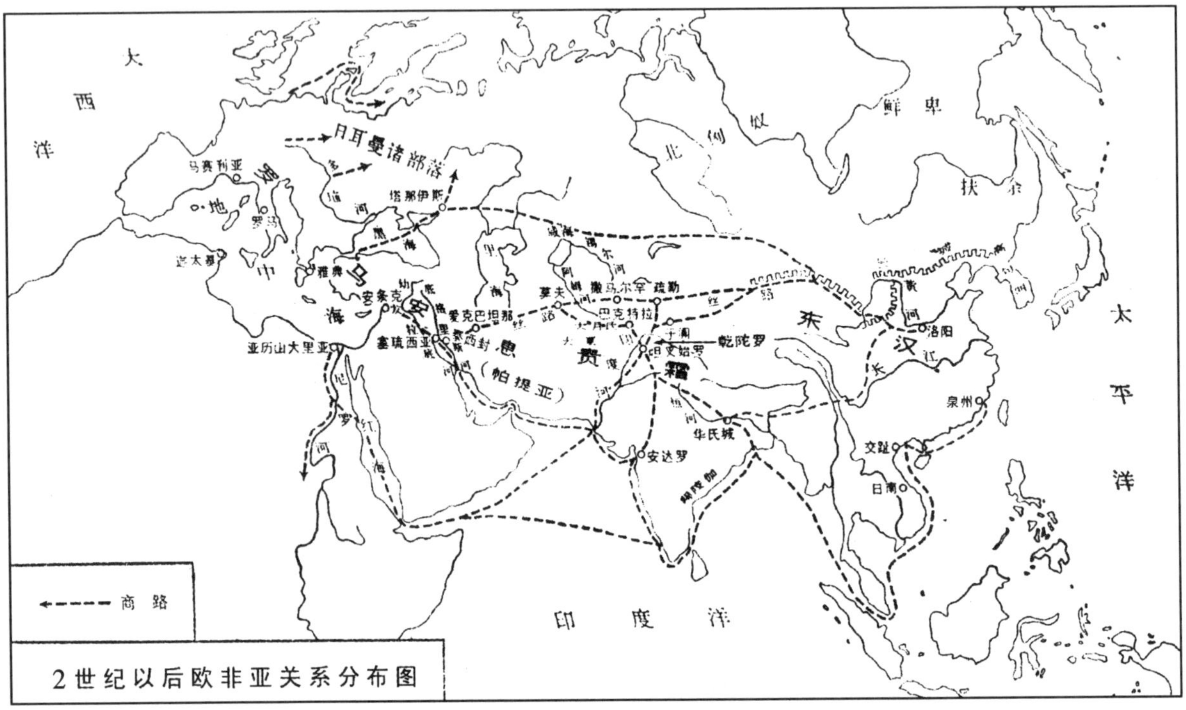

图79 公元2世纪以后欧、亚、非“丝绸之路”分布

那么,沿着这一东西向的通道,希腊、罗马建筑及其理论逐渐向东传播或渗透,也吸取了东方文化及建筑的精华来增强自己、丰富自己;中国建筑则逐渐西向中亚、西亚及地中海地区,也陆续兼容了来自西方的建筑。于是,这便构成了一个相互兼容而混融一起的特殊建筑时期。而以总体发展史看,这一时期的混融,更多的是混合而非融合,这在西方和东方都是相似的,也是一个必然的混融发展过程。

第二,主要是15世纪末以后揭开的欧洲对美洲、澳洲等海上传播的建筑学混融过程。

陆上传播主要是在欧亚非大陆之间,游离的美洲大陆和澳洲大陆则未能享受这种传播形式的硕果。不过,在美洲或澳洲以及澳洲与亚洲之间的诸多岛屿等区域,实际上也是早有其自己的文明或文化的存在,只是这些区域被海洋隔离开

① “丝绸之路”,是1870年德国地理学家李希霍芬首先提出这个称谓的,后逐渐被世人所认可。

了与欧亚非大陆的联系（据地质学的观点认为，是冰河期后出现的这种地球上陆地块状分布的状况），而后形成了大小文化或文明“孤岛”。

事实上，人类对文化的海上传播并非始于15世纪哥伦布的发现“新大陆”，在此前的数百年或一千多年前就应该有之。如，地中海地区的早期人类文明的传播，或许已有非绕着沿岸陆地的传播，而可能是横渡地中海的越海传播；考古发现认为，非洲南部的马达加斯加与四五千年前的印度河古文明似乎也有着一定的渊源关系，这只能是跨印度洋的传播；还有上文提到过的，中美洲文明的建筑“蛇形神”面饰与中国商朝的铜器皿的饰纹十分相似，这也极有可能是渡太平洋的传播。何况，在哥伦布之近百年前的明成祖时（15世纪初）的郑和下西洋，其规模更是哥伦布所望尘莫及的壮举。然而，这些已有的或可能有的海上传播，都没有揭开一个文明的传播时期。故一般认为，主要是15世纪末哥伦布之后才有和展开的海上传播方式的文化大交流。

以此为序幕，16世纪以后，美洲大陆、澳洲大陆这两个大陆相继被强制性地植入欧洲先进文明；也大约在此稍后或同时，东南亚诸岛国、撒哈拉大沙漠以南的中南美洲，也主要是通过海上传播的形式，植入了新的欧洲文明。这样，除了不适宜人类生活的南极洲大陆以外，地球上的几乎所有大陆、岛屿已基本上被纳入人类文明的传播范围，而且主要是以欧洲文明及建筑理论为主导的传播方式。由于人类各区域文明或文化发展的不均衡，文明或文化内容的差异甚大，且根据文化传播规律而论，文化及建筑传播的逐渐深入是缓慢的，其传播深入过程中混融现象也是必然现象，这又形成了一个新的传播和混融的建筑学发展新时期。

第三，是20世纪中期以后的世界全方位传播的建筑学混融过程。

既然文化混融是文化发展的必然过程，则文化混融后的文化趋同便是文化发展的必然结果。因为人类及其文化是渴望文化交流的，交流后的混融现象仅是时间概念上的一个暂时过程，而随着混融的逐渐深入，即“混”与“融”的构成比例逐渐发生变化，由“混”多而逐渐过渡向“融”多，那么，相融文化增多的终极，自然是趋同的最后结果。

由文化及建筑的发展规律而论，文化及建筑的交流是逐渐深入的，先是“形”的建筑的传播，然后是“心物结合”的风格或样式的混融，最后是“意”的建筑学理论的汲取和融合。也就是说，建筑物、建筑风格、建筑思想及理论这三层结构是逐渐深入混融的，直到三层结构的完全结合，才完成了其趋同的全过程，则这一完成趋同的全过程，当然是“全方位”的混融过程的结果。

然而，建筑物的移植构建、建筑风格的交汇是较容易实现的，要达到建筑理论也纳入混融，特别是由“混”逐渐地向“融”的过渡，则是一个非常困难的问题，这也是20世纪末、21世纪初的人们所正竭力开展的一项重大研究工程，并成为将逐步实现的一个建筑学理论问题。

自16世纪以后，欧洲建筑及建筑理论居建筑传播和交流的主导已现端倪，特别是20世纪的两次世界大战以后，战后的人类生活环境的恢复建设需要，客观上为欧洲或西方建筑及建筑理论的广泛应用提供了可能。于是，为了适应建设需要，推行西方建筑理论的教育和研究也成为潮流，并逐渐取代了各地区各自的传统建筑理论研究和教育的主导地位，也试图推行世界性意义的统一的建筑师制度，这实际上已为建筑理论的研究和教育的世界整体趋同跨出关键性的一步。

当然，西方建筑理论的占据主导地位，并不意味着各地区的传统建筑已不被人们所重视和研究；事实上，西方建筑理论并不排斥对其他地区建筑理论精华的汲取，甚至是具有相当大的宽容性的，这当然也是欧洲文化或西方文化的一个主要特征。以西方建筑理论为主导，汲取其他各文明区域的传统建筑理论精华，因此而构成20世纪中期以后的世界建筑理论发展的基本趋势，则这一“主导”和“汲取”的发展过程中的世界建筑理论，当然仍是一种建筑学理论的混融状况。那么，在世界还未实现完全的由“混”到“融”的过渡过程中，显然还是处于一种混融过程的时期，只是这一状况似当已进入了一个新的建筑理论混融过程的后期。

由此可见，人类建筑学理论的混融过程是缓慢而漫长的，随着人类文化之力的增强，由相邻区域间的“陆上”交流混融、到远隔地区间的跨海越洋的“海上”交流混融，直至无障碍的“空中”交流的突破以后的全方位混融状态的出现，人类建筑学便将进入下一个新的建筑学理论发展时期，这是人类文化发展的共同目标。

11.1.3 建筑学混融史的不同时期的划分

由上述人类建筑学混融史的概要过程的分析看，世界建筑学理论混融史的断代划分，只要有明确的时间性的发展特征区别，都可能成为其一种划分方式。于是，根据概要过程分析而言，这显然有多种不同划分方式。

其一，以交流混融的区域看，是随时间的推移而逐渐扩展其混融区域的。先是欧亚非大陆之间的交流，且主要是五大文明源地的埃及文明、巴比伦文明、爱琴文明、印度文明、中国文明之间的相互交流，以及向邻近区域的辐射拓展，构成最早的建筑理论交流后的欧亚非大陆混融圈；然后是美洲大陆、中南非洲大陆、澳洲大陆等区域的加入混融，且主要是地中海北岸的“爱琴文明”经过中世纪的低迷、衰败或偏极以后，在15世纪以后的重新崛起而扩张侵入美洲、中南非洲、澳洲等区域，其他文明则相对保守、自我满足尊大而固步自封，呈现出“欧洲”一支独秀的新的混融现象；随着独秀的欧洲文明的兴盛和扩张发展，以欧洲文明为主体的西方文明逐渐吞食了美洲、中南美洲、澳洲等区域，并逐渐成为一个膨胀了的新文明体，在膨胀的同时，将其文明侵入曾妄自尊大而自封的其他文明区域，呈现出一种新的混融状况。显然，可因之而将这个具有阶段性的发展过程，划分为相应的建筑学理论交流混融的不同时期。

其二，以交流沟通的途径看，是由陆上到跨海、到全方位的交流混融。早期的五大文明源地之间的交流是毗邻的，似乎是在同一块大陆（欧亚非大陆）上的交流，也限于人类文化之力的尚弱，仅能沟通陆地间的交流，而主要是沟通这块大陆东、西方的“丝绸之路”，以此来传播建筑学理论所呈现的混融现象，亦可因之而称为“陆上交流混融时期”；随着文化交流后促进的人类文化之力发展的增强，海洋对人类文化交流的阻隔逐渐被打破，由大小河海的跨越，逐渐发展到大洋的横渡，并逐渐发展成为重要的质变的传播途径，使地球上几乎所有大陆都被新的传播线连成一块，从而进入了一个人类文化交流传播混融的新时期，同样亦可依据沟通途径的特征而称这一时期为“海上交流混融时期”。实际上，无论是“陆上交流”时期、还是“海上交流”时期，北非西亚文明、南亚文明、东亚文明都没有受到太多的、足以引起质变的冲击，各文明区域大致仍是其各自的传统思想居主导地位，只有到了二次“世界大战”以后，抚平战争创伤、重建生存或生活家园的急迫的客观要求，才让西方建筑文明显示出其最大的优越性，没有地域差异限制的、由表及里的“全方位”文化交流才真正被揭开，世界各大陆间的交流、汲取而呈现的混融现象，不再是单元或二元的交汇，而是多元的深入混融，这当然又是一个新的混融时期，故可总结性地称为“全方位交流混融时期”。

其三，以交流主体双方或多方的地位看，是由多方主动交流到欧洲文明单方向外浸透、到取得混融主导地位的过程。人类多元文明大致独立形成并各自雄居一方后，文化本质决定了各文明区都有的一种“交流欲”。于是，主动与相邻区域甚至是文化之力可达的遥远区域的交流，是各个区域均有的必然现象，应该说，这种交流是多元主动的，可称该时期为“多元主动交流混融期”。而中世纪后期，诸文明区多在徘徊中摇曳，甚至是一种意识形态的满足自封，唯独欧洲文明改革后又崛起，并在一种具有世界性意义的“人文主义”的旗帜下，向世界各大陆输出；不过，大概是由于其“人文主义”修养不到火候，使其文化输出方式呈现出一种带有较多“掠夺”性质的不理性行为。由于其他古老文明区的满足自封及发展惯性和体系的缜密而使其难以侵入，其不甚理性的扩张侵入欲，便促使其转向文化之力相对较弱的美洲、中南非洲、澳洲等区域。然输出方的不甚理性与输入方的承受能力限制的双重缘故或原因，使这类传播演成为一种主动与被动相对立的传播状况，这又形成为一个“一元主动交流混融期”。而随着欧洲文明不理性输出的理性化演变、其他文明对欧洲文明被动性认识向主动性认识的转变，欧洲文明的“世界性意义”亦逐渐被世界各区域的人们所广泛认识，以欧洲或西方文明为主导的“世界全方位交流混融期”来到了。

可见，建筑混融史当有这么三个不同的主要分期方式，而且这三个不同分期方式从总体上看，都还有较一致的同步演变发展的特征。因此，从各文明区域相对独立形成以后至今，在时间上主要有两个较明确而同步的分期点，一个是15、16世纪的欧洲“文艺复兴”、“宗教改革”分期点，另一个是近现代的两次世界大战以后的分期点，这两个分期点将整个人类建筑学理论混融史划分成三个时期，即15、16世纪以前的欧亚非大陆的“陆上多元交流混融期”、15、16世纪至两次世界大战的欧洲文明一元的“海上输出混融期”、两次世界大战以后的以欧洲文明为主体的“世界全方位交流混融期”。

11.2 建筑学发展的“陆上”交流混融史

一般而言，地球上的陆地和海洋各所占面积比例是三、七分成，陆地仅占约30%，而且是成块状分布于海洋中的，即由海洋包围着一块块陆地，其中最大的一块陆地是大部在北半球的欧亚非大陆，人类的主要文明源地基本上是集中形成于这块陆地上。而此处所论“建筑学理论”的发展史，便是指在这一块大陆上交流混融的发展史。

欧亚非大陆只有南非及中非一小部分插入南半球海洋中，其他的都在北半球上；而且，非洲的撒哈拉大沙漠形成于各人类文明的产生前，南亚印度文明也集中于北印度，而大陆的极北地区又极寒冷。故而，欧亚非大陆的文明及交流，主要是在北纬20°～55°之间的这一长方形东西向的地带里传播，建筑学的“陆上”交流混融当然同样也是在这一区域中进行的。

纵观欧亚非大陆的交融史，大概是由于早期的人类文明的欧洲文明、埃及文明、印度文明、中国文明交叉于巴比伦文明，故地中海西岸的西亚地区历来一直是东西方文化交流的枢纽或交汇点。那么，人们便可以此为线索来认识“陆上”交融史的全过程或全景。因此，以下便主要分为欧洲与西亚、南亚印度与西亚、东亚中国与西亚这么三大块的分别交融而论之。

11.2.1 欧洲与西亚的交融

欧洲与西亚虽然紧邻，但毕竟是两个洲的关系，而其既然被划分为两个洲，必有其自然因素之故。且欧洲与西亚尽管陆地相连，不过其连接的部分甚窄，主要的仅高加索地区和博斯普鲁斯海峡、达达尼尔海峡，而更多的是里海、黑海、爱琴海及地中海的隔海相望；况且，高加索为山脉高原地区、博斯普鲁斯和达达尼尔毕竟为海之峡，故有欧、亚大陆之大致分区，其陆上之交流实属非易。在历史上，更多的还是渡过海峡或海的交流传播。虽然如此，也由于欧亚大陆是相连的，故将此种交流仍置于“陆上”交流的部分来讨论。

总观欧洲与西亚的交融史，大致有三种不同通道在三个不同时期的交流传播。

其一是“希腊化”时期的由希腊半岛绕爱琴海西北岸而达小亚西北端或拜占庭，而后渡博斯普鲁斯海峡或达达尼尔海峡、越过小亚细亚进入西亚。公元前334年春，亚历山大率军，就是从这一通道进入小亚细亚，降服了小亚细亚诸城的；然后由此而进军西亚，灭波斯帝国，而使西亚进入“希腊化”阶段。其后，西亚在强大的希腊文明进入后，出现了许多“希腊化”建筑（即指有明显希腊风格的建筑出现）。当然，其时的西亚，也同时保留了相当多的传统文化及传统建筑的内容。故这个时期的建筑发展当然是一种混合与融合交汇或掺和的过程，这大概也是最早的欧洲与西亚文化及建筑大规模混融现象的出现。

其二是“罗马化”时期的由意大利半岛横渡地中海而达地中海东岸的巴勒斯坦，登陆后便直接进入西亚。意大利半岛及西西里岛，深深地插入地中海，几乎将地中海分割为东西两个海区，公元前1世纪中期，罗马统治者取得地中海的“海上霸权”以后，并占领了地中海沿岸地区，特别是东岸的西亚沿岸地区，罗马文化便由意大利半岛经地中海（或以塞浦路斯岛为歇脚点），侵入了西亚地区，这大概也就是西亚“罗马化”过程的开始。继希腊建筑之后，吸收了希腊建筑等内容而形成的罗马建筑也就这么进入了西亚。其时，罗马也正在形成其较完善的建筑理论，包括维特鲁威的《建筑十书》。不过，公元前1世纪中期，罗马人的势力只达两河流域的西部，东部则是由“安息王国”统治，安息所承袭的是古波斯的建筑。故而，其时的西亚是罗马建筑与安息建筑混融的状态。

其三是中世纪时期的由爱琴海的西北岸渡爱琴海而南下、东入西亚。在欧洲大陆的东南端海域的“爱琴海”，这是欧洲文明的源地；而这也是与西亚最近的陆地，无论是从文化的角度而言，还是从纯自然地理状况而论，都是最便捷的欧洲与西亚的沟通点。当公元330年，罗马的君士坦丁大帝把其“帝都”移至拜占庭时，这实际上已为后来的东西罗马的分裂奠定了地理因素的基础；公元395年，东西罗马帝国正式分裂，东罗马则承袭地统治东达“幼发拉底河”的西亚地区，这本身就是一种欧洲文明与西亚文明的混融。中世纪后期的11世纪末以后，西罗马在其教皇的策动下，发起了“夺回圣地”的“十字军东征”，由“爱琴海”西北岸而东南入西亚，使西亚再一次被注入了新的西罗马文化，包括西罗马建筑的“东征”侵入，这又是一个特殊的欧洲与西亚文化混融的发展时期，特别是罗马教堂在西亚的出现和存在，成为西亚地区的一种特殊建筑类型及建筑风格，也突出地表现了中世纪宗教在罗马帝国中的特殊地位。

实际上，不同时期欧洲与西亚的交流传播，并没有这么绝对的交流通道的唯一性，只是因为这一通道较突出或较典型而为人们所普遍认识而已，而此处也为了讨论的有条理和认识上的方便，才有上述这么一种划分状况。如“十字军东征”，第一次是在占领拜占庭后渡“博斯普鲁斯海峡”进入西亚的；而以后数次，则渡地中海、爱琴海等而入西亚。

11.2.2 南亚印度与西亚的交融

南亚古印度文明源于印度河、恒河流域，特别是印度河流域，而印度河平原主要是在今巴基斯坦境内。故而，古印度文明应是指现今的印、巴以及孟加拉、尼泊尔等地区的人类文明。

南亚古印度与西亚紧邻相接，因伊朗高原之隔而有了“自然性”的西亚与南亚之分，而西亚东南与南亚西北，则相接于伊朗高原地区。于是，穿越伊朗高原，显然是人类文明早期的两地文化传播所当主要解决的自然性障碍或困难。

据传，早期的印度文明就曾有大规模的来自高加索地区的“雅利安文明”穿过伊朗高原的输入，也正是有雅利安文明与古印度土著文化的结合，才形成了早期的“吠陀”文明及婆罗门文明。因此，可以这么说，南亚与西亚的文化交流，是南亚文明演进的主要动力或源泉。而综观南亚与西亚的交流传播，在相接的陆地上，自北而南大致也有三个基本通道实现。

其一是越过兴都库什山脉而沟通其交流传播的。兴都库什山脉是伊朗高原的一部分（在今阿富汗境内），大致也是南亚与西亚的自然性分界线的北段，北接帕米尔高原；越过兴都库什山脉，就可进入印度河上游。由于这一地带是中亚、西亚与南亚的交汇处，东北侧又紧紧连接帕米尔高原东端的中国，故这一条虽然是西亚与南亚的传播通道，但更多的是中国绕过喜马拉雅山脉与南亚的沟通，中国东汉时期，印度佛教及佛教建筑对中国的传播，便大致由此道而入，则西亚、中亚便是沟通枢纽。当然，这一枢纽作用是很大的，否则就没有汉至唐代的印度佛教对中国的大量输入。

其二是沿印度河支流的喀布尔河峡谷而交流沟通的。喀布尔河亦源于喜马拉雅山脉，始自印度河流域的上游，大致东西走向，经喀布尔城，西向西亚，沿此河谷可通西亚。这是一条雅利安文化传播的古道，此后，西亚与南亚的文化传播，亦沿袭此道沟通。公元前327年“亚历山大”侵入印度河流域，正是由此道入侵的，使古印度也有“希腊化”的文化内容。

其三是沿阿拉伯海北岸、沟通西亚与印度河下游地区的联系传播。在阿拉伯海北侧的近海地区，是西亚的古波斯与南亚的古印度接壤处，而且有较开阔的印度河下游平原，应该说是西亚与南亚之间最有利的文化交流通道。或许是因此自然条件之故，东侵的亚历山大大帝企图再进军恒河流域不成，两年后便沿此道撤军回西亚的巴比伦，而若非其便，亚历山大大帝是不会作此选道的。

以此看来，虽然西亚与南亚的文化交流主要通道有三，而且基本上是古道，在公元前就已经被沟通，甚至是以西亚为枢纽的远达欧洲、东亚的文化交流。且随着文化交流的深入，这些通道应该是越来越畅通的，特别是中世纪中期的伊斯兰文化的崛起和对南亚的输入，更是在南亚留下了永久的记忆，至今尚有伊斯兰宗教及建筑在南亚的传播和生存。如建成于17世纪中叶的北方邦阿格拉城外的“泰吉·玛哈尔陵”（见图105），就是一座伊斯兰风格的建筑；又如印度河上游地区的"伊斯兰堡"(在今巴基斯坦境内),已是"伊斯兰化"的一座城市,其城的不同建筑的混融状态更是顺理成章了。

11.2.3 东亚与西亚的交融

东亚以中国的"中原文明"(即黄河、长江文明)为主体,其与西亚的文化交流,多为通商上的记载,且大约在公元前就已有之。中原文明与西亚的文化交流,中间经有"西域"及中亚,也无论是西亚珠宝之来、还是中原丝绸之往,都大致要经过中亚及"西域"之通道,这主要是因为中原的西南侧有难以逾越的喜马拉雅山脉的自然障碍(当然,历史上也曾有中原文明南下跨长江后穿过中国西南、绕过喜马拉雅山脉东南端,进入南亚恒河流域,然后沿恒河流域西北而上,过印度河而入西亚的)。故而,东亚与西亚的沟通,主要就由西域及中亚连接,并以中国的"丝绸"之输出而著称,即这些通道便称为"丝绸之路"。当然,这些通道也非仅是通"商"之"丝绸",同样应有文化及建筑的被交流和传播。于是,东西亚的文化及建筑的交融,以史载或史料观之,大约有三条基本沟通要道(参见图79)。

其一是"草原之路",即绕里海、咸海及天山山脉之北而沟通小亚细亚与中国中原地区的"北道"的传播,由于基本上都是在今俄罗斯、蒙古境内的大草原上,故有"草原之路"之称。在南欧的希腊时期及后来的希腊化时期,其就已经有"Country of Seres"("产丝之国"或"丝国")的称谓记载,而且认为就是沿此"草原之路"传播沟通的(古希腊"希罗多德"[约公元前485年—公元前425年]的《历史》、中国司马迁的《史记》等均有载述)。这恐怕是最早由"草原"传播沟通的"丝绸之路",传播的是南欧希腊文化、西亚的"希腊化"文化和中国的先秦及秦汉文化。

其二是"绿洲北路",即沿天山山脉与塔里木河之间的河西走廊、经中亚沟通西亚与中原联系的"中道"的传播,由于途经中亚沙漠而有点点绿洲,且在塔里木河之北,故亦有"绿洲北路"之称。公元前2世纪,当时中国的汉武帝派张骞两次出使西域(公元前138年—公元前126年、公元前119年—公元前115年),就是走这一条路,过锡尔河、阿姆河流域,访问了大宛(在今费尔干纳盆地)、康居(首府在今撒马尔罕)、大月氏(在今阿姆河中游)、大夏等国,其副使则远达安息国(时西亚为"安息时代"),安息国王还派将兵二万至东部边境迎接。

其三是"绿洲南路",即沿阿尔金山脉与昆仑山脉之间通道而沟通与中亚、西亚联系的"南道"传播,由于在中亚的阿姆河西岸与"中道"会合而入西亚,且途经塔里木河南侧,而绕过塔里木盆地,同样也过中亚、西亚沙漠中的点点绿洲,故有"绿洲南路"之称。该道在过昆仑山脉后,需穿过"大月氏"国,其国西临西亚、南接南亚。据载,公元前1世纪末,大月氏国的王使"伊存"就曾携"佛经"沿此道传入中国,这大概是最早的、较明确的印度佛教传入中国的记载。

中道和南道合称"绿洲之路",由于都出发自中国中原,会合于中亚而入西亚,故常统称这条中原与西亚联系的通道为"丝绸之路",也是最主要的东亚与西亚文化传播交融的通道,大秦(即罗马帝国)建筑、印度建筑以及后来的伊斯兰建筑大多是沿此路传入中国的,并为大多数世人所熟知。当然,其传播结果的演变是必然的,有不同文化的混合,也有不同文化的融合,这便形成为后来出现的东西文化及建筑的混融状态。

现代科学一般认为,欧洲文艺复兴以后的科学发展,是由古希腊的亚里士多德(公元前384年—公元前322年)奠定的,即亚里士多德为近现代科学的发展奠定了理论及方法的基础。而亚里士多德不仅是师承自苏格拉底(公元前468年—公元前400年)、柏拉图(公元前429年—公元前347年),而且实际上还广采博取而唯心、唯物兼收,甚至还汲取了东方中国"老子"《道德经》(写成于公元前484年)的"自然主义"等思想,包括"道法自然"的思想理论。虽然在目前这还只是学术界的一种观点和说法而已,尚无确切的记载可引证,但"希罗多德"的《历史》中早有"丝国"的记载,"草原之路"的沟通,不可能只是"丝绸"的物的输出,同样也可能有文化思想、学术理论的传播。特别是老子李耳在"散关"(今陕西宝鸡西南)写下了《道德经》后离关西去,但西去何处,便是一个历史之谜了,也许是西去西域传播文化了吧?而无论怎样,《道德经》的产生地的"散关",正是在"草原之路"的东端,在亚里士多德出生时,《道德经》已可能被传播了一百年整,其随"丝绸"而西入希腊是极有可能的。

那么,学术界认为的"亚里士多德"为近现

代科学奠定的理论及方法的基础，也许得益于“老子”的思想理论，这种推论和猜测是有理由被人们认可的，或者说其推论是成立的。于是，近现代建筑理论及建筑的发展，就应该是东西文化传播混融的结果，而现代经典之作的美国莱特先生创作的“流水别墅”（参见图95），更是这一文化交汇混融的典范。

至于“绿洲之路”，至少在公元前2世纪时，就已有上述的北、南二道。时大抵上是西亚的安息时期（公元前247年—公元226年）、南亚北部及中亚的大月氏与贵霜时期（公元前2世纪初—公元3世纪），而在安息与大月氏及贵霜的东侧是中国汉代、西侧是古希腊与古罗马（中国时称之为“大秦”）。则“绿洲之路”所沟通的是西亚、中亚、南亚、南欧、东亚及北非的联系，欧亚非大陆便由这么一条“绿洲之路”给联系起来了。

那么，可能有的建筑活动也便在这些区域之间交流传播着。

如贵霜的“迦腻色伽”时代（约公元78年—公元102年），首都“富楼沙”（今巴基斯坦的“白沙瓦”，居中上游的印度河畔），就有来自希腊的建筑师“阿基西劳斯”设计所建的大佛塔，希腊建筑师由南欧到南亚，是否沿“绿洲之路”而来未考，但仅以希腊建筑师设计建造南亚的佛教建筑而言，这就不能不说是一种建筑学理论混融的表现。

又如公元前后，即中国的东汉时期，不仅有中亚、西亚、南亚的大月氏人、安息人、印度人等到中国传播佛教、翻译佛经，也曾留下许多佛教建筑遗迹，说明此前的南亚佛教早就已传入中亚、西亚地区，然后经由中亚、西亚而传入中国，这种传播的建筑活动，同样是混融的建筑理论的表现或表述，也不可能没有中亚、西亚等非南亚原佛教的建筑成分构成，所成的建筑作品，也可以说明其混融状况。

11.3 建筑学发展的“海上”交流混融史

如上文划分“陆上”与“海上”文化交流所述，一般认为“陆上”交流主要是在欧亚非大陆上进行的，而“海上”交流则是中世纪以后渗入到其他大陆的文化传播。实际上，人类文化交流的历史事实并不尽然，不仅欧亚非大陆间的交流有“海上”的成分，而且中世纪以前就已经有“海上”文化交流传播的出现，甚至是对非“欧亚非大陆”的传播。故而，以上文对“海上”文化交流的划分和给定而言，便已有取主导方向的意念存在。

由于目前地球的陆地、海洋的三、七比例分成，是不到两万年前的“后冰河期”以后逐渐形成的，此前的大陆则大体上是相连的；而人类在二三百万年前就已逐渐形成，“古人”时期也有五六十万年，即使是“新人”时期，至今也有四五万年了，则即使是“新人”，也已有迁徙至各大陆后被大自然的演变分成的至今这么几块大陆上的几个人种。被大自然的演变分割成数块大陆后的人类，虽然其演变并不同步，但已有相互交流的可能，而且长期的各自生存和自我演进所形成的各具特色的文化，也使各大陆间的文化交流成为必要。因此，跨越自然海洋的文化交流，在文化之力发展到一定程度后，即在足以打破自然海洋的阻隔时，越洋的文化交流便随之出现了，这就是“海上”文化及建筑交流的混融状况的产生和存在。

于是，首先在欧亚非大陆间，出现了越地中海、阿拉伯海等“越海”传播，然后是欧亚非大陆及其他大陆间的跨越大西洋、印度洋、太平洋等“越洋”传播。由“越海”到“越洋”的传播演进发展，就基本上铺开了各大陆间的“海上”交流网络，这是下文将逐一讨论的问题。

11.3.1 欧亚非大陆的“海上”交融

欧亚非大陆的陆上交流，事实上并不容易。由于这块大陆高原多于平原，且最大的东欧平原、西伯利亚平原在北纬50°以上的寒冷地区，故欧亚非大陆的陆上沟通联系便有诸多困难，“越海”交流就成为一种必要，当然早期主要是在近海区域内实现这一交流的。而且，所谓的欧亚非大陆的交流，并没有完成这片大陆各区域或角落的交流，更多的还只在南欧、西亚、北非、南亚、东亚之间进行，而北欧、南非等区域则似乎是交流的盲区，北部欧洲寒冷自不必言说，南部非洲则因为撒哈拉大沙漠的隔断之故。因此，“海上”文化交流出现以后，沿近海南下南部非洲的交流就出现了，欧亚非大陆的交融就有了南部非洲“海上“交流出现后的扫盲区域，这同样是“海上”交融欧亚非大陆间的一个主要部分。

于是，欧亚非大陆的“海上”交融史，主要就由欧亚交融史和欧非交融史组成。

●欧亚的“海上”交融

上文谈到过，欧亚大陆连接的边界虽长，但古文明源地及发展区域的南欧与西亚、中亚或南亚的交流沟通却主要是地中海沿岸，特别是在希腊、罗马时期，突入地中海的意大利半岛（即亚平宁半岛）、希腊半岛（即巴尔干半岛）等文明兴盛区域，其与外界的沟通，大多离不开地中海的交往。于是，这便使得欧亚的“海上”交流沟通成为一条无法替代的途径。

地中海沿岸的欧亚“海上”交融主要也有两个时期的不同交流沟通线路：一是希腊时期及希腊化时期的由希腊半岛东南横渡爱琴海而在西亚登陆，另一是罗马时期及罗马化时期由意大利半岛南端横渡地中海也在地中海西岸的西亚登陆，这就是早期最常见的两条主要的欧亚文明交流的路线。

当然，此前西亚的亚述、波斯帝国强盛时期，也可能由“海上”输入或传播出其文化内容，如波斯时期著名的“帕赛玻里斯”（Persepolis）宫殿建筑（约建于公元前600年—公元前450年，见图70），就有来自希腊的工匠参与建造（据说是战争中掳来的），这不能不说是一种传播交混方式。而希腊及希腊化和罗马及罗马化时期的希腊、罗马建筑，同样也有掳来西亚奴隶或战浮作工匠，也可能因之而揉入西亚的建筑内容；何况，西亚文明比欧洲文明演进要早得多，即使是在希腊统治时期，西亚的建筑技术水平也强于希腊本土。如小亚的以弗所（Ephesus），于公元前6世纪建的“阿丹密斯”神庙（Temple of Artemis），便是当时希腊统治时期的最大庙宇。那么，先进的西亚建筑技术，便不可能不被引入欧洲，这是非常自然的事情。

欧亚的“海上”文化交流通道的另一部分，是印度洋北侧的沿岸近海或内海的沟通。这也主要有两条“海道”，一条是东亚、南亚沿亚洲大陆南侧海岸线、由“波斯湾”进入两河流域地区，而后穿过该地区与欧洲的联系；另一条是东亚、南亚也沿海岸线，在南亚的阿拉伯海东岸离港（如印度河下游入海口等），横渡阿拉伯海由亚丁湾进入红海，在埃及上岸，然后穿过埃及、北渡地中海与欧洲联系。只是这两条航道都有一段陆路，非完全的“海上”文化交流，而且，横渡阿拉伯海进入红海的还在北非过渡（此段在下文详述），更缺乏区域划分和交流方式的严格意义。不过，其主要还是以“海道”为主，故仍置于此处来讨论这个问题。何况，这两条航线主要的还是南亚、东亚与欧洲的联系和传播，似乎比陆路的传播要更直接些，由此而更值得人们关注和讨论。

东亚、南亚与西亚乃至欧洲的“海上”交往始于何时，迄今尚无定论。有较大胆的说法，认为至少在公元2世纪中国东汉时期以前，上述两条“海路”就已经出现，但一直未有较令人可信的实证佐之。不过，零星的证例还是有的。如晋太康9年（公元288年），已在中国东南沿海的泉州，建有泉州地最早的佛教寺庙——“延福寺”①；而后南北朝的陈天嘉二年（公元561年），就有南亚僧侣“拘那罗陀”到泉州的“九日山”译经传教后，从泉州港乘船回国。从海路的自然状况上看，由南亚到东亚大陆的东南沿海的这一段最属艰难，而由南亚进入波斯湾似乎要容易得多，当然，南亚僧侣“拘那罗陀”至中国或许还不是第一人，则公元2世纪的东西文化交流的“海路”存在似乎是可能的。而被普遍认同的“海上”交往是公元8世纪以后，即中国的中唐以后，东亚大陆沿海的交州（劳京，是其本地话的音译，下同）、广州（坎窗）、泉州（占府）、扬州（干都），就是当时东亚大陆的四大港口城市。其时，不仅是通商——西亚、南亚与这些港口城市的通商以及宗教的传播，而且还有相应的宗教建筑出现，如广州和泉州等地都有这个时期建的西亚“伊斯兰风格”的清真寺，其建筑技术与建筑艺术的传播是显而易见的。

而大规模的欧亚文明的交汇，则是文艺复兴以后欧洲文明对亚洲的侵入。

显然，欧亚的文化交融，虽然以“陆上”交往为主，但也离不开“海上”交往的结合或协调；同时，“海上”文化交流也是欧亚大陆文化交融的一个不可分割的组成部分，甚至可以说，欧亚大陆的文化交融，是“陆上”与“海上”传播的叠加而构成其整体的。

---

① 参见泉州闽台关系史博物馆主办《闽台文化》第6期，第131～132页。

● 欧非的“海上”交融

欧非大陆是不相连的,而是以地中海东岸的西亚为中介而相连接;若仅以欧、非两大陆而言,则便间以地中海,并以南欧突出的伊比利亚半岛、亚平宁半岛、巴尔干半岛等与非洲大陆最接近。那么,若非绕地中海西岸(跨过直布罗陀海峡)、穿过西亚地区,则早期欧非的文化交流,只能是渡地中海而交融的,这是由自然环境的现状决定的一种必然。

地中海沿岸的古文明,以埃及文明形成最早、两河流域文明次之、爱琴文明最迟,则埃及文明对两河文明、爱琴文明的影响是可能存在的。

埃及文明与两河文明有地中海东岸地区相连接,沿地中海东岸的陆上传播自是非常便利的;而埃及文明远早于爱琴文明的形成,当埃及文明已有很高的成就时,爱琴文明还在形成中,依文化学术界的看法,至少在公元前2500年以前(一般认为是公元前3000年左右),埃及文明就已渡地中海北上而传入克里特岛及爱琴海区域(是埃及人首先给其带来了铜器才开始其金属时代),这大概应该就是欧非文明最早的“海上”传播现象。此后,便逐渐促成了“爱琴文明”的形成,特别是工商文明与城市文明的形成,也反过来促使越海相互交流现象的出现,且以商品交流的传播文化为主要特征,来自埃及的建筑技术和建筑艺术也为爱琴海地区所接受。如公元前17世纪—公元前16世纪在克里特岛上构建的“米诺斯王宫”(Palace of Minos,见图21和图22)和其他的神庙建筑,其建筑技术和建筑样式就表现出许多埃及文化影响的结果。

随着西亚、南欧文明的崛起和兴盛,西亚的波斯、南欧的希腊等对埃及的侵入,却都是沿着地中海东侧南下侵入的。不过,亚历山大在尼罗河的入地中海口处建立了当时最大的港口城市“亚历山大港”,这则说明了欧非“海上”交流通商的存在和兴盛,其联系希腊本土与埃及的“海上”交通,远比绕道地中海东岸要方便得多。

当罗马人取代希腊人而成地中海地区的霸主后,更是独霸地中海的海上通道,并设立“海上独裁官”(如公元前67年任命庞培为此官),剿灭海盗,绥靖航线,以保持地中海航线通商以及文化交流的畅通。至中世纪以前,由亚历山大港到南欧半岛及邻近岛屿等航线,便是东亚、南亚经北非与南欧的基本“海上”通道,且此通道基本上是由罗马人控制的。则其时的罗马建筑及建筑理论的向外传播,这“海上”航线不能不说是一种主要的传播方式。

准确地说,欧非“海上”交融应分为两个主要时段,上述为前一个时段,后一个时段则是文艺复兴以后以欧洲为主导的文化交融或传播。

● 亚非的“海上”交融

与欧、非两大陆的关系相比较有所不同的是,亚洲大陆与非洲大陆是在地中海的东南岸相连接的,历史上通过这一地段的文化交流当然很普遍。但北非与东亚、南亚的交流,由于陆地交通上的山脉、沙漠等自然因素影响的不易,在公元前就已有甚多的沿亚洲南部沿海的“海上”交流,这是为学术界所普遍认可的现象或观点,并且是以建筑遗迹为最主要的引证。

学术界有一种观点认为,世界各地人类文明早期出现的“巨石建筑”都是源于北非埃及,除了有巨石构的金字塔(如Zoser金字塔[见图68]、胡夫金字塔[见图56])等以外,还有诸多石窟庙、石窟墓等,如约建于公元前14世纪末的“阿蒙神石窟庙”(见图80)。而公元前8世纪末至公元5世纪初的一千多年里(约中国的先秦春秋时期至汉末三国以后的两晋时期),亚洲大陆南侧沿海地区也出现了“巨石建筑”的文化潮流,这种现象包括巨石建筑以及石构的石冢、岩石上开凿的石寺庙等;而且是以地中海东南沿海地区与西亚、南亚、东亚南侧沿海地区的商贸为交流媒介的,且被认为是地中海东岸的“腓尼基人”(以航海、商贸及海上商贸著称于世)开辟的海上商贸,将埃及“巨石建筑”向亚洲大陆南侧沿海地区传播的。于是,南亚的石构或石凿的塔婆(Stupa)、支提窟(Chaitya)等宗教寺庙建筑,便被认为是源于埃及或受埃及人“巨石建筑”的影响而形成的;而中国东南沿海早期的石构建筑,也被认为是这一传播的结果。如始建于12世纪中叶(约中国南宋初)泉州南港“安海港”附近的“摩尼佛”石刻像及14世纪改建的仿木石构“庵”(见图81),或许也是这种传播的结果,其是现存世界上唯一的摩尼教石刻佛像及石构寺庙。

正立面

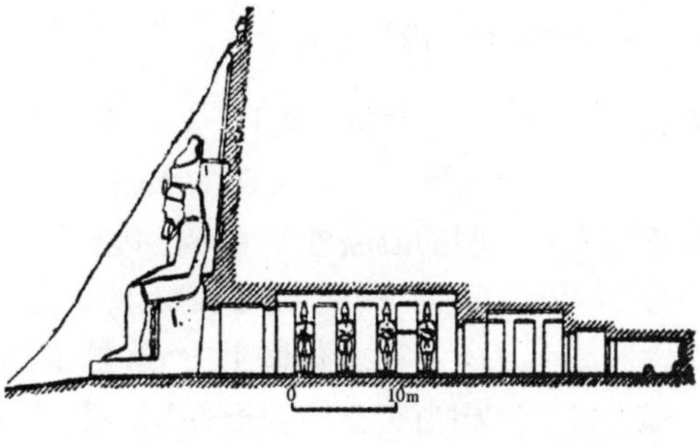

纵剖面（上）

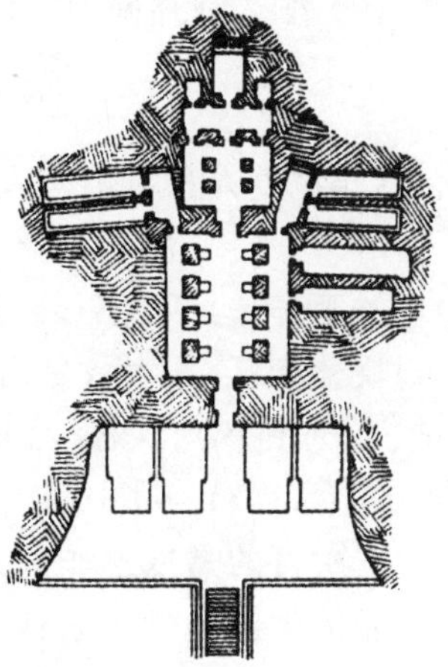

平面（右）

图 80　公元前 14 世纪末古埃及“阿蒙神石窟庙”

实际上，在亚洲大陆的“海上”文化交流中，除了“腓尼基人”起到了重要的作用外，还有一个民族在其中的作用也不可忽略，那就是与“腓尼基人”约同时期的“希伯来人”或“迦南人”（即犹太人的先民）。学术界有些人认为“腓尼基人”与“迦南人”是同一个民族，仅是不同称谓而已（如塞姆语和埃及人称之为“迦南”，希腊人则称之为“腓尼基”）。按照文献记载看，腓尼基人主要生活居住于地中海东岸中段地区（约今黎巴嫩），迦南人则主要生存留居于地中海东岸南段（约今巴勒斯坦、以色列地区），两者的生存活动有明确的空间差，不应该只是称谓之别，故应该是两个不同的民族；况且，两个民族还有各自的语言文字——腓尼基语和希伯来语及文字。然而，两个民族都生存于地中海东岸，都擅长于航海和经商，都是当时世界上著名的海上商贸民族。则由海上商贸引发的文化的传播，应该是腓尼基人和希伯来人（或犹太人）的功劳，不应该认为只是腓尼基人的作用。

当然，这其中或许有宗教因素的缘故，人们对犹太教有一定的偏见或宗教成见，特别是基督教区人们的成见，这才有避而不谈其民族早期的功绩，而将“巨石建筑”在世界各地的传播、包括对欧洲的传播（希腊半岛也有巨石建筑现象），都归功于腓尼基人的传播中介作用。然而，学术界或科学界却不应该有此宗教成见或偏见。

总之，地中海东岸的民族具备了航海商贸特性或特质，在早期的海上文化传播中，是居于关

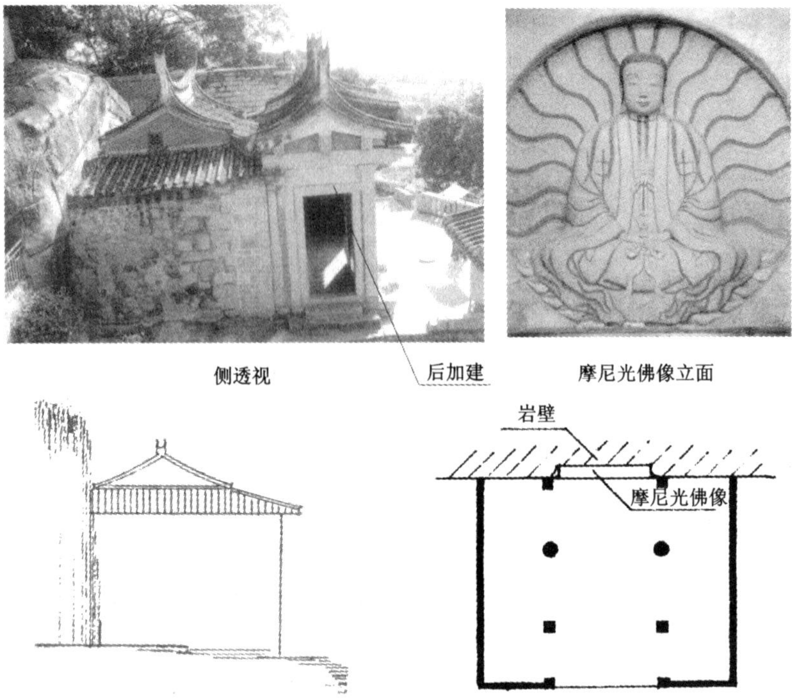

图 81 泉州安海"摩尼庵"

键性中介作用的,包括腓尼基人和希伯来人(或犹太人)。

除了地中海沿岸的亚非海上交流以外,东亚大陆与非洲也曾有过文化交流,并大致是沿"海上丝绸之路"航行的(参见图 79)。如公元 15 世纪初(公元 1405 年—公元 1433 年)中国的"郑和下西洋"就曾有两三次目的是抵达非洲东部沿海的,并有留居的船员生活及衍生后代于当地,至现代尚可见其人种及生活居所建筑的存在。显然,亚非大陆的海上文化交融,不仅有西亚,还有东亚与非洲的文化及建筑交流现象的出现。

11.3.2 欧亚非大陆与美洲的交融

当然,欧亚非的文化交汇,主要是"陆上"的文化交融;至于欧亚非对其他大陆的文化浸透,则主要以文艺复兴以后重新崛起的欧洲先进文明为先锋和主导,并且是以对美洲大陆的侵入为先导的,也以此揭开了"海上"文化大交汇的序幕,然后才是对其他大陆的文化输出,也包括欧亚非大陆本身的欧洲文明对亚非地区的"海上"输入。世界"海上"文化交汇时期,由此而展开。

世界"海上"文化交汇时期的跨入,其前奏是欧洲先进文明的崛起,而后才有强大的欧洲文明的战略性地由弱到强,逐次向美洲、澳洲、非洲、亚洲的侵入,应该说这是以强硬措施为手段的一种文化输出方式,虽不甚理性,却也起到了相当有益的积极作用。总的来说,也公正而言,还是有其可嘉之处的。以下便大致以此时间第次为序,逐个讨论"海上"文化大交汇的形成和展开。

- 欧洲先进文明的崛起

自公元 4 世纪末起,罗马帝国因分裂而衰落,随着西罗马帝国在公元 476 年的灭亡,统一的欧洲由逐渐兴起的诸多王国所割据或瓜分取代(见图 82),从 5 世纪后期首先出现了"法兰克王国"①,大约至 8、9 世纪,西欧已有了法、德、意、英等王国,东欧有俄、白俄、乌克兰等国家的形成。于是,一方面是欧洲大陆封建统治者的分裂、诸多王国的形成,而另一方面是欧洲各国意识形态上的"基督"宗教化。约从 6 世纪初始,基督教堂、修道院逐渐出现在上述诸国各地,宗教神权也逐渐超越王权,并在《新约 · 路加福

① 法兰克王国,由日耳曼人克洛维(公元 465 年—公元 511 年)创立。公元 843 年,王室三兄弟纷争而同室操戈,在凡尔登签订"凡尔登和约"后,分裂为后来的法、德、意三国至今。

音》中认为：神权和王权都属于教会，甚至王权来自神权或教权。

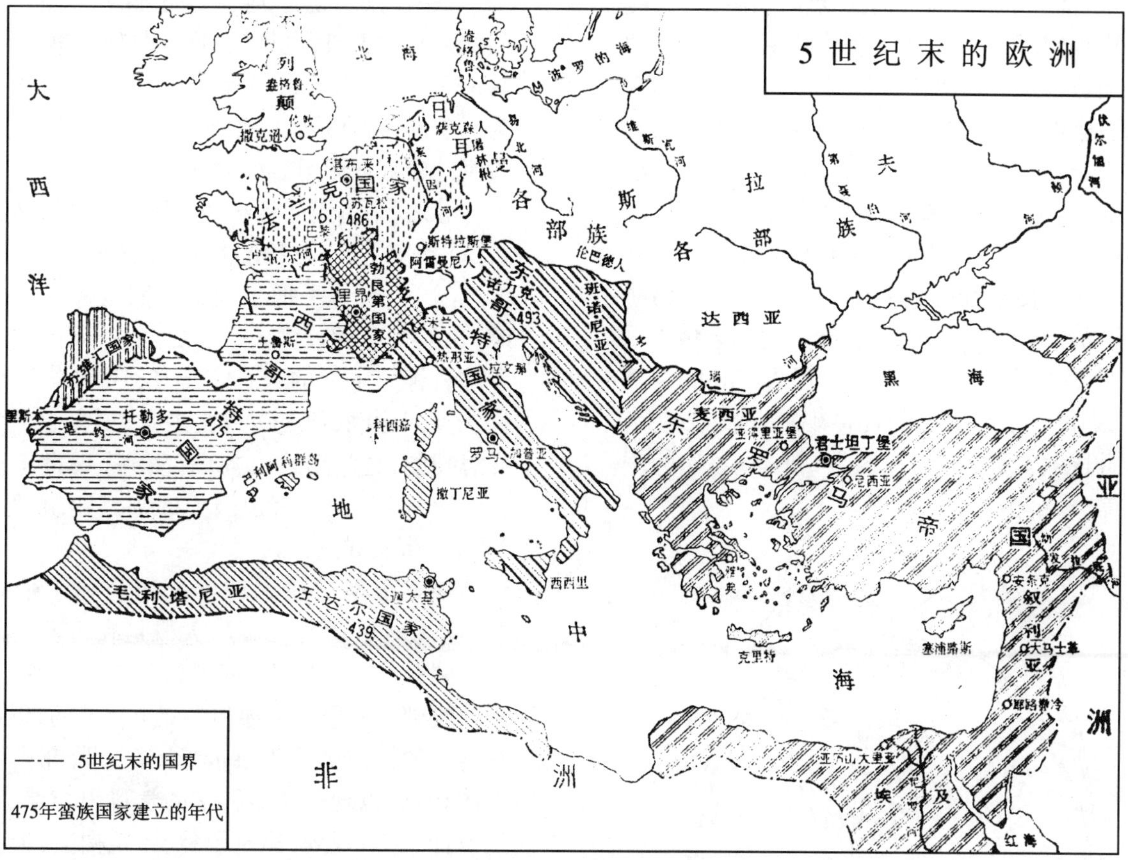

图82　公元5世纪末欧洲诸国分布示意

因此，在中世纪的欧洲，特别是西欧，宗教处于主导或支配地位，是一切世俗社会的主宰者，罗马教皇成了实际上的最高统治者。

尽管东、西罗马帝国的分裂，也形成了各自的帝国势力范围：东罗马以巴尔干半岛为中心、定都君士坦丁堡，西罗马以亚平宁半岛为中心、定都罗马城。但东西教会在矛盾中还是统一的，拜占庭教会依属罗马教会（罗马教会称“主教”、拜占庭教会仅能称“教长”），经过长期的以政治为目的的两教会的纷争，在“1054年事件”①后终于公开分裂，西罗马也因之而正式自称“教皇”，并在1095年发动了所谓的“圣战”，为拯救东方兄弟免致沦落异教徒手中而战，即史称的“十字军东征（或东侵）”。学术界一般认为，从11世纪末到13世纪末的约两百年的“东征（或东侵）”，对东西文化交流的意义并不大，更多的是战争和掠夺，甚至是对文化的摧毁。如第四次“东征”，于1204年4月13日攻下君士坦丁堡后焚城、屠城和洗劫，烧光了“君士坦丁堡图书馆”的藏书、砸碎了“圣索非亚大教堂”的圣台等等。这都说明“东征”给人类文化发展带来的是灾难，而且还不仅毁了“建筑”，更是毁了文化精髓所藏、所载的“藏书”，当然也可能包括建筑理论的文化内容，应该说这才是人类文化及建筑理论的最大损失。

随着西罗马教会势力的发展，“罗马风”（Romanesque）建筑也覆盖了中世纪的西欧；而在中世纪末期，以法国的基督主教堂为代表的“哥特式”（Gothic）建筑崛起，随后逐渐风行于西欧各地。由于“哥特”之称是后来的文艺复兴时期对这一时期建筑的带有贬义、似有否定意义的称谓，故而认为，哥特宗教建筑比此前的“罗马风”教堂，更令人感到宗教的神秘和教会的权威，即认为是尖拱状与圆拱状的结构性差异的结

① “1054年事件”，是该年因东、西教会对“Filioque”［（圣灵出自圣父）“以及自圣子”］的辩争，结果是双方互相宣布将对方驱逐出教，而分别自称为“正教”和“公教”。

果，还有大坡顶、尖塔顶取代了小坡顶、圆顶等结构形式，都似乎也说明了这一点。实际上，这应该是中世纪后期对中早期宗教思想精神统治的一种突破欲望的表现，甚至是对罗马教皇黑暗统治的抗争的表现，故有以“尖”的券、拱顶等表现方式突出地被表现出来（参见图 83）；而且这种“尖”的表现方式是来自东方文明，以其取代了“罗马风”的“圆”的形式，这不能不说是一种突破和抗争。由于社会大环境仍处于宗教统治时期，罗马教皇的势力仍然支配着当时社会精神的思想发展主导方向，以宗教建筑为主导的中世纪，人们的“抗争”思想只能体现在宗教建筑上，故取此隐喻之作，这或许也是“抗争”者们的一种“抗争”策略。

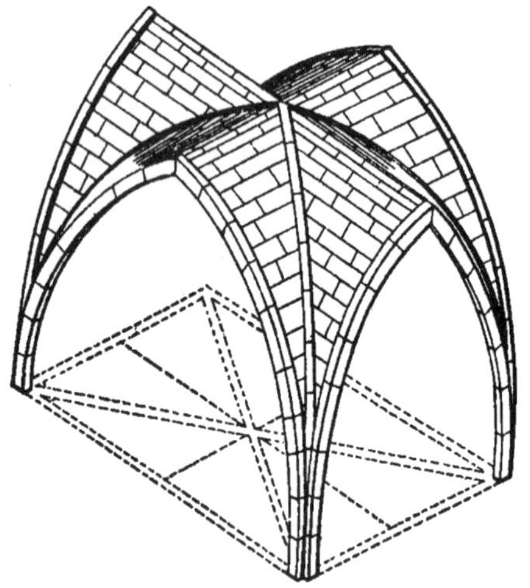

图 83 哥特时期“尖拱”示意

因此，或许可以这么说，中世纪后期出现的“哥特”建筑及建筑思想和建筑理论，应该是中世纪罗马宗教统治思想的一种反叛，也是后来出现文艺复兴运动的一种前奏。尽管学术界没有这种看法，但与中早期教堂建筑的这种明显差异，不能不引起人们的深思或反思，或许这也是建筑界的艺术家们的一种独特的思想表达方式，故有此论。

与此同时，13 世纪还出了一位诗人但丁（公元 1265 年—公元 1321 年），他被学术界认为是“文艺复兴运动的先驱”，他同样也是以其特有专业形式向黑暗的宗教统治提出“抗争”的，其所提还是离不开宗教，这就是传世的著名作品——《神曲》，只是由“地狱”、“炼狱”、“天堂”的三部曲直接谴责教皇的专横跋扈、教会的贪婪腐化而已，让人更明确但丁的立场。而“哥特”建筑思潮则似乎稍隐秘、含蓄一些，不过，其对西罗马宗教的抗争意识应该是明确的。况且，后来的文艺复兴建筑，也是以“佛罗伦斯主教堂”（公元 1296 年—公元 1470 年完成，见图 84）的建成为标志的，特别是其穹窿顶，似乎还留有“哥特”尖拱的痕迹或影子。

总之，中世纪的社会主导思想是教会神权主义、反现实主义，哥特的对立抗争思想表现形式的高耸尖顶，似乎把中世纪的宗教神权推向顶峰，也似乎蕴涵着物极必反之隐义，而因此加速了宗教神权主义的灭亡。于是，14 世纪以后的文艺复兴运动，便是以人文主义、现实主义为指导思想的，建筑形式也提倡“复兴”中世纪前的古罗马风格，而最有说服力的则是建筑理论的“复兴”事实和意义。

最早出现的建筑理论著作是阿尔伯蒂的《论建筑》（1485 年出版），大概是在古罗马的维特鲁威著作的影响下，或者说是在“复兴”古罗马建筑理论的思想指导和支配下撰成的，以致仿其著作的构成体系也撰成“十章”，研究内容亦大体相近，以现代建筑科学的学科内容看，有建筑设计、建筑规划、建筑园林、建筑构造、地基基础、建筑结构、建筑水文、建筑材料、建筑施工、建筑经济等，大概也是一部综合性的建筑科学的书。与《建筑十书》的构成内容体系很是相近，甚至有些观点还几乎是一样的。如《论建筑 · 卷一》说：“所有的建筑物，如果你们认为它很好的话，都产生于‘需要’，受‘适用’的调养，被‘功效’润色，‘赏心悦目’在最后考虑。”《建筑十书 · 第一书》说：“建造房屋除了满足公共和私有之用外，还应当建成，能够保持坚固、适用、美观的原则。”

后来维尼奥拉的《建筑五柱式》（1562 年出版）、帕拉第奥的《建筑四书》（也研究“五柱式”和介绍自己的建筑设计，1576 年出版）等论著，无论是探讨理论的、还是讨论实际的，实际上都仍是在古罗马的《建筑十书》理论体系中，或许这就是对古罗马建筑理论的“复兴”，只是用 15、16 世纪的语言来复述一千多年前的建筑理论而已。也许可以这么说，文艺复兴时期的欧洲建筑理论，只是将被中世纪切断的建筑理论发展脉络给接上而已，并没有什么明显的演进成果出现。即使被认为是最有创造性而全面“复兴”的，也只是经验的补充。

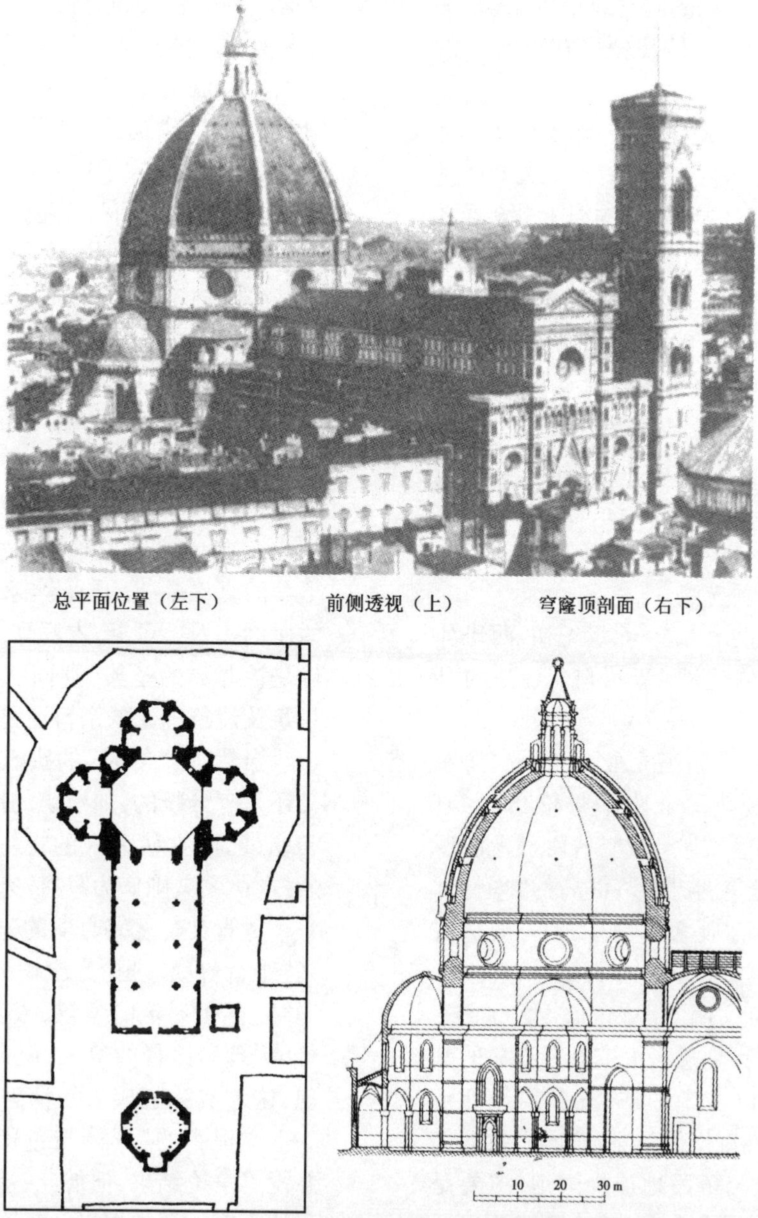

总平面位置（左下）　前侧透视（上）　穹窿顶剖面（右下）

图 84　15 世纪意大利“佛罗伦斯主教堂”

“卓越的建筑物需要卓越的局部。”（《论建筑·卷一》）

“建筑像个完整的、完全的躯体，它的每一个器官都和旁的相适应，而且对于你所要求的来说，都是必需的”（《建筑四书·卷一》）。

“柱廊要有山墙，山墙使建筑物增光不少，它使建筑物中央比两旁高，便于安放标志。”（《建筑四书·卷二》）

甚至将《建筑十书》奉为圣典，视“维特鲁威”为不可置疑的建筑学术权威。《建筑十书》有“爱奥尼克”、“科林斯”、“多立克”、“塔斯干”等柱式及构造，维尼奥拉干脆就专题撰成《建筑五柱式》以论，并且无视其柱式的运用或使用原理，神圣化地将这些柱式数字化，以琐碎的数字将柱式给予定制，就好像是基督教对《圣经（旧约）》的继承，所作的“新约”则只是对“旧约”的诠释和维护，基本教义还是来自“旧约”。

因此，可以这么说，崛起的文艺复兴建筑理论，是对中世纪建筑及建筑理论的否定，并且抛弃中世纪，而将其“复兴”的建筑理论直接对接在古罗马的发展轨迹上，引出“维特鲁威”及《建筑十书》，奉为“教主”及“教经”式的神及圣谕，让人感觉似乎是古罗马建筑理论王国的复活，并以此继续统治着崛起的文艺复兴时期的臣民们。

● 欧洲理论在美洲大陆的传播

大约在文艺复兴运动的同时或稍后，欧洲新文明对其他大陆的“海上”输出便已在被探索和开辟中。

此前的欧亚大陆的文化交往，除了陆上“丝绸之路”的传播外，主要是经波斯湾、红海（及部分陆上）在欧亚大陆南侧近海处的海上“丝绸之路”上传播。文艺复兴运动开始后，崛起的欧洲新文明、特别是经济文明的急剧快速发展，促使其为寻找更便捷、更安全的航道而探索，《马可·波罗游记》一书正好为其探索航道提供了思路，葡萄牙和西班牙人首先跨出了第一步。15世纪初开始，葡萄牙人就绕过非洲大陆（也登陆非洲），航达南亚，著名的有“伽马”等；15世纪末以后，西班牙人也开始从海上寻求出路，从“西向”开辟通往东方的新航路。

最著名的是15世纪末至16世纪初，西班牙国王授权的哥伦布的美洲“新大陆”航路的开辟。

1492年终得西班牙国王允准、并授予“海军大将”军衔的意大利热那亚水手哥伦布（1451年—1506年），率88人、乘3条船从西班牙巴罗斯港出发，69天后抵美洲巴哈马群岛的“华特林岛”（即后来的“圣萨尔瓦多岛”）①，后再航达古巴、海地，并在海地建立了第一个西班牙殖民地，这就是最早的西班牙文明对美洲的输入。后来，哥伦布的另三次航行，到过了大安列斯群岛的其他地方（即今牙买加、多米尼加、波多黎各等），甚至到过加勒比海西南岸的洪都拉斯、巴拿马等地。可见，最早的欧洲殖民地或探索地，主要是在中美洲的加勒比海沿岸地区，且主要是西班牙的势力对美洲大陆的控制和殖民②。

此后的数十年里（至16世纪中叶），西班牙人几乎占领了整个中、南美洲，除巴西为葡萄牙殖民者占领外，均为西班牙的殖民统治地区。大概是由于最初的殖民目的主要是为了经济目的或财富，殖民者所具有的观念意识仍然是古王国环境形成的思想，故殖民后的建筑，当然是当时的古王国建筑，即文艺复兴时期所复兴“古罗马”的建筑风格，无论是西班牙式或者是葡萄牙式，都是“文艺复兴式”的建筑。

也就在此后的16世纪末之后，欧洲的建筑又有了新的发展和突破，突破“古罗马式”和“文艺复兴式”的建筑，不再只是建筑风格的“复兴”，而发展为更多的矫饰，因此被衍义地称为“巴洛克式”建筑，源于意大利而风行欧洲。稍后的法国，也兴起了“古典主义”建筑思潮，不仅有巴洛克的矫饰手法，还强调外观庄重雄伟、内饰豪华奢侈。不过，无论是意大利的“巴洛克”、还是法国的“古典主义”，都仍然崇尚古罗马之“古典”，以古罗马的“古典”为基本骨架。故而，理论界也一般认为，巴洛克、古典主义都还是属于文艺复兴时期建筑思潮的范畴。如法国“皇家绘画与雕刻学院”1671年设立的“建筑学院”，其第一任教授F.勃隆台（1617年—1686年）就认为，维特鲁威和其他意大利理论家们已经得到了美的真谛——是局部与整体以及局部相互间的比例关系。可见，古罗马的维特鲁威的理论依然是被尊奉的圣典，则同一的“复兴”古罗马的建筑及建筑理论的宗旨还是不变的。

当然，在“复兴”的旗帜下，巴洛克和古典主义还是有分歧的，如建筑的形体与色彩的真实性问题，巴洛克认为人的视觉对象是由色彩构成的，古典主义则认为只有形体才是最真实的。

尽管文艺复兴时期的建筑理论，主要是以复兴“维特鲁威”理论为旗帜的，且不同区域的“复兴”还存在一定的争议，或者说是一种对“维特鲁威”理论诠释的争议，但也正因为有争议的出现，这才实际上成为一种建筑理论发展的标志。如上文提到的“形体与色彩”的争论，虽然最后并没有争论结果，但彼此各自对形体的真实与色彩的真实的深入探讨，实际上已发展了维特鲁威所创立的建筑理论，并为“建筑形体学”、“建筑色彩学”以及“建筑美学”的学科从建筑整体理论中独立出来而跨出了第一步，这显然是一种建筑理论的大发展。

可以这么说，文艺复兴以后所经历的各个不同建筑时期，不仅是对维特鲁威建筑理论的“复兴”继承，也发展了其建筑理论，应该说，最突出的一点就是各专业学科的分化和逐渐独立，这种发展对建筑理论来说是非常可喜的。

“海上”文化传播揭幕后的建筑理论传播，

---

① 参见陈凯峰著《住宅建筑文化论》，厦门大学出版社1994年8月版，第283页，注16。

② 根据1494年、1529年的葡萄牙与西班牙的两次签约，西班牙独据美洲，葡萄牙则取得亚、非的势力范围特权。

正是这种继承和发展了的“复兴”的建筑理论。在美洲,最初的建筑理论传播便是随着欧洲殖民建筑而流入的,从最早的西班牙、葡萄牙,到后来(17世纪以后)的英国、荷兰、瑞典、法国等,都多多少少地带进了一些新的欧洲建筑理论,给文明尚且很落后的美洲(有的地区甚至文明还未形成)突然注入了新的人类文明,这也是近代人类文明发展史上的一大特征。

由于最初的移民基本上是为了掠取财物而来,故其移民成分以农民、手工业者、小商人等为主,也多为贫困而移民;当客居后稍富时,由原生活观念所支配出现的正常生活活动所需的功能建筑的建设,便有了一定的经济基础。且无论是基本生活需求的居住建筑,还是社会活动需求的公共建筑或宗教建筑,当然都是移民前所习惯或熟知的建筑功能和建筑样式,这些建筑也许有经过设计、也许没有设计,但更多的是工匠的依样构筑。建筑与移民一样是“移殖”的,还谈不上什么建筑理论的传播。故早期的殖民建筑,主要还是“移殖”的建筑物而已。当然,也有美洲本土工匠的参与所给予加入的工艺装饰内容;而且,还有因气候等地理环境和所能取得的建筑材料的差异,也影响了初期的殖民建筑。故也因之而形成了出现于美洲的、文艺复兴样式变形了的“殖民建筑风格”(Colonial style,见图85)。

图85 18世纪中叶北美洲“新英格兰”住宅

当殖民者富裕后并发展成为一个显著的阶层时,建筑理论的传播便逐渐有了承受群体,甚至这些承受群体还主动引入欧洲建筑师及所带来的建筑理论。其理论主要是对古典的“复兴”,包括对希腊、罗马的复兴,形成的建筑也就有了“希腊复兴式”和“罗马复兴式”两大类。而这一时期所形成的有了建筑理论传播承受群体的建筑样式,也统称为“后殖民建筑风格”(Post-colonial style,见图86),具体而言,是在汲取了“殖民建筑风格”之后的对欧洲古典复兴的传播,两者结合形成了这一新的建筑风格,故而冠以“Post”而称之。

图86 18世纪后期美国维吉尼亚州“议会大厦”

引入的建筑师或由这些建筑师培养出来的新建筑师,似乎与早期殖民而入的欧洲人的意识是一样的,早期的移民是为经济而来的,这些建筑师似乎也同样是在经济利益意识的支配下,基本上是为了迎合“口味”而设计建造的。于是,所引入的复兴建筑理论,主要是对欧洲历史上各类建筑的搬运,特别是将各种建筑样式的建筑图谱化,做成图集或样册,然后以此为所谓的创作元素,并指导着具体建筑的抉择。同时,单一风格的建筑模仿(或“复兴”)的出现,到多种风格建筑杂烩而成的出现,使由新建筑构成起来的新美洲(特别是北美洲)城市,完全是一幅欧洲建筑历史样式的大杂烩图像,甚至在一幢建筑上就有法国壁柱、意大利山花、德国屋顶等构成,这都是取自建筑师们贩卖来的所谓欧洲建筑理论结晶的图集或样册。

因此,在美洲的欧洲建筑理论的传播,以“复兴”理论为基本方向,但主要是图谱化的“复兴”和传播,也为后世建筑创作的模仿、抄袭、拼凑等不理性的设计行为开了先河,并“创造”出一套为这一行为辩解的理论——“既然曾经是好的而现在也应该是好的,既然前辈能承传的东西而我们也应该是能承传的。”不过,以图谱化为特征的“建筑史”学科,却也由此而崛起了,这显然还是有点积极意义的。

当然，大概是由于美洲植入了较完整的欧洲建筑，并基本上完全取代了美洲原落后的建筑，特别是北美洲，使美洲建筑大致被纳入欧洲建筑的发展轨迹，反过来促进了欧洲建筑的发展。故而，后世的人类建筑发展，就逐渐形成了“欧美”建筑及建筑理论的一种特殊流派，合成为一个特殊的建筑发展区域。

11.3.3　欧亚非大陆与澳洲大陆的交融

欧洲文艺复兴后的初期，“海上”文化交流的展开并没有注意到“澳洲”这块大陆。

15世纪末、16世纪初的“哥伦布”只找到了错位的印度“新大陆”，三次航行也只涉足中美洲的加勒比海沿岸地区；紧接着的“麦哲伦”及其同行者们虽实现了环球的“海上”航行及文化传播，但绕过东南亚的马鲁古群岛，与澳洲稍远地擦边而过，并不知有澳洲大陆。这一时期的其他欧洲人的开辟航道，也未涉入这块大陆，故而，整个文艺复兴时期的人类“海上”文化交流，就没有澳洲大陆的被发现和纳入交流范围。

实际上，澳洲大陆是在约两万年前左右的“冰河期”之后形成的大陆，而此前就早已有亚洲蒙古人的逐渐南下进入该区域，其大陆形成、并割断了与欧亚非大陆的陆上联系后，澳洲大陆便独立演进，也逐渐被北半球大陆的人类所遗忘。不过，学术界认为，早在欧洲的希腊、罗马时期，欧洲地理学家相信古印度以南的海洋对岸还有一块大陆，并在古罗马的地图上用拉丁文标上“未知的南方陆地”，这就是后来“澳洲”之名的来源。经过中世纪之后，文艺复兴的“复兴”运动，同样也记起了这块“未知的南方陆地”，可惜其时的航线开辟，并未找到通向这块大陆的航道。

17世纪初以后，荷兰人数次航抵澳洲，才发现和证实了这是一块独立的大陆；18世纪中后期，英国人再次证明了澳洲作为独立大陆的事实。

1788年1月26日，由英政府任命的澳第一任总督菲利普·阿瑟（P. Arthur），带领294名官员及海军陆战队员、押解736名犯人来到了澳洲东南部悉尼港，成为澳洲的第一批英国移民。而后，陆续有新的英国移民来到，并逐渐向澳洲大陆的东北部和西部移民（直至1868年才停止了这一“犯人”移民方式）。

文艺复兴时期，英国是稍晚（约17世纪初）才进入“复兴”高潮的。而差不多与此同时，英国的“资本主义”因素则发展迅速，至17世纪中期以后，已逐渐演为“资产阶级”掌权的社会制度；1649年建立“共和国”、1659年复而“王朝复辟”、1688年合两者而为“君主立宪制”。相应的建筑潮流也逐渐形成，以“唯理主义”为思想基础，引入了其他欧洲各国的建筑样式，融汇成自己的建筑风格，且以庄园、府邸建筑为当时的建筑主流。

那么殖民入澳洲以后，英国人所带来的便是这种融汇欧洲各国建筑风格的“庄园式”建筑，澳洲空旷的大地正好也为这种建筑提供了广阔的展示空间。

时至21世纪初的今日，虽然人口稀少的澳洲有选择地广泛吸引世界各地的移民，但英移民的后裔仍居绝大多数，即约85%左右的澳洲人仍是英移民后裔，只有约15%的居民为非英移民及后裔。故而其建筑及建筑理论，更多的是来源于英国，当然也有来自其他移民国家。如原澳洲首府在墨尔本，1913年以后始筑“堪培拉”这个新府城而移首府于这个新城（1927年正式定为首都），其中的“议会大厦”便是当时用巨石砌成的建筑，这种巨石建筑若说是源于古埃及或古西亚，而该大厦的建筑风格则取自“美国国会大厦”。因此，其建筑及建筑理论的被传播或所承袭的来源的复杂性和综合性是显然的，也是必然的。

而澳洲是一个完完全全独立的岛国，周边均由海洋包围着，则其来自其他大陆的文化传播方式，当然是“海上”的传播形式。

11.4　建筑学发展的“世界全方位”交流混融史

人类世界的文明源于地球上最大的大陆——欧亚非大陆，这些人类文明也孕育了建筑学理论。尽管人类的建筑学理论，与人类文明一样，都是多源形成发展的；也尽管中世纪末的15世纪初曾有中国的郑和“七下西洋”，翻开了近代各大陆间的越洋文化传播的新的一页，且曾在非洲东部、西亚南部等地区留下因各种原因而留居的船员及居所建筑。但经历了“陆上”、“海上"文化交流传播后至近代的结果,特别是欧洲文艺复兴运动后的演进发展,基本上还是以欧洲建筑理论为主导。各地区所形成的建筑理论新教育,基本上都是由古罗马"维特鲁威"确立的建筑理论体系,并逐渐取代了各区域可能有的建筑理论的教育和应用。而这种建筑理论的发展状况,首先是在欧亚非大陆出现的,然后随着"海上"文化交流的展开,逐渐扩展至美洲大陆、澳洲大陆;至此,世界五大洲就基本上都被纳入了统一的建筑理论体系的发展中,这也就是"世界全方位"的交流混融史的开端。

既然"世界全方位"的文化及建筑理论的交流态势已经形成,文艺复兴以后,逐渐呈现出先进势头的欧洲文化及建筑理论,当然便执"全方位"交流发展的"牛耳"。则欧洲建筑理论对其他区域的浸入是显然的,也是文化发展的必然现象;另一方面,欧洲建筑理论并不只是单向的输出传播,同时也有双向或逆向的汲取和接纳。因此,可以这么说,"世界全方位"的交流是双向的、混融的,是以欧洲"复兴"后的理论为主导的双向混融交流,这同样是人们认识这一时期建筑理论发展的主要特征。

由于文化交流在各大陆的扩展,是由欧洲文化揭起的,且纳入"世界全方位"文化大交流的美洲、澳洲大陆所接受的也是欧洲文化,而且由于美洲、澳洲接受体的相对落后得太多,故基本上是完全被新的欧洲文化带有强制性的特征所同化,以致纳入"世界全方位"交融后的美洲、澳洲,也大致被纳入欧洲的系统内。那么,学术界因之而以"西方"这个概念来囊括欧、美、澳三洲新的文化及建筑理论结合体,这是下面我们讨论时引入的一个新概念。

11.4.1 西方建筑理论的形成及在世界各区域的传播

中国元代以后就有"西洋"之说,当时是指中土之西的"印度洋"(如上文提到的明初"郑和七下西洋");后来又有"东洋"之谓,大概是指太平洋。

而"西方"这个概念始用于何时何地无考,但以其概念意义看来,应该是19世纪以后的事情了。不过,在此这并不要紧,关键是"西方"概念的具体意义及使用。这是一个政治或文化概念,以"政治"而言,它是一个具有相近的政治意识的群体;以"文化"而言,则表示为同一体系的文化特征的区域。而此处所引入的"西方建筑理论"概念,似乎更偏重于文化意义,是文化内涵的建筑要素的一种区域性集合概念。

• 西方建筑理论的形成

尽管西方建筑理论的区域范围是欧、美、澳三大洲,但美、澳两洲实际上是欧洲文化传播的结果。故西方建筑理论的形成,本质上而言,显然是欧洲建筑理论的发展过程及演进形成的。

自古罗马维特鲁威的《建筑十书》的仅存和流传于后世,为欧洲建筑理论奠定了理论基础,不过,它实际上更是一部建筑的百科全书,与现代概念的建筑学,还有相当大的距离。文艺复兴以后,L. B. 阿尔伯蒂《论建筑》等的出现,虽然仍是在《建筑十书》体系下的"复兴",但百科全书式的建筑理论逐渐被分化。首先是《建筑五柱式》(1562年出版)、《画法几何》(1799年出版)等的先后被分出,在建筑构成整体上体现为从事建筑设计的建筑师的成为一种专业或职业,即建筑施工与建筑设计有了明显的专业或职业分工,也就是说,"建筑制图"成为独立的一个分类学科。也正是由于建筑设计的职业化和独立,促使"百科式"的建筑理论也随着相继独立出来的课题的被研究而深入,各自逐渐演变成为一门独立的学科,包括技术类和艺术类的不同学科的独立,并在各自独立中分别被研究和传授教育。这主要是在建筑教育的院校设置中得到体现,也在院校中得到更好、更深入的研究和展开。

文艺复兴初期,建筑师主要是由一种被称为"Bottega"(中译"抱提阁")的艺术私家教育场所培养出来的,是一种类似中国传统的"私塾"教育,还谈不上为学校,则这种场所及方式的教育,显然是笼统的建筑教育,仍然有那种师徒承传的古老教育性质。1563年,在"文艺复兴"故乡的意大利佛罗伦斯,出现了代"Bottega"的"艺术设计学院"(由巨富美第奇创办),该学院设有建筑、绘画、雕刻专业,学院始有了建筑设计专业的设置,而其课程也主要是素描和透视。大约在此同时,法国国王"路易十二"也创办了建筑学校,其中最值得一提的是,1561年以后,法国的P. 德洛尔姆先生相继撰著了《建筑工程学》和《建筑学原理》两书,作为学校的教材,这是迄今所知最早出现的两部"建筑工程"与"建筑学"学科被分化独立出来的专著,或者说,这是"建筑学"作为一门独立学科被完全分化出来的最有力的说明。可惜，这并没有引起建筑学术界的太多关注，确实是一件令人遗憾的事实。不过，这至少说明了“建筑学”被独立为一门学科的专业发展需求。

或许是德洛尔姆的《建筑工程学》、《建筑学原理》在文艺复兴后期的独立出现，后来的建筑教育也就有较明显的技术型或艺术型偏向的建筑学校的分化，甚至对近现代的建筑教育都有很大的影响。如1648年创建于法国巴黎的“皇家绘画雕刻学院”，有附设的建筑专业，显然是属于艺术型的；又如1796年在德国“柏林艺术科学技术学院”里，所设置的建筑专业，是归在“工程技术”性质类别里。或者说，这是由于所授科目或课程设置的不同，才有了技术型和艺术型偏向的不同建筑专业的区别。这大概也是在近现代建筑学校里，建筑艺术科系与建筑技术科系分化的起点。在传统的建筑教育中，特别是文艺复兴早期的建筑教育，都是在艺术院校里开设建筑专业的；而最早出现技术型的建筑科系，迄今所知，是1793年在法国“巴黎公共工程学院”里，是在“数力系”下设置“土木建筑专业”的，显然是属于技术型的专业。

欧洲殖民地区的美洲和澳洲，主要是欧洲建筑理论的教育传播。

最早是美国，先是欧洲建筑师在美洲创办“事务所”，并在“事务所”里进行建筑教育（是“学徒式”的）和建筑师的培养；至19世纪以后，独立而逐渐强盛的美国，大概是因为第二、三任总统“杰弗逊”（T. Jeffers，1743年—1806年，其中1801年—1807年在任）任前曾为建筑师之故（曾在法国学习建筑），在其倡导下，美国建筑教育始入大学院校，至19世纪中叶，已有弗吉尼亚大学、波士顿大学、哈佛大学、耶鲁大学等学府开办建筑专业科系的教育；而且在19世纪中叶以后，逐渐以法国“巴黎高等艺术学院”的建筑教育为蓝本或范本，主要偏重于艺术型的建筑理论教育方式。

澳洲虽主要为英国殖民地，但其大规模的城市或人居建设及所开展的建筑教育，则主要是在20世纪初（1901年）的联邦政府建立以后。故这已非完全“英国式”的建筑及教育了，准确地说，是欧美的文化及建筑理论的传播和教育。

因此，如果说，西方主要是欧、美（指北美）、澳三大洲形成的区域群体，则所形成的西方文化及建筑理论，就自然而然地是这三大洲的构成体。那么，西方建筑理论便是源于欧洲古希腊、古罗马时期，崛起于文艺复兴之后，形成于20世纪，是“全方位”的文化大交流展开以后形成的。

西方建筑理论不是古希腊、古罗马时期的以《建筑十书》为代表的“百科全书式”的建筑整体理论，或者说已是一种具有综合性意义的建筑理论。经过15、16世纪以后继承后的“复兴”发展，尽管《建筑十书》仍被奉为至圣典籍，但专题或学科的分化、独立则成为建筑理论发展的一个新动向，由“柱式”、“建筑绘画”等逐渐到建筑艺术类与建筑技术类学科的独立形成，且与近现代科学发展的学科划分的日益细腻的特征一样，建筑学科也有日益细腻的发展趋势，并在建筑教育课程设置和教授上得到了明确的体现。这种建筑理论的发展趋势，实际上也促进了建筑理论各学科发展的演进和深入。而诸如维特鲁威的“百科全书式”的建筑理论学者在近现代建筑界正逐渐减少，甚至已不可能再出现了，任何一个或两个、或数个独立学科的深入研究，已可能耗费一个人的毕生精力，即使是16世纪的德洛尔姆先生，也只撰著面世了《建筑工程学》、《建筑学原理》两书，何况是现代，因为一个人的有限的精力和体力已不可能涉入太多独立的建筑学科，这也是至今进入近现代建筑科学理论发展后的一个非常重要的特征。

● 西方理论在亚洲的传播

西方建筑理论在世界其他区域的传播，应该说是还在形成中便已展开了，是在形成发展中的同时，也浸入到亚非等其他区域。

亚洲是一个古人类文明源地，远比西方文明之源的欧洲要悠久得多。或许正是因此之故，亚洲的古文明显得厚重，对于西方近代文明的态度，早期更多的是蔑视。所以，西方建筑理论无论是在邻近地区的西亚，还是距离稍远些的南亚、东亚，都是以不受欢迎的状态出现的；或者说，西方建筑理论在亚洲的传播是以非常艰难的状况开始的。

西亚在7世纪崛起、8世纪成为地跨亚非欧的“伊斯兰帝国”的最主要部分，虽然9世纪后逐渐解体而分裂为一个个独立的国家，但所信奉的《古兰经》却是一致性的，使其生活方式、宗教信仰及所需的建筑空间，都有着难以位移的统一特征。也正是因此缘故，近代以来的西方建筑理论对西亚阿拉伯世界的渗入的难度就可想而知了。何况，西亚是伊斯兰文明的发源地，是一个绝对“政教合一”的区域，宗教建筑自不必说，即使是世俗建筑也多有宗教戒律的约束。也如其妇女的服饰，居住建筑不仅有妇女生活活动的专有空间，而且这些空间与其妇女的面纱一样，也是密闭的，甚至在窗子和阳台空间也是用密栅给封闭起来的，这与西方建筑原理对这些空间的概论和设想是截然不同的。

东亚主要是由中国大陆、日本岛国及东南亚诸岛国地区这三部分组成。

中国大陆在近代以前，基本上实现了主观封闭的发展格局或态势；1840年鸦片战争后，无区别的较“技”结果是“技不如人”，西方近代文明让中国人惊讶、也让中国人愤怒，使中国人对西方文化的态度在此间出现了微妙的转变。从完全的封闭到被“坚船利炮”撞破轰开后，又从被西洋建筑的强制植入到“中学为体、西学为用”的提出，“为体”的意识形态仍是传统文化或文化传统的东西，“为用”的只是物质形态，包括建筑，并逐渐有中国学生到西方国家学习西洋之“技”的建筑专业技术，同时，在中国国内也开始出现了从事西方建筑理论传播的教育。这样，从明代以后的针对“禁海”的“曲线”输入，而带有“偷梁换柱”的手法，到被发觉抵制后的以“鸦片”为手段的再次输入的较“技”，终于打开了西方文化及建筑理论输入中国的缺口。应该说这一过程是漫长而不易的，尽管也有诸多不理性的行为和手段而让人所不齿，但最终能促使不同体系文化的“流通”这一点却是非常可取的，当然，这也是人类文化整体发展的必然趋势。

与中国大陆相近的日本，早期对于“海上”文化的传播并不在意，认为是可以接受的，甚至持欢迎态度。当随着文化传播的逐渐深入后，即由物质形态到意识形态之时，统治者的政权欲的特殊本能，似乎就感到了一种威胁，“闭关锁国”便也因之而似乎便成为一种特殊的本能反应。随着商品流通的增加，西方宗教也跟入日本，与日本的神道教、佛教等传统宗教有了较大冲突，实际上就是一种意识形态层面上的文化传播。于是，17世纪初以后，禁“西教”、抑“西商”成为当时日本政府的一项基本国策，1641年以后竟与西方断绝了来往，这一点远胜于中国大陆的抵制西方文化传播的方式和程度，甚至不许西方书籍入口。直至1853年，即在中国的鸦片战争稍后，同样是在“坚船利炮”的威慑下，撞轰开了封闭的日本国大门，由美国首开，英、俄、法等国也跟入。而这种文化渗透或侵入，更多的是冲突。

不过，除了直接的反抗、冲突以外，日本政府却也出现了两种思想转变的倾向：一种是“幕政改良”思想，另一种是“倒幕开国”思想。而无论是哪一种思想，“尊王”、“救国”却是同样的前提。前者是对当时执政的“幕府”进行机构改良，以图妥协发展；后者则认为只有推翻执政的“幕府”政权，建立议会制度，才能重开国运。而且，两者都不反对接受浸入的西方思想，只是接受的内容和方式及深度不一样而已。其结果是1868年的“明治”新政府的“维新”改革成功，维持“尊王”地位，大量引入西方学术，且由“东洋道德、西洋艺术”逐渐演为“西学为体、儒学为用”，即中国“儒学”在日本传统文化中的地位，逐渐被“西学”取代，而成为“西学”的一种补充，且“儒学”也逐渐为浸入的“西学”所改造，而成为融入“西学”或被诠释的新的“儒学”。

因此，可以说，“明治”以后的日本，基本上奠定了“西学为体”的文化发展态势；从建筑上就可看出这一演变的过程，特别是居住建筑的发展，由传统建筑、“改良”的“和洋”混融建筑、到大规模的“洋式”建筑的出现。建筑理论的引入，主要是在“明治维新”前后随文化的浸入而传播的，特别是1868年以后，不再是被动的传播、浸入，而是主动派留学生赴西方学习或主动聘请西方建筑师到日本传播西方建筑理论，所培养出现的建筑师或建筑理论研究者也逐渐据有了日本建筑理论讲坛，如1886年东京帝国大学的建筑科系，开始出现了主持教学工作的日本人。而且所传的建筑理论，更偏重于“技术型”，比如1923年东京帝国大学建筑专业的课程，除了建筑史、建筑画、建筑设计等以外，还有较多的技术课程，如建筑结构、建筑材料、建筑力学、地震等。

中国与日本，近代以前基本上都是中国文化对日本的影响，即便是外来文化也主要是经由中国传入日本的。如日本佛教，就是由中国佛教输入后演化的，包括其“佛教建筑”的寺、堂、塔等，大致都是演进自中国佛寺。又如日本传统的“和式”建筑，实际上是中国唐代建筑传入日本以后，以中国唐代建筑为基本构架而形成的。因此，可以这么说，日本的传统建筑理论，基本上就是中国的“营造”理论。而近代以后，日本的“维新”成功，主动引入西方文化，与中国相较反而后来居上，形成了新的、近代诠释于西方的建筑理论，是一种完全不同于传统时期中国、日本的新建筑理论，然后，又反过来影响了中国。据一般的看法认为，中国的“建筑”一词，就是引自日本，中国近代以后才有明确的西方建筑理论的概念，有一套完全不同于传统“营造”概念的“建筑”理论体系。以致西方建筑理论经由日本间接地传入中国。如日本在1879年就有专门的建筑学校；中国则是在1923年才由留日回国的柳士英、刘敦桢等创办的苏州工业专门学校的“建筑科”，才始有近现代意义的中国“建筑”教育，而后才有其他建筑学校或科系的创立，以及直接从西方留学回国的学者加入，而作西方建筑理论的教育和传播。

东亚的南部，即为“东南亚”，是南亚、中国文化的辐射区，历史上是一个多种文化交汇的区域，该区域除了有中国文化、印度文化以外，还有伊斯兰文化等；近代以来，又有西方文化的浸入。由于这个地区是处于欧亚非大陆、澳洲大陆、美洲大陆“海上”交通的交汇点，欧洲人发现“新大陆”的美洲及“南方大陆”的澳洲，都曾穿过这里。后来，与美洲和澳洲相似的，东南亚也成了欧洲人的殖民地。只是这一区域的文化混杂，欧洲列强也争相掠夺，故而先后沦为不同列强的殖民统治区，如越南的法属、印尼的荷兰人统治、菲律宾的西班牙人统治等。于是，文化及建筑也就同样是由各殖民统治者带来的，成为一个特殊的西方建筑理论传播区域。

- 西方理论在非洲的传播

在一般建筑史里，除了撒哈拉大沙漠以北的北非（特别是西北非的埃及）以外，其他非洲地区通常是没有被讨论述说的。因为自撒哈拉大沙漠形成以后，北非与中南非洲的文化整体被分割为两部分，且基本上断绝了两部分的交往，两者也就有了完全不同的文化以及建筑的发展道路。其中，北非与地中海沿岸地区的其他区域的交汇增加了，并很快地相继进入了文明时期，也纳入了地中海文明演化的发展圈里，至近代都一直在地中海地区的整体演化中发展着；而被隔离的中南非洲，则从此文化演进缓慢，大多地区均一直在文明前的石器时代里挣扎着，故谈不上有文明特征的建筑史的讨论，也就更没有建筑理论的形成及建筑学史的被探讨，应该说，这是一个人类生存的特殊区域，也是人类建筑及建筑理论发展演化的特殊区域。

而此处所讨论的“非洲”区域，正是指这个被自然的“撒哈拉大沙漠”分割出去的中南非洲，直至近代的“海上”文化传播形成或出现以后，才有了先进的人类文明的突然降临，并从此翻开了这一区域建筑理论发展史的第一页。

尽管有撒哈拉大沙漠的隔断，但来自大沙漠北侧的文化仍顽强地试图穿越沙漠进入非洲腹地。事实上，在欧洲文明进入前，也曾有占领北非的伊斯兰文明的浸入。据载，11世纪就开始有伊斯兰文明沿尼罗河流域北来而进入撒哈拉沙漠南侧地区（约今苏丹国），并于14世纪后半期在这个地区建立了基本上是伊斯兰文明的“廷巴克图城”，据说城中有伊斯兰教寺、所近二百座，并进行了伊斯兰文明的传播和教育，还形成了不同高、低等级的教育形式和内容。其中，还有从事研究和收藏的私人或公立图书馆，然而其中是否有建筑教育，却仍无据可查而令人遗憾。

况且，伊斯兰文明浸入的只是尼罗河沿岸的小部分地区，而广大的区域还是没有受到先进的伊斯兰文明的滋润。因此，对整个中南非洲大陆而言，文明还是一个未知之谜。真正改变非洲广大地区的发展轨迹的，是近代以来西方文明的浸入，甚至是不理性的、掠夺性的浸入。

当15世纪末西班牙人发展了美洲、并开始殖民美洲以后，16世纪初，随着美洲种植园和矿山的开发，所需的劳动力便由中南非洲的黑奴充任，这便是最早的非洲黑人的输出①和欧洲对中南非的掠夺，也是欧洲文明对中南非浸入的开始②，同样是以“海上”文化传播方式出现的，由西欧出发，绕过西北非，进入撒哈拉沙漠南侧的几内亚湾沿岸地区，这些地区也是最早接受西方

① 实际上，迄今所知，早在15世纪中就有葡萄牙人从直布罗陀海峡对岸的今摩洛哥、西撒哈拉地区劫取黑人到其国为奴的事实发生。当然，这是对西北非的掠取。

② 在公元6世纪中叶以后，东罗马基督教就曾进入尼罗河中上游地区，包括约今上游地区的苏丹、埃塞俄比亚等国境内。

文明的最集中的区域；而后逐渐向南非、东非沿海地区浸透，甚至进入中非腹地，到了20世纪初，整个非洲大陆基本上均沦为西方的殖民地，并取伊斯兰文明而代之。

第一次世界大战（1914年—1918年）后至第二次世界大战之间的约20年间的非洲，是欧洲在中南非洲投资规模最大、最多的时期，主要是公路、桥梁、铁路及城市的基础建设投资，迄今看来的大多基础建设，基本上是这一时间投资的，且主要以英国为最多，约占50%，其次是法国、比利时、美国、葡萄牙等国。由于中南非洲一直被西方人认为是人、物资源的掠夺源地，故为了掠夺的建设是带有较多利益性质的，即使是为了殖民，也是为利益之所趋，所投资的建筑，当然是殖民建筑，且由殖民者建设及设计；至于建筑理论的传播，似乎还是比较远的事情，殖民者也还没有考虑这一问题。

至现代，除了殖民较多的大西洋、印度洋沿岸地区以外，腹部的非洲大地大多还相当落后，不要说专业的建筑教育，即使是一般的文化普及教育，也还有一段相当长的距离。从文化角度而论，文化传播主体的文化传播，是唯利性的，是经济利益的趋使，也是政治目的的手段。或许是这个缘故，所以一般建筑史是不愿意涉及这一角落的。当然，以上文所述看，这也是可以理解的。

11.4.2 西方建筑界对世界其他区域建筑理论的汲取

历史上的欧洲及近代以来的西方（包括欧洲及后来的澳洲、美洲），并不只是建筑理论的输出和传播，也有对传播地区的文化的一种逆向汲取，故而有上文所说的文化“交流”和“混融”，如古罗马著名的梁柱券拱结合技术，就是古罗马统治跨有欧亚非大陆时期，继承前人和汲取了东西文明所发展形成的一种新技术，其中的“券拱”就是古西亚地区的一种结构技术。而无论是近代以前的“陆上”交流混融时期，还是近代以来的“海上”交流混融时期，最能引起欧洲人或西方人兴趣的，主要的是亚洲大陆文明，早期的美洲大陆、澳洲大陆吸引欧洲人的是财富和资源，近代以来的非洲大陆同样是以人力资源和自然资源的丰富吸引了欧洲人对其殖民和掠夺，建筑上则似乎不为欧洲人所看重。当然，这些地区也处于一种文明落后状况，甚至是一种未揭示的文明，所以这些地区很难说有什么建筑及建筑理论为欧洲人或西方人所汲取。

因此，主要是亚洲大陆文明及建筑理论为欧洲人或西方人心动，也成为欧洲或西方建筑理论汲取的主要对象。

对亚洲大陆文明及建筑理论来讲，能触动西方人的，主要是西亚、南亚和东亚文明及建筑，特别是东亚的中国建筑及特有的建筑理论。这也是由西亚、南亚和东亚传统时期的文明特性所决定的。

西亚（以及北非）文明以后，大多时期是与地中海沿岸地区为一体的，或者是南欧人统治的希腊、罗马时期，或者是西亚人统治的亚述、波斯时期，地中海沿岸的欧亚非地区大多是混融的。文化的相互汲取、传播，早已成为各自文化组成的一部分，即使中世纪在西亚崛起了相对独立的伊斯兰帝国，并形成了相对独立的西亚、北非伊斯兰文化区域，但其与欧洲的交流还是存在的。如伊斯兰地区传统的园林，多以十字道路交叉点上的水池为构园中心，这一构园方式同样也为欧洲人、特别是地中海北岸的意大利人所汲取，故其相互汲取在传统时期早已存在。

南亚是一个宗教特别繁多而混杂的区域，在其传统建筑中，宗教建筑居于主导地位，其向外传播的文化也以宗教及宗教建筑为主，且以婆罗门教（后来的印度教）、佛教为主要的外传宗教形式，故对外域、包括西方国家的文化及建筑的传播，便主要是婆罗门教（或印度教）、佛教的传播，西方国家汲取的主要也是这一方面的内容，而且主要是宗教思想的传播，并以此来影响建筑，除此以外未见有什么形成的显性建筑理论的传播。

如坐落于法国东部山区的“朗香教堂”，原为一小天主教堂，二次大战时被毁，战后重建，由柯布西埃先生设计，1955年建成。所建的教堂完全有别于西方教堂形式，也不是战后流行的“现代式”建筑风格，更像是一座由旧石料与混凝土等混构的雕塑品（见图87）。不仅外部造型奇特，据先生自己解释说，是仿自人的听觉器官，以便让上帝听到教徒们的祈祷声；而且内部空间的分割和布置甚是奇特，没有规整的空间，几乎找不到一堵平直的墙体，大致全是弯曲或倾斜的墙面，让人感到神秘而莫测其妙。柯布西埃先生原是一位现代建筑的先驱，“住房是居住的机器”是其著名的建筑观点，理性主义、现实主义是其基本的建筑思想内容，为什么会在晚期走向神秘主义思想倾向？这一直是现代建筑学术史上的一个谜。而且为什么会在宗教建筑上表现得最突出？这不能不使人联想到世界最神秘宗教的“印度教”。近代欧洲人进入南亚时就曾感受到这一区域的宗教神秘性，18 世纪中叶，英国人曾花了约 20 年的时间来考察分析，结果仍然没有明确的概念，最后只好含糊地将其宗教统称为“印度教”。那么，柯布西埃先生一改传统教堂的做法，也许正是受南亚印度教的影响①，而产生了这种奇特的设计手法，使所设计的教堂也同样有了许多的神秘元素构成。

透视（上）　　平面（下）

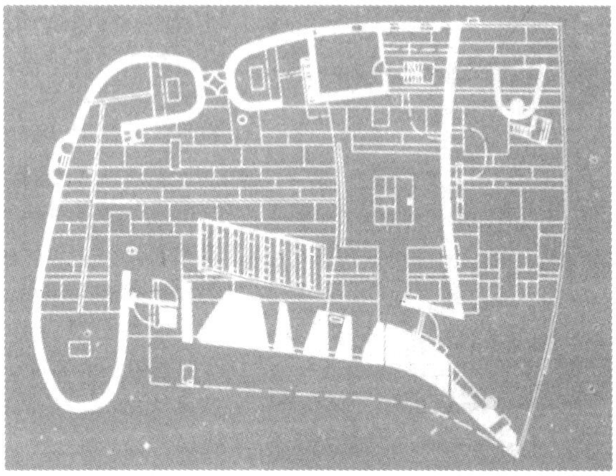

图 87　法国“朗香教堂”

东亚，准确地说是一个儒学文化圈，以中国大陆为文化核心，其邻近的蒙古、朝鲜、日本、越南等国家在传统时期基本上就是中国文化的辐射区，虽有形成自己的文化特征，但仍当是属于“儒”的文化圈，如较典型的日本国，在儒文化圈里还有演进自中国佛教与道教的日本佛教、神道教等，不过其基本思想体系是相近的，包括建筑。传统的所谓“和式”建筑，实际上是演进自中国的“唐式”建筑，其建筑理论同样是中国的“营造”理论。

所以，欧洲在近代以来的对外传播文化中，最主要的是汲取中国文化及建筑理论，并不仅是在建筑上的推进发展，还主动地独立传播中国建筑理论，且主要是中国园林建筑理论，这是由中国建筑与中国园林有着完全不同的形成发展道路和构成理论的区别状况所决定的。

中国建筑是人伦化、仪礼化的物化构成，一切建筑均循规蹈矩以成方圆，“周礼”、“孔儒”是其构成和审视的最高准则，整个传统时期，“周礼”、“孔儒”均是人们所奉至圣经典而不移，故其建筑的主导思想基本上是一成不变、始终如一的，“物化”所成之建筑当然也就规矩、方圆一贯；中国园林则是形成和发展于完全不同的思想观念，崇尚环境自然，推崇物质本性，是在自然本性的功能需求下产生和发展的。西周的“灵囿”、秦汉的“上林苑”等，以及魏晋南北朝的“自然园”、唐宋时期的“写意园”、明清时期的“宫苑”等等，都是自然需求的创造。明计成的《园治》给予最适当的概括：均“相地合宜、构园得体”，且“巧于因借、精在体宜”，而“虽由人作、宛自天开”。

以此两种不同的构筑思想看来，中国建筑思想与西方建筑思想差距甚远，而园林思想似乎会较接近些。近代以来，欧洲或西方人到世界各地传播其先进文明时，中国的园林也引起了其极大的兴趣，18 世纪“浪漫主义”发扬“个性自由”、提倡“自然天性”的思想，似乎找到了最好的人类现象的表述。于是，欧洲也掀起了中国园林热，中国园林符号出现在当时正流行的“洛可可”建筑上或建筑群里；更主要的是，还有中国园林及园林建筑理论在欧洲的传播。如英国皇家建筑师及园艺家詹伯斯先生 18 世纪中期两度遨游中国后，在伦敦发表了《论东方园艺》、《中

① 其时，柯布西埃也正接手印度旁普邦首府昌迪加尔的设计，且被人们认为，当时的柯布西埃“对印度文化只有二维性的有限知识，可是一旦置身于三维，也许常常是四维空间当中，震颤人心的印度现实给了他深刻的刺激”。见[日]吉阪隆正著、宗国栋译《建筑中的草书》，载于宗国栋、张为诚编译《世界建筑名家名作》（中国建筑工业出版社 1991 年 12 月版）一书中。那么，由此看来，其时柯布西埃创作的“神秘主义思想倾向”就可理解了。

国屋宇画图》等论著；又如，德国园林建筑师恩则先生也曾撰有《中国园林论》的专著，专题讨论、介绍中国园林理论。

大概正是因此之故，对中国建筑，欧洲人似乎对自然山村或乡村中的中国民居会更有兴趣，大概是较接近自然的缘故，且有较多的自然因素，这或许也较容易为欧洲人所理解和接受，且似乎因此才有文化交融的切合点。

尽管中国园林至少在西周以前就已经出现，但真正确立其构园指导思想的，应该是周末时期的老庄思想，特别是其人生修养理论，更是构园的最高意境的准则。然而，老庄思想并不只是影响园林，也影响了建筑的构成，只是其影响的主要是园林建筑，以及亦属园林建筑范畴的墅园、庄园、居园这三种类型的建筑。这在中国建筑理论界已有不少论述，此处不再赘言。

而在此主要欲说明的是，这种思想实际上也影响了西方建筑及建筑理论，早在亚里士多德时代，亚里士多德本人所建立的“逻辑”理论，据说就曾是受中国老庄思想的影响；尽管当时东西方文化可能已经有了交流，老庄思想对西方的传播可能已存在，但亚里士多德是否接受了老庄思想的启发或影响，却还是难以得到更有力的引证。

不过，近代以来，美国建筑界对中国老庄哲学的汲取，却是显然的。19 世纪末、20 世纪初，美国兴起了“草原住宅”的建筑风格，其主创者是 20 世纪被认为是美国最伟大的建筑师的 F. L. 莱特（1869 年—1959 年）先生，其最高成就是 20 世纪 30 年代创作的“流水别墅”（见图 95），这一风格的建筑，不仅为当时的人们所广泛接受和欢迎，也为后世的建筑师们所推崇而闻名世界。而与此建筑风格相应的，莱特先生提出了“有机建筑”（Organic architecture）理论，或称“有机建筑论”，认为“有机建筑是一种由内而外的建筑，它的目标是整体性的”，即其“有机表示是内在的——哲学意义上的整体性”。或者说，其认为建筑是“有机的”，是以人为主体的，是人的内在感受在建筑上的表现，且建筑的“由内而外”的整体性与人的感受是一致的，这就是有机建筑的“整体性”目标；而且，有机建筑是“自然的建筑”，自然界是有机的，“自然的建筑”也应该是有机的，自然与建筑也是一体的，或具有同样是有机的“整体性”，建筑就像是自然界中的植物一样，是“地面上一个基本的和谐的要素，从属于自然，从地里长出来，而迎着太阳”，是太阳照射下自然界的统一“和谐的要素”群。

这种极富自然意识的建筑理论，更多的是一种建筑哲学，其与二千多年前的中国老庄思想的相近、相似之处，能说不是受中国老庄思想的影响？

12 建筑学同一史

如果不说建筑学理论的交流传播是东西方的“混融”，而说是人类的自我调和与平衡，则人类并无彼此，而是一个完全的整体，就像是人类的不同民族，无论是何种民族，都是地球上的人类。当然，建筑的地域性或不同的形成环境的影响，会使不同地区的建筑及所形成的建筑理论出现一定的差异。但是，当人类文化之力发展到足够打破任何沟通的自然障碍时，“环境”和“区域”，只像是生产不同建筑材料的不同工厂，人类完全可以按某种既定思想或构思意向，择材取用，在任何地方，构筑任何建筑。那么，所构思的建筑思想或建筑理论，以及所成之建筑，还有地域性？如果一定要说有，那是过去有。而现在以后，则已完全打破了这种地域性，就像不同民族的人，长期的混居、通婚以后，还有纯雅利安人、迦南人？“地域性建筑”将逐渐成为一种历史名称，取而代之的是“同一”的、无区别的人类建筑，建筑及建筑理论为人类所共同拥有。

人类经过了“陆上”文化交流的起步、“海上”文化传播的深入、“全方位”文化混融的展开，建筑的“地域性”正逐渐在退化，发展至现代，已逐渐成为一种文化保护对象，甚至被视为“珍稀物种”而被列为人类“文化遗产”。于是，这一方面说明“地域性”建筑的文物价值，另一方面也说明“地域性”建筑的在现实中的广泛被取代，这也正是“同一性”建筑出现的缘故，即人类建筑显然已进入了“同一”时代。这首先是建筑理论的“同一性”的出现和存在，也就是说，人类建筑学理论将进入“同一史”的发展过程。

12.1 建筑学“同一史”的特征和发展规律

尽管人类文明的形成是“多源”的，在传统时期的发展也是“多元”的，但执近现代人类文明先驱之牛耳的，却只有欧洲文明以至西方文明；也尽管人类文明曾经历了传播交融发展时期，然近代以后的欧洲，却在文艺复兴、宗教改革以及工业革命中崛起，以科技兴盛、经济繁荣为最显著标志的国力强大，助长了其文明向其他地区的浸透，以带有很明显的强制性特征的文化传播，迫使人们广泛地接受了西方文明，也以较显著的物质形态的繁荣和兴盛，为人们所易于认可或认同，这就揭开了西方文明一枝独秀于世界文明之林的序幕，而将世界文明带入了“同一史”的时代。建筑以物质形态为最基本的表现方式，更是“同一史”时代的一个基本标志，人们感叹、折服西方建筑，也为创造这一建筑的西方建筑理论所着迷，伴随着西方文明，西方建筑理论也逐渐占领了世界各地，至今看来，还没有哪一块大陆或哪一个地区能拒绝西方建筑魅力的诱惑。

于是，这就有了人类建筑学理论“同一史”时代的出现和发展演变。

不过，无论其怎么演变，其基本的“同一”特征却是自始至终存在的，也是按一定的规律发展的，否则又怎么会称之为“同一史”时代？这是在此当首先认识的重要一点的两个方面。

12.1.1 “同一史”特征

人类建筑及建筑理论发展在“同一史”阶段的最基本特征，就是“同一性”；而以“同一性”为基本特征的发展时期的特征，实际上就是“同一性”的内容或表现。以发展至今的建筑及建筑理论看来，人类建筑“同一性”的内容或表现主要有以下三个方面。

第一是建筑教育的同一性。

长期而言，建筑及建筑理论发展的趋向，主要取决于建筑沿续的师承方式。与人类文字的产生或形成相似，人类不同文明区域的文字都产生于象形文字；人类建筑的师承方式，在各文明区域，也都相近地产生于“师徒传授”的传承方式，这也是人类最早的、无多大区别的建筑教育方式。然而，迄今所知，最早开设学校建筑教育的，是欧洲的古罗马。公元288年，罗马城里出现了世界上第一所从事建筑教育的“工程技术学校”。当然，此后的欧洲并未完全取代“师徒相承”的传授方式，至文艺复兴以后在法国尚可见这种古老的教育方式，即使是现代教育，“导师制”事实上就是一种“师徒制”的教育方式。不过，以学校大课堂的方式传播建筑理论，更适宜于广泛的、大范围的建筑教育，应该说，欧洲的建筑发展的兴起，实际上也是得益于这一教育方式的普及，特别是文艺复兴以后的大量出现。从16世纪中期以后的意大利佛罗伦斯城的“艺术设计学院”、17世纪中发展起来的法国“巴黎皇家绘画雕刻学院”发展至19世纪的“巴黎高等艺术学院”、德国的“包豪斯建筑学校”等等，大量地培养出建筑研究人员和建筑师，而通过这些学校培养出来的研究人员或建筑师在世界各地的传播，逐渐地，欧洲或西方建筑理论就慢慢浸入到世界各地，所到的世界各地，也以同样的教育方式传播其建筑理论，再加上其理论的魅力，这便陆续在世界各地占据了一定的地位，且有取代各地建筑理论的发展趋势。因为学校大课堂的教育方式，更适合建筑理论的广泛传授，人们也乐意这种群体的教育方式，在群体的“相互促进”中获取建筑理论知识。

因此，两次“世界大战”以后，其战后的人居环境急需重建，更为西方建筑教育方式提供了适宜的客观条件，世界各地取自西方建筑教育方式的“同一性”也就形成了，并一直成为后代建筑教育的基本传授方式。

第二是建筑设计的同一性。

建筑设计是建筑教育后的应用，什么样的建筑教育就可能产生相应的建筑设计方式，特别是建筑设计图的表现方式。因为整体建筑思想的形成，到个体建筑意向的确立，以及建筑功能的构思等，都是意识形态上的建筑。应该说无论是哪一个区域，这意识性的建筑都是相近的；而建筑师的建筑设计，是意识性建筑的图形化表述或表现，就如不同区域的文字一样，表述的手段是不同的，故有不同地区使用的不同文字，由于不同区域的作图表述符号不同，则同一意识性的建筑，其图形化的表述可能不同。所以，建筑设计的同一性，主要是建筑表现图的同一性，即表述手段及表述符号的同一性。

与文字大致一样，象形表述大概均是各文明区域最初的表述手段，但各传统时期形成的图形化表现图及表现方式还是有一定差异的，不过其差异可能并不太大。从《建筑十书》的早期版本的插图的表现上看，与中国同时期的建筑图还是比较接近的（见图88），都是一种透视图，但都并不科学，变形较大，失真也较多，只能看个大概。然而，《建筑十书》却已有建筑师需要掌握的平面图、立面图、透视图及细部大样图的记述（见《建筑十书·建筑的构成》等），这种建筑师制图理论，与现代建筑制图已基本上一样，如“透视图是绘出远离的正面图和侧面图，所有的线都向圆心集中”（《建筑十书·建筑的构成》）。显然，古罗马时期，已奠定了现代建筑制图的基本理论基础，或许因此才有欧洲现代建筑制图理论及制图手段的孕育。

1521年科莫版《建筑十书》（据采扎阿诺意文版所载）

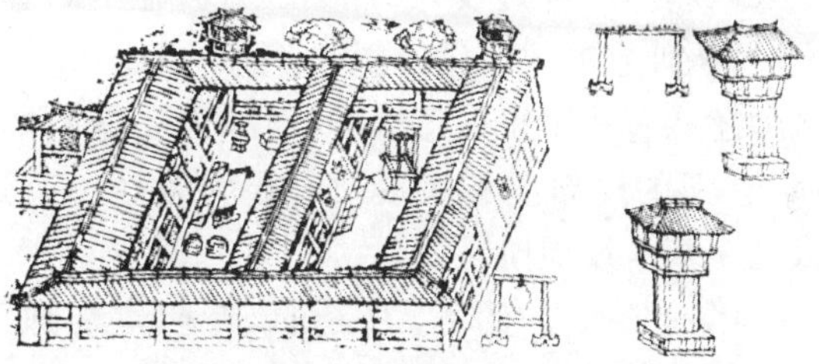

汉末山东沂南石墓石刻图

图 88 《建筑十书》插图与中国汉末石刻图比较

文艺复兴以后，大量的艺术家或画家、雕塑家涉入建筑领域，透视表现逐渐趋向写实，也逐渐普及，据载，15 世纪的意大利佛罗伦斯画家“伍才娄”总结性地科学化了建筑透视图画法，这便使传统的形象图表现科学化，也得到了规范化，这是建筑制图的一大进步。此后，维特鲁威所载的平面图、立面图、细部大样图，也逐渐得到科学的规范化，至 18 世纪末法国数学家 G. 蒙日撰成的《画法几何》出版面世，给现代建筑制图提出了基本理论，平、立、剖等制图从此有了明确的科学理论依据，现代建筑制图手段及方式也从此诞生。

而文艺复兴以后的广泛的学校建筑教育，很快地将这一科学的制图方法传播出来，并为广大建筑师所认可和掌握；且随着西方文化及建筑理论的向外传播，建筑设计手段的同一性，实际上是与建筑教育的同一性几乎是同步发展的。

第三是建筑执业的同一性。

建筑执业的同一性，就是指建筑师制度的同

一性。

“建筑师”之称至少在古罗马时期就已经有了,《建筑十书·第一书》中就有“建筑师(architecton)的培养”一节的论述。不过,其时的“建筑师”与现代意义的建筑师是不同的,虽然现代建筑师的功能在那个时期就已经有了,但这种职能在当时并不是独立地为“建筑师”所专司,当时的“建筑师”实际上还兼有建筑施工、建筑监理等职能,这与建筑理论在当时的发展状况是相应的,在现在看来,是一个“百科全书”式职能的“建筑师”。在欧洲的中世纪,出现了一种称为“master builder”的职业建筑人,职能类似中国的“营造”之“师”的“都料匠”或“匠师”,建筑设计、施工均兼而理之,这与现代建筑师仍然还有一定距离。

建筑设计职能真正独立为一种职业,是文艺复兴以后,其“建筑设计”成为一种独立的行业。不过,从独立的建筑设计职业者到现代意义的建筑师还是有一个发展过程的,即成为具有“同一性”意义的建筑师的发展过程还大致经历有这么三个基本发展阶段。

第一阶段是依附于宫廷的“专职建筑师”。文艺复兴后初期,建筑设计与建筑施工逐渐分化为两个分别由专人专司的两个建筑环节,中世纪的“匠师”也就相应地分化为“匠”与“师”,其中的“师”专司建筑设计,也就是后来逐渐形成并称为“architect”的专职者,并被纳入“艺术家”的范畴,为“艺术家”行列所受容,也首先为宫廷所接纳,成为专业为宫廷服务的“专职建筑师”。

第二阶段是成为自由职业者的“职业建筑师”。17 世纪以后的产业革命,社会生产的工业化,经济的迅速增长,社会建设客观上对“建筑设计”提出了广泛的迫切需求,于是,宫廷建筑师就逐渐走向社会,为广大的社会各阶层及民众们服务,自由的“职业建筑师”就这么形成了,从依附关系人转化为一个自由的职业者,也首开了独立“执业”的第一步。

第三阶段是“注册建筑师”制度的国际化。当“职业建筑师”发展到一定程度,与社会各行各业相近,各国各地区都相继建立了“建筑师协会”的行业协会,来协调规范各国各地区建筑师这一行业的发展。当国际性的社会交往日益深入以后,为各国各地区间的“建筑师协会”的进一步协调发展提出了必要性。于是,1948 年 6 月在瑞士成立了“国际建筑师协会”(简称“UIA”,由法文“Union Internationale des Architectes”缩写而成),实际上是世界各国各地区的“建筑师协会”的联合会。该协会不仅为各国各地区建筑师们确定了共同的基本职能,也建立了相应的共同职业规范,这实际上就是“国际化”了“注册建筑师”。

尽管以目前的世界建筑发展进程及状况看来,建筑教育、建筑设计、建筑执业的“同一性”还有许多大大小小的盲点和荒漠,但其发展进程的“同一性”趋势是显然的,也是必然的,这也就是本论所坚信和确立的“同一史”的信念。当然,这也应该是人类文化发展的客观必然性的趋势和结果。

因此,人类建筑及建筑理论发展至今的“同一性”发展趋势是必然的,这也是其最基本的性质特征。而在这一基本性质出现和存在的发展过程中,即在“同一史”时期里,在“同一性”这基本性质之下,其他性质特征也都是统一于这一性质的,只是其他性质各有不同的特征表现而已,并无特殊差异,故在此便不作更多赘述。

12.1.2 “同一史”发展规律

在上文“本论”中的“建筑规律”里,我们讨论了建筑的普遍规律和特殊规律,这是对建筑整体而言的;若仅取其“同一史”的这一阶段而论,则另有其发展的规律特征。这一规律是有其特定时空概念或前提的,在“同一性”发展特征的前提下,从这一性质特征的孕育开始到这一性质的完全具备的发展,从各文明区域间的文化交流混融开始到全方位“同一”步骤的演进发展,界定了时、空起始的区间。则简明概略而言,就是以“同一性”为特征的人类建筑及建筑理论整体形成以后的发展演变规律。

具体地说,是欧洲近代文明演进为西方近代文明以后,以西方文明为主体的“全方位”传播后形成的“同一性”整体的发展过程,在这一过程中出现的某种规律,即其发展中存在的某种“本质联系”和“必然趋势”。

建筑是文化构成的一种主要元素,也是文化发展的标志性内容,并且是随文化发展的大趋势而发展的。那么,文化发展规律仍然是建筑发展的主导性规律,对建筑发展规律的认识和讨论,有着重要性的、决定性的指导意义。这也是此处讨论“同一史”建筑发展规律所不可略去的重要一环，了解文化发展规律便是此时此地的前提。

文化发展规律可以从两个方面给予认识，一方面是文化整体的发展演进，另一方面是各文化个体的传播或个体间交流的发展。当然，也可以有多方面的认识途径，不过，文化整体演进、个体间传播交流的这两个方面，已足以说明文化的发展规律。

从人类文化整体的演进来看，虽然文化产生和文明形成的源地不同，但各大致相对独立的发展演进的进程是相近的，都是由石器到金属器的演进发展，在金属器的使用出现的同时，语言的使用也出现了文字，人与人之间跨越时空的交流出现了视觉图标符号上的沟通（原来的语言交流只是听觉和视觉的肢体动作上的沟通）；而语言文字形成及以前的宗教，基本上是自然崇拜的原始宗教，当语言文字使用以后，促进了人类的思维发展，特别是形象思维的出现，于是，拟人化的鬼神崇拜的人为宗教便逐渐形成了。那么，以时间轴线而论，从物质的石器到金属器的发展、从语言到文字的使用、从自然原始宗教到人为鬼神崇拜的形成，人类文化标志的使用工具、语言文字、人为宗教的出现等，都是随时间而发展演进和出现的；或者说，人类文化的演进，是从物质形态到物意结合形态、意识形态而逐步深入演进发展的。也或许是因此之故，这才有不同存在形态的标志性文化内容的一个个相继出现或形成。

从文化个体间传播交流发展看来，无论是区域间、还是某一领域不同源区间的交流，通常都是逐渐深入的，这可印证于任何一个方面或任何一个领域，也无论是过去、还是现在或未来。南亚印度佛教在东亚的传播，或东亚人认识印度佛教，是从佛教物品开始的，通过商道或战争，东亚人始见了佛物品，这才有了最初的“佛”的概念和称谓；然后是佛经书的主动或被动的输入，试图以此来传播佛教和认识佛教；最后是由译述佛经到诠释佛经的佛义的完全认识，这才彻底地认识了“佛”的内涵与本质。这就是一个逐渐深入的文化传播实例，由物质形态的“佛物”、物意结合形态的“佛书”或“佛典”，发展到意识形态的“佛义”的认识，这一过程非常典型。当然，也因此而形成了东亚佛教传播的非常明确的不同发展的阶段性时期。又比如，大体封闭了两千多年的中国封建社会及“三教合一”思想观念，在近代“鸦片战争”前后的数十年间，在西方文化冲击下，发生了根本的转向，先是冲突的“较技”和带有腐蚀性与战术性的“鸦片”输入，于是中国有了主动“强国”的发展过程，先是买入洋枪洋炮等建立“北洋水师”以增强防御能力，接着是“变法”和“君主立宪制”的试图以制度的“维新”来改变社会落后状况，然后是“德先生”和“赛先生”的呼吁和提倡使封建传统观念受到了从未有过的冲击或抨击。那么，近代中国的这种由物质形态、物意结合形态、意识形态的以时间为序的演变，实际上也是文化规律在西方文化对中国的浸透方面的体现。

反过来而言，无论是人类文化整体的演进，或者是文化个体间的传播交流，都说明了文化发展的一种具有普遍性意义的发展规律，即每个文化发展过程或发展周期，都大致是经由物质形态、物意结合形态到意识形态的深入发展的这么一个必然演变规律；且文化内涵的任何要素，也应该是首先依循这个规律而发展的，包括建筑及建筑理论。

建筑实际上是一个具有与文化同构的特殊领域，与传统建筑学的“建筑”概念是有一定区别的。建筑，不仅仅是建筑技术和建筑艺术结合后形成或构成的建筑物；还有建筑规程、建筑规范、建筑管理等的建筑制度，建筑图样、建筑符号等的建筑语言，以及由各种语言综合表述的建筑设计；甚至有建筑观念、建筑意向、建筑思潮等建筑思想内容，等等。严格地说，这些存在事实上都是建筑的内容，也都是建筑发展的一个方面，同样都可能影响着建筑发展的过程。

建筑的发展从属于文化的发展是显然的，也是必然的，文化发展规律应是建筑发展的规律，甚至可以说是最高规律，也是肯定的，这是我们认识建筑“同一史”发展规律最重要的一点。

事实上，建筑在“同一史”时期的发展也说明了这一点。

应该说，人们对建筑的最早认识是物质的，以致建筑界以外的人们对建筑的普遍认识都这么看；特别是不同区域的人们，对其他区域的建筑的认识，更是以物质的眼光来看待。当近现代世界文化大交流出现以后，东西方文化被置于同一背景上为人们所审视，东方文化以及建筑理论与西方文化及建筑理论，孰优孰劣各执其词，特别是区域冲突引发的民族矛盾，使民族主义思想成为人们的主导思想，民族文化及建筑似更为本民族所推崇，于是，也就更难有优劣之分。然而，近现代西方科学技术应用结果的西方建筑物质形态的高大以及构筑的快速，却是实实在在地令东方人望尘莫及，特别是第一、二次世界大战后的人居环境的重建，工业化的西方建筑更是世界各区域人们的最佳选择，这或许也是物质形态的文化特性决定的，非常明确地为人们所比较，也因此而更容易为人们所接受。

物质形态的建筑的比较后的接受，实际上也就是对构筑这种建筑的建筑理论的默认，是一种无言的认同或认可。当然，这种认同或认可需要有一个过程，即使是认同或认可程度，也是逐渐深化的，当到了主动引入这种理论，并广泛开展教育时，这才完成了一个真正完全的认同或认可的过程。也当西方建筑教育方式和方法为世界各区域的人们所普遍接受时，世界建筑发展的“同一史”时期便进入了物意结合形态的阶段，西方建筑理论在西方建筑教育方式中被广泛地传播，并成为构成当地文化继承内容的一部分，这一方面的文化发展就比仅仅是建筑物质形态的接受有了更多的深入。况且，教育是文化的物意结合形态的一个要素，当然，西方建筑教育的被接受也就是“同一史”建筑发展时期的一个新的发展阶段的表现或标志。

当西方建筑教育成为世界各区域的主流以后，西方建筑思想逐渐又成为建筑思维方式的主体，也就是说，建筑又有了一个“同一”的新思维方式的逐渐形成。

应该说，东方建筑与西方建筑不仅仅是建筑物质形态上的差异，更主要的还在于建筑思维方式或建筑科学思想上的不同，若追根溯源，则这还在于文化体系以及思维方式的差异。西方思想主要是“形象思维”，以解剖、分析等为主要手段；东方思想则更多的是“抽象思维”，强调整体意境的感受。这一思想区别，也典型地表现在欧洲古典建筑和中国传统园林上。

欧洲建筑或西方建筑的历史上总是有古典建筑的出现或流行，似乎有周期性出现的规律，实际上这种所谓“古典式”的建筑就是古希腊、古罗马建筑的某些构件被“图谱化”后的重新被沿袭借用，其中最典型的就是“柱式”，五种基本柱式不厌其烦地周期性地被人们所借用，甚至可以套用于任何功能性质的建筑上，这是一种非常典型的“图谱化”形象思维。

而中国传统园林为世界各区域的人们所称道的，主要就在于其完全是以“抽象思维”来赢得的。中国传统园林没有规范性的“图谱化”的完美样式，而沿传的是一种“因借”、“体宜”的构园思想，以达到“虽由人作”、却“宛自天开”的构园目标。如中国传统时期构园时的构砌假山，通常是通过“安连接斗挎、拼悬卡剑垂、挑飘飞戗挂、钉担钩榫扎、填补缝垫杀、搭靠转换压”的基本手法（见图89），来追求“透瘦皱漏、清丑顽

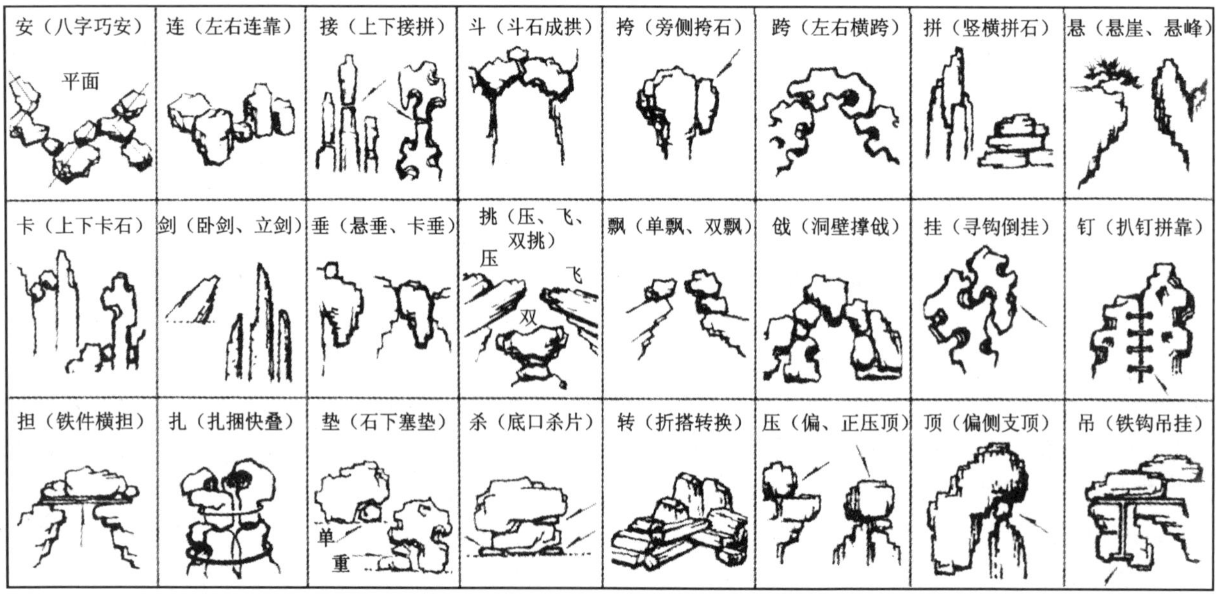

图89　中国传统园林假山主要构砌手法示意

拙”等构园要旨或目标，也是对假山以至园林整体的意境感受创作的追求，而非对某单一构件、构筑物的沿袭。显然，这是与西方传统建筑思想完全不同的另一种建筑思想的思维方式的结果。

故而，当西方建筑理论成为世界各区域的主导理论以后，并在各区域开展了相应的普及性教育，以沿袭其理论的传播；而且，也就在传播西方建筑理论的同时，与西方建筑相适应的西方思维方式便逐渐为受教育者所普遍接受，且逐渐占据了主导地位。反过来，当完成了西方建筑理论教育的人们，又投身于社会实践时，必然要以相应的西方思维方式来审视一切事物，包括对所有的建筑及建筑理论和现象的审视，不仅西方建筑是其审视的内容，世界其他区域或中国的建筑同样也是其审视的对象。于是，这就可能有了新的“图谱化”的东、西方合壁的新建筑出现，或称“后现代式”、或称“解构式”，等等。实际上，这是以西方方法论的解剖、组合方式为手段，在其形象思维的指导下，来解剖一切、组合一切的结果。

当然，这是在西方建筑理论及西方思维方式占据主导地位的时期所出现的现象；若当人们——世界各区域的人们，有了更多的理性化以后，且当东方思维方式及中国建筑理论为人们所重视时，人们的“形象思维”不再是唯一的主导思维方式，而是有了“抽象思维”的一些地位，则“图谱化”的建筑潮流将成为过去，人们将更需要的是整体意识和整体效果，这将是“同一史”时期更理性化的一个发展阶段，也是“同一史”时期进入较高境界的意识形态发展阶段。

总之，建筑发展在“同一史”时期的规律，是由物质形态向物意结合形态、意识形态逐渐深入发展的，以达到世界各区域“同一”的、由内而外的整体性运动发展演进的目标，这也是由世界历史发展的客观规律所决定的。

12.2 “现代”史

按一般建筑史的划分认为，自欧洲文艺复兴以后，欧洲新文明从“海上”开辟了新的文化传播途径，由此而逐渐将新文明播及世界各大陆，而逐渐揭开了世界“全方位”文化大交流的序幕，并在随后的17世纪中期的英国“工业革命”，又一次推动了“全方位”文化大交流出现的进程。那么从此以后，英国及英国殖民地区或英联邦国家和地区（简称“英系”国家），便一直是世界新文明发展潮流的先驱，拉丁语系便成为传播新文明的主要媒介；而“一次世界大战”（1914年—1918年）的爆发和“英系”国家的胜利，更使世界文化大交流的传播和交融演变为“英系”国家文明的一枝独秀，世界上大多数人为之惊讶，也为之叹服，普遍性地接受“英系”国家新文明，因之成为世界文化发展趋势，属拉丁语系的“英语”也就成为此后新文明传播的最主要媒介。

这便是一般建筑史普遍认为的进入“同一史”时期后的第一个发展阶段——“现代史”（Modern Age）的开始，且这个时期的建筑和建筑理论便因之都冠以“Modern”而称之。

12.2.1 “现代派”人物及理论

“现代派”，即一般建筑史上称的“现代建筑派”的略称，因为此处所讨论的主题就是“建筑”而略去。不过，其完整的全称应该是“20世纪欧洲现代建筑思潮”的这一流派，也是对此前“学院派”传统建筑理论反叛的“改革派”或“革新派”。这一“改革派”是针对传统建筑的保守思想而出现的，是由一些思想激进而敏锐的青年建筑师组成的，其中尤以格罗皮乌斯、柯布西埃、密斯、莱特四人为杰出代表，他们为现代建筑提出了许多不朽的理论，也为现代建筑学理论的发展奠定了基础。于是，这显然应是现代建筑学史应当着重讨论和认识的主要内容。

· **W. 格罗皮乌斯**（Walter Gropius，1883年—1969年）

1883年5月18日，格罗皮乌斯生于德国柏林，1903年—1907年先后在“慕尼黑工学院”和柏林“夏洛滕堡工学院”学习建筑，毕业后即到柏林的“P. 贝伦斯建筑事务所”工作，P. 贝伦斯是当时德国的一个著名建筑师。格罗皮乌斯在此不仅有了最早的建筑实践，并认为，“贝伦斯第一个引导我系统地、合乎逻辑地综合处理建筑问题”（见格罗皮乌斯著《新建筑与包豪斯》所载，1935年伦敦版）；而且接受了许多新的建筑观

点，对后来其建筑理论的探讨，产生了重要影响。1910 年以后自己独立开办事务所，创作了"Fagus werk 鞋楦厂"、"科隆展览会办公楼"等，同时也提出了"重复使用构件、大规模生产"的住宅建设新见解，这实际上已是一种具有"现代"性质的建筑观点。

1915 年入"威玛实用美术学校"任教，这也是格罗皮乌斯从事教育与研究的开始，1919 任校长。同时，还筹建"国立威玛建筑学校"（Das Staatlich Bauhaus Weimar），是将其原任教的学校与"威玛艺术学校"合并建成的，格罗皮乌斯仍任校长，也仍建于德国威玛市，该校简称"包豪斯"（Bauhaus），是德语"Hausbau"（意为房屋建筑）一词两个音节的倒置，词义不变。该校 1925 年迁建于德绍市，并改称"设计学院"，但仍沿袭地简称"包豪斯"，格罗皮乌斯仍任院长。新校舍由格罗皮乌斯设计，称"包豪斯校舍"（"Bauhaus" Building，见图 90），是包括教学楼、实验车间、办公楼、学生宿舍、食堂及礼堂等的一组建筑（或者说是一组功能各异的综合性建筑混合体），这也是格罗皮乌斯建筑理论的杰出表现。1928 年离开包豪斯，同年参与在瑞士创立的"国际现代建筑协会"（Congres Internationaux d'Architecture Moderne，缩写为 CIAM），并在 1929 年以后一直担任该协会副会长（直至 1959 年停止活动）。这一协会的创立，实际上也推进了"现代建筑"及建筑理论国际化的进程。1934 年格罗皮乌斯重入建筑设计市场，离德国赴英国伦敦从事设计事务。1937 年又回到了院校中，应美国哈佛大学之聘，先后任设计研究院教授、建筑系主任等，从此定居于美国，直至去世。在美期间，也曾与人合作组织和开办过事务所，著名的是 1946 年创办的"协和建筑师事务所"，并且发展成为美国最大的建筑师事务所之一。

前透视

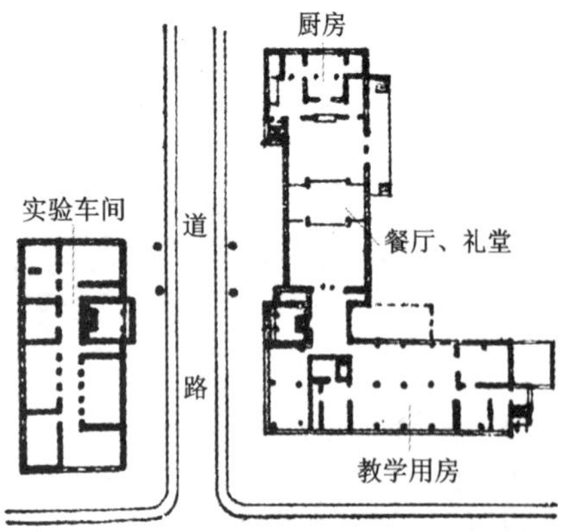

一层总平面

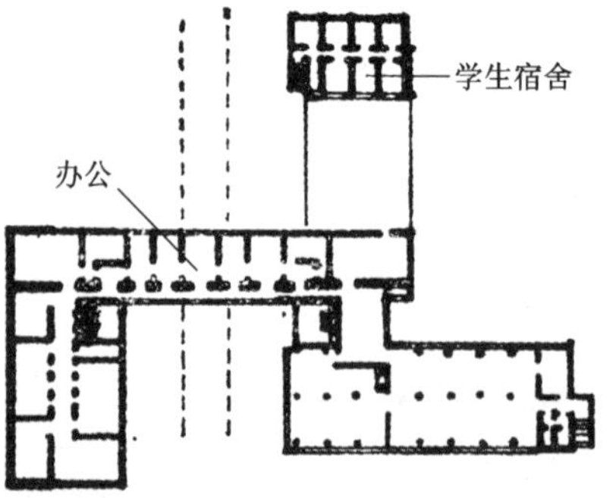

二层平面

图 90 德国德绍"包豪斯校舍"

格罗皮乌斯作为现代建筑的倡导者之一，其主张的建筑理论前后有较明显的两个时期的区别，学术界有的甚至认为这是矛盾的两个时期，即在欧洲的一个时期和在美国的另一个时期。若从年龄上而言，是"二战"的五十多岁以前中青年时期的观点与五、六十岁以后老年时期的观点的区别。或者说，是两个不同时期、不同社会环境状况、不同认识思想所强调的不同观点，前者有较多的血气特征的"刚性"，后者则显示出较熟虑而深思的"理性"。

青年时期，格罗皮乌斯先生就主张"建立用工业化方法供应住房的机构"，甚至有些武断和偏激："我们没有别的选择，只能接受机器在所有生产领域中的挑战，直至人们充分利用机器来为自己的生理需要服务。"（1954 年伦敦版的 Giedion. Sigfried 著《W. 格罗皮乌斯》所载）并且极力反对建筑历史上的"复古主义"思潮，在其所著的《全面建筑观》中认为，"我们不能再无休止地一次次复古"；"现代建筑不是老树上的分枝，而是从根上长出来的新株"。学术界认为，他之所以提倡工业化生产方式，主要是因为当时所在的德国需要发展工业，同时也是因为战后时期经济因素影响的客观原因所需，故而才特别强调功能、技术以及经济因素。实际上，除了这一社会客观环境状况的时空因素所产生的相应思想意识的缘故外，更主要的还在于其学术创作本性的纯真和执著，带有更多的形象逻辑推理的思维方式。

二战前夕，格罗皮乌斯由紧张的欧洲移居较宽松的美国，重入教学研究机构，而环境的改变，建筑思想也得到了反思和调整。特别是战后美国作为战胜国的迅速跃居世界最强国，虽然功能、技术仍是建筑的基本要素，但环境却给了其思想上更多的想象富裕空间，建筑的另一方面的艺术要素也就有了更多舒展的机会。但此时，格罗皮乌斯并没有自我否定以前所提倡的理论，只是明确地、公开地反对人们给予的各种称谓或标签，认为所谓的"国际式"、"功能风格"等称谓或标签是曲解的、错误的；还修正地说："对于充分文明的生活说来，人类心灵上美的满足，比起物质上的舒适要求，是同等地、甚至是更加地重要。"当然，这一个修正是有前提的，是"对于充分文明的生活说来"而言的，这显然是环境感受给了其富裕的思维空间的体现。而其认为他人给予的各种称谓或标签之所以是错的、曲解的，正是表明了其所创立的现代建筑理论对"技术"和"艺术"的继承，并没有摒弃"艺术"，而是"艺术"生存的空间多少、宽窄问题，"艺术"无论怎样还是存在的，并非完全的"功能"性，更非唯一的"国际式"，只是社会的不同环境，给了"艺术"不同的生存空间而已。这或许才是格罗皮乌斯先生在晚年想否认和澄清一些问题的最主要缘故。

因此，格罗皮乌斯建筑理论的发展过程是可理解的，也是合乎一般学人之学术思想的成长过程规律的。如中国孔子自评的"三十而立、四十而不惑、五十而知天命、六十而耳顺、七十而从心所欲，不踰矩"（《论语·为政》载）。显然，这正是人的思想的一个理性化的过程。

· **L. 柯布西埃**（Le Covbusier，1887 年—1965 年）

1887 年 10 月 6 日，在瑞士的一个从事传统钟表业的家庭里，出生了一个名叫"Charles Edouard Jeunneret"的男孩，少年时曾入"钟表技术学校"学习，后又学习雕刻艺术，并以此继而了解和感受了建筑艺术；其间，他曾游历欧洲诸国，认识欧洲的雕刻和建筑艺术。1908 年至"一战"（1914 年—1918 年）前，先后在法国巴黎的"A. 佩雷"、德国柏林的"P. 贝伦斯"两建筑师事务所工作过。战前，又曾游历地中海沿岸一带的古建筑和民居；战后，建筑活动中断，便转事绘画和雕刻，并接受新的艺术思潮。或许是从事建筑艺术道路的不同，其较少受学院派建筑思想的束缚，而更多的是受当时正流行的各种思潮的影响，故有后来的"走向新建筑"的个人发展道路。1917 年移居巴黎，广泛接触人文艺术界，至战后有了更多的艺术感受和认识；1920 年与人合编综合性的《新精神》杂志，并使用"Le Covbusier"的笔名，并以此而名闻于世。

1928 年参与筹组"国际现代建筑协会"，1930 年始入籍法国。此间及其后，他做了许多设计，著名的有日内瓦国际联盟总部方案（1927 年）、巴黎"萨伏伊别墅"（Villa Savoy，1928 年，见图 91）、巴黎大学瑞士学生宿舍（1930 年—1932 年）、巴西教育卫生部大厦（1936 年）等，但更多的是小住宅或小别墅(这一点与大多数现代建筑师是一样的)。二战后,参与在纽约的“联合国总部”选址和设计、印度昌迪加尔城(旁遮普省会)规划以及法国马赛公寓(1946年)、朗香教堂(1950年—1953年,见图87)等设计,1965年8月27日逝于美国的里维埃拉。

立面(上)　　平面(下)

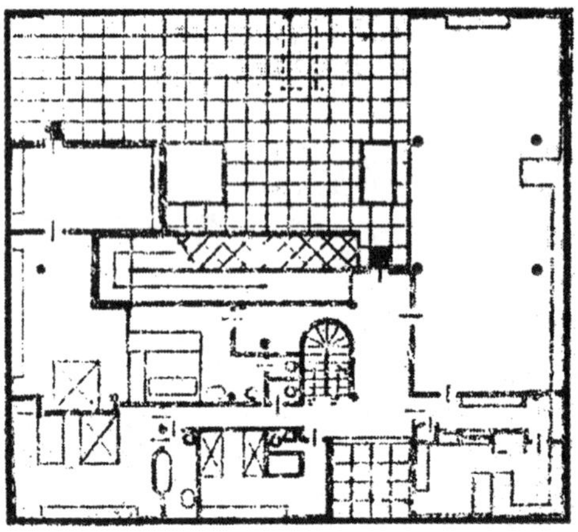

图91　法国巴黎“萨伏伊别墅”

柯布西埃没有接受过正规的学院教育,也从未从事过学院教育,但却办过杂志,在杂志上发表了许多有关建筑的新观点;同时,也参与了许多建筑活动,创作了许多令世人惊奇的作品。其建筑理论或建筑思想,主要从两个方面给予表现,或以两种渠道来阐述发表,一种是在杂志上发表论文,另一种是在规划设计的创作中给予体现。

发表在《新精神》上的短文,主要是宣传其所提倡的“新建筑”的文章,1923年还将这些文章汇集出版,并名该书为《走向新建筑》(Vers une Architecture)。可惜,大概是由于该书实际上是一部短文集,而且是发表于杂志上的宣传性短文,故有较多的情绪因素,而非是理性、冷静的论文,所构成的书,其观点及表达的语言也较为零乱,甚至像是一部杂文集。不过,总体意向还是能让人明白的,就是提倡“新建筑”,故有书名“走向新建筑”之给定。其中,人们所读识而能明白的观点主要有以下方面。

首先,柯布西埃宣称其所提倡的“新建筑”是“一个伟大的时代正在开始”,是与因循守旧的传统建筑告别的一种工业化的建筑,甚至说“住房是居住的机器”。书中列举了许多轮船、汽车、飞机等作引证,试图说明“房屋机器”的工业化发展必然,并“像洪水一样使我们不可抗拒”。

其次,他又强调建筑由内到外的造型艺术,他认为,作为建筑师,追求的并不是机器般的功能和效率,而是机器般的造型(其观点被学术界称为“机器美学”);甚至认为,建筑是“纯粹的精神创作”,建筑师便是从事这一创作的“造型艺术家”。

这种既强调工业化发展,又认为是“精神创作”的建筑观点,出现于同一本书内,似乎有些自相矛盾,但这实际上是可理解的“杂文集”似的不同文章侧重点的区别,若要兼顾两方面的观点而概论之,其追求的是一种工艺产品的造型艺术,或者说是对建筑产品的一种既工业化、又个性化的渴望的追求或欲念,实际上,目前汽车产品的个性化事实就是一种很好体现,则以此两者在现在看来,并不矛盾。

或许是由于较多地从事小建筑的设计创作活动的缘故,对“新建筑”,1926年他提出了非常具体而明确的“新建筑五特征”(参见《中国大百科全书》所附“图解”,引之如图92):

第一,一层采用独立柱子,并以此为全部或部分的架空层,二层以上才为功能空间;

第二,屋顶设置花园;

第三,平面构成自由;

第四,外墙留置横长窗;

第五,立面造型亦自由。

显然,以现在的话来说,是非常的模型化,除了平立面可“自由”构成外,整体造型就是以立柱架空支撑着一个庞大的功能空间的身体,而顶部上面绿化成“花园”。这大概也是其在1923年出版的《走向新建筑》一书中为建筑师提出的“三个要点”的具体化。其“三个要点”是:

“体量,是我们的感觉用来领悟、衡量和影响事物的一种因素;

外观,是体量的外壳,它可以缩小或放大体

量所给予我们的感觉;

平面布局,是产生体量与外观的源泉,它把整体的全部确定下来①。”

两者结合起来而言,是“体量”为二层以上的功能空间,“外观”是独立柱支撑的顶部设置花园、外墙置横长窗的立面造型,“平面布局”在各层的自由构成决定了建筑整体(如图91),这就是柯布西埃所提倡的“新建筑”。

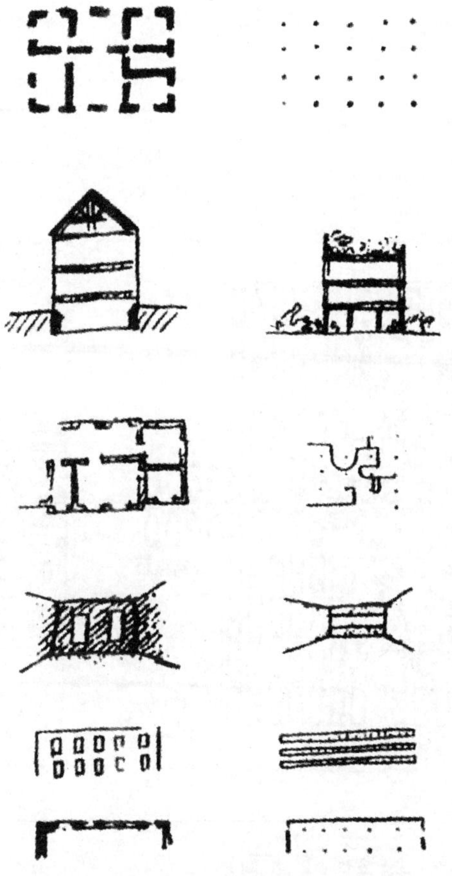

图92 柯布西埃“新建筑五特征”图解

同时,柯布西埃还提出了理想的“现代城市”:方形中心区由核心摩天楼与外侧高层建筑组成(共24座,人口密度为3 000人/公顷),然后以此为中心再分四区,东区为工业区、西区为英国花园式政府公共行政区、南北两区为人口密度300人/公顷的居住区,四区之外为发展保留用地而布置绿地和运动场;其外的郊区置若干田园小镇环卫;城区与郊区有适合现代交通工具的道路网沟通,交叉处置立交联系(见图93)。实际上这是一种拱卫式的规划思想,鸟瞰看来,中心区突出高耸,然后向四周缓缓降低,直至稍远的数点人居聚集区而落止,形成了一个类似中国四面(或四角)攒尖顶的城市总体造型风格,有中心、有主题、有中轴线,有主有次、均衡稳重的城市总体,更像是中国传统思想的体现②。

·L. **密斯**(Ludwig Mies Van der Rohe ,1886年—1969年)

1886年3月27日,密斯出生于德国亚琛(Aachen)的一个泥瓦石匠的家庭,自小感受泥、瓦、石的劳作生活,稍大时曾上过两年学,这便是其所受过的唯一而短促的正规教育;而后就是为生存而历经童工生涯,与建筑有关的便是干过房屋装饰活。最值得让人注意的是,据说19岁时曾在一位建筑师处工作过,后又曾作过木器设计学徒,这便逐渐与建筑有了更多的联系,也应该说,是在劳作生活感受中,接近了建筑,这是一个非常特殊的建筑思想认识的发展经历。两年后,密斯先生就较早地开始从事建筑设计工作,主要是设计小住宅。而让密斯受益最多的、也是有较正规设计训练的是1909年也进入了柏林的“P. 贝伦斯建筑事务所”工作,约与格罗皮乌斯、柯布西埃同一个时期先后在此事务所工作过,这便有了实践中的规范训练及思想认识,显然,这对其后来的建筑思想的形成,具有非常重要的意义。“一战”期间(1914年—1918年),曾服务于军队的军事工程;战后,又返而从事建筑创作活动,同时也加入其时的建筑潮流中,并在大潮中逐渐形成了具有“现代”意义的建筑思想。1926年任“德意志制造联盟”第一副主席;第二年,主持了该联盟在斯图嘉特的“Weis-senhof”举办的“住

① 引自柯布西埃著、吴景祥译《走向新建筑》,中国建筑工业出版社1981年4月版,第7页。

② “理想城市”(Ideal city),在西方建筑史上的不同时期曾有不少人提到过,如古罗马的维特鲁威、文艺复兴时期的斯卡莫齐等。其中,尤以维特鲁威的“理想城市”,似与中国传统人居思想最有联系,其所构思的“理想城市”是一个正八边形的总平面,而且城内的分布也相应地按方位由八区构成,极似中国的“八卦”之卦位构成图形。而中国的后天“文王八卦”,按传说,其所创年代也比维特鲁威时期早约千年,则维特鲁威的“理想城市”是否受中国“八卦”的影响,亦有其可能性存在。

宅建筑展览会”，其师贝伦斯与格罗皮乌斯、柯布西埃等均参加了该展览会，这次展览会实际上是现代建筑展，以“平屋顶、白墙面”为统一风格的建筑特征。1930年—1932年，继格罗皮乌斯、H.迈耶（瑞士建筑师）之后任德国德绍“包豪斯”院长，学院1932年迁柏林后不久停办。1937年密斯迁居美国，第二年至1958年在芝加哥的“伊得诺工学院”任建筑系主任，1969年8月逝于芝加哥。

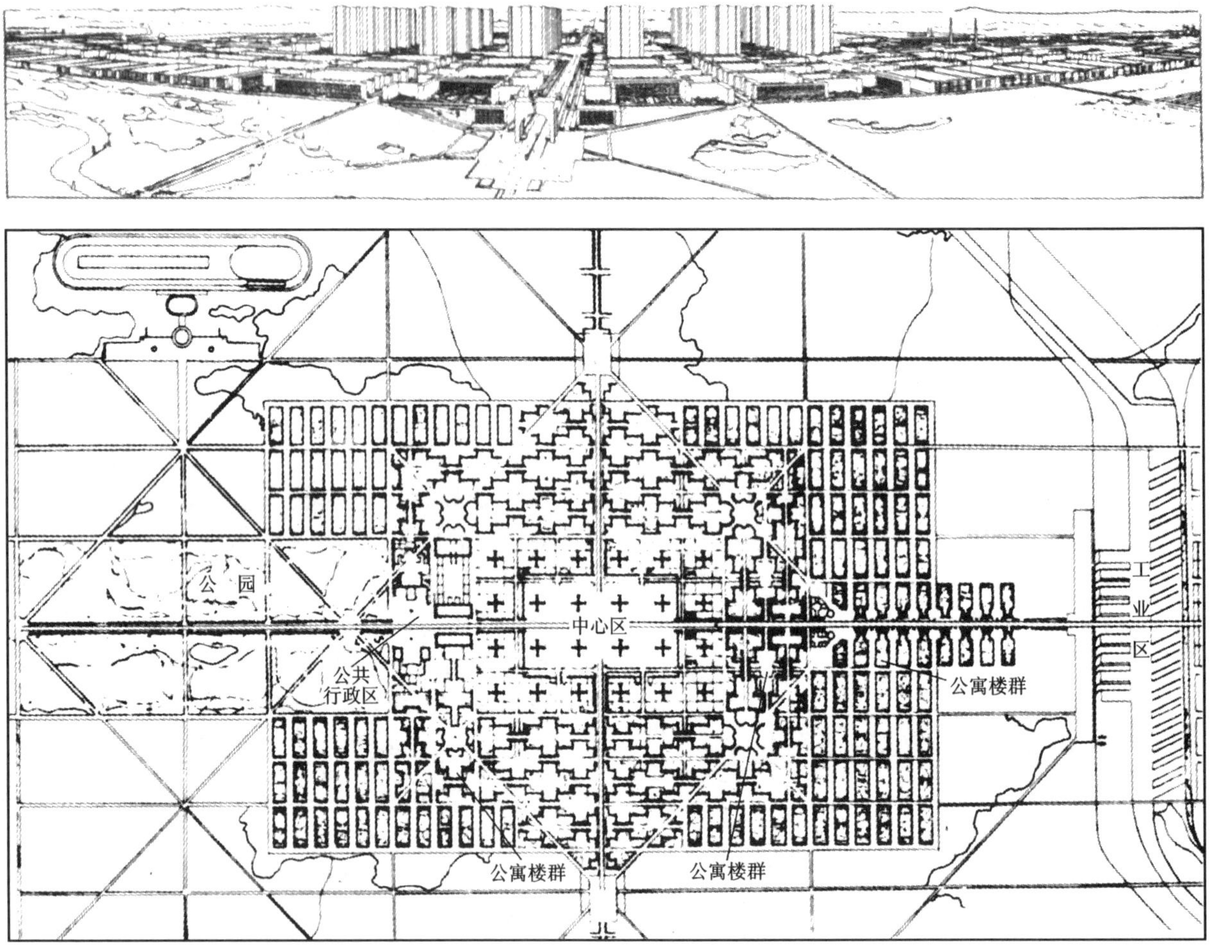

图93　柯布西埃设想的“理想现代城市”示意（上：透视、下：平面）

从其一生的建筑生涯看，有两个方面的显著特点：一是缺少或没有经过学院教育，却当了十多年建筑学院的院长或建筑系系主任，直到晚年；另一是在建筑劳作生活中感受和接受建筑及设计训练，是从感性上先进入建筑领域的。大概也是基于此缘故，密斯先生罕有面世的笔墨论著，却有较深刻而明了的感悟思想或理性观念，以及一些这种思想或观念指导下的建筑创作表现作品。

“少就是多”（less is more），就是他一生中留给后世最著名的建筑观点或理论。虽然其观点均有明确所指，“少”是指对纷乱烦琐的装饰部件或立面强调得少，“多”是指对简洁明了的建筑构件的工业化生产提倡得多，但仍然可体现出这是一种蕴涵有一定哲理思想的辩证观点。简明而言，该观点就是说：少装饰即为多生产。实际上，这也就是一种非常明确的现代建筑理论的观点，没有繁杂的装饰件、只有简单的功能满足，这不正是“现代建筑”的基本特征和性质？若仅从数值的“少”、“多”上而言，这是一个错误的逻辑概念；但由于其“少”和“多”的量值单位的不同，前者指建筑装饰，后者指建筑生产，是同一个建筑问题的两个方面，而且是有一定相互制约性的两个方面。显然，这就是一个哲理命题，或者说是具有哲理性的辩证关系命题。

密斯先生对现代建筑的贡献，与其人生成长经历一样，更多的还是在现实建筑创作中的实践示范和探索，“钢框架结构＋玻璃”，就是其最杰出的创作示范。从著名的巴塞罗那“世界博览会德国馆”(1929年),到德国“西柏林新国家美术馆”(1962年—1968年)等,数十年里,均作这一建筑风格的创作追求,且有走向极端的发展趋势。如美国“法恩斯沃思住宅”(1945年—1950年,见图94),就是一座极端的“少”的建筑实例,并试图以此来强求艺术上的“唯美主义”。

透视(上)　　平面(下)

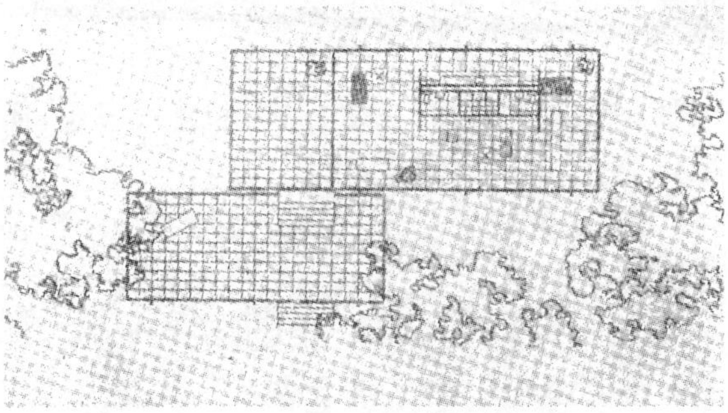

图94　美国“法恩斯沃思住宅”

他认为:“当技术实现了它的真正使用,它就升华为艺术了。”这也概括出了密斯先生一生对现代建筑的最主要贡献的基本观点,或者说是其在建筑上的理论精华。

·F. L. 莱特(Frand Lloyd Wright ,1867年—1959年)

1867年6月8日,莱特出生于美国威斯康星州里奇兰森特的一个农庄里,长大后受到了较正规的启蒙教育,但所学的建筑专业是“土木工程”(1886年—1889年在威斯康星大学),大概是原本就无志于“土木”专业,故还距毕业尚有3个月时就迫不急待地离校了,入建筑事务所工作,接受实际的“建筑”专业的创作训练。1893年,年青的莱特先生就与人合办或独立开办建筑事务所,并执著于此志而不移,直至逝世。非常简明而又长寿的一生,主要时光都耗费在其创办的事务所里了,且主要也是创作小住宅建筑,尤其是别墅建筑,人们称其所设计的小住宅为“草原住宅”①。

莱特先生超凡的建筑创作,孕育在其家庭环境中。父亲虽学过法律、医学,当过教堂巡回牧师,后来却是一位乡村的职业乐师;母亲则是乡村教师,执教于农村学校。7岁时的莱特已能演奏“中提琴”,而受教于父亲,母亲则有意识地在“弗劳贝尔积木玩具”训练中,让小莱特感受“秩序——宇宙第一定律”。音乐意境的熏陶、空间秩序的感受,无疑为莱特的启蒙思维创造奠定了特殊的背景和基础。或许是这一缘故,莱特先生独钟情于空间艺术的建筑学及建筑创作,对所学的“土木工程”越来越不满而放弃了毕业,急于成为一名建筑师而使之投奔成名建筑师。其中,对芝加哥的“沙利文”极其倾慕,终以三幅不同风格的铅笔画为敲门砖而得入室为徒,沙利文的推崇自然和有机生命形成的思想,影响了莱特一生。而独立设计创作以后,在1914年以后的7年间,应邀承担日本“东京帝国饭店”等建筑设计时,曾因订购地毯之事于1918年到访过中国,辜鸿明先生曾陪游北京,而中国传统文化给了其很大的启示,并极推崇老庄哲学,特别是《道德经》的自然观理论更是对其影响极深。

因此,莱特先生虽然一生大多主要从事建筑创作活动,但其一生思想成长的经历,也决定了其后来所形成的一套与柯布西埃等完全不同的建筑理论,这就是影响后来建筑界的“有机建筑理论”,从其成长过程看来,实际上也是承启的思想理论。莱特先生的“有机建筑理论”主要包括两个方面:一方面是“空间”上的“有机”,只要建筑环境的自然条件是有特性的,建筑的与之吻合、协调便同样要求其构成是有个性的,其个性与自然特性是吻合、协调的,则对建筑而言,就没有固定的样式,有机的自然环境客观上就要求建筑的“有机”,这是空间概念上的“有机”;另一方面是“时间”上的“有机”,自然环境与一切有生

① 参见中国建筑工业出版社1992年3月出版的《国外著名建筑师丛书·莱特》。

命的东西一样，都是随时间而连续不断的发展进化的，同样对建筑也就有相似的"有机"演进要求，否则建筑又怎么能与自然环境演变相协调、相吻合？这是时间概念上的建筑"有机"。而这种建筑上的"有机"是建筑空间的自内而外的有机，这从莱特先生常引为经典的《道德经·无用章》所述的"凿户窗以为室，当其无，有室之用，故有之以为利、无之以为用"的思想中，可窥知其"有机"理论思想之所在。其理论最典型、也表现得最好的作品，就是考夫曼投资委托设计的"流水别墅"（见图95），成为至今看来仍是无与伦比的自然有机理论的最佳作品，也成为后来大多建筑师们最推崇的作品。

透视（上）

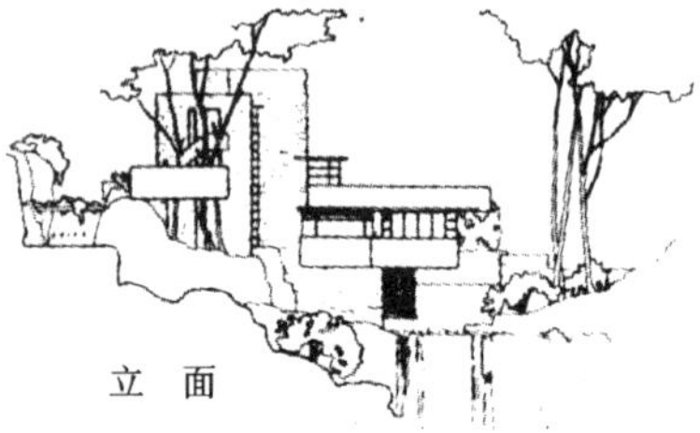

立 面

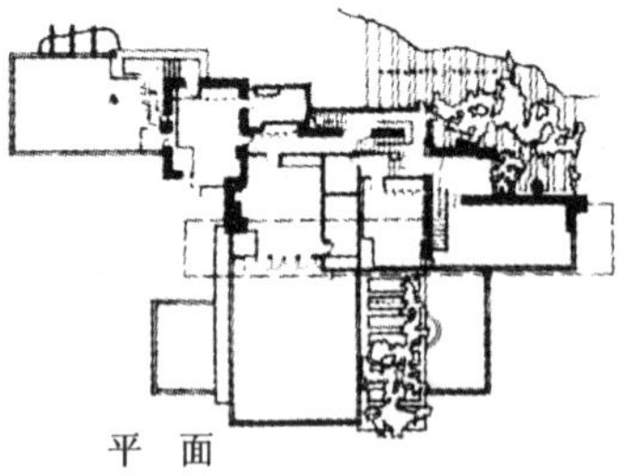

平 面

图95 美国"流水别墅"

与莱特先生对住宅个体的理解和创作相似的，其对人居环境的认识也是自然的、有机的，20世纪30年代初提出了"广亩城市"（broadacre city）的城规思想，通俗、明了而言，其思想就是"认为每一个美国的男人、女人及孩子有权拥有一亩土地，即在这一亩土地上生活、居住"。而最完整地阐述这一思想的，是1932年出版的《消失中的城市》（*Disappearing City*）一书所介绍的。若较概念化地解释"广亩城市"，就是主张城市的田园风味。虽然这与人们今天所见的城市看来有较大的区别，但现存城市的诸多不足，或者说是最大的弊病正是缺少"田园风味"因素，这正好说明了莱特先生的城市人居思想的科学性，而且越来越体现出其真理性的意义。但当时，人们是将其作为一种"空想"来看待的，我们在此不对"广亩城市"作更多的品评，也不对其"亩"的具体做法作任何测试或试验，而仅将其作为一种城规思想来认识。实际上，这不失其为一种城市发展的目标，或许人们会对城市的高楼建设、大量泛用现代科技等有一些冷静思考及反思，这便有了其作为一种城规思想的被提出的意义了。

综上所述，且若再仔细注意一下上述这些"现代派"建筑大师的人生经历和建筑思想，还是有一些共性特征的：

第一，基本上是成长于欧洲（除莱特外），且均辉煌而终于美国；

第二，均生存、生活于两次世界大战前后，且主要建筑活动均大多集中于两次大战之间；

第三，无论其观点、思想如何，甚至彼此间有矛盾，但都反对当时的建筑传统，反对对古典建筑的盲从；

第四，基本上均非正规院校建筑学教育出身（除格罗皮乌斯外），或者说现代建筑思想均非源于接受院校教育，而均是来自实践及创作中；

第五，都力求在宣传中传播其现代建筑思想，格罗皮乌斯、密斯做过"包豪斯"校长，莱特则创办近乎自给自足的"塔里埃森"教学培训基地，柯布西埃却是通过创办《新精神》杂志以作宣传媒体的。

则以此看来，现代建筑及理论，大致就是形成于这种背景或环境里，人们也可以此来认识其"现代"建筑理论。

12.2.2 "现代"时期其他建筑流派及理论

实际上，被后人称为"现代派"建筑的，上述四个典型的代表人物并非其创始者，在他们之前，人们已有了不少的探索和努力，而且有不少国家或地区的许多建筑师不约而同地在19世纪中后期和20世纪初期相继出现，著名的有“维也纳学派”（以奥地利的瓦格纳为首）、“芝加哥学派”（由美国的“詹尼”创立）、“新艺术派”（由比利时的费尔德创立，德国的贝伦斯也是这一派的著名人物）等，这些学派应该说才是“现代建筑”最早的先驱。如1897年在“维也纳学派”中建立的“分离派”一开始就宣称“要和过去的传统决裂”，这显然已是一种现代建筑思想的宣言；又如1873年后曾在“芝加哥学派”创始人“詹尼”的建筑事务所工作过的“沙利文”，就是莱特先生的恩师，莱特先生最早所接受的“自然”、“有机”思想，就是来自沙利文事务所；再如“新艺术学派”的著名建筑师“贝伦斯”的事务所，就曾是格罗皮乌斯、柯布西埃、密斯相继工作、学习过的地方，也在此接受了许多新建筑思想。可见，严格地说，现代建筑思想在格罗皮乌斯、莱特等之前就已萌芽或出现过，只是经格罗皮乌斯、莱特等的继承发展，才有了后来的辉煌成就和对后世的影响。

实际上，在19世纪中后期及20世纪初期，西方建筑界的学派或思潮并不仅于此，若较完整、全面而言，应该说还相当多，特别是20世纪初以前，居建筑界主流的，还不是上述所言的思潮或学派，还有仍居建筑思潮主流的传统学派或“学院派”。于是，当时的建筑思潮整体，大致可分为“革新派”和“保守派”（或“学院派”）两大分支，维也纳学派、芝加哥学派、新艺术派等正是“革新派”的先驱；而“保守派”或“学院派”则主要是持“古典复兴”、“折中主义”等思潮，而这类思潮由来已久，自古希腊、古罗马建筑被奉为经典以后，此类思潮就周期性地在建筑史上重复出现或翻新出现，以至成为“学院派”传统教育的必修课。“革新派”正是持“要和过去的传统决裂”为口号而出现的，这就是统一的“革新”思潮的流行。

不过，持“革新”思潮的“革新派”一类，并非仅有“现代建筑”一派，这同样是由一大类的诸多建筑流派组成的。综合看来，较著名的主要有表现派、未来派、风格派、构成派等四大派别。

• 表现派

表现派是20世纪初欧洲“表现主义”艺术思潮在建筑上的表现，其特别强调追求个人主观感受和体验，以某种形体的特殊夸张表现，来说明和表达其思想、精神或情感，不仅表现手法特殊，甚至常常近乎怪异，其具体表现方式基本上是由创作者个人主观意识决定的，故创作者个人的思想情绪将决定所表现的作品，而人们对建筑的感受和体验则并不一定是与之相吻合的或一致的，甚至有神秘感、诧异感，令人捉摸不定、体会不准。这一派著名的建筑师有德国的E.孟德尔松（1887年—1953年），其为人们研究1917年爱因斯坦提出的“广义相对论”而设计的“爱因斯坦天文台”（1920年建成于德国波茨坦市，见图96），就是一座让人感到神秘莫测的奇特表现的表现派典型建筑物。

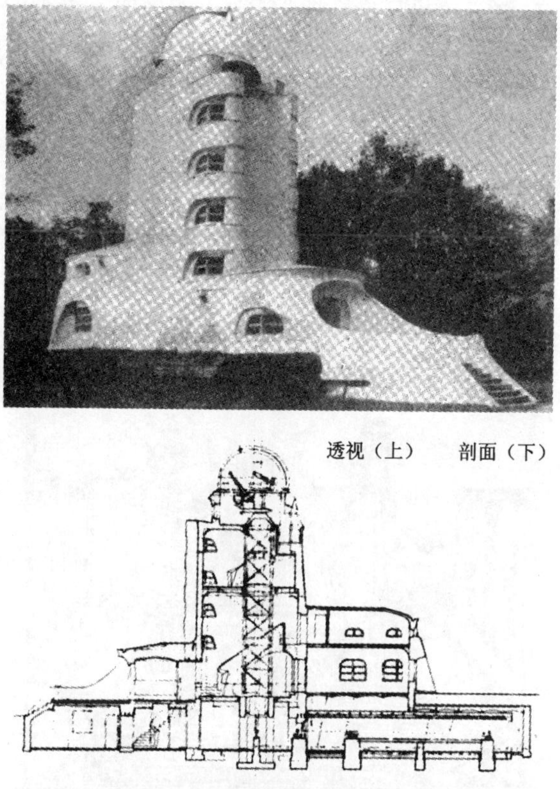

透视（上）　剖面（下）

图96　德国“爱因斯坦天文台”

尽管该派只是以怪异的表现手法著称，并无什么新的建筑理论出现；但由于其也反对“古典复兴”，且主张革旧出新，故在学术界一般便被归入“革新派”一类里。或许正是由于其表现手法有太多怪异，所以仅在20世纪初至“一战”后不久出现过一些作品，此后便隐退不见了。

• 未来派

未来派同样是20世纪初在意大利出现的“未来主义”文学艺术思潮对建筑的影响所产生的一个建筑流派。

1909年，由意大利作家F. T. 马里内蒂（1876年—1944年）首先提出了“未来主义宣言”，从而在文学艺术领域出现了一个反文化传统、却大加赞美现代资本、物质文明的思想意识现象，并以此而引申出对未来充满希望的思潮。此外，在“一战”前夕（即1914年以前），同样是意大利人的画家A. S. 伊利亚（1888年—1917年），在未来主义思潮的影响下，设想而绘画出许多未来人居城市及建筑的图案（如图97、98），且相似于马里内蒂，也发表了“未来主义建筑宣言”，而与其短暂的生命一样，完全是工业化物质文明体现的城市及建筑设想，且只是短暂的设想而已，并未得到实现，也没有其他建筑作品产生。不过，这种仅以现代工业文明而展望未来的“未来主义”思潮及设想，却也对后世建筑产生了不小影响，特别是“二战”以后人居重建工作的开展，大概是其反传统的主要特征，故仍然被认为是现代“革新派”的一支。

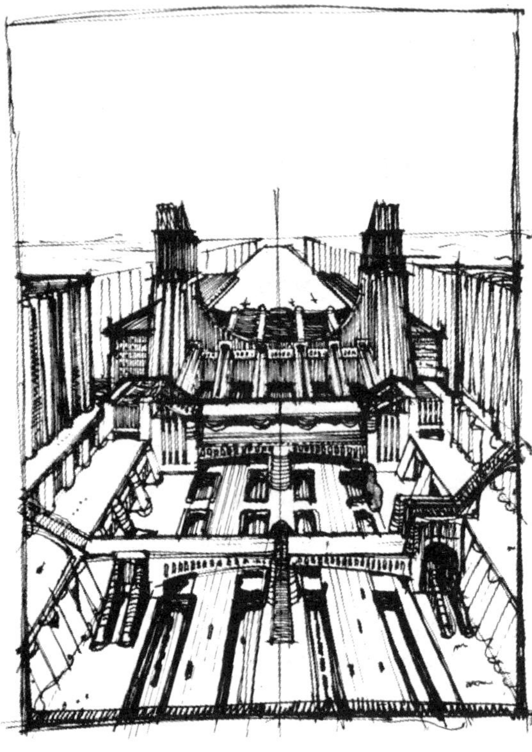

图97　伊利亚“未来人居城市”草图之一

图98　伊利亚“未来人居城市”草图之二

• 风格派

在20世纪初期，在法国出现了一个专门搞立体造型艺术的艺术流派，该流派称“立体派”；后来这个流派的思潮逐渐流遍欧洲，大概是由于各着眼点的不同，而后又出现了分支。其中，在1917年由荷兰一些年青的画家、雕刻家、建筑师等青年艺术家组成的一个艺术团体，主要从事几何形体的造型艺术，自称为“风格派”，是“立体派”思想影响下组成的一个分支流派，或者说，其应该归属于“立体派”范畴。由于“风格派”主要从事的是几何形体的造型艺术，故又被称为“新造型派”或“要素派”，是由几何形体为主要要素构成的新造型艺术流派。

风格派认为，几何形体的组合构图，是最佳的造型艺术。风格派建筑，正是以这一特征而著称的。“风格派”创立的主要成员之一的荷兰建筑师里特维德，1924年设计建造的在荷兰乌德勒支的一所住宅（见图99），正是该风格的典型作品，几何体、板式构件、大玻璃、金属围栏线条等，相互穿插而错落组成整个建筑造型体。当然，这也是该流派建筑的最基本特征。

• 构成派

构成派是“一战”前后，由苏俄的一些青年艺术家（如马来维奇、塔特林等）创立的一个艺术流派，由于以热衷几何形体的空间构成效果为特征，故称“构成派”。该派主张极为单纯的几何体的动态性和调和性，且其所追求的造型也由二元（或二维）向三元（或三维）发展，如画家马来维奇（K. Malevich）在20世纪20年代创作的无对象的“三维（元）抽象构成”（见图100）。

由于同样是追求几何形体的空间构图艺术，

透视（上）　　平面（下）

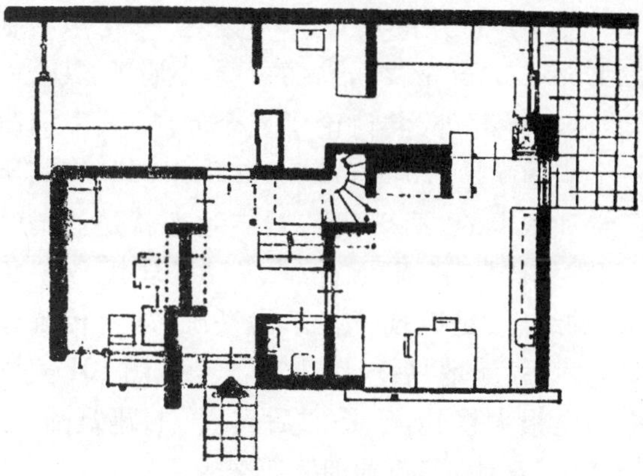

图99　荷兰乌德勒支的“修列达住宅”

虽然分别形成于不同的地区，但对空间艺术的创作手段和目标是相近的，故而一般认为“构成派”与“风格派”的不同是地域性的，其基本思潮内容却是一致的。或许是因此之故，两派有大致的形成与流行时间的统一性；甚至到了20世纪20年代后，又有了两派合流的一起创作、讨论的活动现象出现。于是，以几何形体、色彩为手段而追求构成空间风格的效果，成了两派或两地艺术家们的共同特征，这才有了后来走到一起的结果。或许人们亦因此而可称其两者为一个流派的两个不同区域的两部分。

总之，无论是“现代派”，或者是非现代派的其他建筑流派，都是建筑的“革新派”，其最主要或最基本的共性点就是反传统、反“学院派”的保守思想及做法。也无论是现代派、未来派，还是风格派、表现派，都反古典复兴，反古希腊、古罗马柱式或构件的被重复使用，而试图效法本原、效法自然，以最本原、最自然的东西来作为现代建筑的最基本元素，以现代科技为手段，构成独具特征的现代建筑，这便是现代时期的建筑及

图100　苏俄马来维奇的“无对象空间构成”

建筑理论最主要的基本特征或性质。于是，古典图谱被抛弃，繁杂的装饰及构件没有了；取而代之的是简洁明了的线条、色彩及构件，还有适应或满足工业化大生产的构件和生产方式。特别是“二次大战”以后，现代建筑也趋于成熟，人们没有太多的去探究现代建筑理论，但现代建筑的风格和生产方式却非常适宜、适时地为世界各区域的人们所广泛欣赏和采纳或接受，工业化生产的现代建筑成为当时人们的首选，也被尊奉为一种经典而风靡于世界各地，这便有了“国际式”建筑之称的出现。

这大概也是人类建筑史上首次出现的“同一”现象，且这是一种以“工业化”生产为基本方式的建筑“同一”，以满足于迫切需要的居住空间渴求，我们因之可明确地认识其为一种世界性的“物质层”的同一。

12.3 “现代之后”史

ON THE RISE—Architecture and Design in a Postmodern Age，这是美国《纽约时报》的一位建

筑评论员 P. 戈德伯格先生，汇集了他 1974 年以后 10 年间的 81 篇评论文章而出版的一本书的书名，并称这是一个"Postmodern Age"（"现代之后"时期或"后现代"时期）的"Architecture and Design"。那么，什么是"Postmodern Age"的"Architecture and Design"？特别是"Postmodern"，为什么会成为一个时期？这是此处问题的关键。

"Modern"的建筑，已经在一、二次世界大战前后成为一个时代，为什么在其词之前加了前缀"Post"之后，所构成之词便又会成为另一个建筑时代的称谓？这实际上是其时的建筑外部环境与建筑内部因素相呼应的结果。

当"现代主义"思潮将世界文学艺术推向顶峰时，人们在对"现代主义"环境的满足之余，也对"现代主义"本身提出了质疑和批评，人们需要工业化的现代社会、需要功能的大量满足，但这种满足、这种需要是否人性、是否善美、是否完整，人们因之而有了困惑或怀疑，特别是一些激进分子，甚至要反对"现代"、唾骂"现代"。于是，首先有了文学上的作家 L. 费德勒先生 1965 年在语言上第一次给 Modern 加了一个前缀词"Post"，此后类似的"现代之后"、"后现代"、"反现代"等称谓接连出现。不过，这实际上已说明了一种新思潮的出现，也预示着一个新时期的即将出现或形成，这就是后来人们普遍认可的"后现代"时期及"后现代主义"思潮的出现。

在建筑自身看来，现代建筑是与工业化大生产相适应的，也正是工业化大生产创造出了大量的现代建筑，这种"大量"的过分或过度生产的现代建筑，一方面是物质上的贬值，另一方面是精神上的枯燥，特别是"国际式"的世界"同一"，更让人难以继续享用，甚至已无法忍受。于是在推崇"多元文化"的社会思潮影响和推动下，地方传统、复兴古典等思想又在建筑界出现了，并成为一种发展趋势而为此后的人们所广泛接受，且借用了文化思潮的"反现代"、"现代之后"或"后现代"之称而称之，这就是建筑的"Post-Modern"的出现。

然而，在"现代之后"，"后现代"思想并不是完全大一统地主宰着这个世界。随着批评"现代"建筑的呼声日高，"现代"建筑本身也发生了变异而继续生存着，有大众化的"现代主义"、有复兴的"未来主义"、有变异的"新构成主义"、有怀旧的（似有古典因子）"晚期现代主义"等等，夹杂而来。也许人们并不容易分辨，但有心者还是理出了一些头绪，并冠以各种自认为较恰当的称谓，而后以此来辨识这诸多思潮。其中，影响最大的是"晚期现代主义"；或者说，这是一种具有现代主义余韵的变异的现代主义的大杂烩总称。因此，本节便主要讨论"后现代主义"与"晚期现代主义"的这两大建筑思潮及建筑理论。

12.3.1 似具有周期性质的"后现代"建筑

什么是"后现代建筑"？

英国建筑评论家 C. 詹克斯在 1986 年出版过 *What is Post-Modernism* 的一本小册子，其全书除"Foreword"外，共讨论了五个问题，其中的第二个问题就是"Post-Modernism Defined"，据其所察觉和认识的"后现代"，归结起来就是所谓的"双重译码"或"双重含义"，即为"现代"加"传统"的结合，是以现代技术为基础，加上传统建筑艺术后，就是"后现代建筑"（参见图 101 美国电话电报大楼）。于是，"后现代"的建筑师，也就是由"现代"建筑师训练而来的。

这关键在于"传统"①，对西方建筑来说，古希腊、古罗马建筑是其传统的"本源"，也就是后来西方建筑著名的"古典复兴"所"复兴"的"古典"。那么，有了这些"古典"传统元素的加入，似乎就是"后现代建筑"了。这就是在"现代"之后时期，人们所大致理解和赋予的所谓"后现代主义"建筑。

然而，这种"后现代建筑"的传统元素的"古典"，并非仅是"现代"之后才出现的，实际上，中世纪末之后，"古典主义"在欧洲或西方，早已是屡见不鲜，甚至具有周期性重现的规律特征。

15、16 世纪文艺复兴时期，提倡的正是复兴古罗马的建筑风格，古罗马的建筑构件被广泛仿造和引用，半圆券、穹窿顶、厚实墙、水平厚檐等成为"文艺复兴式"建筑的基本构成元素，甚至制成图集而大量作建筑普及教材和设计资料用，特别是罗马柱式，似乎已成为"复兴"建筑的必不可少的构件，以致维尼奥拉先生 1562 年编著的《建筑五柱式》（或《五柱式规范》）之书，还是当时建筑学生们的必修课。而法国干脆就直接

① 参见陈凯峰著《小议传统》，载《世界建筑》1992 年第 2 期。

图 101　美国电话电报大楼

以“古典主义”风格称之，并严格恪守古罗马的构件规范，崇尚罗马时期的古典柱式，其对罗马建筑的崇奉之极令人诧异。

17 世纪，是法国古典主义建筑的鼎盛时期；至 18 世纪，壮丽而有点严肃的古典主义建筑为妩媚、妖娆的洛可可风格所取代，特别是表现在内饰上。19 世纪，随着法国资产阶级革命成功，并逐渐走向资本主义帝国，罗马建筑似乎又有了无限的诱人光辉，法国又一次将罗马建筑推为至高的“宝典”，拿破仑甚至有自己专事罗马建筑风格的“御用建筑师”，如 C. 拜西埃、P. F. L. 封丹等。实际上，不止是法国，从 18 世纪后期始，欧洲各国就有了“古典复兴”的迹象，古希腊、古罗马建筑已成为人们乐于仿效的经典，并以此为尊、为荣。

20 世纪以后的两次世界大战及其间的这一时期，客观上孕育了“现代”风格的建筑，并成为了“国际式”。然而，在“现代”之后，古典建筑被认为是传统之源，古典柱式等构件又再一次成为人们建筑构成的基本元素，甚至是必不可少的构成元素。这又是一次“古典”的“复兴”，其“复兴”之潮让人不可拒绝，且大多的人们还津津乐道，似乎还赋予了新的意义。人们称这一建筑为“后现代建筑”或“现代之后”建筑，前者似乎有点独立意义的称谓，后者则很明确的说是在“现代之后”的这么一个时期的建筑，而带有较强而明确的时间性特征。若结合起来而言，这种以现代建筑技术为基础而揉入传统建筑元素的建筑，就是“现代之后”的“后现代建筑”，当然又是一个古典复兴的建筑。

显然，古希腊、古罗马奠定的传统建筑，似乎具有不朽的历史生命力，人们会不时地重新提起对她的爱恋，即使仅有某些构件的仿制，也能激起人们情感上的一阵涟漪，让人回味、让人缠绵。

那么，为什么传统建筑的“复兴”会有周期性？若从纯技术性角度而言，应该有这么两点：一是传统建筑的罗马“古典”并不连续，如果说古希腊以后的古罗马是承传了的、是连续的，而古罗马之后则是间断的；二是罗马“古典”建筑的消失或结束是暂时的，是随着客观环境条件的改变而暂时离开了，也随着生存条件的改变而可能又重新出现，罗马“古典”建筑的生存是与一定的客观环境条件相适应（或相呼应）的。

古罗马之后“中世纪”的宗教偏执，潜意识的呼唤“人文主义”欲念的厚积，为以“文艺”为先锋的“古典复兴”创造了环境条件，“文艺复兴式”建筑重现了古典建筑构件；18 世纪下半叶以后，社会工业革命的推行及成功，社会经济资金的繁荣，古典的罗马“共和制”成了人们仰慕的政制，而与之相辉映的罗马建筑当然也就有了重现的市场，于是，“古典复兴”的客观条件又具备了；20 世纪的接连医治战争创伤，长期的艰苦重建过渡，严重地压抑了人们的感受，当现代建筑已大致满足了人们的基本需求以后，有机的、可变的人们又逐渐厌烦起“容器式”的现代建筑“机器”，经济的复苏又给人们创造了物质条件，精神环境或意境（或心境）的变易、物质环境的改善，终于成就了新的环境条件，传统的古典构件又挤入了现代社会的建筑中，构成为“现代之后”的建筑。

因此，“后现代”建筑并非完全是独创的，如果说有独创性，那是其中的“现代建筑”因素，揉入的传统建筑元素实际上是一种“复兴”思潮所使然，这种“复兴”本身并不具备创造性，或者说少有创造性，有创造性的仅有“现代建筑”，是现代建筑的变异。如被誉为“后现代派的纪念碑”①的美国电话电报总部大楼（见图101），除了有一些传统构件或元素以外，基本上是以现代建筑为基本构成体的。以致其建筑风格的称谓，也是“Modern”的变异——“Post-Modern”，这一点非常明确。

不过，这种变异并非仅仅是传统建筑元素揉入的表面简单现象，也非是简单的“现代 + 传统”的加法现象。准确、公正而言，这是一种艺术风格的变异和升华，这一点同样是很明确的。

在人们看来，古希腊、古罗马的古典建筑是与民主的、人性的社会环境相呼应的，也是这种社会性质和人文思想的表现，甚至形成了一种建筑形式（或风格）与表现思想相联系的概念。当人的思想受到一定程度的压抑时，人们很自然会对古典建筑产生一种向往的欲念，渴望自由与人性的解放。于是，这就有意大利文艺复兴时期、法国古典主义时期、法国大革命时期等不同历史时期，以及影响到整个西方世界的“古典复兴”运动的出现。但现代以前的以往这些“古典复兴”运动，发展到其鼎盛阶段时，都基本上是将古典建筑奉为经典，甚至推上至尊的位置，而作为一种规范来发展建筑和限制建筑。现代以后的“后现代”的“古典复兴”，则有非常明显的区别，它是在现代建筑基础上发展起来的，这一点是以往任何时期的“古典复兴”建筑所没有的情况。也因此，“后现代”时期的“古典”建筑没有以往“古典建筑”那么多“至尊”，而是结合成一种新的建筑风格而出现，甚至也杂入其他非“古典”的建筑元素，故有人认为后现代建筑是一种大杂烩建筑，这正是因为有汲取其他建筑元素的缘故。故我们认为“后现代”时期的“古典复兴”是升华了、变异了，有了古典复兴以后的新意义。

以此看来，后现代建筑的“古典”元素是周期性“复兴”的，但建立在现代建筑之上的后现代建筑，不只是简单的“古典主义”的“复兴”，更主要的还是一种建筑思想的更新换代，既有古典的“人文主义”，也有新兴的“大杂烩”意向，糅合后的是一种对新意向的追求和探索，也许这并无明确具体思想，但寻求突破的动机和意念是明朗的，这也是现在人们所能感受到的思想内容。

12.3.2 依然眷恋“Modern”的“晚期现代建筑”

“晚期现代建筑”与“后现代建筑”相似的，都是在“Modern”之词的前面加一个前缀而形成的称谓，即以“Late-Modern”称之。为什么都是在“Modern”之词上变形构新词？仅以一般时间概念上的通常的推理逻辑而论，都应是在“Modern”之后的某个时期出现的。当20世纪60年代以后，学术界就出现了“现代建筑”正在衰亡的观点（如1961年出版的J. 雅各布斯著《美国城市的消亡和生长》一书中对现代建筑的看法），后来还出现对现代建筑宣布死亡的时间——“1972年7月15日下午3:32左右”，这似乎已将现代建筑“物种化”，恍若一种生物的生与死。相应地，取而代之的是“现代之后”的建筑及建筑理论，这种理论及建筑也就是后来人们习惯称之的“后现代”建筑及建筑理论。那么，紧接着“现代”时期的就是“后现代”时期。

实际上，现代建筑及理论并没有完全“衰亡”，更无在20世纪70年代的第二年真的“死亡”了，被认为取而代之的“后现代”也只是在现代建筑里揉入传统建筑元素而已；而在所谓的“后现代建筑”之外，其实还有另一“现代”之后的建筑及建筑理论，那就是“晚期现代”建筑及理论。

当有人宣布“现代建筑”的“死亡”，随后还出现了其后的“后现代建筑”之时，似乎“现代”还有人依然眷恋着，“晚期现代建筑”就是这么出现的。宣布“现代建筑”的死亡，就是意味着人们对“现代建筑”的完全否定，故而后以“Post”前缀之。然而，实际上加了前缀的“后现代建筑”并无法完全抹去“现代建筑”的所有存在，“现代之后”所重新诠释和创造出来的“后现代建筑”，总还有“双重解码”的构成存在：“一重”现代建筑，“二重”传统元素，两者才糅合为“后现代建筑”，这也正是“后现代建筑”作为一个新时期的建筑的典型形象，为世人所认识。显然，“现代之后”的“后现代建筑”思想是暧昧的，其既有否定和批判的一面，也有承传或沿袭的一面，带有非常明显的双重性质倾向。

或许正是“现代之后”的这种建筑思想的现象特征和倾向，“现代建筑”在受批判中仍然存

① ［美］P. 戈德伯格著、黄新范等译《后现代时期的建筑设计·美国当代建筑评论》，天津科学技术出版社1987年10月版，第25页。

在。“批判和否定”说明了现代建筑的不足或局限性；而“沿袭或承传”又反过来表现了现代建筑的价值和生命力。总之，现代建筑仍然有其存在的意义，这是“现代之后”的建筑现象所明确认定的一点。如果说持“否定”态度的“后现代”是现代建筑的“反对派”，那么，也前缀“Late”的“晚期现代”似乎并没有持那么强烈的“反对”态度，而大概可以说是现代建筑的“改良派”，对现代建筑更多的还是“友善”，这大致便是晚期现代建筑的主导思想意向，以“改良”的态度来接受“现代之后”对现代建筑的批判而以免被真的“否定”，这同样似乎是有点对现代建筑的眷恋的执著。

而其“执著”的思想，却把现代建筑带向“极端”，实让人惊讶。

当“现代主义”式微时，反对派趁机宣布其“死亡”，引来了传统构件或符号、或元素，推出了“后现代”以代之，并以传统元素揉入现代建筑为基本特征；而似乎并不想完全否认“现代”的人们，却认为“现代”还有待发展。于是，以工业化生产的技术性为特征的现代建筑，不仅没有被抛弃其技术特征，反而更为其所看重，并着意去发展它、表现它，这便有了进一步得到发展的新的现代建筑。也许这种技术特征更强烈的新的现代建筑，有了极端的偏向，原为技术内涵的东西，反而成为艺术的表现特征，如巴黎的“蓬皮杜艺术和文化中心”（见图102）。这不能不令人诧异，曾被宣布“死亡”的现代建筑似乎“死”而复“生”，但这种发展还有进一步演进的余地？这一点人们是不看好的，人们大多已认为这种新建筑已走到现代建筑的顶峰了，现代建筑虽没有“死亡”，却被另外一群人引向一个新的山巅或峡谷，故而，“死亡”不再被提起，而新的现代建筑更换了一个新称谓，将“现代建筑”之“现代”前缀为“晚期现代”，即大约于1977年首先出现了这个称谓，并为后来广大的人们所普遍接受。

图102　法国巴黎蓬皮杜艺术和文化中心

这种新建筑，C. 詹克斯是这样给予定义的：“（晚期现代）建筑艺术的（社会）意识形态是实用主义的、技术统治论的，从1960年起，把许多现代主义风格的思想和价值观推到极端，以图复苏一种混混沌沌的（或陈腐用滥的）语言。”（《什么是后现代主义》“三、现代和晚期现代主义”语）以“实用主义技术统治论”来作为这种新建筑艺术的“意识形态”主导，显然是现代建筑的延续，难怪会加缀而称之为“晚期现代”；不过，既然称之为“晚期”，实际上也带有一定的否定态度，故而詹克斯先生才有“把许多现代主义风格的思想和价值观推到极端”的说法。若以时间性而论，“现代之后”出现的“后现代”和“晚期现代”，事实上都没有抛弃“现代”，就如其“称谓”一样，那么，为什么会出现这种发展状况？其理所在为何？事实上并不复杂。

任何一种事物的存在和发展，都是有其“兴衰”过程的，“兴”时带有较多的主动性、“衰”时则呈现出明显的被动性特征，并有“逆反”状态特征，这似乎也是一种规律。

现代建筑兴于一、二次世界大战之间及前后，20世纪60年代后，反现代的“后现代”首先出现，否定“现代”，并试图以宣布现代的“死亡”而置其于死地；但“现代建筑”“死”而不“亡”，在现代建筑式微时，崛起了一个似乎欲拯救“现代建筑”的群体。也许这一群体也承认现代建筑的不足，甚至是错误的，但可能具有维护或拯救心理，面对“后现代”的否定、攻击，似乎本能地作出了抗争反应，拽住最具现代建筑特征的实用性、技术性特征不放，并给予进一步的发展，以试图说明现代建筑的生命力——具有更强的生命力。将具有实用性意义的技术性构成，演化为具有观赏性意义的艺术性风格，或者说是一种技术性元素的艺术性升华，用新的阐述手段来说明现代建筑元素新的存在意义和作用，使现代建筑的影子依然存在。

既然是将现代建筑的最特征性的元素给予发挥而形成的，那么就不应该切断与现代建筑的联系，则称其为“Late-Modern”显然是非常恰当的，是“现代”之“晚期”，且毕竟还在“现代”之内。不过，学术界却有将其与“后现代”都归为“现代之后”的现象，并认为是“现代之后”的两个不同派别。如C.詹克斯先生认为：“分裂派后现代主义是晚期现代主义”（*What is Post-Modernism* · 4 语）。对此，人们当如何给予认识？特别是不同建筑流派及思潮发展演变的时间性断代划分认识，更是人们所关注的重要问题。

按一般常理而论，一个思想流派的式微和被否定，代之的是另一种新流派的出现，时代性概念也就相应地出现了变更。但实际上，任何一种流派的消亡并不是那么干脆、爽快的，通常是“死而不僵”，甚至是有反复的，特别是当环境条件有一定变化时，也许还会“死而复生”。于是，就可能出现“取而代之”的新流派与“死而复生”的原流派混处或并存的现象。那么，若要给演变过程的时期来断代，且以现代以来的建筑思想流派的发展为讨论对象，则面对这种混处或并存的现象是显然的。

“现代之后”的建筑思想状况是一个混杂的现象，一方面是迫切要求取而代之的“反对派”的强烈举动，另一方面是还留有一些眷恋的“改良派”力求在改革中求取“中兴”，现实中是不可能都为一边倒的反对派或改良派的，这就是出现混杂状态的缘故。前者主要以“后现代”为主，后者以“晚期现代”为代表，两者的混处，也是“现代之后”真正的存在状态。那么，这么一种存在状态的“时期”又怎么称之？有人就认为干脆直接以“现代之后”称之（其“现代”是指那纯功能、技术、实用的现代派），这确是一个很好的称谓，也甚为恰当，甚至是科学的。但人们大多认为这个称谓别扭，未来的任何一个时候都是“现代之后”，这又怎么看待以后的建筑思想的发展？人们还是倾向于有一个意义较明确而独立的称谓，这也就是“后现代”为人们所较熟悉而流行的缘故，人们默认其为“现代之后”的新的建筑思想潮流的时代称谓。当然，人们不应该以“后现代”完全涵盖了所有“现代之后”的任何建筑思潮，也包括“晚期现代”建筑思想的存在。

12.3.3 似是“大团结”的“解构式”建筑

“现代之后”的“后现代”与“晚期现代”的分别并存也非建筑发展在“Post-Modern Age”的一贯以至终结，“后现代”与“晚期现代”似乎又像是一对恋人，长大后，随着体内“荷尔蒙”分泌的增加，相处欲望乃至亲密动作成为不可避免的事实，这也就有了后来被称为“解构”的又一种建筑流派的出现。

“解构式”（Deconstructive）建筑，是在“后现代”与“晚期现代”稍后出现的另一建筑风格，是“解构主义”或“解构论”思想支配下的建筑现象。然何为“解构主义”？“解构”是什么意思？这则有一个较长的话题。

若以中文的构词法来看“解构”，这是一个“动宾结构”的词组，即为“消除结构”的缩称，显然“解构”是“结构”的反对者。那么，何为“结构”？“结构”思想又是什么？“解构”又当是如何“消除”“结构”的？等等问题，便都是人们应首先认识的。

"结构"(construction),是指人对事物的一种认知方式,也包括其认知的方法和过程。人的认知是主观的,是在一定思想观念背景或前提下去认知的,而认知对象有自然存在,也可能有人为创造的事物,但人的认知方式都是一样的,甚至可能是脱离自然存在的,或者说所认知的是人们强加给自然世界的人类思维方式的结果,然后以这种认知来创造世界,也同时不知不觉地在创造或改造着自己。就如"宗教"一样,人类以某种自然观、世界观为前提,并以此来认识自然、认识世界,这就产生出了自己的"创世纪"的认知思想,不同的"宗教"便以此为最主要的分歧点。

结构思想的"结构主义"(Structuralism),虽为一种哲学思潮,却是产生于语言领域的研究,是由瑞士语言学家索绪尔(F. de Saussure ,1857年—1913年)首先提出的。索绪尔认为,语言可以单独由"语言结构分析方法"来研究,研究探索其"语言内部结构";至20世纪60年代,法国的文化人类学家C. L. 施特劳斯先生将此方法引入其研究,试图找出人类社会生活诸要素间的结构关系,如人类早期的亲缘种族结构、认识思想的鬼神传说结构等。于是,"结构主义"上升为一种具有普遍性意义的哲学思想,其认为,"世界是由各种关系而不是由事物构成的"①。而后,这种思想逐渐形成为一种席卷整个学术界、理论界的思潮,建筑也正是在此后受到这种思潮的影响的,或许"现代之后"的"后现代建筑"、"晚期现代建筑"都曾受到这一思潮的影响,特别是"走向极端"的"晚期现代建筑",似乎更有现代建筑技术的纯"结构主义"思想影响的韵味。

当"结构主义"思潮在学术界、理论界还正在展开时,哲学上的思潮又有了新的发展动态。20世纪60年代中后期,在法国又首先演绎出"后结构主义"(Post-Structuralism)思潮。后结构主义是结构主义的继承和发展,一方面承传结构主义的"结构"理论,另一方面又批判结构主义的撇开外部因素的研究方法,强调"共时性"与"历时性"研究方法的结合,认为"共时性"的结构,非一成不变的、固定的,而是具有"历时性"的发展状况,且是一种"非连续性"的重新构成,即"结构"是发展的——非连续性发展的,这就是"后结构主义"最基本的思想精髓。

于是,紧跟着"结构主义"匆匆而来的是"后结构主义",即"在结构之后"建筑界所接受的,主要是"后结构主义"思潮中的一支"解构主义"(Destructuralism)。

所谓"解构"(Deconstruction),就是"消解结构",意思是揭示、分解结构。最初是由德国哲学家、"存在主义"创始人M. 海德格尔(1889年—1976年)在其《存在与结构》(1927年出版)一书中提出来的,他认为,"解构"的揭示和分解结构,目的在于对被怀疑和被超越的事物的把握,显然,"解构"是一种事物的认识方式,而非对结构的消灭、解除。"解构"作为一种认识方式,也称"解构论",即"解构"的方法论,具体而言,就是以"颠倒"(invert)的方式来破解"结构主义"造成的思维模式(或定式),以求取另类的、或许更深刻的认识。

"解构"方法论的"颠倒"的认识方式是:先假定、后求证。即先假定一个复合体的"二元"系统,然后分三个步骤来给予证明:①复合体的"二元"总是不等而一高统治(或控制)一低;②有可能提高低一"元"价值而倒转原"二元"关系;③倒转后的"二元"的高、低关系是非统治性(或非控制性)的,也是不稳定的,是一种最初的变动"复合体"状态。也就是说,"结构"的"二元"系统的不平衡、不对等是统治性(或控制性)的,"解构"后回复到原来的最初"二元"系统则是非统治性(或非控制性)的不等,而且有了变动的发展演变余地,这便是既承自结构、又反结构的"解构"发展的一种认知方式。

20世纪80年代以后,建筑界广泛流行的"解构主义"思潮,大概就是这样一种思维模式的事物认知方式,是在"现代之后",与"后现代"、"晚期现代"稍后出现的一种新思潮,实际上,它与"后现代"、"晚期现代"并无直接矛盾,不过,与"后现代"似乎要融洽些。

如果说,"解构论"假定的这"二元"系统若可以"后现代"、"晚期现代"为对象,则"解构论"也不失为一种新的方法论。其中,虽然"后现代"的"双重译码"的"现代"与"传统",是"传统"统治着"现代"而居主导地位、而有点古典复兴之韵味,但毕竟有明确的"双码"而似"二元"

① [英]T. 霍克斯著、瞿铁鹏译《结构主义和符号学》,上海译文出版社1987年2月版,第8页。

系统;“晚期现代”却将“现代”走向极端而呈“单一译码”状态,似乎与“二元”系统无缘,而且是“单一译码”的绝对状态。因此,似乎“后现代”与“解构论”有较明确的相融点,也因此而让人得到一点启发,或许可引“解构论”入“后现代”建筑的创作中,将“后现代”有机地发展起来。当然,“晚期现代”亦可作为其“一元”,而加入其发展中。

于是,建筑“解构论”,就可能是“后现代”、“晚期现代”的“大团结”的一种或许有效可行的建筑方法论。

12.4 “未来”史

严格地说,现在之后的“未来”(future)还没有“史”,当然也就无有其论。但未来学界谈“未来社会及建筑”、建筑学界也谈“未来建筑”似乎也成为一种思潮的现象,并试图以此来导引当代建筑的发展取向。若以谈论“未来”社会对建筑的需求状况及未来建筑本身的发展趋势状况为对象,则未来论之史还是有其可谈的,且同样有其对未来发展的可取之处。何况,未来学所研究的“未来”已陆续在出现或实现着,这就使未来学与“现在学”(或许可仿“未来学”而这么称之)有了更近的相互关系,人们的研究意义也就更具现实性特征。

12.4.1 未来学的研究及原理、意义

未来学是一门研究未来、创造未来的学科,其以事物发展变化的法则(或规律)为指导,运用系统而综合的方法,建立各种模式,而后对当前人类的各种活动可能产生的结果进行探索和认识,并以此为依据,然后对当前的人类活动进行调整、控制,以掌握这些活动可能产生的趋势和后果。虽是以现在为对象,目的却是为了未来,故又称“未来预测学”。

迄今所知,最早对“未来”进行研究的,是英国社会学家 H. G. 威尔斯先生(1866 年—1946 年),在 20 世纪初就在《人类的过去和未来》一书中,对“未来”有探索性的研究,但当时还未被视为一门被研究的专业学科。而首次提出作为一门独立学科的“未来学”的,是德国学者 O. 费莱希泰姆先生(1909 年—),于 1943 年提出的,随后在西方或欧美,便有了明确的“未来学”的研究和学科发展。不过,欧与美对未来学的研究尚有一些区别,欧洲稍偏重人文方面的未来学,即侧重于理论研究,20 世纪 60 年代以后才陆续有应用方面的转向;美国则偏重于自然科学方面的未来学,更注重其应用研究。在中国就更迟了,至 20 世纪 70 年代末才有其相关研究的出现。

由于未来学是对象于“现在”的研究未来,也为了按研究认识的未来,来发展、创造未来,也只能调控地工作于“现在”。也就是说,未来学的研究和工作直接对象不是未来,而是现在,研究和工作目标对象才是未来。于是,这就有了未来学研究的工作程序或运行公式,即为:针对“现在”—目标“未来”—调控“现在”,前者为研究过程、中者为研究目标、后者为实施对象,构成了一个未来学研究工作的全过程的程序。

以此工作内容和程序看来,虽然研究的“未来”永远是研究时不可及的,但却是随后一定会被现实验证的。于是,未来学的研究,当有其必须遵循的更严格的规范或法则,否则其研究将是毫无意义的,甚至是有害的。

那么,以未来学发展至今的状况看来,其研究所当遵循的规范或法则主要有三。

第一,自然宇宙的统一性。

按现今的理论而言,宇宙是产生于“第一爆炸”,然后逐渐形成银河系、星系乃至太阳系;而我们居住的太阳系中的地球,是大约形成于四五十亿年前(参见上文及图 16)。对于这么漫长的宇宙形成、发展过程,并非未来学所关注的问题,未来学研究的是人类社会发展的问题,包括构成人类社会整体的政治、经济、科学、教育等领域,而具有这些领域的人类社会发展至今,也不过仅有数千年的文明史,这一发展史与宇宙发展史相较,简直不值一提。且未来学主要研究的是“现在”和“未来”,其在这么一个发展过程的宇宙中,被认为是“统一”的。当然,“现在”的人类社会发展,确实对世界乃至宇宙是有一定影响的,这不可否认;但即使是这样,未来学也假定宇宙自然世界在“现在”和“未来”是具有“统一性”的,这也是其研究的第一法则。

第二,建设观念的重要性。

以未来学研究的工作程式看来,其研究的关注点是“现在”,运作调控对象也是“现在”,但其效果的最终目的地或目标却是“未来”,未来学

所能直接面对的是“现在”，真正目的的“未来”只能是期望对象。而所面对的“现在”的研究工作或调控手段，当以期望的“未来”目标为指导，特别是直指“未来”目标的指导思想或观念，以此指导思想或观念为未来学研究所确定的最重要的概念问题。否则，未来学研究将更加茫然，甚至将可能使研究工作、调控手段相互矛盾而互相抵触，做无用功和浪费“能量”与“资源”，这是未来学研究所忌讳的。如城市容量客观需求的膨胀的建设，通常都是直接的城市扩容建设，或迂回周边，或伸向空中，向邻近空间掠取容量需求指标，当然扩容的目的是达到了，空间需求也满足了。然而，自然平衡状态或许便因此而被打破了，原与“人居”平衡、安然的自然环境，或许无法承受城市扩容后的失衡反应，舒展的自然生态环境因城市向周边的迂回而被挤压，自由的大气对流层因高耸建筑的突入而慌恐；而被挤压的自然环境、慌恐的大气层，是会反过来对扩容的城市及人类进行报复的，这是人类迄今尚无法违背的自然规律的必然。诸如此类之例，不胜枚举，这实际上也说明了未来学研究，对指导社会建设的指导思想或观念的重要性。

第三，时间概念的极端重要性。

针对“现在”—目标“未来”—调控“现在”，这是未来学研究的工作程序或运行公式。而其“现在”和“未来”就是一个时间概念，只是这个时间概念不甚明确而已。事实上，未来学在具体的研究上，有很明确的“未来”时间概念的划分。其“未来”时间被分为五类：

第一类是“最近的未来”，指现在之后的1年内；

第二类是“近期未来”，指1年以后至5年以内之间；

第三类是“中期未来”，指5年以后至20年以内之间；

第四类是“长期未来”，指20年以后至25年以内之间；

第五类是“远期未来”，指50年以后。

尽管这种划分是纯人为的主观现象，但也从一个侧面说明未来学研究对“时间”概念的重视，使研究者有个较明确的“未来”研究的时间概念，也是协调社会各领域的未来研究的较统一的概念标准。而且，未来学的“未来”并不遥远，即使是“远期未来”，也不过是“50年以后”。以此来看上述的第一法则，则其“统一性”也是显然的。不过，似乎从“现在”至“远期未来”之间的“宇宙”若要不“统一”，反而有些困难。当然，这是一句近乎玩笑的附言假设，不必归入正论之内，但或许由此却能给人对“统一性”以更真切的一点认识启示。

那么，在这三条基本法则的前提下，未来学与其他基础学科一样，提供给人们的，同样是一个科学研究的方法论。其方法论原理是：

假设A、B、A'、B'均为一种事物或一个事件；

然后通过观察，已知B是随A的出现而出现的，且A'与A相同；则在A'之后，便当有类似B的B'的出现。也就是说，A与B是一对呼应关系，且当A'与A、B'与B相同时，则A'与B'也是一对呼应关系。

当然，尽管“未来”的研究法则的时间并不长，研究时也有“统一性”的法则，但毕竟这种法则是研究时给定的，与现实的发展还是有一定距离或演变差异的。因此，对“现在”研究后的预测“未来”，便具有一定的或然性或不确定性，这也是客观现实决定的。不过，不能因为未来学研究有其或然性而不去研究它，这显然是错误的、也是不应该的。无论怎样，未来学的研究仍然有其非常有价值的积极意义，如中国古时兵家或谋略家的“运筹帷幄”和“庙算”，实际上就是对“未来”某一时期发生事件的研究，其方式仍大致可归入“未来学”的范畴，而其方法与未来学“方法论”实际上是大体一致的。

12.4.2 未来建筑的研究

美国的“未来学”学者A.阿夫勒（1928年—）先生在对未来的预测中提出了“第三次浪潮”（其专著《第三次浪潮》1980年出版），他在该书中把人类世界比作“海洋”，且认为，数十年前乃至上万年前的“农业文化”是“第一次浪潮”、近代的“工业革命”是“第二次浪潮”、当代以后的未来社会变革是“第三次浪潮”。“第一次浪潮”是解决人类定居生活的基本需求，“第二次浪潮”是提高人类生活更高、更丰富的物质需求，“第三次浪潮”则是以变革社会为手段来提供人类有更多的自由、民主等人性化的满足机会。

若以文化的角度来看这三次“浪潮”，“农

耕”是人类文明前最有特殊意义的一个进化过程，而且是物质文化进化演变标志之一；“工业革命”主要是以大生产为标志，大生产也主要是指物质产品的大量产出并为人类生活所满足。应该说，这都只是物质上的由少至多的“浪潮”，至少可以说，主要是以物质形态为特征的“浪潮”。“第三次浪潮”则不一样，所关注的是另一个层次的“社会”问题，是综合性的社会诸多方面的协调变革问题；而其目的的满足目标也不一样，不仅仅是物质上的满足，而是“有更多自由、民主等人性化的满足”，当然，也会以此而带动物质方面的满足的改变和提高，总体而言，更注重的是综合性的“质”的方面的满足，这也就是阿夫勒先生所预测的“未来”的“第三次浪潮”。如果以现在来看其预测，至今应已是在“长期未来”实现的检验后了；而且，也已进入“远期未来”的阶段。那么，其“第三次浪潮”的是否科学、合理，是否与社会发展的事实相符，正在一点点地被验证着、实现着。

若以此观点来观察建筑，包括过去的建筑、现在的建筑，然后也预测未来的建筑，其论或许对人们是有一定启迪的。

“第一次浪潮”的“农耕”定居，对人类社会的发展而言，最有意义的是人居环境的开辟。要“农耕”，就必须定居，定居就应该有抵御其他动物或自然因素威胁人类生存的设施，其最基本的设施就是建筑，而且是与部落、族群相适应的建筑群体的出现，构成了一个完全有别于自然环境的人居环境。应该说，这就是具有一定人居环境空间的人类社会，无论其社会结构是怎样的，但建筑群体已将这个特定的空间给划定了。也许是当时人类的部落、族群规模尚小，建筑所圈定的人居空间同样不大，而且发展缓慢，自然界并不因为人类定居空间的划出而不安，更没有因之而扰乱自然界的现象，即使后来人类社会膨胀，由部落—集镇—城市的逐步发展形成，人类社会已是轰轰烈烈，并主宰了整个世界，虽也广泛地运用了自然资源，但自然界并不因此而遭到较明显的破坏，而且自然界也一直在自我调整其自身的平衡状态，与过分集中的人类社会大抵相安无事。这一过程的发展是非常缓慢的，用美国 L. H. 摩尔根(1818 年—1881 年)先生的说法，这一时期大概是始于人类蒙昧之后的野蛮社会中期，其时的农耕生活在世界各地演进时间不同，早的上万年之前就已出现，迟的可能仅三四千年前才出现；不过，这一时期的结束终了则到了 18 世纪的近代以后，显然其间世界各地的差异甚大。

“第二次浪潮”始于 18 世纪 60 年代的英国的工业革命，蒸汽机乃至动力机械的发明使用，人类社会生产力的骤然提高，为近现代的“工业化”建筑的大量出现奠定了基础。动力机械的发明使用，一方面提高了生产力，另一方面是自然资源的被充分利用，煤矿、钢铁等自然资料被广泛地、大量地开采和运用，这当然也是自然科学理论的发展和应用结果。同样，根据自然科学理论而言，以“物质不灭”、“能量守恒”等定律的角度来谈这一“革命”，动力机械的发明和大量使用，并非在“无”中创造出“有”，而是挖掘自然贮藏之“有”，经动力机械劳作而转换成另一种形式之“有”，而且是大量地迅速地作这一不同形式之“有”的转换，而转换成的“有”经人类使用后，又不“灭”地转化为另一种人类不需的物质而被抛弃。可见，“工业革命”一方面是人类物质生活需求的大量满足，另一方面是“工业革命”的动力机械生产前后物质转换的大量出现，生产前是自然资源的大量被开采使用，生产后是人类生活满足后的转化物的大量生成，这同样也是工业革命的结果。

尽管人类的“农耕”生产定居生活也利用了自然资源、也有利用后的废弃物产生，但其利用的形成和发展是缓慢的，自然界给予慢慢地协调、消化而仍然一直是呈现出大致平衡状态的，人类与自然大体相安无事。“工业革命”以后，蒸汽机的发明者“瓦特”先生，大概没有考虑到自然界对蒸汽机使用时燃料的大量开采与使用后转化物的大量生成的适应性态度，蒸汽机使用燃料源于自然矿藏或自然资源，蒸汽机使用后的废气堆积于大气层里。前者的自然资源或矿藏是在自然界长年演变中形成的，其形成周期短的数十年、长的数百年或千年以上，人类对其利用只能在其形成周期内方可保自然界的平衡状态，而“工业革命”促使人类大量开采，这势必造成自然资源形成的空当，这又会使自然界发生什么变化？人类对自身的肌肤肉体等炎症的平衡功能系统的最常见、最基本的反应是体温升高的“发烧”，自然界也有平衡功能系统，其对自然资源“空当”又当作何反应？瓦特以及后来的工业革命家们有没有考虑到这个问题？后者的废弃物的大量出现，自然界的呼吸、消化系统能很快处理得了这些东西？如果短时间内尚来不及处理，那么，大气层、自然界等突然窜入这些不速之客，还能像以往那样很好地呵护这个地球？这同样也应是工业革命家们不能不考虑的问题。可是，上述这两个问题，当时的工业革命家们都好像没有考虑到，或者说没考虑好，至今看来，遗患可见；对此甚至有人说，"工业革命"是人类的一个大错误，这给现今的人们对所抛下的问题当作何认识？

当然，建筑以外的其他领域非本论对象，就留待其他各领域的学者来评判吧。

此处仅就建筑领域而论，"工业革命"结果的利、弊兼而有之。使人居容量在短期内迅速增长，满足人类膨胀后的生活活动空间需求，其"利"很是直观，无需多语。倒是其"弊"为其利的表面辉煌景象所蒙蔽了，也使许多学者欲言不忍而止，即使言之，亦已奈何不得"工业革命"以来所创下的宏大的人居空间的"辉煌"，人类大众已满足而不舍这一"辉煌"，而少许学者或许有坦诚之言，但又怎奈其何？不过，真理也可能是出自这"少许"人之口，且历史上的这"少许"人还是当仁不让、勇于直言的，这同样也是人们所当崇敬和向往的，故亦言之。

"工业革命"以后，生产力迅速提高，建筑规模骤然上升。一方面是建筑空间的既广又高的膨胀，仅"人类"一类的空间占有率不断增大；另一方面是自然资源被用于建筑上的消耗量同步增长，不仅是地下矿藏资源，甚至是地表的泥土资源，也同时被大量地用于迅速扩展人居空间的建筑上。且这两方面，都存在着明显的弊端。

前者，世界大自然是地球生物总体（包括动、植物等）的共有的大自然，不仅同存共处，也相互依赖、互为背景，构成不息的生存"食物链"的自然平衡状态，各自也都有本类相应的生存空间，当人类建筑空间突然迅速增大时，挤占其他类生物的生存空间是当然的，而且还是在很短的、令其他类吃惊的时间内被挤占的，而来不及撤退或缩小了生存空间的其他类生物，显然会搅乱其生存秩序，那么，自然界的其他各物种还能以其正常繁衍状况搭接好大自然的"食物链"平衡状态？若有碍其平衡状态，人类自身又有何益？或许人类已发现了自己的"霸道"，在挤占了大量的生存空间以后，又提倡在所占领的空间内"绿化"、提倡人居的各种所谓"生态"，也饲养动物、种养植物，实际上人类对大自然的在建筑上的伤害，又岂是"绿化"、"生态"的简单行为所能弥补的，自然物种的日益减少的现状（据国际环境保护组织调查资料所说，地球上平均每天都有物种的消亡正在发生），正好说明了人类对大自然所作所为的不可"饶恕"，也包括"工业革命"之举及后来的持续发展。

后者，"工业革命"给建筑带来的是大量"工业化生产方式"生产出来的建筑，且以钢筋混凝土为最主要特征，即以钢筋、水泥掺以砂、石子等骨料为主要建筑材料，然后填以砌筑砖，构成建筑的基本围护体，其钢筋、水泥源于矿藏，砂、石子、砖（指泥土砖）等取自地方天然材料。而地下矿藏的形成是以"纪年"为计算单位的，短时间内的大量开采，地球能承受得起？能不影响地球生存的正常状态？或许大多的人们还对此不甚认识和理解；但地表的砂、石、泥土等的大量被挖掘，其结果将令人担忧。试问：若山里无"石"，水中缺"砂"、陆上少"土"，大自然会是怎样的？这可就不难想象得到了吧？当然，近现代以来，人们也已开始逐渐认识了这个问题，建筑的"砂石场"屡见被封，甚至已有明令禁止生产"泥土砖"之法规颁行，这不能不说是人类的惊觉之举，虽然"亡羊补牢、未为晚也"，但"罪魁祸首"为谁？则"工业革命"恐难卸其责，这并不夸大其词。如果说这是通常的"双刃剑"之现象，不过这"双刃剑"的另一"刃"也让人类够受的了，而且，还愈来愈显见其"刃"的利害。

与第一、二次浪潮的间隔相比，第二次浪潮后的第三次浪潮似乎来得太快了，人们常说，这是社会发展的加速运动，而今看来，或许还有第二次浪潮的"不理性"的缘故吧？

"第三次浪潮"是社会变革的浪潮，是"工业革命"发展到一定程度之后人们要求的社会变革的浪潮。对建筑来说，"工业大生产"的建筑"革命"，最大的特征是建筑规模、建筑容量以及对建筑资源需求的迅速扩大，建筑风格或样式则也以此为基本准则而作相应的改变。总之，其"浪潮"下的建筑是"工业化"的建筑，连建筑理论也都尊崇其为至高准则。如 L. 柯布西埃在《走向新建筑》中所说，"一所房子是一个住人的机器"，"一把椅子是坐人的机器"，等等。现代建筑，就是为了这些不同的"机器"所进行的"工业革命”；而“革命”的结果，是建筑规模与容量扩大了，资源消耗增大了，给人居环境乃至自然环境所带来的压力或威胁也增大了，而且，人们似乎还有些忘乎所以了。那么，人居环境—自然环境还能正常运行？只有稍冷静的、具有哲学家眼光的人们，才或许有此疑虑。于是，这些学者或许因此便提出了“第三次浪潮”的新思维。

不过，人类社会的迅速膨胀，确实也客观上要求建筑规模和容量的急速扩大，否则，若没有这些“住人的机器”，膨胀的人类又将何处栖身？因此，带有为人类制造“住人的机器”的使命的建筑师们，在一方面需要大量增扩建筑规模、另一方面又担心破坏了自然环境和人居环境的“两难”的情况下，提出了“生态建筑”的设想和概念，其动机显然是很明确的。但怎么来做好实现其原始动机的具体工作及做法，确又是一个并不简单的课题，以致于迄今的“生态建筑”研究和实施，还并不让人满意，甚至还只是一个仅能用于作语言行文装饰的概念，其实质与真正具备“生态”功能的建筑还差距甚远，似乎只是提出个概念而让人空得一场欢喜。

当然，能提出这样一个概念已属不易，也说明人类对自然生态环境能正常运行的渴求欲望。则“第三次浪潮”对于建筑来说，就有了其不可低估的影响的积极意义（虽然两者还有一定的差距）。只是建筑界对“生态建筑”的研究，应该要有更多的人居环境乃至自然环境整体的观念；也应该认识到，这当是指自然生态环境均衡发展的建筑（参见上文“其他建筑要素”部分），这才是最基本的建筑前提，且人类所研究和发展的，当以理性地恒持之为基本观念为妥。

13 建筑学史说

自人类文明形成以后，人类居住空间环境内的建筑便有了被记录的可能。从广义上而言，以文字记录建筑的东西，或许便可认为是一种建筑的理论存在，或者说是“建筑理论”的雏形，甚至还可以说，“建筑学”就是以此为始点的。尽管其时建筑学还未产生或形成，但如果没有这些建筑记录的先导，则建筑学是不可能产生或形成的，这是建筑科学发展的客观规律所决定的，并非任何无形的杜撰和幻想的猜测。因此，如果这一说法成立，则“建筑学史说”就当从这里开始。

与建筑学的发展史相似，非史的“史说”也主要分成三个部分来讨论。如上文所逐一讨论的建筑学理论，建筑学史主要分成区域史、交融史、同一史这么三个时期而逐一叙述是上文的主要任务，若站在人类建筑学整体的高度而言，则便有“区域史”时期的不同区域间的比较、“交融史”时期的交融进程的评论、“同一史”时期的同一状态的析说的必要，这就是本章将总结性地“史说”的三个主要部分。

13.1 建筑学区域史比较

迄今从人类文明的发展形成整体看来，虽然人类各文化区的发展都不是弧立的、静止的，却都具有独立性质的多极发展而形成各自的人类文明，对这一点大多人们是一致认同的。也尽管人类的人种大致是以黄色的蒙古人、白色的欧罗巴人、黑色的尼格罗人为基本人种，但最终形成人类文明的却是有许多区域，如埃及文明、两河文明、南欧文明、南亚文明、东亚文明、中南美文明等，而且这些文明大多都是由上述基本人种迁徙定居后发展形成的，或者说是由基本人种的交叉人种发展形成的，并以文字的发明使用为最主要的文明形成标志。而且，人类文明还有一个很戏剧性的特点，那就是人类各文明区域的文字都以象形文字为源头或起始，也就是说，象形文字是人类一种物意合一的表现，其表述的物当然也包括人类居所的建筑，这种有关建筑的象形文字，就是最早的建筑图样或符号，这当然也是最早可供建筑学研究的佐证和资料。因此，建筑学的区域史比较，当始于各文明区的象形文字，然后才有后来的各建筑理论的发展形成。

建筑学区城史的比较大致应有两个阶段的比较，即建筑理论形成前与形成后的两个不同阶段的各自不同状况的比较研究。

13.1.1 准建筑理论的区域比较

建筑理论，更明确地说，就是有关建筑的理论，且是以语言文字符号为载体而被记录下来的东西。当文字形成以后，以象形的图画文字（Pictography）为先驱，其象形文字准确地说是一种象形符号，是当时的人们对被记录的物品的认识表述符号，带有一定的意识性因素，既是写实的象形、又是认识的表述，虽与现今人们认识的建筑理论有很大的差距，但已是人类对居所建筑的一种认识上的表述，至少可认为是一种“准建筑理论”。于是，可以这么说，人类的建筑理论，便是孕育于人类文明初期的这些“准建筑理论”。

人类文明大致有独立形成发展的，自西而东主要有：北非、南欧、西亚、南亚、东亚、中南美等六大区域源头，而且这些文明源头区域也基本上都有自己的象形文字形成和出现，从这些象形文字的发现及研究中，人们可以此认识当时各文明区域对建筑的认识状况，也能在比较中了解各区域间的建筑观（即对建筑的认识思想观念）的异同。

而这六大文明区域虽都有自己的文字出现，但都是否均为自己独立创造的这一点，却还很难有定论。不过，从地理位置的分布上及地理环境的变迁上看，似乎各区域还存在着一定的联系。地中海沿岸的北非、西亚、南欧三大文明区，恐怕很难断言其各自文明形成的完全独立性，而东亚与中南美则早有移民关系的存在；只有南亚这插入印度洋的次大陆，被青藏高原、伊朗高原所阻隔，似乎应该是个独立体，不过，以其人种看来，是黑、白、黄三大源头人种的过渡人种，要说其文明是完全独立形成的，恐也不好断言。故而，虽然迄今所发现的这六大文明区域都有自己文明标志的文字出现，但实际上真正能称得上是独立演进形成其文字的，只有东亚与地中海沿岸地区的两种文字，且都是不约而同地以图画文字为起源，这便是我们在此当作比较的两大部分或类型。

地中海沿岸的三大文明区，南欧文明稍迟，较早的北非文明与西亚文明究竟谁早还说不清楚，且大致都是在六千年前左右形成其图画文字的。北非埃及的图画文字与西亚两河之间的图画文字是非常相近的，有的甚至是相同的，如意思表述眼睛的“”、表达水的“”等，前者都是稍偏的椭圆圈里中间一点，后者都是三道各三波而相叠的水波纹曲线，这与现今人们所绘的“眼睛”、“水”的简笔画基本上是一致的。当然，这也说明了古人与今人感官观察结果是相近的，表达的手法也一样，只是古人以图代字，今人则在图外还有字或抽象化的图字。

不过，后来的发展却出现了较大分歧的差距，两河流域的苏美尔人（Sumerians）较快地从图画文字向楔形文字①转化，埃及人则将图画文字使用了很长的一段时间。据称，埃及人的图画文字约有千字，可惜尚未见有诠释资料可从中找到表述人居建筑的图字，以致此处无法论说埃及人的人居观念及表述的问题。此后，埃及人也与苏美尔人一样发展了兼有表意的象形文字，并逐渐有了表音字；埃及人后来还选择了 24 个表音象形字为字母，而以此过渡向字母文字。后来地中海东岸的腓尼基人，便将埃及人的字母带到南欧的希腊，给南欧注入了先进的埃及文明，开创了南欧文明的新纪元，为西方文明奠定了标志性基础。

故而，地中海沿岸的人类文明是交互发展的，其最早的文明表述的图画文字也应该说是共同创造的，这才有相近或相同的埃及图画文字与两河流域的图画文字。

东亚的中国人与美洲的印第安人同为蒙古人种，是二万年前左右由蒙古人分别东渡白令海峡（或地峡）、南下东亚大陆而形成美洲印第安人和东亚中国人的。此后，还可能有蒙古人的继续东渡和南下，不过东渡和南下前的蒙古人还处于文明前的文化发展状况，这一点是可以肯定的。所形成的中国人，在约公元前 7 000 年以后才逐渐形成了最早的图画文字，并先后以陶文、玉文、金文、甲骨文等形式被保存下来，为今人所拜识；至于美洲蒙古人，则大约是在公元前 3 000 年以后才出现了文明特征及图画文字的。两者各自独立形成文字，这一点至今看来也同样是可以肯定的；且都形成于图画文字，这似乎又印证了人类文字形成的一般规律，由写实的图画文字逐渐简略到了带有一定抽象意义的象形文字，然后由表音、表意，而过渡向现代文字。

而且，中国图画文字与美洲印第安图画文字中有关建筑或人居构筑物的，还似乎有些相似之处。如印第安图文的“”和中国图文的“”，都是以单线条的平面图来表达某种人居建筑意义的图文，具体意思是什么先不去理会，仅以其有明确的四方位置、对称均衡的构图，且有沟通的中央空间，就说明了其建筑水平的不低。显然，尽管其建筑形状有异，其构图之意却大致相近，仅这一点也说明了当时的亚洲蒙古人与美洲蒙古人建筑思维方式、建筑思想内容的相似之处。当然，中国的图文整体或许会稍先进些，建筑思想或理论水平也许会稍高些，即其图文中已有有关建筑的立面图和构造图，如“”、“”等，前者为立面图、后者为构造图或剖面图。而印第安的图文，似乎还只在平面图的表述上，如“”、“”②，大概只是不同构成平面而已。

虽然上述这些辨识和解释，是今人观察的思维结果，但从其写实的表述方式而言，这样的辨识和解释是可信的。也正如李允鉌先生在《华夏意匠》一书中所说的，对于“象形”的“图画”文字，“我们深信这是十分忠实可靠的一种史实”③。那么，既然是一种“史实”，又是当时的人们以非本能的文明手段记录下来的，而且其原本也是一种文明标志，是人们对当时自己所构筑的人居环境及个体建筑的写实描述，虽然主观上尚未有研究的意念支配，但作为一种“认识”，应该是可以这么认为的。

而且，人类的建筑远早于人类文明的文字的创造和使用。

若从建筑自身的形成演变而言，人类由原始的窟居、巢居逐渐向半地穴居、地面建筑演进，而具有建筑学意义的建筑，最早大概也只能从“半地穴居”算起。如果从人类文化发展背景上而论，“定居”大概应认为是建筑的前提条件，定居

① 约公元前3200年，苏美尔人始用芦苇杆将字刻在黏土板状物上用火或阳光烘干，首创了泥板刻字，所成之字也因其笔画像“楔子”，而称“楔形文字”。

② 见林惠祥著《文化人类学》，1991 年 2 月版，第 369 页。

③ 李允鉌著《华夏意匠 · 中国文字和建筑》，中国建筑工业出版社 1985 年 4 月版，第 47 页。

后的饲养、农耕，客观上为人类建筑的构筑提供了必要和可能，于是，地面上的非原始穴居出现了。或许这便是人类最早的可称为具有建筑学意义的建筑，但这时的人类还在旧石器时代的发展中挣扎着。到了新石器时代初期，人类已有了砖石结构的建筑了，人类已能开石、印砖、构筑房舍了，也许可以这么说，人类是以砖石建筑技术作为礼物献给新石器时代的。而到了文明标志的文字的发明使用，则又经历了一个漫长的、完整的新石器时代的演进。因此，人类建筑远远早于人类文字的被创造和使用是显然的；而且，从人类建筑的形成出现到人类文字的使用的历程，还比人类文明至今的发展历程要长得多。

那么，当人类文明形成后，所发明的图画文字，其所写实的已是有相当善美的地面建筑，甚至已由聚落演进为村镇，这些对象反映在图画文字上的已是相当先进的建筑了。从建筑理论与实践的关系上说，是在建筑实践中形成了建筑理论的。如果说当时的建筑实践已有一定的建筑思想作指导，但这些建筑思想还仅存在于人脑中，还没有形成为一种理论，最多只能说是一种无形的实践经验；当人类文明形成后，无形的建筑经验就可能通过图文的表述给予系统化，并以此沟通人们之间的思想交流，对这些记述的建筑思想或经验而言，这或许就可演化为一种有关建筑的理论。故而我们说，建筑理论（即使是建筑准理论）是来源于建筑实践，在建筑实践中孕育，且是由最早的人类文明的图画文字给予表述的。而最早的这些有关建筑的图画文字，实际上其本身就可认为是一种人类最初的建筑理论。若此论可成立的话，则人类的建筑理论形成的历史与人类文明及文字，是一样悠久的。

后来随文字的演变，建筑理论发展进入了另一个似乎是衰退的演进阶段——“图画文字”不见了，代之的是抽象化的“象形文字”，甚至是表音、表意的“拼音符号文字”。

埃及人由图画文字逐渐抽象化为象形文字，而后又出现了表意文字，并且分别在“中王国”时期（公元前2133年—公元前1786年）、后期埃及的“利比亚王朝”（公元前945年—公元前715年）后期，出现了又再简化的“祭司体”、“民书体”，然后又放弃了原来的字义而赋予一定声音、而产生了表音字，而后又发展为只取第一个音节而形成为24个表音符号，产生了后来的字母文字。如果说图画文字的抽象、简化，尚有其“象形”与“表意”之间的直接联系，其图画文字的象形是写实的建筑表述理论，“表意”后仍然有其引申的表述意义，同样可认为是一种字体上的准建筑理论。但放弃了字义而演变为纯字母结构的文字，实际上就是放弃字体意义的表述方式，那么，原来的写实表述理论也就随之被放弃。若仅从这个意义上讲，建筑理论是衰退了。

苏美尔人比较快地由图画文字向楔形文字转化，据称，这种象形的楔形文字早期有350个字符①、中期发展为1 500多个字符②，也由于笔画的不同，原来画图的笔画转化为芦尖在泥砖上勾画的“楔形”笔画。于是，写实就演变为形象表意，如太阳由“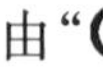”变为“”、足由“”变为“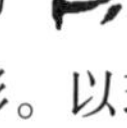”等，写实图画没有了，转化为抽象的象形。以现今的情形看，若非有一定的俗成联系，而仅以楔形之形体猜测，则恐有多种说法，如前者太阳之“”，亦像中国“井干”建筑之“井”字，其何止仅有“太阳”之释？由此可见，转化后的“楔形”象形文字带有更多的不真实的猜度成分，人们实难以确认。因此，这便没有了建筑的“字”的效果的写实意义，对人类建筑理论的发展而言，或许可认为这是一种衰退的现象。至于苏美尔人的象形文字有发音，却未演成字母，即使到了后来的巴比伦人也如此。而字母是后来的腓尼基人从埃及人那里学来后形成的，然这非本题内容，便不再赘言。

中国的图画文字存在于陶文、玉文、金文等中，即使在后来出现的甲骨文中，也有许多仍是图画文字。在中国，脱离图画字而首先演进成的象形文字，应该说是“籀文”或“篆文”③，是混杂于金文、甲骨文中的象形文字，如“日”字的篆文作“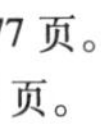”、“田”字的篆文作“”等，已非完全的

① 周谷城著《世界通史》（第一册）载，商务印书馆1950年10月版，第77页。

② 崔连仲主编《世界史·古代史》载，人民出版社1983年5月版，第95页。

③ “籀文”，是春秋以后通行于秦国的文字，因著录于《史籀篇》上而得名，亦称“大篆”。“篆文”，包括“大篆”和“小篆”，“大篆”即“籀文”，也泛指包括通行于“六国”的金文、甲骨文等；“小篆”，是秦李斯在籀文或大篆基础上所创，也是秦统一后的文字。

写实而有些“象形”因素。而被认为是真正脱离图画象形的是“隶字”，为秦代的程邈所创、西汉末年才成熟定形的一种纯象征性符号。此后，图画文字没有了，只有象征性字符，这又将说明什么？当然，中国文字至今尚是一种带有一定象形意义的字符，只是更抽象化而已，细论之，尚可找到古时“写实—象形”时的某些痕迹和思路。如“路”由“各”和“足”组成，其“路”的意义似乎就在其中；又如“宫”、“室”、“宅”等表示建筑的文字，都有统一的屋盖结构“象形”意义，这都说明了什么？说明中国文字由图画文字而来，虽屡经演变，也逐渐放弃了写实的表现，却一直仍保留着创立图画文字时人们认识事物的形象意义，即使写实没有了，人们或许因失去了直接辨识的形象而难知所文，但构字的原意依然存在，类似“宫”、“室”、“宅”等的“象形”意义仍然保留在文字中。也就是说，中国图画文字有关建筑的写实表现虽然被演变了，但后来的象形意义依然被保留，也就多少有一定的建筑意义。这也是迄今所知，其他各人类文明区域所没有的文明现象，或者说，准建筑理论在中国被保留得最多，这是建筑学理论研究应当引为重视的一个重要方面。

古老文明区域的南亚，实际上也有图画文字的出现，只是现今人们所发现的仅是些存在于器物上的“铭文”，或许也如中国的“石文”、“陶文”、“玉文”、“金文”等，而且是图画与文符混杂并存，统计各种器物上的“铭文”总共约 500 个字，可惜今人尚多不知所文何意，似乎已发展为表音、表意的字符。那么，其前的纯图画文字是怎么样的一种状况？却只能是个谜，若能有考古新发现，或许对该谜的破解会有一些帮助。则其可认为是准建筑理论有关建筑的图画文字，与地中海地区、东亚等地区比较，也就会有较明确的异同研究结果。

美洲的印第安人是 15 世纪末以后才为世人所关注的，实际上在此前就有其文明及图画文字的出现和使用，特别是中南美洲地区。玛雅人创造了亦图亦文的字符 800 多个，托尔特克人及后来的阿兹特克人也有自己的图画文字；即使是南部的印加人，也曾有画于布板和织物上的图画文字存在(可惜被后来的西班牙人毁掉了)。这同样是美洲人最早的准建筑理论，何况，其时的美洲建筑已相当先进，不仅有一般居屋，还有神庙、王宫，甚至有球场、商业街等公共建筑，也形成了“城邦”，这都可与各文明区域的盛况相媲美。只惜，“先进”的欧洲文明在其大规模的入侵中，带有较多的输入者的不理性成分，除了对自认为“有价值”的掠夺以外，自以为“无价值”的就付之一炬，印第安人的图画文字及可能有的“准建筑理论”便在先进欧洲人的这一并不文明的举动中被毁了，残存至今的少许遗迹已让人无法辨识，后人唯有一声感叹以酬印第安的先人文明。

总之，图画文字是人类最早的“准建筑理论”，其“理论”是有关建筑方面的图符。这是与人类文明同步形成的人类最早的建筑思想或认识的表述，同样，以后的人类严格意义的建筑理论，就是孕育于这一“准建筑理论”的早期建筑思想和认识的，人类不应该否认这一历史事实，而且是各文明区域不约而同的历史事实，这又印证了人类文化或文明同源的形成发展规律。而且，或许也正是有此“同源”的发展形成之起始，才有不同的人类文化演进道路发展后的“殊途同归”的归于“一同”的最终演进结果，这是后话。

然而，正是在这“同一”起源的起点上，人类各文明区域相继脱离了写实的图画文字走向简化抽象的象形文字道路，然后又由象形到表意，甚至发展为字母，而逐渐远离了写实意义。于是，原有的建筑思想和认识只能通过师徒传承方式来沿袭，重新创立与文字系统并无直接关系的建筑理论，这又是一个漫长的发展过程，建筑理论进入了由“图、文合一”转化为“图、文并行”的另一个发展时期，也许这才是严格意义的建筑理论的形成过程。

13.1.2 建筑区域理论的比较

人类文明的进化，一方面是图画文字向表意或字母文字的演进，另一方面是写实的放弃和转化，即文字上的放弃写实和向绘画艺术的转化。于是，建筑理论发展似乎出现了一段迷失的空当，“准建筑理论”的图文写实没有了，而写实的表述转化为绘画艺术却既非文字、也非建筑，严格意义的建筑理论又还没有形成。然而，从建筑理论上而言，这实际上是一种进步。

如果说有关建筑的图画文字是人类建筑思想和认识的表述，那么这种表述事实上并不是为了建筑理论而表述，而是为了文字本身而表述；且这种表述是为了记录生活，也并不以此去指导生活的建筑，显然这并不具备建筑理论的功能意义，故我们最多也仅能称其为“准建筑理论”。因为这是今人研究人类建筑理论时，由于有一定建筑意义而赋予其地位的，否则就根本不是建筑理论。因此，人类当时放弃图文，并没有失去建筑理论的问题存在，也谈不上建筑理论的后退或衰落；若一定要说是建筑理论“迷失的空当”的出现，那也是一种无意识的“迷失”状态，对建筑实践来说，人类并没有因之而失去什么。至于此后的建筑图文的逐渐形成，这是一种有意识的建筑理论的探索举动，将原无意识的文字表述的写实图文，转化为有意识的、为指导实践的研究理论，这才真正是跨出了严格意义的建筑理论形成过程的步伐，也才有后来各文化区域所形成的、沿续至现代的建筑理论。

当写实图画文字被演变以后，人类对实物的写实技术并没有消失，绘画艺术似乎便独立于这一转化中。应该说，原来写实的图文就是“图画”与“文字”两者合一的混合状态，则绘画也是源于这一人类文明的，只是这些“图画”本身或发展方向非完全写实，带有较多的表述意义，甚至是表述一个意群，且是为某种信息传达的功能需要而表述，这是其“图画”的主导功能，故当认为是一种文字，而绘画则蕴涵其中。当文字由写实向象形、表意、拼音转化以后，原来合一的写实图画，实际上就为绘画所独据，大概绘画艺术便是独立于这一转化的。而其时的绘画艺术，同样也有有关建筑的绘画，仍然是写实，或许还比图画文字有更真实的表述，那么，建筑理论实际上便在其中了。当然，这也只是绘画，非严格的建筑理论。不过，同为艺术类的范畴，这种若说仍是“准建筑理论”的人类文明，那就更接近建筑理论的形成。于是，建筑理论的孕育，也就从“图画文字”中转而寄生于“绘画艺术”中，但却仍是在孕育的形成中。

“绘画”比“图画文字”更具写实性质，应该说，也更有现实指导意义，或许对当时人们的建筑活动便有一定的借鉴指导作用。比如近现代尚能见到的澳洲人的“树皮画”①，其画就是完全的写实画，也能见到有关建筑的画面，在 Grosse 著的 *Beginnings of Art* 文中，就收录有澳洲土人的一幅有一幢建筑的“树皮画”（见图 103），该画为一幢屋宅建筑的立面图，右侧有树林、水池，池水流过屋前，建筑为单层坡顶，门窗齐全，屋基、屋身、屋盖结构分明，屋顶还有烟囱居中，显然，是一座有三个开间的一小排建筑。此图若非出自澳洲土人，还以为是哪一个文明区的传统民居，无论是择址、还是自身建筑的构成，都相当善美。仅就此而言，当时的人们见之，也不可能没有任何现实指导意义。以此看来，这种“绘画”还是有类似近现代人类建筑理论的指导作用，则其理论性意义便不可否认了。只是这在文明前人类已有此技艺，而且其作用也远胜于图画文字。故我们补充说，“准建筑理论”不仅存在于“图画文字”中，也存在于或许比这出现还早的“绘画”中；且当“图画文字”转化为抽象文字以后，绘画仍然保存了“准建筑理论”的影子，甚至已有一定的建筑实践指导意义。或者说，这些建筑写实画，正期盼着文字理论的形成来给予说明和揭示，则绘画艺术就像其理论形成的先锋，已跨出了建筑理论形成的第一步。

后来，文字的不同演化发展道路，也便为建筑理论的形成，分化出不同的建筑理论体系，甚至影响到近现代的不同建筑理论的交流和融合。

当人类文明由象形图画文字演化为传统文字时，各文明区域并不都同样是很明确的。欧洲由腓尼基人将埃及字母带入希腊，形成希腊文字，公元前 2 世纪随着罗马人的崛起，又逐渐演化为拉丁文字，并作遍及其统治区的使用，这也是欧洲传统文字的母体；北非、西亚则由阿拉米—巴拉米拉文字、那巴泰文字，约于公元 3 世纪起逐渐演化定型为阿拉伯语，并通行于阿拉伯地区；南亚则是雅利安人（源于伊朗之北侧、里海之东侧）南下后越过伊朗高原而东入印度河流域，或者是由西亚商人带入印度河流域，而后约于公元前 8 世纪形成梵文的；中南美洲的印第安人的图画文字还未进化，就被 16 世纪以后进入的欧洲人给扼杀了。以上这五个区域的人类文明的文字，除印第安人的文字还未进化外，其他四个地区的文字都相继演进为“字母文字”，并与西亚文明都有一定的、或多或少的联系，这就是这一区域传统文字形成的基本状况。而东

① “树皮画”，是“皮画”的一种，在澳洲土人中常见。是在黑色的“皮”上，用利石、牙齿或指甲刮出所绘图像。参见林惠祥著《文化人类学》，商务印书馆 1991 年版，第 319 页。

图103　澳洲土人"树皮画"

亚的中国，图画文字逐渐被简化，由形似的象形逐渐演为仅有神似而抽象的象形，在汉代的"隶字"上定形为方块结构的文字，由偏旁部首构成，而每个偏旁部首都有其最原始的写实图符意义，这完全有别于字母文字的其他文明区域而独树一帜。

因此，不同的文字演化进程，实际上表现出各文明区域不同的思维方式，或者说，是文字的不同发展过程，影响并形成了不同文明区域的不同的思维方式。那么，以上文所叙述的各文明区域的文字形成过程看来，便主要有以西亚为中心的，以欧洲、西亚、北非、南亚为构成范围的字母文字区域，和以中国为核心的东亚地区的非字母的方块文字区域。前者以二十多个字母为元素，排列组合成表达不同意思的文字，或长或短，变化无穷；后者则由简化而抽象的偏旁部首为元素，去构成所需表达的意思的文字，方块工整一律，却也同样变化无穷。两者构字本身的思维方式显然是不同的，前者以一定的"形式逻辑"关系为线索，后者则以约定的"抽象逻辑"关系为指导，这实际上便也表明和影响了其不同文化内容的构成状况，包括建筑以及建筑理论的形成和发展状况。

于是，这便形成了以"形式逻辑"、"抽象逻辑"为不同思维方式的不同的建筑理论体系，且主要是欧洲与中国的不同传统建筑理论体系的形成。

西亚和北非在公元前后的数百年里，相继被"希腊化"和"罗马化"；而中世纪以后，逐渐形成的阿拉伯世界统一体，虽然在继承的基础上，有其辉煌的建筑，特别是清真寺建筑及建筑技术和艺术，如窟窿顶、叠涩拱券、琉璃砖镶嵌等，但却未形成较明确而成体系的建筑理论，在通常的人类建筑史上，这种只有建筑而没有自己的理论的现象，甚是令人不解。

南亚在笈多帝国（公元320年—公元570年）之后，出现了战乱分裂状况，后为崛起的阿拉伯人趁机占据，成为阿拉伯世界的外围组成部分，也大致"伊斯兰化"，而此前的南亚古建筑则大多遭破坏而不存。同样，南亚也未形成自己的建筑理论体系，成为一个古老而落后的特殊区域。

迄今看来，只有欧洲文明形成系统的建筑理论体系，尽管这一建筑理论，非源于欧洲大陆本土，更多的还是地中海沿岸地区文化交流的结果，并在中世纪及前后，传播而广布于地中海沿岸及整个欧洲大陆和西亚、北非等地区，成为以地中海沿岸为核心的一个跨有欧亚非地区的特殊建筑理论区域。因此，与文字发展形成区域相似或相应的，建筑理论也大体上形成具有一定相同特征的建筑方法论及建筑理论体系。何况，"希腊化"、"罗马化"时期以及后来的"中世纪"时期，埃及、君士坦丁堡等非欧洲本土，也曾是欧洲文明发展的中心，聚集了许多包括来自欧洲大陆的学者，以致其研究成果应该是以地中海沿岸为核心的一个大区域文明交融的结果，只是这种成果是欧洲人统治时期形成的，也是以欧洲人为主体研究完成的，故通常都认为是欧洲文明的结晶，也归入欧洲文明的范畴。实际上，公正地说，西方文明及建筑理论成果，是地中海沿岸各文明交汇融合的结果，无论是在文字上或者是在建筑上，都可非常明确地说明这一论断。

迄今所知的西方建筑理论，是源于公元前后的古罗马"奥古斯都"时期的《建筑十书》，即使到了"中世纪"以后的文艺复兴时期，仍然以此书为基本的教科材料。而更早的“希腊时代”，北非的古埃及就曾有个“希腊化”时期（公元前332年—公元前30年），在该时期里，亚历山大城有个当时最大的“亚历山大”图书馆和博物馆，并聚集了当时希腊时代最多的科学家和学者，数学、天文学等自然科学的基础理论，在这里已有不少研究成果，至今看来仍是非常不简单的，而其研究成果当然要为取而代之的古罗马时代所承传，这或许可说是西方建筑理论来自北非的一源。如在《建筑十书》中，所涉及的第五书的声学、第六书的气象学、第八书的水文地质学、第九书的天文学等，其基础理论恐怕都不可能全是维特鲁威先生自己研究出来的，其承传的可能性要更大些。

在《建筑十书》的第三书和第四书中，集中讨论了宗教建筑的“神庙”，其中对“爱奥尼克式”、“科林斯式”、“多立克式”、“塔斯干式”神庙分别作了论述，尤其是各种柱式的解剖，更丰富和充实了其建筑理论内容。而这诸多柱式或风格的建筑，实际上并非都源于南欧文明。

旧石器时代，希腊半岛就有人类居住，这就是该半岛的原居民，通称“希腊人”；新石器时代，西亚地区就有部落给半岛带来农耕文化，迁入并定居于该半岛，被希腊人称为“非希腊语人”。而该半岛所形成的最早文明——“克里特文明”，大概就是“非希腊语人”带来西亚文化后形成的，同时，也杂入了新的人种，并也混居形成了“新希腊人”。其后便形成了几个聚居部落区域，其中，“新希腊人”的一支“阿卡亚人”，至少在公元前1650年以前，就从多瑙河流域进入希腊半岛中南部，创造了代“克里特文明”的“迈锡尼文明”；公元前11世纪，“新希腊人”的另一支“多立克人”从希腊半岛西北部的伊庇鲁斯南下，灭了迈锡尼而代之，使希腊进入了“荷马时代”，原居中希腊（或希腊半岛中部）的“爱奥尼克人”被赶往其东南的岛屿或越过爱琴海进入小亚细亚。公元前8世纪以后，希腊半岛地区建立了“城邦制”的早期希腊（公元前8世纪—6世纪），并扩展至小亚的爱琴海西岸，据载共有二百多个城邦。其中，主要有伊奥利克人、爱奥尼克人、多立克人建立的城邦，多立克人在南部（包括希腊半岛南部和小亚沿海西岸南部）建立了斯巴达、利林斯、亚哥斯等城邦，且在早期的希腊后期创造和形成了著名的“多立克柱式”；爱奥尼克人在中部地区（包括海域两岸的希腊和小亚）建立了雅典、米利都、爱非斯等城邦，也相继在稍后的公元前5世纪中叶形成了“爱奥尼克柱式”，并首先出现在小亚城邦；而“科林斯柱式”，则是爱奥尼亚人建立的雅典城邦的雕塑家“卡利马扣斯”途经多立克人建立的科林斯城邦时，睹物受启发而发明的（参见上文），约出现于公元前5世纪后期。

可见，从欧洲文明的形成，到各种柱式的发明，都非完全是欧洲人自己创造的，而是兼容了临近区域（特别是西亚或小亚）的文明而形成的，也深受间以地中海的北非埃及的哲学或科学思想的影响。因此，南欧、北非、西亚的文明及建筑的发展演进，实际上难分彼此；更何况，其政治上的发展现象，经常是出现欧亚非一体化的“一统”状况，在这种政治因素影响下，建筑的不可分就显得更容易被人们所理解。

而所形成的欧洲早期建筑理论的《建筑十书》，由于有古希腊时期奠定的思想体系为理论及思维方法的基础，且融汇了北非、西亚地区的科学或学术成就，以致形成了包含有多种学科内容于一体的“百科全书式”的建筑理论，既庞杂而又有详细的论述，即使是现今的建筑专业的人们看来，也是一部非常了不起的著作，而且是一部非常具有实用意义的指导著作，而让人赞叹！当然，反过来而言，若没有古希腊时期的思想体系及思维方式作基础，恐怕维特鲁威是难有如此空前的成果的，即便维特鲁威也成就了某种建筑理论，则恐大概就不是这种“百科全书式”的建筑理论体系，也就没有千年后“文艺复兴”时期仍然对其著作这么推崇的状况。因为在整个西方学术界看来，被尊崇为“百科全书式”的古希腊、古罗马的学者，只有古希腊的亚里士多德（公元前384年—公元前322年），只有他在人文科学、社会科学、自然科学等诸多领域都有非凡的学术成就，而且大概是空前绝后的一位最伟大的学者；不过，他也是在总结了前人的一切学术成就的基础上发展起来的，也非完全是其一人之成就。至于维特鲁威在西方学术界，还没有这种公认的学术地位，故其所著的《建筑十书》，更可能是在前人的科学或学术基础上形成的，何况其成书还正是在亚里士多德的三百多年之后，则受此前的学术影响或传承此前的学术内容，更是毫无疑问了。

当然，希腊、罗马时期的建筑理论不可能只有《建筑十书》，因为《建筑十书》不可能是孤立成长的，可惜流传下来的仅有《建筑十书》。不过，此书能流传下来，大概并非偶然，说明该书具有一定的代表性，或者说其著较全面和完整，也代表了当时的最高学术成就，否则后来的建筑界不可能只选择《建筑十书》。如果事实不是这样，则《建筑十书》的存留只是一种偶然，那么，为什么会出现这么一种“偶然”？这便是建筑学术界的一个不解或未解之谜了。

欧洲在罗马帝国之后期分裂为东、西罗马帝国，而后进入了极端的宗教主义的“中世纪”，直到15、16世纪的“文艺复兴”，才揭开了近代的新文化发展时期的序幕。而“文艺复兴”以后的近代建筑理论，却仍是以《建筑十书》作为基本教材开始的，似乎“中世纪”是欧洲建筑理论发展的绝大的断层和宽阔的深渊，在这断层或深渊两端，是古罗马时期和“文艺复兴”时期，而中世纪以后的这一端所“复兴”的还是对另一端的“罗马”而言的。故欧洲的建筑理论的发展，是跨越了“中世纪”的近代对古罗马的接续和承传，《建筑十书》便是一座跨越这两个时空间的桥梁；而其近代的引桥过渡，却是以阿尔伯蒂的《论建筑》、维尼奥拉的《建筑柱式》等为起点的，且继承了《建筑十书》的衣钵，而踏入近代的欧洲建筑理论发展历程。

在这一发展期间，西亚、北非基本上是欧洲建筑理论及文化的发展区域或辐射区域，希腊化、罗马化后也是在“中世纪”的欧洲宗教主义统治下发展的；直到7世纪后，西亚的伊斯兰崛起，才开辟了另一个文化时期，可惜至今尚未见有较明确的伊斯兰建筑理论的形成和传播，仅是一些物化的建筑的出现，这是建筑整体发展的一种不健全现象，也是建筑的一种悲哀，只有建筑的物而未见其理论的形成，或者说其现象是由伊斯兰文化决定的，即伊斯兰文化是以《古兰经》为最高理论的，除此以外别无理论，则这当然也是一种可理解的现象。而伊斯兰文化，不仅在西亚、北非形成了伊斯兰世界，也渗入了南亚，先进的南亚北部基本上因之而成为伊斯兰世界的一部分，原古印度文化则被逼入较落后的印度南部地区。故曾是先进而又古老的南亚，从民居到城居（如印度河上游的“伊斯兰堡”）、到皇家建筑（如位于北印度阿格拉城外的莫卧儿朝皇帝沙杰汗之妃的“泰吉·玛哈尔陵”，见图104），均大致也被“伊斯兰化”了，而被纳入西亚、北非的文化辐射区内。

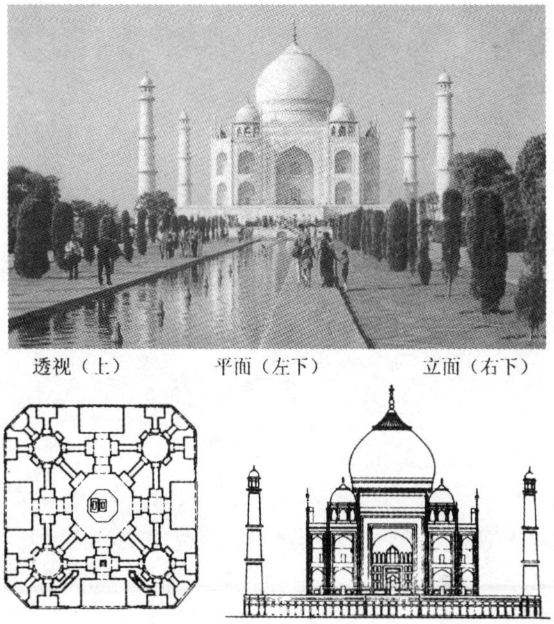

图104　建成于17世纪中叶的印度“泰吉·玛哈尔陵”

与字母文字、逻辑思维不同或相反的，象形文字及所具有的抽象思维的东亚，则是另一种完全不同的建筑理论发展状况。

同样或相近的象形图画文字，西方或欧洲等其他文化区演化为字母文字，而东亚的中国却抽象地简化为方块字，在每字相近的外形里，创造了复杂的内部结构的无数的表达文字，支配这一创造力的思维方式的确让世人惊叹，实际上也体现了中国与西方等其他文化区的完全不同的思维方式和方法及思维内容。其大致是自然封闭的地理环境、自给自足的农耕生产方式、由原始族群演变而来的膨胀的宗族生活方式及“宗法”血缘关系等，便是促使这一思维方式形成的客观外界因素。

在这诸多客观外界因素的影响下，所形成的思想内容及观念，最典型、最主要的是自然观和世界观，以及自然、世界的时空观念。这是一些与西方科学理论及接受现代普及教育的人们的认识完全不同的东西。西方科学认为，时间是不断流逝而去的一条直线，空间则如一个容器，而容器本身及容器内的所有东西，都是按一定结构形式构成的机器或零部件，构成的整体也像是一部机器。中国的时空观不是分离的时、空概念，而是时空一体的时空概念，其观念认为，没有脱离时间的空间概念、也没有脱离空间的纯时间概念。这种思想集中地表现在其“月令图式”中：木主东方与春季、火主南方与夏季、金主西方与秋季、水主北方与冬季，土主中土与生态（见图105）。而这一图式是有自然现象依据的：

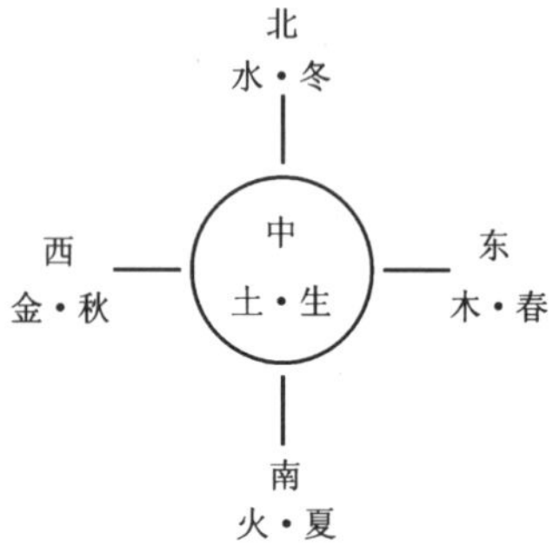

图105 “月令图”

其一，春天时万木生长，夏天时气候炎热，秋天时农耕作物成熟金黄一片，冬天时冰天雪地；

其二，春季时北斗七星之星座“斗柄”指向东方，夏季时“斗柄”指向南方，秋季时“斗柄”指向西方，冬季时“斗柄”指向北方。

人类便是生活在这随四时而流逝的四方之中，其“四时”与“四方”是不可分的有机地相联系的整体。而且，不仅“四时”（指四季）是年年往复地有方位感，每年也是由一定的天干、地支的结合所定位的，每个“甲子”六十年都完成了一个轮回，还仍在天（干）、地（支）间循环往复，也恍若“四季”周而复始。

而无论是“甲子”、还是“四季”，都是由“五行”之数支配的，支配着不同“甲子”年、不同“四季”之时的时空变化；而“五行”之数又合为“阴阳”，如在“四方”中，东为阳、西为阴，南为阳、北为阴等。“阳”即阳气，“阴”为阴气，实为一“气”耳。《内经・天元纪大论》曰：“在天为气，在地成形；形气相感，而化生万物矣。”而《庄子》则干脆说：“通天下，一气耳。”（《知北游》篇载）也就是说，天地时空以及生活或生存于天地间的“万物”，都是由“五行”、“阴阳”支配的，而“五行”、“阴阳”又合为一“气”，这“气”便是时空、万物的最基本的构成成分，且唯“一气耳”。显然，气聚而生、气散则亡。

这便是中国的自然观、世界观和时空观，对任何“物”、任何“事”的思维方法和思维内容，均基于此思想理论，并以此而为最原始、最基本的出发点和方向。

那么，其“气”为何物？甚至可问“气”是一种物？

在中国医学上，“气”存在于人体的脉络肤肌骨髓中，且因四时而不同。《内经・四时刺逆从论》曰：“春气在经脉，夏气在经络，长夏气在肌肉，秋气在皮肤，冬气在骨髓中”。

在中国建筑上，建筑是“气”的环境，也是在营造一种“气”的存在空间。《六微旨大论》曰：“上下之位，气交之中，人之居也。”其“气交”，便是建筑营造的最高准则，若无此“气”之“交”，则恐非“人之居也”。

现代建筑学界一般认为，中国传统建筑理论，是有技术、无科学的一种理论。实际上，以此看来，中国传统建筑并非没有科学，只是它并非如西方建筑的那一种空间、构造、力学上的理论，而是一种人居空间环境整体上的、以“气”的讨论为中心的系统理论，其目的也在于营造一种“气”的空间环境。显然，与西方的空间、功能等构成要素的讨论是有很大差异的。不过，这也当认为是一种建筑理论，否则又怎么会有那么丰富、又不离其宗的完整的建筑体系的形成和存在？

也许人们会有疑问，中国的“气”的问题是一种建筑理论的内容？“气”乃“万物”构成要素，非建筑独有，何说是一种建筑理论？

实际上，这就是中国建筑理论的最主要特点。

中国的时空观是一个有机的、连续的整体，中国的思维方式和思维方法是一种整体的控制性、系统性的概念；不仅没有孤立的时间、空间，也没有任何孤立的物种或物品，所有的物品或物种，都是相依共存的，都是在一定时空环境中生存的，或者说是与一定时空概念相联系的。建筑就是这“万物”中之一个品种，它同样是无法孤立存在的。一方面，建筑乃至人居村落、乡镇、大都市，是自然环境中的一个部分，该建筑是否适宜构筑、是否与自然环境有矛盾、是否会破坏自然整体，这是建筑的构建所无法回避的一个问题，或者说是建筑首当考虑的第一重要的问题；另一方面，建筑是人居环境，是为一家人、一个部落或一个族群等构建的人居环境，人是建筑的客体或对象，没有人也就不成其为建筑，则人或族群等是否宜于居此建筑、是否生存得安康，同样是建筑构建时必须预先考虑的问题，否则还是人居环境？那么，建筑之外的自然、建筑自身、建筑之内的人与物，这三者显然是有机联系而不可分的。而建筑之外的自然、建筑之内的人与物都是由“气”化生的“物”，建筑本身又何尝不是“气聚”的结果？故联系着自然、建筑与人的“通天下”，唯“一气耳”是显然的；且在自然空间的“上下之位”里，当取“气交之中”，才是“人之居也”。这不也正是一个很明确的建筑理论问题？显然，人们当以此为建筑的最高准则，来选址、来构筑、来布置建筑整体及内部空间，使“气”之“聚而不散”，方宜“人之居也”。难道还有比这种理论更适宜于建筑？

若以此建筑理论与现代科学的控制论、系统论相比较，似乎中国的有关“气”的理论还更先进、更有远见。据载，人体之“气”、经络已为科学印证，十四条经络线路已被现代科学找到①。建筑之“气”的是否存在暂且不说，仅此系统性的整体之说以及相应的思维方式，就该让西方科学惊叹不已。则这又何言中国无建筑科学理论而仅有其“技”？

当然，或许是中国建筑理论的这一特点，便决定了中国建筑理论对建筑实践的指导是一种整体性控制、系统性指导，而不是其理论在具体实践上的直接应用。从而，以现代人的眼光看来，似乎中国建筑理论与实践是脱节的，人们看到的是存在的建筑及建筑技术，在构筑技术之上没有直接联系的理论，故而或许这才有中国建筑有技术、无科学理论之看法的出现。而建筑技术和建筑科学理论这两部分由于没有直接联系，便出现了完全不同的两种发展状况。一方面是建筑技术的趋于定式，发展为有一套严密构造方式的技术，并给以图式化，如历史上出现的诸多“营造”的“法式”或“则例”等；另一方面是建筑理论被融入或纳入人类科学思想的整体理论中，在宏观上、系统上无形地、抽象地发展着，最多也只是认识上的诠释、注解，也就有了“百家”都来注释这一思想理论的学术现象。至于在理论与实践之间所存在的这一断层，人们也试图给补上，不过却为某些“方家”、“术士”所据有或利用，“风水术”便这么应运而生了。“风水术”似乎正好介于“营造”技术与思想理论之间，在传统时期，甚至是非常具体地指导着建筑活动，其既有科学思想的蕴涵、也有迷信技法的渗入，既抽象又具体，让人迷惑或神秘，也让人直观或显见，也许可使所有“雅俗”之人均可“共赏”，以致自形成之日起的“风水术”便长盛不衰。当然，这也正好在建筑技术实践与建筑思想理论之间，给续上其联系的桥梁，填补了人们的思维空当，这大概也就是其存在的一个最大的理由。

由此看来，在不同的文化区域环境里孕育的不同文明，实际上就是不同思维方式的形成，最典型的是表现在其语言文字上，其语感及以语言为媒介的思维方式是统一的。因为人们的思维方式是以语言为基础的，西方字母文字的思维方式与中国方块文字的思维方式是不同的，则以人们的思维方式为基础的建筑，也就因之而分别形成了西方建筑和中国建筑等，这显然就是在世界各文明区域的不同建筑理论比较中的最根本所在。

13.2 建筑学交融史评

应该说，人类文化自形成之日起，就在不断地交融演进中，从个人间的交流、部落间的交流到不同城镇和国家或不同区域间的融汇或交融，只要自然环境条件许可，或者是人类文化之力发展到足以打破自然障碍的阻隔时，文化交流或交融便成为一种必然现象。地中海区域的文明形成前后的文化融汇，便是很好的例证，特别是地中海东侧的北非、西亚、南欧的文化交汇现象，更是古来已有的文化现象。故而，文明后的欧洲建筑有北非、西亚的因素，西亚、北非的传统建筑实际上也融入欧洲建筑的成分，致使欧洲建筑与西亚、北非建筑有许多交叉的构成要素或元素，而根本无法完全分离出不同文明区域的建筑形式来。

那么，因自然障碍而有较独立发展的建筑区域，至近现代看来，则主要是欧洲与中国所形成的两个不同建筑体系（当然这并非说其他区域完全没有其建筑理论的存在），也各自孕育了不同建筑理论及建筑思维方式。于是，近现代世界文化大交流的大环境中的建筑学理论的交融，便主要是东、西方的中国与欧美的不同建筑学理论体系的交融的展开。当然，近现代以来的中西文

① 载于1987年12月12日的《人民日报》。

化的交融实际上是一种对立的交汇现象,在这一文化背景里,中西建筑理论的交汇也走过了一段不甚平坦的道路,也许还是不甚理性的发展道路,这便有待下文讨论。

13.2.1 非理性的建筑学交融史评

至中世纪末以前,世界各文化区都大致发展成熟,形成各自的传统文化;且除了较落后的或者说是还未开发的美洲、澳洲和非洲撒哈拉大沙漠以南地区外,其他欧亚非大陆的欧洲、伊斯兰地区、南亚、东亚及东南亚都基本上形成了相对独立的文化区域,虽互有交流和汲取,却也各自独立发展演进。欧洲文艺复兴后,不仅欧洲出现了前所未有的发展态势而进入了一个完全不同的新的发展阶段,而且也翻开了世界文化大交流的新的一页。不过,却也是与以往完全不同的另一种文化交汇态势,建筑学理论便也是乘这一态势而"交融"的。

中世纪末,意大利诗人但丁在《神曲》中把"中世纪"已死去的教皇们都赶进了"地狱",还在世的教皇则在地狱第六层火窟里给预留了位置而待以"炼狱",然后却奉皇帝于"天堂"上。这便大致从文学上宣告了"中世纪"的灭亡,揭示了一个新时代的即将开始,这个新时代就是"文艺复兴"。而在文艺复兴时期,把以"神"为中心转化为以"人"为中心,"人文主义"成为新时期"复兴"、变革的核心思想,且着眼于现实世界的发展。于是,欧洲的艺术、科学、教育、经济等全面兴起,特别是"资本主义"社会的形成,物质生产的勃兴,从而带动了其他方面的发展,使欧洲一跃而居世界各文化区的前显位置,并逐渐有了显著的物质力量上的优势,这种优势也使其有了更多超越自然的可能,人的欲望也就随着这种超越能力的增长而膨胀,眼光也自然而然地就因此而瞄向世界各地,世界文化大交流便从此出现了新的态势——以欧洲为输出方的文化交流状况。

如上文所述,这一次文化交流是以"海洋性"为基本特征的,原被自然环境阻隔的撒哈拉大沙漠以南地区和海洋之外的美洲、澳洲,都在这一次文化交流或传播中为欧洲新文化所占领,甚至是殖民文化的侵入。

当《马可·波罗游记》在欧洲被广泛流传后,中国与印度被传为"遍地黄金、香料盈野"的富丽繁华之地;也当文艺复兴后欧洲社会生产力的提高,东方的中国与印度成为最具诱惑力的地方。然而,通往东方的海、陆之路长期以来为阿拉伯人所控制,崛起的欧洲为摆脱阿拉伯人的控制,在东方的"黄金、香料"的诱惑下,开始了越洋航路的探寻和冒险。15 世纪末以后,随着哥伦布误撞发现了"美洲"、麦哲伦船队完成了环球航行,欧洲(主要是西欧)的对外殖民掠夺开始了。首先是西班牙、葡萄牙对欧洲以外的世界的殖民瓜分,西班牙几乎独占了美洲(除巴西葡属外),葡萄牙则置亚洲、非洲于势力范围之下;然后是 16 世纪末以后,荷兰、英国、法国也加入了殖民侵略中,参与殖民"分美",其中,17 世纪初荷兰取代了西班牙、葡萄牙的霸主地位,17 世纪中后期又逐渐为英、法所取代。于是,在殖民侵略、殖民战争中,殖民文化也便在这纷争中不知不觉地传播着,这种传播带有很浓的血腥味,而且其殖民动机还不是为了"文化","文化"只是一个无辜者或第三者,而被不自觉地搅入这纷争中。理性地说,文化并不愿意以这种方式来传播自己,不过,却是实实在在地被传播了,这是"文化"自身的无奈,是"文化"主体的人非理性行为的结果或现象。

当西班牙人紧接着哥伦布之后殖民美洲大陆时,以武力赶走了原土著的"印第安人",与殖民的西班牙人生活方式相应的西班牙建筑便首先出现在美洲大陆上(除巴西外),建筑理论也就首先随着建筑师而带入了美洲大陆。于是,"西班牙式"的建筑及建筑师和所携带的建筑理论,就在刺刀、火枪辟开的血路上,踏入了美洲大陆,而首开了欧洲建筑理论的"海洋性"传播的先河。而后,荷兰、英国也相继涉足美洲大陆,并逐渐取代了西班牙的霸主地位,荷、英之间也展开了殖民争夺战,并以荷败而告终。可见,"新大陆"的美洲的殖民及殖民建筑和建筑理论,正是在血腥的战争中无奈而被动地被利用和传播着,似乎仅是某种殖民目的工具而已。而印第安土著文化相较落差太大,生存都无法保证,更谈不上本土文化的存续,况且印第安人原本就说不上有建筑理论的存在。因此,美洲很快为西欧建筑理论所殖民而占领,并发展成为"西方"建筑理论的一个主要组成部分,"欧美"建筑理论亦成为近代建筑界的一个似乎不可分的专有名词和构成内容(或内涵)整体。当然,这也是建筑及建筑理论本身在文化中的地位和特性所决定的。应该说,建筑理论在这一殖民现象中是一只苍白无力的羔羊,从欧洲被莫名其妙地带入了"新大陆",还得赶紧为殖民者们繁殖生存而沿续下去,这就像是一个有趣的动画故事,让人听来新鲜而滑稽。

1497年至1498年,葡萄牙人瓦斯科·达·伽马率船队由"里斯本"出发,绕非洲沿海线西、南、东大半圈,最后达南印度西岸;1522年麦哲伦船队返航时也曾由非洲南端好望角绕西岸回抵西班牙①。于是,在通往东方的新航道上,非洲首先成为葡萄牙人的势力范围;16世纪末以后,荷兰逐渐取代葡萄牙人而成为非洲的霸主和殖民者;英国也相继涉足非洲,法国涉入非洲则较迟了些。

在欧洲人涉足非洲(指撒哈拉大沙漠以南的非洲)以前,除尼罗河流域的苏丹、东部沿海地区及马达加斯加岛等少数地区历史上曾受北非等外来文化的影响以外,大多中南非洲地区都仍处于非常落后的氏族部落群体的原始社会阶段。由于近代的海洋性文化传播和开发,是以经济利益为"诱饵"的,欧洲殖民扩张者们是冲着"利益"而来的。则在这些殖民扩张者们看来,落后的中南非洲,除了有诱人的黄金和"咖啡(豆)"等资源以外,就是壮实、耐劳的非洲黑人;当美洲大陆等地区大量开发,人力成为欧洲殖民者们迫切需要的资源时,"黑奴"又成为其对中南非洲掠夺的主要"标的",而且是以奴隶的身份被掠夺的,也成为一种特殊的可买卖的"商品"。

因此,欧洲人对中南非洲的殖民,不是为了开发和发展,而仅是为建立基地而更好地掠夺和"贩奴"。至20世纪初,整个非洲大致已为欧洲殖民者们瓜分完毕,其中以法国、英国为主,其他的如德国、比利时、意大利、葡萄牙、西班牙等则分得较少,但掠夺的目的却是一样的。文化的传播不仅是以非理性的传播方式出现,而且仅是为了掠夺目的而传播的,与对美洲的殖民传播有较大的区别,故而非洲并没有、也不可能像美洲那样而得文化传播的滋润发展,这也就是非洲建筑理论传播的文化背景。

在这一情况下,撒哈拉以南的中南非洲,并非西方文明的文化传播之地,建筑理论也就无法在其地得到有效的传播和生存,最多也只在掠夺者和殖民者当中传播而已。这或许就是非理性的文化传播的最可悲的状况,也是西方建筑理论近现代传播的最大盲点。只有少数地区,如非洲大陆最南端的"南非",由于钻石和黄金的巨大吸引力,基本上使之成为白种人(以英国人居多)的殖民地,20世纪初成为"英联邦"国家(至1961年退出),"英式"的西方文化传播也就成为该地的必然现象,同样也就有了西方建筑理论的生存、传播环境。

"新航路"的开辟、"远航计划"的实施,也曾绕过南半球而"发现"了地球上的最后一块大陆"澳洲大陆",后来随着欧洲殖民侵略或霸占的发展,澳洲也逐渐引起了欧洲人的注意,18世纪中后期也沦为英国的殖民地,到了20世纪初也成为"英联邦"的国家之一。

至此,在近现代主宰人类世界文化发展方向的"西方文化"大致形成,并在此后的发展中,以"西方文化"之称播及世界各地;建筑理论也随之有了相应的新称谓——"西方建筑"理论,同样也传遍各文化区,且逐渐成为各区域主导的建筑理论,这可以说是世界建筑理论发展的新态势,也是近代以来建筑学理论交融史的一个最显著的特征。

尽管这种建筑理论的传播非常地"非理性",人类也为之付出了很沉痛的代价,但原来文明差距非常大的各文化区域,却在数十年或上百年里,相继进入了一个大致是统一的建筑理论框架里,这可是人类建筑理论发展史上前所未有的现象。那么,人们该如何看待这一建筑发展现象?尽管人类迄今大致被西方建筑理论所"同化",有着相当严格的"西方建筑理论"的思维方法,也许会以"西方建筑理论"为标准来看待这一问题,而带有一定的认识偏颇,但也许现今的人们经过了现代建筑理论的充分发展,已有了较理性的思维"情商",或许会站在人类科学较公正的立场上来看待这一问题,则所论大概会较理性些吧?这是下文的"史评"所凭的思想态度,人们或许会在接着的讨论中感受到这一点。

---

① 实际上,早在15世纪初,葡萄牙人就涉入非洲,1415年先以武力强占西北非摩洛哥的"休达"城,然后以此为据点,沿西海岸南下,并陆续已有劫掠、贩卖黑奴现象出现。见陆庭恩等编著《非洲的过去和现在》,北京师范学院出版社1989年12月版,第108、125页。

当"西方建筑理论"形成以后,以欧美为主体的这一建筑理论继续向其他区域传播,实际上这是欧洲建筑理论乃至西方建筑理论称霸世界计划的付诸实施行动,这在上文"第 11.4.1 部分"的较详细的叙述,也说明了这一点。

人们通常所见到的、想到的,只是西方列强对其他弱势地区的财富、资源等的掠夺,以及殖民、殖民建筑的大量出现,却忽视了更重要的文化、思想以及建筑理论的占领。如果只是"物"的掠夺和殖入,则仅仅是一个强盗本性所为的现象,这种强盗行为迟早要引起"物极必变"的结果,只要其民族不灭,终将有"以武制武"、"以力制力"的事态演变出现,如始终是最弱的非洲中南部地区,曾是西方列强最大的贩奴基地,却也在近现代以来陆续以"武"、"力"起义斗争,且以此而获取政治独立。但是,当时的西方殖民侵略者们,似乎要深谋远虑得多了,并不满足于"物"的掠夺和殖入,在殖入殖民建筑的同时,也把西方文化带入殖民地区,以宗教、语言为手段,强迫被统治者接受其世界观、自然观、人生观,甚至是日常生活的交流语言,从人的最深处殖入西方的东西。尽管这种文化移殖比掠夺财富、殖入建筑要艰难得多,但一旦殖入了、生长了,却因此也不容易被推翻、剔除,甚至已深深地扎入了人的心灵深处,成为无法脱离的印记,连人类最根本的思维方式、思维观念等也被完完全全地更换了,所能辨识的唯有肤色、骨架,其余则完全被"西化"了。如在西方生活的第二、三代以后的世界各地方民族,无论是白人、黑人、红人、黄人等等,除了西方科学、西方语言、西方思维方式、西方生活习俗等,再也没有别的了,什么人种都已被融入这一文化大熔炉中。甚至在世界各地区的人们,也大致被"西化"得差不多了,使欧洲英国人的"英语"成为世界第一语言,且以能讲这一语言为荣、为幸。而各地区的建筑理论,也大致是单一的"architecture"学院、"architecture"专业的"architecture"教育;甚至除必须接受此教育以外,否则还不能从事相关的人类居所及环境的工作。那么,即便政权独立了,人们不再受"物"的掠夺了,但其本民族人们的文化思想、思维方式以及可能有的建筑理论还有吗?这个问题该不该引起当今人们的深思?

中国是一个远比西方文明要早得多的文明古国,建筑理论、思维方式也有完全不同的另一个独立系统。而今的中国,也只有译自"architecture"的建筑院校、建筑科系的建筑教育,中国的"营造"、"苑囿"等还存在?即使是谈中国建筑史,也是"architecture"的建筑史,是以西方建筑思维方式来解剖的中国"营造历史"的建筑史,这还是纯真的"中国营造史"?

应该说,中国的建筑是诞生于中国的文化背景乃至中国的思维方式前提的,是在中国文化背景里,以中国的思维方式来认识自然、认识世界、也包括认识人自己,然后才形成中国建筑的。虽然中国建筑发展至近现代已历数千年的演变,但其根本的东西应该说是一脉相承的。而今,人们要完整地认识中国建筑,当然要沿着这条脉络,搜寻而上直探其根源,则人们就可理解和认识其完整的、真实的中国建筑;如果采取仅揽取至今可见、可查的中国建筑现象,然后以另一个文化系统的思维方式来分析、认识中国建筑,就好像以现代"西医"的眼光来看传统的"中医"——根本无法同题而论(至少迄今看来是这样)。人体由骨骼、肌肉、血管、神经、皮肤、毛发等组成,然后由碳、氢、氧原子及其他微量元素构成其各部分,哪有经络存在?经络是什么构成的?人体病了,是因为细菌、病毒等侵袭而使肌体、器官没办法正常工作,则治病就是消灭这些侵入的细菌、病毒等,同时补充被细菌、病毒等杀死的人体成分或养分(如蛋白质、脂肪、维生素等),以恢复人体的正常构成及工作秩序;而中草药的动物躯壳、植物根茎等是什么成分构成的?这些药是以什么成分杀死了细菌、病毒的呢?这显然是"关公战秦琼"——凑不到一块儿!因此,人们能这样认识中医?以此相同或相似的,现代人们也是在接受了西方教育以后,以西方人的思维方式、西方人的建筑概念来审视中国建筑的,所得的结果,当然也就是空间、功能、线条等概念下的中国建筑,这是真正的中国建筑?中国先人创造中国建筑有这些概念?那么,中国建筑又该是怎么形成的?能以西方的这种建筑理论、思维方式或建筑学方法论来认识中国建筑?这大概就是现代中国建筑史上建筑学理论发展史的一个最根本症结,也是留传给现今人们的一个未解的困惑。

与中西方建筑方法论的交汇现象一样,东、西方建筑方法论(或各地区与西方建筑方法论)在现今(指 20 世纪末、21 世纪初)的发展症结也正是在于这一点上,交汇后的西方建筑理论总是以"老大"的姿态出现，实际上，"老大"能解开这一认识方式不同的根本症结？人类建筑理论的发展事实已有了甚多的说明，在此显然是毋庸多言的。

由于东、西方（或西方与其他区域）的文化之力（表现在物质上）在近代有较大的差距，故西方文化的传播有了坚实的物质力量基础，并且在传播的同时也得到传播地资源、能量的补充，使西方文化学术的传播大致是一马平川的，特别是对文明越落后的地区，其被西方"同化"的现象越严重，主要是科技和教育制度的普遍"西化"。至今看来，世界上已基本上没有哪一个区域不被西方现代科技所迷住，教育也普遍采取西方教育制度，科学分类、学科设置都大致是按西方科学体系来发展、规划的，包括本论所讨论的"建筑学"，同样是西方科学体系中的建筑科学的一个组成部分，似乎也无法跳出这一科学体系基本原理的框架。当然，这是以西方科学思维方式或认识论来看待这个问题的，故而才必然有这种科学现象。

不过，文明程度较高的区域，如南亚、西亚、东亚诸文明古国或地区，现代科学理论并无法完全替代其文化体系，特别是意识形态方面的东西，更是无法被取代，无论是南亚、西亚，还是东亚，目前这一现象是很明确的。一方面是西方科技的广泛被运用，另一方面是本土的宗教、观念等思想意识形态大多仍然是各区域传统的东西在延续着。这些不同文化来源的文化成分，表面上看是相安无事，也各行其是。然而，这毕竟是两个不同文化体系的东西，能非常协调地在一起生存、发展？实际上，其结果并不如人们所期望的那么顺畅，甚至事实上还是互相牵制的，且文明越古老的地区，越体现出这一特征。如"中国化"的现代化建筑就是一个很好的例证，人们正很艰难地探索这个问题，许多年来的探索结果都不如意，这可是北美、澳洲这些欧洲人的移民国家所没有的现象，人们为之困惑，也为之痛苦，"中国现代建筑向何处去"的问题一直是中国当代建筑界的最主要议题，却也一直都没有被很好解决。于是，人们向更本质的"文化"去寻求答案，"建筑文化"似乎成了解开这一困惑的唯一钥匙，人们也都普遍寄希望于此，这也才有了20世纪90年代以来建筑理论界的"建筑文化"热潮。当然，至今也还没有给人们一个较满意的答案。

这大概也是在世界建筑理论的文化交融状态中的一个普遍现象，且以古老文明地区的这一现象特征尤甚。

13.2.2　建筑学交融中的理性思考

至今看来，建筑学的交融是人类及文化发展的必然。而建筑学理论在不同区域所形成的状况该怎么交融？就像本"论"的讨论角度和眼光一样，希望的方式和结果当然是科学性的，即以科学的方式讨论出科学的结果；而建筑学交融的所谓"理性"思考，同样也正是试图以科学的思考方式"思考"出科学的交融结果，其"理性"大致就是指"科学性"，若要再进一步释之，则是指符合人类文化发展一般规律的建筑学交融方式和方法的一种"理性"探讨。

人类文化发展规律是客观的、必然的，也是人类应当遵循的、不可置疑的客观必然规律；而从人类文化发展总体而言，应该说也是"理性"的，是符合一定科学要求的"理性"的。依此规律而论，建筑学理论的交融当然同样应是科学的，无论各人类区域的建筑传统理论怎样发展，在文化大交流的科学规律大环境中，同样是科学交流的交融便不应该是非理性的，也无论怎样，最终都将走向理性，包括其交融的方式和方法都应是满足科学规律的"理性"发展。

也就是说，建筑学理论的交融，大致可从方式和方法两方面来作"理性"的思考。

● "理性"的建筑理论交融方式

按现今人们的一般眼光看，创造出越多的物质或生活资料，其文化就越先进；反之，就越落后。也就是说，其物质上的文化之力越强大，似乎就意味着其文化的越先进。其实不然，历史上的许多事实都可说明这一点。突厥、匈奴等游牧民族，都曾经以其强悍的武力驰骋大地，征服过许多民族和地区，甚至成为至高无上的统治者。不过，这并非其文化水平真的就是很高，其实甚至可能反不如被征服、统治的民族和地区，如中国的蒙古族、满族，都曾经是中国大地和汉民族的统治者，但其文化或文明演进水平显然要比中国中原大地和汉民族的文化总体水平要弱得多，甚至差得很远。这与近现代西方文明的称霸世界相似，西方近现代文明打遍世界无敌手，这最多只能说明其自然科学及物质力量的强大，凭此便在世界各地横冲直撞，如入无人之境，即使蹴到了对手，最终还是以强大的武力及科技之力征服之、同化之，直至称霸世界。但这同样不能因此而说明西方近现代文明就一定都比其他民族和地区先进，就好像人类与其他动物一样，若单凭个体力量而言，人类还只是一只弱小的小动物，能求得自便而生存已属不易，万万不可能成为这个地球上的主宰者；而今的人类却确确实实地主宰着这个地球，这主要还在于人类智慧的存在和具备。人类能成为地球的主宰者，不只是能创造无与伦比的物质材料，更关键的是能创造一个与地球上所有生物同生共存的善美环境和生存秩序，也包括人居环境的营造和建筑的构成秩序。因此，物质力量并不能代表人类的文化之力，更不能说明其文化的先进，即先进的科技并不能就说是先进的文化，以"科技"为基本特征的西方近现代文明，显然是无法论断其文化为先进文明的。

不过，以物质力量强大为特征的西方近现代文明，在文化以及建筑理论交融的过程中，据有主动地位，这却是肯定的。那么，建筑理论的交融方式选取的主动权，便主要在西方，西方的"理性"态度将决定不同区域建筑理论交融中可能有的"理性"方式。

首先，西方应该理性、公正地认识自己的建筑理论，并以此为前提，再谈西方建筑理论的传播，以及在建筑理论交融中所应担当的角色。

任何人、任何民族，要真正地认识自己，从主观上或客观上讲，都是非常不容易，甚至是不可能的，就好像"不识庐山真面目"的现象，是因为"只缘身在此山中"的客观原因。你我之"人"是这样，人类创造的"科学"也是这样，在人类文化、科学环境中形成的"建筑学理论"同样也是这样，这是其本身所处环境、生存条件的客观局限性的本质特征所决定的。于是，就比如"西方建筑理论"，没有西方文化背景、没有西方科学基础，是无法形成"西方建筑理论"的；其建筑理论的形成，是来源于一系列的思维方式的选择、创造目标的取舍而发展演进而来的，这些选择和取舍，实际上是人们的自然观、世界观、认识观等的演化表现，并在确立一定的思维方式和认识标准的前提下，完成其建筑理论的形成。建筑理论所蕴藏的某种"方式"和"标准"，就是一种善美观念的凝结，而且这种观念的凝结是唯一性的。就如其宗教信仰一样，对于其他宗教信仰是完全排斥、无法容忍的，只有其殿堂是神圣的，所崇拜之神是唯一的，也只有对其神的信仰才是唯一可上"天堂"之路。因此，其建筑理论形成过程中的任何"方式"和"标准"的选择，都是"善美"的，无可挑剔。当然，若要因此而反过来自己检索其形成过程，且以同样的"方式"和"标准"为检索眼光，那么其检索结果就可想而知了。然而，西方人检索自己的"西方建筑理论"又能有什么别的"方式"和"标准"？故而，我们说"西方建筑理论"要真正、客观地认识自己非常不容易，甚至是不可能的。

正因为西方固有的思维方式决定了其无法真正地认识自己，于是，西方人在文化传播输出的同时，要学习、认识被输出地的文化，即东方文化及其思维方式；且在认识其思维方式的基础上，以其思维方式和方法来完整、全面地认识东方文化，这样，或许可从中获取有益的启迪，而以此才可能明确自己在建筑交融中所适宜担纲的角色。

● "理性"的建筑理论交融方法

如上文所述，西方是以分子结构来解剖和认识世界的，东方的中国则是以"气"来聚合成"万物"的——"气聚物生"。这两种不同的物质世界的形成（或生成）观念，实际上便决定了其各自不同文化背景的物质观、自然观、世界观（或宇宙观）的存在，以及以此为前提的不同思维方式的形成。

在西方看来，任何物质都是由分子乃至原子以及原子结构里的原子核、电子构成，创造物质就是由分子、原子、电子等的改变或得失形成的，自然环境或人居环境是这样，世界也是这样，地球以外的大宇宙及宇宙中的任何东西也同样是这样形成的。于是，人们所认识的人类—生物界—自然界—地球—宇宙，都是源于这一物质观和相应的思维方式。如人类自己，是由骨骼、肌肉、血管、五脏、神经系统等构成人体的，而这些部分又都主要是由 C（碳）、H（氢）、O（氧）以及诸多微量元素结合形成的，而其终极构成的最小粒子都一样。又比如太空或宇宙中的任何星体，包括地球自己，也都是由诸多不同元素化合或混合构成的，且不同的元素成分就可能化合或混合出不同的物质，以至人类探寻其他星体是否有生物存在，便是以是否有"水"和"空气"的存在来作最主要的判定标准。而在建筑上，一方面是追求功能的空间满足，另一方面是寻找满足空间构成的力的需求的化合或混合状况的构筑材料。前者使建筑出现了不同时期的建筑风格，包括各种不同的空间构成状况、结构构件样式、装饰造型特征等；后者则使西方建筑在结构及材料上陆续有了诸多新的突破和创新，包括叠涩、券拱和混凝土、钢筋混凝土等结构技术及材料的发明和使用。两者结合，创造了独具特征的西方建筑和相应的建筑理论，以及这些理论所包含的建筑技术和建筑艺术。这是以西方物质观以及相应的形式逻辑思维为科学基础的结果，由叠涩—券拱、混凝土—钢筋混凝土等，都同样是由这一科学基础奠定和支配而形成的，特别是后者，这也才有西方近现代建筑的出现和称霸世界，而这种建筑除了其特有的物质观和思维方式，还有什么类型的文化能孕育这一建筑？

东方的中国，是另一种完全不同的物质观和思维方式，这种文化在当时虽不可能产生类似西方近现代建筑的建筑物，却也是一种同样辉煌的文化及建筑现象，也是不容置疑的伟大成就。

在东方中国看来，任何物质都是由“气”聚成的，“气聚物生”是其最基本的物质观、自然观乃至世界观和宇宙观的基础理论和思维方式。然何为“气”？中国的先人是这样说的。

《道德经》曰：“道生一、一生二、二生三、三生万物。”（唐）杨筠松《青囊奥旨》亦曰：“一生二、二生三、三生万物，是元关。”而后，自己又释曰：“一者，五行之正气也。”则合而识之，显然“气”乃“道”生也。而《易传·系辞》曰：“形而上者谓之道。”

《易传·系辞》又曰：“一阴一阳之谓道。”“一阴一阳”指阴气、阳气。若“气”乃“道”生，则所生之“气”，当有“一阴一阳”之气。

《黄帝内经·天元经大论》曰：“在天为气，在地成形；形气相感，而化生万物矣。”在“天”、“地”不同位置或场合（或空间），分别呈现出不同的“气”和“形”的存在，且两者感应后，还能“化生万物”，这显然只有上述的“道”了。

（晋）郭璞《葬经》曰：“夫阴阳之气，噫而为风，升而为云，降而为雨，行乎地中而为生气。”说明“气”的存在空间，是在“云”之下，在“地”之上；并可为“雨”而降，可“行乎地中”而成为“生气”。而后又说：“生气行乎地中，发而生乎万物。”说明地所藏“生气”，要待“发”才可“生乎万物”。

《葬经》又载，“经曰：气，乘风则散，界水则止”。也就是说，在郭璞之前，就有权威的“经”的经典之作论“气”。且所论之“气”有两大影响因素——“风”、“水”，“风”可使之“散”、而“水”可使之“止”；也只有“气”止方可“聚”之或“蓄之”，才能“化生万物”。那么，能受自然之“风”和“水”影响的，显然其所论之“气”也是一种存在，甚至可能是一种物质存在。否则又怎么能被“风”吹散、被“水”阻止？宋代的张载亦曰：“凡气，清则通，错则壅。”（见《张子正蒙注·太和》载）其所论，也是视“气”为物的一种认识概念。

仅由这些先人述说，可知与“气”最接近的概念是“道”、“形”，且最高的概念是“道”，而“道”在两种不同的空间可呈现出两种不同形态，即“在天为气、在地成形”；然后，在天之“气”，与在地之“形”感应后可“化生万物”，包括“天”之风、云、雷、雨等，“地”之水、木、人、兽等（见图106“形气相感生万物”示意）。这大概就是中国先人所认识的物质观、自然观、世界观等。

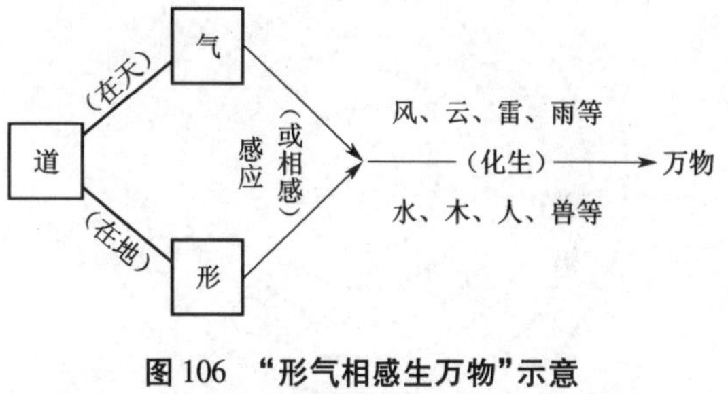

图106 “形气相感生万物”示意

可是，“气”为何物仍没有被揭示、阐明，这也给后人留下了一个不解之谜，以致历代学人均试图解之而不得要领，至近现代还难以完全解密，更多的还是与西方科学所作的比较，甚至以西方科学原理来释之，让人感到有些不伦不类。而最终还是没能完全达到说服大众的目标，即人们并没有完全认同，这应该说也是中国“气”理研究的悲哀。

德国物理学家莱布尼茨（1646年—1716年）认为，“气”是一种“以太”，是一种流动的、毫无硬度的、无间断的、无终止的、不能分（或不可分）的最稀薄的物质①。

① 见《中国哲学史研究》1981年第4期的《致雷蒙德的信：论中国哲学》。

英国的李约瑟先生在《中国的科学技术与文明》第四卷中说:“在中国古代关于物理世界的构想中,连续性波的循环是占优势地位的。”这大概就是李约瑟先生认为的“连续性波的循环”的“精”或“气”,甚至认为差不多可作为一种“辐射能”来认识。

中国当代物理学家何祚庥先生也认为,古代的“气”,更接近现代科学的“场”①。其“场”,可能包括西方科学的磁场、电场、量子场等。

实际上,中国明末清初的游艺先生也曾有类似的看法,他曾经构想了一个“气”场的图——“昊天一气浑论变化图”(见图107)。极似有磁极的磁场,且似有同指的“场心”,好像是为“气”之源,故称之为“昊天一气”,说明是指同一系统的“气”之场。如果是这样,“昊天”中的气场“场心”在哪一个空间位置?那么,以此“场心”为核心的整个气场,是否有不同位置的“气”之强度的不同?是否也有类似磁场的“气”之力的方向?诸如此类问题便当同时提请人们思考,是否当时的游先生也曾想到这个问题?

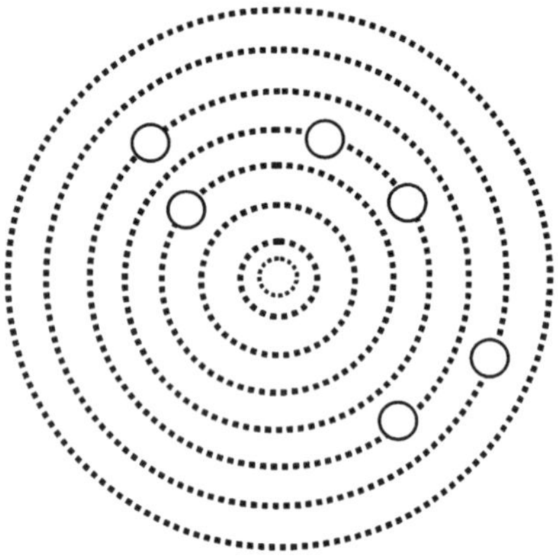

图107 昊天一气浑论变化
(载游艺《天经或问集》)

仅此看来,尽管至今尚无法确定“气”为何物,不过,也似乎已有逐渐明朗化的趋势,这为人们指出了一个蕴涵新思维的目标,还等待着人们去发现和认识,这可能是一个非常有发展意义的科学契机。

同时,这也说明了西方人已注意了中国文化、科学,以及可能有的“气”的概念。只可惜西方人是以西方科学和思维方式来认识中国科学以及“气”的,尽管已提高到一个很先进的层面上去给予认识,却还是被纳入西方文化系统和科学体系中了,即以西方文化作为参照系来认识中国文化,就好像地球人对外星系空间的认识,都仍然是有一定局限性的。当然,这种认识也许是对的,是有些道理的,只是恐难得到真正科学的、全息的完整认识,则这大概只能给人留下一些感叹而已。

不过,无论是西方人、还是东方人(或中国人),还原其本来面目的认识,才是最真实的认识。也只有这样,才能全面地、公正地认识中国文化及建筑,认识中国建筑原理中的“气”。那么,“理性”的认识态度、科学的认识眼光,便是西方建筑理论广泛传播和被认同后的对各区域建筑理论的爱惜和汲取最科学的交融方式,也包括对中国建筑理论的“气”学的认识和研究,以及可能有的汲取,并融入新的建筑理论的构成中,这显然也就是西方建筑理论在传播发展中汲取其他区域文化的最有效、最直接的具体方法。

13.3 建筑学同一史说

人类文化的存在是多元的发展、演进的,而“殊途同归”则是人类文化发展的必然规律,这是迄今各区域的文化学者基本上认可的统一观点。“殊途”是以往的人类文化发展史的事实,“同归”则是现今以及未来的人类文化发展所正在证实及将证实的观点。这也正是本节立论之所凭,即“同一史”将展望的建筑学理论的基本思路。

那么,人类建筑学理论由西方建筑理论的首先广布全球发展而来,并将“古典”、“现代”、“后现代”、“解构”等建筑的一个个风格传遍世界,掀起一个个建筑思潮,从而走入了人类建筑的“同一”阶段至今,且还将有新的“同一”的未来,特别是指导着建筑发展的“同一”的建筑学理论发展的未来。

然而,人们该怎么认识这“同一”时期的建筑及建筑理论?

难道只是建筑风格的席卷全球就标明“同一”建筑的实现?若非如此,则“同一”的建筑及建筑理论又是如何建立和发展的?有何客观条件存在?这是“同一史”说中应当讨论的最主要

① 见《中国科学》1975年第5期的《唯物主义的“无气”学说》。

问题。

13.3.1 人类建筑学理论“同一”的前提

建筑发展至今的状况趋势有两个方面，一方面是西方建筑风格席卷全球，另一方面是建筑理论的发展日趋细腻。前者是一次次、一种种源于西方风格的建筑风靡世界各地，也在世界各地相继随处可见；后者是掀起这些建筑风格的指导理论，随西方科学的发展而日见分化，新学科、新课题似乎层出不穷，或者是自己分化独立出新学科，或者是引入新方法而创造出新学科，或者说是与相邻科学交汇而构成交叉学科，等等。但无论怎样，都基本上是在西方原有的科学体系中分化发展起来的，万变不离其宗，其基本思维方式、基础理论都是不变的。显然，这并不能说是全球的“同一”，最多也只能说是被西方建筑理论的“同化”。

可是，除了西方理论风靡世界以外，其他各区域的理论只是被淡化，却并没有消失。可见，建筑理论的“同一”事实上仍未实现，这也同时告诉人们，这其中似乎潜藏着某种契机和条件，或者说其“同一”的条件还不具备。因此，探讨这一前提条件，便成了“同一”前重要的理论问题。

建筑是一个复合体，是人类诸多行为意识和行为过程的综合表现，并非传统建筑学所研究的仅仅是“建筑技术”和“建筑艺术”的简单结合。

在西方，建筑有宗教建筑和世俗建筑的区别，两者不只是建筑空间、建筑造型上不同，更主要的还是“神”与“人”的最根本差别。也正是神与人的这种最根本差别，才有在建筑空间、建筑造型上的诸多不同，也才有宗教建筑与世俗建筑的区分；而建筑技术和建筑艺术则是服务于“神”与“人”的这种不同思想观念的，在建筑上，技术和艺术是工具和手段，“神”与“人”及其思想才是建筑的目标对象和主体，故而，是主体和目标对象的区别，支配着不同建筑的形成，也才有现实中的不同建筑类型的被区分。

在中国，建筑也有宫殿建筑与民居建筑的不同，只是这两者给人的最大区别的印象是金碧辉煌和素雅简陋，其实这其中还包含着许多具体的差别，而且这是人为特意限定的区别，形成为一种建筑乃至人居的制度，如《考工记》、《唐缮令》、《营造法式》等的编制，正是基于此而为之的。那么，这还是建筑技术和建筑艺术的简单构成问题？即使是建筑技术和建筑艺术本身，也是由许多不同“人等”的等级制度来限定其“营造”的，并形成为一种必须遵守的“缮令”和“法式”。显然，建筑技术和建筑艺术并非建筑的全部，仅有技术和艺术并不能构成中国建筑，更无宫殿与民居之分。

因此，建筑是一个综合体，是文化的诸多方面的集中表现。就是说，建筑并非由自己的建筑技术和建筑艺术的结合而独立发展的，建筑是在文化大环境中成长和发展的，甚至是由文化的某些要素来支配建筑的存在和发展的。这无论是在西方、或者是在东方，其建筑史上的发展状况都是这么一种显而易见的历史事实，特别是建筑发展到现代以后的处于这么一种高度发达的发展阶段，更是由文化环境来决定其建筑的发展状况的。

于是，人类建筑的“同一”，关键不是建筑技术和建筑艺术的简单“同一”，更主要的还在于人类文化总体的“同一”，应该说，这才是人类建筑及建筑学理论“同一”的前提条件，尤其是后者的“建筑学理论”。

建筑不是一个纯自然科学之物，进行建筑创作的建筑师更非自然科学工作者，这早在西方建筑理论形成之初的古罗马就已明确了这一点。古罗马维特鲁威的《建筑十书·第一书》认为：“建筑师应当擅长文笔，熟习制图，精通几何学，深悉各种历史，勤听哲学，理解音乐，对于医学并非茫然无知，通晓法律学家的论述，具有天文学或天体理论的知识。”（高泰履译）这非常明确地为建筑师点出了修养方向，也说明了一个合格建筑师所应具备的条件。而建筑师是建筑理论的持有者或掌握者，也是建筑理论的受教育者和最主要的应用者。故从某种程度上而言，也说明了建筑理论的存在背景，以及发展的前提条件。

随着人类社会及人类文化的发展演进，影响和制约建筑及建筑理论发展的文化因素日见增多，建筑理论的“同一”，更主要还在于人类文化环境的“同一”，这应当认为是人类建筑学理论“同一”的最基本的前提条件。

否则，人类各文化区域的人们的思想观念、思维方式、认识标准等有显著差异，又怎么去完成统一的建筑认识观？若没有相近可通的建筑认识观，又怎么能完成达到共同建立的建筑理论的“同一”体系的构架？

13.3.2 人类“同一”建筑学理论的建立

由上文所释，如果能实现上述的“前提条件”，则人类统一的认识观的“同一”谱系的科学脉络便能得到确认，那么，人类建筑学的“同一”理论实际上也就在其中了。

当人类文化“同一体”构成以后，人类文化的区域性已模糊，更多的是一体性的“同一”科学体系建立后的不同构成部分的区别，而不同构成在“同一”科学体系中是有相互联系的，其相互联系的关系式是满足“同一”科学体系的总体构成秩序和发展规律。那么，若以此方式来达成人类建筑学“同一”理论的建立，则所建立起来的“同一”的建筑理论，应该就是人类“同一”的建筑学，而非近现代独霸世界的“西方建筑学”。或者说，近现代风靡世界的“西方建筑学”要过渡向“人类建筑学”，“西方”的“传统建筑学”只是其中的一个主要构成来源而已，“人类建筑学”当是在汲取了东、西方各文化区的不同建筑理论的基础上形成的，也与“西方建筑学”有较大的差异。当然，不可否认“人类建筑学”是以西方“传统建筑学”为主要基础发展起来的，但发展形成的“人类建筑学”已非“西方建筑学”可比，它是以“统一”的人类文化“同一体”为客观环境，按照“同一”的人类文化思维方式和文化构架建立“同一”的人类建筑学体系的。故而，“人类建筑学”是崭新的，并非西方“传统建筑学”的简单沿袭，这一点人们应首先明确，否则就无法确切、完整地认识“人类建筑学”的“同一”的建立构成。

于是，与人类“同一”构成体系相协调的，建筑学研究对象的人类“同一”体系也应该由“形”、“意”及“形意结合”三个不同存在形态构成。无论是未来的“人类建筑学”，还是此前的“西方建筑学”、“中国建筑学”等，都可被纳入这新的建筑科学体系中，这是人们建立的“人类建筑”必备的科学性的基本要求和基础。具体而言，或许可因此将“人类建筑学”分为建筑技术学、建筑艺术学、建筑文化学三大构成部分。即建筑技术学以建筑物之“形”为研究对象，建筑艺术学以建筑的“形意结合”为研究对象，建筑文化学是以建筑的“意”为研究对象①。

无论是上文论及的西方传统建筑学、中国建筑学等，还是现代后的以“西方建筑学模式”为蓝本建立起来的人类建筑学，也包括各种建筑学之内的任何对象，都可毋庸置疑地在此基本构架体系中找到相应的存在位置。

在西方，古典建筑学虽内容庞杂，科系不分，但以《建筑十书》看来，也只是现代建筑理论的综合体而已，研究对象基本上是以建筑技术为主，建筑艺术则居次要地位；过了中世纪，文艺复兴后的西方近现代建筑学，由于科系的逐渐分化独立出来，建筑学的研究对象趋于细化后的单一，但技术和艺术的基本构成仍是不变，且重心逐渐向“艺术”倾斜，建筑更多的是被视为一种艺术，建筑技术部分则主要被已分化独立为其他学科而居建筑学之外，现今而言的人类建筑学也正是在此分化独立的基础上建立起来的。故而，以上述的“同一”体系视之，则自然是非常吻合的。

在东方中国，传统建筑学涉及的更多是技术，从《周礼・考工记》、宋《营造法式》到明《鲁班营造正式》、清《工程做法》等，一脉相传的皆为技术上的“制式”；此外，就是中国传统文化思想的“道”、“气”之理，也大致成了建筑理论的主要组成部分，以致现今人们论中国传统建筑，几乎离不开汇集这一理论的“风水”玄理。前者的“营造”当然是一种建筑技术，无需多言；后者的“道”、“气”或“风水”是什么？则当再作议论。“道”、“气”本是中国古典哲学概念，对建筑而言，似乎更多的是一种建筑思想，是一种以“气”为讨论主题的建筑思维方式，同时，也应该是中国建筑构成的方法论；当然，在后代发展形成的“风水”里，还包含有一些技术性的东西，甚至只是形成一些口诀而已。那么，以主题而言，“道”、“气”之建筑上的“风水”，当主要是一种“意”的建筑对象，这也是最具特性的中国建筑学理论内容。

由近现代发展而来的建筑学理论，大致是以西方传统建筑学为主体，融汇了东西方其他区域的建筑精髓，而后形成的人类“同一体”的建筑学理论，而且主要是引入人类文化学理论，是以人类文化总体的角度以及其方法论来讨论建筑

① 参阅陈凯峰著《建筑文化学》，同济大学出版社 1996 年 6 月版。

学的。于是,建立起来的人类"同一"的建筑学,更符合人类科学体系构架的基本要求或条件,更能兼融并蓄各区域文化精华,便于各文化区域的传统建筑理论被纳入建筑学研究体系的范畴,也使"同一"后的人类建筑学理论与各传统建筑学理论之间有一个明确的演进发展关系,这是非常重要的关键点。

也因此,只要是认同"Culture"及其理论体系的,都无不能在"同一"的人类建筑学理论里觅得其所需的相宜的科学方法,所建立起来的人类建筑学理论的科学意义也就无需多论了。

13.3.3 "同一"建筑学理论演进展望

实际上,当"现代式"建筑风靡全球而演成为"国际式"建筑后,建筑学理论就已经被不知不觉地推上了一个人为设定的学科发展巅峰,从内而外,从概念到学科内容,都进入了一个似乎是至极而终的境地,即使是执这一发展方向之牛耳的西方,也有激情之后的充分满足的倦怠感、终极感。

"现代式"和"国际式",都是不科学的,带有更多无奈的称谓,即使当时没有这种感觉,逾后也会逐渐产生这种涩味。以时间概念论,"Modern"是一个非常不确定性的概念,若以无有任何色彩和前提的眼光看,任何时代都有其"现代",过去有、现在有、将来同样也有,其原本就没有哪个时代意义的"现代",当"二战"后被强制性地引用并定格为一个专有名词概念后,反而给"现代"概念的使用带来了许多尴尬,似乎变成了某个时段的特定时间概念,其他时段用之似乎反而有不适之感,以致"现代"就不是"现在"这一时代,让人有点啼笑皆非之无奈(当然,这并非完全是建筑本身的失误)。以空间概念而论,"International"同样也有其意义模糊的地方,当各文化区大抵还在其独立演进时期,"国际式"是一个未来的概念,或者说是一个"乌托邦"的空间概念;当人类文化大交流而趋于"一同"后,"国际式"便是现在概念,或者说是一个此后永恒的空间概念,那"国际式"还能作为一种特性空间概念而被使用?

以致"现代"的"国际式"之后的新的不同建筑风格出现以后,难以再觅更"现代"的概念来称之,无奈之下,只能以"Post-modern"缀而称之。对此,也许人们会有疑问:在"Post-modern"之后又该以何称之?而"Modern"时的"国际式",难道在"Post-Modern"时就不是"国际式"了?使"International"再遇尴尬。

大概是"现代式"建筑首次一统天下,就像20世纪初的首次世界性战争一样,而称之为"世界大战",当20世纪中期再次爆发世界性战争后,便有了"第一次"和"第二次"定语前缀而修正。与此相似的,"现代式"建筑大喜过望之余而有了"国际式"建筑之称;不过,当再次有新的建筑风格也一统天下时,却非以次数的定语前缀冠之以别,而是前缀以"Post"别之。然而,建筑风格的变更频率远快于世界性的战争,且"世界大战"可以从此不再有之,建筑风格却不可能再也不变更替换了。显然,20世纪中后期的"Modern"和"Post-modern"建筑的发展,已不知不觉地进入了一个建筑的阶段性的终极时空区,似乎建筑风格将在"国际式"实现后而告终。

不过,也正因为"国际式"的现代建筑的实现,大致可宣告人类"同一"的建筑学理论的"建立"正在形成。为了这一"国际式"的"现代建筑",人类不能不一起来共同考虑这种"现代建筑"将来的发展问题,人们赞叹这一"国际式"建筑的"现代",却也因此而似乎若有所失,在"得"、"失"之间人们该寻找什么来给予平衡?这实际上就是在"Modern"之后最突出的中心焦点。

于是,"同一"的建筑学理论,便建立在这"国际式"的现代建筑基础之上,进入了另一个人类建筑学理论的新发展时期,是一个"同一"的人类共同创造且共同拥有、共同享受的建筑科学理论的发展演进时期。

实际上,"后现代"建筑风格的出现,就预示着人类"同一"的建筑学理论的发展方向,这似乎也是人类文化发展规律的必然趋势和各区域人类文化内在联系的必然结果。

当人类文明多元地分别演进到一定时期时,"西方文明"在"黑暗"中崛起而一鼓作气地突破各文化区的封闭,而以"现代式"建筑一统了天下。西方人为之欢呼,其他文化区域的人们也为之赞叹。然而,西方人在欢呼声之后,也不得不承认"现代建筑"的浅薄,自我批评其"枯燥乏味"而仅是一个"居住的机器",于是,又重新唤回自认为具有"人情味"的古典样式,揉人乏味的现代建筑中,构成了新的"后现代"建筑。而后，依此思想而觅新感觉，各文化区的人们也分别向各自的古典建筑寻找解“乏”构件，且不无创造性地分别各自揉入现代建筑中，形成了人类建筑似乎是异彩纷呈的新建筑时期，实际上仍都是不同区域的“后现代”建筑而已。

其实，这是一种建筑思想的统一支配使然，这大概就是人们称之的“后现代主义”思潮。这同样是一股世界性的建筑思潮，现代建筑风格已演化为一种以建筑思潮为主导的新的建筑阶段，使“同一”的建筑学理论大致完成了其最初的形成期。

“现代式”建筑虽然也有“现代主义”思想作指导，但更多的是“现代”样式的建筑风格的风靡世界，故突出的以“国际式”风格称谓之；而现代之后的“后现代”时期的建筑，却更多的是“后现代主义”思潮的风行，然后以思潮来指导建筑的构成，虽仍有“后现代式”建筑之谓，但由于各区域对“后现代主义”思想的理解不同、表现手法或方式也不一样，故“后现代式”就不像“现代式”建筑那么统一，带有一定的个性风格。

因此，“后现代主义”思潮的流行，以及在其指导下出现的“后现代式”建筑风格的形成，实际上已说明建筑学理论的演进已进入了另一个新的发展阶段，即是以“思潮”作为建筑理论主要传播方式的新时期。

那么，在新的建筑理论发展时期，既然以“思潮”作为主要的传播方式，则此后新思潮的出现，就有可能带有非西方的成分。因为人类“同一”文化的形成是多元的，形成后的人类“同一”文化的发展，就必然是综合人类多元文化的总体演进，只要这些参与“同一”演进的多元文化的任何一成分都不会被淘汰而消失，就必然要融入新的演进后的人类总体文化中，因此，多元“同一”演进发展，是人类文化及建筑“同一”后发展的必然。

于是，紧接着“后现代主义”思潮之后，“解构主义”思潮又出现了，其思想比“后现代主义”更注重多元文化构成的发展。这是迄今看来“同一”的建筑学人类理论发展状况及可预见的趋势，或许人们可从中得到一定的展望启示。

人类建筑理论的发展，文字的出现为其理论的记述提供了可能。从已发现的有关建筑理论的记载和有幸存续下来的遗著看，人类建筑理论至少已有两千多年的发展历史。在执现代建筑学发展之牛耳的西方，在《建筑十书》中，就已确立了建筑技术和建筑艺术的基本研究内容，并由“以建筑技术为主”的建筑学，逐渐将研究重心转移向“以建筑艺术为主”，然后在这一建筑技术和建筑艺术结合的建筑学理论为人类各区域的人们大致认同后，以“现代式”的建筑风格的“国际化”为标志，“同一”的人类建筑学理论逐渐被建立起来，并以“后现代主义”思潮风靡全球而大致宣告“同一”理论的建立形成，也说明了未来建筑学理论的“兼容并蓄”的必要性和必然性。比如，对东方中国的传统建筑理论的建筑方法论和思维方式的“兼容”，这可能是“同一”后人类建筑学理论发展的一个很好的演进方向，因为单一的西方思维方式未必是人类未来的美好前途，且西方科技是一把“双刃剑”这一点是迄今人们共知的。那么，人类为什么要将这种亦好亦坏、亦益亦害的“西方科技”继续发展下去？在医学上既然有“中西疗法”结合的辉煌范例，为什么就没有“中西建筑理论及方法”结合的模式出现？中西建筑方法的结合是完全有可能的，也可能是人类“同一”建筑学理论发展演进的一个美好的未来，西方建筑理论优于建筑构件的结构构成，中国建筑则在总体环境观上似乎会更善美。显然，仅此两者而论，不是具有很好的互补结合前景吗？何况，东方印度文化的内倾性的“梵我一如”的思想，同样是值得人们引以为启发的人类文化及思想宝库的精髓。诸如此类的人类精华尚多，均是人类建筑理论发展所不应忽视的宝贵财富，也是人类建筑理论发展可能受启发的内容，在此仅提醒人们应给予必要的关注，就不一一论及了。

也因此，本文已有较多论及的中国传统的建筑理论，不应该只停留在对一些传统建筑的保护上，更应该以此为研究对象，并深入揭示这些建筑中所蕴藏的应该有的建筑方法论，特别是对中国建筑思维方式的揭示。而西方建筑科学的“双刃剑”的致命不足，极有可能被中国传统建筑方法论或其他人类文化区的传统思想的方法论所治愈，这岂不是人类“同一”的建筑学理论发展的莫大之功？那么，这也是本论所最寄厚望的“同一”建筑理论演进的最重要展望。

总之，建筑学理论是随时空的发展而演变的，由人类文明起源的区域发展形成的各区域建筑理论，演进汇合而发展为科系庞杂的一个大建筑领域，独立的"建筑学"学科理论便产生于这个大理论中。如果说，人类建筑理论整体的发展历经了"区域史"、"交融史"、"同一史"的演进过程而同样具有质的演变的阶段性，则三个阶段的建筑理论的构成状况是有明显区别的。区域史阶段，是科系不分的一个建筑理论总体，似乎更侧重于技术性理论；交融史阶段，建筑理论总体中的科系有逐渐被分化出来的趋向，且以技术与艺术结合理论为突出特征，并偏重于艺术性理论的发展；同一史阶段，建筑理论总体的分化则日趋细腻，使建筑学得以明确地独立为一门学科，而且是一门以科学的方法论为主要研究内容的基础理论学科。

那么，如果说这便是建筑学理论的发展历程，则不同时期的建筑学显然是不同的，即《建筑十书》或《建筑十论》时期的建筑学与现在的建筑学是有区别的。

图表主要参考文献

[1] 刘敦桢. 中国古代建筑史[M]. 北京:中国建筑工业出版社,1984.
[2] 中国大百科全书・建筑・园林・城市规划[M]. 北京:中国大百科全书出版社,1988.
[3] 宗国栋,张为诚. 世界建筑名家名作[M]. 北京:中国建筑工业出版社,1991.
[4] 中国圆明园学会. 圆明园四十景图咏[M]. 北京:中国建筑工业出版社,1985.
[5] [美]R. 斯特吉斯. 国外古典建筑图谱[M]. 中光,译. 北京:世界图书出版公司,1990.
[6] 罗小未,蔡琬英. 外国建筑历史图说[M]. 上海:同济大学出版社,1986.
[7] [古罗马]维特鲁威. 建筑十书[M]. 高履泰,译. 北京:中国建筑工业出版社,1986.
[8] 周维权. 中国古典园林史[M]. 北京:清华大学出版社,1990.
[9] 《中国建筑史》编写组. 中国建筑史[M]. 北京:中国建筑工业出版社,1986.
[10] 陈志华. 外国建筑史(19 世纪末叶以前)[M]. 北京:中国建筑工业出版社,1997.
[11] 崔连仲. 世界史・古代史[M]. 北京:人民出版社,1983.
[12] 刘明翰. 世界史・中世纪史[M]. 北京:人民出版社,1986.
[13] 林惠祥. 文化人类学[M]. 北京:商务印书馆,1991.
[14] 陈凯峰. 住宅建筑文化论[M]. 厦门:厦门大学出版社,1994.
[15] 刘敦桢. 苏州古典园林[M]. 北京:中国建筑工业出版社,1979.
[16] [日]针之谷钟吉. 西方造园变迁史[M]. 邹洪灿,译. 北京:中国建筑工业出版社,1991.
[17] 杜汝俭,李恩山,刘管平. 园林建筑设计[M]. 北京:中国建筑工业出版社,1986.
[18] 李允鉌. 华夏意匠[M]. 北京:中国建筑工业出版社,1985.
[19] 刘致平. 中国建筑类型及结构[M]. 北京:中国建筑工业出版社,1987.
[20] 同济大学. 外国近现代建筑史[M]. 北京:中国建筑工业出版社,1982.
[21] 荆其敏. 西方现代建筑和建筑师[M]. 天津:天津大学出版社,1986.
[22] 乐嘉龙. 中外著名建筑 1000 例[M]. 杭州:浙江科学技术出版社,1991.
[23] 黄世孟. 世界建筑全集[M]. 台北:光复书局,1984.
[24] [美]P. 戈德伯格. 后现代时期的建筑设计・美国当代建筑评论[M]. 黄新范,曾昭奋,译. 天津:天津科学技术出版社,1987.

后　记

2009年底，几经斟酌修改的《建筑学》书稿终于完成而将付梓。这是从确立课题并构架大纲及而后的拟定提要、增扩论纲、撰写文论、修改完善到全部脱稿，前后历经了10余年的时间而完成的一部篇幅甚大的有关“建筑”的专业理论书稿。

15年前的1995年夏天，当我完成了《建筑文化学》一书的书稿以后，就曾有两个方面的研究计划，一方面是继续“建筑文化学”的完善和应用的课题研究，另一方面是作“传统建筑学”的重新思考和深入探索。前一方面似乎是顺理成章的事情，也只是一种“承续”而已；而后一方面则让人有些疑虑，也似乎有点不可思议，因为在人们看来，传统建筑学是一门非常古老、成熟而庞杂的学问或科学，难道还有必要作重新思索、且能以一卷概之？不过，此前在作“建筑文化学”课题的研究时，实际上就已是在考察和认识了传统建筑学的基础上进行的，是在“文化”(Culture)的科学大范畴里全面地考察了“建筑”(Architecture)的意域内涵，确认了传统建筑学的研究范围后，而建立起“建筑文化学”的研究构架的，也为“建筑”意域内容的被完整研究，而划分出“传统建筑学”与“建筑文化学”的不同研究范围，且认为当由这两者构成一个完整的有关“建筑”研究的完整的科学体系。那么，显然当时就已对“传统建筑学”有了一定的整体思考和基本定位，只是尚无思维闲暇去作进一步的研究而已。后来，“建筑文化学”课题的研究已经完成，“传统建筑学”的问题便被提到应有位置上了。

于是，以传统建筑学为认识前提，也对人类建筑学理论的发展过程作了较全面的考察以后，提出了构建“作为一门独立学科”的“建筑学”的研究计划，也拟分作三大块进行探讨。第一块是对建筑、建筑学、建筑科学等诸多基本概念的辨识，以及对建筑学作为一门独立学科的主客体的认识，也为建筑学研究的进行，给定了一个较完整而科学、合理的研究体系；第二块是进而深入探索建筑学研究的“建筑”的最本质性的东西，包括建筑的性质、内涵、要素、规律、形式等内容，以认识一个由表及里的完整的“建筑”总体；第三块是试图理出一条人类“建筑学理论”的发展演变线索，即人类对“建筑”的认识的演变过程，以供建筑领域各专业的人们的研究或工作所需，也以此而有别于一般的“建筑史”。这三大块的构成，由基本概念到本质内容、到理论整体，而组成具有较严谨的逻辑联系的结构，这也就是后来形成的“建筑学引论”、“建筑学本论”、“建筑学史论”三篇在当时的基本构思。

2000年4月，在大致完成了本课题的构思、纲要和基本论点、论据的反复斟酌的研究思考以后，开始了其文论的具体撰写历程，并在撰写中更细致地思索每一个概念或命题的论点、论据及其相互间的科学逻辑关系，至2005年夏完成了初稿(手稿)。随后，又一方面作各篇章内容乃至逐字逐句的核校修改，特别是各命题的论说过程的科学严谨性问题的探究，以逐渐完善其文论；另一方面应一高校之请，取其中的约3/5的内容编成《建筑学概论》一书作试用教材，并且自己还为其本科学生的此一必修课程连续讲授了两届，也在自己给学生的讲授中重新认识和思索所成的研究成果。由此而得到更深切的研究认识，并经数番斟酌后，2009年才最后纂定图文总稿(电子版)。当然，逾后仍有点仓促成稿之感。

总之，该课题的整个完成过程，略一回想起来，大致有类似建筑师创作设计一项工程的意向图、方案图、扩初图乃至施工图所历的阶段性历程，这或许也是一个建筑师的职业方法论的缘故所成。

此间，曾得到诸多亲友们的理解和支持，也提供了日常生活上的许多关照，以便研究工作的正常接续，而大致能按计划完成其研究进度。特别是得到学术界的很多朋友们对本课题研究的赞许和鼓励，更是我勉力撑持这一研究过程的心理支柱，使研究的计划不致被弃置一旁而成为永远的遗憾。如今，已历十余年，幸终得课题有果而稿成，则值此稿成之际，亦深念曾给予帮助和关怀的诸多亲友们和学术界的朋友们，并在此特致以最真挚的感谢之情！

当然，由于前泛学不精、后治学不严，且现今看来仍为仓促成稿，故误、漏之处谅必尚多，还望同人们及读者诸君在阅读中给予指正，则将不胜感激之至。

谨此综述，而拟为后记是也。

作　者

2010年3月6日